ECOLOGIE DES PRINCIPALES ESPECES VEGETALES POTENTIELLEMENT INVASIVES DES PETITES ANTILLES : LE CAS DE LA MARTINIQUE

Yelji ABATI

Title: **ECOLOGIE DES PRINCIPALES ESPECES VEGETALES POTENTIELLEMENT INVASIVES DES PETITES ANTILLES : LE CAS DE LA MARTINIQUE**

ISBN: 979-8-89248-044-4

Author: Yelji ABATI

Cover image: https://pixabay.com/

Publisher: Generis Publishing
Online orders: www.generis-publishing.com
Contact email: info@generis-publishing.com

Avant – propos

Je me suis très tôt découvert un intérêt pour les sciences. Cette passion, je la cultive depuis les classes primaires. Aussi, c'est tout naturellement qu'en classe de seconde, j'ai choisi de m'orienter vers un Baccalauréat Général Scientifique. Élève au Lycée Victor Schœlcher de Fort – de – France, j'ai été reçue au Bac option Mathématiques en 2008.

À l'obtention de mon baccalauréat, je me suis intéressée à la médecine et j'ai opté pour une formation dans ce secteur. Cette formation s'est déroulée durant une année au Centre Hospitalier Universitaire Pierre ZOBDA QUITMANN à Fort – de – France. Cette expérience fut fort intéressante notamment dans l'apprentissage de méthodes de travail et le développement de capacités d'acquisition de pratiques, de connaissances et de compétences.

Cependant, me sentant finalement plus attirée par les sciences exactes, je décide de me réorienter et choisis de préparer une licence de Physique – Chimie. Cette licence s'est effectuée en Martinique durant les deux premières années et s'est terminée en Guadeloupe. Malheureusement, l'Université des Antilles et de la Guyane (UAG) ne propose en Martinique que les premières années d'études pour les matières scientifiques, les jeunes diplômés sont obligés de se tourner vers l'extérieur notamment vers la France métropolitaine pour continuer leurs études.

Durant mon parcours, j'ai pu réaliser des stages et emplois saisonniers dans différents domaines qui m'ont permis d'acquérir et d'exploiter de nouvelles compétences. Ces stages ont été effectués dans différents organismes qui n'ont pas de relation propre avec ma formation actuelle. Cependant, leur diversité m'a permis de découvrir plusieurs aspects des sciences naturelles et exactes débouchant sur un champ extrêmement large de secteurs. Le premier stage s'est déroulé durant une période de quatre semaines (en Janvier 2012) à l'Observatoire Volcanologique et Sismologique de la Martinique (Fonds Saint – Denis). J'ai pu intégrer une équipe de chercheurs qui menait des études physico – chimiques de l'activité volcanologique et sismologique de la Montagne Pelée (Morne – Rouge). L'année suivante (en Avril et Mai 2013), j'ai intégré une autre équipe au Centre Technique de la Canne et du Sucre. Nous étions chargés du suivi de fabrication du rhum dans les différentes distilleries de la Martinique (par exemple Neisson, La Mauny).

Toutefois à la fin du Master (M1) Physique – Chimie, je n'ai pas eu d'hésitation concernant le choix de mon master 2. Il s'est très vite porté sur les Énergies Renouvelables dans la mesure où ce secteur nécessite de nouvelles améliorations, de la recherche et d'exploitations nouvelles et reste encore en France (mais surtout en Martinique) très peu exploité. C'est avec les félicitations du jury que j'ai été diplômée en Master 2 Énergies Nouvelles et Renouvelables (ENR) à l'Université de Nantes. C'est tout naturellement que j'ai décidé de poursuivre ma formation scientifique en doctorat en Physique – Chimie. Je souhaitais à l'issue de cette formation, apporter des connaissances utiles au développement économique, technologique voire écologique de mon île natale.

Malheureusement, après plusieurs entretiens téléphoniques et dépôts de CV dans le secteur, aucune entreprise n'a manifesté l'intérêt à mon projet et à ma candidature. Aussi, les chances que je puisse retourner travailler sur mon île natale devenaient encore plus minces voire nulles.

J'ai rencontré le Professeur des Universités, Philippe JOSEPH, avec lequel j'ai commencé une thèse dont l'intitulé était: «La dynamique des polluants dans les compartiments de l'écosystème: le cas des Petites Antilles». Dans la problématique qu'amenait ce sujet de thèse, je devais intégrer tous les polluants contenus dans l'air, dans l'eau et dans les sols de la Martinique. À l'issue de ces recherches, il aurait fallu élaborer des solutions pour améliorer la qualité de ces éléments (air, eau et sols) sur le territoire martiniquais.

Seulement, après un an de travaux sur le sujet, le manque de matériels et d'informations et l'initiation à la botanique et à l'écologie ont conduit à un nouveau sujet de recherches: «Quelques caractéristiques écologiques des espèces végétales potentiellement invasives: le cas à la Martinique». Issue d'un parcours scientifique en physique – chimie, j'ai dû suivre une formation accélérée en botanique et en écologie pour accomplir tout ce travail de recherches. Ces cours ont été réalisés à l'École de Botanique du Marin. Ils ont été assurés par le Professeur Philippe JOSEPH. Il proposait en parallèle de la formation de botanique, une formation en écologie et en biogéographie. J'ai dû me montrer persévérante et j'ai travaillé très dur pour pouvoir atteindre un niveau équivalent aux autres doctorants du laboratoire dans ces secteurs. En effet, ils (doctorants) avaient tous suivi un cursus en géographie ou en SVT (Science Vie et de la Terre) et avaient eu comme directeur de recherches le Professeur Philippe JOSEPH. Je peux désormais analyser une formation végétale et définir son stade d'évolution.

La réalisation de ce travail a été l'objet de nombreuses années de recherches et l'acquisition de nouvelles compétences (botanique, écologie et biogéographique). La thèse est loin d'être un travail solitaire. Tout ce travail n'aurait pas été possible sans l'aide de ceux à qui je voudrais témoigner toute ma reconnaissance.

Remerciements

Il est donc important pour moi de remercier toutes les personnes qui ont contribué au succès de ma thèse de doctorat.

Merci à mes amis, nettement plus impatients que moi et dont les questions récurrentes «quand est – ce que tu soutiens ta thèse?» ou «quand est – ce que tu termines?» ou «il te reste encore combien de temps avant de soutenir?», aussi pénibles qu'angoissantes m'ont permis de ne jamais oublier l'objectif que je me suis fixée depuis des années.

Merci à Audrey (Nounouch), Laurence (Titoune), Elodie (Bwa lélé), Sonia (Soso), Marina, Esther, Erika (Tika), Sabrina, Noëlla, Hérald, Yvelle, Emmanuelle (Manounette), tous mes ami(e)s qui m'ont soutenue et encouragée de près comme de loin dans cette épreuve. Bien sûr, l'ordre dans lequel apparaissent vos noms n'est pas significatif.

Merci pour l'amour et l'énergie que vous me donnez constamment.

Je tiens à remercier Monsieur Philippe JOSEPH, Professeur des Universités, pour avoir accepté l'encadrement de ce travail et qui en tant que directeur de thèse, s'est toujours montré à l'écoute, ainsi que pour le temps qu'il m'a consacré et pour la confiance qu'il m'a manifestée tout au long de ces années de thèse. J'aimerais également qu'il sache à quel point je lui suis reconnaissante des diverses activités (participation au Cénacle 2019, publications d'articles dans des revues internationales, missions de recherche) auxquelles j'ai pu participer durant ces années de thèse. Il m'a d'ores et déjà assuré qu'à l'issue de mon Doctorat, il m'appuiera mon dossier en vue de mon insertion professionnelle.

Il m'est très agréable de témoigner de ma reconnaissance et de ma gratitude à toute l'équipe (Kévine BAILLARD, Jean – Philippe CLAUDE, Séverine ELY – MARIUS, Lionel HIREP, Yanis JEAN – FRANCOIS, Péguy MAJOR et Stéphane SOPHIE) du laboratoire BIORECA (Biodiversités Risques Écologiques en Territoires Insulaires Caraïbes) de l'UMR Espace – DEV pour les nombreux échanges que nous avons pu avoir lors de séminaires et/ou colloques. Merci à Stéphane SOPHIE, Séverine ELY – MARIUS et à Yanis JEAN – FRANCOIS, doctorants en Écologie, Botanique appliquée et en Biogéographie, qui m'ont parfois accompagnée lors des expéditions à la recherche de nos espèces végétales respectives (espèces du milieu agricole, Melastomataceae, Lauraceae ou espèces potentiellement invasives).

Toutes ces années au sein du laboratoire m'ont permis de me rendre compte de l'intense compétition qui règne au sein des membres d'un groupe de recherches. Cela m'a permis de me surpasser et de gagner en confiance.

Je tiens également à témoigner toute ma reconnaissance aux personnes suivantes, pour leurs paroles, leurs conseils et leurs critiques dans la rédaction d'articles relatifs à cette thèse: Monsieur François RAMADE, Professeur Émérite d'Écologie, d'Écologie de la Conservation, d'Eco – toxicologie et de Zoologie de l'Université Paris XI, Madame Micheline HOTYAT, Professeure de Biogéographie de l'Université Paris IV, et Monsieur Adrian STOICA, Chercheur à l'Institut de Recherches Biologiques de Cluj – Napoca. Sans leur aide précieuse, certaines améliorations à mon projet de recherche n'auraient pas pu être apportées.

Cette thèse n'aurait jamais été possible sans le soutien financier de la Collectivité Territoriale de la Martinique (CTM).

J'adresse mes remerciements à ma famille qui m'a encouragée tout au long de mes années d'études et accompagnée durant mes campagnes d'inventaires. À ma grand – mère, Madame Georges ABATI, pour m'avoir élevée et appris les valeurs essentielles de la vie (respect, sincérité et amour).

À ma mère, Madame Sylvia ABATI pour sa présence et ses encouragements qui a fait de moi celle que je suis aujourd'hui: la Fanm Djok («femme robuste») de l'île de la Martinique qui est prête à franchir les frontières (géographique, du savoir et de l'apprentissage). Telle une espèce invasive j'ai dû m'acclimater afin de pouvoir grâce aux effets allélopathiques préparer mon doctorat.

À Logan PRIAM qui n'avait aucune compétence en botanique et qui s'est aventuré dans les forêts humides des grands fonds sans craindre la présence du *Bothrops lanceolatus* encore appelé Trigonocéphale.

À mon amie, ma Best Friend For Ever, Claude MOUSTIN qui m'a toujours soutenue durant les bons mais surtout les mauvais moments.

À ma cousine Cathy, qui m'a beaucoup appris sur les défis à relever dans les relations humaines. Elle a su à travers son expérience personnelle me permettre de faire un grand travail sur moi – même et me faire prendre conscience de nombreux aspects de la vie.

À mon père, Monsieur Jean – José BAZILIE pour sa relecture et ses conseils pertinents. Papa, je ne te remercierai jamais assez d'être toujours là pour moi et de me pousser au – delà des barrières que je crée autour de moi. À mes frères Yourann et Yanaé – Younsi qui malgré leur jeune âge ont su faire preuve de beaucoup de maturité dans les forêts dans lesquelles nous nous sommes aventurées.

Je tiens encore à remercier ma famille pour leur amour et leur soutien constant. C'est la source dans laquelle je me nourris pour puiser mes forces, le roc sur lequel je m'appuie lorsque je suis fatiguée et le vent qui me conduit dans la bonne direction quand je doute de moi. Je leur dédie cette thèse.

Résumé

Le développement économique (industrialisation, échanges commerciaux) et social (accroissement des besoins humains) représente une menace importante pour la biodiversité. Il a conduit à l'introduction d'espèces végétales dans de nouveaux territoires. En franchissant les barrières écosystémiques (environnementale, reproductive et de dispersion), certaines d'entre elles parviennent à devenir invasives. Les invasions biologiques sont la cause de l'extinction d'un grand nombre d'espèces végétales (indigènes et/ou endémiques). En Martinique, les forêts font l'objet d'une grande anthropisation qui facilitent l'installation d'espèces introduites dont certaines deviennent potentiellement invasives. Afin de déceler les éventuels impacts de ces espèces potentiellement invasives sur les populations de taxa indigènes, une campagne d'inventaires floristiques a été menée en Martinique. L'objectif principal était de les identifier et d'évaluer leur état d'évolution sur l'île.

Dans le cadre de cette thèse, les recherches bibliographiques (revues scientifiques, rapports, thèses, flores) et les nombreux relevés de terrain menés, nous ont permis de définir leur profil écologique. Les données recueillies ont également été analysées à l'aide d'indices écologiques. Les zones où les espèces potentiellement invasives seraient les plus virulentes ont été déterminées à partir de leurs affinités écologiques en s'appuyant sur des cartes SIG (Système d'Information Géographique).

Cette analyse nous a permis de déterminer la chorologie des espèces potentiellement invasives. Ces taxa colonisent aussi bien les formations végétales naturelles ou non et leur essor dépend fortement de l'activité anthropique. Ils se développent dans tous les étages bioclimatiques (inférieur, moyen et supérieur) et à différents stades d'évolution.

Mots clés: Petites Antilles, Martinique, biodiversité, espèces potentiellement invasives, anthropisation

Abstract

Economic (industrialization, trade) and social (increased human needs) development represents a major threat to biodiversity. It has led to the introduction of plant species into new territories. By crossing ecosystem barriers (environmental, reproductive and dispersal), some of them manage to become invasive. Biological invasions are the cause of the extinction of a large number of plant species (indigenous and / or endemic). In Martinique, the forests are subject to a great deal of anthropization which facilitates the establishment of introduced species, some of which become potentially invasive. In order to detect the possible impacts of these potentially invasive species on the populations of native taxa, a plant inventory campaign was carried out in Martinique. The main objective was to identify them and assess their progress on the island.

As part of this thesis, bibliographic research (scientific journals, reports, theses, flora) and the numerous field surveys carried out allowed us to define their ecological profile. The data collected was also analyzed using ecological indices. The areas where potentially invasive species would be the most virulent were determined based on their ecological affinities using GIS (Geographic Information System) maps.

This analysis allowed us to determine the chorology of potentially invasive species. These taxa colonize both natural and non – natural plant formations and their development is highly dependent on human activity. They develop in all bioclimatic stages (lower, middle and upper) and at different stages of development.

Keywords: Lesser Antilles, Martinique, biodiversity, potentially invasive species, anthropization

Liste des publications et des rapports techniques

- Articles publiés:
  - Abati Y., Baillard K., Joseph P., Ely – Marius S., Jean – François Y., *Ecology of a potentially invasive species in Martinique: Triphasia trifolia,* Journal of Advances in Biology, Volume 9, Number 4, 2017, p 2000 – 2016
  - Abati Y., Joseph P., Baillard K., Claude J. – P., Jean – François Y., Ely – Marius S., Sophie S., Simphor J. – E., Major P., Marc J. – V., *Some aspects of the ecology of a potentially invasive species in Martinique: The case of Dichrostachys cinerea,* International Journal of Science, Volume 9, Number 1, 2020, p 8 – 26
  - Abati Y., Joseph P., Baillard K., Claude J. – P., Jean – François Y., Ely – Marius S., Sophie S., Simphor J. – E., Major P., Marc J. – V., *Some aspects of the ecology of a potentially invasive species in Martinique: The case of Spathodea campanulata,* en cours

- Publications avec les membres du laboratoire BIORECA:
  - Joseph P., Baillard K., Claude J. – P., Abati Y., Ely – Marius S., Sophie S., Jean – François Y., Simphor J. – E., Major P., Marc J. – V., *Regeneration of species of natural flora of the French Antilles under plantation forests of Mahoganis (Swietenia macrophylla and aubrevilleana): first data, the case of Martinique*, New Forests, 2020, 27 p
  - Joseph P., Claude J. – P., Baillard K., Abati Y., Jean – François Y., Ely – Marius S., Sophie S., *Contribution to the knowledge of the phytocenotic diversity of the Lesser Antilles revisiting some old and more recent floristic data,* Open Access Library Journal, Volume 7, 2020, 44 p
  - Claude J. – P., Joseph P., Abati Y., Baillard K., Jean – François Y., Ely – Marius S., Sophie S., Simphor J. – E., Major P., Marc J. – V., *Environments conducive to Coffea liberica in Martinique*, International Journal of Sciences, Volume 8, 2019, p 26 – 37
  - Joseph P., Baillard K., Claude J. – P., Abati Y., Ely – Marius S., Jean – François Y., Sophie S., Major P., Duranty J., Simphor J. – E., Marc J. – V., *The main ecological characteristics of a species introduced to Martinique in a dynamic of invasion: Funtumia*

elastica (Preuss) Stapf (Apocynaceae), Journal of Plant Studies, Volume 8, Number 2, 2019, 18 p

- Joseph P., Baillard K., Claude J. – P., Abati Y., Major P., Duranty J., Sophie S., Ely – Marius S., *The floristic heritage groups of the French Antilles: Operative elements in the planning of natural environments (The example of Martinique),* Journal of Geography and Geology, Volume 10, Number 2, 2018, p 17 – 42
- Joseph P., Baillard K., Claude J. – P., Abati Y., Major P. Duranty J., Ely – Marius S., Sophie S., *The circumlittoral islets of the Lesser Antilles: unique ecosystems (The example of Martinique),* Wulfenia Journal, Volume 25, Number 11, 2018, p 99 – 129
- Ely – Marius S., Joseph P., Sophie S., Jean – François Y., Abati Y., Claude J. – P., Baillard K., *Contribution to the knowledge of the ecological profile of some Melastomataceae of the Lesser Antilles: the case of Martinique*, Journal of Advances in Biology, 2017, p 2108 – 2132
- Joseph P., Simphor J. – E., Baillard K., Ely – Marius S., Claude J. – P., ABATI Y., Jean – François Y., *The Effects of Topography on Martinique's Mesological and Floristic Differentiations: the Case of Morne Carrière (Commune of Vauclin*), Journal of Environmental Science, Toxicology and Food Technology, Volume 11, Issue 1, Ver. III, 2017, p 74 – 96
- Joseph P., Abati Y., *The flower plants introduced in the Lesser Antilles: Martinique's example (general summary of the key data and ecosystem impacts),* IOSR Journal of Environmental Science, Toxicology and Food Technology, Volume 10, Issue 8, Ver. II, 2016, p 88 – 108
- Joseph P., Simphor J. – E., Baillard K., Claude J. – P., Abati Y., Jean – François Y., Ely – Marius S., *Contribution to the knowledge of the Lesser Antilles flora: study of the Case – Navire, naturalistic area of ecological fauna and flora interest (Martinique),* International Journal of Advanced Research, Volume 4, Issue 8, 2016, p 1210 – 1239

- Rapports techniques avec les membres du laboratoire BIORECA:
  - Ely – Marius S., Joseph P., Claude J. – P., Abati Y., Jean – François Y., *Étude floristique et écologique Quartier Morne Blanc, Lieu – dit: La Mélisse – Commune du Diamant*, Rapport Scientifique, 2018, 57 p

- Joseph P., Baillard K., Abati Y., Ely – Marius S., Claude J. – P., Sophie S., Belfan D., *Lieu – dit «Trou Manuel» Commune du Marin (Martinique) Caractérisation écologique des principaux éléments de la flore et de la faune*, Rapport Scientifique, 2018, 84 p
- Joseph P., Claude J. – P., Abati Y., Jean – François Y., *Étude floristique et écologique Bassin Tortue, Commune du Marin,* Rapport Scientifique, 2018, 24 p
- Joseph P. Abati Y., Claude J. – P., Belfan D., Ely – Marius S., Sophie S., *Étude floristique et écologique en vue de la mise en place d'une exploitation de substrats géologiques (Morne Jalouse – Commune du Vauclin)*, Expertise environnementale systémique, 2017, 39 p
- Joseph P., Baillard K., Ely – Marius S., Abati Y., Claude J. – P., Jean – François Y. *Étude floristique et écologique en vue de la mise en place d'une exploitation de substratums géologiques (Morne Carrière – Commune du Vauclin)* Expertise environnementale systémique.
- Joseph P., Baillard K., Ely – Marius S., Abati Y., Claude J. – P., Jean – François Y., *Étude floristique et Écologique ZNIEFF Fond Rousseau/ Morne la Pirogue/ Terreville Délimitation plausible d'une zone Tampon entre la ZAE projetée et la ZNIEFF Case Navire.*

Présentation à des colloques ou des projets de colloque

- Séminaire: «**Les biodiversités**» (16 – 18) décembre 2015; Campus de Schœlcher, Université des Antilles et de la Guyane.
- Colloque pluridisciplinaire: «**Biodiversités et Gestion des Territoires: De la connaissance des Territoires à leur gestion maîtrisée au regard des différentes composantes biologiques**» (6 – 9) décembre 2016; Campus de Schœlcher, Université des Antilles.
- Colloque pluridisciplinaire: «**Espèces introduites: entre bénéfices sociétaux et dangers pour les écosystèmes**» (21 – 24) novembre 2018: SQUASH Hôtel, Martinique.
- Cénacle: «**La Martinique: une histoire entre plantes et hommes**» 3 juillet 2019; 48ème festival de Fort – de – France, Martinique.

Table des matières

I Introduction

Les invasions biologiques sont considérées comme une menace importante pour la biodiversité. En effet, elles constituent la deuxième cause majeure d'érosion de la biodiversité (Powell, et al., 2013; Simberloff, 2003, 2001; Muller, 2000; Williamson, 1996c; Vitousek, et al., 1996; Elton, 1958). Les invasions végétales naturelles se sont produites bien avant l'arrivée de l'homme (Beisel & Leveque, 2010; Pascal, et al., 2006; Vermeij, 2005; Darwin, 1859).

Les invasions biologiques ont des conséquences importantes sur l'économie mondiale; les mesures de contrôle des espèces allochtones coûtent des millions de dollars annuels dans plusieurs secteurs (dont l'agriculture) (Leveque, et al., 2012; Levine, 2008; Venette & Carey, 1998). Elles sont aussi la cause de régression des paysages (perte de la biodiversité), de menace de la flore [*Randia nitida* Rubiaceae (Bernard, et al., 2014; Fiard, 1992)] voire d'extinction d'espèces végétales indigènes (*Oncidium altissimum* Orchidaceae, espèce indigène de Marie – Galante aujourd'hui menacée et peut – être éteinte) (Bernard, et al., 2014; Fournet, 2002; Feldmann & Barré, 1995) ou encore de la dissémination d'espèces végétales et animales hors de leur aire de répartition naturelle (Pascal, et al., 2006; Genovesi & Shine, 2004; Strasberg, 1994).

Les nombreux échanges commerciaux (la mondialisation) ont favorisé l'introduction des espèces (animales ou végétales) (Thévenot, 2013; Joseph, 2006b, 2007). L'homme en modifiant les paysages par la dégradation progressive des forêts naturelles (déforestation des forêts, usage de pesticides) (Lefeuvre, 2013) a contribué à l'expansion de ces espèces introduites (Strasberg, 1994).

Le goyavier de Chine (encore appelé goyavier – fraise, *Psidium cattleianum*), originaire d'Amérique du Sud a été introduit pour ses fruits charnus comestibles dans de nombreuses régions tropicales où il s'est naturalisé (Hawaii, La Réunion, Polynésie française, île Maurice). Aujourd'hui, l'espèce est envahissante en Nouvelle – Calédonie, en Floride et dans d'autres régions du monde et fait partie des 100 espèces les plus envahissantes de l'UICN (Meyer, et al., 2006; Lowe, et al., 2000).

Selon Beauvais et al. (2006) et Fourdrigniez et al. (2008), il semble que les effets du changement climatique tels que les ouragans ou les inondations soient la cause d'introductions d'espèces végétales exotiques. Lors d'évènements cycloniques, des espèces exotiques ont conquis de nouveaux territoires. *Eichhornia crassipes* a envahi en 2009 la rivière Salée ainsi que la rivière de l'Abandon suite aux évènements cycloniques en Martinique. Des espèces végétales aquatiques telles que *Myriophyllum aquaticum* (le Myriophylle aquatique) en Europe (Hussner, et al., 2009) ou *Egeria densa* (l'Egéria), suite à des vagues de chaleur liées au changement climatique ont proliféré et ont par la suite envahi des milieux devenus riches en matières organiques et eutrophisées (Dutartre & Suffran, 2011; Hussner, et al., 2009; Sytsma & Anderson, 1993). La démographie de l'arbuste *Rhodomyrtus tomentosa* (une peste végétale en Polynésie française) à Hawaii a considérablement augmenté après le cyclone Iniki qui a touché l'île en 1992 (Meyer, 2005; Beauvais, et al., 2006).

Le processus d'invasion biologique s'effectue en quatre étapes: introduction, acclimatation – naturalisation et invasion. Le passage d'une étape à une autre nécessite le franchissement de barrières (physique, biologique ou climatique) (Robertson, et al., 2020; Blackburn, et al., 2011; Goudard, 2007; Richardson, et al., 2000). Pourtant, toutes les espèces végétales introduites ne deviennent pas invasives, seule une espèce sur mille parvient à le devenir (Holdgate, 1986; Williamson & Brown, 1986; Williamson & Fitter, 1996). Dès lors, elle y engendre des perturbations écologiques provoquant ainsi des régressions progressives des espèces indigènes (McNeely, 2001b), économiques (Brown & Daigneault, 2014; Thévenot, 2013; Leveque, et al., 2012; Carruthers, 2003; Muller, 2000; Pieterse & Murphy, 1990; Drake, et al., 1989; Mooney & Drake, 1986), sanitaires (risques d'allergies, brûlures, problèmes respiratoires, conjonctivites) (Chauvel & Martinez, 2013; Lavoie, et al., 2013; Dumas, 2011; Tremblay & Lefebvre, 2010; Fumanal, 2007), ou encore environnementales (génétique, communauté, populationnel, réseaux trophiques) (Génin, 2018; Evangelista, 2016; Maurel, et al., 2010; Ainouche, et al., 2003; Ainouche, et al., 2009; Goudard, 2007; Tassin, et al., 2006; Dandelot, 2004; Dandelot, et al., 2005; Levine, et al., 2003; Manchester & Bullock, 2001; Mooney & Cleland, 2001; Kline & Duquesnel, 1996; Vitousek, et al., 1996; Thompson, 1991; Gopal, 1987).

Les renouées [*Fallopia japonica*, *Fallopia sachalinensis* (F. Schmidt) Nakai ou encore *Fallopia x bohemica* (issu du croisement de *Fallopia sachalinensis* et de *Fallopia japonica*) (Grimsby, et al., 2007)] sont des espèces invasives, introduites au XIXème siècle pour l'ornement (Barney, 2006). Ces dernières sont caractérisées par une croissance rapide et sont à l'origine de problèmes économique et écologique (modification des paysages naturels: peuplements monospécifiques). Des mesures de gestion (textes de lois, politiques de sensibilisation) ont été prises pour lutter contre ces pestes végétales (Tassin, et al., 2006; Booth, et al., 2003).

Le milieu aquatique est également affecté par ces phénomènes d'invasion biologique végétale. À la suite d'activités anthropiques de nombreuses plantes exotiques envahissantes se sont répandues dans les cours d'eau (Brundu, et al., 2012). Les jussies (*Ludwigia peploides* et *Ludwigia grandiflora*), la jacinthe d'eau (*Eichhornia crassipes*) ou encore la laitue d'eau (*Pistia stratiotes*) sont des exemples de macrophytes[1] invasives qui représentent une menace potentielle dans le monde entier (Reda & Tewelde, 2017; Tamiru, 2017; Dandelot, 2004; Dandelot, et al., 2005; Tessema, et al., 2003; Pieterse & Murphy, 1990). Ces espèces ont tendance à former des tapis monospécifiques dans les eaux douces qui affectent et menacent d'extinction les organismes environnants (Menozzii, 2010; Dandelot, et al., 2005; Parsons & Cuthbertson, 2001; Lowe, et al., 2000; Gopal, 1987; Holm, et al., 1977).

À cause de ces phénomènes d'invasion majoritairement liés à l'anthropisation, bon nombre d'îles connaissent une perte progressive de leur capacité de résilience écosystémique. Tahiti est un exemple d'îles, dont les 2/3 sont recouverts par une peste végétale arbustive *Miconia calvescens* Melastomataceae surnommée cancer vert (Meyer, 1993, 1994, 1996; Meyer & Florence, 1996; Gaubert, 1992).

La Martinique ainsi que d'autres territoires insulaires [Tahiti, Polynésie française, (Larrue, et al., 2014; Joseph, 2009; Meyer, 1993, 1994, 1996; Meyer & Florence, 1996; Meyer, et al., 2006)] sont très sensibles à ces phénomènes d'invasion (Sax & Gaines, 2003; Vitousek, et al., 1996; Elton, 1958). Ils sont beaucoup plus vulnérables aux espèces invasives que les terres continentales (Cronk & Fuller, 2001; Lonsdale, 1999; D'Antonio & Dudley, 1995; Kruger, et al., 1989). L'acclimatation d'espèces exotiques dans un lieu donné peut parfois passer inaperçue. Et sur 1/1000 des cas, une de ces espèces extérieures parvient à devenir invasive (Williamson, 1996c). Les espèces invasives colonisent les milieux naturels et majoritairement les milieux semi – naturels

[1] Plantes aquatiques visibles à l'œil nu

(formations végétales secondaires) anthropisés (Chauvel & Cadet, 2010; Zalba & Villamil, 2002).

La flore des Petites Antilles comprend 3 200 espèces végétales appartenant à 200 familles (Fournet, 2002; Howard, 1979). En Martinique, on compte environ 1 536 espèces indigènes et 236 espèces naturalisées qui se comportent pratiquement en indigènes et 15 d'entre elles sont des espèces potentiellement invasives (Joseph, 2006a, 2007, 2011, 2012).

La végétation locale a enregistré un apport considérable au 17ème siècle lors de la colonisation, conduisant à de nombreux échanges floristiques entre les différentes régions du monde (Joseph, 2006b, 2009; Joseph & Abati, 2016; Joseph & Baillard, 2017). La majeure partie des végétaux a été introduite volontairement et/ou involontairement d'Amérique centrale, des Grandes Antilles et du Nord de l'Amérique du Sud (Joseph, 2017b). Leurs usages étaient divers (besoins alimentaires, bois, agriculture) (Joseph & Abati, 2016; Fournet, 2002), mais la plupart d'entre eux étaient utilisés comme plantes médicinales (Joseph, 2017b; Duplouy & Meyer, 2004).

La Martinique est un écosystème insulaire qui dispose d'une diversité biologique remarquable. Pourtant, cette biodiversité fait l'objet de nombreuses pressions dont l'anthropisation, le changement climatique, mais aussi celles des espèces végétales allochtones qui conduisent à une grande vulnérabilité et une fragilisation des biotopes et des biocénoses.

Toutefois, depuis plusieurs années, certaines de ces espèces végétales introduites se sont avérées être invasives. Elles sont en effet, en concurrence avec les espèces autochtones et/ou endémiques et créent des perturbations écosystémiques afin d'utiliser au mieux les conditions du milieu (nutriments, eau, ensoleillement) (Kline & Duquesnel, 1996).

Les études sur les espèces végétales exotiques envahissantes font l'objet de plusieurs années de recherche. Le professeur Philippe Joseph est l'un des premiers à en étudier le phénomène aux Petites Antilles particulièrement en Martinique (Joseph, 1999, 2006a). Ses travaux de recherche lui ont permis de répertorier une dizaine d'espèces végétales qualifiées de potentiellement invasives en Martinique (Joseph, 2006a, 2009, 2012; Joseph & Abati, 2016). L'analyse de ses travaux lui a permis d'établir le profil écologique ainsi que les potentialités d'invasion de chacune de ces espèces.

Ces espèces se développent dans les milieux xérophiles[2], mésophiles[3] et/ou hygrophiles[4] des habitats instables et/ou modifiés par l'homme (champs cultivés, bords de route, zones ouvertes et les zones à déclivité). Elles ont tendance à former des peuplements monospécifiques. Le milieu naturel résiste mieux aux invasions lorsqu'il est peu perturbé et bien structuré (Joseph, 2004, 2006b, 2007, 2009; Tassin, 2008; Tassin, et al., 2006). Le dysfonctionnement de l'écosystème est la résultante de la prolifération des espèces invasives (Joseph, 2006a, 2009).

Bien qu'aujourd'hui, la Martinique ne semble pas autant affectée par les invasions biologiques végétales (Joseph, 1997, 2006a, 2009) que d'autres îles tropicales, dont la Polynésie française (avec *Miconia calvescens* Melastomataceae (Meyer, 1994, 1999; Meyer, et al., 2006) ou encore Wallis et Futuna (avec *Clidemia hirta* Melastomataceae), il nous semble intéressant d'étudier les espèces potentiellement envahissantes dans les différents étages de végétation de la Martinique. En effet, ces espèces ont la particularité d'augmenter en nombre leur population dans des milieux régressifs dominés par des espèces indigènes secondaires. La majeure partie de ces invasions découle des activités liées à l'horticulture (Joseph, 2017b; Fournet, 2002), l'élevage ou de sylviculture (Reichard & White, 2001; Weber, 1997).

Au vu du développement précédent:

- Quelles sont les différentes espèces potentiellement invasives en Martinique?
- Quelle est la répartition actuelle de chacune des populations des espèces potentiellement invasives?
- Quelles sont leur écologie ou les caractéristiques de leurs traits de vie?
- Quelles sont les potentialités d'invasions futures de ces espèces dans les biotopes?
- Quelles espèces naturalisées pourraient se révéler potentiellement invasives en Martinique?
- Quels moyens devrons – nous utiliser pour limiter leur expansion?

Pour répondre à toutes ces questions, nous avons réalisé plusieurs inventaires floristiques au sein de formations végétales se trouvant à des stades

---

[2] 0 – 200 m d'altitude et une pluviométrie inférieure à 1 500 mm d'eau/an (Joseph, 2012)
[3] 250 – 500 m d'altitude et une pluviométrie comprise entre 1 500 – 2 500 mm d'eau/an
[4] 500 – 1 300 m d'altitude et une pluviométrie comprise entre 2 500 – 4 000 mm d'eau/an voire plus (Joseph, 2011)

dynamiques différents. Nous répondrons à toutes ces questions dans ce mémoire de recherche.

Le travail de recherche de cette thèse est basé sur l'écologie des principales espèces potentiellement invasives en Martinique. Pour cela, l'un des objectifs premiers est d'évaluer leur importance écosystémique afin d'établir une base de données à partir des descripteurs suivants: type de biotope (xérophile, mésophile, hygrophile), type physionomique (herbe, arbrisseau, arbre), périodes de fructification et de floraison (phénologie). À l'aide des données engendrées par ce travail de recherche, nous essayerons de décrypter le profil écologique des espèces envahissantes. Ce qui nous permettra de prévoir leur comportement futur et notamment les régions biogéographiques susceptibles d'être envahies.

Nous avons étudié les caractéristiques biologiques et morphologiques de l'ensemble des espèces potentiellement invasives. Toutefois, dans le cadre de cette étude, nous nous sommes particulièrement intéressés aux espèces ligneuses (comprenant les arbres, les arbustes, les lianes) et aux herbacées terrestres.

Cette thèse sera présentée en quatre parties. Dans un premier temps, nous ferons le bilan de ces années de recherche (articles, revues scientifiques internationales) sur les espèces végétales invasives dans le monde. Ces données seront complétées avec celles observées à l'échelle régionale puis à l'échelle de la Martinique. Dans cette première partie, il sera question de mettre en avant la vulnérabilité des territoires insulaires vis à vis des espèces végétales invasives. Aussi, nous présenterons les principales espèces potentiellement invasives en Martinique: description botanique, statut de ces espèces dans leur aire d'origine afin de comprendre la dynamique d'invasion de chacune de ces espèces.

En seconde partie, nous présenterons l'objet d'étude ainsi que le lieu d'étude (bioclimat, type de végétation, type de sol). De plus, dans cette section, nous dresserons les étapes de la méthodologie appliquée dans le cadre de cette étude.

La troisième partie sera consacrée à la présentation des résultats obtenus issus de relevés floristiques. Tous ces éléments nous permettront de définir globalement le profil écologique des espèces végétales potentiellement envahissantes et de réaliser des cartes plausibles de colonisation.

En quatrième partie, nous interpréterons les principaux résultats obtenus afin de mieux appréhender le processus d'invasion des espèces végétales en milieu insulaire: cas de la Martinique. Nous proposerons également dans cette partie quelques perspectives d'avenir ainsi que des moyens envisageables pour contrôler l'évolution de ces espèces végétales à l'aide de méthodes développées dans le monde.

Enfin, dans la partie Annexes, seront communiquées toutes les informations qui ont été nécessaires à l'élaboration du bilan de la recherche présenté en première partie.

Mots clés: espèces potentiellement invasives, Petites – Antilles, Martinique, hotspots, anthropisation, réchauffement climatique, résilience, biodiversité, SIG.

II Bilan de la recherche

À l'issue de ce mémoire, nous avons souvent employé les termes «espèces (végétales) invasives» ou «plantes invasives». Nous avons considéré ces derniers comme étant les synonymes «d'espèces (végétales) exotiques envahissantes» ou de «plantes exotiques envahissantes» (Thévenot, 2013; Richardson, et al., 2000).

II.1 Histoire et Origine de l'invasion à l'échelle globale

Les invasions biologiques sont des phénomènes naturels qui existaient bien avant l'arrivée de l'homme (Beisel & Leveque, 2010; Pascal, et al., 2006; Vermeij, 2005; Darwin, 1859). Elles se produisent lorsqu'un organisme quelconque apparaît dans une région située hors de son aire de répartition naturelle (Williamson, 1996c). Lors des grands changements géologiques et climatiques de la planète, les barrières écologiques qui limitaient la distribution des espèces (animales et/ou végétales) ont été levées et/ou ont conduit à l'apparition de nouvelles barrières. Les espèces les plus aptes à occuper des espaces écologiquement favorables étendent leurs populations et se développent tandis que d'autres réduisent les leurs ou s'éteignent progressivement (Beisel & Leveque, 2010; Joseph, 2007).

Les invasions endogènes encore appelées invasions naturelles sont des processus de la dynamique spatiotemporelle des écosystèmes végétaux. À la suite de perturbations d'origines naturelles, la diversité végétale confère à l'écosystème une grande plasticité et lui permet également une restructuration de ce dernier (Joseph, 1997, 2006a, 2009).

Si autrefois, ces phénomènes d'invasion se produisaient naturellement, l'homme, par la suite, a contribué de façon intentionnelle ou non à la modification de l'écosystème. L'anthropisation est l'une des premières conséquences de l'état de la végétation actuelle. Ce phénomène a débuté par l'utilisation des ressources naturelles puis s'est amplifié par l'exploitation progressive de celles – ci. Les espèces des agrosystèmes sont des espèces allochtones utilisées essentiellement pour l'alimentation (l'igname (*Dioscorea sp.*), la patate douce (*Ipomœa batatas*), la banane (*Musa sp.*), le fruit à pain (*Artocarpus altilis*), la canne à sucre (*Saccharum officinarum*) et bien d'autres espèces végétales).

La sédentarisation de la population et l'évolution de leur mode de vie ont conduit à une augmentation des surfaces destinées à la production (plantations, zones d'exploitations agricoles, élevage). Pour répondre à de nouveaux besoins, l'homme importe et plante des végétaux pour la médecine, la production de papiers, de fibres ou d'énergie. La culture de ces derniers a provoqué une forte réduction des paysages environnementaux et une régression des forêts climaciques (Joseph, 1999, 2002, 2009).

Bien plus tard, l'essor de jardins, d'espaces verts et de l'horticulture a permis d'introduire des espèces ornementales des pays tropicaux et tempérés. Ces espèces présentaient un intérêt considérable pour leur beauté mais aussi leur rareté. Cependant, cet aménagement floristique a eu un impact négatif du point de vue environnemental mais également sanitaire et économique. Il est souvent associé à une consommation abusive en eau, en pesticides, en engrais et/ou en désherbants. Tous ces moyens de lutte contre les mauvaises herbes ont fortement endommagé les écosystèmes (appauvrissement des ressources du sol) (Joseph, 1999, 2009; Van der Werf, 1996).

Les moyens de transport (avions, bateaux, création de routes) ont eu aussi comme conséquence la perte de résilience écosystémique et la diminution de la richesse floristique. En effet, lors des échanges commerciaux entre continents, de nombreuses espèces ont été introduites malencontreusement (Joseph & Abati, 2016; Joseph, 2009).

Toutes ces activités (transports de marchandises, conquête de nouveaux territoires, production agricole) depuis l'époque précolombienne jusqu'à nos jours ont favorisé la dissémination d'espèces aquatiques et/ou terrestres (animales et végétales) à la surface du globe et ont permis la naturalisation et de la diffusion d'espèces exotiques (Monty & Mahy, 2009; Cronk & Fuller, 2001; Reichard & White, 2001; Weber, 1997).

En France, on compte 4 200 espèces végétales indigènes. 440 des 4 600 espèces végétales en France sont des taxa naturalisés ce qui correspond à 9,4% de la flore totale du territoire Ce chiffre est nettement plus élevé dans les territoires insulaires. En effet, on dénombre 861 espèces naturalisées à Hawaii (soit 47,4% d'espèces naturalisées) ou 1 000 taxa aux Iles Fidji (soit 38,1%) (Muller, 2000; Vitousek, et al., 1996).

Parmi les espèces exotiques, certaines d'entre elles franchissent une succession de barrières pour envahir un écosystème (Pascal, et al., 2006; Richardson, et al., 2000). Les chercheurs (Cronk et Fuller, Williamson et al., Pyšek et al., Muller, Colautti et MacIsaac) se sont donc intéressés à tous les processus permettant aux espèces exotiques de coloniser les nouveaux territoires. Cet intérêt a fait l'objet de plusieurs définitions caractérisant le statut ou encore le niveau d'invasion de l'espèce. Les définitions attribuées aux espèces invasives varient à l'échelle mondiale selon les auteurs (Muller, 2004; Pyšek, 1995; Pyšek, et al., 2004; Cronk & Fuller, 1995, 2001; Williamson & Fitter, 1996a, b). Elles font l'objet de nombreuses controverses (Menozzii, 2010) dans la littérature (articles, revues, dictionnaires), dans la communauté scientifique, mais également au niveau de la population. Ce manque de clarté a été observé à la fois entre les termes définissant le statut ou le stade d'invasion des espèces mais aussi lorsqu'il s'agit de prendre en compte la notion d'impacts des espèces invasives sur l'écosystème. Il concerne les termes invasifs, naturalisés, allochtones, indigènes.

De nombreux abus de langage existent encore dans les propos tenus par la population ou les médias. En 2011, de nombreuses algues sargasses (*Sargassum sp* de la famille des Sargassaceae) ont échoué sur différentes plages des îles de la Caraïbe. Ces espèces ont été qualifiées d'espèces invasives alors que ce sont des taxa qui disposent d'une forte capacité de prolifération. Le fait que la présence d'une espèce (ou population d'espèces) n'est pas souhaitée dans un périmètre ne fait pas d'elle une espèce (ou population d'espèces) nuisible. Il est à noter qu'une espèce exotique peut subsister pendant une longue durée dans son milieu d'accueil sans pour autant devenir invasive (Flippi & Aronson, 2010; Colautti & MacIsaac, 2004; De Wit, et al., 2001).

Certains auteurs se sont donc employés à rectifier ces incohésions au niveau des mots précédemment énoncés (invasifs, naturalisés, allochtones, indigènes) et à définir le statut d'une espèce végétale dans une région donnée (Pascal, et al., 2009; Colautti & MacIsaac, 2004; Muller, 2004; Richardson, et al., 2000; Williamson & Fitter, 1996a, b; Cronk & Fuller, 1995; Cronk & Fuller, 2001; Pyšek, 1995, 1998; Pyšek, et al., 2002; Pyšek, et al., 2004; Pyšek, et al., 2009; Pyšek, et al., 2012).

II.1.1 Quelques définitions

Les invasions biologiques sont des phénomènes qui se produisent à l'échelle mondiale. Il est donc possible qu'une espèce «autochtone» ou «indigène», dans une région donnée puisse avoir le statut d'espèce «allochtone» ou «exogène» dans une autre région du monde (Dortel & Geslin, 2016; Joseph, 2006b, 2007, 2012). Il existe également un autre type d'invasion végétale naturelle dans lequel des espèces spécialisées colonisent des zones ouvertes et permettent la restauration d'un écosystème végétal. On parle alors de phénomène d'invasion endogène (Joseph, 2007, 2009, 2012).

II.1.1.1 Statut d'endémisme

II.1.1.1.1 Espèces endémiques

Ce sont des espèces, des genres ou encore des familles d'organismes vivants, localisés sur une aire restreinte. Ces taxa sont propres à cette zone à l'état spontané (sans l'action de l'homme) (Ramade, 2008) et n'existent nulle part ailleurs sur Terre. Ces zones peuvent être des régions, des îles, des groupes d'îles voire des continents. Certains auteurs catégorisent les espèces endémiques en deux groupes: paléo – endémiques et néo – endémiques (Ntore, et al., 2003; Contandriopoulos, 1962).

La plante vivace *Saxifraga florulenta* (ou saxifrage) est une espèce endémique qui se développe uniquement sur le massif montagneux de Mercantour (Lacoste & Salanon, 2001). *Polygala antillensis* est une herbacée de la famille des Polygalacées, endémique de l'île de la Martinique que l'on retrouve dans les environs de la commune de Saint – Pierre (Georges & Le Hir, 2013; Fournet, 2002). L'endémisme peut également être observé à une échelle plus large: *Iguana delicatissima* (encore appelé Iguane des Petites Antilles) réside exclusivement dans les Petites Antilles.

II.1.1.2 Statut d'indigénat

Les auteurs européens décrivent l'indigénat en fonction de deux critères. Ce statut est attribué à des taxa selon leur date d'introduction sur un territoire donné (avant ou après 1 500 ans après J.C.) et/ou une période d'observation de l'espèce dans une même station sur ce territoire (supérieure ou égale à 10 ans d'observations) (Pyšek, 1995; Rejmànek, 1995; Binggeli, 1994; Prach & Wade, 1992).

II.1.1.2.1 Espèces indigènes

Le critère d'indigénat repose essentiellement sur la notion de situation géographique d'un taxon. Cette appartenance à la région ou à la surface donnée [avant le début de la période néolithique (Heywood & Brunel, 2009; Pyšek, 1995; Pyšek, et al., 2009; Webb, 1985)], lui est totalement naturelle, sans l'intervention de l'homme. Ces espèces font référence à des taxa ou à des cortèges floristiques natifs d'un territoire biogéographique ou d'espèces indigènes (ou autochtones) de territoires voisins qui se situent dans la région donnée ou ont migré dans cette zone sans l'intervention de l'Homme (Levy, et al., 2015; Cordier, et al., 2010; Brun, 2007). *Fagus sylvatica* (ou Hêtre commun) est un exemple d'espèce végétale indigène d'Europe (plus précisément des forêts belges).

En Europe, les auteurs catégorisent les espèces indigènes en trois groupes: indigènes au sens strict, les archéophytes et les néo – indigènes (Pyšek, et al., 2009; Toussaint, 2005; Toussaint, et al., 2007).

II.1.1.3 Statut d'exotisme

II.1.1.3.1 Espèces exogènes

Elles sont aussi appelées espèces non indigènes, allochtones, exotiques ou encore introduites. Ce sont des espèces végétales transportées et/ou relâchées de façon accidentelle ou intentionnelle en dehors de leur aire de répartition naturelle ou de dispersion potentielle (Colautti & MacIsaac, 2004). Les causes de ces introductions sont variées. Ces dernières peuvent présenter des impacts notables sur l'écosystème (Haury & Clergeau, 2014; Cans & De Klemm, 1998; Verlaque, 1994). On en distingue deux types: les introductions volontaires et les introductions accidentelles (Tableau 1).

Tableau 1: Vecteurs d'introductions volontaires et/ou accidentels d'espèces animales ou végétales (Burgiel et al., 2005)

Introductions volontaires		**Introductions accidentelles**
Introductions directes dans l'environnement	**Introductions après culture ou captivité**	
Agriculture	Évasions de jardins botaniques	Fret maritime et aérien
Foresterie	Jardins privés	Eaux de ballast
Horticulture	Jardineries	Coque des navires
Élevage	Zoos	Véhicules personnels
Lâcher de poissons	Élevage d'animaux	Engins de transport et de construction
Lâcher de mammifères	Apiculture	Denrées agricoles
Chasse	Aquariums	Semences
Contrôle biologique	Nouveaux animaux de compagnie	Matériaux de construction (terre, gravier, sable)
Amélioration des sols	Unités de recherche	Bois
Développement agricole		Matériaux d'emballage
		Courrier postal
		Déchets

II.1.1.3.1.1 Introductions involontaires

Il s'agit de plantes qui se développent hors de leur aire naturelle grâce à l'activité humaine. La majeure partie de ce type d'introduction d'espèces végétales s'est produite lors de transport de marchandises, par voie maritime ou aérienne ou routière. Bon nombre de graines végétales sont dispersées inopportunément par l'intermédiaire de pneus des véhicules routiers (Kowarik & Von der Lippe, 2007; Carlton & Ruiz, 2005) le long des routes, des rails ou encore des pistes. Par ce biais, des espèces étrangères (plantes et animaux) ont franchi de nouvelles frontières. Le déploiement des activités de transports a favorisé l'expansion d'espèces végétales envahissantes dans de nouveaux habitats. *Ambrosia artemisiifolia* encore appelée Ambroisie à feuilles d'armoise est une herbacée de la famille des Astéracées, originaire d'Amérique du Nord. Elle a été introduite en France en 1863 dans un lot de semences fourragères contaminées ou dans des ballasts où elle s'est rapidement naturalisée et est devenue envahissante (Fumanal, 2007; Bonnot, 1967).

II.1.1.3.1.2 Introductions volontaires

Ce sont des plantes indigènes d'un territoire donné ou non indigènes de ce dernier, qui ont été prélevées par l'homme où elles poussaient spontanément, puis implantées volontairement dans un espace naturel ou semi-naturel pour répondre à des moyens divers (médical, culinaire, ornemental) (Joseph, 2017b; Duplouy & Meyer, 2004).

La grande majorité de ces disséminations de plantes ont été provoquées pour satisfaire à des besoins alimentaires (*Helianthus tuberosus* ou topinambour), d'autres ont été importées pour la sylviculture (*Robinia pseudoacacia* ou robinier faux - acacia). Des espèces végétales provenant de régions continentales ont été introduites dans les régions tropicales (*Opuntia sp.* en Nouvelle – Calédonie) (Reaser, et al., 2007; Muller, 2000; Gargominy, et al., 1996; Strasberg, 1994, 1995; Macdonald, et al., 1991). D'autres ont été récupérées lors des nombreux voyages et/ou conquêtes de territoires pour l'horticulture (parcs, jardins) comme c'est le cas de *Reynoutria japonica* Polygonaceae (ou encore la renouée du Japon). Ces taxa présentaient des caractères particuliers (beauté des fleurs, capacité d'ombrage, résistance à la sécheresse). C'est le cas de *Miconia calvescens* (Beauvais, et al., 2006; Meyer, 1993, 2005, 2011b) ou encore de *Thunbergia grandiflora* (Meyer & Lavergne, 2004; Jaffré, et al., 2002; Parsons & Cuthbertson, 2001).

II.1.1.3.1.3 Espèces naturalisées

Ce sont des plantes non indigènes qui poussent de manière spontanée ou subspontanée suite à une introduction accidentelle qui parviennent à se développer et qui étendent leurs populations, sans l'intervention directe de l'homme pendant plusieurs cycles de vie (Khuroo, et al., 2008; Toussaint, et al., 2007; Toussaint et al., 2013; Colautti & MacIsaac, 2004; Colautti & Richardson, 2009; Richardson, et al., 2000; Lambinon, 1997).

C'est le cas de nombreux arbres fruitiers [*Anacardium occidentale* Anacardiaceae (famille du manguier *Mangifera indica*); (Joseph & Abati, 2016)] mais également celui de certaines plantes médicinales (par exemple les Astéracées (famille de la camomille) *Emilia fosbergii* et *Epaltes brasiliensis*) (Fournet, 2002).

Psidium cattleianum Myrtaceae (encore appelé goyavier fraise), famille de l'eucalyptus *Eucalyptus globulus* est un arbre fruitier naturalisé en Floride, à Hawaii, en Polynésie, à la Réunion (Sigala, 1998; Huenneke & Vitousek, 1990). Cet arbuste forme des bosquets qui modifient la disponibilité en énergie lumineuse de la végétation locale des forêts tropicales et des régions boisées (Enoki & Drake, 2017; Florens, et al., 2016; Huenneke & Vitousek, 1990).

Toutefois, toutes les espèces exotiques ne sont pas nuisibles. C'est le cas du *Crepidula fornicata* (ou Berlingot de mer), par exemple, est une espèce exotique (ou allochtone) en baie de Brest qui nuit à la coquille Saint – Jacques (*Pecten maximus* famille des Pectinidae) mais participe à la qualité de l'eau par son pouvoir filtrant (Bachelet, 2010). Les espèces végétales exotiques peuvent survivre longuement dans leur milieu d'accueil sans pour autant devenir invasives, ce n'est qu'une population d'espèces à un lieu donné qui est invasive (Flippi & Aronson, 2010; Joseph, 2007, 2009; Colautti & MacIsaac, 2004). Cela se traduit par le fait qu'une espèce peut être invasive et avoir des effets négatifs dans une région donnée ou un lieu donné alors qu'une autre population de la même espèce peut présenter un usage bénéfique dans une autre région sans y présenter de risque (Abati, et al., 2017; Tassin, 2008; Rouget, et al., 2002; De Wit, et al., 2001).

D'après Williamson et al. (Williamson, 1996c; Williamson & Fitter, 1996a, b), une faible proportion des espèces introduites parvient à devenir invasive. L'invasion suit la règle des dix. Cette règle stipule qu'un dixième des espèces introduites s'installent, qu'un dixième d'entre elles se naturalisent et que seul un dixième (soit 1%) de ces dernières deviennent invasives (Munoz, 2010; Anderson & Galatowitsch, 2006; Holdgate, 1986; Williamson & Brown, 1986; Williamson, 1996c; Williamson & Fitter, 1996a, b).

II.1.1.3.1.4 Espèces invasives

Les définitions attribuées aux espèces invasives varient selon les auteurs (Rejmànek, et al., 2002; Williamson, 1996c; Elton, 1958). La notion d'impacts négatifs des espèces invasives sur le fonctionnement des écosystèmes est une modalité prise en compte par certains auteurs.

En 1996, Williamson définit comme invasive, une espèce qui augmente durablement son aire de répartition. D'autres auteurs (Joseph, 2006a, 2009, 2012; Joseph & Abati, 2016; Richardson, et al., 2000a, b) définissent comme exotique envahissante, une espèce exotique qui a franchi une succession de barrières écologiques limitant sa reproduction et qui, dans son nouvel habitat, présente un forte capacité d'expansion. Dans ces définitions, Williamson (1996) et Richardson et al. (2000) ne prennent pas en compte les impacts des espèces invasives sur les écosystèmes, ni les conséquences qu'elles ont sur les processus dynamiques.

Une définition universelle élaborée par l'UICN (Union Internationale pour la Conservation de la Nature) qualifie d'espèce invasive, une espèce exotique (non indigène) dont l'introduction par l'Homme, (volontaire ou accidentelle) menace les habitats, les écosystèmes et leurs composantes. Les conséquences négatives peuvent être écologiques, économiques et/ou sanitaires (UICN, 2000).

Les espèces naturalisées sont considérées comme invasives lorsqu'elles envahissent les écosystèmes au détriment des espèces indigènes ou autochtones et peuvent avoir des effets (écologiques, écologiques et/ou sanitaires) néfastes voire irréversibles sur la biodiversité (McNeely, 2001). Des travaux réalisés plus tard par d'autres scientifiques (Davis & Thomson, 2000; Davis & Thompson, 2001) recommandent d'intégrer ce critère dans la définition des espèces végétales exotiques envahissantes.

Dans le cadre de notre travail de recherche, nous considérerons l'expression «espèce exotique envahissante» comme synonyme à l'expression «espèce invasive». De plus, dans notre étude nous avons fait la distinction entre les espèces présentant une invasion avérée de celles qui présentent une invasion potentielle (Joseph, 2006a, 2009, 2012; Joseph & Abati, 2016).

Le processus d'invasion biologique d'une espèce se présente en une succession de quatre phases (ou étapes): introduction, acclimatation, naturalisation et invasion. Le passage d'une étape à une autre requiert chaque fois que l'espèce franchisse une barrière [géographique (océan, montagne), environnementale, reproductive et de dispersion] avant de pouvoir s'implanter durablement dans l'aire d'introduction et devenir invasive.

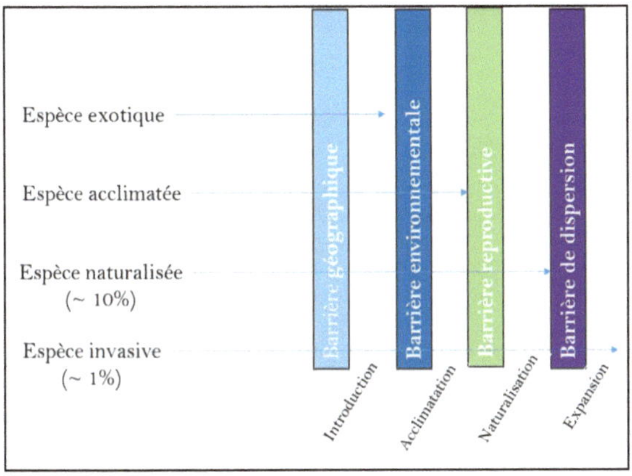

Figure 1: Processus d'invasion d'une espèce exotique – Graphe adapté de (Richardson, et al., 2000)

La première étape est l'arrivée de l'espèce (spore, graine ou individu ou fragments de cet individu) par l'homme de façon intentionnelle ou accidentelle dans un milieu biogéographiquement éloigné de son aire de répartition et dont les conditions écologiques sont propices à son développement. L'espèce doit ensuite parvenir à s'acclimater c'est – à – dire s'adapter aux nouvelles conditions environnementales du milieu d'introduction. Elle forme ainsi une population d'individus adultes et est désormais en mesure d'interagir avec son environnement biotique et abiotique qui vont déterminer le succès de son acclimatation (ou établissement). Par la suite, lors de la phase de naturalisation, l'espèce doit être capable de se reproduire afin de pérenniser ses populations. Enfin, lors de la phase d'expansion, l'espèce pullule dans le milieu d'accueil et devient invasive. Elle engendre des perturbations écologiques et économiques.

La durée relative entre la phase d'introduction et le début de l'invasion est appelée phase de latence (Monty & Mahy, 2009; Pyšek & Richardson, 2008; Richardson, et al., 2000b; Williamson, 1996c; Kowarik, 1995). Cette phase est variable dans le temps; elle peut différer d'une espèce à l'autre en fonction de leur biologie et de l'environnement d'accueil. Celle – ci peut dépendre du temps nécessaire au développement de la population de l'espèce donnée, ou de la durée requise pour qu'elle parvienne à franchir les différentes barrières biogéographiques (Crooks & Soulé, 1999; Kowarik, 1995). Des observations ont montré qu'il semble que la durée de cette phase est plus courte dans les milieux insulaires que dans les sites continentaux (Lonsdale, 1999; Cronk & Fuller, 1995; Elton, 1958).

La Balsamine de l'Himalaya (*Impatiens glandulifera*) est une herbacée terrestre introduite en 1900 (en République Tchèque) qui s'est établie trente ans plus tard et qui est devenue invasive en 1990 (Pyšek & Prach, 1993; Pyšek & Prach, 1995). C'est aussi le cas de la Berce du Caucase (*Heracleum mantegazzianum*) introduite en 1940 en République Tchèque qui a eu une longue période de latence avec des populations relativement réduites et qui, plus tard (après 1990) s'est révélée invasive. La modification anthropique du milieu d'accueil a permis la potentialisation biodémographique de l'espèce (Pyšek & Prach, 1993). *Miconia calvescens* est une plante ornementale introduite à Tahiti en 1937, qui s'est naturalisée et qui est devenue une peste végétale en moins d'un demi – siècle (1970) (Birnbaum, 1994; (Meyer, 1993, 2005; Meyer, et al., 2007; Meyer & Fourdrigniez, 2011).

Espèces potentiellement invasives

Ce sont des espèces naturalisées, ou en voie de naturalisation qui ont un comportement invasif au sein des communautés végétales naturelles ou anthropisées dans la région considérée et/ou dans un territoire présentant des conditions écologiques ou climatiques similaires et, qui pourraient à plus ou moins long terme devenir des espèces invasives avérées (Bousquet, et al., 2016; Quéré, et al., 2011; Magnanon, et al., 2008).

Des études ont montré qu'il était possible de prédire le caractère invasif d'espèces allochtones (Gasso, et al., 2009; Richardson & Pyšek, 2006). La détection de ces phénomènes d'invasion est utilisée en Australie, Nouvelle – Zélande et à Hawaii (Pheloung, et al., 1999). Elle constitue un moyen efficace d'anticiper les invasions et de mettre en place des actions préventives.

Espèces invasives avérées

Il s'agit de taxa allochtones (ou non indigènes) qui présentent, dans leur milieu d'accueil, une dynamique d'expansion rapide. Celle – ci est liée soit à une reproduction sexuée soit asexuée intensive. Ils (les taxa) ont tendance à entraîner des perturbations majeures sur les écosystèmes, la santé humaine mais aussi sur les activités économiques (Bousquet, et al., 2016; Quéré, et al., 2011; Magnanon, et al., 2008).

La verge d'or (*Solidago canadensis*) originaire d'Amérique du Nord (Semple & Cook, 2006) est une espèce végétale horticole importée au 17ème siècle, présente actuellement dans tous les jardins d'Europe (Munoz, 2010; Jakobs, et al., 2004; Weber, 1997, 1998), d'Asie (en Chine (Zhang, et al., 2009; Jin, et al., 2004) et de Nouvelle – Zélande (Lu, et al., 2007). Aujourd'hui, elle est devenue une espèce invasive avérée en Suisse, Autriche, Hongrie, Italie et Allemagne (Follak, et al., 2018). Il en est de même pour l'érable vert (*Acer* negundo) ou encore le séneçon en arbre (*Baccharis halimiifolia*) qui présentent un statut d'espèce invasive avérée dans les eaux douces en métropole (Dutartre, et al., 2012).

Espèces à surveiller

Il s'agit de taxa allochtones ayant, dans d'autres régions du monde un caractère invasif, mais qui ne présentent pas de caractère invasif avéré dans la région considérée. Cependant, le risque que ces derniers développent un caractère invasif dans cette zone ne doit pas être éliminé. Ces espèces doivent faire l'objet d'un contrôle particulier (Magnanon, et al., 2008).

Espèces transformatrices

Les espèces transformatrices [ou «*transformers*» (Pyšek, et al., 2004; Richardson, et al., 2000)] sont un sous – groupe des espèces invasives (ou exotiques envahissantes) qui ont un impact négatif sur les écosystèmes. Ces taxa modifient les conditions écologiques du milieu ou la nature des écosystèmes. Le nerprun bourdaine (*Rhamnus frangula* ou *Frangula alnus*) est un arbuste exotique envahissant qui modifie la structure des formations forestières du Québec en réduisant sur le taux de luminosité disponible pour le développement des espèces indigènes (Hébert & Thiffault, 2014). La renouée du Japon (*Fallopia japonica*) modifie les propriétés des sols qu'elle colonise et réduit drastiquement la diversité des espèces végétales indigènes (Dommanget, 2014).

II.1.2 Traits / Caractéristiques biologiques

Bon nombre d'auteurs ont essayé de déterminer le «profil type» des espèces invasives ou des milieux envahis (Hayes & Barry, 2008; Kolar & Lodge, 2001; Mack, et al., 2000; Drake, et al., 1989). D'autres ont prouvé qu'il était impossible de prédire l'invasion d'une espèce (Fournier, 2018; Kolar & Lodge, 2001; Richardson, et al., 2000; Williamson, 1993, 1994, 1996c; Williamson & Fitter, 1996; Gilpin, 1990) et utilisent des probabilités pour définir les invasions ou des bases de données écologiques (Fitter & Peat, 1994).

En effet, aucune espèce envahissante ne présente les mêmes traits d'histoire de vie (Williamson & Fitter, 1996b) et les sites dans lesquels ces espèces prolifèrent n'appartiennent pas au même stade d'évolution (Drake, et al., 1989). Néanmoins, il existe quelques caractéristiques générales qui permettent de définir les espèces envahissantes (Rejmànek & Richardson, 1996; Baker, 1974). Mais, quoi qu'il en soit, une espèce végétale présentant un ou plusieurs de ces critères n'est pas ou ne deviendra pas obligatoirement une espèce invasive. Néanmoins, l'invasion de cette espèce va dépendre également du déséquilibre de l'écosystème qu'elle envahit (conditions du milieu) (Vanderhoeven, et al., 2006; Vanderhoeven, et al., 2007; Daehler, 2003).

II.1.2.1 Caractéristiques biologiques des espèces végétales invasives

Quelques hypothèses (ou théories) ont été établies afin d'expliquer le succès d'installation des taxa exotiques puis la prolifération de ces derniers dans leur environnement d'accueil.

Lors de leur introduction, les espèces exotiques dans leur milieu d'accueil ne sont pas opposées aux ennemis naturels (agents pathogènes, agents parasitaires ou prédateurs) de leur aire d'origine. Toutefois, les espèces indigènes doivent faire face quotidiennement à ces taxa. Cette première hypothèse appelée «mécanisme de prédation» conduit à l'explosion démographique des taxa exotiques au détriment des taxa indigènes (Dommanget, 2014; Teixeira Alves, 2013; Barbault & Atramentowicz, 2010).

La pression de prédation à laquelle doivent faire face les espèces exotiques se place à une échelle beaucoup plus faible que celle des espèces indigènes. Ces dernières (espèces indigènes) sont sujettes à des prédateurs généralistes (communs aux espèces exogènes), mais auxquels il faut ajouter des prédateurs spécialisés. Ce qui confère aux espèces exotiques un plus grand avantage compétitif (Dommanget, 2014; Teixeira Alves, 2013; Barbault & Atramentowicz, 2010; Sax, et al., 2007).

La compétition entre les espèces végétales pour les ressources naturelles (nutriments, énergie lumineuse, eau) est une autre théorie qui participe grandement à l'établissement des espèces exogènes (Levine, et al., 2003). Durant ce processus, les espèces végétales indigènes et/ou natives sont soumises soit à des interactions interspécifiques directes (Callaway & Aschehoug, 2000) ou indirectes [utilisation de ressources communes (Fargione, et al., 2003)].

La diversité spécifique des communautés végétales est une autre hypothèse qui conduit également au succès des espèces exotiques. Une communauté sera d'autant plus résistante aux invasions biologiques qu'elle sera diversifiée. Autrement dit, une communauté diversifiée aura tendance à occuper toutes les niches vacantes du milieu ce qui limitera voire empêchera le développement d'espèces exogènes (Mack, et al., 2000). Toutefois, cette hypothèse a fait l'objet de controverses dans des communautés végétales naturelles (Levine, 2000; Levine & D'Antonio, 1999; Simberloff, 1995).

Les espèces indigènes, en plus d'être confrontées aux pressions naturelles (prédateurs, lutte pour les ressources naturelles (notamment l'ensoleillement) subissent les effets (interactions allélopathiques) des espèces exotiques (Branquart & Fried, 2016; Bais, et al., 2003) dans leur aire d'origine. Lors de ce phénomène d'allélopathie, les espèces végétales produisent des composés chimiques qui affectent le développement de leurs compétiteurs (plantes ou micro – organismes). *Centaurea maculosa* (ou Centaurée tachetée) dégage depuis ses exsudats racinaires des toxines nocives pour les espèces indigènes. L'allélopathie, autre hypothèse du succès de l'acclimatation de taxa, constitue également un avantage à l'essor des espèces exotiques (Callaway, et al., 2005). En effet, les espèces indigènes et/ou natives deviennent alors plus sensibles aux actions phytochimiques des espèces exogènes et peuvent par la suite être remplacée par celles – ci puisqu'elles n'ont jamais évolué en communautés avec ces taxa exogènes (Callaway, et al., 2005).

Tous ces phénomènes leurs confèrent, une meilleure adaptabilité au milieu d'accueil vis – à – vis des espèces indigènes.

Le succès de leur invasion est lié à plusieurs autres critères. Ces espèces disposent d'une grande aptitude à la dispersion [reproduction (sexuée et/ou asexuée) rapide] et à la colonisation (Heywood & Brunel, 2009; Cadotte, et al., 2006; Joly, 2000; Rejmànek & Richardson, 1996). Cette dispersion rapide est liée à un cycle biologique plus court ainsi qu'à une floraison et une production précoce des semences. De plus, la phénologie de ces espèces est très différente de celles des espèces indigènes [notamment la surface foliaire spécifique (Rejmànek & Richardson, 1996)]: ce qui leur procure un avantage dans la concurrence et la résistance contre les maladies et les nuisibles (Heywood & Brunel, 2009).

II.1.2.2 Caractéristiques biologiques des écosystèmes envahis

La nature du milieu envahi est également un facteur déterminant à l'invasion d'une espèce exotique (Barbault & Atramentowicz, 2010; Joseph, 2006b, 2007, 2009; Mack, et al., 2000). Les milieux présentant des perturbations (sols perturbés ou anthropisés, sols nus) peuvent avoir des origines diverses (disponibilité des ressources dans le sol, variation du pH, variation de l'ensoleillement) qui peuvent conduire à des ouvertures sylvatiques (encore appelées gaps ou chablis).

L'ouverture sylvatique crée des conditions favorables à l'installation de nouvelles espèces, notamment les espèces invasives (King & Grace, 2000; Diggin & Gentle, 1998). En effet, plus un milieu est anthropisé, plus celui – ci est sensible aux invasions de taxa (Davis, et al., 2000; Burke & Grime, 1996).

La disponibilité des ressources (minéraux du sol) du milieu ou du biotope influence fortement les interactions de compétition entre les espèces. L'eutrophisation (ou encore accumulation de nutriments dans un écosystème) favorise l'installation des espèces végétales envahissantes présentant un fort potentiel de croissance (Meerts, et al., 2004; Alpert & Holapfel, 2000). Des études menées en Australie, sur des sols à faible fertilité, ont montré que l'eutrophisation était un facteur indispensable à l'établissement de taxa exotiques. Tous les sites dans lesquels les niveaux de perturbations étaient élevés, présentaient une diversité d'espèces exotiques envahissantes importante alors que celle des espèces indigènes était plus faible. Le contraire était alors observé dans le cas des sites où aucune perturbation n'avait été observée (Lake & Leisman, 2004).

II.2 Origine de l'invasion aux Petites Antilles

II.2.1 Présentation des Petites Antilles

L'arc insulaire des Petites Antilles, d'environ 850 km de long, est constitué d'une vingtaine d'îles principales et s'étend du sud de l'île de la Grenade jusqu'au Passage d'Anegada (Germa, 2008). Les Petites Antilles appartiennent aux arcs ancien [éocène, fin de l'oligocène (– 50 Ma)] et récent (depuis le Miocène) et sont issus d'une subduction intra – océanique (Joseph, 2009; Germa, 2008; Bouysse, 1984; Bouysse, et al., 1988; Bouysse, et al., 1990) de la croûte océanique à l'océan Atlantique. L'arc ancien a permis l'émergence lors de son activité de l'éocène à l'oligocène d'îles à recouvrement calcaire (Germa, 2008; Bouysse, 1984; Bouysse, et al., 1988).

À l'arc récent se sont bâties les Antilles volcaniques qui sont constituées du nord vers le sud des îles de Saba, Saint – Eustache, Saint – Kitts, Nevis, Montserrat, Guadeloupe (La Désirade, Marie Galante, îles des Saintes), Dominique, Martinique, Sainte – Lucie, Saint – Vincent, des Grenadines et de Grenade (Germa, 2008; Bouysse, 1984; Bouysse, et al., 1988).

Le concept de «hotspot» ou «point chaud de biodiversité» a été promulgué en 1988 par Norman Myers (Myers, 1988, 1990). Pour qualifier une région de hotspot, cette dernière doit répondre à deux critères principaux. Elle doit dans un premier temps abriter au moins 1 500 d'espèces endémiques et avoir déjà subi une importante destruction (au moins 70%) de son habitat d'origine. À l'issue de ces deux critères, 25 points d'origine névralgique ont été identifiés (Myers, et al., 2000). Cette liste a par la suite été étendue à 34 points chauds (Mittermeier, et al., 2004) et depuis peu à 36 (Noss, et al., 2015). Ces derniers sont caractérisés à la fois par un fort taux d'endémisme, une richesse spécifique élevée ainsi que par un niveau d'anthropisation élevé.

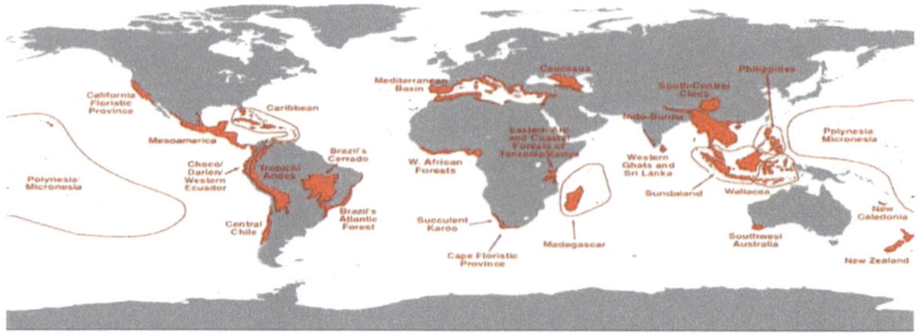

Figure 2: Les 25 hotspots [Figure de «Biodiversity hotspots for conservation priorities», (Myers, et al., 2000)]

Les Petites Antilles comptent environ 3 283 espèces réparties en 2 960 espèces de Phanérogames et 323 espèces de Ptéridophytes. Le taux d'endémisme de la zone est singulièrement remarquable: on relève 12% des Phanérogames et 14% des Ptéridophytes sont endémiques des Petites Antilles (Joseph, 2006b; Joseph & Abati, 2016). 60% des espèces végétales de ces grands phylums sont indigènes ou autochtones. Les autres sont: naturalisées (5,4%), en voie de naturalisation (7,5%), cultivées (23,6%) ou citées et non retrouvées (3,5%) (Joseph, 2006b).

Les différents espaces insulaires qui constituent les Petites Antilles représentent donc une composante importante pour la conservation de la biodiversité des espèces animales et végétales (Joseph, 2006b; Gargominy, 2003; Myers, et al., 2000).

II.2.1.1 Introductions d'espèces végétales aux Petites Antilles

Si, autrefois, les forêts climaciques dominaient dans les Petites Antilles (Joseph, 1997, 2002), les paysages ainsi que la végétation ont subi d'importants changements écologiques (Joseph, 2006b, 2007, 2009). Dans la Caraïbe, l'apparition d'espèces végétales et animales allochtones a commencé par les échanges des amérindiens entre les îles et continents. Aux Antilles françaises, elle s'est poursuivie à la fin du 16ème et au début du 17ème siècle avec l'arrivée des premiers navigateurs (Weber, 1997).

Pour satisfaire leurs besoins alimentaires dans leur nouvel habitat, les premiers colons produisaient essentiellement des végétaux exotiques[5] (le cocotier *Cocos nucifera* originaire des îles du Pacifique, le manioc *Manihot esculenta*

[5] Terme qui regroupe les espèces végétales qui ne sont pas originaires d'une région

originaire d'Amérique du Sud, l'ananas *Ananas comosus* originaire du Brésil) provenant de l'Amérique tropicale (De Bruyn, 2016; Leveque, et al., 2012; Joseph, 2007, 2009).

Plus tard, l'augmentation de la population a conduit à une demande alimentaire beaucoup plus importante. L'utilisation du bois comme moyen de production d'énergie ou dans la construction (ébénisterie, menuiserie) crée des niches écologiques qui permettent le développement populationnel de nouvelles espèces. Outre l'intérêt utilitaire, d'autres espèces végétales ont été introduites pour répondre aux besoins économiques. Les petits jardins exotiques ont laissé place à de grandes plantations monospécifiques d'espèces en provenance d'Afrique, d'Asie et d'Amérique (Joseph, 2006b, 2007, 2009; Joseph & Abati, 2016). Les espèces cultivées sont pour la plupart: la canne à sucre *Saccharum officinarum* (originaire de la Nouvelle Guinée), la banane *Musa sp.*, (originaire d'Inde) le café *Coffea sp.* (originaire d'Éthiopie), la patate douce *Ipomœa batatas* (originaire d'Amérique du Sud) (Joseph, 2006b, 2007, 2009; Fournet, 2002).

Aujourd'hui, l'accroissement des échanges commerciaux d'espèces végétales et/ou animales, l'amplification des activités horticoles sont à l'origine de l'apparition et du développement accidentel ou volontaire des plantes et des animaux. Ces derniers au fil du temps ont élargi leur zone biogéographique. Ces nombreuses activités anthropiques ont fortement perturbé le paysage végétal et ont conduit à la forte régression ou secondarisation des systèmes sylvestres (Joseph, et al., 2003; Joseph, 2011). Elles (ces activités humaines) sont la conséquence de la dégradation des habitats forestiers, des changements climatiques à la surface du globe qui ont eux – mêmes contribué à la propagation de plantes exotiques envahissantes (Pascal, et al., 2006; Strasberg, 1994, 1995).

Ces espèces végétales installées dans leur milieu d'accueil concurrencent les espèces autochtones, entraînant ainsi la perturbation (parfois irréversible) de l'écosystème dans lequel elles se sont installées. Un grand nombre d'espèces autochtones sont en voie de disparition (comme c'est le cas du *Tanaecium crucigerum* Bignoniaceae, endémique de Martinique) ou ont disparu à cause d'espèces exotiques (Fournet, 2002; Bernard, et al., 2014).

Le *Miconia calvescens* (Melastomataceae) est un bon exemple d'espèces végétales exotiques. C'est un arbre originaire d'Amérique centrale qui a été introduit en 1937 à des fins ornementales. Lors de son développement dans les sous – bois mésophiles et hygrophiles de la Polynésie française, il a provoqué la disparition irrémédiable de nombreuses espèces endémiques: plus de 75% soit environ 70 000 ha de l'île (Meyer, 1996, 2000; Birnbaum, 1994). L'espèce menace de disparition cinq espèces du genre *Psychotria* (Rubiacées) de Tahiti (Meyer, et al., 2003; Birnbaum, 1994).

Outre les espèces végétales terrestres, les espèces végétales aquatiques provoquent également des dégâts considérables. En effet, à Madagascar *Nymphaea stellata* et *Nymphaea lotus* sont des macrophytes invasives qui forment des tapis monospécifiques empêchant le développement d'autres espèces (Ranarijaona, et al., 2010).

Les perturbations d'origines naturelles et celles engendrées par l'Homme ont conduit à une diminution considérable de l'écosystème végétal provoquant ainsi une détérioration progressive des milieux.

À l'échelle mondiale, les espèces exotiques envahissantes sont considérées comme la première cause majeure de perte de biodiversité dans les milieux insulaires (Wilcove, et al., 1998).

Les zones les plus touchées par les invasions biologiques sont les milieux insulaires (les îles) (Vitousek & Walker, 1989). En effet, ces milieux, par leur isolement géographique (fort taux d'endémisme) sont particulièrement touchés par ces invasions (Florens, et al., 2016; Reaser, et al., 2007; Tassin, et al., 2006; Paulay, 1994; Vitousek & Walker, 1989; Vitousek, et al., 1995; Carlquist, 1974). Cet isolement géographique a conduit à la formation et au développement d'écosystèmes singuliers. Les espèces végétales et animales du territoire (espèces natives) se sont développées en l'absence de toute prédation et de toute compétition. En effet, ces espèces se sont installées sans stress et n'ont pas développé de moyen de résister aux prédateurs et aux plantes plus concurrentes importées d'autres territoires (principalement venues d'Asie, d'Amérique et d'Afrique) (Fournet, 2002; Joseph & Abati, 2016).

En dépit de leurs surfaces réduites, les Antilles françaises sont biologiquement diversifiées. Sur une superficie terrestre équivalente à 1/5 de celle de la métropole, l'Outremer est un exemple de laboratoires d'espèces (Joseph, 2000, 2006a, 2009). En termes d'espèces endémiques, on y trouve 26 fois plus d'espèces végétales, 3,5 fois plus de mollusques, 100 fois plus de poissons d'eau douce et 60 fois plus d'oiseaux qu'en métropole (Gargominy, 2003).

II.3 Origine de l'invasion en Martinique

Contrairement aux cas internationaux et régionaux que nous avons présentés plus haut, en Martinique, il n'est pas encore question d'espèces végétales invasives comme l'indique dans ses travaux le Professeur Philippe JOSEPH (Joseph, 2006a, 2009) qui parle d'espèces végétales potentiellement invasives. Les espèces végétales autochtones dominent encore dans les formations végétales et l'île nc connaît pas les catastrophes écologiques des îles tropicales du monde (Joseph, 2006a, 2009).

L'île de la Martinique possède une grande diversité floristique (Fournet, 2002; Joseph, 1999, 2009). Cette grande biodiversité lui permet de faire partie des «hotspots» de la Caraïbe. La végétation autrefois forestière s'est enrichie d'espèces végétales allochtones par des introductions d'espèces par les amérindiens, asiatiques et les africains (Joseph, 2006a, 2009). Plus tard, la colonisation par les européens a conduit à une intensification de l'activité anthropique entraînant ainsi une régression de la dynamique végétale.

Les terres fertiles des étages inférieur et moyen ont subi de fortes dégradations notamment avec les plantations de monoculture (canne à sucre, banane) (Joseph, 2002, 2009, 2017b). Toutes ces modifications de l'écosystème ont créé des conditions favorables (destruction des verrous écologiques) au développement d'espèces végétales exogènes qui présentent des capacités plus compétitives (Joseph, 2009; Joseph & Abati, 2016) que les espèces indigènes. L'activité anthropique s'est également développée dans le nord de la Martinique: étage moyen et supérieur. Seules les zones aux reliefs accidentés et aux accès difficiles constituent encore des unités préclimaciques voire climaciques (Figure 3).

Figure 3: Ensembles paysagers d'aujourd'hui en Martinique (Joseph, 2006a)

II.3.1.1 Classification des espèces végétales

D'après la flore de Fournet (2002), parmi les plantes à fleurs, la Martinique compte 3 203 taxa répartis comme suit (Tableau 2 et Figure 4):

Tableau 2: Potentiel floristique de la Martinique (Fournet, 2002)

Espèces indigènes (autochtones)	**Espèces introduites naturalisées (allochtones)**	**Espèces introduites cultivées et échappées de culture**	**Espèces cultivées (anthropophytes)**	**Espèces douteuses**
1 536	236	180	846	405

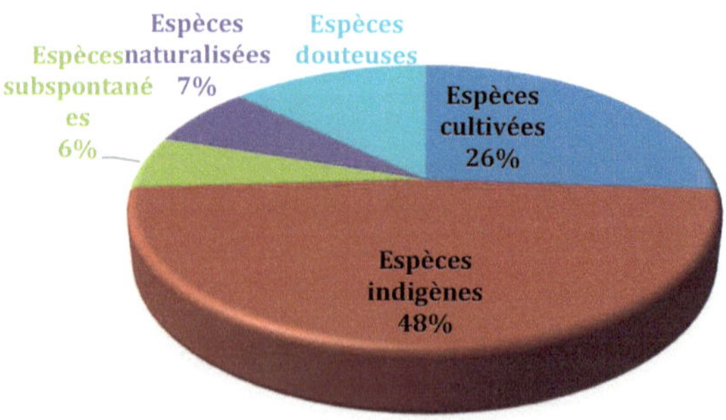

Figure 4: Pourcentage d'espèces végétales dans les Petites Antilles

La majeure partie des espèces végétales de l'île de la Martinique sont des espèces indigènes (48%, soit 1 536 espèces). Ces espèces se répartissent en environ 1 500 genres et 200 familles. 6% d'entre elles sont des espèces subspontanées (ou fugaces) et apparaissent occasionnellement sur l'île. Le nombre exact d'espèces introduites n'est actuellement pas connu: toutes ces espèces ne figurent pas dans les flores des Petites Antilles (Fournet, 2002; Howard, 1979, 1989). On estime que plus de deux cents taxa ont été introduits dans les écosystèmes forestiers des petites îles des Antilles (Joseph, 2006a, 2009). Parmi ces taxons introduits, on distingue 236 espèces introduites naturalisées ce qui représente 7% de la flore de la Martinique (Figure 4). Une grande partie de ces taxa naturalisés provient des pépinières (Saint – Aimé, 2009).

II.3.1.1.1 <u>Espèces naturalisées</u>

II.3.1.1.1.1 Origine géographique

<u>Dicotylédones</u>

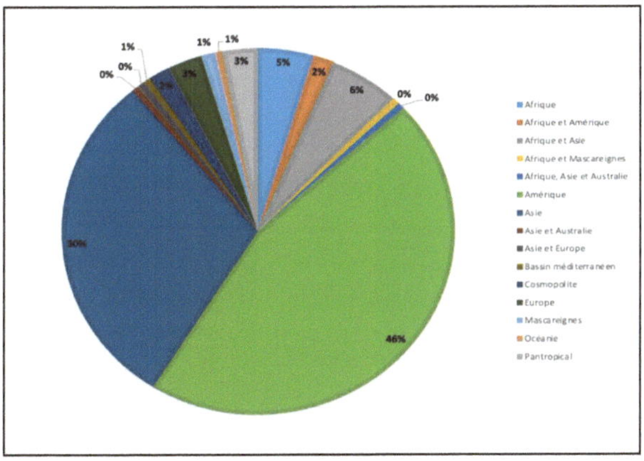

Figure 5: Provenance des dicotylédones naturalisées en Martinique

Les dicotylédones naturalisées de l'île de la Martinique sont inégalement distribuées en Afrique, Amérique, Asie, Australie, Bassin méditerranéen, Europe, Mascareignes ou encore en Océanie. La majeure partie des espèces végétales naturalisées vient d'Amérique (46%, soit 79 espèces) et d'Asie (30%, ce qui représente 52 espèces) (Figure 5).

Monocotylédones

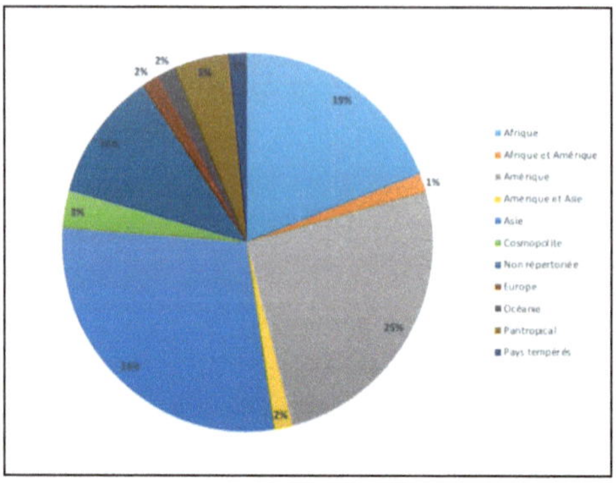

Figure 6: Provenance des monocotylédones naturalisées en Martinique

Chez les monocotylédones, la plupart des espèces végétales naturalisées provient d'Asie (28%, soit 18 espèces), d'Amérique (25%, soit 16 taxa) et d'Afrique (19%, ce qui représente 12 espèces). Ces trois continents correspondent à un total de 72% d'espèces naturalisées. Parmi les 63 monocotylédones naturalisées, 11% (7 espèces) d'entre elles sont non répertoriées et sont considérées comme d'origine inconnue (Figure 6). La majeure partie des espèces végétales introduites et qui se sont naturalisées en Martinique vient d'Asie, d'Amérique voire d'Afrique (Figure 5 et Figure 6) (Joseph, 2009).

II.3.1.1.1.2 Familles

Les espèces naturalisées sont réparties selon 56 familles dont 43 chez les angiospermes dicotylédones et 13 angiospermes monocotylédones.

Dicotylédones

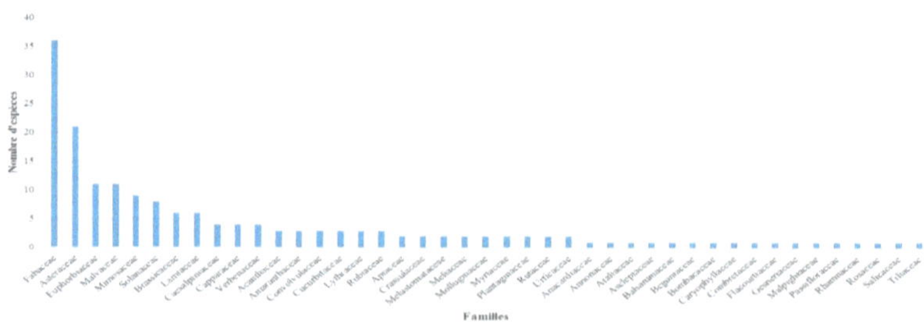

Figure 7: Nombre d'espèces naturalisées par famille chez les Dicotylédones

173 espèces végétales ont été classées comme espèces naturalisées, ce qui représente un total de 73,3%. En termes de nombre d'espèces, les familles les plus représentées sont les Fabacées (36 espèces), les Astéracées (21 espèces), les Malvacées (11 espèces), les Euphorbiacées (11 espèces), les Mimosacées (9 espèces), les Solanacées (8 espèces), les Brassicacées (6 espèces) et les Lamiacées (6 espèces). Ces familles citées préalablement correspondent à la liste effectuée par Heywood (Heywood, 1989) et présentent des mécanismes complexes de reproduction et de dissémination. Les Mélastomatacées (2 espèces), les Rutacées (2 espèces) et les Acanthacées (3 espèces) sont d'autres familles d'espèces pour lesquelles au moins une espèce présente un risque potentiel d'invasion en Martinique (Figure 7).

Monocotylédones

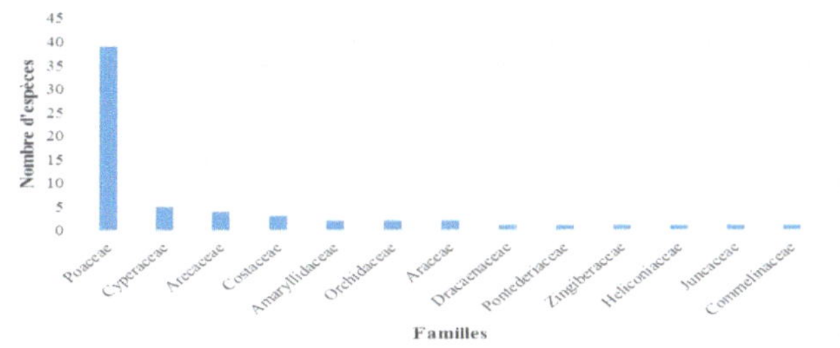

Figure 8: Nombre d'espèces naturalisées par famille chez les Monocotylédones

Chez les Monocotylédones, 63 espèces végétales sont naturalisées (soit 26,7%). En termes d'espèces, les familles les plus représentées chez les Monocotylédones sont les Poacées (39 espèces) dont le bambou (*Bambusa vulgaris*), qui présente une menace pour le paysage végétal. On y retrouve d'autres familles d'espèces, avec un nombre d'espèces beaucoup plus faible, et qui présentent également un risque pour l'écosystème: les Dracénacées (1 espèce), les Pontédériacées (1 espèce), les Aracées (2 espèces) et les Orchidacées (2 espèces) (Figure 8).

Les perturbations naturelles et/ou anthropiques ont favorisé l'installation de nouvelles espèces végétales. Ces dernières ont permis le passage à de nombreux taxa, de la phase d'acclimatation vers la naturalisation. Aujourd'hui, ces taxa devenus potentiellement invasifs, menacent le paysage végétal de la Martinique. L'ensemble des espèces répertoriées dans ce mémoire fait partie d'un travail de prospection dans les forêts naturelles de l'île.

III Matériels

Dans le cadre de ce travail de recherche, les plantes potentiellement invasives en Martinique constituent les objets d'étude. Ce sont des espèces végétales pour la plupart introduites intentionnellement à des fins ornementales (horticulture, pépinières) [telles que *Thunbergia grandiflora* (Liane de Chine) ou *Spathodea campanulata* (le Tulipier du Gabon)] ou encore *Bambusa vulgaris* (le Bambou) pour améliorer les sols. Ces plantes sont originaires d'Asie, d'Afrique ou encore d'Amérique centrale et ont connu leur essor en raison de leur propriété d'embellissement des parcs et des jardins (fleurs attrayantes, rareté, beauté). Actuellement, toutes les espèces mentionnées dans la partie suivante [III.1.8] présentent dans certaines de leur région d'accueil des effets négatifs sur l'écosystème (blocage des stades de la succession naturelle) et représentent une menace au paysage naturel.

Ces plantes de type physionomique différent (lianes, herbes, arbustes, arbrisseaux ou arbres) ont une biologie particulière: elles sont pérennes (Annexe 1), elles ont un mode de reproduction végétatif ou mixte (Annexe 2)] avec une période de floraison qui s'étale sur toute l'année. Tous ces caractères leurs confèrent des capacités d'adaptation supérieures à celles des espèces indigènes. La connaissance à la fois du profil biologique et écologique de ces espèces ainsi que leur modalité d'introduction permettent de comprendre leur processus d'invasion de manière générale en Martinique. Notre étude s'est concentrée essentiellement sur l'île de la Martinique

III.1 Site de l'étude

III.1.1 Localisation

Séparant la mer des Caraïbes de l'océan Atlantique, les Petites Antilles font partie des principaux hotspots de la biodiversité: celui de la Caraïbe (Myers, et al., 2000). La Martinique est une île d'origine volcanique située au centre de l'arc insulaire des Petites Antilles à 14° 40' de latitude Nord et 61° de longitude Ouest (Germa, 2008). Elle se situe entre l'île de la Dominique au nord et l'île de Sainte – Lucie au sud. L'île présente une superficie totale de 1 128 km^2 et est limitée par l'océan Atlantique à l'Est et par la mer des Caraïbes à l'Ouest. Le point culminant de l'île est le Mont Pelée situé à 1 397 m d'altitude.

III.1.2 Climat

III.1.2.1 Température et pluviométrie

Le climat de cette île est de type tropical humide marqué par des températures moyennes annuelles qui varient entre 26 et 28°C et des vents réguliers. Ces vents qui soufflent d'Est en Ouest sont appelés alizés (Venkatapen, 2012; Joseph, 2009, 2012) On distingue deux saisons principales: une saison sèche (encore appelée Carême) qui correspond à la période de sécheresse qui s'étend de janvier à juin et une saison humide (ou Hivernage ou encore saison des pluies) allant de juillet à octobre. Entre chacune de ces saisons principales se trouve une période de transition. Le carême est marqué par une baisse de pluviosité. La période hivernale est caractérisée par une activité convective qui favorise l'apparition de phénomènes cycloniques (tempêtes, ouragans).

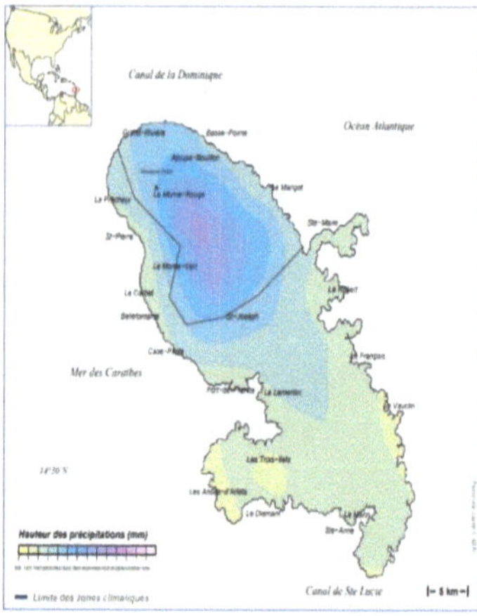

Figure 9: Moyenne annuelle du cumul pluviométrique de l'île de la Martinique (Météo France Antilles Guyane)

Les différents reliefs de l'île sont à l'origine des variations pluviométriques. Ces précipitations orographiques varient du littoral au sommet entre 500 mm (commune de Sainte – Anne) à plus de 6 000 mm (sur la Montagne Pelée et les Pitons du Carbet) d'eau par an (Météo France Antilles Guyane). Sur le sommet de la Montagne Pelée, il tombe 14 000 mm d'eau (Météo France Antilles Guyane).

La côte atlantique ou côte au vent, ainsi que les versants exposés au vent de l'Est sont marqués par une pluviosité relativement importante (4805 mm d'eau en 2017 dans la commune de l'Ajoupa – Bouillon (Météo France Antilles Guyane) et des températures plus faibles (température max: 26°C). Cette côte au vent regroupe dix communes (Ajoupa – Bouillon, Basse – Pointe, Grand' Rivière, Gros – Morne, Lorrain, Macouba, Marigot, Robert, Sainte – Marie et Trinité).

Le nord caraïbe (Prêcheur, Morne – Rouge, Saint – Pierre, Fonds – Saint – Denis, Carbet, Morne – Vert, Bellefontaine et Case – Pilote) est caractérisé par des températures beaucoup plus élevées [température max: 31,9°C en septembre à Saint – Pierre; (Météo France Antilles Guyane)] et à une diminution notable des précipitations [2870 mm d'eau en 2017 dans la commune du Prêcheur; (Météo France Antilles Guyane)] en raison de l'effet de foehn.

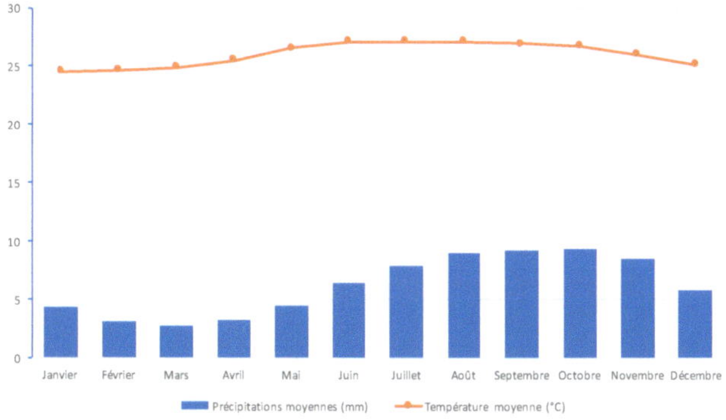

Figure 10 : Diagramme climatique de Martinique (Source: http://www.weatherbase.com)

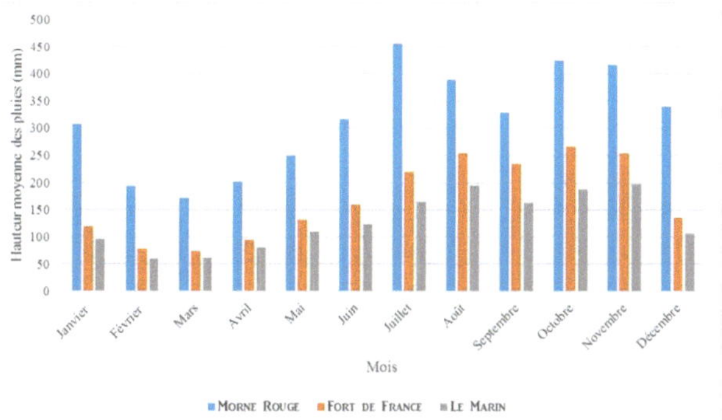

Figure 11: Diagramme pluviométrique dans les communes du Morne – Rouge (nord de la Martinique), de Fort – de – France (centre de la Martinique) et du Marin (sud de la Martinique) [moyennes des précipitations 1981 – 2010, Météo France]

III.1.3 Vents

Ils sont également à l'origine des changements du climat. On distingue trois types de vent (Météo France Antilles Guyane; Portecop, 1979):

- Les alizés

- Les brises
- Les vents issus des systèmes dépressionnaires:
    - Dépression tropicale (vent moyen < 63 km/h);
    - Tempête tropicale (vent entre 63 et 117 km/h);
    - Ouragans ou cyclones (vent moyen > 117 km/h).

Ces vents favorisent dans certains cas, la dissémination des graines des espèces végétales anémochores.

III.1.4 Géomorphologie et géologie

III.1.4.1 Géodynamique

L'île de la Martinique est issue de subduction intra – océanique: la partie océanique de la plaque atlantique plonge sous la plaque Caraïbe (Germa, 2008; Bouysse, 1984; Portecop, 1979). Elle comprend un arc ancien (Éocène et Oligocène) qui s'étend du sud au sud – est (la Caravelle et Sainte – Anne) de l'île et un arc plus récent (Miocène à actuel) au nord (Venkatapen, 2012; Battistini, 1978). Elle est caractérisée par des conditions climatique, géographique conditionnées par des édifices géologiques. Ces édifices définissent une géomorphologie qui contribue à la grande hétérogénéité des biotopes (Joseph, 2011). En effet, cette topographie confère à ces derniers des caractères spécifiques en termes de pluviométrie, de température, de vent et d'insolation.

III.1.4.2 Topographie

L'île de la Martinique est façonnée par de nombreux reliefs (massifs montagneux: la Montagne Pelée, les Pitons du Carbet, le Morne Pitault, la Montagne du Vauclin et le Morne Gardier) représentés comme cinq unités (Portecop, 1979).

III.1.5 Sols

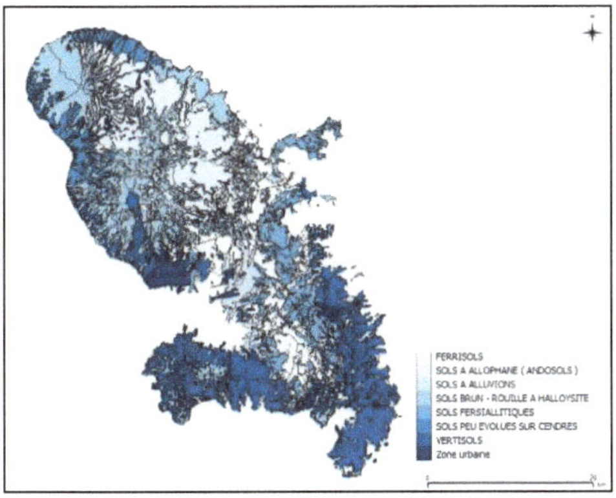

Figure 12: Carte des sols de la Martinique

L'île de la Martinique est également caractérisée par une diversité de sols liée par la multiplicité des climats et des formations géologiques (Venkatapen, 2012; Joseph, 2009, 2012). Des matériaux géologiques, de composition minéralogique et chimique voisine, placés dans les mêmes conditions climatiques peuvent produire des sols présentant des textures très différentes: cendres grossières, ponces, brèches, tufs (divers), coulées (Colmet – Daage & Lagache, 1965; Colmet – Daage, 1969). Les sols de la Martinique sont l'aboutissement de processus complexes qui se distinguent sous l'effet du climat, de la nature des formations géologiques, de la topographie mais également de la végétation (Joseph, 2012; Albrecht, et al., 1992).

On rencontre plusieurs types de sols (sept au total): les ferrisols, les sols à allophane, les sols à alluvions, les sols brun – rouille à halloysite, les sols fersiallitiques, les sols peu évolués sur cendres et les vertisols. Les vertisols se développent dans les zones climatiques sèches marquées par un fort déficit hydrique durant la saison sèche (pluviométrie annuelle inférieure à 1 500 mm). Les sols brun – rouille à halloysite se rencontrent dans les zones où la période sèche est peu marquée et la pluviométrie est comprise entre 1 300 et 2 500 mm. Ils ont un pH compris entre 5 et 6 (Venkatapen, 2012). Les sols à allophane (encore appelés andosols) évoluent dans les régions humides voire très humides avec une pluviométrie annuelle supérieure à 2 500 mm. Les ferrisols et les sols fersiallitiques se forment dans des climats relativement humides grossièrement au niveau de l'étage moyen et à une partie de l'étage supérieur (pluviométrie annuelle entre 1 600 et 3 000 mm) (Colmet – Daage, 1969). Les sols à alluvions sont des sols argileux et facilement inondables. Ils se développent à proximité des cours d'eau (Venkatapen, 2012; Colmet – Daage, 1969). Les sols peu évolués sur cendres se développent le long des pentes des régions à faible pluviométrie (entre 1 000 et 1 300 mm/an) des montagnes du nord (Venkatapen, 2012; Joseph, 2009).

Ces matériaux sont répartis sur l'île de la Martinique selon trois grands ensembles (Joseph, 2012; Venkatapen, 2012; Colmet – Daage & Lagache, 1965):

- Au nord de l'île, les sols se forment sur des projections andésitiques à labradoritiques perméables sableuses ou graveleuses (cendres et ponces) relativement récentes et d'argilisation variable. On y regroupe les sols à allophanes, les sols brun – rouille à halloysite et les sols peu évolués sur cendres et ponces;
- Au centre au sud de l'île, les sols sont issus d'altération de minéraux primaires (roches dures ou de tufs volcaniques anciens). Cet ensemble regroupe les ferrisols, les vertisols (Blanchart, et al., 2000; Albrecht, et al., 1992) et les sols rouges à montmorillonite (ou encore fersiallitiques);
- Dans les fonds de vallée et dans la plaine du Lamentin, les sols alluviaux occupent des surfaces très réduites.

III.1.6 Végétation

L'île possède une biodiversité remarquable provenant des Grandes Antilles, du Nord de l'Amérique du Sud et d'Amérique centrale [Figure 13; (Joseph, 2009)]. On compte environ 3 200 espèces végétales dont 1 536 sont indigènes et 236 sont naturalisées. L'anthropisation a entraîné une réduction des forêts primaires notamment celles du Sud. On y retrouve principalement des formations végétales aux stades secondaires arbustifs, herbacés et préforestiers (Joseph, 2006a, b). Rares sont celles qui présentent encore de hauts niveaux de complexité (par exemple les bas – fonds de la Caravelle, de la Montagne du Vauclin, les hauteurs de Sainte – Luce) (observation personnelle).

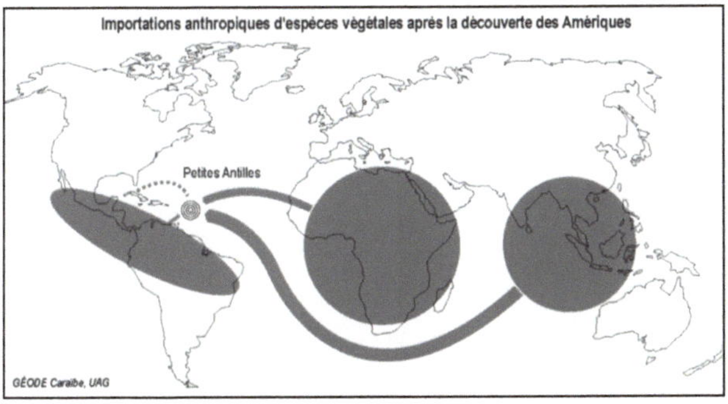

Figure 13: Origine des espèces végétales (Joseph, 2009)

Ces reliefs conditionnent un étagement bioclimatique (différents microclimats), lui – même caractérisé par un type de végétation aménagé du sec à l'hyper – humide.

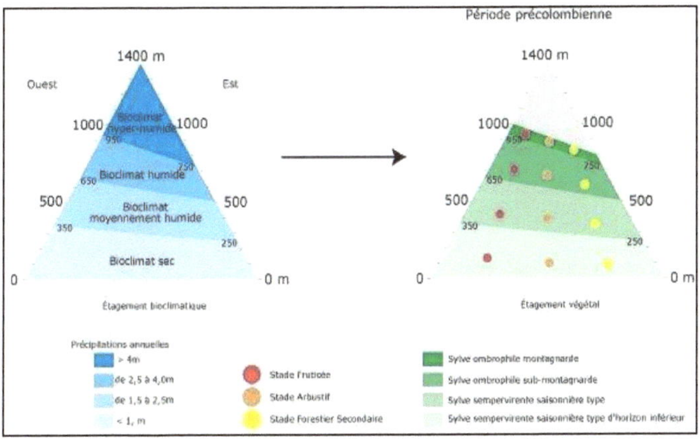

Figure 14: Étagement bioclimatique des Petites Antilles (Joseph, 2011)

Les formations végétales de l'île sont conditionnées par le climat, qui varie selon l'altitude et plus particulièrement par rapport à la pluviosité (Joseph, 2009, 2011, 2012; Portecop, 1979). Les espèces végétales se répartissent selon trois étagements bioclimatiques qui décrivent des potentialités écosystémiques particulières (Figure 14 et Tableau 3) (Abati, et al., 2017; Joseph, 2009).

Tableau 3: Potentialités écosystémiques et bioclimats en fonction de l'altitude et de la pluviométrie moyenne annuelle (Joseph, 2011)

Altitudes	Pluviométries moyennes annuelles	Bioclimats	Potentialités écosystémiques
0 – 250 m	1 500 mm	Sec	Forêt sempervirente saisonnière d'horizon inférieur et de faciès xérique (forêt sèche)
250 – 500 m	1 500 – 2 500 mm	Moyennement humide	Forêt sempervirente saisonnière tropicale type (forêt mésophile)
Plus de 500 m	2 500 – 4 000 mm	Humide	Forêt ombrophile submontagnarde tropicale (forêt hygrophile)
	Plus de 4 000 mm	Hyperhumide	Forêt ombrophile montagnarde tropicale (forêt hygrophile de montagne)

III.1.7 <u>Étagements bioclimatiques</u>

III.1.7.1 Étage inférieur

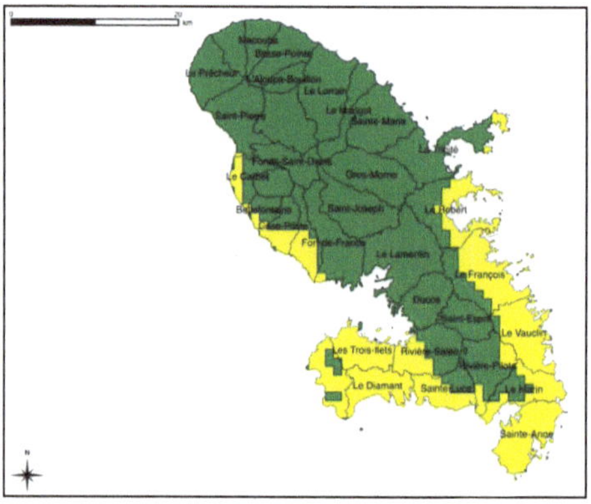

Figure 15: Représentation graphique des zones de l'étage inférieur étudiées (en jaune sur la carte)

L'étage inférieur regroupe toutes les communes ou zones climatiquement intermédiaires qui figurent en jaune sur la carte (Le Carbet, Bellefontaine, Case – Pilote, Schœlcher, Fort – de – France, La Trinité, Le Robert, Le François, Le Vauclin, Le Marin, Sainte – Anne, Sainte – Luce, Le Diamant, Les Trois – Ilets, Rivière – Salée).

Cet étage végétal regroupe toutes les formations forestières de basse altitude. Il se situe entre 0 à 250 (– 300) m d'altitude et est marqué par des précipitations moyennes annuelles ne dépassant pas 1 500 mm d'eau. Cela correspond à un bioclimat sec. Les potentialités écosystémiques permettent le développement d'une forêt sempervirente saisonnière d'horizon inférieur et de faciès xérique (Joseph, 1997, 2002).

Face aux carences en eau induites par le milieu sec, les espèces végétales qui se développent, s'adaptent aux conditions écologiques et biologiques du milieu. Ces espèces de l'étage inférieur adoptent différentes stratégies d'adaptation pouvant être d'ordre physiologique, anatomique et morphologique (Joseph, 2012). Parmi elles, on relève la caducité[6], la microphyllie[7] mais aussi la présence de poils et de cuticules.

Cet étage a été le premier lieu d'accueil de la population humaine. Aujourd'hui, il fait l'objet de nombreuses perturbations (dégradations profondes des formations végétales avancées) notamment à cause d'une importante activité anthropique. La situation actuelle de la végétation se traduit par une forte régression de la sylve originelle et est désormais représentée par une mosaïque de classe d'âges et de composition floristique variables.

III.1.7.2 Étage moyen

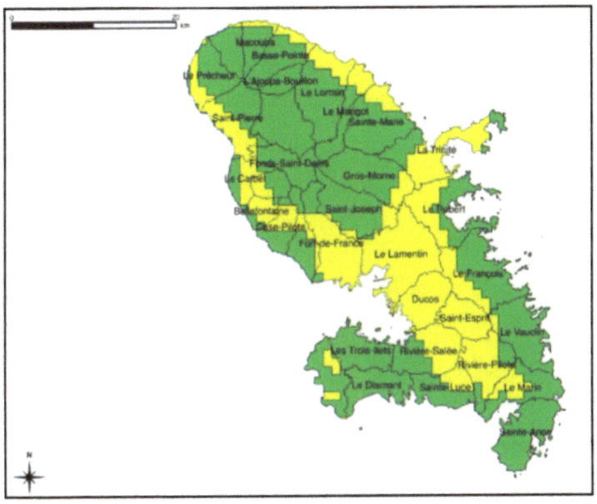

Figure 16: Représentation cartographique des zones de l'étage moyen (indiquées en jaune sur la carte)

L'étage moyen regroupe toutes les communes ou zones climatiquement intermédiaires qui figurent en jaune sur la carte (Le Prêcheur, Saint – Pierre, Le Carbet, Bellefontaine, Case – Pilote, Schœlcher, Fort – de – France, Le

[6] Perte des feuilles durant la saison sèche
[7] Réduction des feuilles

Lamentin, Gros – Morne, Le Robert, La Trinité, Le François, Ducos, Saint – Esprit, Le Marin, Sainte – Luce, Les Anses – d'Arlet, Rivière – Salée).

Cet étage végétal regroupe toutes les formations forestières qui se situe entre 250 à 500 m d'altitude et est marqué par des précipitations moyennes annuelles comprises entre 1 500 et 2 500 mm d'eau. Il est influencé par un bioclimat moyennent humide et permet le développement d'une forêt sempervirente saisonnière tropicale type (forêt mésophile). Cet étagement a également fait l'objet de quelques perturbations de l'homme. En effet, la culture de la banane mais aussi les cultures vivrières ont conduit à un défrichement de certaines terres des zones moyennement humides.

III.1.7.3 Étage supérieur

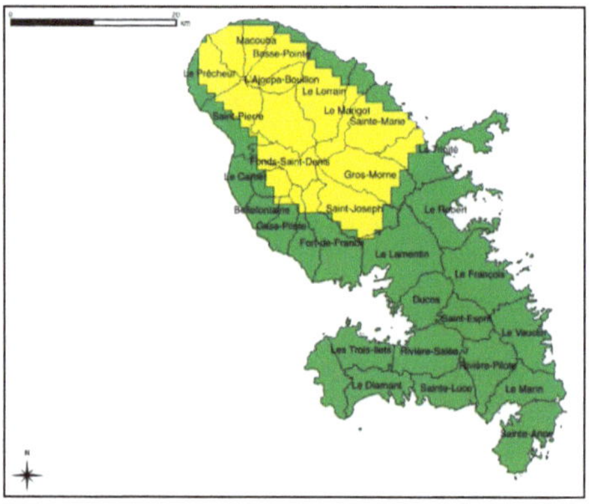

Figure 17: Représentation cartographique des zones de l'étage moyen (indiquées en jaune sur la carte)

L'étage supérieur regroupe toutes les communes ou zones climatiquement intermédiaires qui figurent en jaune sur la carte (Le Prêcheur, Macouba, Basse – Pointe, L'Ajoupa – Bouillon, Le Lorrain, Le Marigot, Sainte – Marie, Saint – Pierre, Fonds – Saint – Denis, Le Carbet, Bellefontaine, Case – Pilote, Schœlcher, Fort – de – France, Le Lamentin, Gros – Morne, Saint – Joseph, La Trinité).

L'étage supérieur regroupe toutes les formations forestières qui se situent entre 250 à 500 m d'altitude et est marqué par des précipitations moyennes annuelles comprises entre 2 500 et 4 000 mm d'eau voire plus. Il est influencé par un bioclimat humide (voire hyper – humide) et permet le développement d'une forêt ombrophile submontagnarde tropicale (forêt hygrophile). Au – delà de 4

000 mm d'eau, les potentialités écosystémiques permettent le développement d'une forêt ombrophile montagnarde tropicale (forêt hygrophile de montagne). Ce type forestier possède une canopée généralement continue représentée par des houppiers jointifs ou encore imbriqués. Il est également le lieu qui abrite une grande partie des espèces indigènes voire endémiques de la Martinique. À ce niveau d'étagement, on rencontre deux types de sols: les sols à allophanes et les sols brun – rouille à halloysite.

III.1.8 Urbanisation

Le développement des activités humaines depuis l'époque coloniale a entraîné une consommation abusive en matières premières (bois, eau) (Joseph, 2002, 2009, 2012). Cette consommation s'est traduite par un défrichement intensif des terres, une exploitation des terres en monoculture conduisant à l'épuisement et/ou à la disparition d'espèces végétales endémiques [*Polygala antillensis,* (Georges & Le Hir, 2013)]. L'augmentation de la densité populationnelle urbaine globale a conduit à un exode rural. La Martinique compte actuellement environ 373 000 habitants (Insee, 2017). La population s'est développée massivement le long du littoral. Il (le littoral) représente une zone de fortes activités diverses entre l'Homme et le milieu (les activités économiques par exemple le tourisme) qui ont peu à peu modifié le couvert végétal (Affre, et al., 2015; Joseph, 2009; Goiffon, 2003). Les îlots de végétation de ces littoraux sont fortement dégradés et constituent le lieu d'installation et de développement des espèces végétales potentiellement invasives. La Figure 18 montre qu'en l'espace de 50 ans (entre 1951 et 2004), la commune de Trinité a connu une forte possession de la population le long des zones côtières avec un recul et une secondarisation du couvert végétal. Il en est de même pour une bonne partie des zones côtières de la Martinique où l'urbanisation s'est fortement développée.

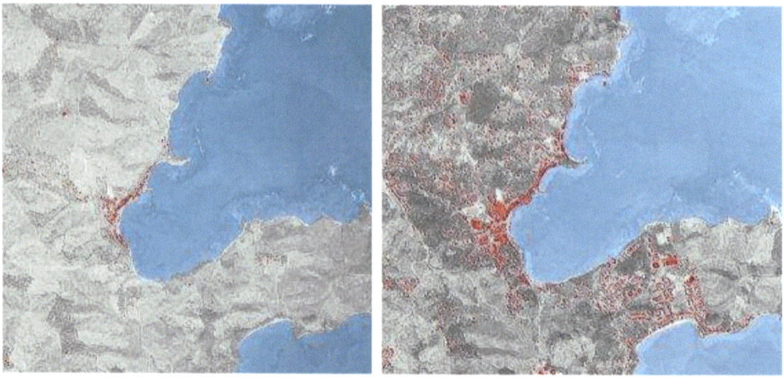

Figure 18: Évolution de l'urbanisation littorale dans la commune de Trinité de 1951 à 2004 (PNRM, 2000)

III.1.8.1 La problématique du réchauffement climatique

Les nombreuses activités humaines (modification ou destruction d'habitats naturels) ont causé des changements climatiques profonds. Ces derniers ont été marqués par d'importantes augmentations thermiques de la planète [entre 1998 à 2012, l'élévation de la température était d'environ 0,05°C par décennie (GIEC, 2014)[8]], une montée du niveau de la mer (due en partie à la fonte des glaciers continentaux) et une acidification de l'eau de la mer (due à une élévation de la concentration en ions hydrogène) (Tanhua, et al., 2015b; Boeuf & Loubersac, 2013). De nombreux scientifiques envisagent une hausse des températures moyennes pour les années à avenir (GIEC, 2014; Dahan, et al., 2009). Le changement climatique risque de s'accompagner de nombreuses catastrophes naturelles (cyclones, tempêtes tropicales) (Joseph, 2011; Knutson & Tuleya, 2004). Ces modifications des conditions climatiques ont accéléré les processus d'invasion biologique (Slabber, et al., 2007; Daehler, 2003; (Stachowicz, et al., 2001) et peuvent créer des niches écologiques vacantes, permettant ainsi aux espèces végétales allochtones de les combler (Dutartre & Suffran, 2011). Les espèces invasives, ayant de plus grandes capacités d'adaptation vis – à – vis de leur environnement que les espèces indigènes (Nentwig, 2012), maintiendront leurs populations au détriment des espèces indigènes.

La Martinique est également impactée par le changement climatique. Il (changement climatique) influe fortement sur la productivité des cultures

[8] En anglais, IPCC: Intergovernmental Panel on Climat Change. GIEC: Groupe d'experts Intergouvernemental sur l'Evolution du Climat

(GIEC, 2014; Ramade, 2008). D'après les projections futures, les températures moyennes annuelles en Martinique devraient augmenter (de 1,07 à 3,33°C) (Dupont, 2013). Tous ces changements (réchauffement des océans, augmentation de la température) seront à l'origine de perturbations de la structure, du fonctionnement mais également de la composition des communautés biologiques des écosystèmes. Ces altérations du système biologique favorisent le développement et la dissémination d'espèces capables de s'adapter au changement climatique drastique (températures plus chaudes, etc.) notamment les espèces exotiques envahissantes (Walther, et al., 2009; Walther, et al., 2002)

III.1.9 Les principales espèces potentiellement envahissantes

Les travaux du Professeur Philippe Joseph nous ont permis de dresser une liste d'espèces potentiellement invasives en Martinique. Parmi ces espèces, on retrouve *Bambusa vulgaris* Schrad ex Wendl., *Dichrostachys cinerea* (L.) Wight & Arn., *Funtumia elastica* (P. Preusss) Stapf, *Mimosa malacocentra* (C. Mart.) Benth., *Spathodea campanulata* (P. Beauv.) et *Triphasia trifolia* (Burn f.) P. Wilson) (Joseph, 2004; Joseph 2006a, b; Joseph, 2007, 2009; Joseph & Abati, 2016). Cette liste a par la suite été complétée par le biais de nos observations de terrain. À ce groupe d'espèces, ont été insérées *Eichhornia crassipes* (Mart.) Solms, *Œceoclades maculata* (Lindl.) Lindl, *Pistia stratiotes* (L.), *Rhœo spathacea* (Sw.) Stearn, *Sansevieria hyacinthoides* (L.) Druce, *Sansevieria trifasciata* Prain et *Thunbergia grandiflora* (Roxb. Ex Rottl.) Roxb. Nous nous sommes limités dans ce mémoire de recherche à l'étude des plantes terrestres.

III.1.9.1 Description et potentialité d'invasion des espèces

Les données recueillies s'appuient essentiellement sur l'analyse bibliographique des espèces végétales potentiellement invasives présentes en Martinique. Dans cette partie, sont indiqués pour la liste exhaustive des espèces: la phénologie, les usages, l'écologie (niche écologique, altitude, orographie), les modes et vecteurs de dispersion, les impacts sur les écosystèmes, les facteurs limitants ainsi que les possibilités de gestion voire de réglementation déjà appliquées dans le monde.

III.1.9.1.1 Bambusa vulgaris Poaceae

SYNONYME	*Bambusa sieberi* Griseb *Bambusa arundinacea* Ait. *Bambusa thouarsii* Kth
NOM VERNACULAIRE	BAMBOU BAMBOU COMMUN

TAXONOMIE

Règne	Plantae
Division	Magnoliophyta (Angiospermes)
Classe	Liliopsida (Monocotylédones)
Ordre	Cyperales
Famille	Poaceae
Tribu	Bambusées
Genre	*Bambusa* Schreb.
Espèce	*Bambusa vulgaris* Schrader ex Wendland

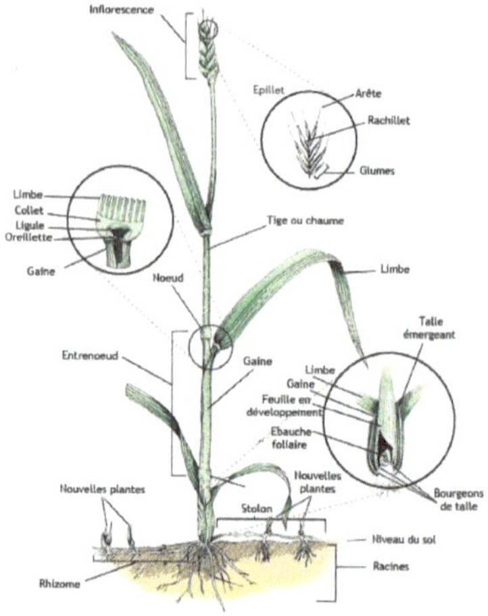

Figure 19: Description générale des Poacées (http://botarela.fr/Poaceae/Description-detail/Habitus.html)

Figure 20: Tiges de Bambusa vulgaris (Photo Y. ABATI, 2019)

Bambusa vulgaris, herbacée terrestre de la famille des Poacées (ou encore des Graminées) et originaire d'Asie du Sud, fait partie de la famille de la canne à sucre (*Saccharum officinarum*), du riz (*Oryza sativa*), du maïs (*Zea mays*), du blé (*Triticum aestivum* et *Triticum turgidum*), de l'avoine (*Avena sativa*) du seigle (*Secale cereale*) (Fournet, 2002).

Les poacées sont des monocotylédones (embryon à un seul cotylédon) qui comptent 823 genres dans le monde (Young & Haun, 1961) et 72 genres aux Petites Antilles (Fournet, 2002). Elles sont caractérisées par des feuilles à nervures parallèles et par un système racinaire fasciculé avec des racines adventives. On compte entre 1 200 et 1 500 espèces de bambou (Singh, et al., 2013; Das, et al., 2008).

Le *Bambusa vulgaris* (sous – famille des Bambusoidaeae) est originaire d'Asie tropicale, il se développe aussi bien dans les forêts denses humides que dans les savanes boisées (Fournet, 2002; CSEM, 1962). L'espèce a été introduite dans beaucoup de pays tropicaux et subtropicaux notamment pour l'ornement (Jijeesh, et al., 2014; Fournet, 2002; Francis, 1993; Howard, 1979; Young & Haun, 1961). Son introduction s'est effectuée de façon intentionnelle dans le but d'améliorer les sols (stabilisation des bords de route ou de rivières) puis à des fins ornementales (brise – vent, support et haie) et fourragères (Joseph, 2006a, b; Joseph, 2007, 2009).

La tige du bambou peut atteindre entre 10 et 20 mètres de haut (voire plus) avec un diamètre de chaume qui varie entre 5 et 10 cm (Young & Haun, 1961; Howard, 1979; Fournet, 2002). Il porte des feuilles alternes finement pointues, de 5 à 25 cm de long, en général glabres et dentées sur les bords. Les entre – nœuds de couleur jaune, puis vert voire noir sont espacés de 20 à 45 cm.

Lors de sa floraison (grégaire), ses épillets de 15 à 20 mm de long produisent une série de 6 à 10 fleurs. Les floraisons sont grégaires et périodiques. Elles ont un cycle de durée variable pouvant aller de 20 à 80 ans (Koshy & Pushpangadan, 1997; CSEM, 1962) Dans les Antilles, l'espèce produit très rarement des fleurs (Duss, 1897). Le fruit est un caryopse ovoïde ou cylindrique.

L'espèce connaît une variété *Bambusa vulgaris var. vittata* aux chaumes de couleur jaune d'or (Jijeesh, et al., 2014; CSEM, 1962; Young & Haun, 1961) qui présente toutefois une vulnérabilité plus importante au froid et au sel que *Bambusa vulgaris.*

Il fait l'objet de deux modes de reproduction: sexuée (allogamie[9] ou autogamie) et asexuée (apomixie[10]). Lors de la reproduction sexuée, l'espèce produit des semences dispersées par anémochorie (par le vent). Toutefois, cette dissémination est rare (quelques décennies) (Joseph, 2009; Francis, 1993).

Son principal moyen de dissémination s'effectue par multiplication végétative [bouture de chaume (Khan, 1972) ou division de touffes: rhizomes (Bhol & Nayak, 2012; CSEM, 1962)]. C'est un moyen pour le *Bambusa vulgaris* d'accroître rapidement la taille de ses populations et d'être une espèce très compétitive par rapport aux espèces indigènes.

À Porto Rico, l'espèce tolère des variations pluviométriques annuelles comprises entre 1 500 et 3 800 mm d'eau et un pH compris entre 4,5 et 7,5 (Francis, 1993). Le bambou parvient à résister à des températures extrêmes. En effet, le froid nuit également au développement de l'espèce, des groupements persistants de *Bambusa vulgaris* ont été détruits suite à un gel périodique entre la Floride jusqu'à Gainesville (CSEM, 1962). Lorsqu'il est placé à -1°C, sa masse foliaire subit des dommages importants et à -2°C il meurt sur pied (Francis, 1993; CSEM, 1962; Robert & Joseph, 1961).

Le bambou possède une grande plasticité écologique: il a une tolérance au froid et au sel (Jijeesh, et al., 2014; Francis, 1993; Young & Haun, 1961). Il parvient à s'implanter dans les sols pauvres mais, a une croissance optimale dans les sols bien drainés: les sols d'alluvions humides de préférence. Le bambou se développe de façon favorable aussi bien sur les sols argileux que sablonneux (Francis, 1993; CSEM, 1962). Il tolère l'inondation à court terme. L'espèce présente une grande résistance au vent mais lors d'ouragans aux vents violents, les chaumes de 3 à 4 m de haut sont brisés ou pliés (Francis, 1993).

En Martinique, l'espèce a formé de grands massifs monospécifiques qui se sont propagés notamment le long des cours d'eau, des crêtes, des cicatrices de glissement de terrain et les zones à forte inclinaison (au nord de l'île): on la retrouve principalement dans les zones de forêts dégradées (trouées ou chablis) de type hygrophile et mésophile (Joseph, 2006a, 2009).

Les bambous sont souvent attaqués par un certain nombre de parasites (champignons ou insectes). Le genre *Leptodictya* en est un exemple. C'est un Tingide que l'on retrouve souvent sur les feuilles de *Bambusa vulgaris* (Streito,

---

9 Mode de reproduction sexuée qui consiste à l'union de deux gamètes provenant d'individus différents
10 Mode de reproduction asexuée sans fécondation

et al., 2013). Ces parasites peuvent être vecteurs de maladies diverses chez *Bambusa vulgaris*: pourriture des chaumes (*Fusarium sp.*), brûlure des feuilles (*Cercospora sp.*) (Louppe, et al., 2008).

Asterolecanium bambusae est une cochenille très abondante sur les chaumes de bambou (Francis, 1993) et qui nuit à la culture (Young & Haun, 1961).

Lorsque le bambou s'implante dans le paysage végétal, il contribue à la formation de nouveaux glissements de terrain et bloque le développement des espèces pionnières indigènes (Joseph, 2006a, b; Joseph, 2007, 2009). Ces dernières (espèces indigènes et pionnières) ne peuvent pas évoluer sous son couvert particulièrement dense (Blundell, et al., 2003; Francis, 1993).

En Martinique et en Guadeloupe, des systèmes de traitement ont été élaborés pour lutter contre l'espèce (abattage, usage de pesticides.). Cependant, le rapport qualité prix est extrêmement mauvais à cause des mesures importantes qui doivent mises en place pour éliminer une cépée (DEAL, 2011).

Il possède une grande variété d'utilisations [ornements, matière première (pâte à papier), alimentation, construction (maisonnettes, bateaux), la pharmacopée (Dossou, et al., 2012; Francis, 1993; Young & Haun, 1961)]. Les feuilles sont également servies en décoction dans les boissons (Rolland, et al., 2017). *Bambusa vulgaris* a montré sa capacité à pouvoir stocker du carbone [77,67 TC/ha, (Sohel, et al., 2015)]. En Martinique tout comme en Afrique, ses tiges sont utilisées comme carburant et ses feuilles comme fourrage (Dje Bi, et al., 2020; Andriarimalala, et al., 2019; Joseph, 2006a, b; Joseph, 2007, 2009).

III.1.9.1.2 Dichrostachys cinerea Mimosaceae

SYNONYME	*Mimosa cinerea L.*
NOM VERNACULAIRE	ACACIA DE SAINT – DOMINGUE MARABOUT
TAXONOMIE	
Règne	Plantae
Division	Magnoliophyta (Angiospermes)
Classe	Magnoliopsida (Dicotylédones)
Ordre	Fabales
Famille	Fabaceae (anciennement Mimosaceae)
Genre	*Dichrostachys* (DC.) Wight & Arn.
Espèce	*Dichrostachys cinerea* (L.) Wight & Arn.

Figure 21: Inflorescence et infrutescence de Dichrostachys cinerea (Photo de Y. ABATI, 2017)

Figure 22: Infrutescence de Dichrostachys cinerea (Photo de Y. ABATI, 2017)

Appartenant à la famille des Mimosacées (sous – famille des légumineuses), l'Acacia de Saint – Domingue est originaire d'Afrique australe et tropicale. Le nom *Dichrostachys* signifie «épi bicolore» relatif aux fleurs jaunes et roses (Sinon, 2001). L'espèce a été introduite dans les Petites Antilles au XIXème siècle après avoir colonisé certaines îles des Grandes Antilles [Cuba, il y a 150 ans, (Nielsen, et al., 2013)], elle est très commune en Guadeloupe, à Marie – Galante et en Martinique. La famille des mimosacées compte 60 genres dans le monde (Nielsen, 1992) et 19 genres aux Petites Antilles (Fournet, 2002). *Dichrostachys cinerea* fait partie de la famille du Pois doux (*Inga laurina*), du

Saman (*Samanea saman*). Les fruits de l'Acacia de Saint – Domingue ont été introduits et se sont répandus lors de l'importation de bovins destinés à la production de viande (Joseph, 1997).

C'est un arbuste épineux pouvant atteindre 6 mètres de haut. L'écorce des jeunes rameaux est verte et souvent densément pubérulente, celle des rameaux adultes est brune et marquée par de nombreuses lenticelles blanchâtres. Les feuilles bipennées sont composées de 5 à 10 paires de pennes avec 10 à 30 paires de folioles. Les fleurs (inflorescence en racème) du *Dichrostachys cinerea* sont caractérisées par des pointes cylindriques bicolores (en forme de goupillon) qui rappellent des lanternes chinoises (Pedroso & Kaltsmitt, 2012). Leur base rose ou blanche est composée des pistilles des fleurs et le sommet jaune est constitué des étamines des fleurs. Cette base constitue la fleur supérieure. Ces fleurs supérieures sont stériles avec des staminodes protubérants. Ces derniers sont de couleur rose lorsqu'ils s'ouvrent puis blanchissent progressivement à maturité. Le sommet jaune constitue la fleur inférieure. Les fleurs inférieures sont hermaphrodites avec un pistil et 10 étamines jaunes. Les fruits sont des gousses brun – foncées et tordues en forme de grappes qui contiennent des graines biconvexes bruns pâles. Ils dégagent un arôme fort qui attire les animaux ce qui favorise la dispersion des graines (Fournet, 2002).

Cette espèce rudérale et héliophile a la capacité de croître dans des zones ouvertes donc dégradées notamment les parcelles agricoles abandonnées, les jachères, les talus de routes des zones du bioclimat sec: Cap Macré ou la Pointe Borgnèse (au Marin, commune du sud de la Martinique) ou au Vauclin (Nielsen, et al., 2013; Joseph, 2007). Elle s'accommode bien aux sols pauvres et dégradés par l'agriculture le long du littoral de la Martinique (Abati, et al., 2020; Joseph, 2006a, b; Joseph, 2007, 2009). Elle parvient à se développer dans différents stades de la dynamique végétale (arbustif, présylvatique et sylvatique secondaire) (Abati, et al., 2020; Joseph, 2006a, b; Joseph, 2007, 2009).

Sur l'île, on la retrouve dans les régions de basse altitude (0 – 200 m) (Fournet, 2002) bien qu'on la rencontre dans les forêts tropicales jusqu'à 2 000 m d'altitude (Von Maydell & Brase, 1986). *Dichrostachys cinerea* pousse de façon optimale lorsque les températures moyennes annuelles se situent entre 15 et 27°C mais tolère également des températures s'élevant jusqu'à 38°C (Von Maydell & Brase, 1986). Son mode de dissémination s'effectue par barochorie (banque importante de graines viables dans le sol) mais également par les racines (Fernández, et al., 2013). Certains animaux (chèvres, moutons et bovins) peuvent se comporter comme des agents de dispersion des graines lors de la consommation des gousses (Tjelele, et al., 2012; Tjelele, et al., 2014). Les graines peuvent également être propagées dans les sabots des bovins [observation personnelle; (Abati, et al., 2020)]. *Dichrostachys cinerea* constitue une menace au développement des espèces indigènes et/ou autochtones. Lors de son développement, elle forme des fourrés denses et impénétrables qui conduisent à la diminution progressive de la strate herbacée (Joseph, 2006a, b; Joseph, 2007, 2009; Richter, et al., 2001). Ces fourrés épineux nuisent fortement aux surfaces agricoles en y provoquant des pertes importantes de rendement. Sa gestion nécessite des moyens extrêmement couteux (Martín – Casas, et al., 2016; Nielsen, et al., 2013).

L'espèce est sensible au gel ainsi qu'aux fortes sécheresses [diminution de l'humidité relative (< 20%) et hausse de la température (34°C°)] (Fernández, et al., 2013). L'espèce connaît des ennemis naturels, *Ctenoplusia albostriata* (papillon de nuit) et *Kerria lacca* (cochenille), deux insectes qui attaquent la plante (Evans, 1999). La lutte mécanique (coupe ou encore brûlage) n'est pas recommandée, à cause de la viabilité des graines (5 ans) dans le sol (Witkowski & Garner, 2000; Garner & Witkowski, 1997). Un agent de lutte biologique (*Uredo deformis*) a été élaboré au Sri Lanka. Ce champignon se présente comme un bon agent potentiel de lutte contre l'espèce (Evans, 1999).

Elle possède un pouvoir calorifique relativement élevé et son bois est utilisé pour fabriquer de l'énergie électrique (Gutiérrez, et al., 2018; Fernández, et al., 2013). *Dichrostachys cinerea* est utilisée en agroforesterie pour la réhabilitation des sols (Bellefontaine, et al., 1999; Schulze, et al., 1991), la stabilisation des dunes de sable et pour lutter contre l'érosion. Cette espèce possède de nombreuses utilisations (médicinales). Les racines et les feuilles sont utilisées pour soigner les maux (de tête ou de dents), les morsures de serpents, la syphilis et la gonorrhée (Von Maydell & Brase, 1986). Au Gabon, les écorces sont utilisées pour soigner les rhumatismes, l'asthme et peuvent être également utilisées pour faciliter l'accouchement (Aworet Samseny, et al., 2015). Le bois est employé comme bois de construction (clôtures, poteaux) (Nielsen, et al., 2013). Les fruits peuvent servir de compléments alimentaires aux chèvres (Yayneshet, et al., 2008; Smith, et al., 2005).

III.1.9.1.3 Funtumia elastica Apocynaceae

SYNONYME	*Kichxia elastica P. Preuss*
NOM VERNACULAIRE	LAGOS RUBBER GOMA CAOUTCHOUC
TAXONOMIE	
Règne	Plantae
Division	Magnoliophyta (Angiospermes)
Classe	Magnoliopsida (Dicotylédones)
Ordre	Gentianales
Famille	Apocynaceae
Genre	*Funtumia* Stapf
Espèce	*Funtumia elastica* (P. Preuss) Stapf

Figure 23: Feuilles de Funtumia elastica (Photo de Y. ABATI, 2017)

Encore appelé arbre à caoutchouc, de la famille des Apocynacées, cet arbre est originaire d'Afrique. Il fait partie de la famille de l'allamanda (*Allamanda sp.*), la pervenche (*Catharanthus roseus*), du frangipanier (*Plumeria sp.*) (Fournet, 2002). Les apocynacées sont caractérisées par un latex blanchâtre et par des points pellucides sous les feuilles de couleur jaune, visibles à la lumière. Cette famille est l'un des grands groupes des Angiospermes (plantes à fleurs). Elle compte plus de 400 genres dans le monde [420, (Endress, 2000); 480, (Potgieter & Albert, 2001)] et une vingtaine de genres aux Petites Antilles (Fournet, 2002). Elle comprend 5 sous – familles: Rauvolfioideae, Apocynoideae, Periplocoideae, Secamonoideae et Asclepiadoideae. Le genre *Funtumia* comprend deux espèces *Funtumia elastica* et *Funtumia africana* (Adekunle & Ikumapayi, 2006).

Funtumia elastica est une espèce arborescente qui serait introduite aux Antilles françaises entre 1896 et 1897 dans le but d'exploiter son latex pour une éventuelle production de caoutchouc. Elle a été cultivée à Antigua, Saint – Kitts, Montserrat, Sainte – Lucie, Saint – Vincent et Grenade. L'espèce n'a pas été cultivée sur l'île de la Martinique, sa présence serait due soit à son mode de dispersion soit à l'horticulture (Joseph, 2007, 2009; Howard, 1989; Howard & Powell, 1963). De plus, en Martinique, l'espèce menace la flore indigène des forêts mésophiles et hygrophiles (Joseph, et al., 2019). *Funtumia elastica* s'est également naturalisée dans le Pacifique, et aujourd'hui, elle fait partie des 300 plantes envahissantes (Meyer, et al., 2006).

L'arbre peut atteindre jusqu'à 30 m de hauteur. Le *Funtumia elastica* se caractérise par une phyllotaxie opposée décussée. Ses feuilles sont entières et glabres avec une base cunéiforme et un apex acuminé. Il est pourvu de fleurs de couleur blanchâtre à jaunâtre disposées en cymes à l'aisselle des feuilles. Ces dernières sont actinomorphes et bisexuées. Ses fruits sont des follicules ligneux doubles qui contiennent des graines d'aigrette (encore appelées «graines de parachute») qui peuvent être dispersées sur de longues distances par le vent (Fournet, 2002; Joseph, 2006; Joseph, et al., 2019).

L'espèce se développe dans les bioclimats moyennement humide et humide colonisées par des sylves hygrophiles, mésophiles et hygro – mésophiles. Elle se développe également dans les fonds de vallons et les rives de cours d'eau du bioclimat sec dans les phases précoces de la dynamique végétale (depuis les formations arbustives) et maintient ses populations dans les formations sylvatiques secondaires tardives (Joseph, 2006a, 2007, 2009; Joseph et al., 2019).

L'espèce a été observée dans plusieurs communes de la Martinique: au Camp – de – Balata (Fort – de – France), à Fond Rousseau (Schœlcher) et au Morne – Rouge (Joseph, et al., 2016; Joseph, et al., 2019). Elle colonise les formations végétales modifiées par l'homme et son degré d'envahissement dépend de l'intensité de l'anthropisation. Ce taxon peut développer des populations dans tous les stades de la succession végétale et est hémi – héliophile, hémisciaphile et héliophile. De ce fait, il constitue une plus grande menace pour la biodiversité au regard des autres espèces invasives. Ses milieux préférentiels au sein des étages moyen et supérieur sont variés. Néanmoins cette plante colonise également les zones confinées comme les rives et les cours d'eau (Joseph, 2009).

Funtumia elastica présente de grandes similitudes avec *Funtumia africana*. La différence s'observe au niveau des fruits et des fleurs qui sont plus courts que ceux de *Funtumia africana* (Adekunle & Ikumapayi, 2006). L'anémochorie, la barochorie, l'hydrochorie[11] mais aussi marginalement la zoochorie[12] sont les principales modalités de dispersion (Joseph, 2006, 2007). Toutefois, la

---

[11] Dissémination des graines par les eaux de ruissellement + ombrochorie (les gouttes de pluie qui en tombant sur les plantes dispersent les graines par éclaboussures)
[12] Dissémination des graines par les animaux (après ingestion ou transport par le pelage d'un mammifère)

dissémination des graines par le vent reste le principal vecteur de dispersion (Joseph, 2009). Ses capacités de développement (possibilité de proliférer à la fois à l'ombre et à la lumière) nuisent à l'épanouissement des espèces indigènes avoisinantes. De cette manière, *Funtumia elastica* peut former des peuplements monospécifiques qui empêchent sous leurs houppiers, le développement de la végétation indigène (Joseph, 2009).

Nephele aequivalens est un papillon de nuit de la famille des Sphingidae qui attaque les individus de *Funtumia elastica* dans les formations sylvatiques d'Afrique tropicale. *Funtumia elastica* est sensible aussi au champignon, *Nectria funtumiae*, qui affecte ses troncs en y provoquant des brûlures (Massee, 1909). À ce jour, aucun moyen de lutte n'a été mis en place pour lutter contre *Funtumia elastica. Funtumia elastica* possède des propriétés antifongiques, antimicrobiennes et antiinflammatoires (Agyare, et al., 2013; Adekunle & Ikumapayi, 2006) Au Nigeria, on utilise le latex et les tiges de *Funtumia elastica* comme antipyrétique mais aussi pour traiter la jaunisse (Abd El – Ghani, 2016). Les feuilles sont employées pour traiter les problèmes d'hémorroïdes, le latex de la tige permet de laver les plaies (Zihiri, et al., 2005a; Zihiri, et al., 2005b; Tolela & Foche, 1979), des remèdes contre la coqueluche, l'asthme, la blennorragie ou encore les menstruations douloureuses (Agyare, et al., 2013) ou le paludisme (Kipre, et al., 2017) y sont également fabriqués.

III.1.9.1.4 Mimosa malacocentra Mimosaceae

SYNONYME	*Acacia arenosa* Willd. *Acacia malacocentra* C. Mart. *Mimosa caudero* L. *Mimosa leiocarpa* DC. *Mimosa xantholasia* Benth
NOM VERNACULAIRE	–
TAXONOMIE	
Règne	Plantae
Embranchement	Equisetopsida
Classe	Magnoliopsida (Dicotylédones)
Ordre	Fabales
Famille	Fabaceae (anciennement Mimosaceae)
Genre	*Mimosa* L.
Espèce	*Mimosa malacocentra* (C. Mart.) Benth.

Figure 24: Inflorescence de Mimosa malacocentra (Photo de ABATI Y., 2017)

Petit arbuste originaire du Brésil, appartenant à la famille des Mimosacées [famille de *Dichrostachys cinerea*, (Fournet, 2002)] bien qu'elle soit parfois intégrée à la famille des Fabacées (Francis, 2004). Cet arbuste a été introduit puis s'est naturalisé en Martinique (Joseph, 2009). Le genre *Mimosa* fait partie des plus grands genres des légumineuses avec environ 400 espèces (Nielsen, 1992).

C'est un arbuste qui peut atteindre 2 m de hauteur dont les tiges brun – rouge sont munies d'épines recourbées peu nombreuses voire quelques fois absentes. À l'aisselle des feuilles, on y trouve des stipules subulées à lancéolées rigides et persistantes. Ses feuilles sont bipennées avec 5 à 7 paires avec des folioles composées de 20 à 30 paires par penne. Ses fleurs en épis blancs densiflores mesurent jusqu'à 3 cm de long. Ses fruits sont en forme de gousse à stipe (Fournet, 2002).

L'espèce se développe dans les sites dégradés (parcelles agricoles abandonnées, jachères) (Joseph, 2006b, 2007, 2009; Francis, 2004). On le retrouve en Martinique dans les communes de Rivière – Salée, Ducos (Croix – Rivail) mais aussi entre les communes de Fort – de – France, de Schœlcher et de Case – Pilote (Fournet, 2002). Elle pousse dans les régions de basse altitude bien qu'au Nicaragua, on la retrouve jusqu'à 500 m d'altitude (Francis, 2004). L'espèce supporte des températures comprises entre 20 et 28°C et des précipitations moyennes annuelles de 650 à 1 600 mm d'eau. Elle se développe dans une large gamme de sols dont le pH est compris entre 4,5 et 7,0 (Francis, 2004). L'espèce se propage par barochorie: les graines sont dispersées par gravité (Joseph, 2006b). Les insectes pollinisent les fleurs (Francis, 2004). Les graines se dispersent également par anémochorie, par hydrochorie et par zoochorie (bétail) (Francis, 2004). *Mimosa malacocentra* ne tolère pas les milieux ombragés et ne peut pas survivre sous les houppiers des forêts secondaires (Francis, 2004). L'espèce forme des unités monospécifiques denses et épineuses. Elle réitère de façon perpétuelle ses régénérations ce qui bloque la succession végétale: c'est un inhibiteur des schémas successionnels de la dynamique végétale du bioclimat sec (Joseph, 2006b, 2007, 2009; Joseph & Abati, 2016). Aucun moyen de lutte n'a pour le moment été mis en place pour contrôler *Mimosa malacocentra*. Le bois de *Mimosa malacocentra* est utilisé comme carburant, bois de chauffage. Au Brésil, l'espèce est employée comme fourrage pour le bétail (notamment les chèvres) (Francis, 2004).

III.1.9.1.5 *Œceoclades maculata Orchidaceae*

SYNONYME	*Angrœcum maculatum* Lindl *Eulophia maculata* (Lindl.) Rchb.f. *Eulophia maculatum* (Lindl.) Pfitzer
NOM VERNACULAIRE	–

TAXONOMIE

Règne	Plantae
Embranchement	Magnoliophyta (Angiospermes)
Classe	Liliopsida (Monocotylédones)
Ordre	Orchidales
Famille	Orchidaceae
Genre	*Œceoclades* Lindl.
Espèce	*Œceoclades maculata* (Lindl.) Lindl.

Figure 25: Feuilles de Œceoclades maculata (Photo de Y. ABATI, 2017)

Orchidée terrestre d'origine africaine (Afrique tropicale) (Romero – González, 2014; Williamson, 2012; Langeland, et al., 2008) qui a été introduite au XIXème siècle en Amérique tropicale. L'espèce s'est répandue en Floride, à Porto Rico [1960, (Cohen & Ackerman, 2009)], au Panama et aux Antilles (Aguiar, et al., 2012; Feldmann & Barré, 2001). Elle a le statut d'espèce invasive à Porto Rico (Bayman, et al., 2016; Cohen & Ackerman, 2009) et au Mexique (Riverón – Giró, et al., 2019). Actuellement, elle s'étend très rapidement à la Martinique grâce à son système reproducteur efficace. La famille des orchidées représente l'une des plus grandes et diverses familles de monocotylédones. Elle comprend 65 genres aux Petites Antilles (Fournet, 2002; Howard, 1989) et environ plus de 800 dans le monde (Ackerman, 1995; Dressler, 1993).

Cette herbe pérenne terrestre peut atteindre 40 cm de haut [voire 60 cm, (Feldmann & Barré, 2001)] et est constituée de pseudobulbes (tiges raccourcies et gonflées à la base) ovoïdes, unifoliés. Chaque pseudobulbe produit une feuille qui est vert foncé avec des tâches panachées. Les inflorescences sont disposées en racèmes comprenant 5 à 15 fleurs qui sont constituées de pétales de couleur rose pâle et de lèvres avec deux tâches roses (Dubbern, et al., 2013; Aguiar, et al., 2012). Les fleurs sont autogames mais peu d'entre elles produisent des fruits qui sont des capsules tricarpélaires uniloculaires de forme elliptique (Dubbern, et al., 2013; Cohen & Ackerman, 2009). Ce taxon se développe dans les habitats perturbés et ombragés des forêts sèches et des sous – bois des forêts mésophiles (Cohen & Ackerman, 2009; Fournet, 2002; Ackerman, 1995; González – Díaz & Ackerman, 1988). On le retrouve dans les zones de basse et moyenne altitude entre 100 et 250 m (Fournet, 2002) bien qu'il puisse s'installer jusqu'à 750 m d'altitude [Porto Rico, (Cohen & Ackerman, 2009)].

Les larves de Riodininae constituent un ennemi naturel à *Œceoclades maculata:* ils se nourrissent en général d'orchidées (Hall, 2003).

De nombreuses orchidées (dont *Œceoclades maculata*) se reproduisent par autogamie assistée[13] par la pluie et par apomixie[14] (Neto, et al., 2011; Cohen & Ackerman, 2009; Pansarin, et al., 2008; González – Díaz & Ackerman, 1988. *Œceoclades maculata* fleurit de janvier à mars et présente une grande menace pour les espèces végétales autochtones car elle forme des peuplements monospécifiques qui nuisent au développement des autres plantes natives (Cohen & Ackerman, 2009); (Fournet, 2002).

Actuellement, aucun moyen de contrôle n'a encore été documenté dans la littérature spécialisée. Toutefois, lors du contrôle mécanique les plants doivent être déterrés et les fruits récupérés pour éviter que l'espèce ne repousse. *Œceoclades maculata* est utilisée dans l'horticulture.

---

[13] Mécanisme de pollinisation assisté

[14] Mode de reproduction asexuée sans méiose et sans fécondation

III.1.9.1.6 Rhœo spathacea Commelinaceae

SYNONYME	*Tradescantia spathacea* Sw *Tradescentia discolor* L'Hérit. *Rhoeo discolor* (L'Hérit.) Hance
NOM VERNACULAIRE	SONDE
TAXONOMIE	
Règne	Plantae
Embranchement	Magnoliophyta (Angiospermes)
Classe	Liliopsida (Monocotylédones)
Ordre	Commelinales
Famille	Commelinaceae
Genre	*Rhœo* Hance in Walpers
Espèce	*Rhœo spathacea* (Swartz) Stearn

Figure 26: Feuilles de Rhœo spathacea (Photo de ABATI Y., 2016)

Herbacée vivace originaire du Sud du Mexique et de l'Amérique centrale, elle a été introduite comme plante ornementale (dans les pépinières, jardins privés) en Amérique tropicale et fait partie de la famille des Commélinacées. Cette famille de plantes monocotylédones regroupe une dizaine de genres aux Petites Antilles (Fournet, 2002; Howard, 1988) et approximativement une quarantaine dans le monde (Tomlinson, 1966). Cette plante (de 30 voire 70 cm de haut) de tige épaisse porte des feuilles réunies en rosette vers l'apex. Les feuilles érigées à étalées sont munies d'un apex acuminé. La face supérieure est de couleur verte. La face inférieure est pourpre ou bronzée (Fournet, 2002; Duss, 1897). Les fleurs sont réunies en ombelles sessiles, munies de trois pétales de couleur blanche à rosâtre. Le fruit est une capsule qui s'ouvre en trois valves (Langeland & Burks, 1998; Duss, 1897).

Rhœo spathacea se développe dans les régions rocailleuses, les falaises, les bords de route (Fournet, 2002). Elle pousse également dans les forêts secondaires, terres cultivées et des zones perturbées de basses altitudes. On la retrouve aussi sur les parois rocheuses ou sur les arbres (Langeland & Burks, 1998). La sonde se reproduit par voie végétative par boutures, par ramifications et par fragments de racines. Elle peut également se reproduire par voie sexuée via une pollinisation croisée à l'aide des insectes. Ces graines se dispersent par le vent (anémochorie) (Langeland & Burks, 1998). L'espèce est très sensible au gel (Langeland & Burks, 1998) et ne tolère pas les sols saturés en eau. Elle produit une sève susceptible de provoquer des inflammations ou des irritations de la peau (Langeland & Burks, 1998). De plus, lorsqu'elle est consommée en grande quantité, elle est peut – être toxique (Germosén – Robineau, et al., 1999). Lors de son expansion, *Rhœo spathacea* forme des fourrés monospécifiques denses qui limitent la germination des espèces végétales indigènes sur le sol forestier (Langeland & Burks, 1998).

Le contrôle mécanique par arrachage à la main s'applique sur de faibles zones infestées. Tous les fragments ou racines doivent être soigneusement ôtés pour éviter les repousses (Weber, 2016). Le contrôle chimique s'effectue par un traitement foliaire de triclopyr ou de glyphosate dilué dans de l'eau ou dans de l'huile qui est directement appliqué sur les bourgeons (Langeland & Burks, 1998).

Néanmoins, elle possède des vertus médicinales, notamment contre les infections respiratoires (toux, rhume) (Rosales – Reyes, et al., 2008). L'espèce a des activités antioxydantes (Russo, et al., 2016) et antibactériennes (Tan, et al., 2015). En effet, en Indonésie, l'extrait de feuilles d'eau bouillie sert pour le traitement de la tuberculose (Sharifi – Rad, et al., 2017). La plante est utilisée pour traiter le rhume, les maux de gorge, la coqueluche, les saignements nasaux (Tan, et al., 2015). Pour traiter le cancer, la décoction par voie orale est prise de façon régulière (Rosales – Reyes, et al., 2008). Elle a très longtemps été utilisée comme plante ornementale (Blanckaert, et al., 2004).

III.1.9.1.7 *Sansevieria hyacinthoides Liliaceae*

SYNONYMES	*Aloe hyacinthoides* L. *Sansevieria guineensis* *Sansevieria metallica* *Sansevieria latifolia* *Sansevieria spicata* *Sansevieria thyrsiflora* *Cordyline guineensis*
NOM VERNACULAIRE	SANSEVIERE METALLIQUE CORDE DE CHANVRE
TAXONOMIE	
Règne	Plantae
Embranchement	Magnoliophyta (Angiospermes)
Classe	Liliopsida (Monocotylédones)
Ordre	Liliales
Famille	Liliaceae
Genre	*Sansevieria* Thunb.
Espèce	*Sansevieria hyacinthoides* (L.) Druce

Figure 27: Inflorescence et feuilles de Sansevieria hyacinthoides (Photo de ABATI Y., 2016)

Encore appelée Langue de Belle – mère, *Sansevieria hyacinthoides* est placée dans la famille des Dracénacées (Fournet, 2002), des Agavacées (Singhurst, et al., 2016; Guevara & Benítez de Rojas, 2004; Nazeer & Khoshoo, 1984; Vergiat, 1969), des Liliacées (Ting, 1989) ou des Asparagacées (Tallei, et al., 2016; Sharma, et al., 2014). Leur classification est beaucoup contestée. Cette famille provient des régions tropicales humides ou des milieux arides (Nyenya & Stedje, 2011). Elle comprend deux genres: *Dracaena* L. et *Sansevieria* Thunb (Fournet, 2002).

Le genre *Sansevieria* comprend environ une centaine d'espèces réparties en Afrique et en Asie (Praptosuwiryo, 2003). *Sansevieria hyacinthoides* est une herbe originaire d'Afrique du Sud, du Mozambique et de Namibie (Brink & Achigan – Dako, 2012; (Singhurst, et al., 2016; Fournet, 2002). Elle a été introduite comme plante ornementale et à fibres en Floride vers 1800 (Singhurst, et al., 2016; Simberloff, et al., 1997). Elle s'est naturalisée dans de nombreuses régions où elle est devenue envahissante (Langeland, et al., 2008; Fournet, 2002). Les feuilles sont lancéolées et sont réunies par deux ou quatre. Le limbe est de couleur vert mat marqué des bandes obscures vert clair. Les marges sont de couleur rouge – brunâtre. Les fruits sont des baies de couleur rouge à orangé.

C'est une espèce présente à la Martinique sur le littoral sableux, ou encore en sous – bois des sylves secondaires (Fournet, 2002). On la retrouve également dans les zones perturbées, bords de route, des zones sèches, arides et semi – arides (Langeland, et al., 2008). Pour se développer, elle n'a besoin que d'environ 250 mm d'eau (Brink & Achigan - Dako, 2012) mais peut supporter des pluviométries plus importantes (Langeland, et al., 2008). La corde de Chanvre se reproduit par voie végétative (bouturage des feuilles ou des rhizomes) ou par voie sexuée, par les graines qui sont disséminées par certains oiseaux (Brink & Achigan – Dako, 2012). Les populations sont souvent monospécifiques et empêchent le développement des herbacées indigènes (Langeland, et al., 2008).

Le contrôle mécanique s'effectue par coupe des moignons (Langeland, et al., 2008). Le contrôle chimique est réalisé à partir du Roundup à 5%. Il s'agit d'un herbicide assez spécifique du *Sansevieria hyacinthoides* à base de glyphosate. Son efficacité n'est pas totale (Kline & Duquesnel, 1996). De plus, le produit est toxique et a des effets irréversibles sur la santé humaine (dysfonctionnements rénaux et hépatiques) (Séralini, et al., 2012; Paganelli, et al., 2010; Richard, et al., 2005). La racine peut être appliquée sur soigner les plaies et les brûlures. L'infusion des feuilles est utilisée pour traiter la diarrhée (Maroyi & Mosina, 2014). Les feuilles servent de fibres pour la confection de nattes de chapeaux, de textiles (Tallei, et al., 2016; Nyenya & Stedje, 2011). La plante est également cultivée pour l'ornement (Brink & Achigan – Dako, 2012; Nyenya & Stedje, 2011; Fournet, 2002).

III.1.9.1.8 Sansevieria trifasciata Liliaceae

SYNONYMES	
NOM VERNACULAIRE	LANGUE DE BELLE – MERE PLANTE DE SERPENT
TAXONOMIE	
Règne	Plantae
Embranchement	Magnoliophyta (Angiospermes)
Classe	Liliopsida (Monocotylédones)
Ordre	Liliales
Famille	Liliaceae
Genre	*Sansevieria* Thunb.
Espèce	*Sansevieria trifasciata* Prain

Figure 28: Feuilles et fruits de Sansevieria trifasciata (https://leblogmaison.net/2017/09/05/plante-serpent-sansevieria-trifasciata/)

Cette herbe encore appelée Langue de Belle – mère ou plante de serpent est originaire du Centre – Ouest d'Afrique tropicale. Elle a longtemps été cultivée pour l'ornement dans de nombreux pays (Raharjeng, 2015; Hurrell, et al., 2009; Fournet, 2002; Ting, 1989) dont l'Europe (Vergiat, 1969) ou la Chine (Li, et al., 2013). Elle a été naturalisée à Saint – Martin (Van der Werf, 1996; Howard, 1979). L'espèce est parfois placée selon la classification à la famille des Asparagacées (Tallei, et al., 2016; Rwawlire & Tomkova, 2015) ou encore à celle des Agavacées (Raharjeng, 2015; Mimaki, et al., 1997; Mimaki, et al., 1996) des Convallariacées, des Dracénacées (Damen, et al., 2018; Fournet, 2002) ou des Liliacées (Ting, 1989).

Cette plante à tendance xérophile a la capacité de stocker de l'eau. Ses feuilles coriaces, de couleur vert sombre, sont marquées de bandes transversales jaunes et argentées d'un mètre de long. Les fleurs en épis tubulaires sont de couleur blanche ou blanc verdâtre. Elles dégagent une odeur parfumée la nuit (Hurrell, et al., 2009; Fournet, 2002; Jaffré, et al., 2002).

L'espèce se développe souvent sur les terres abandonnées (Hurrell, et al., 2009), les régions arides (Raharjeng, 2015) et régions perturbées (bords de route ou bords de mer, côtes rocheuses) (Batianoff & Franks, 1998; Ting, 1989). La langue de belle – mère parvient à se développer dans une large gamme de températures et de lumière (Raharjeng, 2015). *Sansevieria trifasciata* est parfois confondue avec *Sansevieria hyacynthoides*. La marge des feuilles de la corde de Chanvre (*Sansevieria hyacynthoides*) a une ligne de couleur rouge – brunâtre alors que les marges de la langue de serpent sont de couleur verte voire blanche (Fournet, 2002). L'espèce se reproduit par division à partir des rhizomes (Ting, 1989), des drageons, de boutures des feuilles ou encore par les graines (Brink & Achigan – Dako, 2012). La langue de belle – mère a tendance à former des fourrés denses qui ont un impact négatif sur les communautés végétales indigènes (Randall, 2001). En Floride, en Corée et au Costa Rica, *Sansevieria trifasciata* a été attaquée par le champignon *Colletotrichum sansevieria.* Ce champignon provoque de nombreuses lésions qui débutent par l'apparition de tâches rondes partiellement imbibées d'eau qui grossissent peu à peu jusqu'à provoquer de graves brûlures des feuilles (Park, et al., 2013; Pérez – León, et al., 2013; Palmateer, et al., 2012). *Colletotrichum sansevieria* présente une pathogénicité uniquement sur le genre *Sansevieria spp.*, il présente donc une spécificité élevée pour l'hôte (Nakamura, et al., 2006; Nakamura, et al., 2018). En Chine, le champignon *Chaetomella sp.* affecte aussi les feuilles de *Sansevieria trifasciata.* Il provoque des lésions brunes creuses ainsi que des pycnides noires présentes dans les lésions (Li, et al., 2013). En Malaisie, la plante de serpent est attaquée par un phytopathogène, *Stemphylium lycopersici,* déjà observé dans les plants de tomates ou sur les chrysanthèmes au Japon (Nishi, et al., 2009). Ce dernier provoque des tâches brunes circulaires qui s'élargissent progressivement créant ainsi des lésions chlorotiques ovales à irrégulières avec des bordures brun – rougeâtre sur les feuilles de *Sansevieria trifasciata* (Kee, et al., 2018). Le contrôle physique (arrachage à la main) est relativement difficile à exécuter dans la mesure où les rhizomes, les boutures des feuilles ou encore les drageons doivent être soigneusement enlevés pour éviter toute repousse (Gangstad, et al., 1953).

La plante est utilisée pour traiter les morsures de serpent, pour lutter contre le paludisme et contre les problèmes d'alopécie (Rahmatullah, et al., 2009). Elle est également cultivée comme plante de jardins ou de maisons (Hurrell, et al., 2009; Fournet, 2002). La décoction des racines permet de soigner la toux (Vergiat, 1969), l'asthme, les bronchites (Andhare, et al., 2012). Les feuilles ont des propriétés antalgiques, antipyrétiques (Sharma, et al., 2014; Sunilson, et al., 2009), antiallergiques et anti – anaphylactiques (Andhare, et al., 2012). *Sansevieria trifasciata* agit également comme un répulsif à serpents en raison de sa forme ainsi que des marges tranchantes de ses feuilles (Ilondu & Lemy, 2017). La plante est employée également pour fabriquer des sacs à l'aide de la filasse qu'elle produit (Vergiat, 1969).

III.1.9.1.9 Spathodea campanulata Bignoniaceae

SYNONYME	*Spathodea nilotica* Seem
NOMS VERNACULAIRES	TULIPIER DU GABON IMMORTEL ETRANGER
TAXONOMIE	
Règne	Plantae
Embranchement	Magnoliophyta (Angiospermes)
Classe	Magnoliopsida (Dicotylédones)
Ordre	Scrophulariales
Famille	Bignoniaceae
Genre	*Spathodea* P. Beauv.
Espèce	*Spathodea campanulata* P. Beauv.

Figure 29: Feuilles et inflorescences du Spathodea campanulata (Photo de ELY – MARIUS S., 2016)

Communément appelé Tulipier du Gabon (ou Arbre tulipe ou encore Immortel étranger), c'est un arbre de la famille des Bignoniacées. Il fait partie de la famille du poirier (*Tabebuia heterophylla*), du calebassier (*Crescentia cujete*) (Fournet, 2002; Francis, 1990). Il est originaire d'Afrique: Angola, Éthiopie, République démocratique du Congo, Ghana, Kenya, Soudan, Tanzanie, Ouganda et Zambie (Lim, 2014). Il a été introduit à des fins ornementales (notamment l'horticulture pour la beauté de ses fleurs de couleur orange à rouge écarlate). *Spathodea campanulata* s'est naturalisée dans de nombreuses régions particulièrement dans les Caraïbes (Delnatte & Meyer, 2012), les îles du Pacifique (Meyer, 2004), les Îles Cook et les Îles Salomon (Lowe, et al., 2000; Larrue, et al., 2016). À Cuba, l'espèce a autrefois été utilisée comme arbre d'ombrage (N'Zala & Miankodila, 2002; Damaiyani, et al., 2018) notamment pour les plantations de café (Francis, 1990). Aujourd'hui, elle constitue une menace pour la production de café (Labrada & Diaz Medina, 2009).

On la retrouve dans les zones de basse et haute altitude [entre 0 et 900 m, (Fournet, 2002)] bien qu'elle ait été retrouvé à 1 200 m d'altitude à Porto – Rico (Francis, 1990). Cette espèce s'installe dans les stades préforestier, forestier jeune et les grandes trouées des forêts secondaires avancées (Joseph, 2009). Le Tulipier du Gabon est affine du bioclimat tropical chaud et humide avec de températures moyennes annuelles allant de 27 à 30°C et des précipitations moyennes annuelles de 1 300 à 2 000 mm d'eau (Larrue, et al., 2014). En Martinique, il se développe dans différents bioclimats (sec, moyennement humide et humide) et sur tous types de sols (andosols, sols à alluvions, sols bruns – rouille à halloysite, vertisols, sols peu évolués sur cendres et zone urbaine) (Abati, et al., 2021).

Les fleurs de cette espèce sont pollinisées par les oiseaux et les chauves – souris (Rangaiah, et al., 2004). Les graines se dispersent par le vent (anémochorie) mais également par les animaux (zoochorie) (Delnatte & Meyer, 2012; Space, et al., 2003). En plus de la multiplication sexuée, la multiplication végétative par le drageonnage et le bouturage permet le développement de populations (Labrada & Diaz Medina, 2009; Quentin, et al., 2006). *Spathodea campanulata* possède des feuilles à pétioles courts, composées imparipennées de 4 à 9 paires de folioles de 15 à 55 cm de longueur avec un apex acuminé. Les pétiolules courts ont une base arrondie à cunéiforme. Les folioles sont de couleur vert foncé sur la face supérieure et plus pâle sur la face inférieure. Les jeunes pousses sont très velues (Vergiat, 1969). Ses fleurs de couleur orange à rouge écarlate sont décrites comme des capsules dressées en forme de fer à deux loges séparées par une cloison centrale charnue. Elles sont disposées en racèmes terminaux et plats. Ses fruits ne sont pas comestibles (Vergiat, 1969). Ils forment de longues capsules marrons, déhiscentes, oblongues de 20 cm, pourvues d'une grande quantité de graines à ailes translucides.

C'est un arbre persistant à croissance rapide qui s'est largement naturalisé dans beaucoup d'îles du Pacifique. Dans ces dernières, il est considéré comme une menace pour la biodiversité (Meyer, 2000). Cette espèce dans ces îles du Pacifique a tendance à créer un effet d'ombrage qui réduit la richesse des espèces natives sous sa canopée. Ses capacités d'adaptation sont telles qu'elle peut se développer dans des zones dégradées et concentrées fortement en carbone (Larrue, et al., 2015). La lutte biologique montre que l'acarien *Colomerus spathodeae* spécifique à l'espèce (qui ne se nourrit que de l'espèce) présente des résultats assez concluants (Sutton, et al., 2017). D'autres agents de lutte tels que *Paradibolia coerulea*, *Bunia pagnana* sont également prometteurs dans la lutte contre *Spathodea campanulata* (Paterson, et al., 2017). Le Tulipier du Gabon est sensible à certains coléoptères tels que *Xyleborus affinis* Eichhoff et *Xyleborus ferrugineus* Fab qui favorisent l'accès de *Ceratocystis fimbriata* Ellis & Halst[15]. Ce dernier se présente comme un bon candidat de lutte contre le *Spathodea campanulata* (Labrada & Diaz Medina, 2009; Herrera Isla & Grillo Ravelo, 1989; Herrera Isla, et al., 2002). La lutte mécanique par arrachage à la main s'opère plus facilement lorsque le

[15] Complexe d'espèces utilisé comme agent pathogène

sol est humide (Labrada & Diaz Medina, 2009). Cependant, pour éviter toute repousse de l'espèce par voie végétative, il convient après arrachage d'isoler toute la masse racinaire soit en les empilant sur une structure en bois ou soit en les plaçant sur des bâches en plastique noires (pour éviter la pénétration de source lumineuse). Cette méthode présente malheureusement certaines limites, elle n'est pas possible pour les arbres matures (aux diamètres beaucoup plus élevés) (Labrada & Diaz Medina, 2009). Le traitement chimique s'effectue par l'usage de produits chimiques dont le glyphosate ou l'acide 2,4 dichlorophénoxyacétique (encore appelé 2,4 – D dicamba) sur les coupes fraiches de souche. Cette méthode n'est pas totale, dans la mesure où les parties souterraines de la plante demeurent en bonne santé. De plus, elle est efficace que pour une zone réduite d'envahissement (Englberger, 2009; Labrada & Diaz Medina, 2009; Auld & Nagatalevu – Seniloli, 2005).

D'après Heim et al. (2012) et Kowti et al. (2010), l'espèce possède une activité antimicrobienne et est utilisée en médecine traditionnelle en Afrique comme anti – inflammatoire et diurétique. Au Sud – Ouest du Nigeria, la décoction de l'écorce de la tige est utilisée pour le traitement le paludisme (Adebayo, 2011). Les feuilles servies en décoction sont employées comme remède contre les venins d'animaux (Heim, et al., 2012). La pulpe d'écorces en friction est appliquée pour traiter des œdèmes et/ou autres affections cutanées (mycoses, herpès, impétigo) (Kerharo & Bouquet, 1947). Les racines fraîches sont appliquées sur les blessures graves et profondes (Vergiat, 1969). En Martinique et dans certaines régions d'Afrique, les bourgeons sont utilisés comme pistolets à eau (Unwin, 1920) (ou *piss – a – makak*, source personnelle).

III.1.9.1.10 Triphasia trifolia Rutaceae

SYNONYME	*Limonia trifolia* Burm. f. *Limonia diacantha* DC *Limonia trifoliata* L. *Triphasia aurantiola* Lour. *Triphasia trifoliate* DC.
NOMS VERNACULAIRES	PETITE CITRONNELLE ORANGINE

TAXONOMIE

Règne	Plantae
Embranchement	Magnoliophyta (Angiospermes)
Classe	Magnoliopsida (Dicotylédones)
Ordre	Sapindales
Famille	Rutaceae
Sous – famille	Aurantioideae
Tribu	Citreae
Sous – tribu	Citrinae
Genre	*Triphasia*
Espèce	*Triphasia trifolia* (Burm Wilson

Figure 30: Feuilles et fruits de la Petite Citronnelle (Triphasia trifolia) (Photo de ABATI Y., 2016)

Figure 31: Fleurs et fruits de la Petite Citronnelle (Triphasia trifolia)

(https://www.flickr.com/photos/bushblog /5032334485)

Figure 32: Feuilles de la Petite Citronnelle (Triphasia trifolia) (Photo de ABATI Y., 2016)

Arbrisseau de la famille des Rutacées (famille des agrumes: citron et oranger, genre *Citrus*), la Petite citronnelle est originaire d'Asie (Fournet, 2002; Praloran, 1971). Elle a été introduite à des fins ornementales (jardins, lisières, haies taillées, brise – vent, plante de couverture) (Daley, et al., 2012; Duss,

1897). La famille des rutacées comprend 154 genres parmi lesquels on dénombre environ 2 100 espèces, réparties essentiellement dans les pays tropicaux et subtropicaux (Kubitzki, et al., 2011). Le genre *Triphasia* compte trois espèces natives d'Asie du Sud – Est, des Philippines et de Nouvelle – Guinée (Kubitzki, et al., 2011; Dos Santos, et al., 2008). Le terme *Triphasia* vient du grec tripha qui signifie triple et qui renvoie à la disposition des feuilles (Dos Santos, et al., 2008). Cette espèce a été introduite comme plante ornementale aux États – Unis [Texas en 1933, (Small, 1933)] mais également à Barbade et en Floride [en 1913, (Small, 1933)]. Elle s'est naturalisée dans de nombreuses régions subtropicales et tropicales et dans certaines îles du Pacifique (Lim, 2012), îles Vierges américaines (Clark, 2003).

Cet arbuste peut atteindre jusqu'à 4 mètres de hauteur. Ses feuilles sont trifoliées, brillantes et vert foncé. La foliole terminale est plus longue que les folioles latérales. Les feuilles dégagent une odeur aromatique de résine (arôme de l'orange) lorsqu'elles sont froissées. Les fleurs odorantes (arôme orange) de couleur blanche sont composées de trois pétales. Ce sont des fleurs solitaires ou par groupe de deux ou trois à l'aisselle des feuilles. Elles sont composées de six étamines. Le fruit orangé ou rouge est comestible bien mûr et a un goût sucré agréable (Burkill, 1994), il peut être pelé ou en confiture, en marmelade ou en boisson.

En Martinique, il est traditionnellement cultivé dans les jardins, il se rencontre également dans les régions de basse altitude entre 0 et 200 m (Fournet, 2002). Ailleurs, l'espèce parvient à se développer jusqu'à 300 m d'altitude (Lim, 2012). La Petite citronnelle a un comportement hémisciaphile et hémihéliophile (Joseph, 2004, 2007). C'est une plante invasive agressive qui dévoile un large spectre écologique: elle a la capacité de croître dans des zones ouvertes ensoleillées ainsi que dans les zones ombragées sous le couvert forestier (Daley, et al., 2012). L'espèce s'installe dans les stades arbustif, préforestier et forestier jeune (Joseph, 2012). La Petite citronnelle se propage par les semences qui peuvent être facilement dispersées par les animaux notamment les oiseaux (avichorie[16]) (Wiles, 1987; Wilcove, et al., 1998; Joseph, 2006a, 2012). Sa multiplication s'effectue également par division de touffes.

Cette espèce a tendance à former des fourrés monospécifiques denses et impénétrables dans les sous – bois qui étouffent les plantes du même type

---

[16] Dissémination par les oiseaux

physionomique. Aux Îles Vierges, le nombre de tiges a atteint les 38 000 tiges par hectare (Clark, 2003). En Martinique, l'espèce envahit tous les sites inoccupés par les espèces autochtones (Abati, et al., 2017; (Joseph, 2006b, 2007, 2009). Les tiges sont flexibles et difficiles à couper ou à enlever à la main. Pour assurer le contrôle physique de *Triphasia trifolia*, l'opération doit être réalisée sur des jeunes plants et sur de faibles parcelles (Daley, et al., 2012). De plus, les fruits et les branches doivent être retirés pour éviter qu'ils ne repoussent. Pour contrôler les individus adultes, des engins sont nécessaires (Daley, et al., 2012).

La Petite citronnelle a de nombreuses utilisations médicinales, en effet, elle possède des propriétés antifongiques et antibactériennes (Jaramillo Colorado, et al., 2012; Dos Santos, et al., 2008). Le cataplasme des feuilles est utilisé pour traiter les maladies de la peau, les diarrhées ou encore les coliques (Aumeeruddy – Elalfi, et al., 2015; Jaramillo Colorado, et al., 2012; Dondon, et al., 2006). Les feuilles broyées servent également à traiter les pellicules (Jain & Srivastava, 2005). Les fruits peuvent être utilisés pour traiter la toux et les maux de gorge (Burkill, 1994). L'huile essentielle de *Triphasia trifolia* peut servir d'insectifuge (Jaramillo Colorado, et al., 2012). Les feuilles infusées de la Petite citronnelle, notamment aux Antilles françaises, sont utilisées comme vermicide (Dos Santos, et al., 2008; Abaul, et al., 1994).

IV Méthodes

IV.1 Recherches bibliographiques

À partir des données écoclimatiques recueillies dans la littérature mondiale il a été possible de dresser le profil écologique théorique de chacune des espèces présentant des potentialités d'invasion en Martinique. L'ensemble des données provient de revues internationales, de rapports, de thèses ou encore d'observations de terrain (Fournet, 2002; Howard, 1979; Duss, 1897). Ce travail de recherche bibliographique a été réalisé dès le début de l'étude, et s'est poursuivi durant le déroulement des travaux.

IV.2 Cartographie

Le SIG (ou Système d'Information Géographique) est un outil qui permet à partir d'un ensemble de données de modéliser des données environnementales. Par le biais, de requêtes spatiales ou attributaires, l'interprétation des données recueillies apparaît sous forme de cartographies. La cartographie est une méthode qui permet d'établir à l'aide de données spatiales brutes, une représentation de données quantitative et qualitative. À l'aide de cette méthode, nous avons ciblé les zones envahies par les espèces potentiellement invasives notamment *Spathodea campanulata* (à paraître Abati, et al., 2021).

IV.2.1 Zonage

Le zonage est un système d'aménagement qui permet d'identifier des zones aux paramètres homogènes (facteurs environnementaux similaires). Ce critère d'homogénéité s'applique sur les caractéristiques de sols, la géomorphologie et le climat (Leone, 2006; FAO, 1997). Le système d'information géographique (SIG) a été utilisé pour permettre la gestion et l'analyse de données spatiales et géographiques. Cette méthode nous a permis de dresser des cartes présentant les lieux dans lesquels des populations d'espèces potentiellement invasives se développaient mais aussi les zones d'introductions probables de ces taxa. Les coordonnées ont été matérialisées à l'aide d'un GPS (Global Positioning System). Le référentiel considéré est le WGS84 en projection UTM 20.

IV.2.1.1 Données écologiques

Pour produire ces cartes, nous nous sommes documentés sur la phénologie des différentes espèces potentiellement invasives. Par la suite, nous avons cartographié les conditions climatiques de la zone d'étude (l'île de la Martinique). Les données climatologiques (pluviométrie, température) et pédologiques (sols) ont été utilisées afin d'établir une base de zonage. Lorsque toutes ces cartes aux données écoclimatiques ont été superposées, il nous a donc été possible de réaliser en fonction des critères d'exigence du taxon une cartographie des potentialités d'invasion d'espèces végétales.

IV.3 Inventaires floristiques

Pour caractériser les principaux traits écologiques des espèces végétales invasives et décrypter leurs relations avec les autres espèces, des inventaires floristiques ont été réalisés. Dans ces relevés (ou inventaires floristiques), sont recensées toutes les espèces végétales présentes dans un quadrat ou un transect (Ramade, 2008; Joseph, 1997). Les transects ont été placés de sorte à prendre en compte des différents stades dynamiques et écologiques des formations végétales. Cette étude floristique repose sur deux cent relevés stationnels sur l'ensemble de l'île de la Martinique.

La réalisation des relevés floristiques requiert une délimitation d'une surface floristiquement homogène (Benabadji & Bouazza, 2001). Dans cette aire de relevés, nous analysons les modifications spatiales de la composition floristique et de la structure des communautés végétales recensées afin de définir le niveau d'évolution des groupements végétaux (Ramade, 2008). Cependant, l'anthropisation conduit à une hétérogénéité du milieu, qui favorise l'apparition des espèces potentiellement invasives. Afin d'évaluer les conséquences de cette anthropisation, nous nous sommes intéressés au cours de cette étude à la fois aux milieux naturels et anthropisés.

IV.3.1 Courbe Aire – Espèces

Cette courbe, aussi appelée Species Area Curve (SAC), représente l'accumulation du nombre d'espèces observées par quadrat en fonction de la surface totale échantillonnée (Marcon, 2015; Ramade, 2008). À l'aide de cette courbe, il est possible de déterminer l'aire minimale du relevé et d'estimer la richesse spécifique de l'échantillon (Ramade, 2008).

IV.3.2 Aire minimale

Les surfaces des relevés effectués sont variables. Elles s'étendent de 50 m² à 2 000 m² selon les caractéristiques des formations végétales mais également en fonction des aléas naturels et de l'anthropisation. Ces surfaces sont appelées aires minimales. L'aire minimale est définie comme étant la surface sur laquelle 80% de toutes les espèces végétales d'une aire d'étude donnée sont représentées (Boudouresque, 1971; Boudouresque & Belsher, 1979) et les propriétés du système sont homogènes (Joseph, 1997).

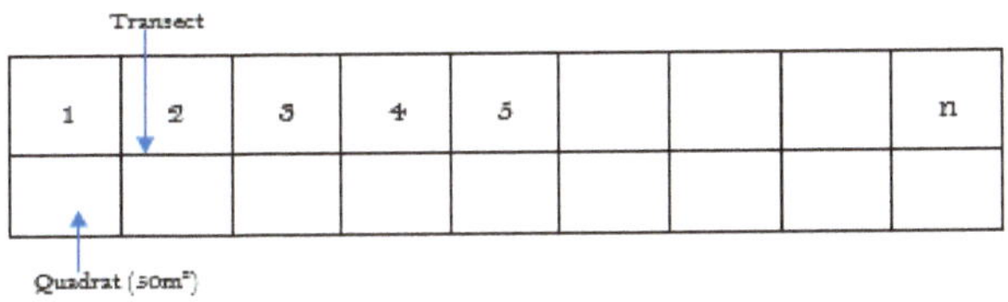

Figure 33: Représentation d'un transect composé de quadrats (Joseph, 1997)

IV.3.3 Données semi – quantitatives

Afin de donner une valeur écologique aux espèces non arborées de type herbacées terrestres (telles que *Œceoclades maculata*, *Rhœo spathacea*, *Sansevieria hyacynthoides* et *Sansevieria trifasciata*), nous nous sommes aidés de critères qualitatifs pour quantifier les espèces du même type physionomique vis – à – vis des autres espèces de la dynamique végétale. Nous avons utilisé un système d'échelle qui repose sur le nombre d'individus et catégorise en cinq points l'importance populationnelle d'une espèce. Ces derniers sont décrits dans le tableau suivant:

Tableau 4: Critères qualitatifs

ABONDANCE (DENSITE DE L'ESPECE)	**IMPORTANCE ECOLOGIQUE**
6	Plus de 100 régénérations
5	45 à 100 régénérations
4	30 à 45 régénérations
3	15 à 30 régénérations
2	5 à 15 régénérations
1	1 à 5 régénérations

Cet indice nous a permis de comparer les espèces végétales non arborées avec les plantules de taxa de la matrice floristique.

IV.3.4 Indices écologiques

IV.3.4.1 Indice de distribution et écologique: Méthode du professeur Philippe JOSEPH

Au sein de transects divisés en quadrats (Figure 33), les descripteurs suivants ont été considérés: espèces, nombre d'individus, diamètre du tronc (mesuré à 1,33 m du sol selon les normes internationales), hauteur totale et hauteur de première ramification.

Entre chacun des descripteurs (données quantitatives) énoncés dans la partie précédente, il existe de nombreuses interconnexions. Celles – ci sont mises en évidence à l'aide d'indicateurs [f_a, f_r, I_d et I_D (Joseph, 1997, 2006a)]. Ces marqueurs ont été définis:

- Pour estimer la distribution des espèces au sein de chaque quadrat à l'aide de la fréquence absolue (f_a);
- Pour évaluer la répartition des espèces en pourcentage (fréquence relative f_r);
- Pour apprécier la distribution des sections des individus, l'architecture des formations, les caractéristiques des canopées;
- Pour évaluer les phytomasses ou biovolumes à l'aide de la surface terrière qui correspond à la somme des surfaces des cercles que constituent les sections mesurées à 1,33 mètres du sol (norme internationale);
- Pour apprécier la distribution des espèces entre les quadrats et les stations d'étude en utilisant l'indice de distribution (I_d) exprimé par $I_d = f_r \times d$ (densité, définie par le rapport entre le nombre d'individus de l'espèce considérée et l'aire basale St);
- Pour déterminer la dominance relative des espèces végétales les unes par rapport aux autres en utilisant l'indice de Dominance (ID) qui est obtenu par la relation suivante $ID = I_d \times St$ (aire basale).

IV.3.4.2 Indices de diversité

De nombreux autres indices ont été utilisés notamment, pour évaluer la diversité au sein des communautés végétales étudiées. Ils permettent d'évaluer la structure des communautés végétales. Ces indices sont classés en trois groupes notés diversités alpha (α), bêta (β) et gamma (γ). En Annexe 9, figure la liste des indices de diversité utilisés.

IV.3.4.2.1 Diversité alpha (α)

La diversité alpha (ou α) permet d'évaluer les similarités entre les communautés végétales. Elle caractérise la diversité dans un même habitat. Pour cela, nous avons utilisé les indices de diversité de Shannon, d'équitabilité de Piélou, de diversité de Simpson et de Hill.

IV.3.4.2.1.1 Indice de diversité de Shannon – Weaver

L'indice de diversité de Shannon (encore appelé indice de Shannon – Weaver et noté H') permet de mesurer la quantité moyenne d'informations fournies par un échantillon sur les structures du peuplement et sur la façon dont les individus y sont répartis entre des espèces différentes (Marcon, 2015; Ramade, 2008; Spellerberg & Fedor, 2003; Shannon, 1948). Il varie de $0 \leq H' < 6$ et s'exprime par:

$$H' = -\sum_{i=1}^{S} p_i \log_2 p_i$$

Avec:

- p_i, définie par le rapport entre le nombre d'individus de l'espèce considérée et le nombre total d'individus dans la station;
- S, richesse spécifique;
- $\log_2$, logarithme à base 2.
  - Lorsque $0 \leq H' \leq 2,5$, H' est faible, cela indique une dominance d'une espèce dans la communauté végétale;
  - Lorsque $2,6 \leq H' \leq 3,9$, H' est moyen;
  - Lorsque $4 \leq H' < 6$, H' est élevé, cela se traduit par une équiprobabilité (répartition égale) des espèces de la station.

IV.3.4.2.1.2 Indice d'Équitabilité de Piélou

Cet indice permet d'évaluer la répartition des individus au sein d'un groupe d'espèces. Il ne dépend pas de la richesse spécifique. L'indice de Piélou (encore appelé indice d'équirépartition et noté J), est compris entre $0 \leq J \leq 1$ et s'exprime par:

$$J = \frac{H'}{H'_{max}}$$

Avec:

- H', indice de Shannon présenté dans la partie ci – dessus;
- H'_{max}, diversité maximale.

Cette équation correspond au rapport de l'indice de diversité de Shannon à l'indice maximal théorique ($H'_{max} = \log_2 S$) dans le peuplement (Marcon, 2015; Ramade, 2009; Joseph, 1997, 2009).

- Quand $0 \leq J \leq 0,6$, J est faible, cela signifie qu'il existe un phénomène de dominance dans la communauté;
- Quand $0,7 \leq J \leq 0,8$, J est moyen;
- Quand $0,8 \leq J \leq 1$, J est élevée, on a une absence de dominance dans la communauté.

IV.3.4.2.1.3 Indice de diversité de Simpson

L'indice de Simpson, mesure la probabilité que deux individus sélectionnés au hasard appartiennent à la même espèce dans une communauté végétale de taille N (Marcon, 2015; Simpson, 1949).

$$D = \sum f_i^2$$

Avec:

- $f_i = \frac{n_i}{N}$, où n_i représente le nombre d'individus de l'espèce donnée;
- N, nombre total d'individus.

Sa valeur varie entre 0 et 1. Lorsque cet indice tend vers 0 cela indique une diversité maximale alors que lorsqu'il vaut 1, il caractérise une très faible diversité. En effet, sa diversité est d'autant plus importante que l'indice est faible. Afin d'obtenir des valeurs «plus intuitives», nous avons également utilisé l'indice de diversité de Simpson. Celui – ci est représenté par 1 – D.

IV.3.4.2.1.4 Indice de Hill

L'indice de Hill associe à la fois les indices de Simpson (D) et de Shannon (H') (Marcon, 2015). Il est obtenu par la relation suivante:

$$Hill = \frac{\frac{1}{D}}{e^{H'}}$$

Avec:

- $\frac{1}{D}$, inverse de l'indice de Simpson;
- $e^{H'}$, exponentielle de l'indice de Shannon.

L'indice de Hill indique une diversité faible lorsque sa valeur s'approche de 1 et donc, montre une diversité maximale quand sa valeur est de 0.

IV.3.4.2.2 *Diversité bêta (β)*

La diversité bêta (ou β) caractérise la discrimination entre différentes communautés végétales. Cette différenciation s'observe soit au niveau de la structure ou de la composition des communautés (Marcon, 2015; Ousmane, et al., 2013; Vellend, 2001). Plusieurs indices ont été utilisés pour exprimer la dissimilarité entre les communautés végétales. Il s'agit des indices de similarité de Jaccard et de Sorensen.

IV.3.4.2.2.1 Indice de similarité de Jaccard

L'indice de Jaccard permet d'évaluer le niveau de similitude entre deux sites vis – à – vis de la flore (Marcon, 2015; Ramade, 2008). Il est obtenu par la relation suivante:

$$I_{Jaccard} = \frac{a}{a + b + c}$$

Il correspond au rapport entre le nombre d'espèces présentes simultanément dans les deux communautés végétales et le nombre d'espèces présentes uniquement dans l'une ou l'autre communauté. Cet indice permet de regrouper les stations d'inventaires floristiques qui présentent des richesses spécifiques comparables.

Avec:

- a, nombre d'espèces communes aux deux stations;
- b, nombre d'espèces observées uniquement dans le site 1;
- c, nombre d'espèces observées uniquement dans le site 2.

IV.3.4.2.2.2 Indice de similarité de Sorensen

L'indice de Sorensen permet de mesurer les similitudes entre deux communautés végétales. Cet indice est fréquemment utilisé en supplément de l'indice de Jaccard. La valeur de l'indice varie entre 0 et 1. Lorsqu'elle prend 0 pour valeur, cela indique que les communautés végétales n'ont pas de similitude, et 1 lorsque les deux communautés sont similaires.

$$\beta = \frac{2a}{(b + c)}$$

Avec:

- a, nombre d'espèces communes aux deux stations;
- b, nombre d'espèces pour la station 1;
- c, nombre d'espèces pour la station 2.

IV.3.5 Corrélation linéaire: coefficient de Spearman

Le coefficient de Spearman (encore appelé coefficient de corrélation de rang) permet de déterminer les relations existantes entre deux échantillons X et Y (Zhang, et al., 2016; Mukaka, 2012; Artusi, et al., 2002). Ces relations peuvent être croissantes ou décroissantes sans forme particulière (linéaire, exponentielle, puissance).

Il est obtenu par la relation suivante:

$$R_s = 1 - \frac{6\sum_{i=1}^{n} d_i^2}{n(n^2 - 1)}$$

Avec:

- d_i, différence de rangs entre X et Y;
- n, nombre d'observations.

La valeur du coefficient de corrélation de rang varie de -1 à 1.

IV.4 Traitement statistique

Afin de compléter notre étude, nous avons également procédé à des traitements statistiques des données des inventaires de terrain. Ces méthodes nous ont permis de grouper les stations qui présentent des similarités écologiques.

IV.4.1 Analyse factorielle des correspondances (AFC)

Cette méthode permet de représenter sur deux axes indépendants hiérarchisés les tendances principales de dispersion ou l'association de l'ensemble des données qualitatives récoltées. L'AFC permet d'établir un diagramme de dispersion ou d'association dans lequel apparaissent à la fois les individus observés et les variables considérées (Bonin & Tatoni, 1990; Dagnelie, 1975; Roux & Roux, 1967).

La comparaison entre les stations a été possible grâce à une analyse factorielle des correspondances (AFC) à l'aide du logiciel XLSTAT.

L'architecture de la phytocénose en association avec les espèces présentes permet de définir un critère d'appartenance à un stade d'évolution temporelle (Joseph, et al., 2016; Joseph, et al., 2019).

IV.4.2 Classification ascendante hiérarchique (CAH)

La comparaison des liens hiérarchiques entre individus et groupes d'individus a été réalisée à l'aide de la classification ascendante hiérarchique. La classification est une méthode d'analyse qui hiérarchise un ensemble de classes à l'intérieur desquelles il existe de grandes similitudes et entre chacune de ces classes se trouve de plus petites similarités (Joseph, 2014; Nakache & Confais, 2005). Cette méthode permet de rassembler les communautés végétales les plus proches sur l'ensemble des stations à classifier. Elle conduit à une construction de classes qui agrègent les composantes les plus proches écologiquement afin de fournir une hiérarchie de partitions d'objets. Les données sont classées dans un dendrogramme dans lequel la longueur des branches correspond au pourcentage de similitudes entre les espèces (Benzécri, 1985; Bruynooghe, 1977).

IV.4.3 Analyse en composante principale (ACP)

L'ACP ou Analyse en Composante Principale (ou Principal Component Analysis, PCA en anglais) est une méthode d'analyse de données qui permet de corréler des relations qui existent entre des variables quantitatives et semiquantitatives. Les résultats obtenus apparaissent sous forme de nuage de points. Ces points sont répartis en fonction de leur affinité écologique sur un diagramme qui discrimine plusieurs variables entre elles (Joseph, 2014; Palm, 2007; Duby & Robin, 2006).

V Résultats

Les massifs montagneux initient un étagement bioclimatique qui conditionne plusieurs types de végétation allant du sec à l'hyper – humide. Les variations pluviométriques moyennes annuelles, du littoral au sommet peuvent aller de 1 500 mm à 4 000 mm d'eau voire plus (Joseph & Abati, 2016; Abati, et al., 2017; Abati, et al., 2020). Dans la partie suivante, nous présenterons les résultats des inventaires relatifs aux étages inférieur, moyen et supérieur distinctivement influencés par les bioclimats subhumide sec, subhumide humide et humide.

V.1 Inventaires floristiques

V.1.1 Étage inférieur

V.1.1.1.1 Commune du Diamant

V.1.1.1.1.1 Quartier Mélisse (QM)

La zone d'étude (ensemble des stations QM) comporte 87 espèces végétales réparties en 38 familles et 68 genres.

Tableau 5: Répartition des espèces des stations QM en taxa supérieurs

Taxa supérieurs	Classes	Familles	%	Genres	%	Espèces	%
Angiospermes	Monocotylédones	5	13,2	7	10,3	7	8
	Dicotylédones	33	86,8	61	89,7	80	92
Total		38		68		87	

Station QM1 (500 m²)

Tableau 6: Les principaux paramètres écologiques et structuraux de la station QM1

Rang	Espèces	f_a	f_r	Nombre d'individus par espèce hors régénérations	Densité (ind/m²)	Id	Surface terrière totale par espèce	ID
1	*Pisonia fragrans*	5	100%	371	0,742	0,742	0,2705	0,2007
2	*Bourreria succulenta*	5	100%	300	0,6	0,6	0,3034	0,182
	Arbres morts	5	100%	168	0,336	0,336	0,4123	0,1385
3	*Gliricidia sepium*	5	100%	47	0,094	0,094	0,4069	0,0383

4	*Eugenia monticola*	5	100%	176	0,352	0,352	0,0908	0,032
5	*Zanthoxylum monophyllum*	5	100%	36	0,072	0,072	0,1227	0,0088
6	*Myrcia citrifolia*	5	100%	73	0,146	0,146	0,0358	0,0052
7	*Croton bixoides*	5	100%	53	0,106	0,106	0,0481	0,0051
8	*Acacia tamarindifolia*	5	100%	29	0,058	0,058	0,0569	0,0033
9	*Bursera simaruba*	5	100%	25	0,05	0,05	0,0486	0,0024
	Œceoclades maculata	2	40%	0	0,0000	0,0000	0,0000	0,0000

*Fréquence absolue (f_a) = présence de l'espèce dans les différents quadrats; Fréquence relative (f_r)= Fréquence absolue / nombre de quadrats; Densité = nombre d'individus / surface du relevé; Indice de distribution (Id) = Fréquence relative * Densité; Indice de dominance (ID) = Indice de distribution * surface terrière (aire basale).*

Cette communauté végétale sempervirente saisonnière d'horizon inférieur et de faciès xérique est au stade présylvatique. *Pisonia fragrans* (Mapou) et *Bourreria succulenta* (Bwa kabrit) sont, par ordre d'importance écologique, les espèces dominantes. Celles – ci ont un grand nombre d'individus de sections relativement faibles (dominance des individus de diamètres 2,5 cm: 90,3% pour *Pisonia fragrans* et 71,3% pour *Bourreria succulenta*; Figure 34). Leurs densités ainsi que leurs indices de dominance sont élevés (Tableau 6). Les autres espèces de la matrice floristique ont à la fois des densités et des surfaces terrières inférieures (Tableau 6). Les arbres morts (168 au total; Tableau 6) sont également très distribués (f_r = 100%; Tableau 6): le taux de mortalité des arbres est environ de 12,3%. La richesse floristique est l'une des plus élevées au regard des autres stations QM (Figure 36).

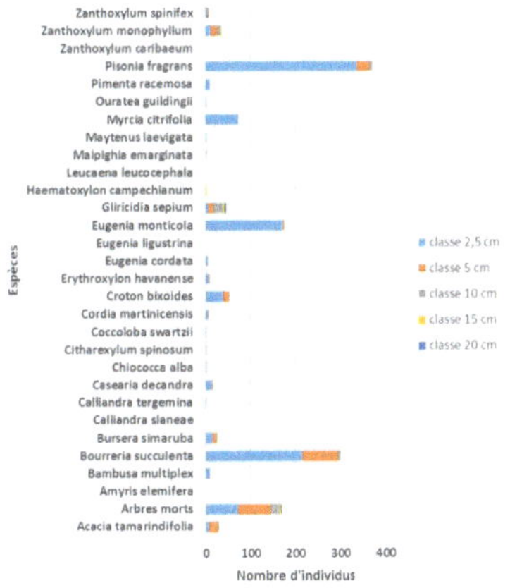

Figure 34: Distribution diamétrique des arbres vivants, sénescents et morts (diamètres ≥ 2,5 cm; Station QM1)

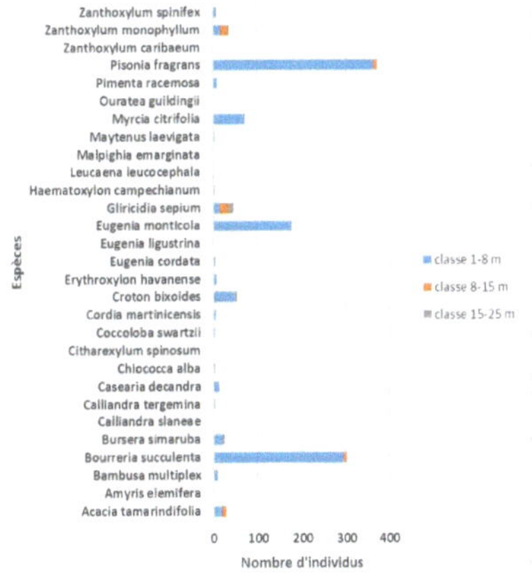

Figure 35: Distribution des hauteurs des arbres vivants et sénescents (hauteurs ≥ 1,3 m; Station QM1)

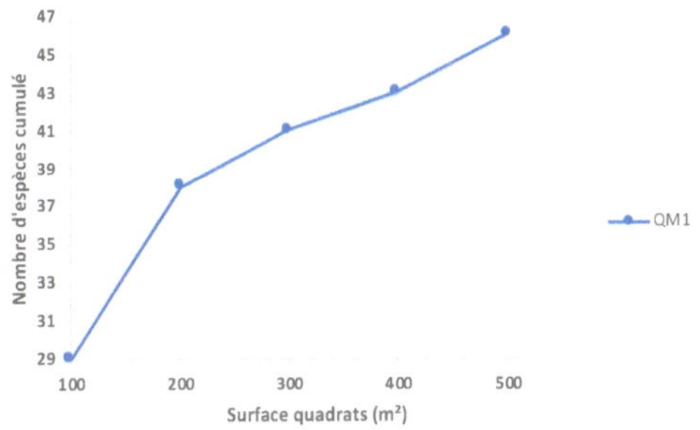

Figure 36: Courbes Aire/Espèces de la station QM1

Dans cette formation, la matrice végétale est constituée majoritairement d'espèces au stade arbustif mature ou en phase morphogénétique. Par ordre d'importance écologique, on trouve: *Myrcia citrifolia*, *Croton bixoides*, *Erythroxylon havanense*, *Hæmatoxylon campechianum*, *Eugenia cordata*, *Calliandra tergemina* et *Eugenia ligustrina*. Les individus de cette matrice ont des sections comprises entre 2,5 et 5 cm et des hauteurs se situant entre 1 et 8 m surcimés par des arbres adultes (14): *Gliricidia sepium*, *Pisonia fragrans* et *Zanthoxylum monophyllum* de 20 centimètres de diamètre et de 15 à 25 m de haut (Figure 34 et Figure 35). Au sein de cette unité, se régénèrent des espèces secondaires tardives et terminales telles que *Maytenus lævigata* (espèce sciaphile de stade préclimacique à climacique) et *Pimenta racemosa* (espèce héliosciaphile de stade sylvatique secondaire). Des individus d'*Œceoclades maculata* ont été observés au sein du cortège végétal. Pour évaluer l'abondance d'*Œceoclades maculata* dans les différents quadrats de la station QM1, nous considérons uniquement les plantules.

Tableau 7: Abondance des plantules des espèces végétales de la station QM1

Espèces	Abondance écologique					Espèces	Abondance écologique				
	Q1	Q2	Q3	Q4	**Q5**		**Q1**	Q2	Q3	Q4	**Q5**
Acacia tamarindifolia	+	++		+		*Guettarda scabra*	+			+	
Amyris elemifera		+		+		*Hæmatoxylon campechianum*				+	
Bambusa multiplex		++	++	+	+++	*Heteropterys purpurea*	+	+		+	
Bourreria succulenta	++	++				*Macfadyena unguis cati*	++				
Bursera simaruba	++			+		*Metastelma parviflorum*				+	
Capparis flexuosa		+				*Myrcia citrifolia*	+		+	+	
Capparis indica		+				***Œceoclades maculata***	+				+
Casearia decandra	++	+				*Ouratea guildingii*				+	
Chiococca alba			+	+	+	*Passiflora suberosa*	+			+	++
Citharexylum spinosum				+	+	*Paullinia cururu*	+	+		+	
Coccoloba swartzii		+				*Pimenta racemosa*		+		+	
Coccothrinax barbadensis			++	++	++	*Pisonia fragrans*	+++	+++	++	+++	
Cordia martinicensis		+		+		*Pisonia suborbiculata*		+			
Desmodium sp.		+		+		*Randia aculeata*	+				
Erythroxylon havanense	++	++	++	+	++	*Rauvolfia viridis*	+	+			
Eugenia cordata	+	+		+		*Tragia volubilis*	+	++	+	+	+
Eugenia ligustrina	+					*Urvillea ulmacea*		+	+	+	
Eugenia monticola	+	++	++	++		*Zanthoxylum monophyllum*	+			+	+
Gliricidia sepium	+										

(+) très faible abondance écologique (1 à 5); (++) faible abondance écologique (5 à 15); (+++) abondance écologique moyenne (15 à 30); (++++) forte abondance écologique (30 à 45); (+++++) très forte abondance écologique (45 à 100); (++++++) tapis végétal (plus de 100). Q représente les quadrats de la station.

Les spécimens de *Bambusa multiplex* (Petit bambou), de *Coccothrinax barbadensis* (Latanier (à balai)), d'*Erythroxylon havanense* (Bwa vinèt), d'*Eugenia monticola* (Mérizyé ti fèy) et de *Pisonia fragrans* (Mapou) ont les plantules les plus représentées dans les quadrats de la station QM1: entre 15 à 30 plantules observées; Tableau 7). Ces espèces dominantes numériquement au niveau plantulaire, appartiennent à des stades d'évolution différents [arbustif mûr (*Erythroxylon havanense*), présylvatique (*Eugenia monticola*), sylvatique secondaire (*Pisonia fragrans*)]. Les individus de l'orchidée (*Œceoclades maculata*) ont été observés uniquement dans les quadrats 1 et 5: entre 1 et 5. *Œceoclades maculata* est représentée par une très faible dominance écologique, elle est marginale dans ces quadrats.

Station QM2 (500 m²)

Tableau 8: Les principaux paramètres écologiques et structuraux de la station QM2

Rang	**Espèces**	**f_a**	**f_r**	**Nombre d'individus par espèce hors régénérations**	**Densité (ind/m²)**	**Id**	**Surface terrière totale par espèce**	**ID**
1	*Bourreria succulenta*	5	100%	427	0,854	0,854	0,3024	0,2582
2	*Croton bixoides*	5	100%	300	0,6	0,6	0,2739	0,1643
	Arbres morts	5	100%	253	0,506	0,506	0,2405	0,1217
3	*Myrcia citrifolia*	5	100%	239	0,478	0,478	0,1291	0,0617
4	*Eugenia monticola*	5	100%	94	0,188	0,188	0,083	0,0156
5	*Pisonia fragrans*	5	100%	57	0,114	0,114	0,0648	0,0074
6	*Chiococca alba*	5	100%	75	0,15	0,15	0,0368	0,0055
7	*Hæmatoxylon campechianum*	4	80%	16	0,032	0,0256	0,2135	0,0055
8	*Pimenta racemosa*	5	100%	60	0,12	0,12	0,0295	0,0035
9	*Gliricidia sepium*	5	100%	26	0,052	0,052	0,0658	0,0034
10	*Swietenia aubrevilleana*	5	100%	17	0,034	0,034	0,0756	0,0026
11	*Guettarda scabra*	4	80%	35	0,07	0,056	0,0319	0,0018
	Rhœo spathacea	2	40%	0	0,000	0,000	0,000	0,0000

*Fréquence absolue (f_a) = présence de l'espèce dans les différents quadrats; Fréquence relative (f_r)= Fréquence absolue / nombre de quadrats; Densité = nombre d'individus / surface du relevé; Indice de distribution (Id) = Fréquence relative * Densité; Indice de dominance (ID) = Indice de distribution * surface terrière (aire basale).*

Figure 37: Distribution diamétrique des arbres vivants, sénescents et morts (diamètres ≥ 2,5 cm; Station QM2)

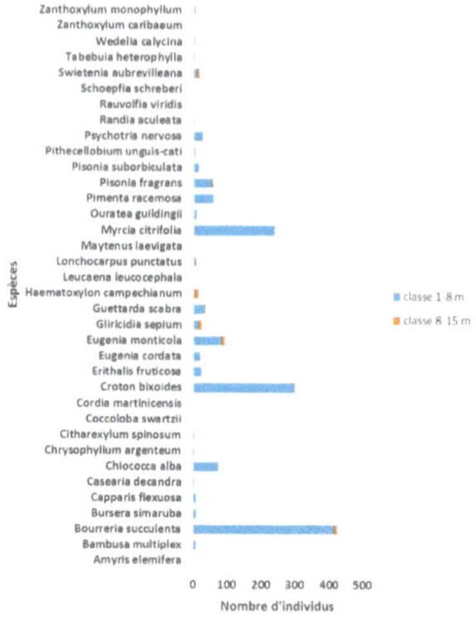

Figure 38: Distribution des hauteurs des arbres vivants et sénescents (hauteurs ≥ 1,3 m; Station QM2)

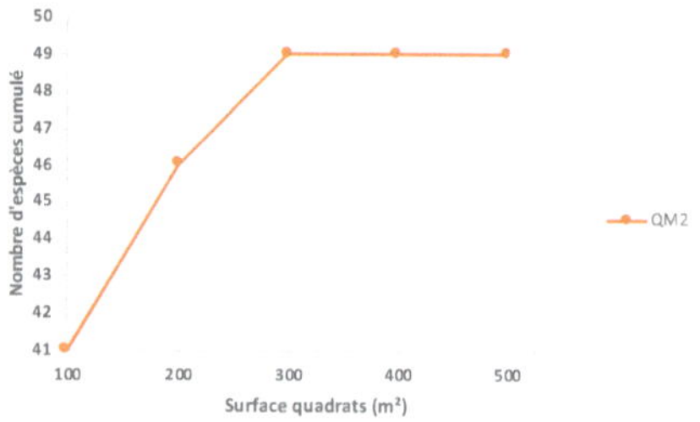

Figure 39: Courbe Aire/Espèces de la station QM2

C'est une formation sempervirente saisonnière d'horizon inférieur et de faciès xérique au stade arbustif mûr voire présylvatique. Le cortège dominant est, par ordre d'importance écologique, composé de *Bourreria succulenta* (Bwa kabrit) et de *Croton bixoides* (Bonm blan). Cette station présente des caractéristiques écologiques très proches de la station précédente (Station QM1) du point de vue du cortège végétal dominant outre le fait que le rapport de proportions entre les régénérations d'espèces varie. Les espèces dominantes ont un grand nombre d'individus (427 individus pour *Bourreria succulenta* et 300 pour *Croton bixoides*) ainsi qu'une surface terrière élevée (deux voire trois fois plus) par rapport aux autres espèces de la matrice floristique (Tableau 8). Le groupement floristique est constitué de plusieurs combinaisons arbustives telles que *Erithalis fruticosa*, *Eugenia cordata* et *Myrcia citrifolia*, préforestières telles que *Bursera simaruba*, *Casearia decandra*, *Citharexylum spinosum* et forestières jeunes telles que *Coccoloba swartzii* et de quelques individus matures (*Gliricidia sepium*, *Hæmatoxylon campechianum* et *Swietenia aubrevilleana*) sous lesquels poussent des taxons typiques de stades ultérieurs tels que *Maytenus lævigata*, *Ouratea guildingii* et *Pimenta racemosa*. La diversité spécifique équivaut à celle de la station QM1 (Figure 39).

253 arbres morts de sections comprises entre 2,5 et 10 cm ont été recensés dans cette station. Le taux de mortalité de cette phytocénose est l'un des plus élevés des stations QM (14,2%).

De plus, dans cette unité floristique, quelques individus d'une espèce potentiellement invasive ont été dénombrés: *Rhœo spathacea* (La Sonde). De façon analogue au cas précédent (station QM1, *Œceoclades maculata*), nous avons observé l'abondance écologique des plantules des espèces végétales de la station QM2 afin de comparer le poids populationnel des plantules de *Rhœo spathacea* recensées.

Tableau 9: Abondance des plantules des espèces végétales de la station QM2

Espèces	Abondance écologique					Espèces	Abondance écologique				
	Q1	Q2	**Q3**	Q4	**Q5**		Q1	Q2	**Q3**	Q4	**Q5**
Amyris elemifera	+	+	+			*Metastelma parviflorum*		+			
Bambusa multiplex	+	+				*Myrcia citrifolia*			+		+
Bourreria succulenta	++	+	++	+	++	*Ouratea guildingii*	+				
Bracharia decumbens	+	+		+	++	*Oxalis frutescens*	+	+	+	+	+
Bursera simaruba	+	+	+		+	*Passiflora laurifolia*			+		
Capparis flexuosa					+	*Passiflora suberosa*	++	+		+	+
Capparis indica			+			*Phoradendron trinervium*		+			
Casearia decandra	+	+			+	*Pimenta racemosa*			+		+
Chiococca alba	++	+++	++	+	++	*Pisonia fragrans*	+	+			+
Coccoloba swartzii			+	+	+	*Pisonia suborbiculata*	+	+	+		
Cordia martinicensis	+					*Psychotria nervosa*	+	+	++		
Croton bixoides	+					*Randia aculeata*		+			
Desmodium sp.	+					*Rauvolfia viridis*			+		
Erithalis fruticosa	+					***Rhœo spathacea***			+		+
Erythroxylon havanense	+	+	+	+		*Swietenia aubrevilleana*	+			+	+
Eugenia cordata	+	+	+	++	+	*Urvillea ulmacea*	+				
Eugenia monticola	+++	++	+	+	+++	*Zanthoxylum caribaeum*	+				
Guettarda scabra	+	+	+		+	*Zanthoxylum monophyllum*	+				
Hæmatoxylon campechianum	+										

(+) très faible abondance écologique (1 à 5); (++) faible abondance écologique (5 à 15); (+++) abondance écologique moyenne (15 à 30); (++++) forte abondance écologique (30 à 45); (+++++) très forte abondance écologique (45 à 100); (++++++) tapis végétal (plus de 100). Q représente les quadrats de la station.

Eugenia cordata (Mérizyé), *Eugenia monticola* (Mérizyé ti fèy), *Chiococca alba* (Ti branda), *Bourreria succulenta* (Bwa kabrit) et *Passiflora suberosa* sont les plantules qui sont les plus distribuées dans la station (Tableau 9). Ces taxa ont une abondance moyenne. Les espèces d'abondance élevée sont essentiellement des espèces arborées héliophiles (*Eugenia cordata*, *Eugenia monticola* et *Bourreria succulenta*) qui dans leur phase actuelle de développement morphogénétique constituent le stade arbustif mûr. Le caractère régressif de la phytocénose de la station QM2 favorise un faible nombre de plantules de *Rhœo spathacea* (3). Ces dernières ont été observées dans les quadrats 3 et 5: entre 1 et 5 plantules (Tableau 9).

Station QM3 (700 m^2)

Tableau 10: Les principaux paramètres écologiques et structuraux de la station QM3

Rang	Espèces	f_a	f_r	Nombre d'individus par espèce hors régénérations	Densité (ind/m^2)	Id	Surface terrière totale par espèce	ID
1	*Myrcia citrifolia*	7	100%	384	0,7314	0,7314	0,1899	0,1389
2	*Guettarda scabra*	7	100%	127	0,2419	0,2419	0,0623	0,0151
3	*Croton bixoides*	7	100%	121	0,2305	0,2305	0,0594	0,0137
4	*Erithalis fruticosa*	7	100%	84	0,16	0,16	0,0692	0,0111
5	*Eugenia cordata*	7	100%	95	0,181	0,181	0,054	0,0098
6	*Bourreria succulenta*	7	100%	71	0,1352	0,1352	0,0393	0,0053
7	*Pisonia suborbiculata*	7	100%	62	0,181	0,181	0,0319	0,0038

*Fréquence absolue (f_a) = présence de l'espèce dans les différents quadrats; Fréquence relative (f_r)= Fréquence absolue / nombre de quadrats; Densité = nombre d'individus / surface du relevé; Indice de distribution (Id) = Fréquence relative * Densité; Indice de dominance (ID) = Indice de distribution * surface terrière (aire basale).*

Cette communauté végétale correspond à une formation sempervirente saisonnière d'horizon inférieur et de faciès xérique au stade arbustif dominée par une population de *Myrcia citrifolia* (384 individus recensés; Tableau 10). Cette espèce (*Myrcia citrifolia*) est fortement concurrente de la station au regard des facteurs du milieu. Les individus de *Myrcia citrifolia* sont en phase d'expansion morphologique présentent un port arbustif et forment une structure végétale avec des faibles sections (entre 2,5 et 5 cm) et faibles hauteurs (comprises entre 1 et 8 m) (Figure 40 et Figure 41). *Coccoloba swartzii*, *Erithalis fruticosa*, *Schœpfia schreberi*, *Swietenia mahagoni* et *Tabebuia heterophylla* ont une distribution des classes diamétriques relativement équilibrée: leurs individus se distribuent dans quasiment toutes les classes de diamètre (Figure 40). La présence de *Conostegia calyptrata*, espèce héliophile des trouées sylvatiques témoigne de l'ouverture de la strate végétale (Joseph, 2012; Ely – Marius, et al., 2017). Malgré la discontinuité de la strate végétale, aucune espèce végétale au potentiel invasif n'a été recensée dans cette station. La richesse floristique est relativement importante (Figure 42). Le taux de mortalité est nul.

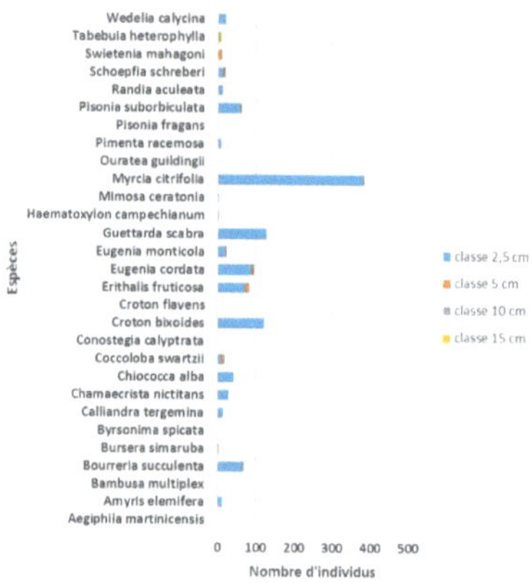

Figure 40: Distribution diamétrique des arbres vivants et sénescents (diamètres ≥ 2,5 cm; Station QM3)

Figure 41: Distribution des hauteurs des arbres vivants et sénescents (hauteurs ≥ 1,3 m; Station QM3)

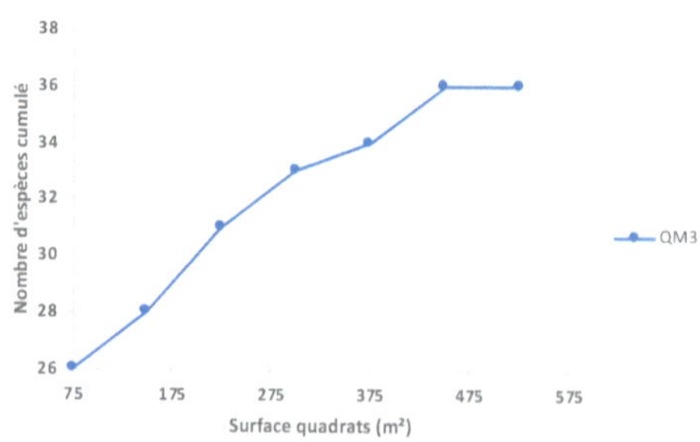

Figure 42: Courbe Aire/Espèces de la station QM3

Station QM4 (500 m²)

Tableau 11: Les principaux paramètres écologiques et structuraux de la station QM4

Rang	Espèces	f_a	f_r	Nombre d'individus par espèce hors régénérations	Densité (ind/m²)	Id	Surface terrière totale par espèce	ID
1	*Hæmatoxylon campechianum*	5	100%	606	1,212	1,212	0,7266	0,8807
2	*Myrcia citrifolia*	5	100%	262	0,524	0,524	0,1344	0,0704
3	*Croton bixoides*	5	100%	130	0,26	0,26	0,077	0,02
4	*Pimenta racemosa*	5	100%	43	0,086	0,086	0,0476	0,0041
5	*Guettarda scabra*	5	100%	39	0,078	0,078	0,0397	0,0031
6	*Pisonia fragrans*	4	80%	18	0,036	0,0288	0,054	0,0016
7	*Swietenia mahagoni*	3	60%	8	0,016	0,0096	0,1119	0,0011

*Fréquence absolue (f_a) = présence de l'espèce dans les différents quadrats; Fréquence relative (f_r)= Fréquence absolue / nombre de quadrats; Densité = nombre d'individus / surface du relevé; Indice de distribution (Id) = Fréquence relative * Densité; Indice de dominance (ID) = Indice de distribution * surface terrière (aire basale).*

Cette unité floristique sempervirente saisonnière d'horizon inférieur et de faciès xérique au stade arbustif mûr est dominée par une population d'*Hæmatoxylon campechianum* (606 individus hors régénérations et hors arbres morts) dont la majeure partie des individus ont des sections de 2,5 centimètres (soit 95,9% de l'effectif total d'*Hæmatoxylon campechianum;* Tableau 11 et Figure 43). Cette espèce, très concurrente, a une surface terrière et un indice de distribution élevés. Malgré le fait que le diamètre de ses individus n'excède pas les 5 centimètres, l'espèce présente un profil biodémographique relativement équilibré (Figure 43). Le cortège végétal est constitué essentiellement d'individus de faibles sections (majoritairement de 2,5 cm) et de faibles hauteurs (principalement comprises entre 1 et 8 m), hormis quelques espèces héliophiles matures de *Pisonia fragrans* et de *Swietenia mahagoni* qui ont des sections allant jusqu'à 20 cm et des hauteurs relativement élevées comprises entre 1 et 15 m (Figure 43 et Figure 44). Comme *Conostegia calyptrata*, *Conostegia icosandra* (espèce sciaphile) a également un comportement d'espèce héliophile de trouées sylvatiques (Ely – Marius, et al., 2017). *Conostegia icosandra* indique une faible stratification de la station QM4. Aucune espèce au potentiel invasif n'a été observée. Malgré une aire minimale de relevé réduite (200 m^2), la diversité floristique est riche (Tableau 11 et Figure 45). Aucun arbre mort n'a été observé: le taux de mortalité est nul.

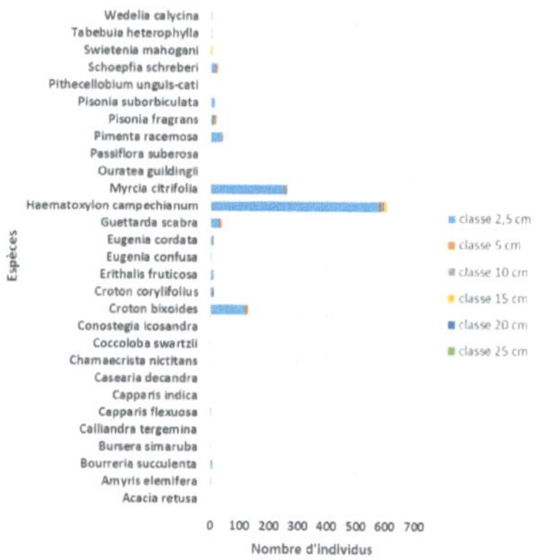

Figure 43: Distribution diamétrique des arbres vivants et sénescents (diamètres ≥ 2,5 cm; Station QM4)

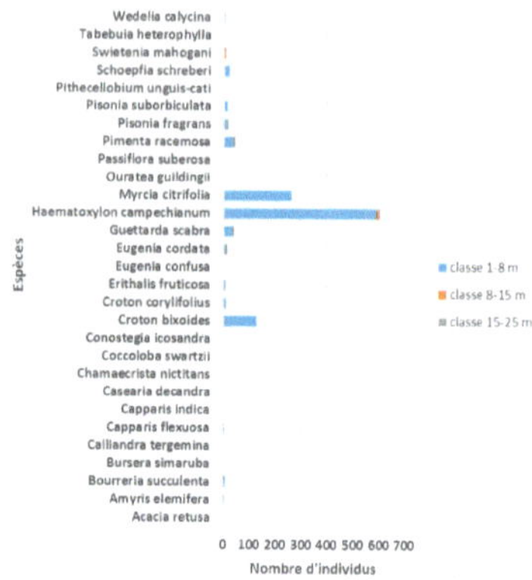

Figure 44: Distribution des hauteurs des arbres vivants et sénescents (hauteurs ≥ 1,3 m; Station QM4)

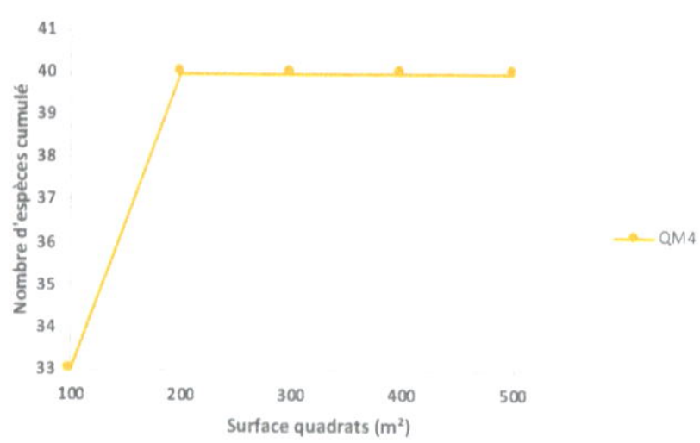

Figure 45: Courbe Aire/Espèces de la station QM4

Station QM5 (500 m²)

Tableau 12: Les principaux paramètres écologiques et structuraux de la station QM5

Rang	Espèces	f_a	f_r	Nombre d'individus par espèce hors régénérations	Densité (ind/m²)	Id	Surface terrière totale par espèce	ID
1	*Myrcia citrifolia*	5	100%	268	0,536	0,536	0,133	0,0713
2	*Croton bixoides*	5	100%	170	0,34	0,34	0,1025	0,0349
3	*Pisonia fragrans*	4	80%	62	0,124	0,0992	0,1766	0,0175
4	*Eugenia cordata*	5	100%	93	0,186	0,186	0,0648	0,012
5	*Eugenia monticola*	5	100%	61	0,122	0,122	0,0535	0,0065
6	*Pisonia suborbiculata*	5	100%	66	0,132	0,132	0,0397	0,0052
7	*Guettarda scabra*	5	100%	49	0,098	0,098	0,0476	0,0047
8	*Swietenia mahagoni*	3	60%	10	0,02	0,012	0,1236	0,0015
9	*Gliricidia sepium*	4	80%	9	0,018	0,0144	0,0805	0,0012
10	*Pimenta racemosa*	3	60%	25	0,05	0,03	0,0343	0,001

*Fréquence absolue (f_a) = présence de l'espèce dans les différents quadrats; Fréquence relative (f_r)= Fréquence absolue / nombre de quadrats; Densité = nombre d'individus / surface du relevé; Indice de distribution (Id) = Fréquence relative * Densité; Indice de dominance (ID) = Indice de distribution * surface terrière (aire basale).*

Cette phytocénose présente une grande similarité écologique avec les deux stations décrites précédemment (QM1 et QM2). Il s'agit d'une communauté végétale sempervirente saisonnière d'horizon inférieur et de faciès xérique au stade arbustif mûr à présylvatique. Les espèces prépondérantes sont, par ordre d'importance écologique, *Myrcia citrifolia*, *Croton bixoides*, *Pisonia fragrans* et *Eugenia cordata*. Les deux premières espèces (*Myrcia citrifolia* et *Croton bixoides*) ont un grand nombre d'individus de faibles diamètres (majoritairement entre 2,5 et 5 cm; Figure 46). *Pisonia fragrans* et *Eugenia cordata* ont un profil biodémographique relativement équilibré: les individus de ces deux espèces sont répartis dans plusieurs classes de hauteurs et de diamètres (Figure 46 et Figure 47). Le peuplement est constitué de combinaisons de taxa arbustifs (*Bourreria succulenta*¸ *Croton bixoides*, *Eugenia cordata*, *Croton corylifolius*, *Eugenia monticola*) auxquels sont associés des arbres adultes tels que *Coccoloba swartzii*, *Pimenta racemosa*, *Pisonia fragrans* et *Swietenia mahagoni* (Figure 46 et Figure 47).

Il faut aussi observer la présence de régénérations d'arbres et de plantules des stades d'évolution avancée: *Maytenus lævigata* (espèce sciaphile) et *Pimenta racemosa* (espèce héliosciaphile). Ce sont des taxa qui s'installent très tôt dans la dynamique végétale (dès les phases post – pionnières) et qui se maintiennent dans les phases préclimaciques à climaciques (Joseph, 2009). Nous n'avons pas noté la présence d'espèces végétales potentiellement invasives au sein de cette unité floristique. La richesse floristique est relativement élevée (Figure 48). Le taux de mortalité est nul.

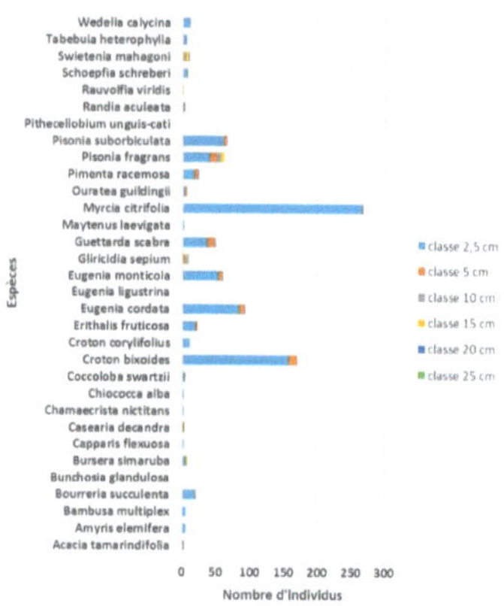

Figure 46: Distribution diamétrique des arbres vivants et sénescents (diamètres ≥ 2,5 cm; Station QM5)

Figure 47: Distribution des hauteurs des arbres vivants et sénescents (hauteurs ≥ 1,3 m; Station QM5)

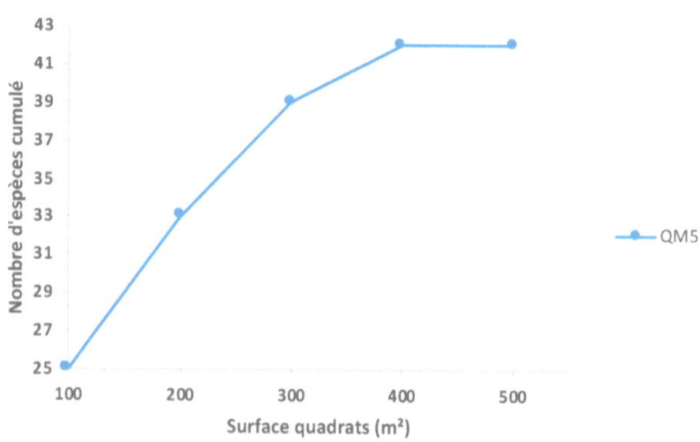

Figure 48: Courbe Aire/Espèces de la station QM5

Station QM6 (700 m²)

Tableau 13: Les principaux paramètres écologiques et structuraux de la station QM6

Rang	Espèces	f_a	f_r	Nombre d'individus par espèce hors régénérations	Densité (ind/m²)	Id	Surface terrière totale par espèce	ID
1	*Myrcia citrifolia*	7	100%	1047	1,4957	1,4957	0,5446	0,8146
2	*Guettarda scabra*	7	100%	97	0,1386	0,1386	0,0844	0,0117
3	*Coccoloba swartzii*	7	100%	39	0,0557	0,0557	0,1987	0,0111
4	*Swietenia mahagoni*	5	71%	19	0,0271	0,0194	0,3876	0,0075
5	*Conostegia calyptrata*	5	71%	56	0,08	0,0571	0,0643	0,0037
6	*Croton bixoides*	6	86%	47	0,0671	0,0576	0,0407	0,0023
7	*Erithalis fruticosa*	6	86%	25	0,0357	0,0306	0,0402	0,0012
8	*Pisonia suborbiculata*	5	71%	23	0,0329	0,0235	0,0289	0,0007
9	*Tabebuia heterophylla*	4	57%	7	0,01	0,0057	0,1104	0,0006
10	*Pimenta racemosa*	5	71%	16	0,0229	0,0163	0,0152	0,0002

*Fréquence absolue (f_a) = présence de l'espèce dans les différents quadrats; Fréquence relative (f_r)= Fréquence absolue / nombre de quadrats; Densité = nombre d'individus / surface du relevé; Indice de distribution (Id) = Fréquence relative * Densité; Indice de dominance (ID) = Indice de distribution * surface terrière (aire basale).*

Cette association floristique sempervirente saisonnière d'horizon inférieur et de faciès xérique de recolonisation dominée par une population de *Myrcia citrifolia* (1 047 individus recensés) de sections majoritairement faibles [entre 2,5 (soit 69,4% de l'effectif total stationnel) et 5 (8%) cm; Tableau 13 et Figure 49] est au stade arbustif. Elle présente de grandes similarités écologiques avec la station QM3 hormis le rapport de proportions des régénérations d'espèces qui change. *Myrcia citrifolia* forme une matrice dense sous laquelle se développent des régénérations d'arbres et des plantules de stades dynamiques ultérieurs, par ordre d'importance écologique: *Coccoloba swartzii* (Bois rouge), *Pimenta racemosa* (Bois d'Inde), *Pisonia fragrans* (Mapou), *Maytenus lævigata* (Bwa sitwon) et *Bursera simaruba* (Gommier rouge). Le cortège végétal est essentiellement constitué d'individus de faibles sections (entre 2,5 et 5 cm) qui culminent à de faibles hauteurs (entre 1 et 8 m) (Figure 49 et

Figure 50). De nombreux (56) individus de *Conostegia calyptrata* ont été dénombrés. Leur présence atteste de l'ouverture de la strate végétale (Ely – Marius, et al., 2017). La surface minimale de relevés est de 500 m^2. Vers 600 m^2, cette courbe semble indiquer le passage à une autre phytocénose (Figure 51).

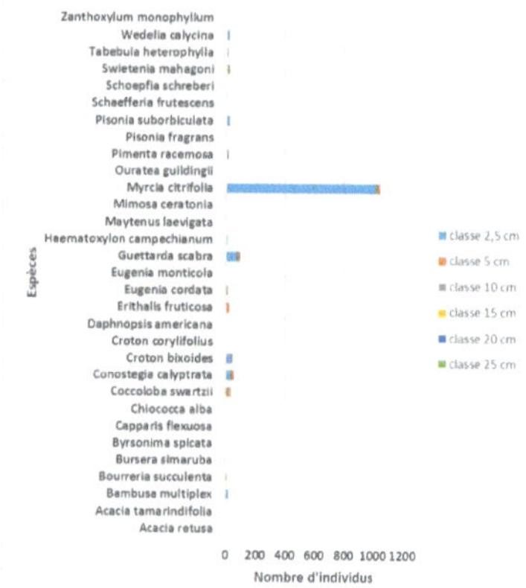

Figure 49: Distribution diamétrique des arbres vivants et sénescents (diamètres ≥ 2,5 cm; Station QM6)

Figure 50: Distribution des hauteurs des arbres vivants et sénescents (hauteurs ≥ 1,3 m; Station QM6)

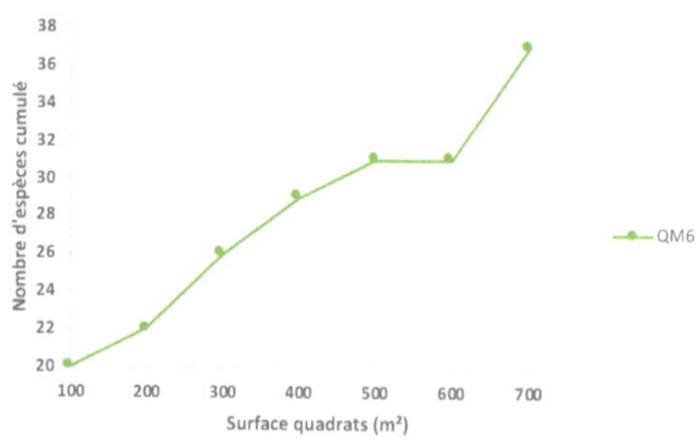

Figure 51: Courbe Aire/Espèce de la station QM6

Station QM7 (500 m²)

Tableau 14: Les principaux paramètres écologiques et structuraux de la station QM7

Rang	Espèces	f_a	f_r	Nombre d'individus par espèce hors régénérations	Densité (ind/m²)	Id	Surface terrière totale par espèce	ID
1	*Myrcia citrifolia*	5	100%	376	0,752	0,752	0,2051	0,1542
2	*Guettarda scabra*	5	100%	110	0,22	0,22	0,107	0,0235
3	*Erithalis fruticosa*	5	100%	59	0,118	0,118	0,104	0,0123
4	*Croton bixoides*	5	100%	96	0,192	0,192	0,0618	0,0119
5	*Eugenia monticola*	5	100%	56	0,112	0,112	0,0716	0,008
6	*Bourreria succulenta*	5	100%	43	0,086	0,086	0,05	0,0043
7	*Pisonia suborbiculata*	5	100%	43	0,086	0,086	0,0388	0,0033
8	*Amyris elemifera*	4	80%	46	0,092	0,0736	0,0417	0,0031
9	*Wedelia calycina*	4	80%	58	0,116	0,0928	0,0285	0,0026
10	*Swietenia mahagoni*	4	80%	5	0,01	0,008	0,1462	0,0012
11	*Coccoloba swartzii*	3	60%	9	0,018	0,0108	0,1055	0,0011
12	*Eugenia cordata*	5	100%	25	0,05	0,05	0,0167	0,0008
13	*Gliricidia sepium*	4	80%	9	0,018	0,0144	0,0412	0,0006

*Fréquence absolue (f_a) = présence de l'espèce dans les différents quadrats; Fréquence relative (f_r)= Fréquence absolue / nombre de quadrats; Densité = nombre d'individus / surface du relevé; Indice de distribution (Id) = Fréquence relative * Densité; Indice de dominance (ID) = Indice de distribution * surface terrière (aire basale).*

Cette association floristique sempervirente saisonnière d'horizon inférieur et de faciès xérique dominée numériquement par une population de *Myrcia citrifolia* (376 individus recensés) de faibles sections (2,5 centimètres) (Tableau 14 et Figure 52) est au stade arbustif à préforestier. Elle présente de grandes similarités écologiques avec la station QM6. *Myrcia citrifolia* est l'espèce prépondérante du cortège végétal, elle présente des indices de distribution et de dominance élevés (Tableau 14). On peut adjoindre à ce cortège végétal, *Guettarda scabra*, *Erithalis fruticosa* et *Croton bixoides*. La matrice végétale est constituée majoritairement d'arbustes de laquelle émergent quelques espèces arborées (*Coccoloba swartzii*, *Swietenia mahagoni*). Ont été dénombrées également des régénérations d'arbres appartenant à des stades dynamiques ultérieurs telles que *Guettarda scabra* (Bwa madanm), *Coccoloba swartzii* (Bois rouge), *Pisonia fragrans* (Mapou), *Pimenta racemosa* (Bois d'Inde) et *Maytenus lævigata* (Bwa sitwon). Les paramètres structuraux et la richesse spécifique sont en adéquation avec le stade d'évolution mentionné plus haut (Tableau 14 et Figure 54). Aucun arbre mort n'a été comptabilisé (Tableau 14).

Figure 52: Distribution diamétrique des arbres vivants et sénescents (diamètres ≥ 2,5 cm; Station QM7)

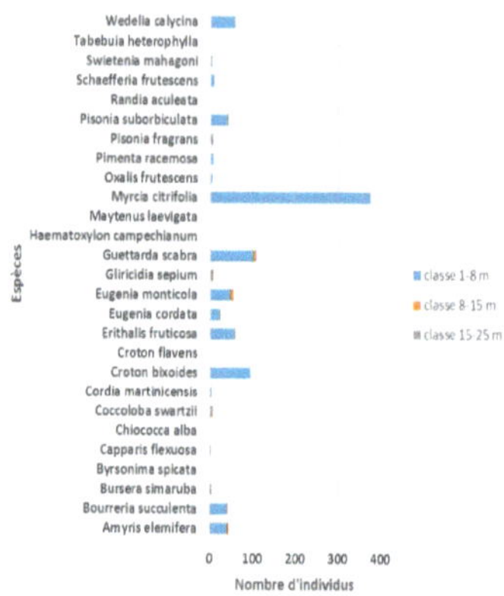

Figure 53: Distribution des hauteurs des arbres vivants et sénescents (hauteurs ≥ 1,3 m; Station QM7)

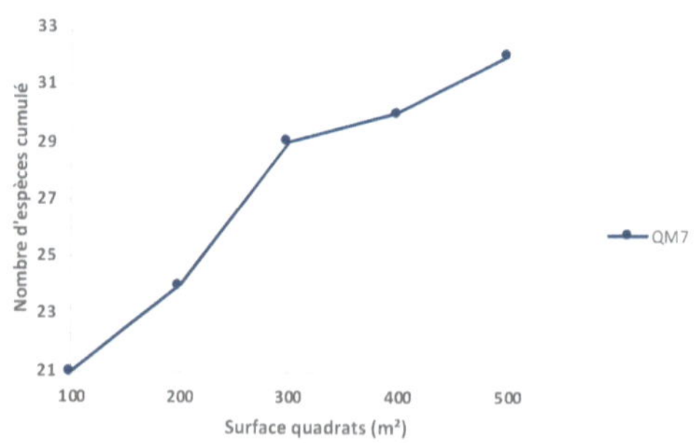

Figure 54: Courbe Aire/Espèces de la station QM7

Station QM8 (500 m^2)

Tableau 15: Les principaux paramètres écologiques et structuraux de la station QM8

Rang	Espèces	f_a	f_r	Nombre d'individus par espèce hors régénérations	Densité (ind/m^2)	Id	Surface terrière totale par espèce	ID
1	*Bourreria succulenta*	5	100%	205	0,41	0,41	0,1595	0,0654
2	*Pisonia fragrans*	5	100%	126	0,252	0,252	0,2335	0,0589
3	*Gliricidia sepium*	5	100%	43	0,086	0,086	0,1859	0,016
4	*Croton bixoides*	5	100%	83	0,166	0,166	0,0525	0,0087
5	*Acacia tamarindifolia*	5	100%	38	0,076	0,076	0,1001	0,0076
6	*Eugenia monticola*	5	100%	57	0,114	0,114	0,0653	0,0074
7	*Zanthoxylum monophyllum*	5	100%	52	0,104	0,104	0,0697	0,0072
8	*Bursera simaruba*	5	100%	19	0,038	0,038	0,1884	0,0072
9	*Calliandra tergemina*	2	40%	64	0,128	0,0512	0,0343	0,0018
10	*Leucaena leucocephala*	2	40%	13	0,026	0,0104	0,0285	0,0003

*Fréquence absolue (f_a) = présence de l'espèce dans les différents quadrats; Fréquence relative (f_r)= Fréquence absolue / nombre de quadrats; Densité = nombre d'individus / surface du relevé; Indice de distribution (Id) = Fréquence relative * Densité; Indice de dominance (ID) = Indice de distribution * surface terrière (aire basale).*

Cette unité floristique sempervirente saisonnière d'horizon inférieur et de faciès xérique au stade arbustif mûr à présylvatique est dominée quantitativement par une population de *Bourreria succulenta* (Bwa kabrit). *Bourreria succulenta*, *Pisonia fragrans* et *Gliricidia sepium* sont, par ordre d'importance écologique, les espèces prépondérantes du cortège végétal et ont des indices de dominance et de distribution les plus élevés (Tableau 15). Les autres individus du cortège végétal ont majoritairement de petites sections et de faibles hauteurs (Figure 55 et Figure 56). *Acacia tamarindifolia* a une bonne distribution des diamètres et de hauteurs: toutes les classes d'âges et des hauteurs sont représentées (Figure 55 et Figure 56). La richesse floristique est la plus faible au regard des autres stations du Quartier Mélisse (QM) (Tableau 15 et Figure 57).

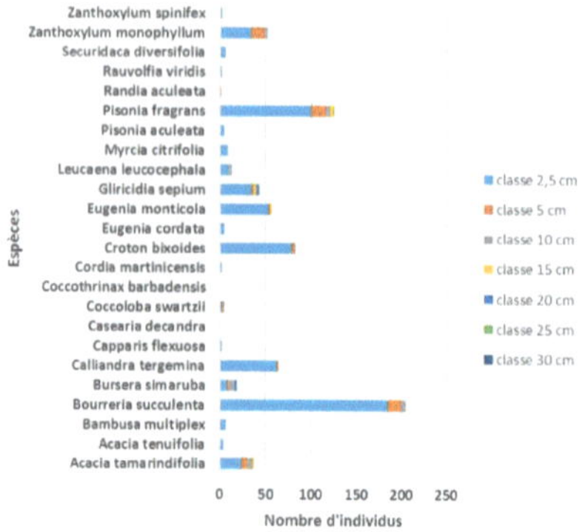

Figure 55: Distribution diamétrique des arbres vivants et sénescents (diamètres ≥ 2,5 cm; Station QM8)

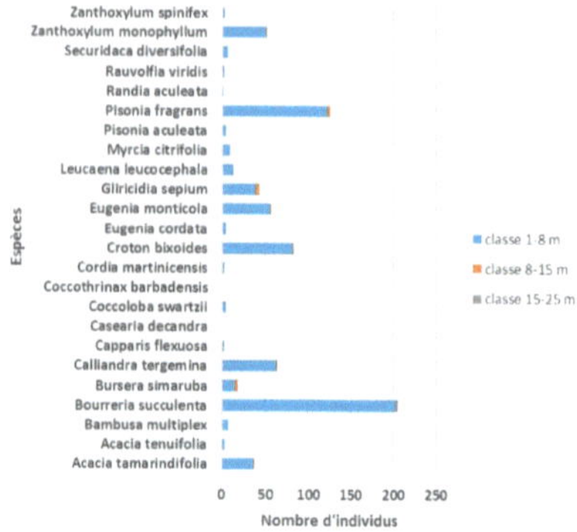

Figure 56: Distribution des hauteurs des arbres vivants et sénescents (hauteurs ≥ 1,3 m; Station QM8)

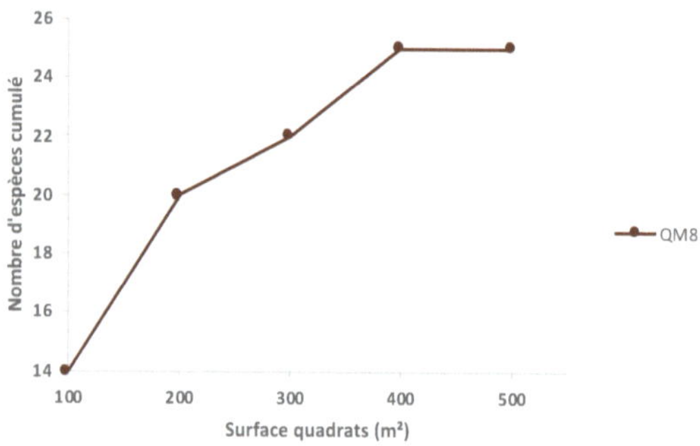

Figure 57: Courbe Aire/Espèces de la station QM8

Station QM9 (700 m²)

Tableau 16: Les principaux paramètres écologiques et structuraux de la station QM9

Rang	Espèces	fa	fr	Nombre d'individus par espèce hors régénérations	Densité (ind/m²)	Id	Surface terrière totale par espèce	ID
1	*Bourreria succulenta*	7	100%	202	0,2886	0,2886	0,1742	0,0503
2	*Pisonia fragrans*	7	100%	88	0,1257	0,1257	0,1766	0,0222
3	*Croton bixoides*	7	100%	160	0,2286	0,2286	0,0917	0,021
4	*Eugenia monticola*	7	100%	126	0,1800	0,1800	0,0913	0,0164

5	*Myrcia citrifolia*	7	100%	141	0,2014	0,2014	0,0707	0,0142
6	*Gliricidia sepium*	7	100%	22	0,0314	0,0314	0,1693	0,0053
7	*Bursera simaruba*	4	57%	11	0,0157	0,0090	0,1040	0,0009
8	*Pisonia aculeata*	4	57%	36	0,0514	0,0294	0,0280	0,0008
9	*Acacia tamarindifolia*	4	57%	25	0,0357	0,0204	0,0358	0,0007
10	*Zanthoxylum spinifex*	4	57%	23	0,0329	0,0188	0,0285	0,0005
11	*Zanthoxylum monophyllum*	4	57%	16	0,0229	0,0131	0,0255	0,0003
12	*Swietenia mahagoni*	3	43%	5	0,0071	0,0031	0,0491	0,0002

Fréquence absolue (f_a) *= présence de l'espèce dans les différents quadrats; Fréquence relative* (f_r)*= Fréquence absolue / nombre de quadrats; Densité = nombre d'individus / surface du relevé; Indice de distribution (Id) = Fréquence relative * Densité; Indice de dominance (ID) = Indice de distribution * surface terrière (aire basale).*

Il s'agit d'une formation sempervirente saisonnière d'horizon inférieur et de faciès xérique au stade arbustif mûr à présylvatique. Les espèces prépondérantes du cortège végétal sont, par ordre d'importance écologique, *Bourreria succulenta*, *Pisonia fragrans*, *Croton bixoides*, *Eugenia monticola* et *Myrcia citrifolia* au regard de l'indice de dominance. Leur dominance écologique résulte d'une abondance populationnelle, d'un indice de distribution et d'une surface terrière élevés (Tableau 16). Les individus du cortège végétal ont essentiellement des diamètres compris entre 2,5 et 5 cm et des hauteurs faibles allant de 1 à 8 m. Ces spécimens sont surcimés par quelques arbres matures *Gliricidia sepium* (Glicéridia), *Pisonia fragrans* (Mapou) et *Bursera simaruba* (Gommier rouge) (Figure 58 et Figure 59). Ces individus adultes culminent entre 15 et 25 m et ont des diamètres allant jusqu'à 25 cm (Figure 58 et Figure 59). La richesse en espèces est parmi les plus importantes des relevés (Figure 60).

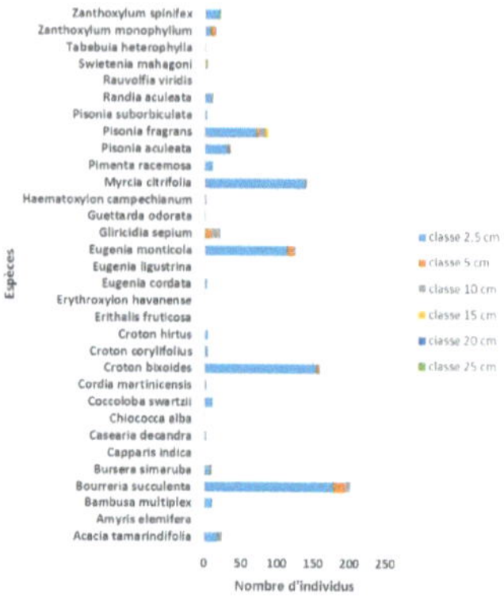

Figure 58: Distribution diamétrique des arbres vivants et sénescents (diamètres ≥ 2,5 cm; Station QM9)

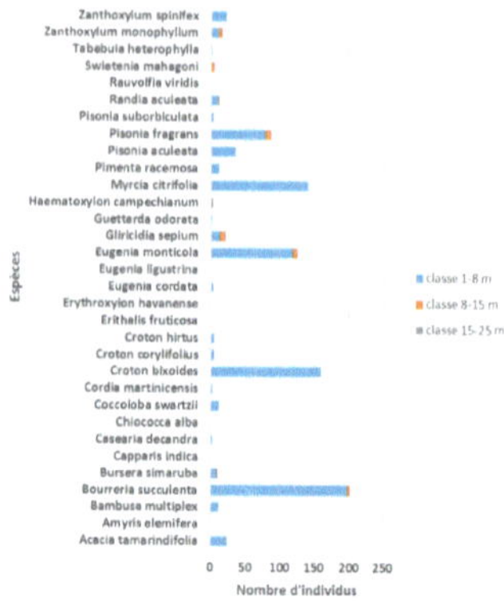

Figure 59: Distribution des hauteurs des arbres vivants et sénescents (hauteurs ≥ 1,3 m; Station QM9)

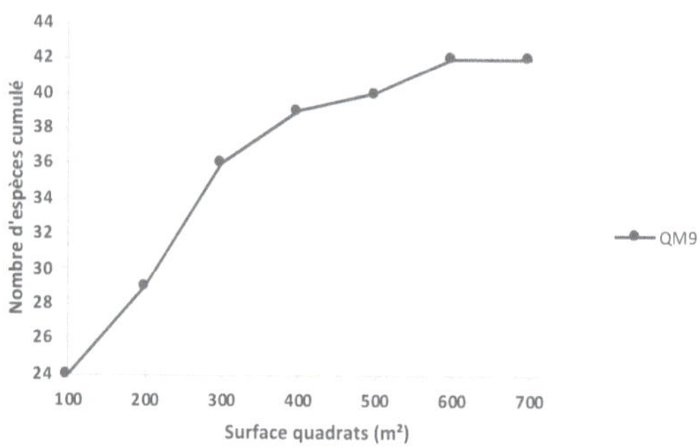

Figure 60: Courbe Aire/Espèces de la station QM9

Station QM10 (500 m²)

Tableau 17: Les principaux paramètres écologiques et structuraux de la station QM10

Rang	Espèces	f_a	f_r	Nombre d'individus par espèce hors régénérations	Densité (ind/m²)	Id	Surface terrière totale par espèce	ID
1	*Croton bixoides*	5	100%	397	0,794	0,794	0,2183	0,1734
2	*Bourreria succulenta*	5	100%	235	0,47	0,47	0,1197	0,0563
3	*Eugenia monticola*	5	100%	94	0,188	0,188	0,0991	0,0186
4	*Myrcia citrifolia*	5	100%	48	0,096	0,096	0,0280	0,0027

5	*Gliricidia sepium*	5	100%	21	0,042	0,042	0,0559	0,0023
6	*Wedelia calycina*	5	100%	48	0,096	0,096	0,0236	0,0023
7	*Pimenta racemosa*	4	80%	32	0,064	0,0512	0,0343	0,0018
8	*Erithalis fruticosa*	4	80%	33	0,066	0,0528	0,0250	0,0013
9	*Guettarda scabra*	4	80%	33	0,066	0,0528	0,0206	0,0011
10	*Cordia martinicensis*	5	100%	29	0,058	0,058	0,0172	0,001
11	*Pisonia fragrans*	5	100%	22	0,044	0,044	0,0226	0,001
12	*Eugenia cordata*	4	80%	30	0,06	0,048	0,0147	0,0007
13	*Hæmatoxylon campechianum*	2	40%	14	0,028	0,0112	0,0456	0,0005
14	*Pisonia suborbiculata*	5	100%	21	0,042	0,042	0,0118	0,0005

*Fréquence absolue (f_a) = présence de l'espèce dans les différents quadrats; Fréquence relative (f_r)= Fréquence absolue / nombre de quadrats; Densité = nombre d'individus / surface du relevé; Indice de distribution (Id) = Fréquence relative * Densité; Indice de dominance (ID) = Indice de distribution * surface terrière (aire basale).*

Cette formation sempervirente saisonnière d'horizon inférieur et de faciès xérique de recolonisation dominée par *Croton bixoides* (Bonm blan) est au stade arbustif mature. *Croton bixoides*, *Bourreria succulenta* et *Eugenia monticola* sont les espèces écologiquement dominantes de la matrice floristique (Tableau 17). La majeure partie des individus de cette association floristique ont de faibles sections (entre 2,5 et 5 cm) et de faibles hauteurs (entre 1 et 8 m) (Figure 61 et Figure 62). Sous la matrice formée par la population des espèces du cortège prépondérant, se régénèrent des individus de phases ultérieures de la dynamique végétale *Bunchosia glandulosa* (Prin kafé), *Byrsonima spicata* (Bwa tan), *Maytenus lævigata* (Bwa sitwon) et *Ouratea guildingii* (Bwa bagèt). Cette station présente de grandes similarités avec la station QM7, à l'exception des différences populationnelles et des cortèges d'espèces végétales. La diversité floristique est l'une des plus importantes des relevés du Quartier Mélisse (QM) (Tableau 17 et Figure 63).

Figure 61: Distribution diamétrique des arbres vivants et sénescents (diamètres ≥ 2,5 cm; Station QM10)

Figure 62: Distribution des hauteurs des arbres vivants et sénescents (hauteurs ≥ 1,3 m; Station QM10)

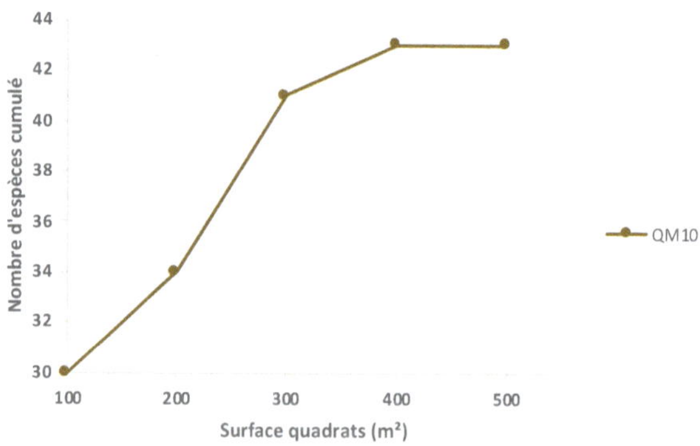

Figure 63: Courbe Aire/Espèces de la station QM10

Station QM11 (500 m²)

Tableau 18: Les principaux paramètres écologiques et structuraux de la station QM11

Rang	Espèces	f_a	f_r	Nombre d'individus par espèce hors régénérations	Densité (ind/m²)	Id	Surface terrière totale par espèce	ID
1	*Myrcia citrifolia*	5	100%	955	1,91	1,91	0,4877	0,9315
2	*Calliandra tergemina*	5	100%	178	0,356	0,356	0,0873	0,0311
3	*Guettarda scabra*	5	100%	140	0,28	0,28	0,107	0,0299
4	*Pimenta racemosa*	5	100%	81	0,162	0,162	0,1747	0,0283
5	*Coccoloba swartzii*	5	100%	42	0,084	0,084	0,3312	0,0278
6	*Hæmatoxylon campechianum*	4	80%	60	0,12	0,096	0,1482	0,0142
7	*Swietenia mahagoni*	5	100%	20	0,04	0,04	0,3032	0,0121
8	*Croton bixoides*	5	100%	60	0,12	0,12	0,0702	0,0084
9	*Pisonia suborbiculata*	5	100%	39	0,078	0,078	0,025	0,002
10	*Pisonia fragrans*	5	100%	16	0,032	0,032	0,0456	0,0015
11	*Eugenia cordata*	4	80%	23	0,046	0,0368	0,0319	0,0012

*Fréquence absolue (f_a) = présence de l'espèce dans les différents quadrats; Fréquence relative (f_r)= Fréquence absolue / nombre de quadrats; Densité = nombre d'individus / surface du relevé; Indice de distribution (Id) = Fréquence relative * Densité; Indice de dominance (ID) = Indice de distribution * surface terrière (aire basale).*

Cette unité floristique sempervirente saisonnière d'horizon inférieur et de faciès xérique au stade arbustif à présylvatique est dominée par *Myrcia citrifolia* (Tableau 18). Outre *Myrcia citrifolia, Calliandra tergemina, Guettarda scabra*, *Pimenta racemosa* et *Coccoloba swartzii* sont les espèces plus distribuées de ce cortège végétal (Tableau 18). La population de *Myrcia citrifolia* forme un groupement dense arbustif duquel émergent, par ordre d'importance écologique, des individus adultes héliophiles secondaires: *Coccoloba swartzii* (Bois rouge), *Swietenia mahagoni* (Mahogani ti fèy), *Pimenta racemosa* (Bois d'Inde), *Hæmatoxylon campechianum* (Campêche) et *Guettarda scabra* (Bwa madanm). Se développent sous ce groupement, des régénérations d'arbres appartenant aux stades ultérieurs telles que *Guettarda odorata* (Bwa pyan) et *Guettarda scabra* (Bwa madanm) (Joseph, 2009). La majeure partie des individus de cette station ont des diamètres compris entre 2,5 et 5 cm et des hauteurs qui culminent entre 1 et 8 mètres (Figure 64 et Figure 65). Le taux de mortalité est nul (Tableau 18). La richesse floristique de cette phytocénose est l'une des plus faibles au regard des autres stations QM (Figure 66).

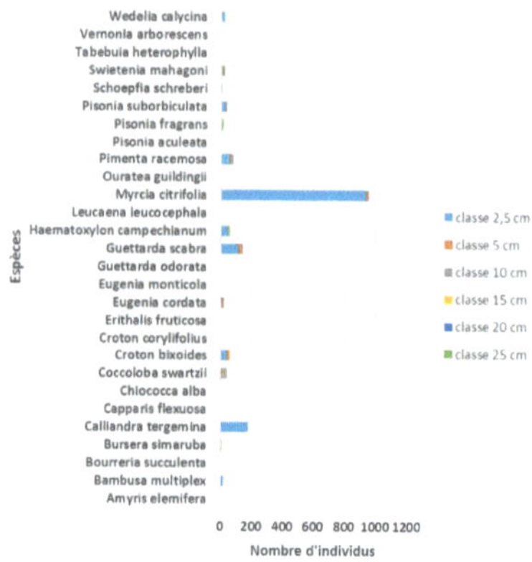

Figure 64: Distribution diamétrique des arbres vivants et sénescents (diamètres ≥ 2,5 cm; Station QM11)

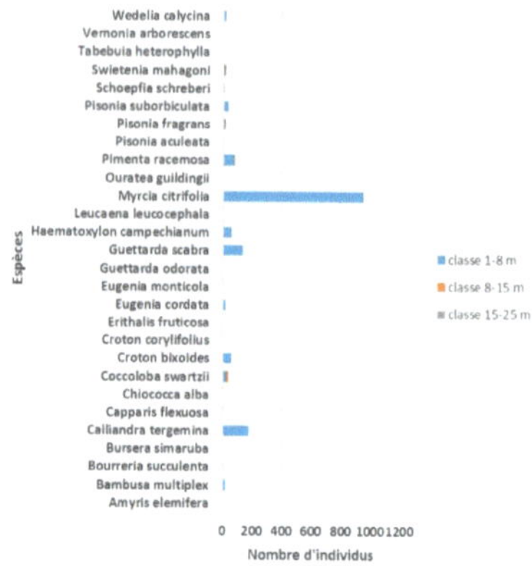

Figure 65: Distribution des hauteurs des arbres vivants et sénescents (hauteurs ≥ 1,3 m; Station QM11)

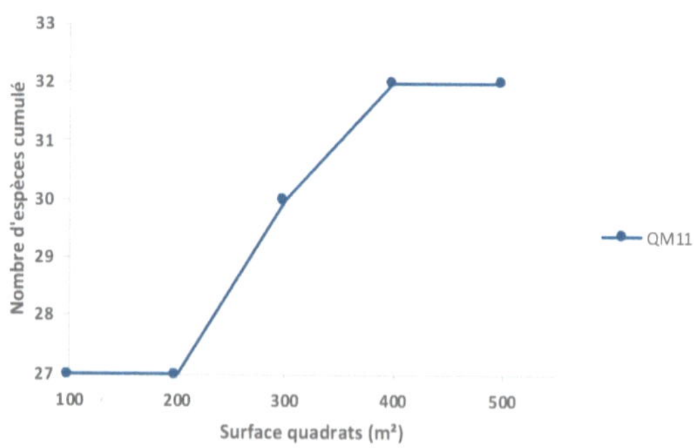

Figure 66: Courbe Aire/Espèces de la station QM11

Station QM12 (600 m²)

Tableau 19: Les principaux paramètres écologiques et structuraux de la station QM12

Rang	Espèces	f_a	f_r	Nombre d'individus par espèce hors régénérations	Densité (ind/m²)	Id	Surface terrière totale par espèce	ID
1	*Myrcia citrifolia*	6	100%	436	0,7267	0,7267	0,2916	0,2119
2	*Guettarda scabra*	6	100%	280	0,4667	0,4667	0,432	0,2016
3	*Amyris elemifera*	6	100%	279	0,465	0,465	0,2165	0,1007
4	*Eugenia cordata*	6	100%	238	0,3967	0,3967	0,2155	0,0855
	Arbres morts	6	100%	183	0,305	0,305	0,2322	0,0708
5	*Erithalis fruticosa*	6	100%	106	0,1767	0,1767	0,2773	0,049
6	*Pisonia suborbiculata*	6	100%	201	0,335	0,335	0,1222	0,0409
7	*Wedelia calycina*	6	100%	81	0,135	0,135	0,0398	0,0054
8	*Coccoloba swartzii*	6	100%	36	0,06	0,06	0,0751	0,0045
9	*Eugenia monticola*	6	100%	67	0,1117	0,1117	0,0403	0,0045
10	*Tabebuia heterophylla*	4	67%	18	0,03	0,02	0,1679	0,0034
11	*Croton bixoides*	6	100%	62	0,1033	0,1033	0,0304	0,0031
12	*Maytenus lævigata*	5	83%	21	0,035	0,0292	0,0864	0,0025
13	*Bursera simaruba*	5	83%	28	0,0467	0,0389	0,0432	0,0017
14	*Bourreria succulenta*	5	83%	36	0,06	0,05	0,0236	0,0012

*Fréquence absolue (f_a) = présence de l'espèce dans les différents quadrats; Fréquence relative (f_r)= Fréquence absolue / nombre de quadrats; Densité = nombre d'individus / surface du relevé; Indice de distribution (Id) = Fréquence relative * Densité; Indice de dominance (ID) = Indice de distribution * surface terrière (aire basale).*

Cette phytocénose sempervirente saisonnière d'horizon inférieur et de faciès xérique est au stade arbustif mûr à présylvatique. Le Tableau 19 indique que le cortège prépondérant, par ordre d'importance écologique, est constitué de trois espèces, *Myrcia citrifolia* (Bwa ti fèy), *Guettarda scabra* (Bwa madanm) et *Amyris elemifera* (Bwa flanbo). La conjonction d'une fréquence relative maximale au regard des quadrats (100%), d'une densité élevée et d'une surface terrière relativement élevée par rapport aux autres espèces explique la dominance écologique de *Myrcia citrifolia* (Tableau 19). Les populations des espèces prépondérantes forment une matrice dense de faibles hauteurs sous laquelle se régénèrent des espèces de types physionomiques arborés notamment celles d'arbres de stades dynamiques plus avancés *Maytenus lævigata* (Bwa sitwon), *Ouratea guildingii* (Bwa tan), *Pimenta racemosa* (Bois d'Inde) et *Pisonia fragrans* (Mapou) (Figure 67 et Figure 68). La majeure partie des spécimens de la phytocénose ont des sections comprises entre 2,5 et 5 cm et culminent entre 1 et 8 m (Figure 67 et Figure 68). Le taux de mortalité est faible (8,4%). La diversité spécifique équivaut à celle de la station QM11 (Figure 69).

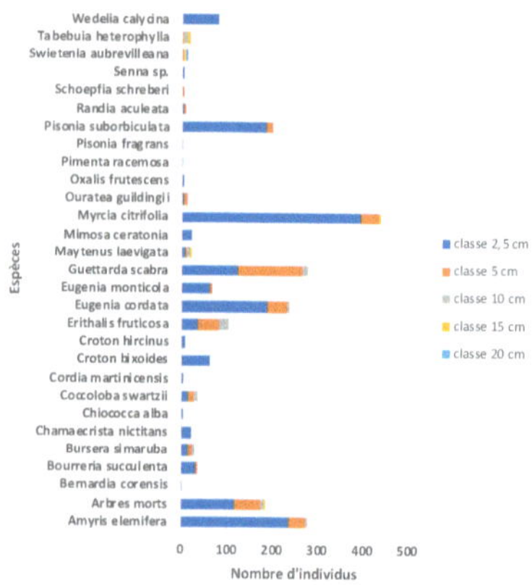

Figure 67: Distribution diamétrique des arbres vivants, sénescents et morts (diamètres ≥ 2,5 cm; Station QM12)

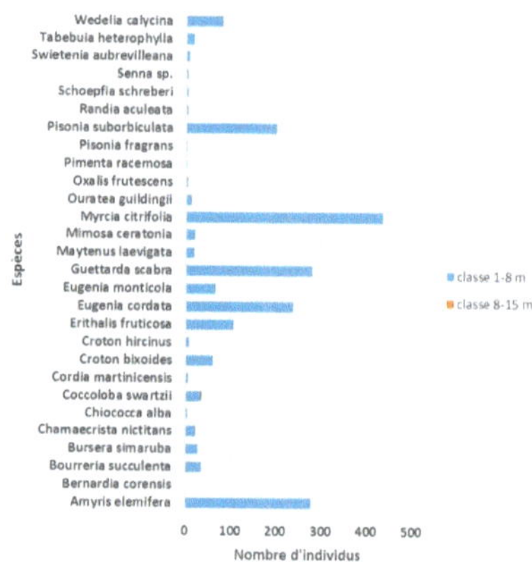

Figure 68: Distribution des hauteurs des arbres vivants et sénescents (hauteurs ≥ 1,3 m; Station QM12)

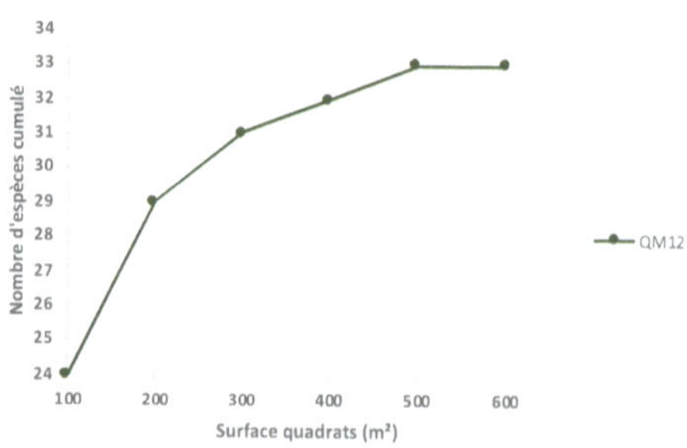

Figure 69: Courbe Aire/Espèces de la station QM12

Rapport de dominance des espèces pour l'ensemble des stations du Quartier Mélisse (QM)

Tableau 20: Les principaux paramètres écologiques et structuraux pour l'ensemble des stations QM

Rang	Espèces	f_a	f_r	Nombre d'individus par espèce hors régénérations	Densité (ind/m²)	Id	Surface terrière totale par espèce	ID
1	*Myrcia citrifolia*	12	100%	4238	0,63254	0,63254	2,25507	1,42642
2	*Croton bixoides*	12	100%	1679	0,2506	0,2506	1,12705	0,28243
3	*Bourreria succulenta*	12	100%	1559	0,23269	0,23269	1,19479	0,27801
4	*Pisonia fragrans*	12	100%	773	0,11537	0,11537	1,06127	0,12244
5	*Guettarda scabra*	10	83%	910	0,13582	0,11318	0,93266	0,10556
6	*Hæmatoxylon campechianum*	9	75%	718	0,10716	0,08037	1,12803	0,09066
7	*Eugenia monticola*	11	92%	761	0,11358	0,10412	0,61261	0,06378
8	*Eugenia cordata*	12	100%	564	0,08418	0,08418	0,44179	0,03719
9	*Erithalis fruticosa*	10	83%	372	0,05552	0,04627	0,58169	0,02691
10	*Pisonia suborbiculata*	11	92%	489	0,07299	0,0669	0,31514	0,02108
	Arbres morts	3	25%	604	0,09015	0,02254	0,88505	0,01995
11	*Coccoloba swartzii*	12	100%	173	0,02582	0,02582	0,77067	0,0199
12	*Pimenta racemosa*	12	100%	301	0,04493	0,04493	0,35883	0,01612
13	*Gliricidia sepium*	7	58%	177	0,02642	0,01541	1,0058	0,0155
14	*Amyris elemifera*	10	83%	359	0,05358	0,04465	0,28225	0,0126
15	*Bursera simaruba*	12	100%	118	0,01761	0,01761	0,56892	0,01002

*Fréquence absolue (f_a) = présence de l'espèce dans les différents quadrats; Fréquence relative (f_r)= Fréquence absolue / nombre de quadrats; Densité = nombre d'individus / surface du relevé; Indice de distribution (Id) = Fréquence relative * Densité; Indice de dominance (ID) = Indice de distribution * surface terrière (aire basale).*

Le Tableau 20 est une synthèse des principaux paramètres écologiques et structuraux pour l'ensemble des stations du Quartier Mélisse (notées QM). Du point de vue écologique, *Myrcia citrifolia* est l'espèce la plus concurrente (Tableau 20). S'adjoignent secondairement, *Croton bixoides* (Bonm blan), *Bourreria succulenta* (Bwa kabrit), *Pisonia fragrans* (Mapou) et *Guettarda scabra* (Bwa madanm). Ces espèces ont des indices de dominance et de distribution les plus élevés (Tableau 20).

Outre les espèces constituant le cortège végétal dominant, les taxa suivants, par ordre d'importance écologique, ont une fréquence relative comprise entre 75% et 100% pour la totalité des stations avec pour ces dernières, des densités variables (Tableau 20) toutefois, inférieures aux espèces dominantes: *Hæmatoxylon campechianum*, *Eugenia monticola*, *Eugenia cordata*, *Erithalis fruticosa*, *Pisonia suborbiculata*, *Coccoloba swartzii*, *Pimenta racemosa*, *Amyris elemifera* et *Bursera simaruba*. La plupart des individus des populations d'espèces ont principalement des diamètres dans les classes de 2,5 et 5 cm, ce qui conduit à des surfaces terrières différentes et donc à des indices de dominance variables (Tableau 20). Les quelques populations de taxa ayant des spécimens matures de diamètres plus importants surciment les précédentes. Certaines espèces ayant leur dominance écologique très faible, potentialisent leurs populations tout au long des phases de la dynamique floristique progressive: *Coccoloba swartzii, Pimenta racemosa, Maytenus lævigata, Byrsonima spicata, Bunchosia glandulosa, Coccothrinax barbadensis* (Tableau 20).

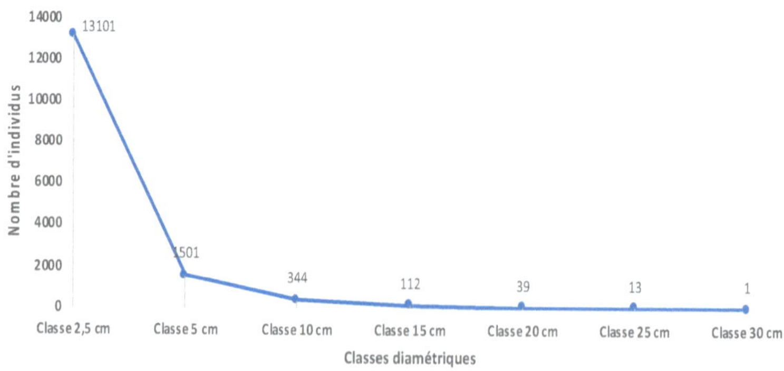

Figure 70: Distribution diamétrique de l'ensemble des stations du Quartier Mélisse (QM) hors régénérations et hors arbres morts

La Figure 70 décrit le nombre d'individus par classes diamétriques. Sur 15 111 individus par espèces recensées hors arbres morts et hors régénérations, la majeure partie d'entre eux ont de faibles diamètres: 2,5 cm (13 111 individus soit 86,7% de l'effectif total) et 5 cm (1 501 individus soit 9,9% de l'effectif des ligneux). Certains individus de ces stations ont des diamètres plus élevés (jusqu'à 30 cm par exemple *Gliricidia sepium*) et émergent de la matrice formée par les individus de la strate inférieure.

Indices de diversité

Tableau 21: Matrice de similarité des stations du Quartier Mélisse (Indices de diversité)

Indices	QM1	QM2	QM3	QM4	QM5	QM6	QM7	QM8	QM9	QM10	QM11	QM12
D	0,189	0,153	0,148	0,302	0,139	0,511	0,183	0,138	0,129	0,182	0,336	0,118
1 – D	**0,811**	**0,847**	**0,852**	0,698	**0,861**	0,489	**0,817**	**0,862**	**0,871**	**0,818**	0,664	**0,882**
1/D	5,29	6,53	6,75	3,31	7,22	1,96	5,46	7,26	7,77	5,50	2,98	8,47
H'	3,02	3,41	3,48	2,51	3,55	1,97	3,24	3,34	3,48	3,32	2,55	3,56
J	0,43	0,47	0,49	0,35	0,52	0,27	0,47	0,50	0,51	0,47	0,34	0,47
Hill	0,06	0,04	0,04	0,12	0,03	0,28	0,05	0,04	0,04	0,04	0,12	0,03
1 – Hill	0,94	0,96	0,96	0,88	0,97	0,72	0,95	0,96	0,96	0,96	0,88	0,97

*Indice de Simpson (D ou 1 – D) = le carré (nombre d'individus /nombre total d'individus de l'échantillon); Indice réciproque de Simpson (1/D) = inverse de l'indice de Simpson; Indice de Shannon (H') =-∑ [proportion d'une espèce par rapport au nombre total d'espèces dans l'échantillon*log (proportion d'une espèce par rapport au nombre total d'espèces dans l'échantillon)]; Indice de Piélou (J) = indice de Shannon / log (richesse spécifique); Indice de Hill (Hill) = inverse de l'indice de Simpson / par l'exponentielle de l'indice de Shannon.*

Les valeurs de diversité des stations QM1, QM2, QM3, QM5, QM7, QM8, QM9, QM10 et QM12 sont comprises entre 2,6 ≤ H' ≤ 3,9 (Tableau 21). Cela se traduit par une répartition relativement équitable entre les espèces de ces stations. Les stations QM4 (2,51), QM6 (1,97) et QM11 (2,55) ont une diversité plus faible (0 ≤ H' ≤ 2,5) car elles sont caractérisées par une espèce surreprésentée dans leurs quadrats [*Hæmatoxylon campechianum* pour la station QM4 (Tableau 11) et *Myrcia citrifolia* pour les stations QM6 (Tableau 13) et QM11 (Tableau 18)].

Les valeurs d'indices de Simpson sont en corrélation avec celles obtenues avec l'indice de Shannon – Weaver. Le maximum de diversité est obtenu lorsque les valeurs se rapprochent de 0. Ceci est observable dans le cas des stations QM1, QM2, QM3, QM5, QM7, QM8, QM9, QM10 et QM12. Les stations QM4, QM6 et QM11 ont des valeurs plus élevées en particulier la station QM6 dont la valeur tend plus vers 1. Elles indiquent un minimum de diversité (Tableau 21).

Nous avons observé celles de l'indice de diversité de Simpson représenté par $1 - D$. Les stations QM4 (0,698), QM6 (0,489) et QM11 (0,664) sont également celles qui se différencient le plus des autres et qui ont les plus faibles valeurs d'indices de diversité de Simpson (Tableau 21). Cependant, pour la station QM6, les valeurs sont nettement inférieures (0,489; Tableau 21), ceci indique qu'elle a une faible diversité. Cette communauté végétale est dominée par *Myrcia citrifolia* contrairement aux autres (QM1, QM2, QM3, QM5, QM7, QM8, QM9, QM10 et QM12) qui ont une diversité plus grande dans la mesure où plusieurs espèces ont une abondance plus ou moins similaire. Les stations ayant les indices de Simpson les plus élevés sont, du point de vue scientifique, les plus différenciées. En revanche, les stations dont un faible nombre d'espèces est surreprésenté, du point de vue populationnel, ont une diversité beaucoup plus faible. Plus la valeur de l'indice réciproque de Simpson (noté $\frac{1}{D}$) est élevée, plus la diversité est grande. Cette valeur est maximale lorsqu'elle est égale au nombre d'espèces dans l'échantillon. Les valeurs des stations QM4 (3,31), QM6 (1,96) et QM11 (2,98) sont extrêmement faibles: elles ont donc une très faible diversité (Tableau 21).

Nous avons observé de très faibles valeurs (≤ 0,6) en utilisant l'indice de Piélou J (ou indice d'équitabilité). Celui – ci a permis de mettre en évidence la répartition inégale des espèces au sein de tous les transects du Quartier Mélisse (Tableau 21).

Indices de Jaccard et de Sorensen

Nous avons également comparé les douze stations préalablement décrites à l'aide des indices de Jaccard et de Sorensen. Les valeurs obtenues entre les stations sont relativement proches (~0,1 près). Nous avons obtenu la matrice de similitude suivante:

Tableau 22: Matrice de similarité des stations du Quartier Mélisse (Indice de Sorensen)

	QM1(29)	QM2(49)	QM3(29)	QM4(29)	QM5(32)	QM6(31)	QM7(27)	QM8(24)	QM9(32)	QM10(35)	QM11(28)	QM12(33)
QM1(46)	1	0,69	0,48	0,48	0,59	0,49	0,52	0,60	0,64	0,57	0,51	0,46
QM2(36)	-	1	0,51	0,59	0,64	0,57	0,63	0,47	0,59	0,67	0,57	0,65
QM3(29)	-	-	1	0,72	0,72	0,77	0,75	0,41	0,59	0,69	0,77	0,68
QM4(29)	-	-	-	1	0,72	0,70	0,61	0,38	0,52	0,67	0,74	0,58
QM5(32)	-	-	-	-	1	0,70	0,71	0,54	0,72	0,78	0,73	0,62
QM6(31)	-	-	-	-	-	1	0,72	0,44	0,60	0,73	0,75	0,86
QM7(27)	-	-	-	-	-	-	1	0,47	0,64	0,81	0,98	0,67
QM8(24)	-	-	-	-	-	-	-	1	0,64	0,47	0,50	0,35
QM9(32)	-	-	-	-	-	-	-	-	1	0,69	0,68	0,49
QM10(35)	-	-	-	-	-	-	-	-	-	1	0,70	0,62
QM11(28)	-	-	-	-	-	-	-	-	-	-	1	0,59
QM12(33)	-	-	-	-	-	-	-	-	-	-	-	1

Tableau 23: Matrice de similarité des stations du Quartier Mélisse (Indice de Jaccard)

	QM1(46)	QM2(49)	QM3(29)	QM4(29)	QM5(32)	QM6(31)	QM7(27)	QM8(24)	QM9(32)	QM10(35)	QM11(28)	QM12(33)
QM1(46)	1	**0,53**	*0,32*	*0,32*	*0,42*	*0,33*	*0,35*	*0,43*	**0,47**	*0,40*	*0,42*	*0,29*
QM2(49)	-	1	*0,34*	*0,42*	**0,47**	*0,40*	**0,46**	*0,30*	0,42	**0,50**	*0,40*	**0,48**
QM3(29)	-	-	1	**0,57**	**0,56**	**0,62**	**0,60**	*0,26*	*0,42*	**0,52**	**0,63**	**0,51**
QM4(29)	-	-	-	1	**0,56**	**0,54**	0,44	*0,23*	*0,36*	**0,50**	**0,58**	*0,41*
QM5(32)	-	-	-	-	1	**0,54**	**0,55**	*0,37*	**0,56**	**0,63**	**0,58**	*0,44*
QM6(31)	-	-	-	-	-	1	**0,57**	*0,28*	*0,43*	**0,57**	**0,60**	*0,42*
QM7(27)	-	-	-	-	-	-	1	*0,31*	**0,48**	**0,68**	**0,61**	**0,50**
QM8(24)	-	-	-	-	-	-	-	1	**0,47**	*0,31*	*0,33*	*0,21*
QM9(32)	-	-	-	-	-	-	-	-	1	**0,52**	**0,51**	*0,33*
QM10(35)	-	-	-	-	-	-	-	-	-	1	**0,54**	**0,45**
QM11(28)	-	-	-	-	-	-	-	-	-	-	1	*0,42*
QM12(33)	-	-	-	-	-	-	-	-	-	-	-	1

Les indices de Sorensen et de Jaccard (Tableau 22 et Tableau 23) présentent des résultats relativement similaires. Toutefois, à l'aide de l'indice de Sorensen, nous avons constaté que les valeurs recueillies ne sont pas suffisamment précises pour différencier les stations entre elles: rares sont les stations aux faibles valeurs (indice < 0,5). Le coefficient de Jaccard a permis de mieux rassembler les stations (QM) qui ont des similitudes écologiques. Nous avons principalement observé les stations aux fortes valeurs d'indices (indice $\geq$ 0,45; indiquées en gras) et aux valeurs d'indices plus faibles (indiquées en italique). Les stations, dont les valeurs des indices sont supérieures ou égales à 0,45 ont de très fortes similitudes. D'après les données recueillies par cet indice, nous avons obtenu des valeurs d'indices environ égales à 0,7 par exemple 0,68 en croisant QM7 et QM10 (Tableau 23). La station QM10 est proche des stations QM2 (0,5), QM3 (0,52), QM4 (0,5), QM5 (0,63), QM6 (0,57), QM7 (0,68), QM9 (0,52), QM11 (0,54) et QM12 (0,45). Elle se distingue fortement de la station QM8 (0,31).

Le croisement entre les stations QM3 – QM4 – QM5 – QM6 – QM7 – QM10 – QM11 – QM12 de même que celui des stations QM5 – QM2 – QM3 – QM4 – QM6 – QM7 – QM9 – QM10 – QM11 et celui des stations QM7 – QM2 – QM3 – QM4 – QM5 – QM6 – QM9 – QM10 – QM11 – QM12 montrent de grandes similarités (Tableau 23).

Les stations QM1 et QM8 sont celles qui se différencient le plus des douze stations inventoriées. D'une part, l'une d'elle (QM1) a l'une des plus fortes diversités floristiques (46 au total; Figure 36) et l'autre (QM8) possède la plus faible diversité végétale: très peu d'espèces s'y développent (24 au total; Figure 57). D'autre part, les espèces *Acacia tenuifolia* et *Securidaca diversifolia* sont propres à la station QM8: elles apparaissent uniquement dans cette station (Figure 55 et Figure 56). Il en est de même pour la station QM1 qui présente plusieurs taxa propres à la communauté végétale (Figure 34 et Figure 35).

Une Analyse Factorielle des Correspondances (AFC) a permis de mettre en évidence les différenciations existant à la fois floristiques et du point de vue des phases d'évolution temporelle. Ces deux axes expriment un maximum d'inertie de 56,73% (Figure 71). L'analyse effectuée a été réalisée dans des stations placées dans les mêmes conditions mésologiques. L'axe 1 discrimine des types physionomiques associés à des compositions floristiques différentes. Ces types physionomiques correspondent à deux phases dynamiques (discrimination axe factoriel 2; Figure 71). La station QM4 semble suffisamment différente et entraîne un regroupement stationnel autour de l'origine.

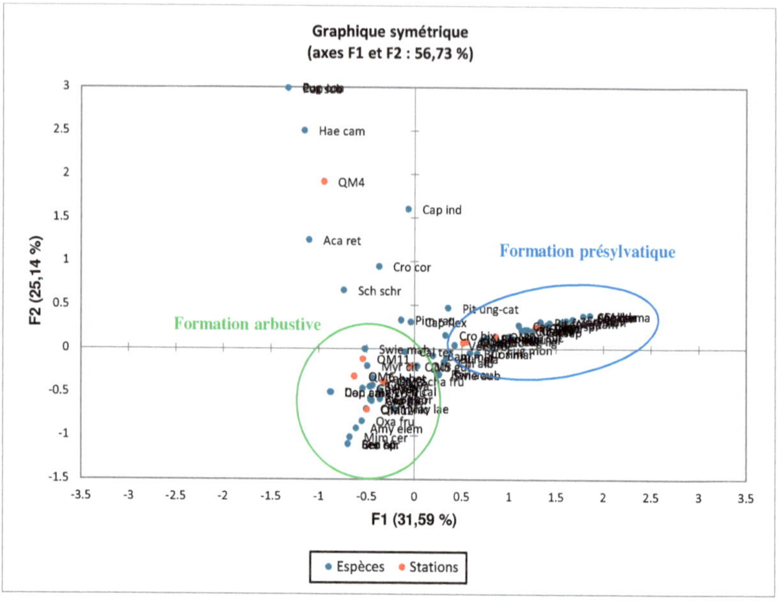

Figure 71: Différenciation mésologique et temporelle des stations et des espèces du Quartier Mélisse (QM)

Les stations QM1, QM2, QM8, QM9 et QM10 ont une composition floristique voisine car elles ont des valeurs très homogènes: les distances dans l'espace formées par les axes factoriels sont faibles. Ces stations correspondent à des communautés végétales appartenant aux stades préforestiers (Figure 71). Les stations QM3, QM5, QM6, QM7, QM11 et QM12 forment un groupe assez différencié du premier point de vue floristique et ont des spécimens principalement arbustifs donc de faibles sections accompagnés par quelques arbres matures de sections plus importantes (Figure 40, Figure 46, Figure 49, Figure 52, Figure 64, Figure 67). La station QM4 se distingue totalement des autres stations par sa composition floristique singulière (Figure 43).

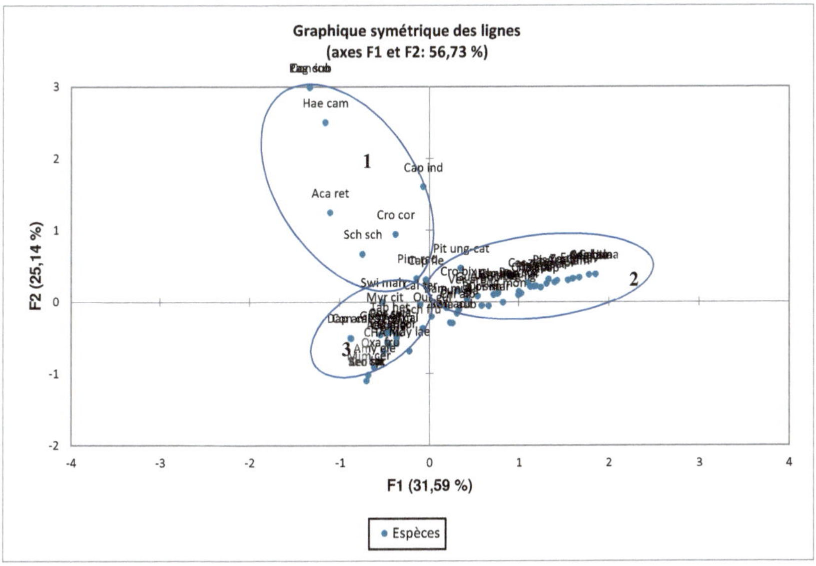

Figure 72: Différenciation mésologique et temporelle des espèces des stations QM

1: *Eugenia confusa, Passiflora suberosa, Hæmatoxylon campechianum, Capparis indica, Acacia retusa, Croton corylifolius, Schœpfia schreberi, Pimenta racemosa, Conostegia icosandra* et *Capparis flexuosa.*

2: *Pithecellobium unguis – cati, Croton bixoides, Guettarda odorata, Vernonia arborescens, Laetia thamnia, Bursera simaruba, Cordia martinicensis, Eugenia monticola, Psychotria nervosa, Chrysophyllum argenteum, Securidaca diversifolia, Coccothrinax barbadensis, Acacia tenuifolia, Zanthoxylum spinifex, Leucaena leucocephala, Citharexylum spinosum, Rauvolfia viridis, Gliricidia sepium, Casearia decandra, Bourreria succulenta, Lonchocarpus punctatus, Eugenia ligustrina, Pisonia fragrans, Zanthoxylum caribaeum, Pisonia aculeata, Zanthoxylum monophyllum, Calliandra tergemina, Erythroxylon havanense, Acacia tamarindifolia, Croton hirtus, Malpighia emarginata. Bunchosia glandulosa, Bambusa multiplex, Chiococca alba, Ouratea guildingii, Randia aculeata, Swietenia aubrevilleana*

3: *Calliandra tergemina, Swietenia mahagoni, Myrcia citrifolia, Tabebuia heterophylla, Schæfferia frutescens, Coccoloba swartzii, Byrsonima spicata, Guettarda scabra, Erithalis fruticosa, Wedelia calycina, Pisonia suborbiculata, Eugenia cordata, Conostegia calyptrata, Daphnopsis americana, Croton flavens, Aegiphila martinicensis, Maytenus lævigata, Chamaecrista nictitans, Oxalis frutescens, Amyris elemifera, Mimosa ceratonia, Bernardia corensis, Croton hircinus, Senna sp.*

La Figure 72 montre de manière relativement bien précise une différenciation entre les espèces des différents biotopes. Le groupe 1 caractérise des milieux à tendance xérique marqués par des espèces telles que *Croton corylifolius* (Gwo bonm) ou *Hæmatoxylon campechianum* (Campêche). Les groupes 2 et 3 sont caractérisés par des taxons de zones à tendance xérique à moyennement humide tels que *Zanthoxylum caribaeum* (littoral sec, horizon moyen dégradé ou secondaire de la forêt mésophile) ou *Croton bixoides* (lieux secs et rocailleux, très grandes trouées de forêt xérophile dégradée) ou encore *Guettarda odorata* (fréquent en forêt xérophile et en forêt xéro – mésophile en secteur dégradé).

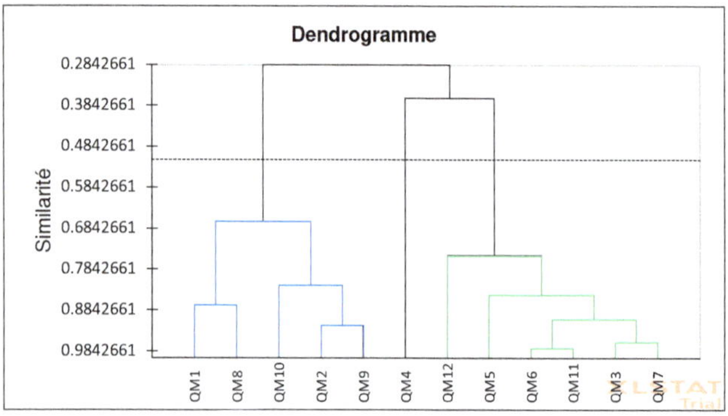

Figure 73: Hiérarchie des partitions par CAH des stations QM

La Classification Ascendante Hiérarchique (CAH) montre des résultats très proches des précédents (AFC; Figure 71 et Figure 72). Elle donne des informations supplémentaires concernant les similarités qui existent entre les stations qui caractérisent distinctivement des formations arbustives [stations QM1 – QM8 (0,87) et QM2 – QM9 (0,92)] et les formations présylvatiques [QM6 – QM11 (0,98) et QM3 – QM7 (0,96)]. Comme nous l'avons présenté plus haut, la station QM4 est colonisée par une unité floristique au stade arbustif, mais présentant de grandes différences au regard des autres stations du même stade d'évolution (QM3, QM5, QM6, QM7, QM11 et QM12). La valeur de similarité est faible comparativement au reste du groupe (0,37; Figure 73). Ces différences s'observent notamment dans la composition floristique (Figure 73). Toutefois, cette grande différence montre que la CAH se découpe en trois groupes dans lesquels on retrouve le stade arbustif (marqué par les stations QM3, QM5, QM6, QM7, QM11 et QM12), le stade présylvatique (caractérisé par les stations QM1, QM2, QM8, QM9 et QM10) et entre les deux, un stade intermédiaire représenté par la station QM4. Cette dernière (station QM4) correspond probablement à un stade arbustif mûr.

Nous avons donc soustrait la station QM4 du tableau de contingence et nous avons effectué une nouvelle AFC (Figure 74 et Figure 75).

AFC de l'ensemble des stations QM sans QM4

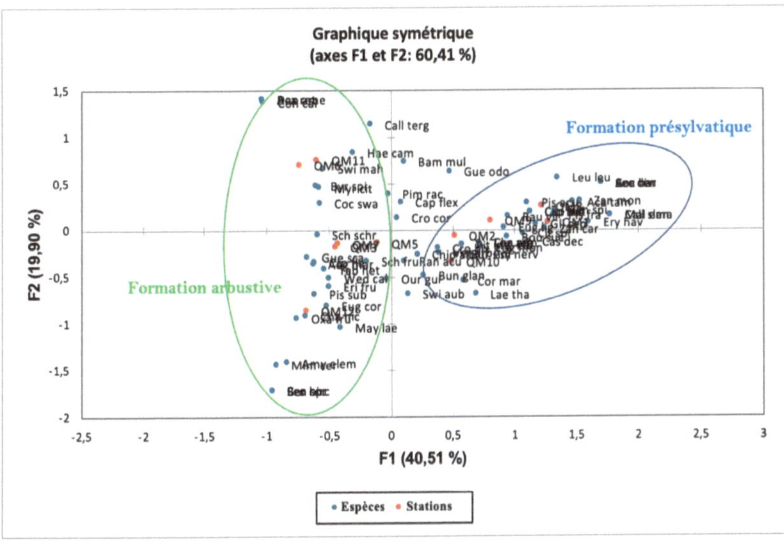

Figure 74: Différenciation mésologique et temporelle des stations et des espèces du Quartier Mélisse (QM) hormis la station QM4

L'axe F1 différencie des types physionomiques correspondant à des stades d'évolution écosystémique tandis que l'axe F2 discrimine des combinaisons floristiques. On observe toujours deux niveaux d'évolution bien que certaines stations semblent avoir davantage de similitudes entre elles notamment QM3, QM5, QM6, QM7 et QM11 pour les formations arbustives et QM2 et QM10 pour les formations présylvatiques.

Ces très grandes similitudes observées entre les deux stations (QM6 et QM11) sont justifiées par de nombreux groupements végétaux ressemblants tels que *Myrcia citrifolia* (espèces dominantes dans les deux stations) ou encore

Coccoloba swartzii. Ces données sont visibles sur la Figure 75. De même, pour les formations végétales qui caractérisent les groupements de stade présylvatique (représentés par les stations QM1, QM2, QM8, QM9 et QM10), nous avons également observé de faibles distances dans l'espace que forment les axes factoriels. En effet, dans le cas des stations QM1 et QM8, la distance est plus faible par rapport à la première AFC. En revanche, toujours au regard de cette dernière (première AFC; Figure 71), la distance a augmenté entre les stations QM2 et QM10.

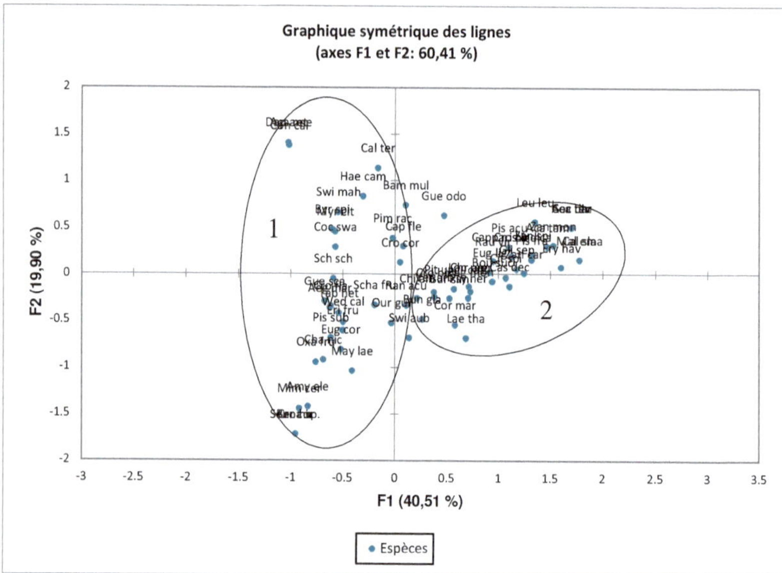

Figure 75: Différentiation mésologique et temporelle des espèces des stations QM hormis la station QM4

1: *Conostegia calyptrata, Daphnopsis americana, Acacia retusa, Calliandra tergemina, Hæmatoxylon campechianum, Swietenia mahagoni, Byrsonima spicata, Myrcia citrifolia, Pimenta racemosa* et *Coccoloba swartzii, Bambusa multiplex, Guettarda odorata, Capparis flexuosa, Croton corylifolius, Schœpfia schreberi, Croton flavens, Guettarda scabra, Aegiphila martinicensis, Schæfferia frutescens, Bernardia corensis, Croton hircinus, Senna sp., Amyris elemifera, Mimosa ceratonia, Oxalis frutescens, Chamaecrista nictitans, Eugenia cordata, Pisonia suborbiculata, Erithalis fruticosa, Wedelia calycina, Ouratea guildingii* et *Tabebuia heterophylla.*

2: *Laetia thamnia, Swietenia aubrevilleana, Bunchosia glandulosa, Cordia martinicensis, Pithecellobium unguis – cati, Randia aculeata, Chiococca alba, Eugenia monticola, Vernonia arborescens, Psychotria nervosa, Chrysophyllum argenteum, Bursera simaruba, Croton bixoides, Lonchocarpus punctatus, Casearia decandra, Bourreria succulenta, Maytenus lævigata, Citharexylum spinosum, Erythroxylon havanense, Eugenia ligustrina, Zanthoxylum caribaeum, Gliricidia sepium, Rauvolfia viridis, Pisonia fragrans, Zanthoxylum monophyllum, Malpighia emaginata, Zanthoxylum spinifex, Calliandra slanaea, Croton hirtus, Pisonia aculeata, Capparis indica, Acacia tamarindifolia, Coccothrinax barbadensis, Securidaca diversifolia, Leucaena leucocephala, Acacia tenuifolia.*

Après avoir extrait la station QM4 du tableau de contingence, nous avons observé une meilleure répartition des groupements végétaux dans le plan factoriel. Nous distinguons ici deux groupes différents de végétaux. Nous avons également remarqué une augmentation du nombre d'espèces des groupes 1 et 2. Les espèces végétales qui constituent ces groupes sont beaucoup plus rapprochées: les distances dans l'espace factoriel sont plus faibles (Figure 75).

CAH de l'ensemble des stations QM sans QM4

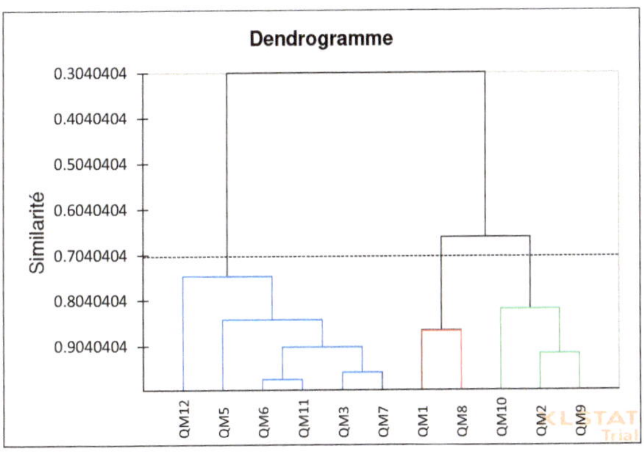

Figure 76: Hiérarchie des partitions par CAH de toutes les stations QM sauf QM4

En supprimant la station QM4, nous avons observé que la CAH présente deux groupes distincts appartenant à deux types physionomiques: arbustif et présylvatique.

Les stations QM1 et QM8 correspondent à des formations au stade présylvatique. Pourtant, sur ce graphique (Figure 76), elles semblent se distinguer des autres stations (QM2, QM9 et QM10) du même stade d'évolution. Ces stations ont des caractéristiques écologiques très similaires et seules les abondances des espèces végétales diffèrent (Tableau 8, Tableau 16 et Tableau 17). Les autres stations du même stade dynamique (QM2, QM9 et QM10) ont également de grandes similitudes (0,82; Figure 76). Les stations qui correspondent à des formations végétales au stade arbustif (QM3, QM5, QM6, QM7, QM11 et QM12) ont une similitude d'environ 75% (Figure 76). Les stations QM6 et QM11 de même que les stations QM3 et QM7 ont une plus grande similitude floristique et populationnelle (90%; Figure 76). Pour ces quatre stations, *Myrcia citrifolia* et *Guettarda scabra* ont les plus fortes densités d'individus.

Synthèse générale

Une douzaine d'inventaires ont été effectués au Quartier Mélisse dans la commune du Diamant. Dans les stations QM1 et QM2, nous avons recensé deux espèces potentiellement invasives (*Œceoclades maculata* et *Rhœo spathacea*). Ces herbacées terrestres colonisent progressivement la strate herbacée des forêts. Nous avons observé que ces stations (QM1 et QM2) ont une diversité plus élevée que celles des autres stations. À contrario, la station QM6, a la plus faible richesse spécifique et nous n'avons pas observé d'espèce potentiellement invasive.

Hormis cinq d'entre elles (stations QM1, QM2, QM8, QM9 et QM10) qui sont au stade présylvatique, les autres phytocénoses sont au stade arbustif mûr.

Les espèces rares et menacées n'ont pas été observées. Toutefois, dans le cortège végétal, nous avons recensé des espèces singulières notamment *Coccothrinax barbadensis* (phase post – pionnière jusqu'au climax), *Maytenus lævigata* (phase post – pionnière jusqu'au climax), *Pimenta racemosa* (phase post – pionnière jusqu'au climax), *Œceoclades maculata* (espèce potentiellement invasive), *Rhœo spathacea* (espèce potentiellement invasive). À la lisière de la zone d'inventaires et près des habitations, se développe un peuplement d'une autre espèce herbacée potentiellement invasive: *Sansevieria hyacinthoides* Dracaenaceae (langue de belle – mère).

V.1.1.1.2 Commune du Marin

V.1.1.1.2.1 Bassin des Tortues (BT)

La zone d'étude BT comporte 62 espèces végétales réparties en 34 familles et 53 genres.

Tableau 24: Répartition des espèces des stations BT en taxa supérieurs

Taxa supérieurs	Classes	Familles	%	Genres	%	Espèces	%
Angiospermes	Monocotylédones	1	2,9	1	1,9	1	1,6
	Dicotylédones	33	97,1	52	98,1	61	98,4
Total		34		53		62	

Station BT1 (500 m²)

Tableau 25: Les principaux paramètres écologiques et structuraux de la station BT1

Rang	Espèces	f_a	f_r	Nombre d'individus par espèce hors régénérations	Densité (ind/m²)	Id	Surface terrière totale par espèce	ID
	Arbres morts	5	100%	191	0,382	0,382	0,40743	0,15564
1	*Citharexylum spinosum*	5	100%	40	0,08	0,08	0,32398	0,02592
2	*Capparis indica*	5	100%	124	0,248	0,248	0,10063	0,02496
3	*Bourreria succulenta*	5	100%	66	0,132	0,132	0,09572	0,01264
4	*Leucaena leucocephala*	5	100%	37	0,074	0,074	0,08885	0,00657
5	*Chiococca alba*	5	100%	70	0,14	0,14	0,0432	0,00605
17	***Triphasia trifolia***	5	100%	6	0,012	0,012	0,00295	0,00004

*Fréquence absolue (f_a) = présence de l'espèce dans les différents quadrats; Fréquence relative (f_r)= Fréquence absolue / nombre de quadrats; Densité = nombre d'individus / surface du relevé; Indice de distribution (Id) = Fréquence relative * Densité; Indice de dominance (ID) = Indice de distribution * surface terrière (aire basale).*

Il s'agit d'une formation floristique sempervirente saisonnière d'horizon inférieur et de faciès xérique au stade présylvatique dominée en termes de nombre d'individus par une communauté d'arbres morts (191 individus recensés; Tableau 25). Parmi les espèces végétales vivantes et au regard de l'Indice de Dominance, *Citharexylum spinosum*, *Capparis indica* et *Bourreria succulenta* sont les espèces les plus concurrentielles (Tableau 25). Outre les arbres morts, la population de *Capparis indica* a une grande densité d'individus de faibles sections (Tableau 25 et Figure 77). Ses individus se placent dans des classes diamétriques de 2,5 cm [94,4% de l'effectif total de *Capparis indica*) et de 5 cm (4,8% de l'effectif total de *Capparis indica*)] (Figure 77). Au cortège précédent, s'ajoutent de façon auxiliaire, quelques individus matures tels que *Bursera simaruba* (Gommier rouge), *Citharexylum spinosum* (Bwa kòtlèt) et *Swietenia aubrevilleana* (Mahogani). Ces derniers semblent être des reliques de formations passées. Il faut noter l'existence de régénérations d'espèces affines des stades d'évolution phytocénotique suivants, bien que pouvant se régénérer dans des formations à des stades dynamiques inférieurs: stade arbustif mûr (*Schœpfia schreberi* et *Schæfferia frutescens*), stade présylvatique (*Bursera simaruba* et *Capparis indica*), stade sylvatique secondaire (*Pisonia fragrans* et *Tabernaemontana citrifolia*) et stade sylvatique avancé et climacique (*Krugiodendron ferreum*).

Triphasia trifolia est une espèce naturalisée de la famille des Rutacées. C'est un arbrisseau commun aux zones sèches dégradées. Cette espèce apparaît au 17ème rang au regard de l'Indice de Dominance et présente à la fois des fréquences absolue et relative maximales. Les quelques individus (6) dénombrés, ont des hauteurs inférieures à 2 mètres (Tableau 25 et Figure 78). 21 plantules ont également été dénombrées. Le taux de mortalité est extrêmement élevé: 25,8%. La composition floristique est riche (Figure 79).

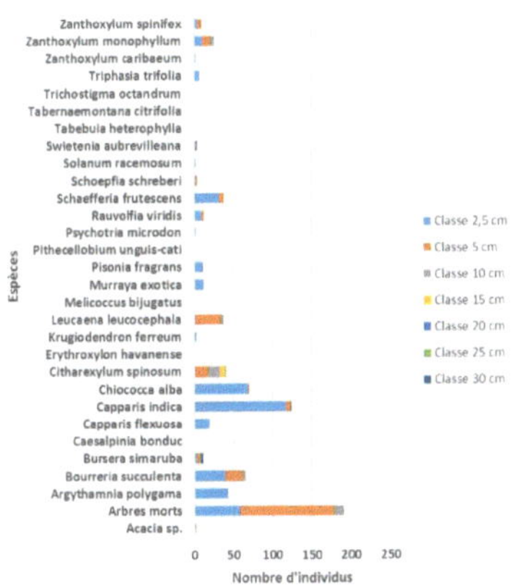

Figure 77: Distribution diamétrique des arbres vivants, sénescents et morts (diamètres ≥ 2,5 cm; Station BT1)

Figure 78: Distribution des hauteurs des arbres vivants et sénescents (hauteurs ≥ 1,3 m; Station BT1)

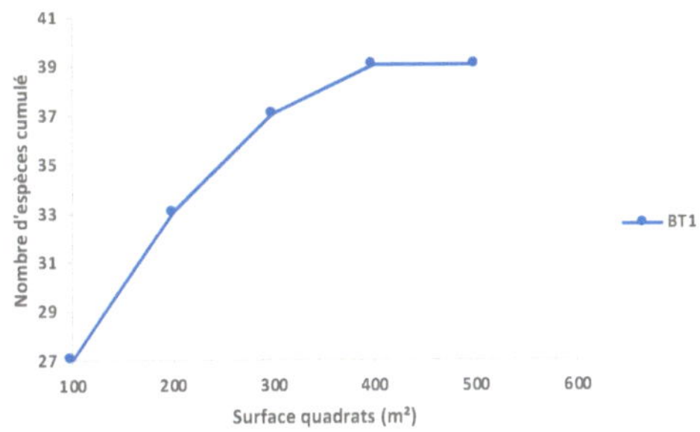

Figure 79: Courbe Aire/Espèces de la station BT1

Station BT2 (600 m²)

Tableau 26: Les principaux paramètres écologiques et structuraux de la station BT2

Rang	Espèces	f_a	f_r	Nombre d'individus par espèce hors régénérations	Densité (ind/m²)	Id	Surface terrière totale par espèce	ID
1	*Swietenia aubrevilleana*	6	100%	72	0,120	0,1200	0,72502	0,087
	Arbres morts	6	100%	109	0,1817	0,1817	0,36128	0,06563
2	*Capparis indica*	6	100%	154	0,2567	0,2567	0,10505	0,02696
3	*Swietenia mahagoni*	5	83%	52	0,0867	0,0722	0,22482	0,01624

4	*Citharexylum spinosum*	5	83%	16	0,0267	0,0222	0,40644	0,00903
5	*Schæfferia frutescens*	5	83%	43	0,0717	0,0597	0,03583	0,00214
6	*Zanthoxylum monophyllum*	6	100%	19	0,0317	0,0317	0,03583	0,00127
7	***Triphasia trifolia***	6	100%	38	0,06333	0,06333	0,02013	0,00113

*Fréquence absolue (f_a) = présence de l'espèce dans les différents quadrats; Fréquence relative (f_r)= Fréquence absolue / nombre de quadrats; Densité = nombre d'individus / surface du relevé; Indice de distribution (Id) = Fréquence relative * Densité; Indice de dominance (ID) = Indice de distribution * surface terrière (aire basale).*

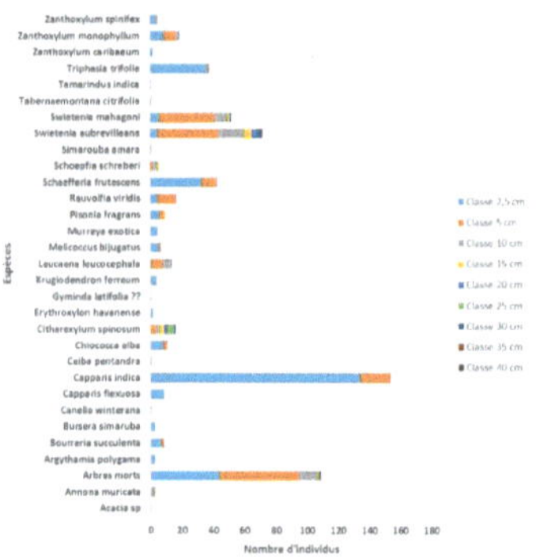

Figure 80: Distribution diamétrique des arbres vivants, sénescents et morts (diamètres ≥ 2,5 cm; Station BT2)

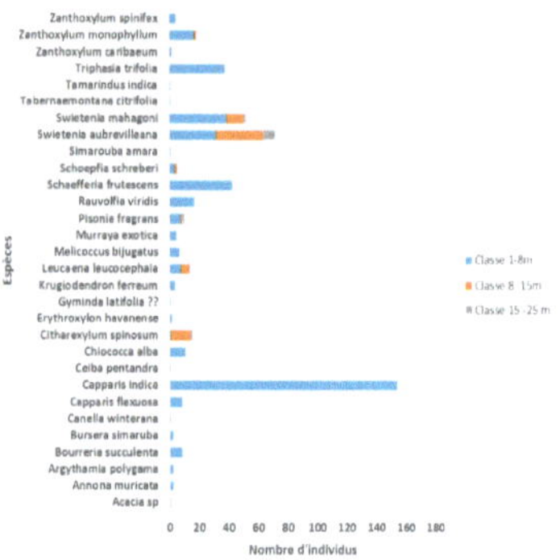

Figure 81: Distribution des hauteurs des arbres vivants et sénescents (hauteurs ≥ 1,3 m; Station BT2)

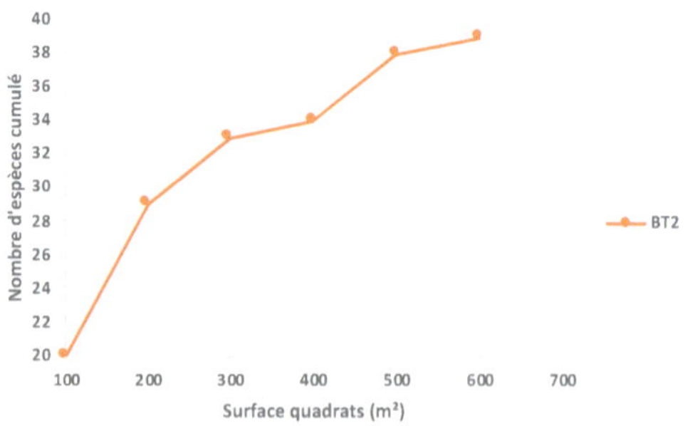

Figure 82: Courbe Aire/Espèces de la station BT2

Il s'agit d'une formation floristique sempervirente saisonnière d'horizon inférieur et de faciès xérique au stade forestier jeune dominée du point de vue populationnel par *Capparis indica* (Tableau 26). Les deux espèces de

Swietenia (*aubrevilleana* et *mahagoni*) ont des surfaces terrières totales plus élevées grâce à des individus de plus grands diamètres (jusqu'à 40 cm; Figure 80). En conséquence, ils sont dominants vis – à – vis de l'Indice de Dominance (Tableau 26). Le Tableau 26 indique que *Triphasia trifolia* apparaît au 7ème rang en termes de prépondérance écologique au sein des populations d'espèces de la station BT2. Elle est très distribuée dans la station car ayant une fréquence absolue égale à 6 et une fréquence relative de 100% (Tableau 26). La majorité des individus de *Triphasia trifolia* ont des diamètres de 2,5 cm, seul, un individu de diamètre de 5 cm a été recensé (Figure 80). 51 plantules de la Petite citronnelle ont été inventoriées. 109 arbres morts de tous les diamètres (allant de 2,5 à 40 cm; Figure 80) ont été recensés au sein de la matrice floristique: le taux de mortalité est relativement élevé (17,6%). La diversité spécifique équivaut à celle de la station BT1 (Figure 82).

Station BT3 (500 m²)

Tableau 27: Les principaux paramètres écologiques et structuraux de la station BT3

Rang	Espèces	f_a	f_r	Nombre d'individus par espèce hors régénérations	Densité (ind/m²)	Id	Surface terrière totale par espèce	ID
1	*Leucaena leucocephala*	5	100%	147	0,294	0,294	0,55616	0,16351
2	*Capparis indica*	5	100%	337	0,674	0,674	0,22727	0,15318
	Arbres morts	5	100%	99	0,198	0,198	0,17524	0,0347
3	*Schæfferia frutescens*	5	100%	66	0,132	0,132	0,05743	0,00758
4	*Bourreria succulenta*	4	80%	20	0,040	0,032	0,06529	0,00209
5	*Zanthoxylum spinifex*	4	80%	24	0,048	0,0384	0,02945	0,00113

*Fréquence absolue (f_a) = présence de l'espèce dans les différents quadrats; Fréquence relative (f_r)= Fréquence absolue / nombre de quadrats; Densité = nombre d'individus / surface du relevé; Indice de distribution (Id) = Fréquence relative * Densité; Indice de dominance (ID) = Indice de distribution * surface terrière (aire basale).*

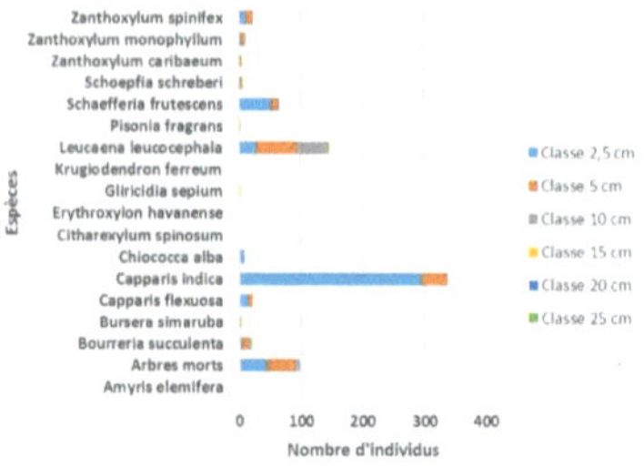

Figure 83: Distribution diamétrique des individus des arbres vivants, sénescents et morts (diamètres ≥ 2,5 cm; Station BT3)

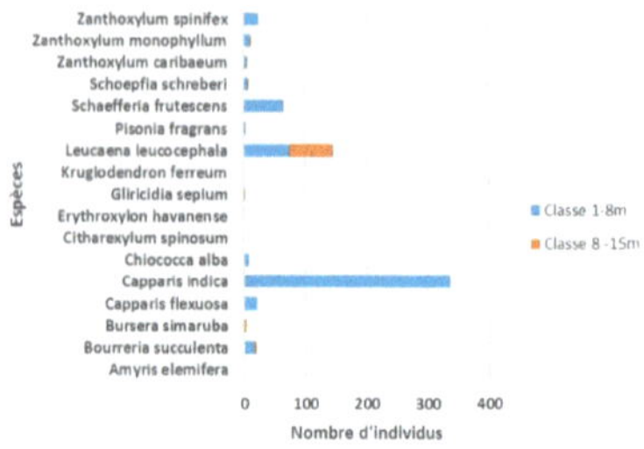

Figure 84: Distribution des hauteurs des arbres vivants et sénescents (hauteurs ≥ 1,3 m; Station BT3)

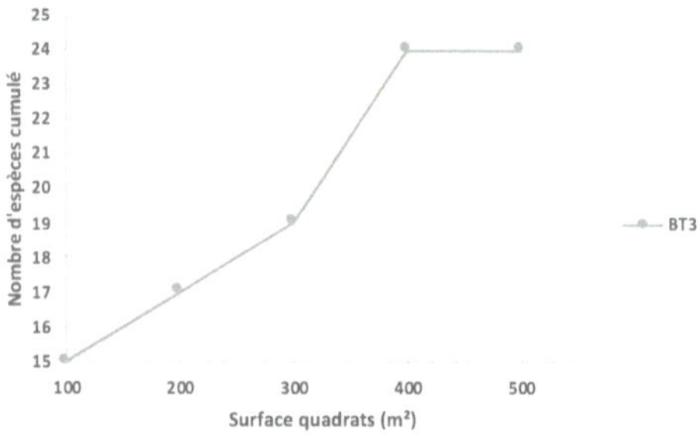

Figure 85: Courbe Aire/Espèces de la station BT3

Cette phytocénose sempervirente d'horizon inférieur et de faciès xérique au stade présylvatique voire arbustif mûr est dominée numériquement par une population de *Capparis indica* (337 individus de sections de 2,5 cm; Tableau 27 et Figure 83). Le cortège végétal, par ordre d'importance écologique, est constitué de *Leucaena leucocephala* et de *Capparis indica* (Tableau 27). *Leucaena leucocephala* a un profil biodémographique relativement équilibré: ses individus se distribuent dans presque toutes les classes diamétriques (Figure 83). *Capparis indica* a un grand nombre d'individus dont les diamètres sont de 2,5 cm (85,7% de l'effectif total de *Capparis indica*) et de 5 cm (12,5%) (Figure 83). La matrice floristique est constituée de spécimens de faibles sections et de faibles hauteurs (Figure 83 et Figure 84). Un individu de *Citharexylum spinosum,* appartenant à une formation passée,de sections de 20 cm, a été recensé (Tableau 27). Contrairement aux autres espèces, il ne renouvelle pas ses régénérations (Figure 83). 99 arbres morts ont été dénombrés dans la station: le taux de mortalité est relativement élevé (12,9%).

La richesse floristique est la plus faible au regard des autres stations BT (Figure 85). Aucune espèce potentiellement invasive n'a été observée.

Station BT4 (500 m²)

Tableau 28: Les principaux paramètres écologiques et structuraux de la station BT4

Rang	Espèces	f_a	f_r	Nombre d'individus par espèce hors régénérations	Densité (ind/m²)	Id	Surface terrière totale par espèce	ID
1	*Swietenia aubrevilleana*	5	100%	62	0,124	0,124	1,21688	0,15089
	Arbres morts	5	100%	86	0,172	0,172	0,32496	0,05589
2	*Capparis indica*	5	100%	87	0,174	0,174	0,05154	0,00897
3	*Zanthoxylum monophyllum*	5	100%	56	0,112	0,112	0,07903	0,00885
4	*Citharexylum spinosum*	5	100%	15	0,03	0,03	0,12223	0,00367
5	*Pisonia fragrans*	5	100%	42	0,084	0,084	0,034	0,00285
6	*Leucaena leucocephala*	5	100%	23	0,046	0,046	0,061	0,00282
7	*Schæfferia frutescens*	5	100%	31	0,062	0,062	0,040	0,0025
8	*Rauvolfia viridis*	5	100%	33	0,066	0,066	0,034	0,00224
9	***Triphasia trifolia***	5	100%	37	0,074	0,074	0,018	0,00134

*Fréquence absolue (f_a) = présence de l'espèce dans les différents quadrats; Fréquence relative (f_r)= Fréquence absolue / nombre de quadrats; Densité = nombre d'individus / surface du relevé; Indice de distribution (Id) = Fréquence relative * Densité; Indice de dominance (ID) = Indice de distribution * surface terrière (aire basale).*

Cette communauté végétale sempervirente d'horizon inférieur et de faciès xérique est au stade présylvatique voire sylvatique jeune. *Swietenia aubrevilleana* a les indices de distribution et de dominance les plus élevés en lien avec des individus de grandes sections (17 individus de sections comprises entre 20 et 30 cm; Figure 86). Elle est l'espèce dominante de la station (Tableau 28). La matrice végétale est discontinue, elle est constituée d'unités arbustives (*Rauvolfia viridis*), arborées (*Zanthoxylum monophyllum*). Au regard de l'Indice de Dominance (ID), *Triphasia trifolia* apparaît au 9ème rang (Tableau 28). L'espèce est très distribuée dans les quadrats de la station BT4 et a également un nombre relativement élevé d'individus (37 au total) hors plantules et hors arbres morts. Ses individus ont de faibles sections (essentiellement de 2,5 centimètres) ce qui traduit le fait que sa surface terrière soit nettement plus faible que celle des individus du cortège dominant (Tableau 28 et Figure 86). 86 arbres morts ont été recensés dans la station, les spécimens observés se distribuent dans presque toutes les classes diamétriques (Tableau 28 et Figure 86). Le taux de mortalité est important (14,8%). La richesse floristique est la plus élevée au regard des autres stations BT (Figure 88).

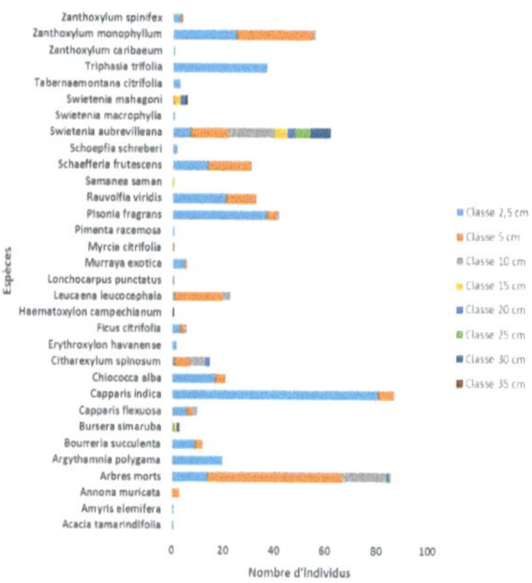

Figure 86: Distribution diamétrique des arbres vivants, sénescents et morts (diamètres ≥ 2,5 cm; Station BT4)

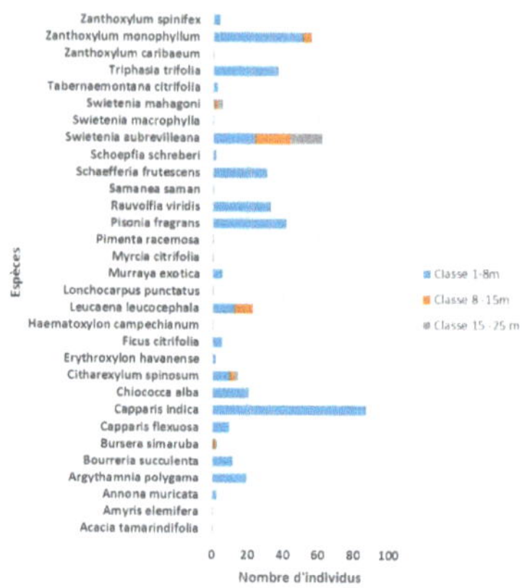

Figure 87: Distribution des hauteurs des arbres vivants et sénescents (hauteurs ≥ 1,3 m; Station BT4)

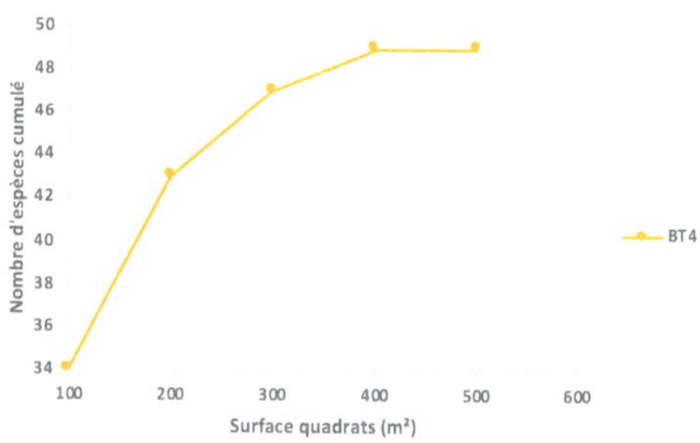

Figure 88: Courbe Aire/Espèce de la station BT4

Au vu des résultats que nous avons trouvés, la station BT3 est celle qui a la plus faible diversité floristique (Figure 85). Dans cette station, aucune espèce potentiellement invasive ne s'est développée. De plus, il est à noter que cette zone présente une forte déclivité contrairement aux autres stations (BT1, BT2 et BT4).

Rapport de dominance des espèces pour l'ensemble des stations du Bassin des Tortues (BT)

Tableau 29: Les principaux paramètres écologiques et structuraux pour l'ensemble des stations BT

Rang	Espèces	f_a	f_r	Nombre d'individus par espèce hors régénérations	Densité (ind/m²)	Id	Surface terrière totale par espèce	ID
	Arbres morts	4	100%	485	0,23095	0,2095	1,26891	0,29306
1	*Capparis indica*	4	100%	702	0,33429	0,33429	0,48449	0,16196
2	*Swietenia aubrevilleana*	3	75%	138	0,06571	0,04929	1,97626	0,0974
3	*Leucaena leucocephala*	4	100%	221	0,10524	0,10524	0,76773	0,08079
4	*Citharexylum spinosum*	4	100%	72	0,03429	0,03429	0,90174	0,03092
5	*Schæfferia frutescens*	4	100%	177	0,08429	0,08429	0,16052	0,01353
6	*Zanthoxylum monophyllum*	4	100%	113	0,05381	0,05381	0,21598	0,01162
7	*Bourreria succulenta*	4	100%	107	0,05095	0,05095	0,17868	0,0091
8	*Swietenia mahagoni*	2	50%	58	0,02762	0,01381	0,39564	0,00546
9	*Chiococca alba*	4	100%	111	0,05286	0,05286	0,07363	0,00389
10	*Bursera simaruba*	4	100%	21	0,01	0,01	0,35343	0,00353
11	*Pisonia fragrans*	4	100%	67	0,0319	0,0319	0,10456	0,00334
12	*Rauvolfia viridis*	4	100%	62	0,02952	0,02952	0,07019	0,00207
13	*Capparis flexuosa*	4	100%	60	0,02857	0,02857	0,05596	0,0016
14	***Triphasia trifolia***	3	75%	81	0,03857	0,02893	0,04123	0,00119
15	*Schœpfia schreberi*	4	100%	20	0,00952	0,00952	0,1075	0,00102

*Fréquence absolue (f_a) = présence de l'espèce dans les différents quadrats; Fréquence relative (f_r)= Fréquence absolue / nombre de quadrats; Densité = nombre d'individus / surface du relevé; Indice de distribution (Id) = Fréquence relative * Densité; Indice de dominance (ID) = Indice de distribution * surface terrière (aire basale).*

Le Tableau 29 décrit les paramètres écologiques et structuraux des stations du Bassin des Tortues (notées BT). *Capparis indica, Swietenia aubrevilleana, Leucaena leucocephala, Citharexylum spinosum, Schæfferia frutescens* et

Zanthoxylum monophyllum sont les espèces les plus distribuées du cortège végétal (Tableau 29). Parmi ces espèces, *Capparis indica, Swietenia aubrevilleana* et *Leucaena leucocephala* sont, du point de vue écologique, les espèces dominantes car elles utilisent au mieux les conditions du milieu: effectifs, fréquences, densités et indices de distribution sont, tous relativement élevés (Tableau 29). La majeure partie des spécimens ont de faibles sections [entre 2,5 cm (85,7% de l'effectif global) et 5 cm (10,8%)] et de faibles hauteurs [entre 1 et 8 m (soit 97,3% de l'effectif global)]. Les arbres morts dominent en termes de nombre d'individus (485 spécimens; Tableau 29) pour l'ensemble des stations du Bassin des Tortues avec un taux de mortalité de 17,9%.

Triphasia trifolia apparaît au 14ème rang au regard de l'Indice de Dominance. L'espèce présente une distribution stationnelle relativement élevée et est représentée par des individus de faibles sections (majoritairement de 2,5 cm) qui traduisent une faible surface terrière ainsi qu'une faible valeur d'indice de dominance (ID) (Tableau 29).

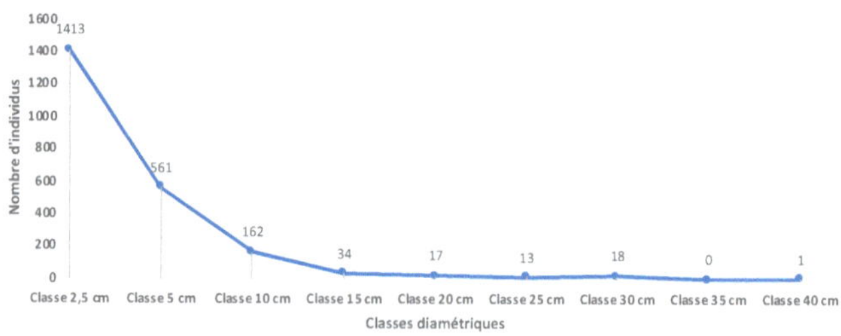

Figure 89: Distribution diamétrique de l'ensemble des stations du Bassin des Tortues (BT) hors régénérations et hors arbres morts

De nombreux individus de faibles diamètres ont été recensés dans les stations du Bassin des Tortues. La majeure partie d'entre eux ont des sections de 2,5 cm (1 413 au total soit 63,7% de l'effectif global; Figure 89). Outre ces individus, nous avons également relevé quelques spécimens adultes de *Swietenia aubrevilleana*, de *Swietenia mahagoni* ou encore de *Citharexylum spinosum* nettement moins nombreux que ceux de faibles sections. Ces derniers ont des diamètres pouvant atteindre jusqu'à 40 cm (cas de *Swietenia aubrevilleana* – Station BT2; Figure 80).

Courbes de régression linéaire

Pour compléter notre analyse, nous avons comparé les sections des spécimens observés dans les stations BT avec les hauteurs de ces derniers. Les courbes obtenues sont représentées ci – dessous:

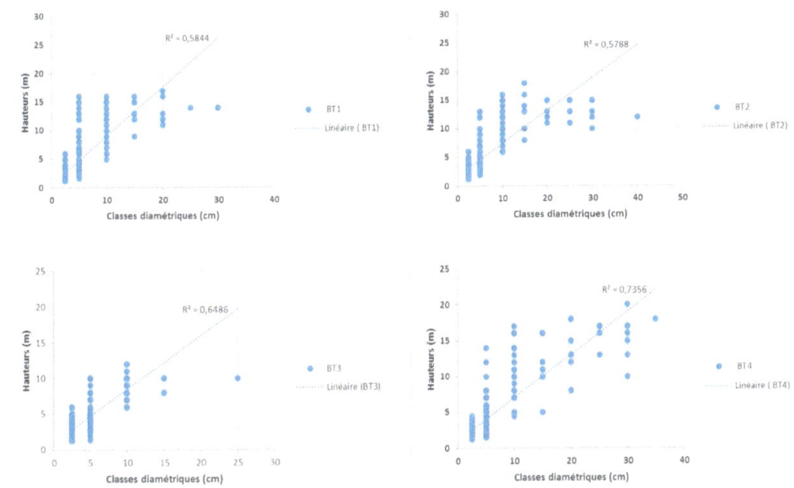

Figure 90: Courbes de corrélation entre les diamètres et les hauteurs des arbres des stations BT (Bassin des Tortues) (diamètres ≥ 2,5 cm et hauteurs ≥ 1,3 m)

Chaque point bleu indique un spécimen observé dans les stations d'étude (BT). L'analyse s'est portée sur les arbres dont les hauteurs sont supérieures ou égales à 1,3 m (H ≥ 1,3 m) et dont les sections sont supérieures ou égales à 2,5 cm (D ≥ 2,5 cm). Nous avons obtenu les valeurs des coefficients de détermination suivantes: BT1 (R^2 = 0,58), BT2 (R^2 = 0,58), BT3 (R^2 = 0,65) et BT4 (R^2 = 0,74). Globalement, les quatre courbes indiquent des relations moyennes positives: les points des droites de régression sont dispersés (Figure 90). La hauteur des arbres des stations BT3 et BT4 est étroitement liée au diamètre: fortes valeurs de coefficient de détermination observées (Figure 90).

Les coefficients de détermination obtenus pour les groupements BT1 et BT2 ont des valeurs un peu plus faibles (0,58, respectivement; Figure 90). Ceci peut s'expliquer par un peuplement juvénile issu de perturbations naturelles et/ou anthropiques. Ces peuplements sont caractérisés par un grand nombre d'individus de faibles diamètres et de faibles hauteurs.

Indice de Jaccard et de Sorensen

Nous avons observé les similitudes écologiques qui existent entre les stations BT à l'aide des indices de Jaccard et de Sorensen. Nous avons obtenu le Tableau 30 et le Tableau 31.

Tableau 30: Matrice de similarité des stations du Bassin des Tortues (Indice de Jaccard)

	BT1(39)	BT2(39)	BT3(24)	BT4(49)
BT1(39)	1	**0,58**	**0,54**	**0,6**
BT2(39)	-	1	**0,46**	**0,57**
BT3(24)	-	-	1	*0,4*
BT4(49)	-	-	-	1

Tableau 31: Matrice de similarité des stations du Bassin des Tortues (Indice de Sorensen)

	BT1(39)	BT2(39)	BT3(24)	BT4(49)
BT1(39)	1	0,74	0,69	0,75
BT2(39)	-	1	0,63	0,73
BT3(24)	-	-	1	0,57
BT4(49)	-	-	-	1

Les stations BT1 et BT4 ont de fortes similitudes (avec un indice de Jaccard égal à 0,6; Tableau 30). La station BT3 est celle qui se différencie le plus des autres stations. Elle est tout de même relativement proche de la station BT1 (0,54; Tableau 30). La station BT3 et BT4 sont nettement indépendantes (indice < 0,45). L'indice de Sorensen montre des résultats relativement cohérents par rapport à ceux de Jaccard mais avec des valeurs nettement supérieures (Tableau 31). L'indice de Sorensen présentant des valeurs moins intuitives, nous allons ci – après limiter son utilisation.

Indices de diversité

Tableau 32: Matrice de similarité des stations du Bassin des Tortues (Indices de diversité)

Indices	BT1	BT2	BT3	BT4
D	0,29	0,14	0,32	0,09
1 – D	**0,71**	**0,86**	0,68	**0,91**
H'	3,50	3,57	2,30	3,91
J	0,55	0,57	0,35	0,63
Hill	0,11	0,20	0,88	0,22
1 – Hill	0,89	0,80	0,12	0,78

*Indice de Simpson (D ou 1 – D) = le carré (nombre d'individus /nombre total d'individus de l'échantillon); Indice réciproque de Simpson (1/D) = inverse de l'indice de Simpson; Indice de Shannon (H') =-∑ [proportion d'une espèce par rapport au nombre total d'espèces dans l'échantillon*log (proportion d'une espèce par rapport au nombre total d'espèces dans l'échantillon)]; Indice de Piélou (J) = indice de Shannon / log (richesse spécifique); Indice de Hill (Hill) = inverse de l'indice de Simpson / par l'exponentielle de l'indice de Shannon.*

En analysant l'indice de Shannon – Weaver, on remarque pour les stations BT1 (3,50), BT2 (3,57) et BT4 (3,91) que H' est compris entre 2,6 et 3,9 (2,6 ≤ H' ≤ 3,9) (Tableau 32). Cela correspond à une valeur d'indice moyenne: les espèces végétales sont relativement bien réparties dans les trois échantillons. L'indice de Shannon pour la station BT3 est H' = 2,30 (0 ≤ H' ≤ 2,5), ce qui indique que la station présente une forte dominance d'une espèce, notamment *Capparis indica* qui a un effectif élevé (337 individus; Tableau 27).

Les stations BT1 (0,71), BT2 (0,86) et BT4 (0,91) ont une diversité relativement forte, leurs valeurs tendent vers 1. En comparant les indices de Simpson, nous observons que la station BT3 semble de nouveau se différencier des trois autres unités floristiques. D'une part, elle est caractérisée par la dominance d'une espèce (*Capparis indica*) et d'autre part, sa diversité est nettement plus faible que celle des autres stations (0,68; Tableau 32 et Figure 85).

L'indice de Piélou (ou J) montre des valeurs faibles (J ≤ 0,6) pour toutes les communautés végétales de Bassin des Tortues. Ce qui signifie qu'il existe un phénomène de dominance dans ces différents groupements. La station BT3 se différencie encore des trois autres stations: elle montre la valeur la plus faible (0,35; Tableau 32).

L'indice de 1 – Hill présente des valeurs qui se rapprochent de 1 dans le cas des stations BT1, BT2 et BT4. Elles tendent vers un maximum de diversité. La station BT3 montre encore la valeur la plus faible (0,12; Tableau 32).

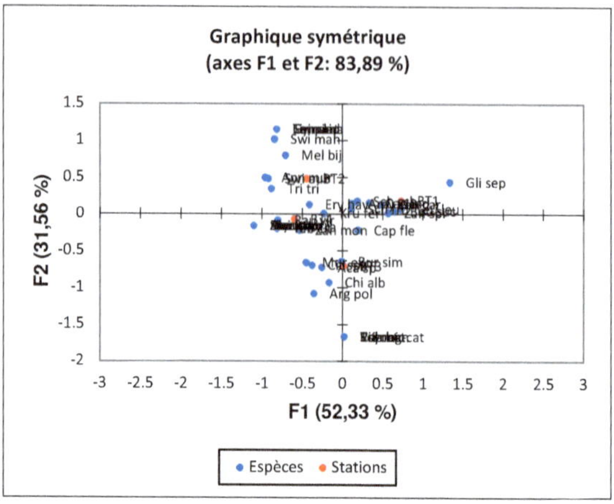

Figure 91: Différenciation mésologique et temporelle des stations et des espèces du Bassin des Tortues (BT)

L'inertie observée pour l'axe F1 est de 52,33% et celle de l'axe F2 est de 31,56%, ce qui correspond à un maximum d'inertie de 83,89% (Figure 91). L'axe F1 oppose les changements de la composition floristique stationnelle tandis que l'axe F2 semble différencier le gradient d'évolution temporelle des quatre stations étudiées. La station BT1 est constituée d'unités arbustives caractérisées par des espèces telles qu'*Acacia sp*, *Chiococca alba* ou encore *Solanum racemosum* qui témoignent d'un milieu xérique. La station BT3 est également caractérisée par quelques unités arbustives: *Chiococca alba* ou encore *Schœpfia schreberi*.

Les stations BT2 et BT4 correspondent à des milieux xérophiles pour lesquels nous avons observé des arbres matures tels que *Swietenia macrophylla* ou *Swietenia mahagoni* qui sont presque au stade terminal de leur développement morphogénétique (sections pouvant aller jusqu'à 40 cm).

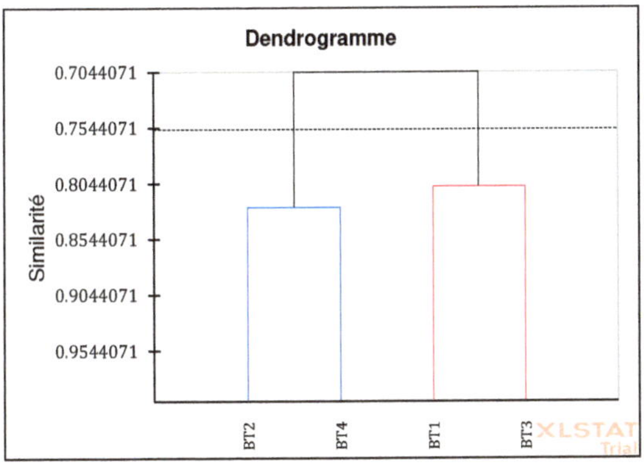

Figure 92: Hiérarchie des partitions obtenues par CAH pour l'ensemble des stations BT

La classification ascendante hiérarchique montre deux groupements à deux stades d'évolution différents. Les résultats obtenus sont bien en corrélation avec ceux de l'AFC décrits plus tôt (Figure 91). Les stations BT2 et BT4 présentent des valeurs très homogènes (0,83; Figure 92): elles indiquent toutes deux des formations au stade sylvatique jeune caractérisées par des individus d'espèces matures tels que *Pisonia fragrans* ou encore *Zanthoxylum monophyllum*. Les stations BT1 et BT3 ont des compositions floristiques similaires (similarité de 0,81; Figure 92). Elles correspondent à des formations présylvatiques marquées par la présence d'espèces végétales telles que *Citharexylum spinosum* ou encore *Bursera simaruba*.

<u>Synthèse générale</u>

La matrice végétale de l'ensemble des stations du Bassin des Tortues est composée de plusieurs phytocénoses qui appartiennent à différentes phases d'évolution temporelle. Ces phases vont du stade arbustif au stade forestier jeune en passant par des formes intermédiaires différentes notamment le stade présylvatique. Les espèces rencontrées sont propres aux zones sèches [*Bursera simaruba* (Gommier rouge), *Hæmatoxylon campechianum* (Campêche)] et parfois de l'horizon inférieur dégradé de la forêt mésophile [*Zanthoxylum caribæum* (Lépiné blan), *Triphasia trifolia* (Petite citronnelle)]. Les stations BT1, BT2 et BT4 sont celles pour lesquelles des individus de la Petite citronnelle se sont développés. Elles ont une richesse spécifique plus élevée que la station BT3, pour laquelle, d'ailleurs, nous n'avons pas observé de développement de *Triphasia trifolia*.

Triphasia trifolia apparaît comme une espèce marginale face aux espèces arborées de la matrice floristique des stations BT1, BT2 et BT4 (Tableau 25, Tableau 26 et Tableau 28). Les individus de *Triphasia trifolia* que nous avons observés ont essentiellement des diamètres de 2,5 cm, seul un individu de 5 cm de diamètre a été observé. Ce qui traduit le fait que l'espèce soit en pleine expansion dans la station. L'espèce perpétue ses régénérations dans les stations BT1, BT2 et BT4 et pourrait se révéler par la suite comme dominante. La station BT3 est la seule dans laquelle *Triphasia trifolia* ne s'est pas développée. Elle pourrait progressivement tôt ou tard former des fourrés monospécifiques dans les stations BT1, BT2 et BT4 et développer par la suite ses populations dans la station BT3.

V.1.1.1.2.2 Duprey (DP)

La zone d'étude DP comporte 100 espèces végétales réparties en 45 familles et 83 genres.

Tableau 33: Répartition des espèces des stations DP en taxa supérieurs

Taxa supérieurs	Classes	Familles	%	Genres	%	Espèces	%
Angiospermes	Monocotylédones	5	11,1	11	13,3	13	13
	Dicotylédones	40	88,9	72	86,7	87	87
Total		45		83		100	

Station DP1 (2 000 m²)

Tableau 34: Les principaux paramètres écologiques et structuraux de la station DP1

Rang	Espèces	f_a	f_r	Nombre d'individus par espèce hors régénérations	Densité (ind/m²)	Id	Surface terrière totale par espèce	ID
1	*Acacia nilotica*	8	40%	53	0,0265	0,0106	0,22678	0,0024
2	*Pisonia aculeata*	8	40%	62	0,031	0,0124	0,10799	0,00134
3	*Hæmatoxylon campechianum*	6	30%	22	0,011	0,0033	0,18653	0,00062
4	*Mimosa pigra*	7	35%	57	0,0285	0,00998	0,05154	0,00051
5	*Lonchocarpus sericeus*	5	25%	12	0,006	0,0015	0,17819	0,00027
6	*Capparis flexuosa*	6	30%	51	0,0255	0,00765	0,02651	0,0002
7	*Samanea saman*	4	20%	5	0,0025	0,0005	0,20028	0,0001

10	**Dichrostachys cinerea**	2	10%	5	0,0025	0,00025	0,03682	0,00001

*Fréquence absolue (f_a) = présence de l'espèce dans les différents quadrats; Fréquence relative (f_r)= Fréquence absolue / nombre de quadrats; Densité = nombre d'individus / surface du relevé; Indice de distribution (Id) = Fréquence relative * Densité; Indice de dominance (ID) = Indice de distribution * surface terrière (aire basale).*

Il s'agit d'une formation sempervirente d'horizon inférieur et de faciès xérique au stade arbustif mûr. *Acacia nilotica* et *Pisonia aculeata* sont, par ordre d'importance écologique, les deux espèces prépondérantes du cortège végétal (Tableau 34). Elles possèdent un grand nombre d'individus de diamètres relativement importants ce qui leur confère une surface terrière élevée ainsi qu'un indice de dominance élevé (ID; Tableau 34). La majeure partie des individus ont des classes diamétriques comprises entre 2,5 et 5 cm et ont de hauteurs allant de 1 à 8 m (Figure 93 et Figure 94). On observe également en plus faible nombre des spécimens matures de diamètres et de hauteurs plus élevés (Figure 93 et Figure 94). *Hæmatoxylon campechianum* a une structure biodémographique équilibrée: ses individus se distribuent dans toutes les classes d'âges et de hauteurs (Figure 93 et Figure 94). *Hæmatoxylon campechianum* et *Mimosa pigra* sont des espèces indicatrices de l'activité agricole. *Dichrostachys cinerea*, espèce au potentiel invasif (Abati, et al., 2017; Abati, et al., 2020), est très peu distribuée au sein de la station (f_r = 10%; Tableau 34). Cinq individus de faibles diamètres (2,5 cm; Tableau 34 et Figure 93) de ce taxon ont été recensés. L'Acacia de Saint – Domingue est considéré comme un inhibiteur dynamique et compte tenu de son fonctionnement écologique dans les zones qu'elle envahit, sa présence indique la forte dégradation de la zone d'étude (Joseph, 2004, 2007, 2009). Au vu de l'aire de relevés, la diversité floristique est relativement faible (Figure 95). Le taux de mortalité est nul.

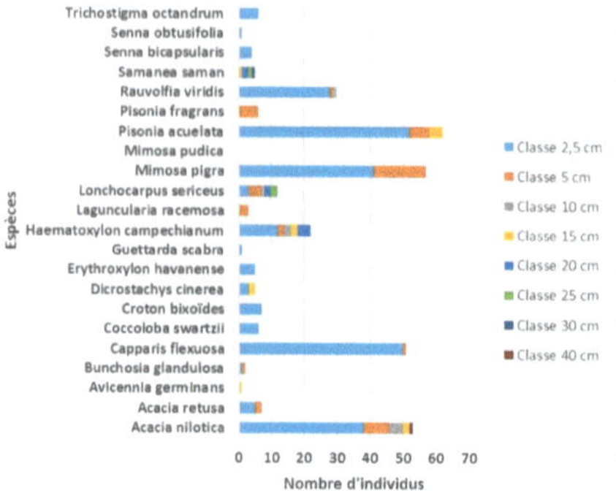

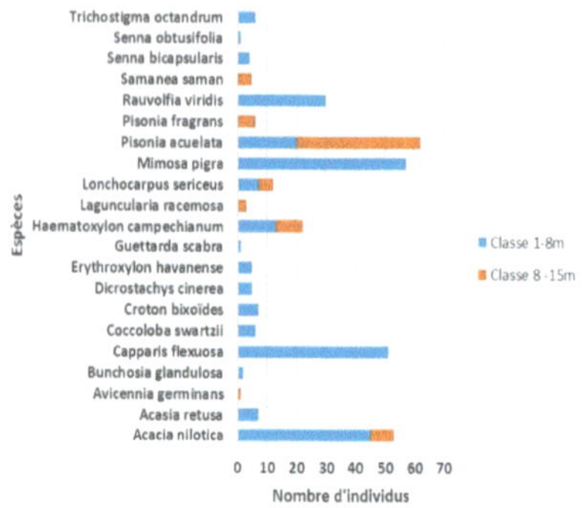

Figure 93 Distribution diamétrique des arbres vivants et sénescents (diamètres ≥ 2,5 cm; Station DP1)

Figure 94: Distribution des hauteurs des arbres vivants et sénescents (hauteurs ≥ 1,3 m; Station DP1)

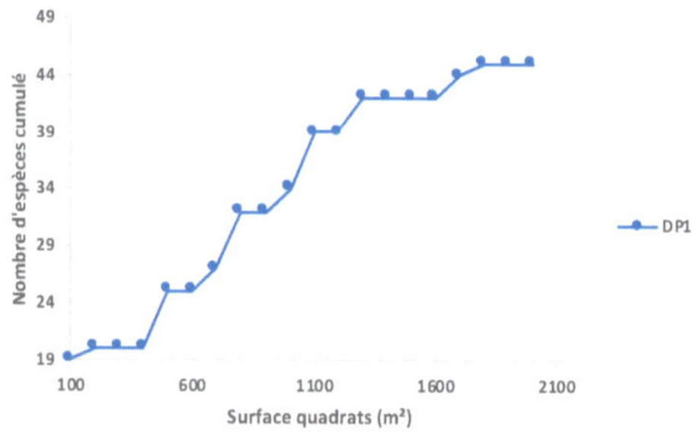

Figure 95: Courbe Aire/Espèces de la station DP1

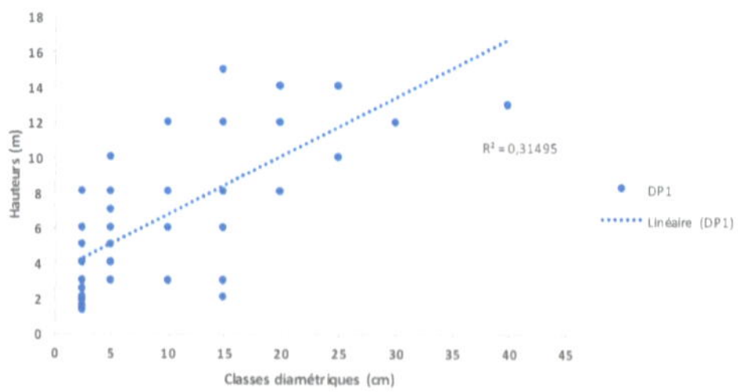

Figure 96: Courbes de corrélation entre les diamètres et les hauteurs des arbres de la station DP1 (diamètres ≥ 2,5 cm et hauteurs ≥ 1,3 m)

Les hauteurs et les diamètres de la communauté végétale DP1 ne se sont pas entièrement liés. Le coefficient de détermination est caractérisé par une valeur positive mais relativement faible ($R^2 = 0,3$; Figure 96). Cependant, cette faible valeur indique un déséquilibre fonctionnel de la communauté végétale. En effet, les individus de faibles sections et hauteurs prédominent même si les grands individus de plus gros diamètres de très faibles densités existent. Cela est représenté sur le graphique par un nuage de points qui n'a pas véritablement de lignes directrices.

<u>*Station DP2 (1 320 m²)*</u>

Tableau 35: Les principaux paramètres écologiques et structuraux de la station DP2

Rang	Espèces	f_a	f_r	Nombre d'individus par espèce hors régénérations	Densité (ind/m²)	Id	Surface terrière totale par espèce	ID
1	*Lonchocarpus sericeus*	5	45%	6	0,00455	0,00207	0,09817	0,000203
2	*Citharexylum spinosum*	3	27%	6	0,00455	0,00124	0,07069	0,000088
3	*Cordia collococca*	2	18%	3	0,00227	0,00041	0,19831	0,000082
4	*Samanea saman*	1	9%	1	0,00076	0,00007	0,38485	0,000027
5	*Pisonia fragrans*	6	55%	4	0,00303	0,00165	0,00785	0,000013
6	*Hæmatoxylon campechianum*	2	18%	3	0,00227	0,00041	0,02356	0,00001
7	*Acacia nilotica*	2	18%	2	0,00152	0,00028	0,01571	0,000004
8	*Arbre mort*	1	9%	1	0,00076	0,0001	0,03142	0,000002

*Fréquence absolue (f_a) = présence de l'espèce dans les différents quadrats; Fréquence relative (f_r)= Fréquence absolue / nombre de quadrats; Densité = nombre d'individus / surface du relevé; Indice de distribution (Id) = Fréquence relative * Densité; Indice de dominance (ID) = Indice de distribution * surface terrière (aire basale).*

Cette formation sempervirente saisonnière tropicale d'horizon inférieur et de faciès xérique au stade sylvatique secondaire voire forestier jeune est dominée par *Lonchocarpus sericeus*. La majorité des individus de cette station ont des sections comprises entre 10 et 15 cm, rares sont les individus de 2,5 centimètres (Figure 97). Quelques individus matures ont été observés: *Citharexylum spinosum* (Bwa kòtlèt), *Cordia collococca* (Bwa pyan), *Lonchocarpus sericeus*, *Samanea saman* (Saman). Ces derniers ont des diamètres pouvant atteindre jusqu'à 70 cm (*Samanea saman*). La Figure 97 et la Figure 98 témoignent du niveau de dégradation de la station: la majorité des spécimens ont de faibles hauteurs. Le taux de mortalité est faible (3,4%).

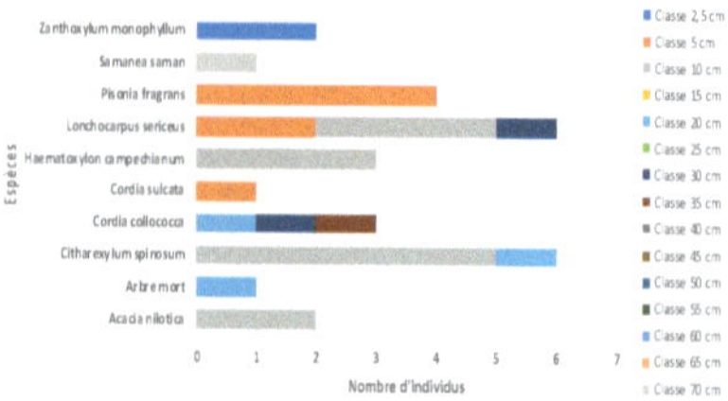

Figure 97: Distribution diamétrique des arbres vivants, sénescents et morts (diamètres ≥ 2,5 cm; Station DP2)

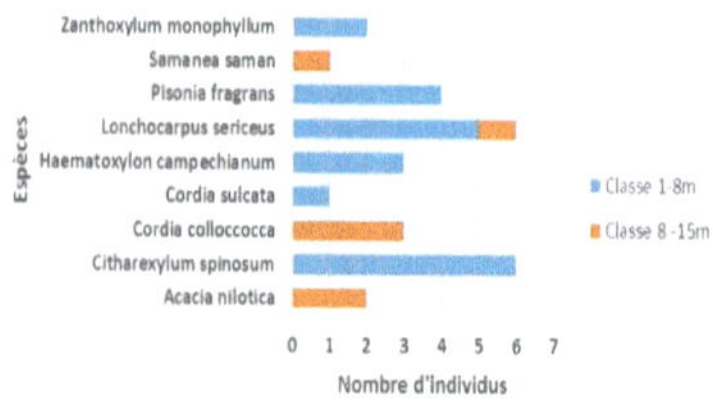

Figure 98: Distribution des hauteurs des arbres vivants et sénescents (hauteurs ≥ 1,3 m; Station DP2)

Station DP3 (2 200 m²)

Tableau 36: Les principaux paramètres écologiques et structuraux de la station DP3

Rang	**Espèces**	**f_a**	**f_r**	**Nombre d'individus par espèce hors régénérations**	**Densité (ind/m²)**	**Id**	**Surface terrière totale par espèce**	**ID**
1	*Acacia nilotica*	9	90%	35	0,0159	0,01432	0,4315	0,006178
2	*Pisonia aculeata*	10	100%	7	0,0032	0,00318	0,0373	0,000119
3	*Lonchocarpus sericeus*	3	30%	5	0,0023	0,00068	0,1060	0,000072
4	*Terminalia catappa*	3	30%	4	0,0018	0,00055	0,1237	0,000067
5	*Swietenia macrophylla*	1	10%	1	0,0005	0,00005	0,2376	0,000011
6	*Ziziphus mauritiana*	3	30%	2	0,0009	0,00027	0,0196	0,000005
7	*Zanthoxylum monophyllum*	3	30%	1	0,0005	0,00014	0,0177	0,000002
8	*Lonchocarpus roseus*	2	20%	1	0,0005	0,00009	0,0177	0,000002

*Fréquence absolue (f_a) = présence de l'espèce dans les différents quadrats; Fréquence relative (f_r)= Fréquence absolue / nombre de quadrats; Densité = nombre d'individus / surface du relevé; Indice de distribution (Id) = Fréquence relative * Densité; Indice de dominance (ID) = Indice de distribution * surface terrière (aire basale).*

Cette unité floristique est une formation très dégradée sempervirente saisonnière et de faciès xérique au stade arbustif. *Acacia nilotica* et *Pisonia aculeata* sont les espèces les plus adaptées aux facteurs du milieu: leurs fréquences relative et absolue sont les plus élevées (Tableau 36). *Acacia nilotica,* se démarque de *Pisonia aculeata* par un plus fort effectif (35 individus d'*Acacia nilotica* contre 7 de *Pisonia aculeata;* Tableau 36). La majorité des individus ont des sections comprises entre 5 et 15 cm et des hauteurs allant de 1 à 8 m (Figure 99 et Figure 100). *Terminalia catappa* et *Swietenia macrophylla* sont des espèces relictuelles de formations antérieures et ont des sections plus élevées (pouvant atteindre 55 cm; Figure 99).

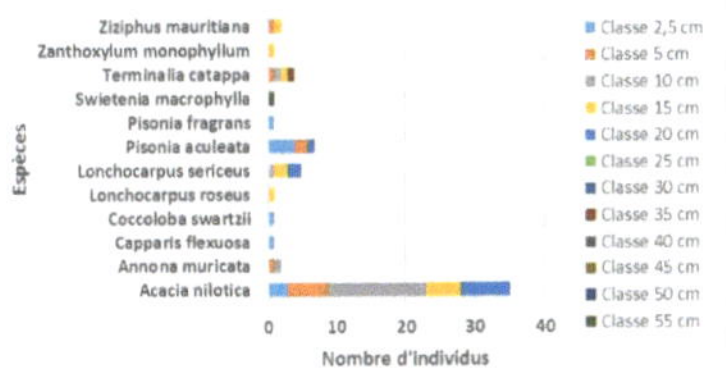

Figure 99: Distribution diamétrique des arbres vivants et sénescents (diamètres ≥ 2,5 cm; Station DP3)

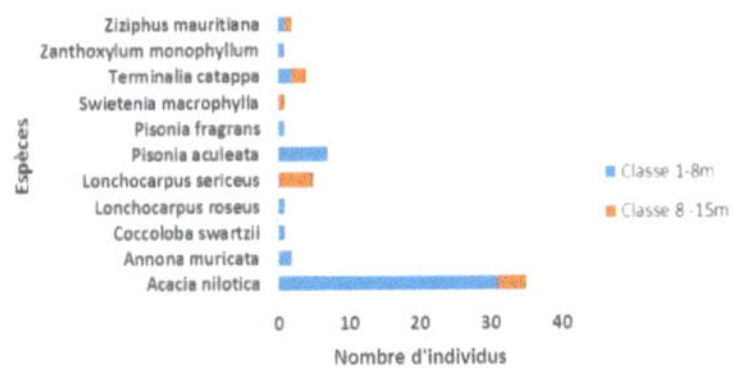

Figure 100: Distribution des hauteurs des arbres vivants et sénescents (hauteurs ≥ 1,3 m; Station DP3)

<u>*Station DP4 (900 m²)*</u>

Tableau 37: Les principaux paramètres écologiques et structuraux de la station DP4

Rang	Espèces	f_a	f_r	Nombre d'individus par espèce hors régénérations	Densité (ind/m²)	Id	Surface terrière totale par espèce	ID
1	*Lonchocarpus roseus*	4	44%	5	0,0056	0,0025	0,2572	0,00064
2	*Acacia nilotica*	5	56%	1	0,0011	0,0006	0,0491	0,00003
3	*Hæmatoxylon campechianum*	1	11%	3	0,0033	0,0004	0,0334	0,00001
4	*Samanea saman*	1	11%	1	0,0011	0,0001	0,0962	0,00001

*Fréquence absolue (f_a) = présence de l'espèce dans les différents quadrats; Fréquence relative (f_r)= Fréquence absolue / nombre de quadrats; Densité = nombre d'individus / surface du relevé; Indice de distribution (Id) = Fréquence relative * Densité; Indice de dominance (ID) = Indice de distribution * surface terrière (aire basale).*

La station DP4 correspond à une formation non structurée sempervirente saisonnière et d'horizon inférieur et de faciès xérique au stade présylvatique. *Lonchocarpus roseus* est l'espèce prépondérante de la station (ID = 0,00064; Tableau 37). Du point de vue écologique, les autres espèces qui constituent la matrice végétale de cette station ne sont pas significatives car elles ont une faible importance écologique (ID faible; Tableau 37). Le nombre d'individus qui composent cette unité floristique est numériquement faible: les sections de ces derniers peuvent atteindre 35 cm (*Lonchocarpus roseus;* Figure 101). La matrice floristique est constituée de quelques individus de faibles hauteurs de laquelle émergent des spécimens adultes d'*Hæmatoxylon campechianum*, de *Lonchocarpus roseus* et de *Samanea saman* dont les hauteurs sont comprises entre 8 et 15 mètres (Figure 102).

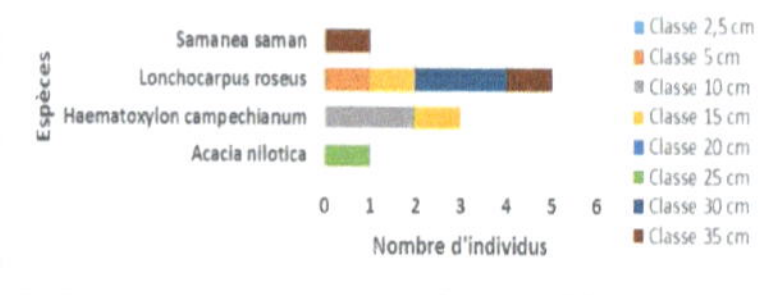

Figure 101: Distribution diamétrique des arbres vivants et sénescents (diamètres ≥ 2,5 cm; Station DP4)

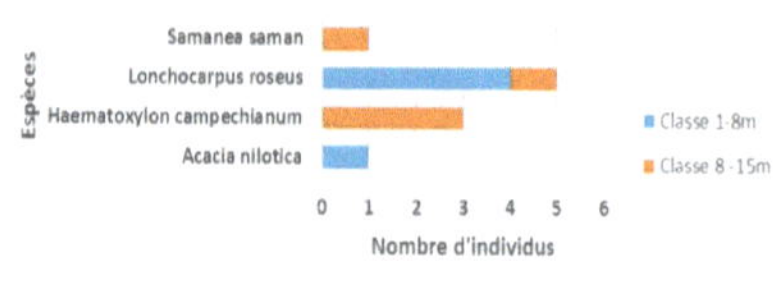

Figure 102: Distribution des hauteurs des arbres vivants et sénescents (hauteurs ≥ 1,3 m; Station DP4)

Station DP5 (420 m²)

Tableau 38: Les principaux paramètres écologiques et structuraux de la station DP5

Rang	**Espèces**	f_a	f_r	**Nombre d'individus par espèce hors régénérations**	**Densité (ind/m²)**	**Id**	**Surface terrière totale par espèce**	**ID**
1	*Laguncularia racemosa*	2	29%	36	0,0857	0,0245	0,1698	0,00416
2	*Ziziphus mauritiana*	1	14%	4	0,0095	0,0014	0,0491	0,00007
3	*Acacia nilotica*	4	57%	1	0,0024	0,0014	0,0177	0,00002
4	*Cordia collococca*	1	14%	1	0,0024	0,0003	0,0314	0,00001
5	*Hæmatoxylon campechianum*	1	14%	1	0,0024	0,0003	0,0177	0,00001

*Fréquence absolue (f_a) = présence de l'espèce dans les différents quadrats; Fréquence relative (f_r)= Fréquence absolue / nombre de quadrats; Densité = nombre d'individus / surface du relevé; Indice de distribution (Id) = Fréquence relative * Densité; Indice de dominance (ID) = Indice de distribution * surface terrière (aire basale).*

Cette unité floristique sempervirente saisonnière d'horizon inférieur et de faciès xérique est au stade préforestier. *Laguncularia racemosa* est l'espèce dominante de cette unité végétale (Tableau 38). Malgré sa faible distribution, car observée dans deux quadrats de la station DP5, l'espèce domine de par son effectif (36 individus recensés), sa densité (d = 0,0857 ind/m²) et son aire basale (ST = 0,1698) (Tableau 38). C'est une espèce indicatrice des zones de mangrove. Les autres espèces de la station sont très marginales: elles ont un faible effectif de spécimens de basses sections et hauteurs (Figure 103 et Figure 104). De nombreuses régénérations (D < 2,5 cm et H < 1,3 m) d'*Acacia nilotica* ont été observées dans la station. Le taux de mortalité est nul.

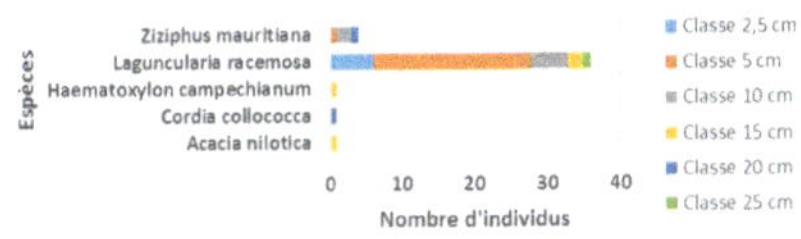

Figure 103: Distribution diamétrique des arbres vivants et sénescents (diamètres ≥ 2,5 cm; Station DP5)

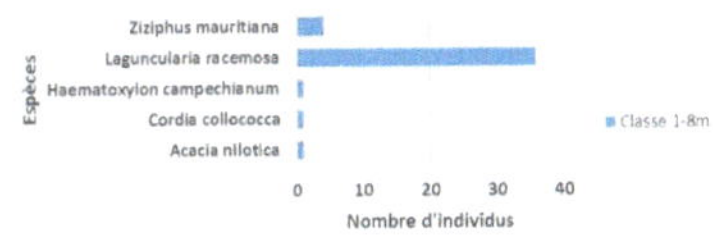

Figure 104: Distribution des hauteurs des arbres vivants et sénescents (hauteurs ≥ 1,3 m; Station DP5)

Station DP6 (900 m²)

Tableau 39: Les principaux paramètres écologiques et structuraux de la station DP6

Rang	Espèces	f_a	f_r	Nombre d'individus par espèce hors régénérations	Densité (ind/m²)	Id	Surface terrière totale par espèce	ID
1	*Lonchocarpus sericeus*	9	100%	44	0,0489	0,0489	0,8090	0,0395
2	*Cordia sulcata*	5	56%	20	0,0222	0,0123	0,2926	0,0036
3	*Cordia collococca*	6	67%	14	0,0156	0,0104	0,1885	0,002
4	*Spondias mombin*	3	33%	1	0,0011	0,0004	4,9087	0,0018
5	*Terminalia catappa*	6	67%	5	0,0056	0,0037	0,0442	0,0002
6	*Annona muricata*	5	56%	10	0,0111	0,0062	0,0226	0,0001

*Fréquence absolue (f_a) = présence de l'espèce dans les différents quadrats; Fréquence relative (f_r)= Fréquence absolue / nombre de quadrats; Densité = nombre d'individus / surface du relevé; Indice de distribution (Id) = Fréquence relative * Densité; Indice de dominance (ID) = Indice de distribution * surface terrière (aire basale).*

Cette phytocénose sylvatique secondaire sempervirente saisonnière d'horizon inférieur et de faciès xérique est dominée quantitativement par *Lonchocarpus sericeus*: 44 individus recensés (Tableau 39). *Lonchocarpus sericeus* et secondairement *Cordia sulcata* et *Cordia collococca* sont les espèces dominantes. Elles ont une distribution des hauteurs et diamétriques relativement équilibrées: les individus sont répartis dans presque toutes les classes de diamètres et de hauteurs (Figure 105 et Figure 106). Les autres individus d'espèces de cette station ont des diamètres compris entre 2,5 et 5 cm et culminent entre 1 et 8 m de haut (Figure 105 et Figure 106). Aucune espèce potentiellement invasive et aucun arbre mort n'ont été observés dans la station (Tableau 39).

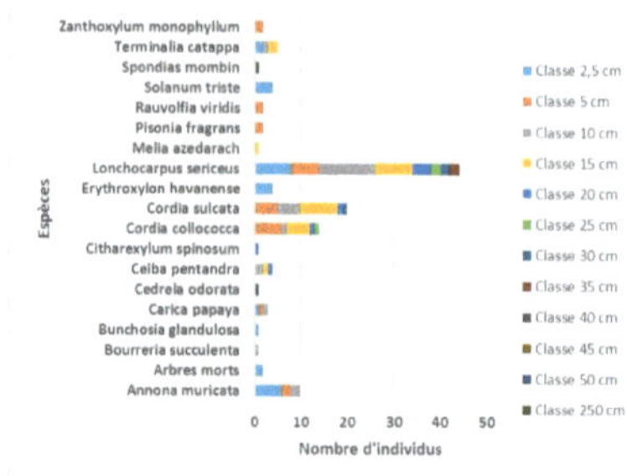

Figure 105: Distribution diamétrique des arbres vivants, sénescents et morts (diamètres ≥ 2,5 cm; Station DP6)

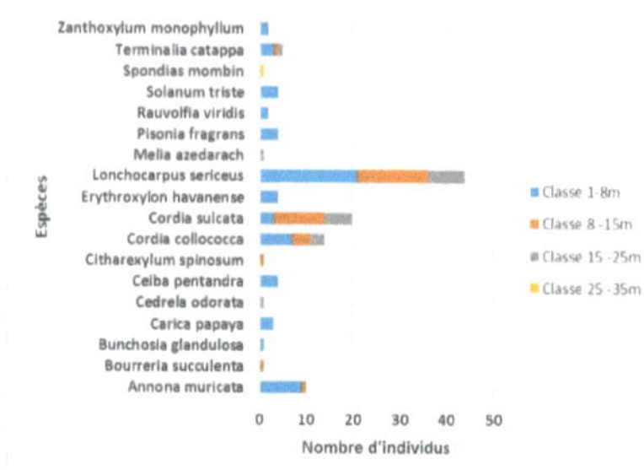

Figure 106: Distribution des hauteurs des arbres vivants et sénescents (hauteurs ≥ 1,3 m; Station DP6)

Station DP7 (1 000 m²)

Tableau 40: Les principaux paramètres écologiques et structuraux de la station DP7

Rang	**Espèces**	**f_a**	**f_r**	**Nombre d'individus par espèce hors régénérations**	**Densité (ind/m²)**	**Id**	**Surface terrière totale par espèce**	**ID**
1	*Lonchocarpus sericeus*	10	100%	75	0,075	0,075	3,711	0,2783
2	*Terminalia catappa*	6	60%	7	0,007	0,0042	0,1826	0,0008
3	*Cordia collococca*	4	40%	7	0,007	0,0028	0,1669	0,0005
4	*Samanea saman*	6	60%	2	0,002	0,0012	0,1748	0,0002
5	*Cordia sulcata*	3	30%	4	0,004	0,0012	0,1178	0,0001

*Fréquence absolue (f_a) = présence de l'espèce dans les différents quadrats; Fréquence relative (f_r)= Fréquence absolue / nombre de quadrats; Densité = nombre d'individus / surface du relevé; Indice de distribution (Id) = Fréquence relative * Densité; Indice de dominance (ID) = Indice de distribution * surface terrière (aire basale).*

La station DP7 est une unité floristique sempervirente saisonnière d'horizon inférieur et de faciès xérique au stade sylvatique secondaire qui a de grandes similitudes écologiques avec la station précédente (station DP6). Ceci, hormis le rapport de proportions ainsi que l'ordre d'importance écologique dans lequel apparaissent les espèces qui sont différents (Tableau 40). *Lonchocarpus sericeus* est l'espèce dominante en raison de sa population, de sa densité et de son aire basale élevées (Tableau 40). Ce taxon se distribue dans toutes les classes de hauteurs et de diamètres (Figure 107 et Figure 108). Les spécimens de faibles sections et ayant des hauteurs comprises entre 1 et 8 m dominent quantitativement ce cortège végétal (Figure 107 et Figure 108).

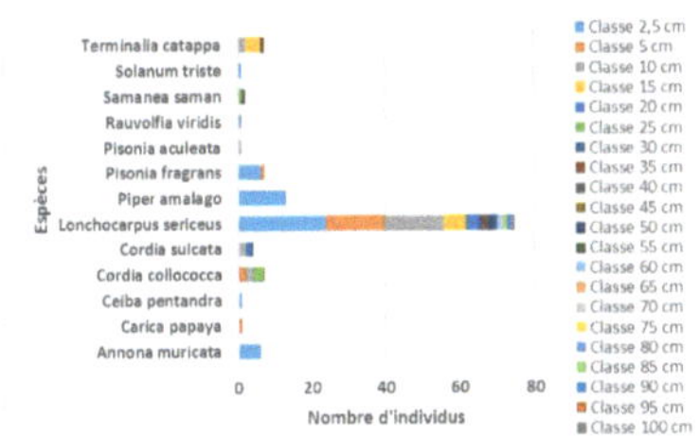

Figure 107: Distribution diamétrique des arbres vivants et sénescents (diamètres ≥ 2,5 cm; Station DP7)

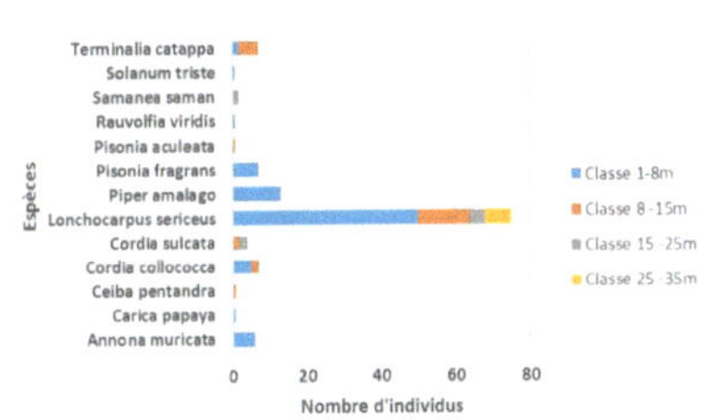

Figure 108: Distribution des hauteurs des arbres vivants et sénescents (hauteurs ≥ 1,3 m; Station DP7)

Station DP8 (1 200 m²)

Tableau 41: Les principaux paramètres écologiques et structuraux de la station DP8

Rang	Espèces	f_a	f_r	Nombre d'individus par espèce hors régénérations	Densité (ind/m²)	Id	Surface terrière totale par espèce	ID
1	*Lonchocarpus sericeus*	7	58%	39	0,0325	0,019	0,3284	0,00623
2	*Samanea saman*	6	50%	9	0,0075	0,0038	0,8816	0,00331
	Arbres morts	3	25%	8	0,0067	0,0017	0,2278	0,00038
3	*Senna alata*	5	42%	21	0,0175	0,0073	0,0339	0,00025
4	*Pisonia aculeata*	7	58%	29	0,0242	0,0141	0,0157	0,00022
5	*Cordia sulcata*	4	33%	12	0,0100	0,0033	0,0398	0,00013

Fréquence absolue (f_a) = présence de l'espèce dans les différents quadrats; Fréquence relative (f_r)= Fréquence absolue / nombre de quadrats; Densité = nombre d'individus /

*surface du relevé; Indice de distribution (Id) = Fréquence relative * Densité; Indice de dominance (ID) = Indice de distribution * surface terrière (aire basale).*

Cette communauté végétale sempervirente saisonnière tropicale type au stade présylvatique est dominée par *Lonchocarpus sericeus* qui a à la fois une distribution (fréquences et indice de distribution), un effectif et une densité élevés. Tous ces paramètres lui confèrent, l'indice de dominance le plus élevé (ID = 0,00623; Tableau 41). Les quelques (9) individus matures de *Samanea saman* dont les hauteurs vont de 25 à 35 mètres de haut forment la strate supérieure sous laquelle se développent des régénérations appartenant à différents stades de la dynamique végétale (présylvatique, forestier jeune et sylvatique secondaire; Figure 109 et Figure 110). Les arbres morts sont peu nombreux (9 spécimens; Tableau 41): ils représentent 4,1% de l'effectif des ligneux.

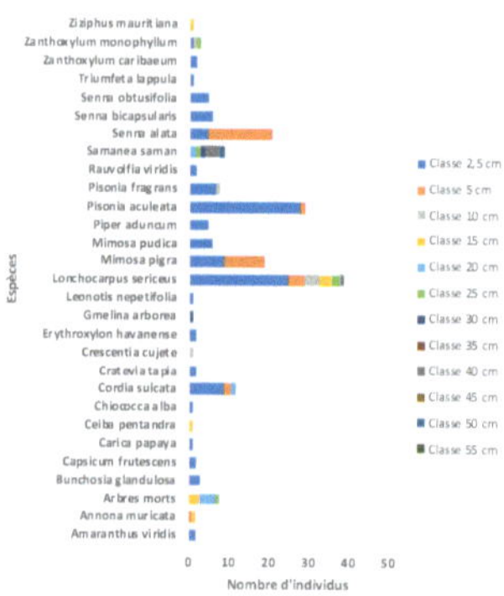

Figure 109: Distribution diamétrique des arbres vivants, sénescents et morts (diamètres ≥ 2,5 cm; Station DP8)

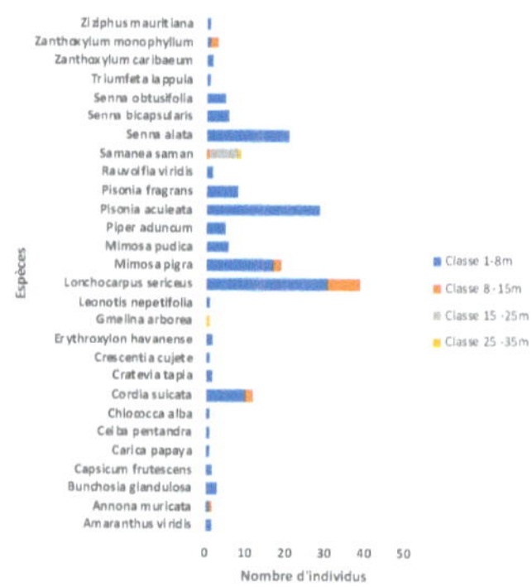

Figure 110: Distribution des hauteurs des arbres vivants et sénescents (hauteurs ≥ 1,3 m; Station DP8)

Station DP9 (850 m²)

Tableau 42: Les principaux paramètres écologiques et structuraux de la station DP9

Rang	Espèces	f_a	f_r	Nombre d'individus par espèce hors régénérations	Densité (ind/m²)	Id	Surface terrière totale par espèce	ID
1	*Lonchocarpus roseus*	5	50%	12	0,0141	0,0071	2,4367	0,0172
2	*Lonchocarpus sericeus*	4	40%	12	0,0141	0,0056	0,5557	0,00314

3	*Laguncularia racemosa*	3	30%	12	0,0141	0,0042	0,271	0,00115
4	*Acacia nilotica*	5	50%	3	0,0035	0,0018	0,0569	0,0001
5	*Pisonia fragrans*	4	40%	2	0,0024	0,0009	0,0393	0,00004
6	*Samanea saman*	1	10%	1	0,0012	0,0001	0,2376	0,00003
7	*Cecropia schreberiana*	1	10%	1	0,0012	0,0001	0,0491	0,00001
8	*Citharexylum spinosum*	1	10%	1	0,0012	0,0001	0,0079	0,000001

*Fréquence absolue (f_a) = présence de l'espèce dans les différents quadrats; Fréquence relative (f_r)= Fréquence absolue / nombre de quadrats; Densité = nombre d'individus / surface du relevé; Indice de distribution (Id) = Fréquence relative * Densité; Indice de dominance (ID) = Indice de distribution * surface terrière (aire basale).*

Lonchocarpus roseus et secondairement *Lonchocarpus sericeus* et *Laguncularia racemosa* sont les espèces dominantes de la station DP9 qui est une unité floristique sempervirente saisonnière d'horizon inférieur et de faciès xérique au stade forestier jeune. Ces espèces ont à la fois un effectif et une densité élevés d'où les valeurs d'indices de dominance plus importantes (Tableau 42). Les trois espèces qui constituent le cortège végétal prépondérant ont une structure biodémographique relativement équilibrée: presque toutes les classes d'âges et de hauteurs sont représentées (Figure 111 et Figure 112). La strate est discontinue, elle est caractérisée par une hétérogénéité des classes diamétriques et des hauteurs (Figure 111 et Figure 112). La matrice végétale est constituée majoritairement d'individus de hauteurs allant de 8 à 25 m et de sections comprises entre 10 à 20 cm (Figure 111 et Figure 112).

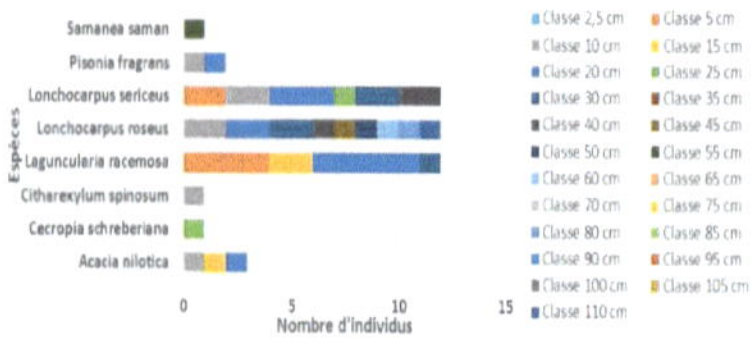

Figure 111: Distribution diamétrique des arbres vivants et sénescents (diamètres ≥ 2,5 cm; Station DP9)

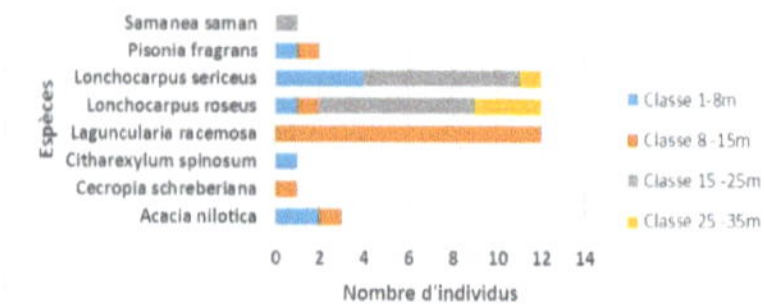

Figure 112: Distribution des hauteurs des arbres vivants et sénescents (hauteurs ≥ 1,3 m; Station DP9)

Rapport de dominance des espèces pour l'ensemble des stations de Duprey (DP)

Tableau 43: Les principaux paramètres écologiques et structuraux pour l'ensemble des stations DP

Rang	Espèces	f_a	f_r	Nombre d'individus par espèce hors régénérations	Densité (ind/m²)	Id	Surface terrière totale par espèce	ID
1	*Lonchocarpus sericeus*	7	78%	193	0,0179	0,0139	5,7864	0,0805
2	*Acacia nilotica*	6	67%	95	0,0088	0,0059	0,7977	0,0047
3	*Samanea saman*	7	78%	19	0,0018	0,0014	1,9753	0,0027
4	*Lonchocarpus roseus*	3	33%	18	0,0017	0,0006	2,7116	0,0015
5	*Pisonia aculeata*	6	67%	99	0,0092	0,0061	0,1689	0,001
6	*Laguncularia racemosa*	4	44%	51	0,0047	0,0021	0,4467	0,0009
7	*Cordia sulcata*	4	44%	37	0,0034	0,0015	0,4521	0,0007
8	*Cordia collococca*	4	44%	25	0,0023	0,0010	0,5851	0,0006
9	*Mimosa pigra*	6	67%	76	0,0070	0,0047	0,0756	0,0004
10	*Hæmatoxylon campechianum*	4	44%	29	0,0027	0,0012	0,2611	0,0003
11	*Pisonia fragrans*	9	100%	30	0,0028	0,0028	0,0795	0,0002
12	*Terminalia catappa*	3	33%	16	0,0015	0,0005	0,3505	0,0002
	Arbres morts	3	33%	11	0,0010	0,0003	0,2602	0,0001
28	***Dichrostachys cinerea***	1	11%	5	0,0005	0,0001	0,0368	0,000002

Fréquence absolue (f_a) = présence de l'espèce dans les différents quadrats; Fréquence relative (f_r)= Fréquence absolue / nombre de quadrats; Densité = nombre d'individus /

*surface du relevé; Indice de distribution (Id) = Fréquence relative * Densité; Indice de dominance (ID) = Indice de distribution * surface terrière (aire basale).*

Lonchocarpus sericeus est l'espèce dominante en termes de nombre d'individus, de densité et de surface terrière. Ces paramètres lui confèrent les indices de distribution et de dominance les plus importants (Id = 0,0139 et ID = 0,0805; Tableau 43). Par ordre d'importance écologique, *Lonchocarpus sericeus*, *Pisonia aculeata* et *Mimosa pigra* sont très distribuées (f_r et Id élevés; Tableau 43).

Nous n'avons recensé que cinq individus d'une espèce potentiellement invasive: *Dichrostachys cinerea* (Acacia de Saint – Domingue) (Tableau 43). Cette espèce se situe au 28ème rang du Tableau 43 au regard de l'Indice de Dominance. L'espèce est très peu distribuée (f_r = 11%; Tableau 43). Ses individus se distribuent dans des classes diamétriques variables, allant 2,5 à 15 centimètres (Figure 93).

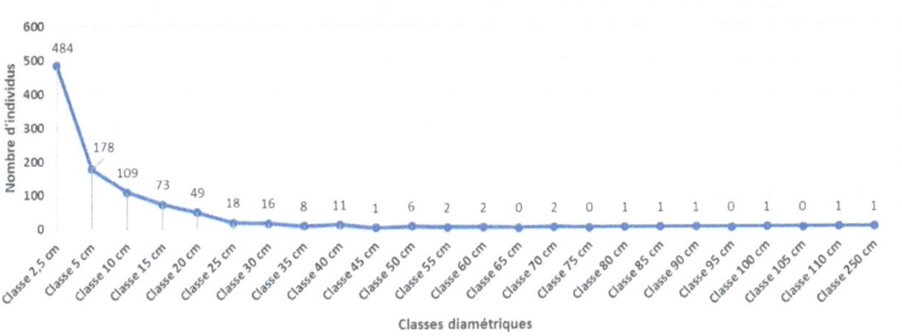

Figure 113: Distribution diamétrique de l'ensemble des stations de Duprey (DP) hors régénérations et hors arbres morts

Dans l'ensemble des stations de Duprey (notées DP), nous avons recensé très peu d'individus (965 au total; Figure 113). La majeure partie d'entre eux ont des sections comprises entre 2,5 (50,2%) et 5 (18,4) cm: ils représentent 68,6% de l'effectif global. L'ensemble des stations DP est également composé de reliques de formations antérieures telles que *Samanea saman* (station DP2; Figure 97), *Terminalia catappa* (station DP3; Figure 99) ou encore *Swietenia macrophylla* (station DP3; Figure 99). Leurs individus occupent des classes diamétriques pouvant atteindre 70 cm (*Samanea saman;* Figure 113). Parmi ces arbres relictuels, nous avons recensé un individu de 250 cm de section (Figure 113). Il est à noter que le milieu est constitué d'espèces introduites, par ordre d'importance écologique, *Samanea saman, Spondias mombin* et *Delonix regia*. Ces espèces contribuent à l'installation de la flore autochtone (Joseph, 2009).

Indice de Jaccard

Tableau 44: Matrice de similarité des stations de Duprey (Indice de Jaccard)

	DP1 (45)	DP2 (36)	DP3 (54)	DP4 (24)	DP5 (21)	DP6 (18)	DP7 (13)	DP8 (28)	DP9 (8)
DP1 (45)	1	*0,29*	*0,24*	*0,25*	*0,23*	*0,09*	*0,07*	*0,16*	*0,16*
DP2 (36)	-	1	*0,38*	*0,36*	*0,33*	*0,2*	*0,14*	*0,23*	*0,13*
DP3 (54)	-	-	1	*0,34*	*0,27*	*0,2*	*0,26*	*0,12*	*0,11*
DP4 (24)	-	-	-	1	*0,41*	*0,05*	*0,09*	*0,18*	*0,19*
DP5 (21)	-	-	-	-	1	*0,15*	*0,10*	*0,17*	*0,16*
DP6 (18)	-	-	-	-	-	1	**0,48**	*0,24*	*0,13*
DP7 (13)	-	-	-	-	-	-	1	*0,24*	*0,17*
DP8 (28)	-	-	-	-	-	-	-	1	*0,09*
DP9 (8)	-	-	-	-	-	-	-	-	1

Les valeurs de l'indice de Jaccard sont extrêmement faibles: les stations DP sont dissemblables du point de vue de la surface de relevés et du point de vue floristique. Elles sont toutes caractérisées par des espèces végétales qui leurs sont propres. Seules les associations floristiques DP6 – DP7 ayant une surface d'inventaires proche présentent des similarités (0,48; Tableau 44).

Indices de diversité

Tableau 45: Matrice de similarité des stations de Duprey (Indices de diversité)

Indices	DP1	DP2	DP3	DP4	DP5	DP6	DP7	DP8	DP9
D	0,12	0,15	0,35	0,36	0,71	0,19	0,37	0,10	0,23
1 – D	**0,88**	**0,85**	0,65	0,64	*0,29*	**0,81**	0,63	**0,90**	**0,77**
H'	3,47	2,93	2,28	1,69	0,91	3,08	2,22	3,84	2,37
J	0,59	0,88	0,55	0,73	0,24	0,45	0,32	0,51	0,43
Hill	0,26	0,36	0,29	0,51	0,56	0,24	0,29	0,21	0,40
1 – Hill	0,74	0,64	0,71	0,49	0,44	0,76	0,71	0,79	0,60

*Indice de Simpson (D ou 1 – D) = le carré (nombre d'individus /nombre total d'individus de l'échantillon); Indice réciproque de Simpson (1/D) = inverse de l'indice de Simpson; Indice de Shannon (H') =-∑ [proportion d'une espèce par rapport au nombre total d'espèces dans l'échantillon*log (proportion d'une espèce par rapport au nombre total d'espèces dans l'échantillon)]; Indice de Piélou (J) = indice de Shannon / log (richesse spécifique); Indice de Hill (Hill) = inverse de l'indice de Simpson / par l'exponentielle de l'indice de Shannon.*

L'indice de Shannon – Weaver (noté H') est compris entre 0 et 6. Les valeurs de cet indice concernant les stations de Duprey (DP) se distribuent entre 0,91 et 3,84, on peut donc conclure qu'il existe de grandes variations de la diversité entre les espèces. Nous avons observé une répartition relativement équitable entre les espèces des stations DP1, DP2, DP6 et DP8 car leurs indices respectifs sont 3,47; 2,93; 3,08 et 3,84. Les autres stations (DP3, DP4, DP5, DP7 et DP9) ont une diversité plus faible, comprise entre 0,91 et 2,37: ceci semble résulter de la surreprésentation d'espèces telles que *Acacia nilotica* (station DP3; Tableau 36), *Lonchocarpus roseus* (stations DP4 et DP9; Tableau 37 et Tableau 42), *Laguncularia racemosa* (stations DP5 et DP9; Tableau 38 et Tableau 42), *Lonchocarpus sericeus* (stations DP7 et DP9; Tableau 40 et Tableau 42).

Les valeurs de l'indice de Simpson (noté D allant de 0 à 1) sont en accord avec celles obtenues avec l'indice de Shannon – Weaver. Les stations DP1, DP2, DP6, DP8 et DP9 ont des valeurs qui indiquent une diversité élevée (Tableau 45), alors que les stations DP3, DP4 et DP7 ont des valeurs intermédiaires (respectivement 0,35; 0,36 et 0,38; Tableau 45). La station DP5 est celle qui a la valeur d'indice de Simpson la plus proche de 1: elle indique une faible diversité (0,71; Tableau 45).

L'indice de Piélou (ou J) indique des valeurs relativement élevées (J > 0,6) pour les stations DP2 et DP4 (Tableau 45). Les espèces sont bien réparties dans ces stations. Les autres stations (DP1, DP3, DP5, DP6, DP7, DP8 et DP9) ont des valeurs d'indices de Piélou moins importantes. Elles traduisent une faible équirépartition des espèces dans ces stations. Les valeurs les plus faibles ont été observées pour les stations DP5 (0,24) et DP7 (0,32) (Tableau 45).

<u>*AFC de l'ensemble des stations DP*</u>

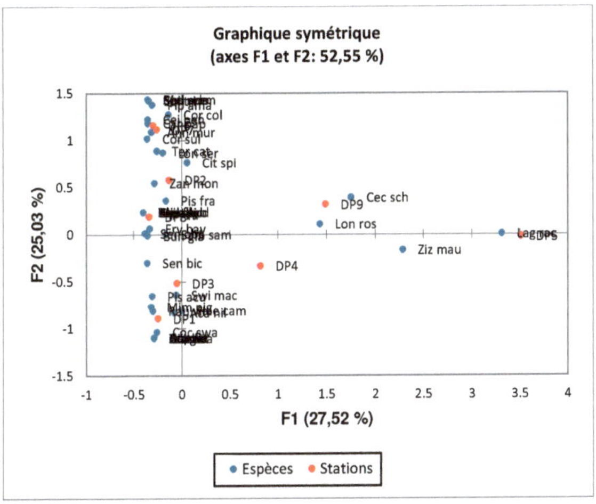

Figure 114: Différenciation mésologique et temporelle des stations et des espèces de Duprey

L'inertie associée à l'axe F1 est de 27,52% et celle de l'axe F2 est de 25,03%. Le maximum d'inertie est de 52,55% (Figure 114). L'axe F2 semble différencier les stades de la dynamique végétale (allant de l'arbustif au sylvatique secondaire). Toutes les stations correspondent à des milieux à tendance xérique. Les stations DP1 et DP3 sont les plus régressives du point de vue de la dynamique végétale et sont au stade arbustif.

L'axe F1 semble discriminer la composition floristique. Les stations DP6 et DP7 ont une composition floristique très voisine représentée par des valeurs très homogènes (Figure 114). Les stations DP4, DP5 et DP9 ont une composition floristique particulière qui les singularise sur le plan factoriel.

Ceci s'observe par un «isolement» de ces stations par rapport aux autres stations DP (Figure 114). Ceci s'explique par le fait qu'elle soit composée d'espèces remarquables. En effet, *Cecropia schreberiana* ou encore *Lonchocarpus roseus* sont spécifiques aux stations DP4 et DP9. *Laguncularia racemosa* (Mangle blanc) ainsi que *Ziziphus mauritiana* (Jujubier) sont caractéristiques de la station DP5: ces deux taxons ont une écologie bien particulière qui les discrimine nettement des autres espèces végétales.

CAH de l'ensemble des stations DP

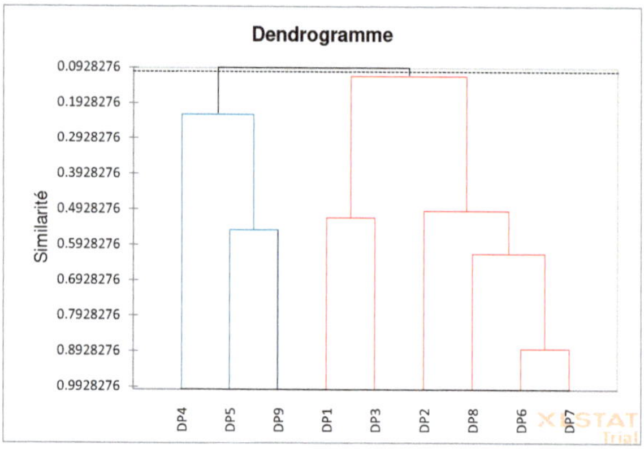

Figure 115: Hiérarchie des partitions obtenues par CAH pour l'ensemble des stations DP

Ces résultats sont bien en concordance avec ceux obtenus avec l'AFC (Figure 114). Les stations DP1 et DP3 ont une composition floristique plus ou moins significative (0,48; Figure 115). Elles sont caractérisées par des taxa arbustifs tels qu'*Acacia nilotica* (en nombres significatifs) ou des taxa de stade ultérieur de zones dégradées (ou secondaires), notamment *Coccoloba swartzii*. Les stations DP2, DP8, DP6 et DP7 ont des valeurs significatives (0,5; Figure 115). De façon plus affine, les groupements DP6 et DP7 ont de grandes similarités (0,88; Figure 115): elles sont caractérisées par des espèces héliophiles telles que *Cordia sulcata* ou *Cordia collococca* qui forment la strate supérieure (Joseph, 2009). Dans les trois communautés végétales DP8, DP6 et DP7, on retrouve quatre espèces communes: *Annona muricata, Carica papaya, Ceiba pentadra, Cordia sulcata* et *Rauvolfia viridis*. Les stations DP4, DP5 et DP9 sont très différentes des autres phytocénoses (0,09; Figure 115). Elles sont caractérisées par plusieurs espèces singulières dont *Acacia nilotica* ou *Laguncularia racemosa*.

Synthèse générale

Les neuf stations DP (DP1, DP2, DP3, DP4, DP5, DP6, DP7, DP8 et DP9) correspondent à des formations végétales à des niveaux différents de la dynamique temporelle (Tableau 34, Tableau 35, Tableau 36, Tableau 37 et Tableau 38). La station DP1 est une phytocénose arbustive non équilibrée dans laquelle des individus de *Dichrostachys cinerea* se sont développés. Les autres stations (DP2, DP3, DP4, DP5, DP6, DP7, DP8 et DP9) sont également des biocénoses déséquilibrées et dégradées. Dans certaines communautés, nous avons recensé un faible nombre d'individus total. Toutefois, dans ces huit stations, aucune espèce végétale potentiellement invasive n'a été recensée. *Acacia nilotica* semble y avoir trouver des conditions favorables à son installation (plusieurs régénérations recensées) et se développe progressivement dans ces stations.

V.1.1.1.2.3 Grand Fond (GF)

La zone d'étude GF comporte 121 espèces végétales réparties en 49 familles et 89 genres. Quatre espèces potentiellement invasives (*Bambusa vulgaris, Dichrostachys cinerea, Triphasia trifolia* et *Œceoclades maculata*) ont été recensées.

Tableau 46: Répartition des espèces des stations GF en taxa supérieurs

Taxa supérieurs	Classes	Familles	%	Genres	%	Espèces	%
Angiospermes	Monocotylédones	6	12,2	8	10	10	8,3
	Dicotylédones	43	87,8	81	90	111	91,7
Total		49		89		121	

Station GF1 (600 m²)

Tableau 47: Les principaux paramètres écologiques et structuraux de la station GF1

Rang	Espèces	f_a	f_r	Nombre d'individus par espèce hors régénérations	Densité (ind/m²)	Id	Surface terrière totale par espèce	ID
1	*Citharexylum spinosum*	6	100%	41	0,068	0,068	0,6048	0,0413
	Arbres morts	5	83%	21	0,0350	0,0292	0,1247	0,0036
2	***Dichrostachys cinerea***	6	100%	23	0,038	0,038	0,0790	0,003
3	*Pisonia fragrans*	4	67%	20	0,033	0,022	0,1301	0,0029
4	*Gliricidia sepium*	4	67%	9	0,015	0,010	0,2710	0,0027
5	*Lonchocarpus punctatus*	3	50%	9	0,015	0,0075	0,1242	0,0009
6	*Psychotria nervosa*	6	100%	30	0,050	0,050	0,0147	0,0007
7	*Psychotria microdon*	6	100%	28	0,047	0,047	0,0137	0,0006
8	*Miconia lævigata*	5	83%	21	0,035	0,029	0,0103	0,0003
9	*Ocotea coriacea*	4	67%	14	0,023	0,016	0,0172	0,0003
10	*Gonzalagunia spicata*	6	100%	15	0,025	0,025	0,0074	0,0002
11	*Piper amalago*	6	100%	13	0,022	0,022	0,0064	0,0001
34	***Triphasia trifolia***	2	33%	1	0,0017	0,0006	0,0005	0,0000003
	Œceoclades maculata	1	17%	0	0,0000	0,0000	0,0000	0,0000

*Fréquence absolue (f_a) = présence de l'espèce dans les différents quadrats; Fréquence relative (f_r)= Fréquence absolue / nombre de quadrats; Densité = nombre d'individus / surface du relevé; Indice de distribution (Id) = Fréquence relative * Densité; Indice de dominance (ID) = Indice de distribution * surface terrière (aire basale).*

Cette formation sempervirente saisonnière d'horizon inférieur et de faciès xérique au stade sylvatique jeune à préforestier est dominée par une population de *Citharexylum spinosum.* Le Bwa kòtlèt (*Citharexylum spinosum*) est l'espèce la plus concurrente au regard des facteurs biophysiques du milieu, elle a les indices de distribution et de dominance les plus élevés (Tableau 47). L'espèce a un profil biodémographique équilibré: ses individus se distribuent dans presque toutes les classes diamétriques (Figure 116). Les autres individus d'espèces de la matrice floristique sont en phase de développement morphogénétique et forment une matrice floristique dense surcimée par des individus matures, par ordre d'importance écologique, *Pisonia fragrans, Gliricidia sepium, Lonchocarpus punctatus* et *Hæmatoxylon campechianum* (Figure 116 et Figure 117). Outre le fait que les individus de *Cedrela odorata*, de *Chionanthus compacta* et d'*Ocotea coriacea* ont une faible densité d'individus, ces espèces végétales ont un profil biodémographique relativement équilibré: toutes les classes d'âges et de hauteurs sont représentées (Figure 116 et Figure 118).

Miconia lævigata, espèce héliophile qui s'installe depuis les stades post – pionniers de la dynamique végétale, apparaît au huitième rang du cortège écologique au regard de l'Indice de Dominance. Cette espèce présente une affinité pour les milieux ouverts perturbés (Ely – Marius, et al., 2017) qui en général permettent le développement d'espèces potentiellement invasives. En effet, trois de ces espèces végétales ont été observées au sein du cortège: *Dichrostachys cinerea* (Fausse monnaie ou Acacia de Saint – Domingue), *Triphasia trifolia* (Petite citronnelle) et *Œceoclades maculata* (Tableau 47).

Dichrostachys cinerea apparaît au deuxième rang du cortège floristique au regard de l'Indice de Dominance. L'espèce est très distribuée et compte 23 individus de sections allant de 2,5 à 10 cm (Tableau 47 et Figure 116). *Triphasia trifolia* est très marginale dans cette station: un individu de 2,5 cm de section a été observé (Figure 116). Outre le fait qu'il n'y ait qu'un spécimen de *Triphasia trifolia* dans la station, l'espèce progresse lentement (f_r = 33%; Tableau 47). La présence de plantules de la Petite citronnelle pourrait correspondre à une colonisation progressive de cette dernière dans la station. Une autre espèce potentiellement invasive est observable. *Œceoclades maculata* est faiblement distribuée dans la station (f_r = 17%; Tableau 47): elle n'a été observée que dans un seul quadrat.

21 arbres morts (soit 5,9% de l'effectif des ligneux) ont été dénombrés au sein du cortège. Les individus ont des diamètres variables pouvant atteindre les 30 cm (Tableau 47 et Figure 116). La diversité spécifique de cette phytocénose est extrêmement riche: elle est la plus élevée au regard des stations GF (Figure 118).

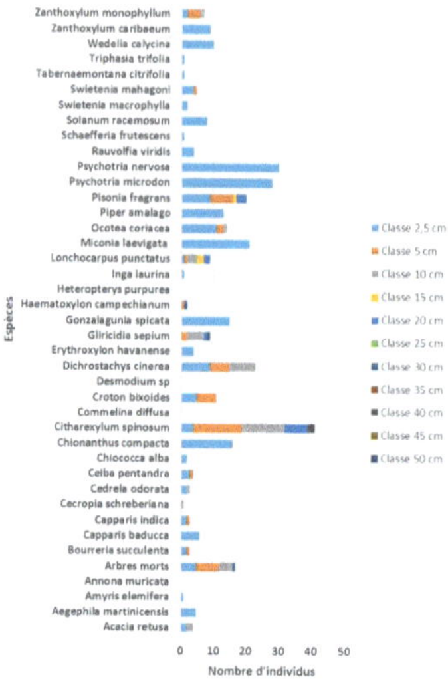

Figure 116: Distribution diamétrique des arbres vivants, sénescents et morts (diamètres ≥ 2,5 cm; Station GF1)

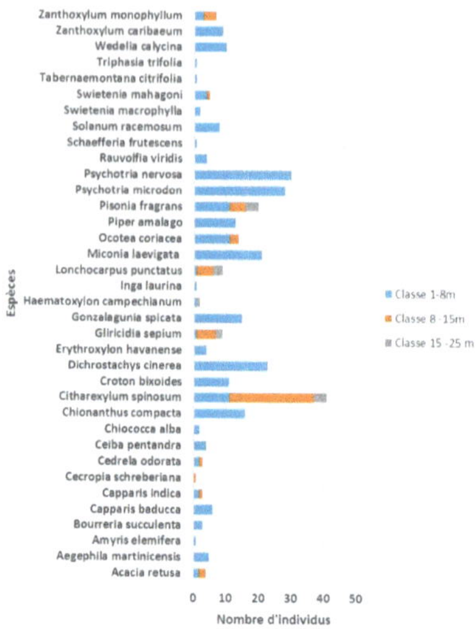

Figure 117: Distribution des hauteurs des arbres vivants et sénescents (hauteurs ≥ 1,3 m; Station GF1)

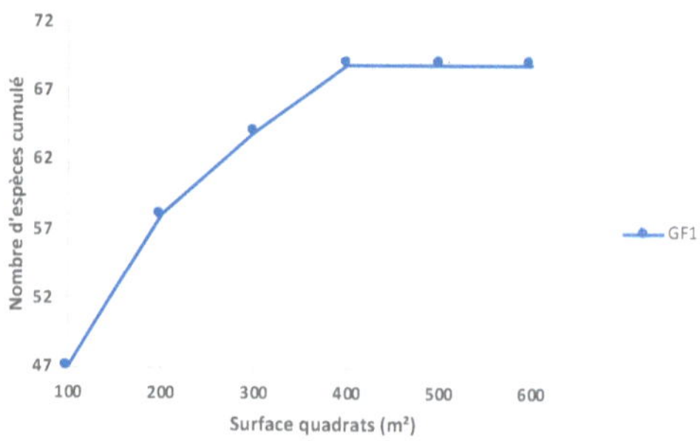

Figure 118: Courbe Aire/Espèces de la station GF1

De façon analogue aux stations précédentes, nous avons analysé l'abondance des plantules des espèces végétales de la station GF1.

Tableau 48: Abondance des plantules des espèces végétales de la station GF1

Espèces	Abondance écologique						Espèces	Abondance écologique					
	Q1	Q2	**Q3**	Q4	Q5	Q6		Q1	Q2	**Q3**	Q4	Q5	Q6
Abrus precatorius		+	+				*Oxalis barrelieri*				+		
Acacia retusa	+						*Passiflora suberosa*	+	+	+			+
Amyris elemifera	+	+		+			*Paullinia cururu*	++	+	+	++		++
Annona muricata		+		+			*Pavonia spinifex*	+		+	+	+	++
Bambusa multiplex	+	++	+	+			*Piper amalago*	+	++	++	++	++	
Bourreria succulenta		+					*Piper dilatatum*				+	+	
Bracharia sp			++	++			*Pisonia aculeata*	+	+	+			+
Brosimum alicastrum	+	+	+				*Pisonia fragrans*	+	++	+	+		
Bursera simaruba	+	+	+	+		+	*Pisonia suborbiculata*		+				
Capparis baducca	+	+					*Psychotria microdon*			+			+
Capparis flexuosa	+	+					*Psychotria nervosa*	++	+++	++	++	++	
Capparis indica		+	+				*Randia aculeata*	+					
Chiococca alba	+	++	++		+		*Rauvolfia viridis*		+				
Chionanthus compacta	++	+					*Schæfferia frutescens*			+			
Chrysophyllum argenteum	+						*Securidaca diversifolia*			+	+		+
Citharexylum spinosum			+	+	+	+	*Senna sp*	+		+	+		+
Commelina diffusa	+	+		+		+	*Sideroxylon fœtidissimum*				+		
Desmodium sp	+		+	+	+		*Solanum racemosum*			+			
Dichrostachys cinerea	+	+	+	+	+	+	*Swietenia aubrevilleana*	+	+	+	+		+
Dioscorea sp	++	+	+	+	+	+	*Swietenia macrophylla*	+					
Erythroxylon havanense	+	+	+			+	*Swietenia mahagoni*		+	+		++	
Eupatorium odoratum			+			+	*Tabebuia heterophylla*	+	+		+		+
Ficus citrifolia				+			*Tabernaemontana citrifolia*					+	
Gonzalagunia spicata	+		+	+		++	*Tabebuia heterophylla*	+	+		+		+

Gouania lupuloides		+	+	+			*Tabernaemontana citrifolia*					+	
Heteropterys purpurea	+	+			+		*Thelipteris sp*		++	+++		+	+
Lonchocarpus punctatus	+	+	+				*Tragia volubilis*	++	++	++	+		
Macfadyena unguis cati	+	+	+			+	*Urvillea ulmacea*	+		+	+	+	
Miconia lævigata	+	+	+			+	*Wedelia calycina*	+			+		
Ocotea coriacea	+	+	++		+		*Zanthoxylum caribaeum*	+			+	+	+
Œceoclades maculata			+				*Zanthoxylum monophyllum*	+		+			

(+) très faible abondance écologique (1 à 5); (++) faible abondance écologique (5 à 15); (+++) abondance écologique moyenne (15 à 30); (++++) forte abondance écologique (30 à 45); (+++++) très forte abondance écologique (45 à 100); (++++++) tapis végétal (plus de 100). Q représente les quadrats de la station.

Psychotria nervosa (Ti kafé mawon), *Thelipteris sp*, *Tragia volubilis* (Zouti), *Bursera simaruba* (Gommier rouge), *Chiococca alba* (Ti branda), *Paullinia cururu* (Lyann (a) si), *Piper amalago* (Malenbé), *Dioscorea sp*, *Dichrostachys cinerea* sont les plantules les plus représentées dans la station GF1. Certaines d'entre elles ont atteint une abondance moyenne (entre 15 à 30 plantules) dans certains quadrats d'autres, sont présentes dans tous les quadrats de la station (Tableau 48). Les espèces les plus distribuées au niveau plantulaire sont à différents stades d'évolution de la dynamique végétale: stade arbustif (*Chiococca alba*), stade présylvatique (*Busera simaruba*), stade sylvatique secondaire (*Psychotria nervosa*). L'ouverture sylvatique a probablement permis le développement de *Dichrostachys cinerea* et d'*Œceoclades maculata*. Les plantules d'*Œceoclades maculata* ont été recensées uniquement dans le quadrat 3. *Dichrostachys cinerea* a été observée dans tous les quadrats: elle semble faire partie des espèces qui utilisent au mieux les conditions mésologiques (Tableau 48).

Thelipteris reticulata et auxiliairement *Ocotea coriacea, Chiococca alba, Bracharia sp* et *Piper amalago* sont les espèces les plus représentées du quadrat 3. Elles ont une faible abondance écologique, à l'exception de *Thelipteris reticulata* qui atteint une abondance moyenne (entre 15 à 30 plantules observées). *Thelipteris reticulata* est l'espèce la plus concurrente. Le reste des taxa (38) de la matrice se singularisent par une faible abondance écologique (Tableau 48). *Œceoclades maculata* fait partie des espèces marginales du quadrat 3.

Station GF2 (600 m²)

Tableau 49: Les principaux paramètres écologiques et structuraux de la station GF2

Rang	Espèces	f_a	f_r	Nombre d'individus par espèce hors régénérations	Densité (ind/m²)	Id	Surface terrière totale par espèce	ID
1	*Swietenia aubrevilleana*	7	100%	228	0,326	0,326	0,5684	0,1851
2	*Citharexylum spinosum*	7	100%	43	0,061	0,061	0,7123	0,0438
	Arbres morts	7	100%	105	0,15	0,15	0,241	0,0362
3	*Swietenia mahagoni*	6	86%	16	0,023	0,020	0,5076	0,0099
4	*Psychotria nervosa*	7	100%	67	0,096	0,096	0,0373	0,0036
5	*Lonchocarpus punctatus*	5	71%	11	0,016	0,011	0,1718	0,0019

6	*Pisonia fragrans*	6	86%	23	0,033	0,028	0,054	0,0015
7	*Tabernaemontana citrifolia*	5	71%	42	0,060	0,043	0,025	0,0011
8	*Croton bixoides*	4	57%	34	0,049	0,028	0,0255	0,0007
9	*Zanthoxylum monophyllum*	6	86%	15	0,021	0,018	0,029	0,0005
10	*Cedrela odorata*	3	43%	2	0,003	0,001	0,267	0,0003
31	***Triphasia trifolia***	6	86%	1	0,0014	0,0012	0,0005	0,000001

*Fréquence absolue (f_a) = présence de l'espèce dans les différents quadrats; Fréquence relative (f_r)= Fréquence absolue / nombre de quadrats; Densité = nombre d'individus / surface du relevé; Indice de distribution (Id) = Fréquence relative * Densité; Indice de dominance (ID) = Indice de distribution * surface terrière (aire basale).*

Cette formation sempervirente saisonnière d'horizon inférieur et de faciès xérique au stade sylvatique jeune à préforestier est dominée par une population de *Swietenia aubrevilleana* (228 individus recensés; Tableau 49). *Swietenia aubrevilleana* et *Citharexylum spinosum* ont des indices de dominance et de distribution les plus élevés et composent le cortège végétal dominant (Tableau 49). *Swietenia mahagoni*, *Lonchocarpus punctatus* et *Citharexylum spinosum* ont un profil biodémographique équilibré: leurs individus se distribuent dans la plupart des classes d'âges (Figure 119). Le reste des individus du cortège végétal a des sections comprises entre 2,5 et 5 cm et des hauteurs allant entre 1 et 8 m (Figure 119 et Figure 120).

Triphasia trifolia est très distribuée dans la station (f_r = 86%; Tableau 49). Cette espèce est très marginale du point de vue biodémographique (un individu recensé) dans la station GF2 (Tableau 49 et Figure 119). Une dizaine de régénérations ont été comptabilisées. Les arbres morts sont nombreux (105 individus recensés; Tableau 49), ce qui indique un taux de mortalité élevé (15,5%). La diversité spécifique est l'une des plus élevées des stations GF (Figure 121).

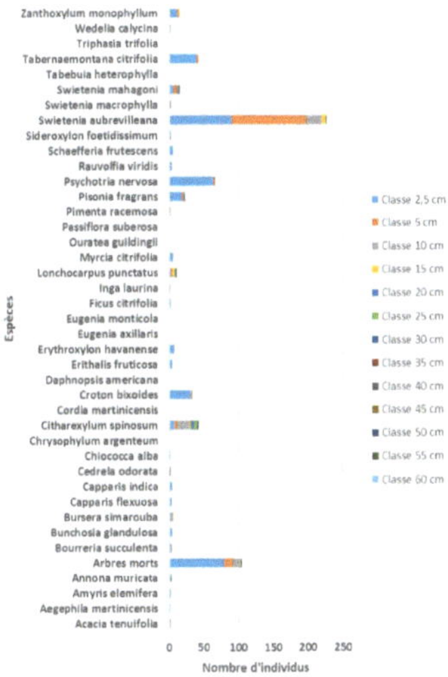

Figure 119: Distribution diamétrique des arbres vivants, sénescents et morts (diamètres ≥ 2,5 cm; Station GF2)

Figure 120: Distribution des hauteurs des arbres vivants et sénescents (hauteurs ≥ 1,3 m; Station GF2)

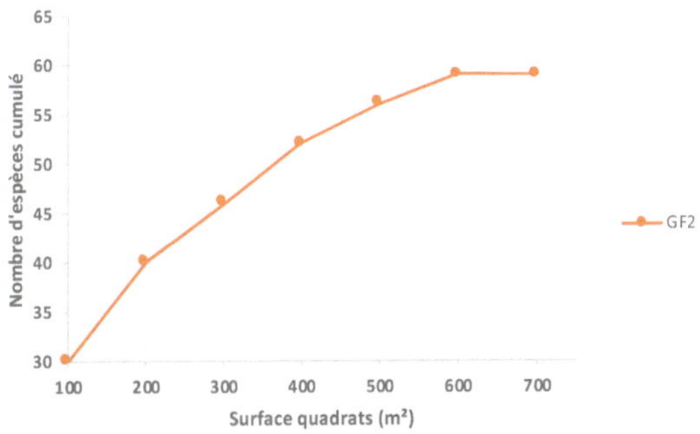

Figure 121: Courbe Aire/Espèces de la station GF2

Station GF3 (600 m²)

Tableau 50: Les principaux paramètres écologiques et structuraux de la station GF3

Rang	Espèces	f_a	f_r	Nombre d'individus par espèce hors régénérations	Densité (ind/m²)	Id	Surface terrière totale par espèce	ID
	Arbres morts	5	100%	127	0,254	0,254	0,1905	0,0484
1	*Bourreria succulenta*	5	100%	135	0,27	0,27	0,1438	0,0388
2	*Pisonia fragrans*	5	100%	45	0,09	0,09	0,107	0,0096
3	*Croton bixoides*	5	100%	63	0,126	0,1260	0,0707	0,0089
4	*Esp 1 à écorce noire*	4	80%	41	0,082	0,0656	0,132	0,0087
5	*Eugenia tapacumensis*	5	100%	50	0,1	0,1	0,0496	0,005
6	*Lonchocarpus punctatus*	5	100%	16	0,032	0,032	0,1266	0,0041
7	*Eugenia ligustrina*	5	100%	45	0,09	0,09	0,0427	0,0038
8	*Morisonia americana*	5	100%	25	0,05	0,05	0,055	0,0027
9	*Ximenia americana*	2	40%	24	0,048	0,0192	0,132	0,0025
10	*Bursera simaruba*	3	60%	6	0,012	0,0072	0,2022	0,0015
11	*Guettarda scabra*	3	60%	11	0,022	0,0132	0,0879	0,0012
12	*Guettarda odorata*	3	60%	13	0,026	0,0156	0,055	0,0009
13	*Argythamnia polygama*	4	80%	33	0,066	0,0528	0,0162	0,0009
14	*Amyris elemifera*	5	100%	18	0,036	0,0360	0,0206	0,0007
15	*Eugenia axillaris*	3	60%	11	0,022	0,0132	0,052	0,0007
34	***Œceoclades maculata***	2	40%	0	0,0000	0,0000	0,0000	0,0000

*Fréquence absolue (f_a) = présence de l'espèce dans les différents quadrats; Fréquence relative (f_r)= Fréquence absolue / nombre de quadrats; Densité = nombre d'individus / surface du relevé; Indice de distribution (Id) = Fréquence relative * Densité; Indice de dominance (ID) = Indice de distribution * surface terrière (aire basale).*

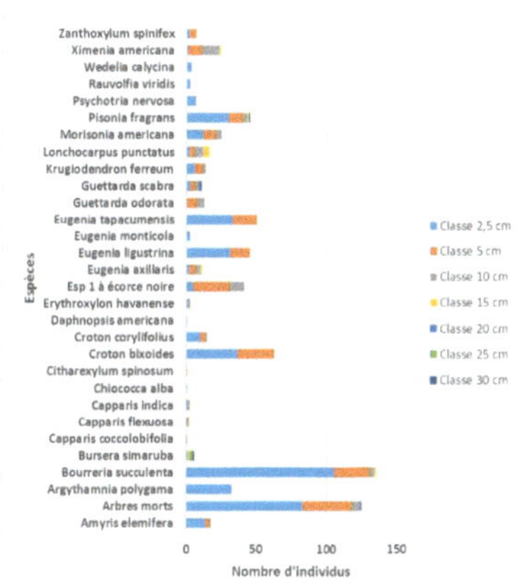

Figure 122: Distribution diamétrique des arbres vivants, sénescents et morts (diamètres ≥ 2,5 cm; Station GF3)

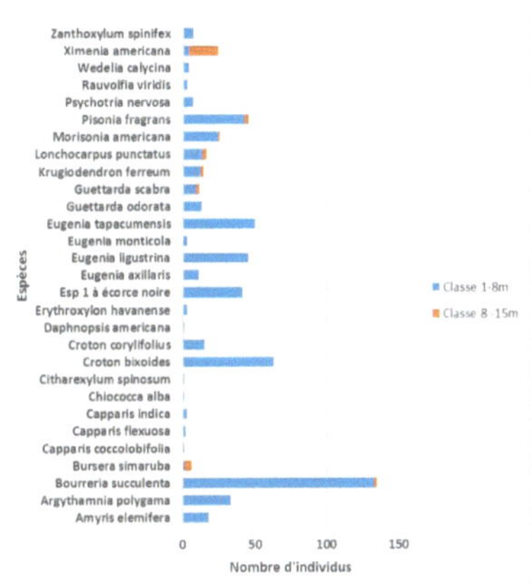

Figure 123: Distribution des hauteurs des arbres vivants et sénescents (hauteurs ≥ 1,3 m; Station GF3)

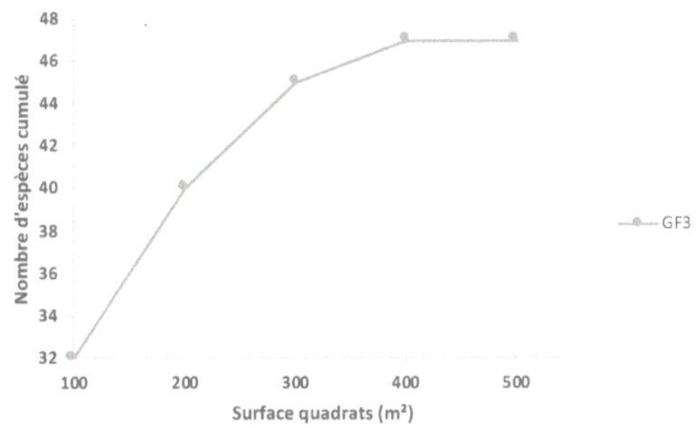

Figure 124: Courbe Aire/Espèces de la station GF3

Cette formation sempervirente saisonnière d'horizon inférieur et de faciès xérique au stade arbustif mûr est dominée par une grande population de *Bourreria succulenta* (Bwa kabrit) (135 individus par espèce hors régénérations et hors arbres morts; Tableau 50). La majeure partie de ces individus ont des sections de 2,5 et 5 centimètres de diamètre et des hauteurs comprises entre 1 et 8 mètres (Figure 122 et Figure 123). *Bourreria succulenta* est l'espèce la plus concurrentielle du cortège végétal. Les individus de *Ximenia americana* et quelques individus de *Bursera simaruba,* de *Bourreria succulenta,* de *Guettarda scabra,* de *Krugiodendron ferreum,* de *Lonchocarpus punctatus,* de *Morisonia americana* et de *Pisonia fragrans* ont des individus de sections et de hauteurs moyennes et forment la strate de hauteur comprise entre 8 et 15 m (Figure 122 et Figure 123). *Œceoclades maculata,* espèce potentiellement invasive n'a été observée que dans les quadrats 1 et 5: elle est relativement bien distribuée (f_r = 40%; Tableau 50). Les arbres morts ont une grande importance dans cette unité floristique: 125 arbres ont été dénombrés (soit un taux de mortalité 17,2%; Tableau 50). La richesse floristique est importante (Figure 124).

Par analogie avec la station GF1, nous avons observé l'abondance des plantules des taxa de la communauté végétale GF3.

Tableau 51: Abondance des plantules des espèces végétales de la station GF3

Espèces	Abondance écologique					Espèces	Abondance écologique				
	Q1	Q2	Q3	Q4	**Q5**		**Q1**	Q2	Q3	Q4	**Q5**
Acacia retusa	++++	+++				*Ficus citrifolia*			+		+
Aechmea lingulata	+	+	++	++	++	*Heteropterys purpurea*		+			
Amyris elemifera			++		+	*Krugiodendron ferreum*	+	+	++		
Argythamnia polygama	+		+			*Macfadyena unguis – cati*	+				
Bambusa multiplex			++	+	+	*Malpighia coccigera*	++++	++++	++++	+++	+++
Bourreria succulenta	+	++		+++		*Morisonia americana*	+		+	+	
Capparis flexuosa		++				***Œceoclades maculata***	++				+
Capparis indica	+		+			*Passiflora suberosa*	+				
Cerathosanthes palmata	+			+		*Paullinia cururu*	+				
Chiococca alba	++	+	+	+		*Peperomia sp*	++	++			
Coccothrinax barbadensis	+	+				*Pisonia aculeata*	++				
Croton bixoides	+	+				*Pisonia fragrans*	++	+		+	+
Croton corylifolius		+				*Psychotria nervosa*				+	
Erythroxylon havanense	+				+	*Rauvolfia viridis*					+
Esp 3 fleur violette		+				*Securidaca diversifolia*				+	
Eugenia ligustrina	++	+++		++		*Solanum racemosum*	+				
Eugenia monticola		+				*Tragia volubilis*		+			
Eugenia tapacumensis	+	++	+		+						

(+) très faible abondance écologique (1 à 5); (++) faible abondance écologique (5 à 15); (+++) abondance écologique moyenne (15 à 30); (++++) forte abondance écologique (30 à 45); (+++++) très forte abondance écologique (45 à 100); (++++++) tapis végétal (plus de 100). Q représente les quadrats de la station.

Malpighia coccigera est l'espèce la plus représentée au niveau plantulaire dans les cinq quadrats de la station GF3. Elle a une forte abondance écologique: 30 à 45 plantules (Tableau 51). L'espèce se rencontre principalement dans les zones secondaires. *Aechmea lingulata* semble faire partie des espèces qui utilisent au mieux les conditions mésologiques: elle est présente dans tous les quadrats (Tableau 51). Dans le quadrat 1, *Acacia retusa* et *Malpighia coccigera* sont les espèces dont l'abondance est la plus significative. Elles sont caractérisées par une forte abondance écologique (entre 30 et 45 plantules recensées; Tableau 51). Apparaissent très secondairement, *Œceoclades maculata, Pisonia fragrans, Chiococca alba, Eugenia ligustrina, Peperomia sp* et *Pisonia aculeata*. Ces dernières se singularisent par une faible abondance (Tableau 51).

Malpighia coccigera et auxiliairement *Aechmea lingulata* sont les espèces les plus concurrentes du quadrat 5. *Œceoclades maculata* a une présence marginale, elle est caractérisée par une très faible dominance écologique (entre 1 et 5 plantules dénombrées) (Tableau 51).

Station GF4 (500 m²)

Tableau 52: Les principaux paramètres écologiques et structuraux de la station GF4

Rang	Espèces	f_a	f_r	Nombre d'individus par espèce hors régénérations	Densité (ind/m²)	Id	Surface terrière totale par espèce	ID
1	*Citharexylum spinosum*	4	100%	98	0,196	0,196	0,3083	0,0604
2	*Annona muricata*	4	100%	80	0,16	0,16	0,0893	0,0143
3	*Gliricidia sepium*	2	50%	21	0,042	0,021	0,4575	0,0096
4	***Triphasia trifolia***	4	100%	73	0,146	0,146	0,0358	0,0052
5	*Cedrela odorata*	3	75%	3	0,006	0,0045	0,5066	0,0023
6	*Bourreria succulenta*	4	100%	21	0,042	0,042	0,0290	0,0012
7	*Acacia tamarindifolia*	3	75%	15	0,03	0,0225	0,0295	0,0007
8	*Tabernaemontana citrifolia*	4	100%	18	0,036	0,036	0,0088	0,0003
9	*Zanthoxylum monophyllum*	3	75%	15	0,03	0,0225	0,0103	0,0002
10	*Pisonia aculeata*	1	25%	8	0,016	0,004	0,0334	0,0001

*Fréquence absolue (f_a) = présence de l'espèce dans les différents quadrats; Fréquence relative (f_r)= Fréquence absolue / nombre de quadrats; Densité = nombre d'individus / surface du relevé; Indice de distribution (Id) = Fréquence relative * Densité; Indice de dominance (ID) = Indice de distribution * surface terrière (aire basale).*

La station GF4 correspond à une unité floristique sempervirente saisonnière d'horizon inférieur et de faciès xérique au stade sylvatique jeune. *Citharexylum spinosum* et *Annona muricata* sont, par ordre d'importance écologique, les espèces prépondérantes (Tableau 52). Elles sont caractérisées par un nombre d'individus relativement élevé dont les diamètres varient de 2,5 à 20 cm, ce qui leur confèrent une surface terrière et un indice de dominance élevés (Tableau 52 et Figure 125). La majeure partie des individus de la station ont des sections de 2,5 cm (soit 79,1% de l'effectif total) et culminent entre 1 et 8 m (soit 98,8%). De plus, quelques espèces, autres que celles du cortège dominant ont de très grandes sections telles que *Cedrela odorata* (un individu de 80 cm), ou encore *Gliricidia sepium* (trois individus de 30 cm) (Figure 125). Le spécimen de *Cedrela odorata* témoigne de l'existence d'une formation passée.

De nombreux individus de *Triphasia trifolia* (73 spécimens dénombrés; Tableau 52) ont été recensés dans l'échantillon. Le diamètre de ces derniers ne dépasse pas 2,5 cm et donc malgré leur nombre élevé, l'espèce ne fait pas partie du cortège dominant (Tableau 52 et Figure 125). Quand bien même, elle est très distribuée dans la station (f_r =100%; Tableau 52) et apparaît au 4ème rang du Tableau 52 au regard de l'Indice de Dominance.

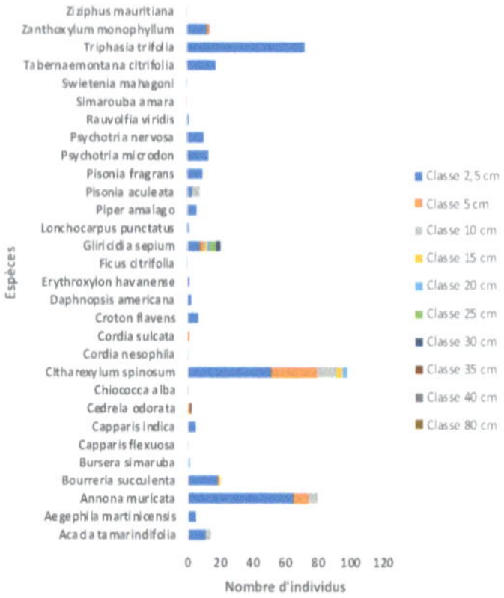

Figure 125: Distribution diamétrique des arbres vivants et sénescents (diamètres ≥ 2,5 cm; Station GF4)

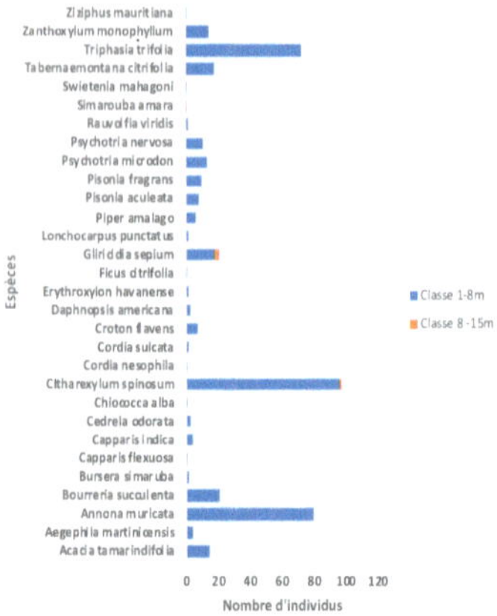

Figure 126: Distribution des hauteurs des arbres vivants et sénescents (hauteurs ≥ 1,3 m; Station GF4)

Station GF5 (1 000 m²)

Tableau 53: Les principaux paramètres écologiques et structuraux de la station GF5

Rang	Espèces	f_a	f_r	Nombre d'individus par espèce hors régénérations	Densité (ind/m²)	Id	Surface terrière totale par espèce	ID
1	***Triphasia trifolia***	5	63%	107	0,1070	0,0669	0,0525	0,00351
2	*Annona muricata*	7	88%	54	0,0540	0,0473	0,0442	0,00209
3	*Tabernaemontana citrifolia*	7	88%	41	0,0410	0,0359	0,0201	0,00072
4	***Dichrostachys cinerea***	3	38%	51	0,0510	0,0191	0,1212	0,00232
5	*Citharexylum spinosum*	7	88%	21	0,0210	0,0184	0,2567	0,00472
6	*Acacia farnesiana*	4	50%	35	0,0350	0,0175	0,0344	0,0006
7	*Zanthoxylum monophyllum*	4	50%	22	0,0220	0,0110	0,1644	0,00181
8	*Cedrela odorata*	4	50%	17	0,0170	0,0085	0,4109	0,00349
9	*Daphnopsis americana*	6	75%	11	0,0110	0,0083	0,0334	0,00028
10	*Psychotria nervosa*	4	50%	12	0,0120	0,0060	0,0059	0,00004
11	*Pisonia fragrans*	4	50%	10	0,0100	0,0050	0,0633	0,00032

*Fréquence absolue (f_a) = présence de l'espèce dans les différents quadrats; Fréquence relative (f_r)= Fréquence absolue / nombre de quadrats; Densité = nombre d'individus / surface du relevé; Indice de distribution (Id) = Fréquence relative * Densité; Indice de dominance (ID) = Indice de distribution * surface terrière (aire basale).*

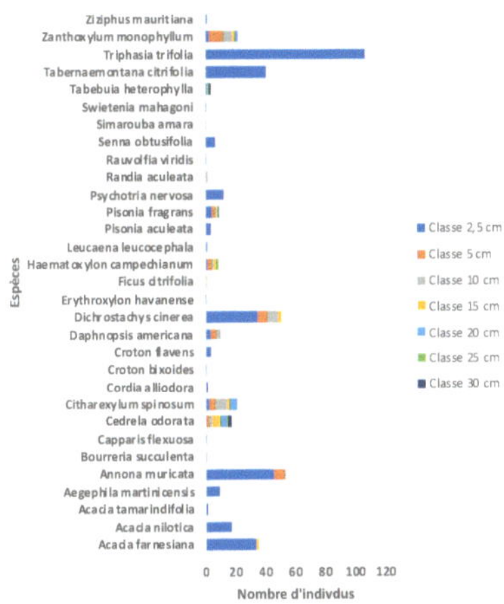

Figure 127: Distribution diamétrique des arbres vivants et sénescents (diamètres ≥ 2,5 cm; Station GF5)

Figure 128: Distribution des hauteurs des arbres vivants et sénescents (hauteurs ≥ 1,3 m; Station GF5)

Il s'agit d'une communauté végétale sempervirente saisonnière d'horizon inférieur et de faciès xérique déséquilibrée au stade présylvatique. Bien que les spécimens de *Triphasia trifolia* occupent des classes diamétriques inférieures (essentiellement de 2,5 cm; Figure 127) à ceux des espèces arborées, ils sont cinq fois plus nombreux notamment que ceux de *Citharexylum spinosum* (Tableau 53). La valeur de l'indice de dominance (ID) dépend de la surface terrière. Celle – ci n'est pas représentative pour les espèces de densités élevées et dont les individus ont de faibles diamètres. En conséquence, *Triphasia trifolia* est l'espèce dominante au vu de l'indice de distribution (Tableau 53).

La majeure partie des individus ont des sections comprises entre 2,5 et 5 cm et ont des hauteurs allant de 1 à 8 m (Figure 127 et Figure 128). *Dichrostachys cinerea* est placée au 4ème rang du Tableau 53 au regard de l'indice de distribution. Elle est relativement bien distribuée dans la station (f_r = 38%) mais a un nombre d'individus relativement important de sections variant de 2,5 à 15 cm (Tableau 53 et Figure 127). Le taux de mortalité est nul.

Station GF6 (700 m²)

Tableau 54: Les principaux paramètres écologiques et structuraux de la station GF6

Rang	Espèces	f_a	f_r	Nombre d'individus par espèce hors régénérations	Densité (ind/m²)	Id	Surface terrière totale par espèce	ID
1	*Pisonia fragrans*	7	100%	97	0,1386	0,1386	0,9999	0,1386
2	*Capparis indica*	7	100%	326	0,4657	0,4657	0,2013	0,0937
	Arbres morts	6	86%	54	0,0771	0,0661	0,9248	0,0612
3	*Erythroxylon havanense*	7	100%	82	0,1171	0,1171	0,2238	0,0262
4	*Hæmatoxylon campechianum*	6	86%	15	0,0214	0,0184	0,5090	0,0093
5	*Croton bixoides*	5	71%	102	0,1457	0,1041	0,0751	0,0078
6	*Chiococca alba*	7	100%	66	0,0943	0,0943	0,0368	0,0035
7	*Myrcia citrifolia*	5	71%	47	0,0671	0,0480	0,0304	0,0015
8	*Citharexylum spinosum*	5	71%	11	0,0157	0,0112	0,0942	0,0011
9	*Capparis flexuosa*	7	100%	27	0,0386	0,0386	0,0133	0,0005
10	*Psychotria nervosa*	6	86%	29	0,0414	0,0355	0,0142	0,0005
11	*Eugenia monticola*	7	100%	16	0,0229	0,0229	0,0123	0,0003
12	*Lonchocarpus punctatus*	4	57%	5	0,0071	0,0041	0,0530	0,0002
13	*Psychotria microdon*	5	71%	18	0,0257	0,0184	0,0103	0,0002

*Fréquence absolue (f_a) = présence de l'espèce dans les différents quadrats; Fréquence relative (f_r)= Fréquence absolue / nombre de quadrats; Densité = nombre d'individus / surface du relevé; Indice de distribution (Id) = Fréquence relative * Densité; Indice de dominance (ID) = Indice de distribution * surface terrière (aire basale).*

Cette formation floristique sempervirente saisonnière d'horizon inférieur et de faciès xérique est au stade forestier jeune voire présylvatique. *Pisonia fragrans*, *Capparis indica* et *Erythroxylon havanense* sont, par ordre d'importance écologique, les trois espèces végétales qui constituent le cortège dominant (Tableau 54). *Pisonia fragrans, Hæmatoxylon campechianum* et *Citharexylum spinosum* présentent un profil biodémographique relativement équilibré: leurs individus se distribuent dans presque toutes les classes diamétriques et de hauteurs (Figure 129 et Figure 130). Les autres taxa mesurent entre 1 et 8 mètres et ont majoritairement des diamètres de 2,5 cm (soit 77,9% de l'effectif des ligneux). Les arbres morts sont peu nombreux dans la station (54 individus recensés; Tableau 54): le taux de mortalité de la station est de 5,5%. La courbe de diversité floristique est relativement importante (Figure 131). Aucune espèce potentiellement invasive n'a été recensée dans la station.

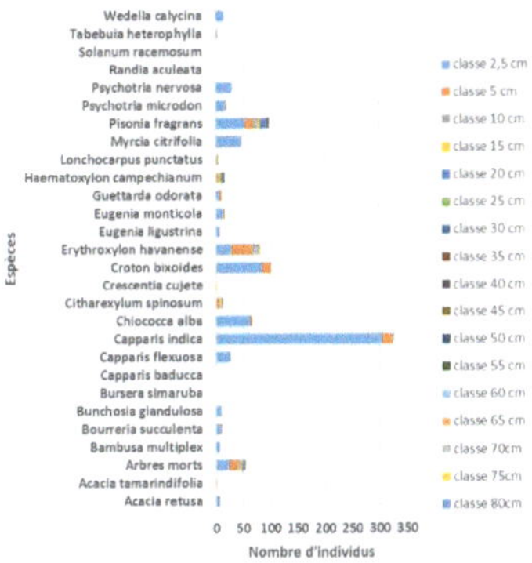

Figure 129: Distribution diamétrique des arbres vivants, sénescents et morts (diamètres ≥ 2,5 cm; Station GF6)

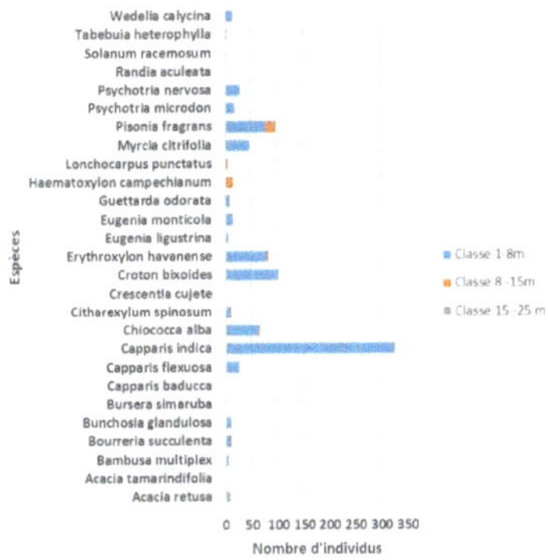

Figure 130: Distribution des hauteurs des arbres vivants et sénescents (hauteurs ≥ 1,3 m; Station GF6)

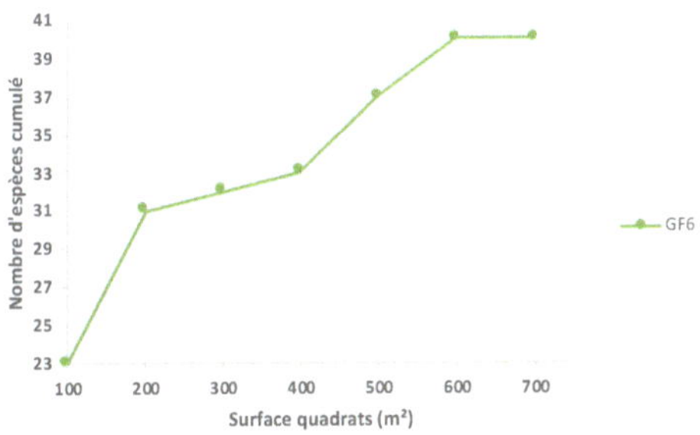

Figure 131: Courbe Aire/Espèces de la station GF6

Station GF7 (510 m²)

Tableau 55: Les principaux paramètres écologiques et structuraux de la station GF7

Rang	Espèces	f_a	f_r	Nombre d'individus par espèce hors régénérations	Densité (ind/m²)	Id	Surface terrière totale par espèce	ID
1	*Citharexylum spinosum*	6	100%	33	0,0647	0,0647	0,3308	0,02141
2	*Psychotria nervosa*	6	100%	144	0,2824	0,2824	0,0722	0,02037
3	*Pisonia fragrans*	6	100%	105	0,2059	0,2059	0,0957	0,01971
4	*Swietenia mahagoni*	6	100%	15	0,0294	0,0294	0,4320	0,0127
5	*Acacia sp*	5	83%	21	0,0412	0,0343	0,0515	0,00177
6	*Capparis indica*	6	100%	27	0,0529	0,0529	0,0147	0,00078
7	*Gliricidia sepium*	2	33%	4	0,0078	0,0026	0,1296	0,00034
8	*Annona muricata*	6	100%	5	0,0098	0,0098	0,0275	0,00027
9	*Erythroxylon havanense*	6	100%	14	0,0275	0,0275	0,0069	0,00019
10	*Daphnopsis americana*	4	67%	8	0,0157	0,0105	0,0157	0,00016
11	*Zanthoxylum monophyllum*	4	67%	9	0,0176	0,0118	0,0118	0,00014
12	*Lonchocarpus heptaphyllus*	3	50%	4	0,0078	0,0039	0,0295	0,00012
14	***Triphasia trifolia***	6	100%	8	0,0157	0,0157	0,0039	0,00006

*Fréquence absolue (f_a) = présence de l'espèce dans les différents quadrats; Fréquence relative (f_r)= Fréquence absolue / nombre de quadrats; Densité = nombre d'individus / surface du relevé; Indice de distribution (Id) = Fréquence relative * Densité; Indice de dominance (ID) = Indice de distribution * surface terrière (aire basale).*

Cette communauté floristique sempervirente saisonnière d'horizon inférieur et de faciès xérique est au stade sylvatique jeune à présylvatique. *Pisonia fragrans*, *Citharexylum spinosum*, *Psychotria nervosa* et *Swietenia mahagoni* sont, par ordre d'importance écologique, les quatre espèces végétales qui constituent le cortège dominant (Tableau 55). Les structures biodémographiques des espèces du cortège dominant sont assez différentes. En effet, *Citharexylum spinosum* et *Swietenia mahagoni* ont un nombre d'individus nettement plus faible que celui des deux autres taxa dominants. Le Bois côtelette (*Citharexylum spinosum*) a une bonne distribution des classes d'âges: toutes les classes diamétriques sont représentées (Figure 132). L'association floristique est majoritairement composée d'individus dont les diamètres sont compris entre 2,5 et 5 cm et de hauteurs allant de 1 à 8 m (Figure 132 et Figure 133). La Petite citronnelle (*Triphasia trifolia*) apparaît au 14ème rang au regard de l'Indice de Dominance: elle est bien distribuée (f_r = 100%) dans la station mais très peu d'individus ont été inventoriés (8 individus dénombrés; Tableau 55). Ces derniers ont essentiellement des sections de 2,5 cm (Figure 132). Cependant, l'espèce se régénère relativement bien dans les quadrats du transect: de nombreuses plantules (une vingtaine) ont été observées. La diversité floristique est relativement élevée au vu des autres stations GF (Figure 134).

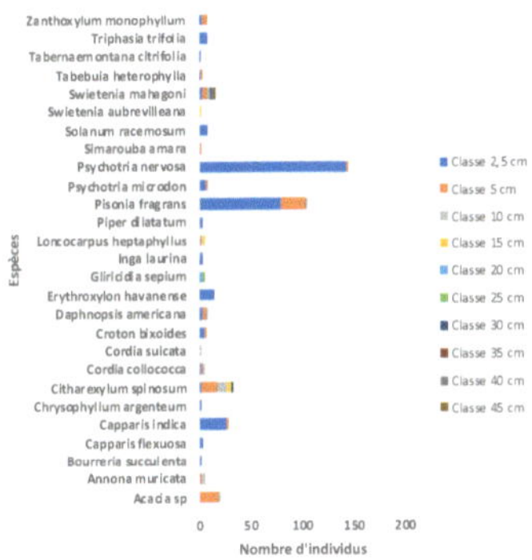

Figure 132: Distribution diamétrique des arbres vivants et sénescents (diamètres ≥ 2,5 cm; Station GF7)

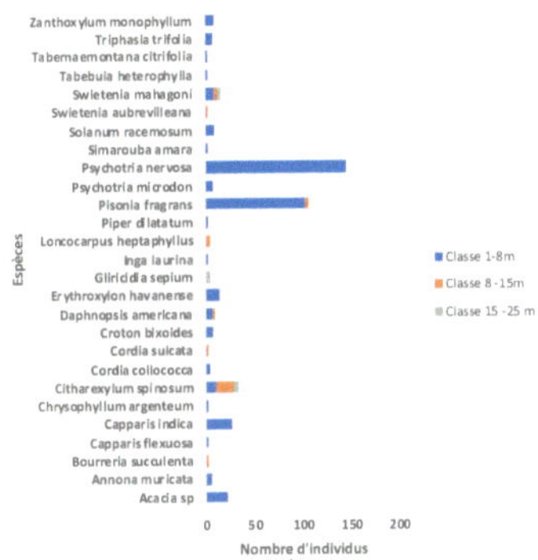

Figure 133: Distribution des hauteurs des arbres vivants et sénescents (hauteurs ≥ 1,3 m; Station GF7)

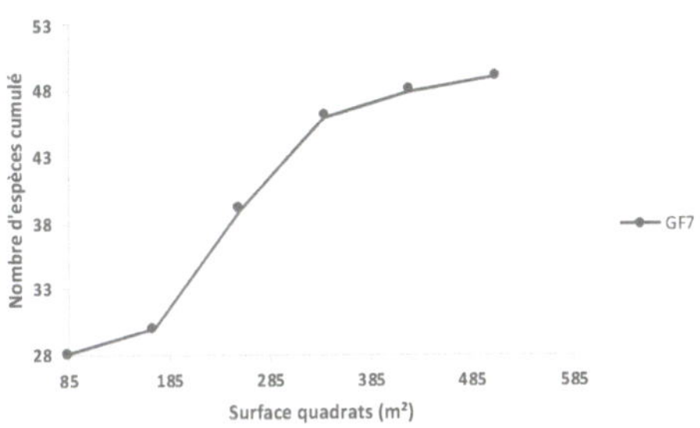

Figure 134: Courbe Aire/Espèces de la station GF7

Station GF8 (1 000 m²)

Tableau 56: Les principaux paramètres écologiques et structuraux de la station GF8

Rang	Espèces	f_a	f_r	Nombre d'individus par espèce hors régénérations	Densité (ind/m²)	Id	Surface terrière totale par espèce	ID
1	*Pisonia fragrans*	10	100%	135	0,135	0,135	0,1114	0,01504
2	*Citharexylum spinosum*	7	70%	35	0,035	0,0245	0,2597	0,00636
3	*Gliricidia sepium*	4	40%	22	0,022	0,0088	0,6970	0,00613
4	*Bourreria succulenta*	10	100%	63	0,063	0,063	0,0677	0,00427
5	*Tabernaemontana citrifolia*	9	90%	45	0,045	0,0405	0,0427	0,00173
6	*Psychotria nervosa*	9	90%	52	0,052	0,0468	0,0255	0,00119
7	*Zanthoxylum monophyllum*	3	30%	43	0,043	0,0129	0,0697	0,0009
8	*Chiococca alba*	9	90%	27	0,027	0,0243	0,0162	0,00039
9	*Croton bixoides*	6	60%	27	0,027	0,0162	0,0177	0,00029
10	*Rauvolfia viridis*	7	70%	21	0,021	0,0147	0,0103	0,00015
11	*Psychotria microdon*	6	60%	12	0,012	0,0072	0,0118	0,00008
17	***Triphasia trifolia***	2	20%	2	0,002	0,0004	0,0010	0,0000004

*Fréquence absolue (f_a) = présence de l'espèce dans les différents quadrats; Fréquence relative (f_r)= Fréquence absolue / nombre de quadrats; Densité = nombre d'individus / surface du relevé; Indice de distribution (Id) = Fréquence relative * Densité; Indice de dominance (ID) = Indice de distribution * surface terrière (aire basale).*

La station GF8 correspond à une phytocénose sempervirente saisonnière d'horizon inférieur et de faciès xérique au stade sylvatique jeune à préforestier dominée par une population de *Pisonia fragrans* (135 individus observés; Tableau 56). Les individus de faibles sections (entre 2,5 et 5 cm) et hauteurs (entre 1 et 8 m) dominent dans cette matrice végétale (Figure 135 et Figure 136). On observe tout de même quelques reliques de formations antérieures auxquelles appartiennent *Gliricidia sepium* ou encore *Citharexylum spinosum*. Ces deux espèces végétales ont des sections allant jusqu'à 40 cm et culminent entre 15 et 25 m (Figure 135 et Figure 136). *Triphasia trifolia*, espèce potentiellement invasive, compte deux individus et est très peu distribuée dans la station (f_r = 20%; Tableau 56). Ces derniers ont de faibles diamètres (2,5 cm) et de faibles hauteurs (comprises entre 1 et 8 m) (Figure 135 et Figure 136). Sa population est marginale au regard de celle des autres taxa (Tableau 56). Quelques régénérations (une dizaine environ) ont été observées dans les deux quadrats dans lesquels l'espèce a été retrouvée. Au vu de la surface de relevés, la diversité floristique est faible (Figure 137).

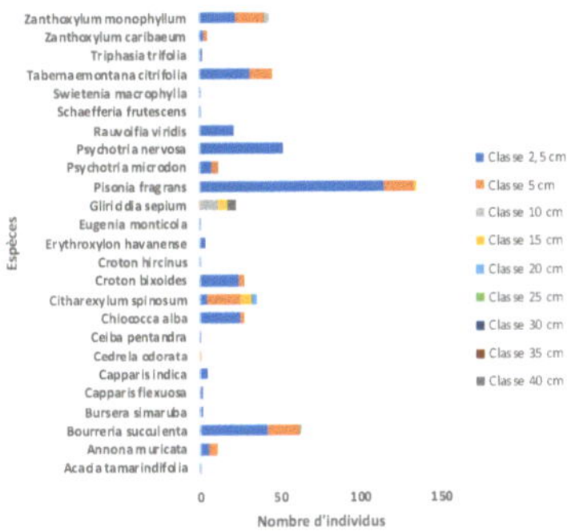

Figure 135: Distribution diamétrique des arbres vivants et sénescents (diamètres ≥ 2,5 cm; Station GF8)

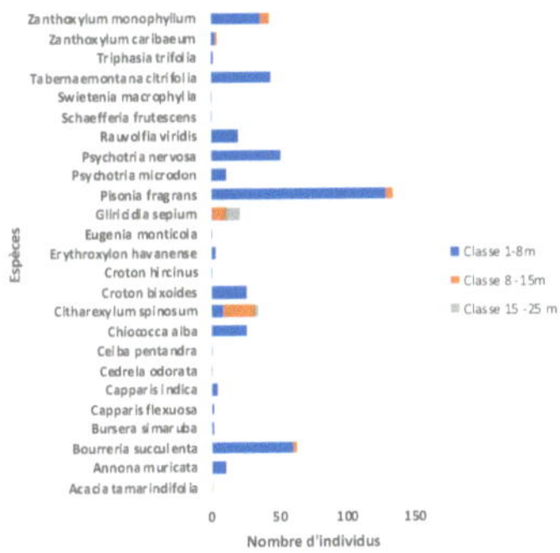

Figure 136: Distribution des hauteurs des arbres vivants et sénescents (hauteurs ≥ 1,3 m; Station GF8)

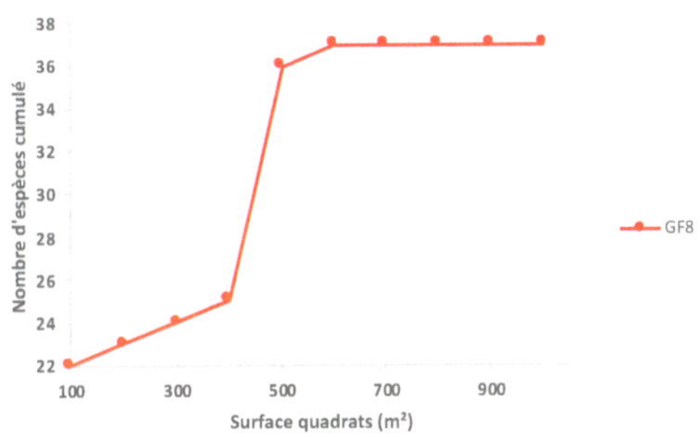

Figure 137: Courbe Aire/Espèces de la station GF8

<u>*Station GF9 (600 m²)*</u>

Tableau 57: Les principaux paramètres écologiques et structuraux de la station GF9

Rang	Espèces	f_a	f_r	Nombre d'individus par espèce hors régénérations	Densité (ind/m²)	Id	Surface terrière totale par espèce	ID
1	*Citharexylum spinosum*	6	100%	116	0,1933	0,1933	0,5282	0,1021
2	*Lonchocarpus punctatus*	6	100%	116	0,1933	0,1933	0,3102	0,06
3	*Acacia sp*	6	100%	61	0,1017	0,1017	0,1271	0,0129
4	*Pisonia fragrans*	6	100%	29	0,0483	0,0483	0,0746	0,0036
5	*Bourreria succulenta*	6	100%	55	0,0917	0,0917	0,0344	0,0031
6	*Annona muricata*	6	100%	32	0,0533	0,0533	0,0378	0,002
7	*Rauvolfia viridis*	5	83%	22	0,0367	0,0306	0,0108	0,0003
8	*Psychotria nervosa*	5	83%	19	0,0317	0,0264	0,0093	0,0002
9	***Triphasia trifolia***	6	100%	16	0,0267	0,0267	0,0079	0,0002
10	*Cedrela odorata*	4	67%	5	0,0083	0,0056	0,0187	0,0001

*Fréquence absolue (f_a) = présence de l'espèce dans les différents quadrats; Fréquence relative (f_r)= Fréquence absolue / nombre de quadrats; Densité = nombre d'individus / surface du relevé; Indice de distribution (Id) = Fréquence relative * Densité; Indice de dominance (ID) = Indice de distribution * surface terrière (aire basale).*

Cette unité sylvatique est une formation sempervirente saisonnière d'horizon inférieur au stade présylvatique à sylvatique jeune. *Citharexylum spinosum* est l'espèce prédominante de la station GF9. À ce cortège végétal dominant, on peut adjoindre secondairement *Lonchocarpus punctatus* et *Acacia sp* (Tableau 57). La majeure partie des individus de cette formation ont de faibles sections (2,5 et 5 cm; Figure 138) associées à de faibles hauteurs (entre 1 et 8 m; Figure 139) et forment une matrice dense surcimée par les individus adultes du cortège dominant (*Citharexylum spinosum, Lonchocarpus punctatus* et *Acacia sp*). *Acacia sp*, *Citharexylum spinosum* et *Lonchocarpus punctatus* ont un profil biodémographique équilibré: leurs spécimens se distribuent dans toutes les classes diamétriques (Figure 138).

Seize individus de faibles biomasses (2,5 cm de diamètre culminant à des hauteurs comprises entre 1 et 8 m) de *Triphasia trifolia* ont été observés dans la station (Figure 138 et Figure 139). L'espèce est au neuvième rang du Tableau 57 au vu de l'Indice de Dominance. Elle est très distribuée: elle apparaît dans tous les quadrats du transect (f_r = 100%; Tableau 57).

Le taux de mortalité est nul: aucun arbre mort n'a été dénombré (Tableau 57). La richesse spécifique est élevée au regard de la surface de relevés (Tableau 57 et Figure 140).

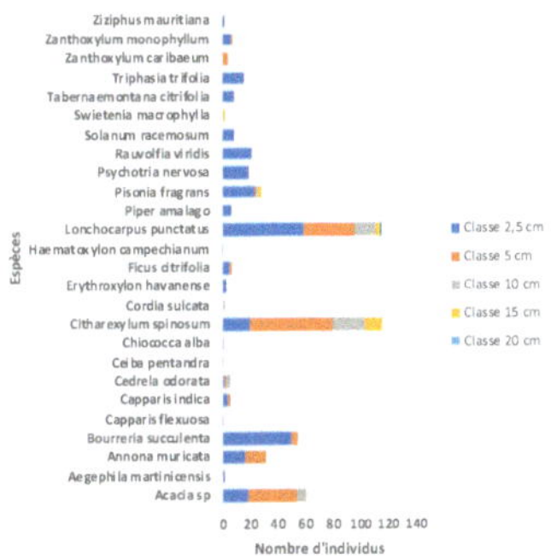

Figure 138: Distribution diamétrique des arbres vivants et sénescents (diamètres ≥ 2,5 cm; Station GF9)

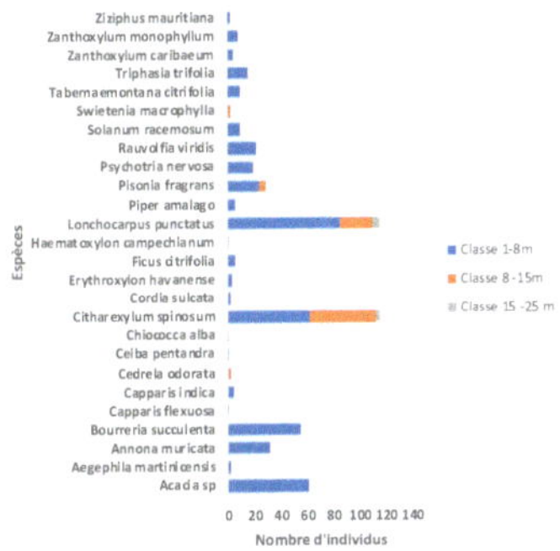

Figure 139: Distribution des hauteurs des arbres vivants et sénescents (hauteurs ≥ 1,3 m; Station GF9)

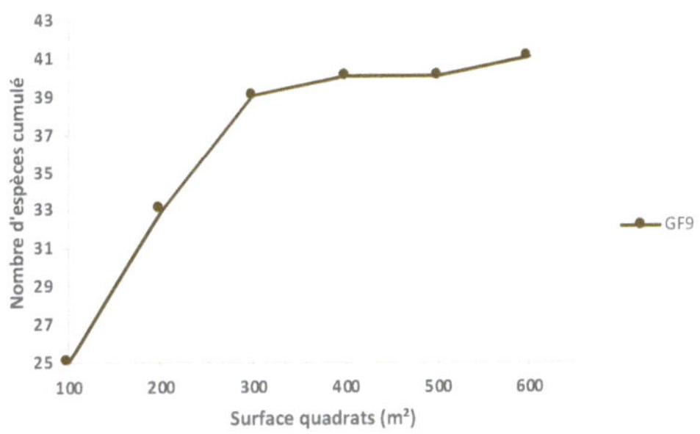

Figure 140: Courbe Aire/Espèces de la station GF9

Station GF10 (510 m²)

Tableau 58: Les principaux paramètres écologiques et structuraux de la station GF10

Rang	Espèces	f_a	f_r	Nombre d'individus par espèce hors régénérations	Densité (ind/m²)	Id	Surface terrière totale par espèce	ID
1	*Pisonia fragrans*	8	100%	112	0,2196	0,2196	0,7653	0,1681
2	*Calliandra tergemina*	8	100%	236	0,4627	0,4627	0,1743	0,0806
3	***Bambusa vulgaris***	3	38%	87	0,1706	0,0640	0,8158	0,0522
4	*Capparis indica*	8	100%	167	0,3275	0,3275	0,1055	0,0346
5	*Chiococca alba*	8	100%	37	0,0725	0,0725	0,0226	0,0016
6	*Psychotria microdon*	6	75%	16	0,0314	0,0235	0,0314	0,0007
7	*Guettarda odorata*	6	75%	21	0,0412	0,0309	0,0236	0,0007
8	*Capparis flexuosa*	8	100%	26	0,0510	0,0510	0,0128	0,0007
9	*Hæmatoxylon campechianum*	3	38%	4	0,0078	0,0029	0,2179	0,0006
10	*Bursera simaruba*	5	63%	4	0,0078	0,0049	0,0982	0,0005

*Fréquence absolue (f_a) = présence de l'espèce dans les différents quadrats; Fréquence relative (f_r)= Fréquence absolue / nombre de quadrats; Densité = nombre d'individus / surface du relevé; Indice de distribution (Id) = Fréquence relative * Densité; Indice de dominance (ID) = Indice de distribution * surface terrière (aire basale).*

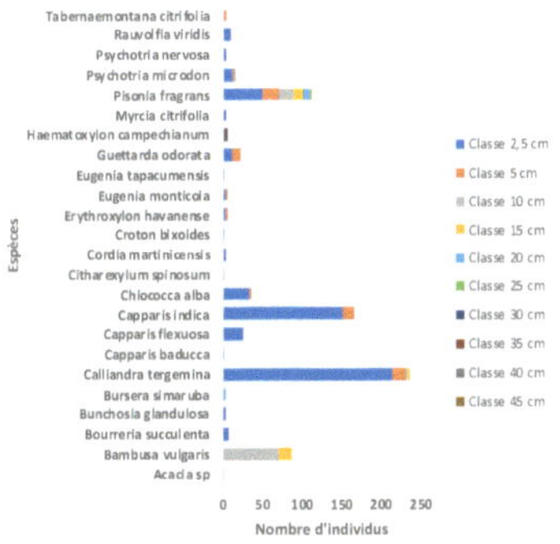

Figure 141: Distribution diamétrique des arbres vivants et sénescents (diamètres ≥ 2,5 cm; Station GF10)

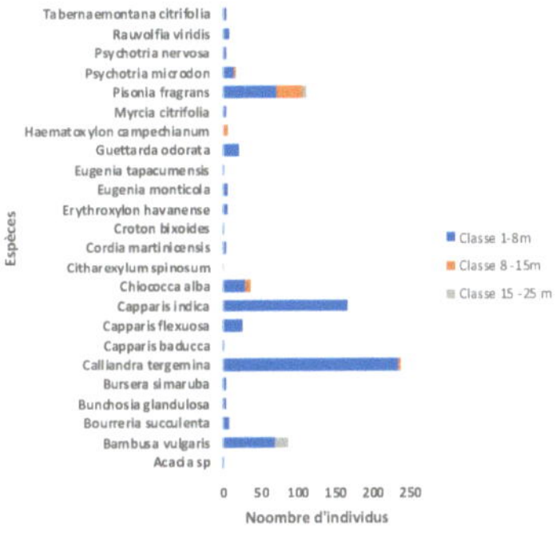

Figure 142: Distribution des hauteurs des arbres vivants et sénescents (hauteurs ≥ 1,3 m; Station GF10)

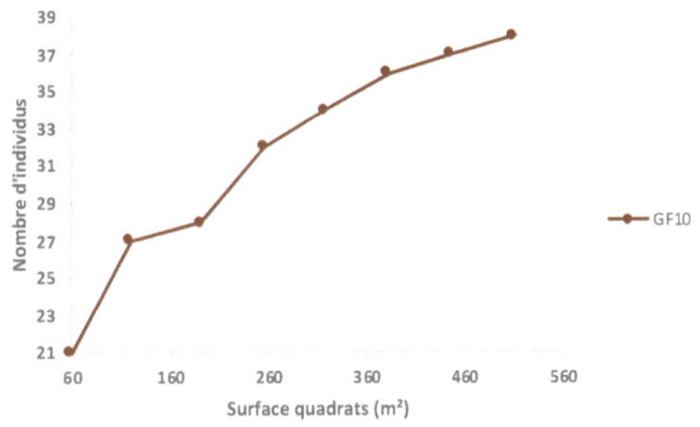

Figure 143: Courbe Aire/Espèces de la station GF10

Il s'agit d'une communauté végétale sempervirente saisonnière d'horizon inférieur et de faciès xérique au stade préforestier à arbustif. Le cortège végétal dominant est, par ordre d'importance écologique, constitué de quatre espèces végétales, *Pisonia fragrans* et secondairement de *Calliandra tergemina*, de *Bambusa vulgaris* et de *Capparis indica* (Tableau 58). Les autres espèces de cette formation végétale appartiennent principalement à des classes diamétriques de faibles sections (2,5 cm) et culminent entre 1 et 8 m (Figure 141 et Figure 142).

Bambusa vulgaris, espèce potentiellement invasive, est peu distribuée dans la station (f_r = 38%; Tableau 58). Ses individus ont des sections variables allant de 2,5 à 15 cm et culminent entre 1 et 25 m (Figure 141 et Figure 142). La diversité spécifique est l'une des plus faibles au regard des stations GF (Figure 143).

Rapport de dominance des espèces pour l'ensemble des stations de Grand Fond (GF)

Tableau 59: Les principaux paramètres écologiques et structuraux pour l'ensemble des stations GF

Rang	Espèces	f_a	f_r	Nombre d'individus par espèce hors régénérations	Densité (ind/m²)	Id	Surface terrière totale par espèce	ID
1	*Pisonia fragrans*	10	100%	586	0,0973	0,0973	2,4063	0,2342
2	*Citharexylum spinosum*	10	100%	400	0,0664	0,0664	3,2226	0,2141
	Arbres morts	4	40%	307	0,0510	0,0204	1,481	0,0302
3	*Capparis indica*	9	90%	546	0,0907	0,0816	0,3387	0,0276
5	*Bourreria succulenta*	10	100%	301	0,05	0,05	0,294	0,0147
6	*Lonchocarpus punctatus*	6	60%	159	0,0264	0,0158	0,7869	0,0125
7	*Psychotria nervosa*	10	100%	374	0,0621	0,0621	0,1895	0,0118
8	*Croton bixoides*	8	80%	246	0,0409	0,0327	0,2091	0,0068
9	*Swietenia aubrevilleana*	3	30%	229	0,0380	0,0114	0,5861	0,0067
10	*Gliricidia sepium*	4	40%	56	0,0093	0,0037	1,5551	0,0058
11	*Annona muricata*	7	70%	186	0,0309	0,0216	0,2621	0,0057
12	*Erythroxylon havanense*	10	100%	125	0,0208	0,0208	0,2479	0,0051
13	*Zanthoxylum monophyllum*	7	70%	119	0,0198	0,0138	0,3073	0,0043
14	*Cedrela odorata*	6	60%	31	0,0051	0,0031	1,2139	0,0038
15	*Swietenia mahagoni*	5	50%	38	0,0063	0,0032	0,9444	0,003
16	***Triphasia trifolia***	7	70%	208	0,0346	0,0242	0,1021	0,0025
20	***Bambusa vulgaris***	1	10%	87	0,0145	0,0014	0,8158	0,0012
25	***Dichrostachys cinerea***	2	20%	74	0,0123	0,0025	0,2003	0,0005

*Fréquence absolue (f_a) = présence de l'espèce dans les différents quadrats; Fréquence relative (f_r)= Fréquence absolue / nombre de quadrats; Densité = nombre d'individus / surface du relevé; Indice de distribution (Id) = Fréquence relative * Densité; Indice de dominance (ID) = Indice de distribution * surface terrière (aire basale).*

Le Tableau 59 décrit la dominance des espèces végétales pour l'ensemble des stations de Grand Fond (notées GF). *Citharexylum spinosum* et *Pisonia fragrans* constituent le cortège dominant de la totalité des stations GF. Leurs indices de dominance élevés sont en accord avec les fortes valeurs de densité et de surface terrière (Tableau 59). Malgré le fait qu'elles montrent des surfaces terrières plus faibles en relation avec des valeurs d'indices de dominance bien inférieures, *Capparis indica*, *Pisonia fragrans*, *Bourreria succulenta*, *Lonchocarpus punctatus* et *Psychotria nervosa* ont également un poids écologique non négligeable. Elles sont relativement bien distribuées et ont un nombre d'individus élevé. Leurs spécimens se distribuent dans des classes diamétriques plus faibles (majoritairement 2,5 cm voire 5 cm) que les deux espèces végétales dominantes au vu de l'Indice de Dominance (Tableau 59).

Des arbres morts (307 au total; Tableau 59) ont été recensés dans quatre stations (GF1, GF2, GF3 et GF6). Les individus appartiennent essentiellement à des classes diamétriques de 2,5 cm (soit 62,9% de l'effectif total des arbres morts), cependant, certains de gros diamètres entre 40 cm et 80 cm ont été étudiés (Figure 129). Nous avons observé au total, quatre espèces potentiellement invasives dans la totalité des stations GF, par ordre d'importance écologique, *Triphasia trifolia, Bambusa vulgaris, Dichrostachys cinerea* et *Œceoclades maculata*.

Triphasia trifolia a un type physionomique allant de l'arbuste à l'arbrisseau avec une hauteur ne dépassant guère 4 m de haut et apparaît au 16ème rang du Tableau 59 par rapport à l'Indice de Dominance (ID = 0,0025; Tableau 59). Dans sept stations, 208 individus essentiellement de 2,5 cm de section ont été comptabilisés. *Bambusa vulgaris* a été observée dans une seule station et est au 20ème rang du Tableau 59 au vu de l'ID (ID = 0,0012; Tableau 59). Le faible nombre d'individus est compensé par des sections moyennes. Ce qui justifie la surface terrière obtenue ainsi que l'indice de dominance (Tableau 59). *Dichrostachys cinerea* apparaît au 25ème rang à la lumière de l'ID par le total de neuf stations. L'espèce a uniquement été observée dans deux stations. En dépit du fait qu'elle soit peu distribuée, nous avons recensé 74 individus de sections variables, allant de 2,5 à 15 cm (Tableau 59).

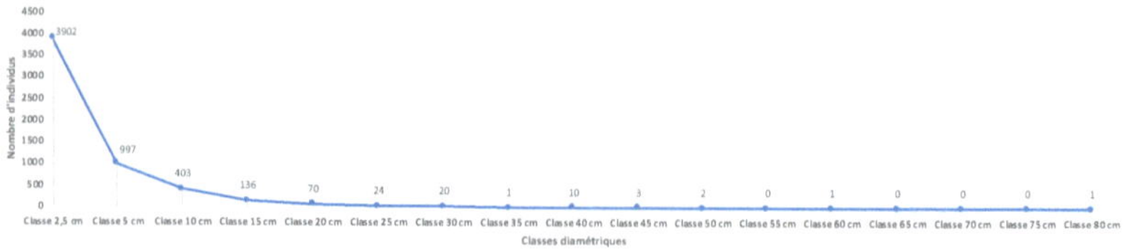

Figure 144: Distribution diamétrique de l'ensemble des stations de Grand Fond (GF) hors régénérations et hors arbres morts

Les individus de cette matrice végétale ont des diamètres qui se distribuent dans des classes allant jusqu'à 80 cm (c'est le cas de *Cedrela odorata*). Au total, nous avons compté 5 570 individus (Figure 144). La majorité d'entre eux ont des troncs de faibles sections (3 902 individus de 2,5 cm soit 70,1% de l'effectif global). En dépit du fait que les spécimens de diamètre de 2,5 cm dominent en nombre dans la communauté végétale, les arbres matures aussi peu nombreux soient – ils appartiennent à des stades de succession plus avancés. Ce sont des spécimens relictuels de phase dynamique ultérieure (phase sylvatique secondaire): *Cedrela odorata*, *Daphnopsis americana* (Joseph, 2009).

<u>*Courbes de régression linéaire*</u>

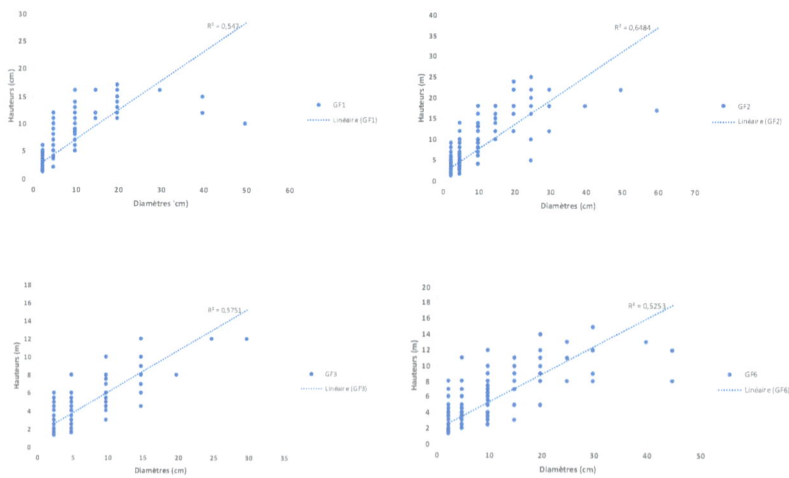

Figure 145: Courbes de corrélation entre les diamètres et les hauteurs des arbres des stations GF (Grand Fond) (diamètres ≥ 2,5 cm et hauteurs ≥ 1,3 m)

Les courbes de corrélation montrent des valeurs moyennes positives (environ 0,5) pour les stations GF1 et GF6. Cela signifie que ces stations montrent une structure végétale relativement équilibrée: les hauteurs et les diamètres sont relativement liés (Figure 145). Dans le cas des stations GF2 et GF3, le coefficient de détermination indique de fortes relations linéaires positives (> 0,5) entre les diamètres et les hauteurs. Ces phytocénoses présentent un équilibre entre les structures diamétriques et les hauteurs (Figure 145).

Indice de Jaccard

Tableau 60: Matrice de similarité des stations de la Grand Fond (Indice de Jaccard)

	GF1 (69)	GF2 (59)	GF3 (47)	GF4 (30)	GF5 (31)	GF6 (40)	GF7 (27)	GF8 (25)	GF9 (26)	GF10 (24)
GF1 (69)	1	**0,51**	*0,33*	*0,30*	*0,27*	*0,38*	*0,28*	*0,31*	*0,32*	*0,19*
GF2 (59)	-	1	*0,38*	*0,31*	*0,27*	*0,36*	*0,27*	*0,32*	*0,29*	*0,26*
GF3 (47)	-	-	1	0,22	0,16	0,34	0,16	0,2	0,2	0,27
GF4 (30)	-	-	-	1	**0,49**	0,23	0,43	**0,49**	**0,47**	0,29
GF5 (31)	-	-	-	-	1	0,2	0,32	0,30	0,39	0,22
GF6 (40)	-	-	-	-	-	1	**0,2**	0,25	0,2	0,36
GF7 (27)	-	-	-	-	-	-	1	0,37	0,33	0,28
GF8 (25)	-	-	-	-	-	-	-	1	**0,5**	0,4
GF9 (26)	-	-	-	-	-	-	-	-	1	0,28
GF10 (24)	-	-	-	-	-	-	-	-	-	1

Le Tableau 60 résume à l'aide de l'indice de Jaccard, la similarité entre les stations de Grand Fond. Les stations qui présentent de fortes valeurs d'indices sont indiquées en gras (indice ≥ 0,45) alors que les valeurs d'indices plus faibles sont indiquées en italique (Tableau 60).

La plus forte valeur d'indice a été observée lors du croisement entre les stations GF1 et GF2 (0,5; Tableau 60). Le croisement entre les stations GF4 – GF5 – GF8 – GF9 montre des similarités écologiques relativement élevées (Tableau 60). Nous avons observé très peu de fortes valeurs: les stations GF présentent de faibles similarités écologiques. Les stations GF3, GF6, GF7 et GF10 se différencient nettement des autres stations. Elles sont toutes caractérisées par des espèces végétales qui leurs sont propres. La diversité végétale de ces unités floristiques est extrêmement grande (Tableau 60).

<u>*Indices de diversité*</u>

Tableau 61: Matrice de similarité des stations de Grand Fond (Indices de diversité)

Indices	GF1	GF2	GF3	GF4	GF5	GF6	GF7	GF8	GF9	GF10
D	0,06	0,19	0,10	0,13	0,11	0,17	0,18	0,12	0,13	0,19
1 – D	**0,94**	**0,81**	**0,90**	**0,87**	**0,89**	**0,83**	**0,82**	**0,88**	**0,87**	**0,81**
H'	4,54	3,45	3,94	3,61	3,81	3,35	3,32	3,53	3,48	2,96
J	0,78	0,54	0,62	0,60	0,62	0,49	0,54	0,57	0,56	0,45
Hill	0,19	0,16	0,20	0,21	0,21	0,21	0,21	0,24	0,24	0,28
1 – Hill	0,81	0,84	0,80	0,79	0,79	0,79	0,79	0,76	0,76	0,72

*Indice de Simpson (D ou 1 – D) = le carré (nombre d'individus /nombre total d'individus de l'échantillon); Indice réciproque de Simpson (1/D) = inverse de l'indice de Simpson; Indice de Shannon (H') =-∑ [proportion d'une espèce par rapport au nombre total d'espèces dans l'échantillon*log (proportion d'une espèce par rapport au nombre total d'espèces dans l'échantillon)]; Indice de Piélou (J) = indice de Shannon / log (richesse spécifique); Indice de Hill (Hill) = inverse de l'indice de Simpson / par l'exponentielle de l'indice de Shannon.*

L'indice de Simpson montre des valeurs extrêmement faibles pour les stations GF: elles indiquent une très forte diversité. La station GF1 se différencie des autres stations. Son indice se rapproche le plus de zéro et révèle presque un maximum de diversité (Tableau 61).

L'indice de Shannon – Weaver comprend des valeurs allant de 2,6 < H' < 6. La station GF10 présente la diversité la plus faible (Tableau 61). Les stations GF2, GF3, GF4, GF5, GF6, GF7, GF8 et GF9 montrent des diversités un peu plus élevées mais inférieures à celle obtenue pour la station GF1. Leur indice est compris entre 2,6 ≤ H' ≤ 3,9. Il traduit une dominance moyenne des espèces des différentes communautés végétales. L'indice de la station GF1 est compris entre 4 ≤ H' < 6, cela représente une répartition égale des espèces de la phytocénose.

L'indice de Piélou semble plus précis que l'indice de Shannon – Weaver et montre des valeurs faibles (J ≤ 0,6; Tableau 61) pour certaines stations. Celles – ci indiquent qu'il existe un phénomène de dominance dans ces communautés végétales. En effet, les espèces suivantes ont une abondance populationnelle excessive: *Swietenia aubrevilleana* (station GF2; Tableau 49), *Bourreria succulenta* (station GF3; Tableau 50), *Annona muricata* (station GF4; Tableau 52), *Triphasia trifolia* (station GF5; Tableau 53), *Capparis indica* (station GF6; Tableau 54), *Psychotria nervosa* (station GF7; Tableau 55), *Pisonia fragrans* (stations GF7 et GF8; Tableau 55 et Tableau 56), *Citharexylum spinosum* (stations GF4 et GF9; Tableau 52 et Tableau 57) et *Lonchocarpus punctatus* (station GF9; Tableau 57). La valeur de l'indice de Piélou dans la station GF1 est supérieure à 0,6 (J ≥ 0,6; Tableau 61), ceci témoigne d'une répartition équitable des espèces dans la communauté végétale GF1.

AFC de l'ensemble des stations GF

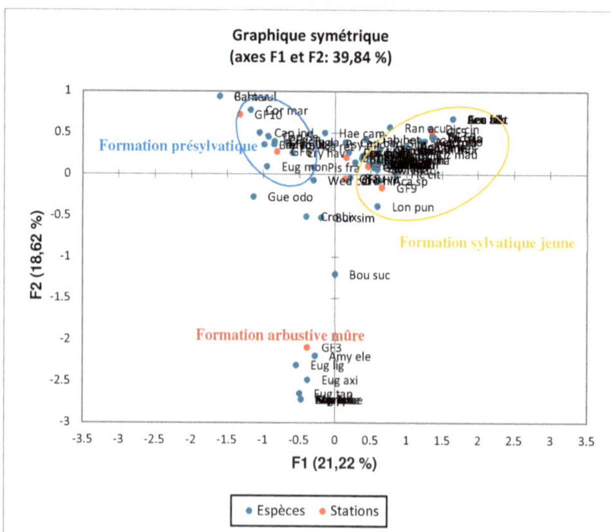

Figure 146: Différenciation mésologique et temporelle des stations et des espèces de Grand Fond (GF)

L'inertie observée par le premier axe est de 21,22% et celle du deuxième axe est de 18,62%. Ce qui correspond à un maximum d'inertie de 39,84%. L'axe 1 oppose les changements de la composition floristique entre les dix stations tandis que l'axe 2 met en évidence le gradient d'évolution temporelle. Nous avons observé trois stades d'évolution différents. La station GF3 est la communauté végétale la plus régressive: elle correspond à une formation arbustive mûre. Dans cette formation, la strate arbustive est *Bourreria succulenta, Croton bixoides* et *Eugenia ligustrina.* Les stations GF6 et G10 ont des valeurs très homogènes: elles ont une composition floristique voisine (Figure 146).

Les stations GF1, GF2, GF4, GF5, GF7, GF8 et GF9 sont caractérisées par des espèces de stade dynamique ultérieur (sylvatique jeune) qui font partie de leur cortège végétal dominant respectif [*Pisonia fragrans* (Tableau 47 et Tableau 55) et *Citharexylum spinosum* (Tableau 52, Tableau 53, Tableau 55 et Tableau 57)].

CAH de l'ensemble des stations GF

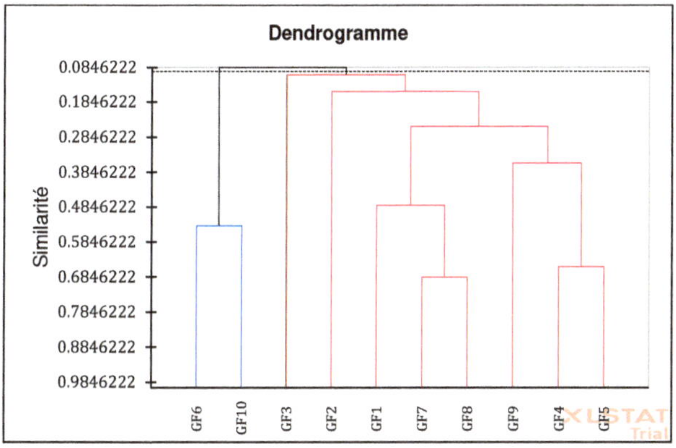

Figure 147: Hiérarchie des partitions obtenues par CAH pour l'ensemble des stations GF

La classification ascendante hiérarchique a permis l'identification de trois groupes de stade d'évolution phytocénotique (arbustif mûr, présylvatique et sylvatique jeune) qui correspondent à ceux obtenus par projection des individus dans les plans factoriels à l'aide de l'AFC (Figure 146). Malgré le fait que les stations GF1, GF7, GF8, GF9, GF4 et GF5 définissent le groupe sylvatique jeune, nous avons observé des résultats assez hétérogènes (0,26; Figure 147). De façon plus poussée, les stations GF4 et GF5 de même que les stations GF7 et GF8 ont deux à deux une composition floristique relativement proche (0,69 et 0,67 respectivement; Figure 147). La GF3 a une composition floristique très différente des autres groupements. Les stations GF6 et GF10 qui représentent des formations présylvatiques, ont de grandes similitudes (0,54; Figure 147). Dans ces deux communautés végétales, *Pisonia fragrans* et *Capparis indica* font partie du cortège dominant (Tableau 54 et Tableau 58).

Synthèse générale

La station GF5 représente une formation non équilibrée. Elle est caractérisée par une hétérogénéité des classes diamétriques. En conséquence, l'indice de dominance n'est pas représentatif puisqu'il « écrase » les espèces qui présentent les plus grandes densités (notamment *Triphasia trifolia*). Pour analyser cette station, nous n'avons pas tenu compte de l'indice de dominance, nous nous sommes essentiellement intéressés au nombre d'individus par espèce ainsi qu'à l'indice de distribution.

Nous avons observé que *Triphasia trifolia* s'installe progressivement dans les sous – bois des forêts xérophiles de Grand Fond. Elle fait partie des espèces en émergence dans la station. Dans certaines stations, l'espèce est encore marginale (cas des stations GF1, GF2, GF7, GF8 et GF9) par rapport à la matrice végétale. Cependant, en analysant les stations GF3, GF4 et GF5, *Triphasia trifolia* fait partie des espèces dominantes, au regard de l'indice de distribution.

Dichrostachys cinerea a également été retrouvée dans deux des stations de Grand Fond. Dans les milieux dans lesquels, elle s'est développée, elle fait partie des quatre premières espèces du cortège dominant. *Bambusa vulgaris* est également en émergence populationnelle dans la station. Même si elle est peu distribuée dans la matrice globale, elle se développe très vite et a des individus de sections moyennes.

V.1.1.1.2.4 Morne Dorsau (MDOR)

La zone d'étude MDOR est composée de 66 espèces végétales réparties en 38 familles et 58 genres. Nous avons recensé deux espèces potentiellement invasives: *Dichrostachys cinerea* et *Triphasia trifolia*.

Tableau 62: Répartition des espèces des stations MDOR en taxa supérieurs

Taxa supérieurs	Classes	Familles	%	Genres	%	Espèces	%
Angiospermes	Monocotylédones	3	7,9	3	5,5	3	4,5
	Dicotylédones	35	92,1	55	94,5	63	95,5
Total		38		58		66	

Station MDOR1 (800 m²)

Tableau 63: Les principaux paramètres écologiques et structuraux de la station MDOR1

Rang	Espèces	f_a	f_r	Nombre d'individus par espèce hors régénérations	Densité (ind/m²)	Id	Surface terrière totale par espèce	ID
1	***Triphasia trifolia***	8	100%	97	0,1213	0,1213	0,0476	0,00577
2	*Tabernaemontana citrifolia*	8	100%	64	0,08	0,08	0,083	0,00664
3	*Pisonia fragrans*	8	100%	57	0,0713	0,0713	0,0353	0,00252
4	*Psychotria nervosa*	8	100%	49	0,0613	0,0613	0,0241	0,00147
5	*Canella winterana*	8	100%	48	0,06	0,06	0,2813	0,01688
	Arbres morts	7	88%	41	0,0513	0,0448	0,1723	0,00773
6	*Sideroxylon fœtidissimum*	7	88%	40	0,0500	0,0438	0,0373	0,00163
7	*Citharexylum spinosum*	7	88%	37	0,0463	0,0405	0,5596	0,02265
8	*Capparis indica*	7	88%	29	0,0363	0,0317	0,0172	0,00054
9	*Swietenia macrophylla*	7	88%	24	0,0300	0,0263	0,7044	0,01849
10	*Schæfferia frutescens*	6	75%	21	0,0263	0,0197	0,0162	0,00032
11	*Bourreria succulenta*	5	63%	25	0,0313	0,0195	0,0344	0,00067
12	*Rauvolfia viridis*	5	63%	10	0,0125	0,0078	0,0049	0,00004
13	*Bunchosia glandulosa*	4	50%	10	0,0125	0,0063	0,0049	0,00003
14	*Zanthoxylum monophyllum*	4	50%	9	0,0113	0,0056	0,0133	0,00007
15	*Tabebuia heterophylla*	5	63%	7	0,0088	0,0055	0,4987	0,00273
	Œceoclades maculata	1	13%	0	0,0000	0,0000	0,0000	0,0000

Fréquence absolue (f_a) = présence de l'espèce dans les différents quadrats; Fréquence relative (f_r)= Fréquence absolue / nombre de quadrats; Densité = nombre d'individus /

*surface du relevé; Indice de distribution (Id) = Fréquence relative * Densité; Indice de dominance (ID) = Indice de distribution * surface terrière (aire basale).*

La station MDOR1 est une phytocénose sempervirente saisonnière tropicale au stade sylvatique jeune. *Citharexylum spinosum, Swietenia macrophylla* et *Canella winterana* sont représentées par des spécimens de grandes sections, ce qui leur confère des indices de dominance les plus importants (Tableau 63). La population de *Triphasia trifolia*, espèce potentiellement invasive, domine en termes de nombre d'individus, de densité, et de distribution (fréquences et indice de distribution) (Tableau 63). Les individus de cette espèce bien distribuée (f_r = 100%) dans la station ont de faibles sections (uniquement de 2,5 cm; Figure 148). Ces derniers forment une matrice dense de laquelle émergent les individus d'espèces matures de *Citharexylum spinosum*, de *Swietenia aubrevilleana*, de *Swietenia macrophylla* et de *Canella winterana*. Ces espèces ont un profil biodémographique équilibré: toutes les classes d'âges et de hauteurs sont représentées (Figure 148 et Figure 149). Les figures (Figure 148 et Figure 149) montrent que la phytocénose est majoritairement composée d'individus ayant 2,5 et 5 cm de diamètre et des hauteurs allant de 1 à 8 m. Le taux de mortalité est faible (6,6%). La diversité spécifique est riche (Figure 150).

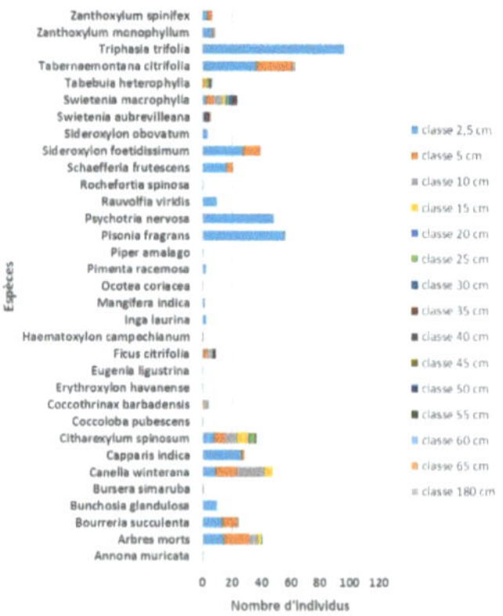

Figure 148: Distribution diamétrique des arbres vivants, sénescents et morts (diamètres ≥ 2,5 cm; Station MDOR1)

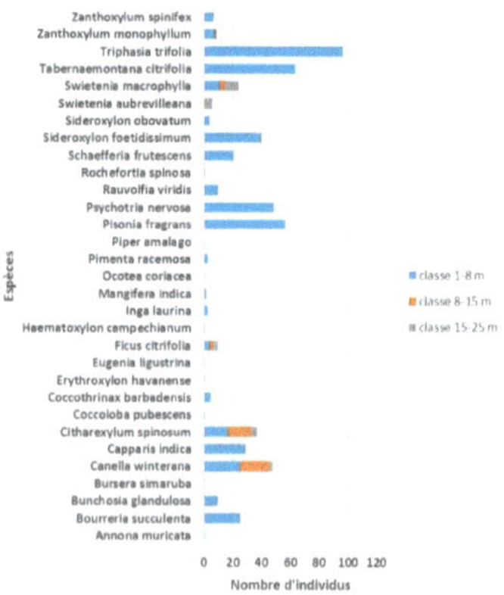

Figure 149: Distribution des hauteurs des arbres vivants et sénescents (hauteurs ≥ 1,3 m; Station MDOR1)

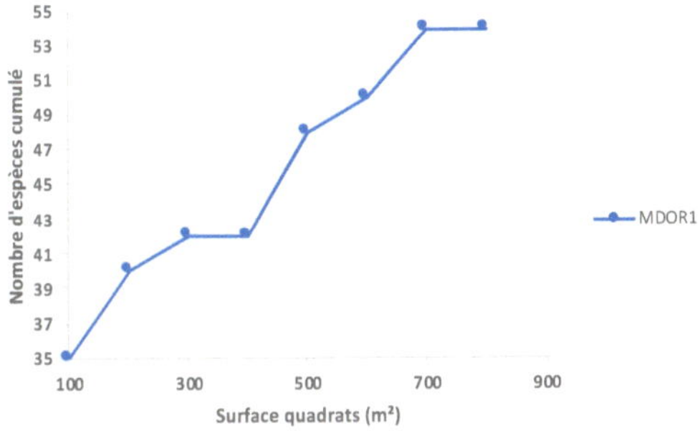

Figure 150: Courbe Aire/Espèces de la station MDOR1

Le Tableau 64 évalue l'abondance écologique des plantules des taxa de la station MDOR1.

Tableau 64: Abondance des plantules des espèces végétales de la station MDOR1

Espèces	Importance écologique								Espèces	Importance écologique							
	Q1	Q2	Q3	Q4	Q5	Q6	**Q7**	Q8		Q1	Q2	Q3	Q4	Q5	Q6	**Q7**	Q8
Abrus precatorius		+	+	++					*Manilkara zapota*			+					
Bambusa multiplex	+	+	+				+		*Melicoccus bijugatus*						+		
Bourreria succulenta						+			*Ocotea coriacea*	+	+	+	+	+	+	+	
Bunchosia glandulosa			+						***Œceoclades maculata***							++	
Bursera simaruba	+	+	+						*Passiflora suberosa*	++	+						
Canella winterana	+	+							*Paullinia cururu*	+++	++	++	++	+	+		+
Capparis cynophallophora			+	+					*Pimenta racemosa*	+			+				
Capparis flexuosa	+	+	++	+	+	+			*Piper amalago*								+
Capparis indica	+	+	+	+		+	+		*Pisonia aculeata*	+	+	+					
Chiococca alba	+	+	++	++	+	+			*Pisonia fragrans*	++	++	+	++	+	+		+
Chrysophyllum argenteum							+		*Psychotria nervosa*	++	++	+	+	+++	+		+
Coccoloba swartzii	+								*Rauvolfia viridis*					+			
Coccothrinax barbadensis	++				+	+	+	+	*Rochefortia spinosa*		++						
Erythroxylon havanense	+	+	+	+	+	+	+		*Schæfferia frutescens*	+		+	+				
Eugenia cordata	+								*Sideroxylon fœtidissimum*	+		+					
Eugenia ligustrina	++	+	++	++	++	+	+	+	*Swietenia macrophylla*		+			+			+
Fougère	+								*Tabebuia heterophylla*	+							
Krugiodendron ferreum	+	+	+	+	+	+		+	*Tragia volubilis*	+++	++	++	+	++	++		
Liane cordée							+	+	*Trichostigma octandrum*	++	+	+	+		+		
Lonchocarpus punctatus					+				***Triphasia trifolia***	++	+	+	++	++	+	++	++++
Macfadyena unguis – cati	+		+	+	+		+	+	*Urvillea ulmacea*					+	+	+	

(+) très faible abondance écologique (1 à 5); (++) faible abondance écologique (5 à 15); (+++) abondance écologique moyenne (15 à 30); (++++) forte abondance écologique (30 à 45); (+++++) très forte abondance écologique (45 à 100); (++++++) tapis végétal (plus de 100). Q représente les quadrats de la station.

Triphasia trifolia (Petite citronnelle) et *Eugenia ligustrina* (Mérizyé nwè) sont les espèces, au niveau plantulaire, les plus abondantes de la station MDOR1 (Tableau 64). Leur abondance au sein des quadrats est variable (Tableau 64), néanmoins elles semblent utiliser au mieux les conditions du milieu.

Dans le quadrat 7, les deux espèces potentiellement invasives (*Œceoclades maculata* et *Triphasia trifolia*) sont les plus représentées dans l'association floristique. Les autres taxa sont d'écologie différente et se singularisent par une très faible abondance (Tableau 64). Certains sont associés à des stades de la dynamique plus avancés: *Chrysophyllum argenteum, Coccothrinax barbadensis, Ocotea coriacea.* Les autres taxons sont très régressifs: *Bambusa multiplex, Capparis indica, Erythroxylon havanense, Eugenia ligustrina, Liane cordée, Macfadyena unguis – cati* et *Urvillea ulmacea.*

Station MDOR2 (500 m²)

Tableau 65: Les principaux paramètres écologiques et structuraux de la station MDOR2

Rang	Espèces	fa	fr	Nombre d'individus par espèce hors régénérations	Densité (ind/m²)	Id	Surface terrière totale par espèce	ID
1	*Forestiera rhamnifolia*	5	100%	221	0,442	0,442	0,622	0,2751
	Arbres morts	5	100%	143	0,286	0,286	0,3318	0,0949
2	*Krugiodendron ferreum*	5	100%	221	0,442	0,442	0,1865	0,0824
3	*Canella winterana*	5	100%	26	0,052	0,052	0,2705	0,0141
4	*Acacia retusa*	5	100%	28	0,056	0,056	0,1453	0,0081
5	*Schœpfia schreberi*	5	100%	33	0,066	0,066	0,0834	0,0055
6	*Tabebuia heterophylla*	2	40%	5	0,01	0,004	1,3332	0,0053
7	*Leucaena leucocephala*	5	100%	12	0,024	0,024	0,0707	0,0017
8	*Sideroxylon obovatum*	5	100%	9	0,018	0,018	0,0677	0,0012
9	*Hæmatoxylon campechianum*	4	80%	6	0,012	0,0096	0,0378	0,0004
10	*Pisonia fragrans*	5	100%	7	0,014	0,014	0,014	0,0002

Fréquence absolue (f_a) = présence de l'espèce dans les différents quadrats; Fréquence relative (f_r)= Fréquence absolue / nombre de quadrats; Densité = nombre d'individus /

*surface du relevé; Indice de distribution (Id) = Fréquence relative * Densité; Indice de dominance (ID) = Indice de distribution * surface terrière (aire basale).*

La station MDOR2 correspond à une formation sempervirente saisonnière d'horizon et de faciès xérique au stade sylvatique secondaire à sylvatique jeune. *Forestiera rhamnifolia* et *Krugiodendron ferreum* sont les espèces dominantes de ce cortège végétal (Tableau 65). L'unité floristique est essentiellement constituée de spécimens de faibles sections et hauteurs (Figure 151 et Figure 152) surcimés par des individus matures de *Forestiera rhamnifolia* (Kaka ravèt), de *Tabebuia heterophylla* (Poirier), d'*Hæmatoxylon campechianum* (Campêche) et de *Canella winterana* (Kannèl bata). *Canella winterana*, espèce très rare à la Martinique, s'installe dès le stade présylvatique et demeure jusqu'au stade sylvatique secondaire tardif (Joseph, 2009). Elle indique un niveau d'évolution assez avancé de la communauté végétale. Les arbres morts sont nombreux (143 individus; Tableau 65), ce qui se traduit par un taux de mortalité élevé (~ 19%). La diversité floristique est relativement importante (Figure 153).

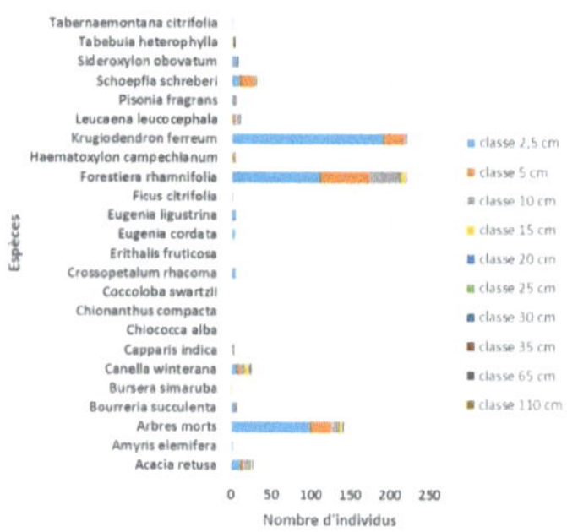

Figure 151: Distribution diamétrique des arbres vivants, sénescents et morts (diamètres ≥ 2,5 cm; Station MDOR2)

Figure 152: Distribution des hauteurs des arbres vivants et sénescents (hauteurs ≥ 1,3 cm; Station MDOR2)

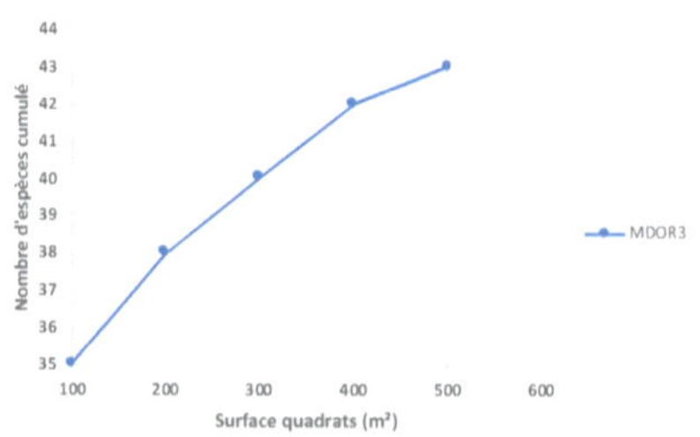

Figure 153: Courbe Aire/Espèces de la station Morne Dorsau (MDOR2)

Rapport de dominance des espèces pour l'ensemble des stations de Morne Dorsau (MDOR – étage inférieur)

Tableau 66: Les principaux paramètres écologiques et structuraux pour l'ensemble des stations MDOR – étage inférieur

Rang	Espèces	f_a	f_r	Nombre d'individus par espèce hors régénérations	Densité (ind/m²)	Id	Surface terrière totale par espèce	ID
1	*Krugiodendron ferreum*	2	100%	221	0,1842	0,1842	0,1865	0,0344
	Arbres morts	2	100%	184	0,1533	0,1533	0,5041	0,0773
2	*Forestiera rhamnifolia*	1	50%	221	0,1842	0,0921	0,6224	0,0573
3	***Triphasia trifolia***	2	100%	97	0,0808	0,0808	0,0476	0,0038
4	*Canella winterana*	2	100%	74	0,0617	0,0617	0,5517	0,034
5	*Tabernaemontana citrifolia*	2	100%	66	0,0550	0,0550	0,0839	0,0046
6	*Pisonia fragrans*	2	100%	64	0,0533	0,0533	0,0491	0,0026
7	*Psychotria nervosa*	2	100%	49	0,0408	0,0408	0,0241	0,001
8	*Bourreria succulenta*	2	100%	33	0,0275	0,0275	0,0412	0,0011
9	*Capparis indica*	2	100%	33	0,0275	0,0275	0,0206	0,0006
10	*Schœpfia schreberi*	2	100%	33	0,0275	0,0275	0,0834	0,0023
11	*Schæfferia frutescens*	2	100%	21	0,0175	0,0175	0,0162	0,0003
12	*Sideroxylon fœtidissimum*	1	50%	40	0,0333	0,0167	0,0373	0,0006

*Fréquence absolue (f_a) = présence de l'espèce dans les différents quadrats; Fréquence relative (f_r)= Fréquence absolue / nombre de quadrats; Densité = nombre d'individus / surface du relevé; Indice de distribution (Id) = Fréquence relative * Densité; Indice de dominance (ID) = Indice de distribution * surface terrière (aire basale).*

L'ensemble des stations de Morne Dorsau montre que les espèces les plus distribuées et dont le nombre d'individus et la densité sont les plus significatifs ont un faible poids écologique (indice de dominance faible) sur les espèces dont les individus ont de grandes sections. En analysant les données (nombre d'individus, densité et indice de distribution), *Forestiera rhamnifolia* et *Krugiodendron ferreum* sont les espèces prépondérantes de cet ensemble (Tableau 66). *Triphasia trifolia* est abondante (effectif élevé) mais sa population ne se compose que de spécimens de 2,5 cm de diamètre (Tableau 66).

Nous avons compté 1 186 individus dans la station MDOR. Les spécimens de 2,5 (65,3% de l'effectif global) et 5 (19,1%) cm de diamètre sont prépondérants dans la matrice (Figure 154). *Swietenia macrophylla* a des spécimens de grandes sections et hauteurs. Ces derniers forment une strate supérieure discontinue qui a probablement conduit au développement d'espèces potentiellement invasives [*Triphasia trifolia* (station MDOR1 et MDOR2) et *Œceoclades maculata* (station MDOR1)].

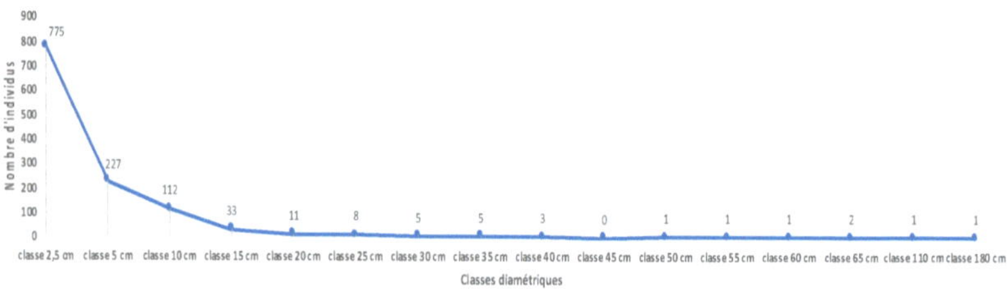

Figure 154: Distribution diamétrique des stations du Morne Dorsau (MDOR) étage inférieur hors régénérations et hors arbres morts

<u>*Courbes de régression linéaire*</u>

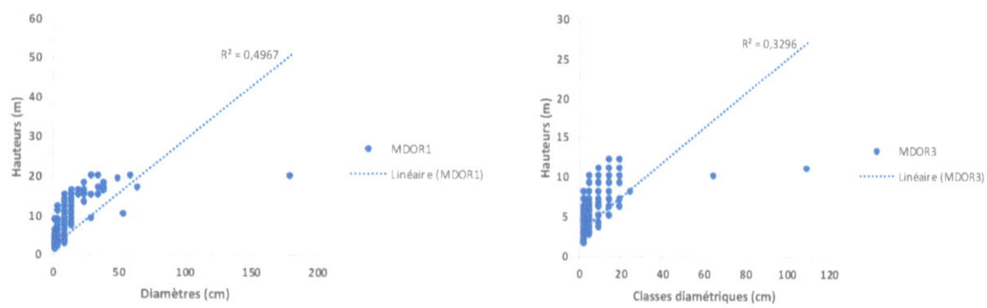

Figure 155: Courbes de corrélation entre les diamètres et les hauteurs des arbres des stations MDOR (diamètres ≥ 2,5 cm et hauteurs ≥ 1,3 m)

Les courbes de corrélation entre les diamètres et les hauteurs indiquent des valeurs moyennes positives (Figure 155). Cette valeur est très faible pour la station MDOR2 (R^2_{MDOR2} = 0,3296; Figure 155). Ceci atteste d'un grand déséquilibre de la structure végétale de la station. Les hauteurs ne sont pas corrélées avec les diamètres. La station MDOR1 a une valeur de coefficient de détermination un peu plus élevée (~0,5; Figure 155). La relation qui lie les diamètres et les hauteurs est faible.

Indice de Jaccard

Tableau 67: Matrice de similarité des stations du Morne Dorsau MDOR – étage inférieur (Indice de Jaccard)

	MDOR1(54)	MDOR2(44)
MDOR1(54)	1	**0,46**
MDOR2(44)	-	1

Les deux groupements ont une valeur (indice > 0,45) d'indice de Jaccard relativement élevée. Ce qui traduit le fait que ces communautés végétales ont de façon significative des espèces communes.

Indices de diversité

Tableau 68: Matrice de similarité des stations de Morne Dorsau MDOR – étage inférieur (Indices de diversité)

Indices	MDOR1	MDOR2
D	0,08	0,27
1 – D	**0,92**	**0,73**
H'	4,00	2,58
J	0,63	0,40
Hill	0,22	0,28
1 – Hill	0,78	0,72

*Indice de Simpson (D ou 1 – D) = le carré (nombre d'individus /nombre total d'individus de l'échantillon); Indice réciproque de Simpson (1/D) = inverse de l'indice de Simpson; Indice de Shannon (H') =-∑ [proportion d'une espèce par rapport au nombre total d'espèces dans l'échantillon*log (proportion d'une espèce par rapport au nombre total d'espèces dans l'échantillon)]; Indice de Piélou (J) = indice de Shannon / log (richesse spécifique); Indice de Hill (Hill) = inverse de l'indice de Simpson / par l'exponentielle de l'indice de Shannon.*

Les stations MDOR ont des valeurs d'indices de Simpson et de Hill relativement faibles: la diversité est élevée (Tableau 68). L'indice de Shannon – Weaver montre quelques variations de valeurs en fonction de la station. Dans la station MDOR2, cette valeur est comprise entre 2,6 ≤ H' ≤ 3,9. Ce qui traduit une répartition relativement équitable des espèces dans les communautés végétales. L'indice de Piélou donne plus précisions (J ≤ 0,6), il indique une mauvaise répartition des espèces. En effet, nous avons observé un nombre d'individus plus important de certaines espèces par rapport aux autres:

Forestiera rhamnifolia et *Krugiodendron ferreum*. En revanche, la station MDOR1 a un indice d'équitabilité relativement élevé: aucune espèce ne domine numériquement de manière disproportionnée.

V.1.1.1.2.5 Pointe Borgnèse (PTB)

La zone d'étude PTB (ensemble des stations de la Pointe Borgnèse) est composée de 70 espèces végétales réparties en 35 familles et 58 genres. Nous avons recensé deux espèces potentiellement invasives: *Dichrostachys cinerea* et *Triphasia trifolia*.

Tableau 69: Répartition des espèces des stations PTB en taxa supérieurs

Taxa supérieurs	Classes	Familles	%	Genres	%	Espèces	%
Angiospermes	Monocotylédones	3	8,6	3	5,2	3	4,29
	Dicotylédones	32	91,4	55	94,8	67	95,7
Total		35		58		70	

Station PTB1 (500 m²)

Tableau 70: Les principaux paramètres écologiques et structuraux de la station PTB1

Rang	Espèces	f_a	f_r	Nombre d'individus par espèce hors régénérations	Densité (ind/m²)	Id	Surface terrière totale par espèce	ID
	Arbres morts	5	100%	182	0,364	0,364	0,2425	0,0883
1	*Bourreria succulenta*	5	100%	259	0,518	0,518	0,1625	0,0842
2	***Dichrostachys cinerea***	5	100%	153	0,306	0,306	0,1694	0,0518
3	*Hæmatoxylon campechianum*	5	100%	63	0,126	0,126	0,2989	0,0377
4	*Tabebuia heterophylla*	5	100%	28	0,056	0,056	0,3574	0,02
5	*Swietenia aubrevilleana*	4	80%	36	0,072	0,0576	0,2322	0,0134
6	*Croton bixoides*	5	100%	95	0,19	0,19	0,0628	0,0119
7	*Acacia muricata*	5	100%	42	0,084	0,084	0,0820	0,0069
8	*Leucaena leucocephala*	4	80%	39	0,078	0,0624	0,0663	0,0041
9	*Gliricidia sepium*	4	80%	9	0,018	0,0144	0,1914	0,0028
10	*Randia aculeata*	5	100%	43	0,086	0,086	0,0226	0,0019

11	*Wedelia calycina*	5	100%	41	0,082	0,082	0,0201	0,0017
12	*Pisonia fragrans*	5	100%	26	0,052	0,052	0,0245	0,0013
13	*Hippomane mancinella*	2	40%	4	0,008	0,0032	0,2842	0,0009
14	*Pisonia suborbiculata*	5	100%	22	0,044	0,044	0,0108	0,0009
15	*Acacia tamarindifolia*	2	40%	22	0,044	0,0176	0,0255	0,0004
40	***Triphasia trifolia***	1	20%	0	0,0000	0,0000	0,0000	0,0000

*Fréquence absolue (f_a) = présence de l'espèce dans les différents quadrats; Fréquence relative (f_r)= Fréquence absolue / nombre de quadrats; Densité = nombre d'individus / surface du relevé; Indice de distribution (Id) = Fréquence relative * Densité; Indice de dominance (ID) = Indice de distribution * surface terrière (aire basale).*

Il s'agit d'une association floristique sempervirente saisonnière d'horizon inférieur et de faciès xérique au stade arbustif. Les espèces dominantes sont, par ordre d'importance écologique, *Bourreria succulenta*, *Dichrostachys cinerea*, *Hæmatoxylon campechianum* (Tableau 70). On pourrait penser que *Tabebuia heterophylla*, *Swietenia aubrevilleana* et *Croton bixoides* font partie du cortège dominant. Mais ces espèces ont un effectif et une densité beaucoup plus faibles que les trois espèces végétales qui forment le cortège dominant (Tableau 70). Leur indice de dominance est compensé par des individus de grandes sections (entre 2,5 et 60 cm; Figure 156).

Hæmatoxylon campechianum et *Tabebuia heterophylla* sont bien distribuées dans toutes les classes de diamètres et de hauteurs: elles ont un profil biodémographique équilibré (Figure 156 et Figure 157). Les autres taxa de la matrice ont de faibles sections (entre 2,5 et 5 cm) et hauteurs (allant de 1 à 8 m) (Figure 156 et Figure 157).

153 individus de *Dichrostachys cinerea* ont été dénombrés avec majoritairement de faibles diamètres [entre 2,5 (63,4% de l'effectif total de *Dichrostachys cinerea*) et 5 (35,3%) cm](Tableau 70 et Figure 156). Deux individus de 10 centimètres de section ont été recensés (Figure 156), leurs hauteurs ne dépassent pas 8 mètres (Figure 157). *Triphasia trifolia* est très peu distribuée dans les quadrats de la station PTB1 (f_r = 20%; Tableau 70). L'espèce est peut – être très marginale dans la station (un seul individu de 2,5 cm de section; Tableau 70 et Figure 156). Les arbres morts sont nombreux (182 individus recensés; Tableau 70), ce qui se traduit par un taux de mortalité très

important (15,4%). La richesse en espèces est la plus élevée au regard des relevés PTB (Figure 158).

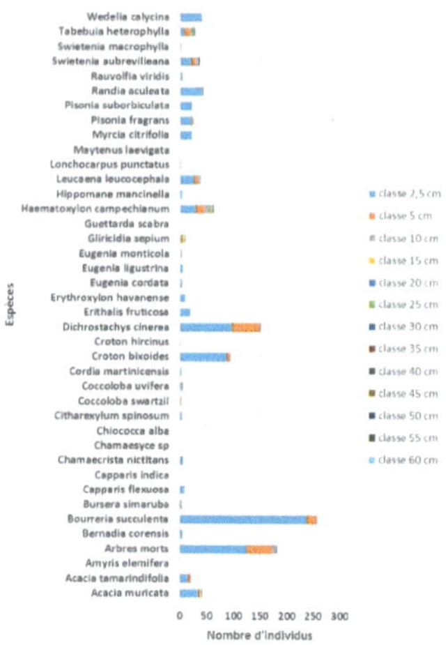

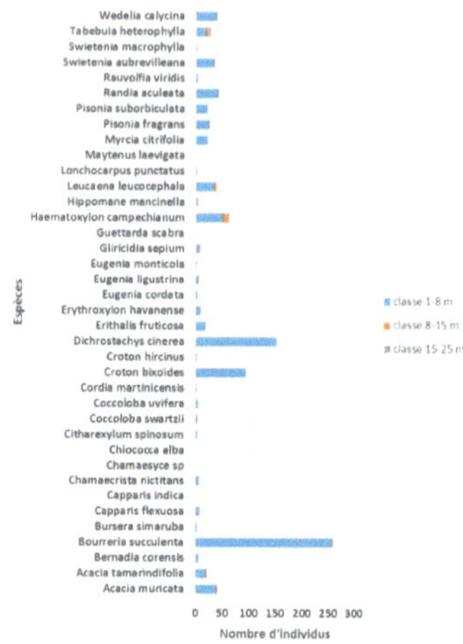

Figure 156: Distribution diamétrique des arbres vivants, sénescents et morts (diamètres ≥ 2,5 cm; Station PTB1)

Figure 157: Distribution des hauteurs des arbres vivants et sénescents (hauteurs ≥ 1,3 m; Station PTB1)

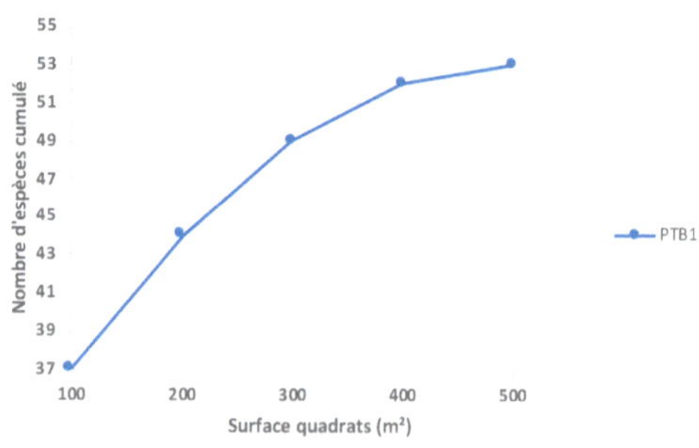

Figure 158: Courbe Aire/Espèces de la station PTB1

Station PTB2 (600 m²)

Tableau 71: Les principaux paramètres écologiques et structuraux de la station PTB2

Rang	Espèces	f_a	f_r	Nombre d'individus par espèce hors régénérations	Densité (ind/m²)	Id	Surface terrière totale par espèce	ID
1	***Dichrostachys cinerea***	6	100%	293	0,4883	0,4883	0,16	0,0781
2	*Swietenia aubrevilleana*	6	100%	195	0,325	0,325	0,5547	0,1803
3	*Erythroxylon havanense*	6	100%	136	0,2267	0,2267	0,0888	0,0201
4	*Randia aculeata*	6	100%	121	0,2017	0,2017	0,0726	0,0147
5	*Bourreria succulenta*	6	100%	111	0,1850	0,1850	0,0633	0,0117
	Arbres morts	6	100%	91	0,1517	0,1517	0,2037	0,0309
6	*Croton bixoides*	6	100%	70	0,1167	0,1167	0,0388	0,0045
7	*Pisonia fragrans*	6	100%	67	0,1117	0,1117	0,0736	0,0082
8	*Hæmatoxylon campechianum*	6	100%	61	0,1017	0,1017	0,0388	0,0039
9	*Tabebuia heterophylla*	6	100%	49	0,0817	0,0817	0,7103	0,058
10	*Erithalis fruticosa*	6	100%	48	0,0800	0,0800	0,0353	0,0028
11	*Citharexylum spinosum*	6	100%	30	0,0500	0,0500	0,0574	0,0029
12	*Myrcia citrifolia*	5	83%	35	0,0583	0,0486	0,0172	0,0008
13	*Pisonia suborbiculata*	6	100%	20	0,0333	0,0333	0,0128	0,0004
14	*Acacia muricata*	4	67%	29	0,0483	0,0322	0,0358	0,0012
15	*Coccoloba swartzii*	5	83%	18	0,0300	0,0250	0,0088	0,0002
47	***Triphasia trifolia***	4	67%	0	0,0000	0,0000	0,0000	0,0000

*Fréquence absolue (f_a) = présence de l'espèce dans les différents quadrats; Fréquence relative (f_r)= Fréquence absolue / nombre de quadrats; Densité = nombre d'individus / surface du relevé; Indice de distribution (Id) = Fréquence relative * Densité; Indice de dominance (ID) = Indice de distribution * surface terrière (aire basale).*

Cette station est une phytocénose sempervirente saisonnière d'horizon inférieur et de faciès xérique au stade arbustif. *Dichrostachys cinerea* domine par son effectif et sa densité élevés. *Swietenia aubrevilleana* a un nombre d'individus plus faible (195 spécimens; Tableau 71), de sections (entre 2,5 et

30 cm) nettement plus importantes et culminant entre 1 et 25 m (Figure 159 et Figure 160). Ces éléments lui confèrent une surface terrière élevée qui surestime l'indice de dominance de l'espèce. Sous la matrice végétale, formées par les espèces héliophiles secondaires de *Citharexylum spinosum*, de *Swietenia aubrevilleana* et de *Tabebuia heterophylla* se développent des régénérations et de jeunes unités d'espèces affiliées à différents stades de la dynamique végétale: arbustif (*Bourreria succulenta*, *Croton bixoides*, *Erythroxylon havanense*), sylvatique secondaire (*Coccoloba swartzii*, *Pisonia fragrans*), sylvatique préclimacique (*Maytenus lævigata*). La discontinuité de la strate a créé des ouvertures qui ont probablement permis aux individus de *Dichrostachys cinerea* et aux régénérations de *Triphasia trifolia* de se développer. *Triphasia trifolia* est relativement bien distribuée dans les quadrats de la station (f_r = 67%; Tableau 71), toutefois, uniquement des plantules ont été observées.

L'association floristique est composée majoritairement d'individus ayant 2,5 voire 5 cm de section et ne dépassant guère 8 m de haut (Figure 159 et Figure 160). Le taux de mortalité est relativement faible (6,4%). La richesse floristique est l'une des plus importantes des relevés PTB (Figure 161).

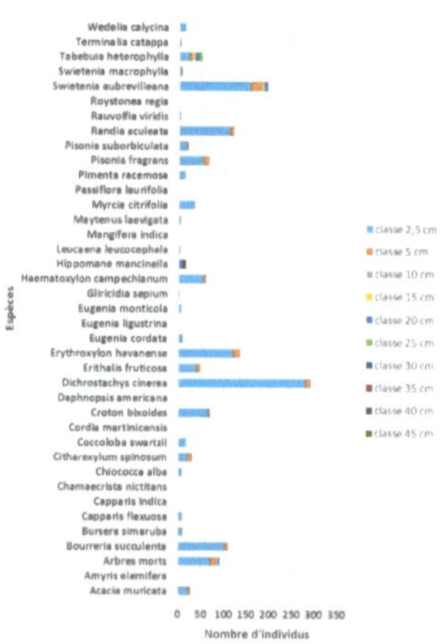

Figure 159: Distribution diamétrique des arbres vivants, sénescents et morts (diamètres ≥ 2,5 cm; Station PTB2)

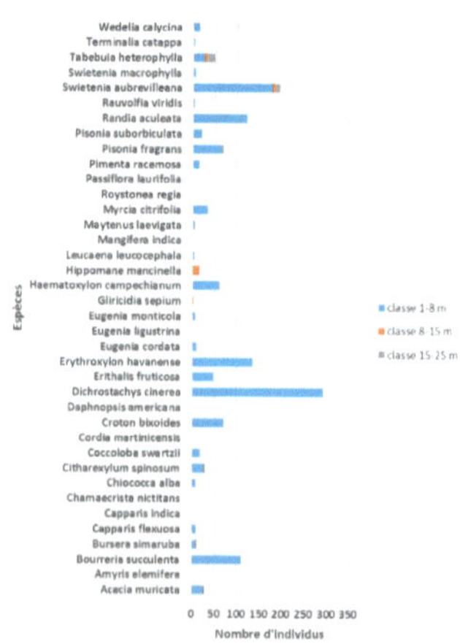

Figure 160: Distribution des hauteurs des arbres vivants et sénescents (hauteurs ≥ 1,3 m; Station PTB2)

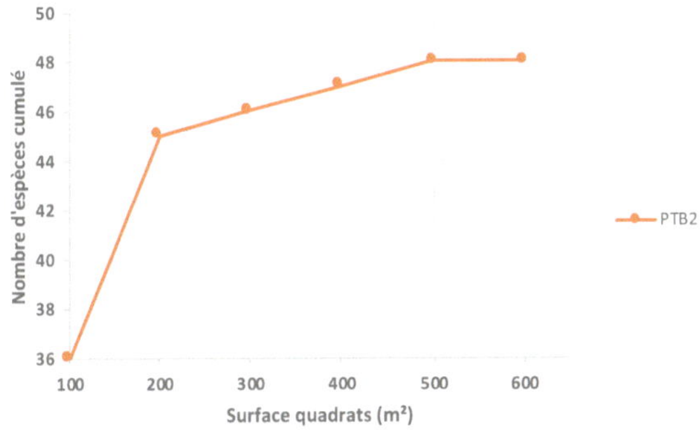

Figure 161: Courbe Aire/Espèces de la station PTB2

Station PTB3 (240 m²)

Tableau 72: Les principaux paramètres écologiques et structuraux de la station PTB3

Rang	Espèces	f_a	f_r	Nombre d'individus par espèce hors régénérations	Densité (ind/m²)	Id	Surface terrière totale par espèce	ID
1	***Dichrostachys cinerea***	8	100%	80	0,333	0,333	0,0525	0,0175
2	*Erithalis fruticosa*	7	88%	59	0,246	0,215	0,0378	0,0081
3	*Thespesia populnea*	6	75%	46	0,192	0,144	0,3524	0,0507
4	*Tabebuia heterophylla*	7	88%	36	0,150	0,131	0,4030	0,0529
5	*Swietenia aubrevilleana*	6	75%	27	0,113	0,084	0,0162	0,0014
	Arbres morts	7	88%	18	0,075	0,066	0,4997	0,0328
6	*Hippomane mancinella*	6	75%	19	0,079	0,059	1,0102	0,06
7	*Leucaena leucocephala*	4	50%	16	0,067	0,033	0,0079	0,0003
8	*Terminalia catappa*	4	50%	6	0,025	0,013	0,0206	0,0003
9	*Hæmatoxylon campechianum*	6	75%	2	0,008	0,006	0,1139	0,0007
10	*Erythroxylon havanense*	5	63%	2	0,008	0,005	0,0196	0,0001

*Fréquence absolue (f_a) = présence de l'espèce dans les différents quadrats; Fréquence relative (f_r)= Fréquence absolue / nombre de quadrats; Densité = nombre d'individus / surface du relevé; Indice de distribution (Id) = Fréquence relative * Densité; Indice de dominance (ID) = Indice de distribution * surface terrière (aire basale).*

Cette communauté végétale sempervirente saisonnière d'horizon inférieur et de faciès xérique est au stade arbustif. *Hippomane mancinella* et *Thespesia populnea* sont toutes deux des espèces indicatrices de littoral sableux. Les trois espèces végétales, *Hippomane mancinella*, *Tabebuia heterophylla* et *Thespesia populnea* sont caractérisées par des individus matures de faibles effectifs mais ayant de grandes sections (entre 2,5 et 45 cm) (Tableau 72 et Figure 162). En conséquence, leur indice de dominance est pondéré par ces spécimens de gros diamètres. *Dichrostachys cinerea* est l'espèce la plus concurrente de cette unité floristique au regard de son indice de distribution (Tableau 72). Bien que ses individus aient des sections comprises entre 2,5 et 5 cm, l'espèce domine par son effectif, sa densité et sa distribution (fréquences et indice de distribution) (Tableau 72 et Figure 162). Hormis les arbres matures d'*Hippomane mancinella*, de *Tabebuia heterophylla* et de *Thespesia populnea*, le reste de la matrice végétale est constituée d'individus de hauteurs (entre 1 et 8 m) et de diamètres (entre 2,5 et 5 cm) nettement plus faibles (Figure 162 et Figure 163). Le taux de mortalité est relativement faible (6%). La diversité spécifique est la plus faible au regard des stations de la Pointe Borgnèse (Figure 164).

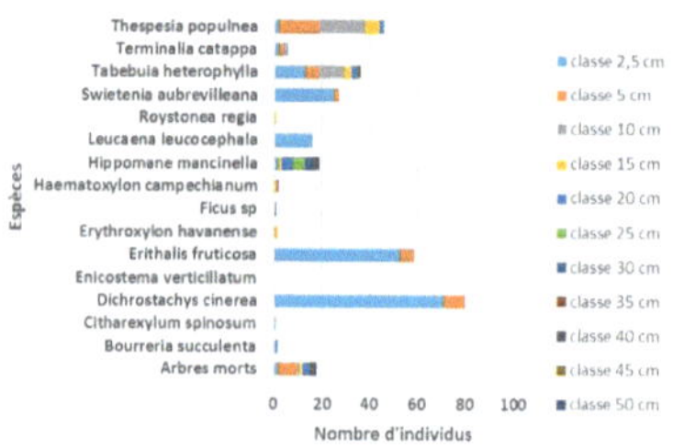

Figure 162: Distribution diamétrique des arbres vivants, sénescents et morts (diamètres ≥ 2,5 cm; Station PTB3)

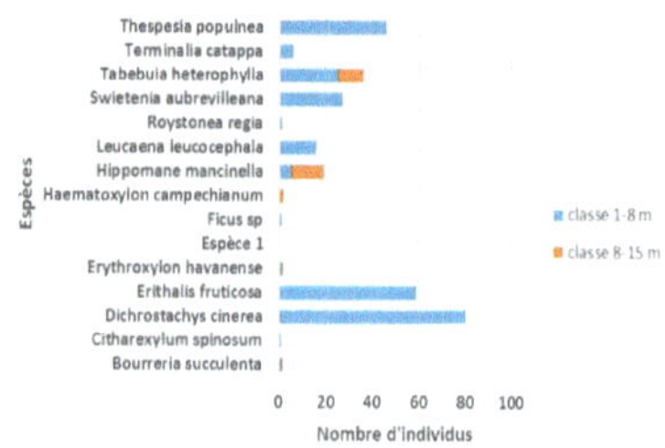

Figure 163: Distribution des hauteurs des arbres vivants et sénescents (hauteurs ≥ 1,3 m; Station PTB3)

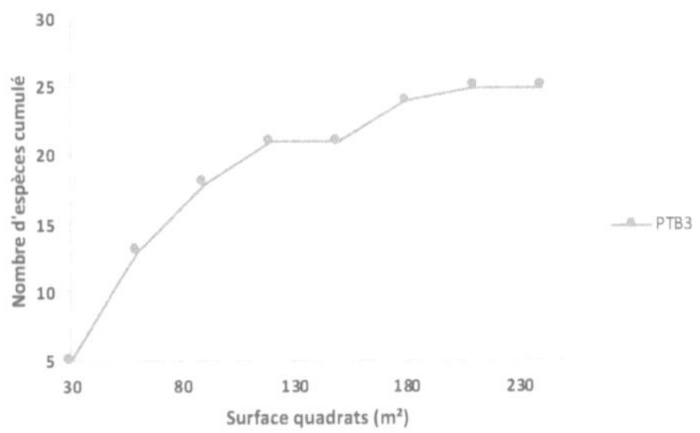

Figure 164: Courbe Aire/Espèces de la station PTB3

Station PTB4 (400 m²)

Tableau 73: Les paramètres écologiques et structuraux de la station PTB4

Rang	Espèces	f_a	f_r	Nombre d'individus par espèce hors régénérations	Densité (ind/m²)	Id	Surface terrière totale par espèce	ID
1	*Myrcia citrifolia*	4	100%	503	1,2575	1,2575	0,2896	0,3642
2	*Acacia muricata*	4	100%	208	0,52	0,5200	0,4693	0,244
3	*Erithalis fruticosa*	4	100%	199	0,4975	0,4975	0,2405	0,1197
4	*Bourreria succulenta*	4	100%	213	0,5325	0,5325	0,1222	0,0651
5	*Pisonia suborbiculata*	4	100%	129	0,3225	0,3225	0,1001	0,0323
	Arbres morts	4	100%	71	0,1775	0,1775	0,0540	0,0096
6	*Croton bixoides*	4	100%	53	0,1325	0,1325	0,0275	0,0036
7	*Chiococca alba*	4	100%	27	0,0675	0,0675	0,0147	0,001
8	*Randia aculeata*	4	100%	14	0,035	0,0350	0,0113	0,0004
10	*Erythroxylon havanense*	5	63%	2	0,008	0,005	0,020	0,0001
25	***Dichrostachys cinerea***	1	25%	1	0,0025	0,0006	0,0005	0,0000003

*Fréquence absolue (f_a) = présence de l'espèce dans les différents quadrats; Fréquence relative (f_r)= Fréquence absolue / nombre de quadrats; Densité = nombre d'individus / surface du relevé; Indice de distribution (Id) = Fréquence relative * Densité; Indice de dominance (ID) = Indice de distribution * surface terrière (aire basale).*

Il s'agit d'une association floristique sempervirente saisonnière d'horizon inférieur et de faciès xérique au stade présylvatique voire forestier jeune. Les espèces prépondérantes sont, par ordre d'importance écologique, *Myrcia citrifolia*, *Acacia muricata* et *Erithalis fruticosa*. Ces espèces ont les valeurs de paramètres écologiques les plus importantes (effectif, distribution et surface terrière; Tableau 73). Cette unité floristique est essentiellement constituée d'individus de faibles sections [2,5 cm (83,4% de l'effectif total) et 5 cm (14,4%)] dont les hauteurs sont comprises entre 1 et 8 mètres (Figure 165 et Figure 166). *Dichrostachys cinerea* est représentée par un seul individu de 2,5 centimètres de diamètre (Figure 165). Sa présence semble marginale au vu des faibles valeurs d'indices écologiques observées (Tableau 73). Le taux de mortalité de la station est faible (5,1%). La richesse floristique est faible au vu de la surface d'inventaires et de la courbe Aire/Espèces (Figure 167).

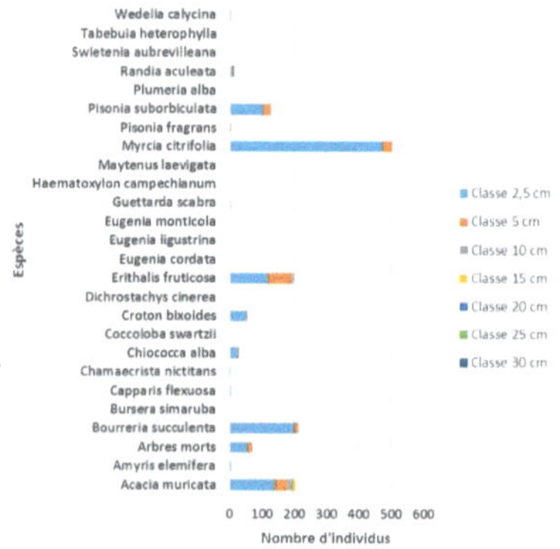

Figure 165: Distribution diamétrique des arbres vivants, sénescents et morts (diamètres ≥ 2,5 cm; Station PTB4)

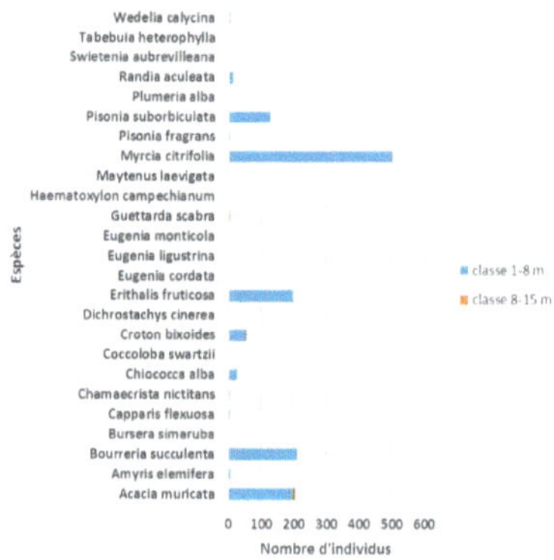

Figure 166: Distribution des hauteurs des arbres vivants et sénescents (hauteurs ≥ 1,3 m; Station PTB4)

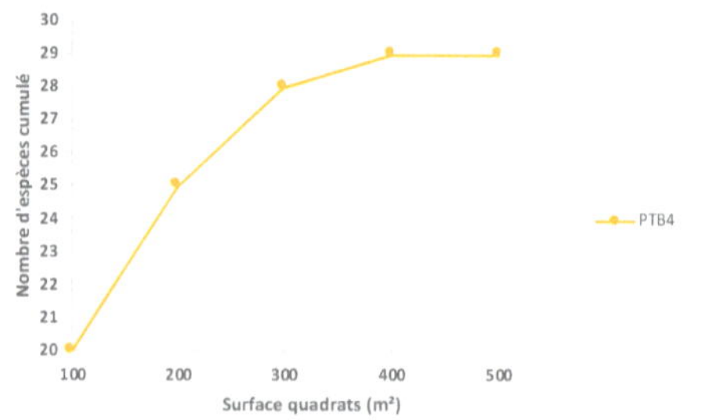

Figure 167: Courbe Aire/Espèces de la station PTB4

<u>Rapport de dominance des espèces pour l'ensemble des stations de la Pointe Borgnèse (PTB)</u>

Tableau 74: Les principaux paramètres écologiques et structuraux pour l'ensemble des stations PTB

Rang	Espèces	f_a	f_r	Nombre d'individus par espèce hors régénérations	Densité (ind/m²)	Id	Surface terrière totale par espèce	ID
	Arbres morts	4	100%	362	0,208	0,208	0,9999	0,208
1	*Bourreria succulenta*	4	100%	585	0,3362	0,3362	0,3799	0,1277
2	*Swietenia aubrevilleana*	4	100%	259	0,1489	0,1489	0,8207	0,1222
3	***Dichrostachys cinerea***	4	100%	527	0,3029	0,3029	0,3824	0,1158
4	*Tabebuia heterophylla*	4	100%	115	0,0661	0,0661	1,4746	0,0975
5	*Acacia muricata*	4	100%	279	0,1603	0,1603	0,5871	0,0941
6	*Myrcia citrifolia*	3	75%	560	0,3218	0,2414	0,3176	0,0767
7	*Erithalis fruticosa*	4	100%	326	0,1874	0,1874	0,3235	0,0606
8	*Hippomane mancinella*	3	75%	39	0,0224	0,0168	2,4593	0,0413
9	*Hæmatoxylon campechianum*	4	100%	127	0,0730	0,0730	0,4521	0,033
10	*Pisonia suborbiculata*	4	100%	171	0,0983	0,0983	0,1237	0,0122
11	*Croton bixoides*	3	75%	218	0,1253	0,0940	0,1291	0,0121
12	*Erythroxylon havanense*	4	100%	148	0,0851	0,0851	0,1134	0,0096
13	*Randia aculeata*	3	75%	178	0,1023	0,0767	0,1065	0,0082
14	*Pisonia fragrans*	3	75%	97	0,0557	0,0418	0,1046	0,0044
15	*Thespesia populnea*	1	25%	46	0,0264	0,0066	0,3524	0,0023
69	***Triphasia trifolia***	2	50%	0	0,0000	0,0000	0,0000	0,0000

*Fréquence absolue (f_a) = présence de l'espèce dans les différents quadrats; Fréquence relative (f_r)= Fréquence absolue / nombre de quadrats; Densité = nombre d'individus / surface du relevé; Indice de distribution (Id) = Fréquence relative * Densité; Indice de dominance (ID) = Indice de distribution * surface terrière (aire basale).*

Bourreria succulenta, *Swietenia aubrevilleana* et *Dichrostachys cinerea* sont les espèces dominantes de l'ensemble des stations (PTB). Elles ont à la fois des densités et des surfaces terrières relativement élevées ce qui indique les fortes valeurs d'indices de dominance observées (Tableau 74). *Dichrostachys cinerea* est très adaptée aux perturbations du milieu même si ses individus ont des diamètres qui ne dépassent pas 10 centimètres (Figure 156, Figure 159 et Figure 162). Par ordre d'importance écologique, *Tabebuia heterophylla*, *Acacia muricata*, *Myrcia citrifolia*, *Erithalis fruticosa*, *Hæmatoxylon campechianum* et *Pisonia suborbiculata* sont très distribuées dans les quadrats des stations PTB (Tableau 74). Toutefois, en plus d'avoir des effectifs plus faibles, leurs individus se distribuent dans des classes diamétriques plus petites d'où les valeurs d'indices de dominance plus faibles que celles des espèces dominantes (*Bourreria succulenta*, *Swietenia aubrevilleana* et *Dichrostachys cinerea*) (Tableau 74).

Dans cette matrice végétale, on compte des espèces qui s'installent très tôt dans la dynamique végétale et qui demeurent dans les phases préclimaciques et climaciques. Ces espèces sont caractérisées par une très faible dominance et sont, par ordre d'importance écologique, *Daphnopsis americana* (Maho piman), *Maytenus lævigata* (Bwa sitwon) et *Zanthoxylum monophyllum* (Lépiné jòn) (Joseph, 2009).

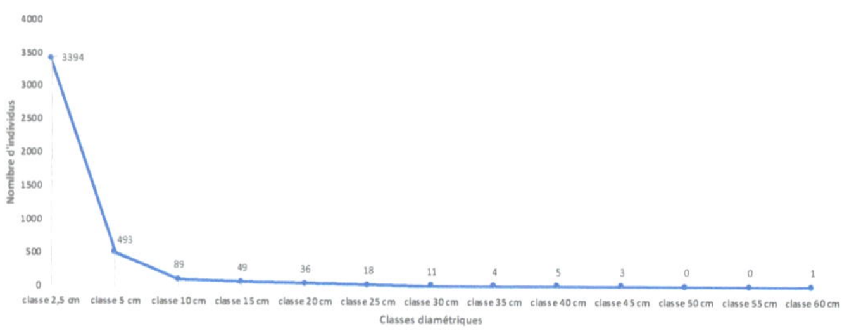

Figure 168: Distribution diamétrique des stations de la Pointe Borgnèse (PTB) hors régénérations et hors arbres morts

Dans ces stations, nous avons comptabilisé au total, 4 103 spécimens (Figure 168). Ces derniers ont des diamètres essentiellement faibles entre 2,5 (82,5% de l'effectif total des ligneux) et 5 cm (12,9%) et des hauteurs comprises entre 1 et 8 m (96,6%). L'ensemble des stations PTB est principalement constitué d'espèces régressives. Les espèces plus spécialisées de grandes sections sont rares. Dans cette zone d'étude, *Dichrostachys cinerea* a trouvé des conditions favorables à son développement.

Courbes de régression linéaire

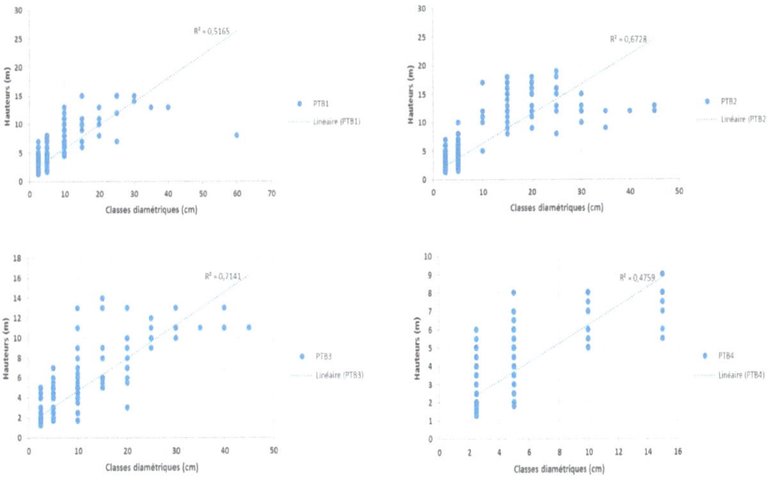

Figure 169: Courbes de corrélation entre les diamètres et les hauteurs des arbres des stations PTB (Pointe Borgnèse) (diamètres ≥ 2,5 cm et hauteurs ≥ 1,3 m)

Les courbes ci – dessus montrent des valeurs de coefficients de détermination (R^2) suivantes: PTB1 (R^2 = 0,52), PTB2 (R^2 = 0,67), PTB3 (R^2 = 0,71) et PTB4 (R^2 = 0,48). La relation linéaire de toutes les courbes est positive (Figure 169). La valeur de coefficient de détermination de la station PTB4 est la plus faible (< 0,5; Figure 169). Les hauteurs et les diamètres ne sont pas en corrélation: la relation qui lie les deux paramètres est faible. Cela signifie que cette communauté présente un déséquilibre fonctionnel. Alors que les hauteurs des autres stations (PTB1, PTB2 et PTB3) sont étroitement liées aux diamètres: grandes valeurs observées (Figure 169).

Indice de Jaccard

Tableau 75: Matrice de similarité des stations de la Pointe Borgnèse (Indice de Jaccard)

	PTB1(53)	PTB2(25)	PTB3(48)	PTB4(29)
PTB1(53)	1	*0,23*	**0,63**	*0,44*
PTB2(25)	-	1	*0,33*	*0,22*
PTB3(48)	-	-	1	**0,54**
PTB4(29)	-	-	-	1

Les stations PTB1 et PTB3 ont de très grandes similitudes (0,63; Tableau 75). Ces ressemblances témoignent d'une composition floristique relativement proche. Les stations PTB3 et PTB4 (0,54; Tableau 75) ont également des valeurs d'indices relativement élevées. Ces peuplements sont floristiquement dépendants: ils ont des valeurs significatives. La station PTB2 est celle qui a le moins de similitudes avec les autres communautés végétales (Tableau 75).

Indices de diversité

Tableau 76: Matrice de similarité des stations de la Pointe Borgnèse (Indices de diversité)

Indices	PTB1	PTB2	PTB3	PTB4
D	0,11	0,10	0,17	0,21
1 – D	**0,89**	**0,90**	**0,83**	**0,79**
H'	3,88	3,95	2,89	2,71
J	0,56	0,55	0,51	0,37
Hill	0,18	0,20	0,34	0,32
1 – Hill	0,82	0,80	0,66	0,68

*Indice de Simpson (D ou 1 – D) = le carré (nombre d'individus /nombre total d'individus de l'échantillon); Indice réciproque de Simpson (1/D) = inverse de l'indice de Simpson; Indice de Shannon (H') =-∑ [proportion d'une espèce par rapport au nombre total d'espèces dans l'échantillon*log (proportion d'une espèce par rapport au nombre total d'espèces dans l'échantillon)]; Indice de Piélou (J) = indice de Shannon / log (richesse spécifique); Indice de Hill (Hill) = inverse de l'indice de Simpson / par l'exponentielle de l'indice de Shannon.*

L'indice de Shannon – Weaver présente des valeurs comprises entre 2,6 ≤ H' ≤ 3,9, ce qui indique une répartition relativement équitable entre les espèces des stations PTB. Les taxa de ces stations montrent une distribution relativement équilibrée.

Les valeurs des indices de diversité de Simpson (notés 1 – D) des stations PTB sont proches de 1 (Tableau 76). Elles présentent donc une forte diversité. Nous observons toutefois, une diversité plus ou moins forte en fonction des valeurs d'indices que nous avons obtenues. Les stations PTB1 et PTB2 sont celles qui présentent une diversité plus élevée (Tableau 76).

L'indice de 1 – Hill semble avoir des valeurs plus pertinentes. Les stations PTB3 et PTB4 ont des valeurs plus basses et ont donc une diversité moyenne. Alors que les stations PTB1 et PTB2 ont une diversité relativement élevée.

L'indice de Piélou montre des valeurs relativement basses (J ≤ 0,6), cela signifie qu'il existe dans ces communautés végétales un phénomène de dominance. Cette dominance est observable dans la station PTB1 avec

Bourreria succulenta (259 spécimens; Tableau 70), PTB2 par la surreprésentation de *Dichrostachys cinerea* (295 individus; Tableau 71), PTB3 avec *Dichrostachys cinerea* (80 taxa comptabilisés; Tableau 72) et PTB4 par la dominance de *Myrcia citrifolia* (503 individus recensés; Tableau 73).

AFC de l'ensemble des stations PTB

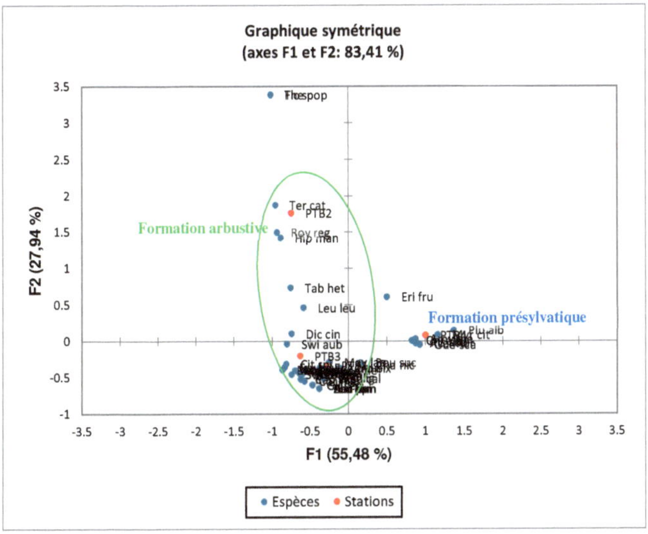

Figure 170: Différenciation mésologique et temporelle des stations et des espèces de la Pointe Borgnèse (PTB)

L'inertie liée à l'axe F1 est de 55,48% et celle de l'axe F2 est de 27,94%. Ce qui représente un maximum d'inertie de 83,41% (Figure 170). L'axe F2 oppose les différences observées entre les compositions floristiques alors que l'axe F1 différencie les stades d'évolution. Les stations PTB1, PTB2 et PTB3 sont des formations végétales au stade arbustif. Elles sont caractérisées par des espèces arbustives notamment *Dichrostachys cinerea,* qui fait partie des espèces du cortège dominant. La station PTB2 a des valeurs très hétérogènes selon l'axe F2 et a une composition floristique relativement différente des autres. La station PTB4 est une formation au stade présylvatique. Elle est représentée par des taxa régressifs tels qu'*Acacia muricata* ou encore *Pisonia suborbiculata*.

CAH de l'ensemble des stations PTB

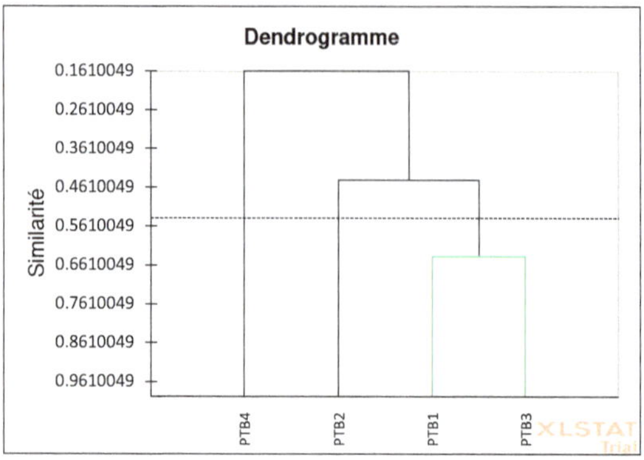

Figure 171: Hiérarchie des partitions obtenues par CAH de l'ensemble des stations PTB

La CAH confirme les résultats obtenus par AFC et indique que les formations arbustives représentées par les stations PTB1, PTB2 et PTB3 ont une composition floristique beaucoup plus proche que celle de la station PTB4 (Figure 171). La structure végétale des communautés PTB1 et PTB3 se différencie de celle de la station PTB2 (0,44; Figure 171). Elles sont caractérisées par la présence d'espèces du littoral sableux dont *Hippomane mancinella*. PTB2 est caractérisée par une espèce singulière introduite des Grandes Antilles, *Roystonea regia*. Outre le fait qu'elle corresponde à une formation au stade présylvatique, la station PTB4 a très peu de similitudes écologiques avec les autres phytocénoses (0,16; Figure 171).

Synthèse générale

L'indice de dominance est un outil écologique utilisé dans les associations floristiques équilibrées afin de déterminer l'importance écologique des végétaux entre eux (Joseph, 2004b). Les stations PTB2 et PTB3 sont des communautés végétales arbustives non équilibrées. En effet, dans ces stations, les indices de dominance ne sont pas du tout représentatifs puisqu'ils «écrasent» les valeurs des espèces ayant les plus grandes densités au détriment de celles ayant les plus gros diamètres. Dans ces stations, nous nous sommes concentrés sur les valeurs des densités et des indices de distribution. Dans ces deux groupements, *Dichrostachys cinerea* est l'espèce qui présente à la fois un effectif, une densité ainsi qu'un indice de distribution les plus élevés. Elle représente l'espèce la plus concurrentielle des stations PTB2 et PTB3.

La stations PTB1 et PTB4 correspondent à des formations végétales à différentes phases d'évolution temporelle: arbustif pour l'une (PTB1) et présylvatique pour l'autre (PTB4). Il semble que l'abondance de *Dichrostachys cinerea* varie en fonction du stade d'évolution de la station. D'après les résultats, dans la station PTB1, *Dichrostachys cinerea* faisait partie du cortège dominant tandis que dans la station PTB4, l'espèce est marginale.

V.1.1.1.2.6 Quartier Mondésir (MDS)

La zone d'étude MDS est constituée 48 espèces végétales réparties en 28 familles et 41 genres.

Tableau 77: Répartition des espèces des stations MDS en taxa supérieurs

Taxa supérieurs	Classes	Familles	%	Genres	%	Espèces	%
Angiospermes	Monocotylédones	2	7,1	3	7,3	3	6,3
	Dicotylédones	26	92,9	38	92,7	45	93,7
Total		28		41		48	

<u>*Station MDS1 (300 m²)*</u>

Tableau 78: Les principaux paramètres écologiques et structuraux de la station MDS1

Rang	Espèces	f_a	f_r	Nombre d'individus par espèce hors régénérations	Densité (ind/m²)	Id	Surface terrière totale par espèce	ID
1	***Dichrostachys cinerea***	3	100%	154	0,5133	0,5133	0,3524	0,1809
	Arbres morts	3	100%	90	0,3	0,3	0,0928	0,0278
2	*Acacia sp*	3	100%	35	0,1167	0,1167	0,0893	0,0104
3	*Leucaena leucocephala*	2	67%	27	0,09	0,06	0,0457	0,0027
4	*Bourreria succulenta*	2	67%	18	0,06	0,04	0,0088	0,0004
5	*Croton bixoides*	2	67%	10	0,0333	0,0222	0,0093	0,0002
6	*Hæmatoxylon campechianum*	2	67%	6	0,02	0,0133	0,0103	0,0001
7	*Capparis flexuosa*	3	100%	7	0,0233	0,0233	0,0049	0,0001

*Fréquence absolue (f_a) = présence de l'espèce dans les différents quadrats; Fréquence relative (f_r)= Fréquence absolue / nombre de quadrats; Densité = nombre d'individus / surface du relevé; Indice de distribution (Id) = Fréquence relative * Densité; Indice de dominance (ID) = Indice de distribution * surface terrière (aire basale).*

Cette phytocénose est une formation sempervirente d'horizon inférieur et de faciès xérique au stade arbustif dominée par une population de *Dichrostachys cinerea* (Tableau 78). Au regard des facteurs du milieu, l'Acacia de Saint – Domingue est l'espèce la plus concurrente. Ce taxon est très distribué dans la station (f_r = 100%), a la surface terrière la plus élevée (ST_{MDS1} = 0,3524) et est caractérisé par un indice de dominance élevé (ID = 0,1809) (Tableau 78). De plus, il a par une bonne distribution des classes d'âges: toutes les classes diamétriques sont représentées (Figure 172). De nombreux arbres morts ont été recensés dans la station MDS1 (90 au total, ce qui représente un taux de mortalité de 25,6%) (Tableau 78). 81 (soit 90%) de ces arbres morts sont des individus de *Dichrostachys cinerea* de faibles sections (entre 2,5 et 5 cm; Figure 172). Tous les autres individus d'espèces de la station ont de faibles sections hormis ceux d'*Acacia sp* qui sont en pleine croissance morphologique (Figure 172). L'association floristique est composée majoritairement par des individus de faibles hauteurs (entre 1 et 8 m; Figure 173). La richesse en espèces est faible (Figure 174).

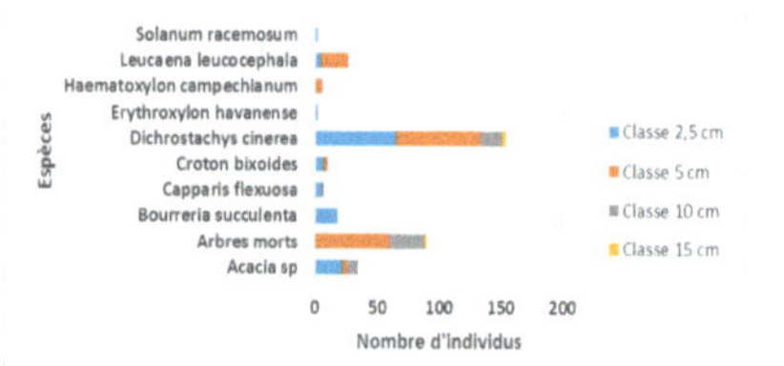

Figure 172: Distribution diamétrique des arbres vivants, sénescents et morts (diamètres ≥ 2,5 cm; Station MDS1)

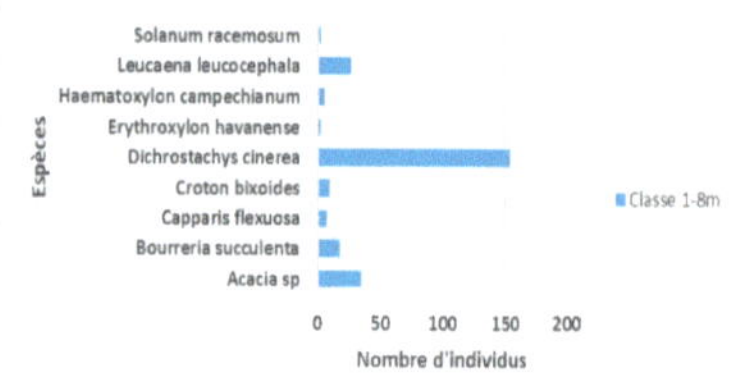

Figure 173: Distribution des hauteurs des arbres vivants et sénescents (hauteurs ≥ 1,3 m; Station MDS1)

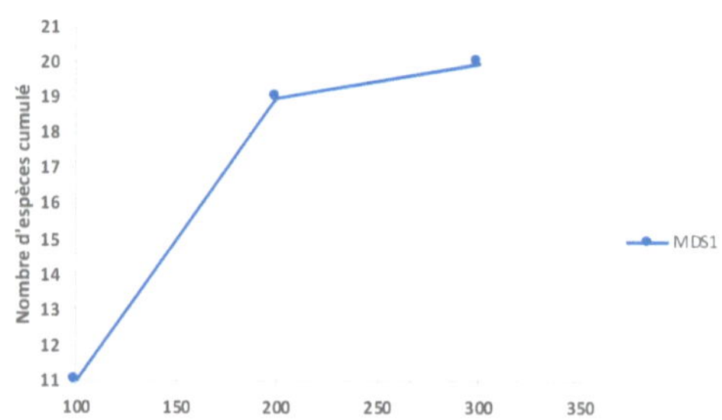

Figure 174: Courbe Aire/Espèces de la station MDS1

Station MDS2 (500 m²)

Tableau 79: Les principaux paramètres écologiques et structuraux de la station MDS2

Rang	Espèces	f_a	f_r	Nombre d'individus par espèce hors régénérations	Densité (ind/m²)	Id	Surface terrière totale par espèce	ID
1	*Leucaena leucocephala*	5	100%	164	0,328	0,328	0,3426	0,1124
	Arbres morts	5	100%	129	0,258	0,258	0,2091	0,0540
2	***Dichrostachys cinerea***	5	100%	111	0,222	0,222	0,1968	0,0437
3	*Croton bixoides*	2	40%	31	0,062	0,0248	0,0447	0,0011
4	*Pisonia fragrans*	3	60%	3	0,006	0,0036	0,2400	0,0009
5	*Cordia martinicensis*	5	100%	20	0,04	0,04	0,0187	0,0007
6	*Bourreria succulenta*	4	80%	21	0,042	0,0336	0,0206	0,0007
7	*Wedelia calycina*	4	80%	27	0,054	0,0432	0,0147	0,0006

*Fréquence absolue (f_a) = présence de l'espèce dans les différents quadrats; Fréquence relative (f_r)= Fréquence absolue / nombre de quadrats; Densité = nombre d'individus / surface du relevé; Indice de distribution (Id) = Fréquence relative * Densité; Indice de dominance (ID) = Indice de distribution * surface terrière (aire basale).*

Cette phytocénose est une formation sempervirente d'horizon inférieur et de faciès xérique au stade présylvatique. *Leucaena leucocephala* est l'espèce dominante de ce cortège végétal. On peut ajouter auxiliairement à ce cortège, l'espèce potentiellement invasive, *Dichrostachys cinerea*. *Leucaena leucocephala* et *Dichrostachys cinerea* ont à la fois un nombre d'individus et une surface terrière élevés: ce qui se traduit par un indice de dominance élevé (Tableau 79). 111 individus de *Dichrostachys cinerea* de sections comprises entre 2,5 à 10 cm ont été recensés (Figure 175): 10 cm est une section élevée au regard morphogénétique de cette espèce. Le reste de la matrice végétale est constitué d'individus de faibles sections (entre 2,5 et 5 cm) et de faibles hauteurs (entre 1 et 8 m) (Figure 175 et Figure 176). Trois individus de *Pisonia fragrans* ont été observés (Tableau 79). Parmi eux, nous avons observé un arbre mature de section élevée (55 cm) culminant entre 8 et 15 m (Figure 175 et Figure 176) qui confère à cette espèce, au regard des autres, une surface terrière élevée (Tableau 79). Les arbres morts sont très nombreux: ils représentent 21,8% des ligneux. La diversité floristique est riche au vu de la surface d'inventaire (Figure 177).

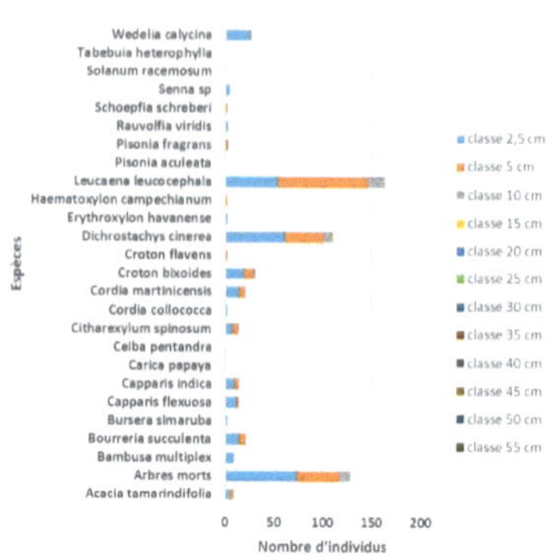

Figure 175: Distribution diamétrique des arbres vivants, sénescents et morts (diamètres ≥ 2,5 cm; Station MDS2)

Figure 176: Distribution des hauteurs des arbres vivants et sénescents (hauteurs ≥ 1,3 m; Station MDS2)

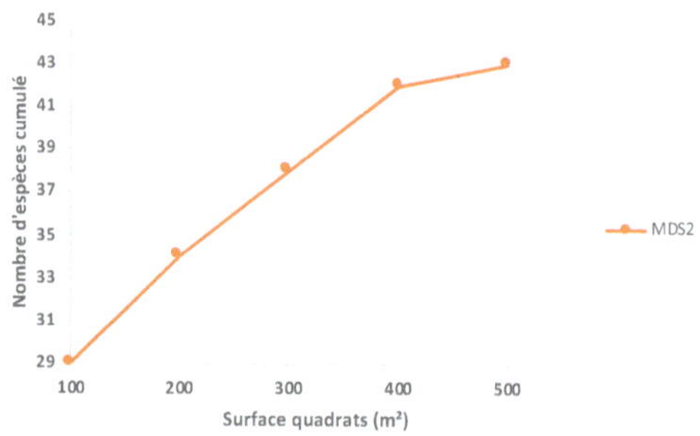

Figure 177: Courbe Aire/Espèces de la station MDS2

Rapport de dominance des espèces pour l'ensemble des stations du Quartier Mondésir (MDS)

Tableau 80: Les principaux paramètres écologiques et structuraux pour l'ensemble des stations MDS

Rang	Espèces	f_a	f_r	Nombre d'individus par espèce hors régénérations	Densité (ind/m²)	Id	Surface terrière totale par espèce	ID
1	*Dichrostachys cinerea*	2	100%	265	0,3313	0,3313	0,5493	0,182
2	*Leucaena leucocephala*	2	100%	191	0,2388	0,2388	0,3883	0,0927
	Arbres morts	2	100%	219	0,2738	0,2738	0,3019	0,0826
3	*Croton bixoides*	2	100%	41	0,0513	0,0513	0,0540	0,0028
4	*Acacia sp*	1	50%	35	0,0438	0,0219	0,0893	0,0020
5	*Bourreria succulenta*	2	100%	39	0,0488	0,0488	0,0295	0,0014
6	*Pisonia fragrans*	2	100%	3	0,0038	0,0038	0,24	0,0009
7	*Citharexylum spinosum*	2	100%	14	0,0175	0,0175	0,0231	0,0004
8	*Capparis flexuosa*	2	100%	21	0,0263	0,0263	0,0147	0,0004
9	*Wedelia calycina*	1	50%	27	0,0338	0,0169	0,0147	0,0002
10	*Cordia martinicensis*	1	50%	20	0,025	0,0125	0,0187	0,0002
11	*Hæmatoxylon campechianum*	2	100%	8	0,01	0,01	0,0128	0,0001
12	*Capparis indica*	1	50%	14	0,0175	0,0088	0,0142	0,0001

*Fréquence absolue (f_a) = présence de l'espèce dans les différents quadrats; Fréquence relative (f_r)= Fréquence absolue / nombre de quadrats; Densité = nombre d'individus / surface du relevé; Indice de distribution (Id) = Fréquence relative * Densité; Indice de dominance (ID) = Indice de distribution * surface terrière (aire basale).*

Dichrostachys cinerea et secondairement *Leucaena leucocephala* sont les espèces végétales dominantes de cet ensemble de stations MDS. *Dichrostachys cinerea* domine en termes de nombre d'individus (265 individus recensés), de densité et d'indice de distribution (Tableau 80). Ces paramètres corroborent les fortes valeurs de surface terrière et d'indice de dominance observées (Tableau 80). La matrice végétale est constituée d'espèces appartenant au stade arbustif (*Croton bixoides, Acacia sp, Bourreria succulenta, Cordia martinicensis, Hæmatoxylon campechianum*) voire présylvatique (*Bursera simaruba, Citharexylum spinosum, Tabebuia heterophylla*). Rares sont les espèces de stade dynamique plus avancé: sylvatique secondaire (*Pisonia fragrans, Cordia collococca*). Ce niveau de régression de la végétation est le signe d'une perturbation liée à l'activité humaine. L'unité floristique est également composée d'espèces naturalisées telles que *Carica papaya* qui confirment une activité anthropique.

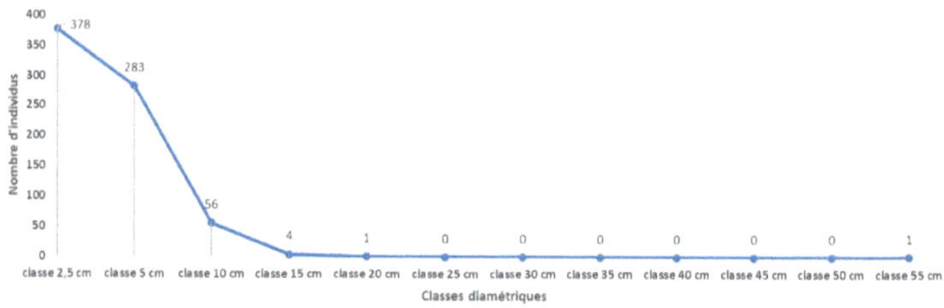

Figure 178: Distribution diamétrique des stations du Quartier Mondésir (MDS) hors régénérations et hors arbres morts

Quelques individus de grandes sections (15 à 55 cm) ont été observés dans ce cortège floristique (Figure 178). Ils sont en nombre beaucoup plus faible que les spécimens de faibles diamètres (entre 2,5 (52,3%) et 5 (39,1%) cm, soit un total de 91,4% de l'effectif global). Ils représentent pour la plupart des reliques de formations passées. Ces espèces ne parviennent pas à se régénérer dans la matrice actuelle, ce qui favorise le développement de *Dichrostachys cinerea*.

<u>Courbe de régression linéaire</u>

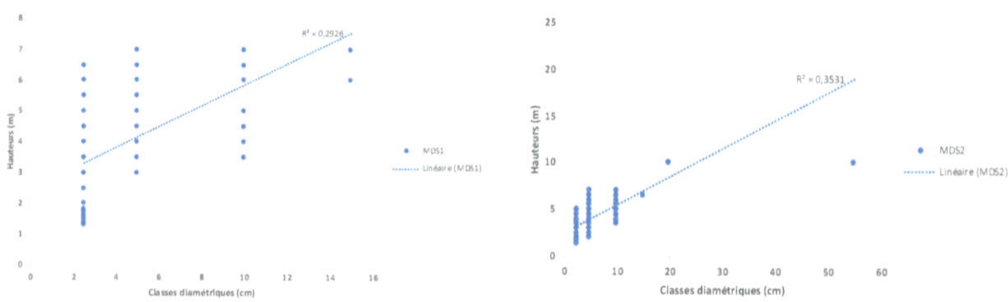

Figure 179: Courbes de corrélation entre les diamètres et les hauteurs des arbres des stations MDS (Quartier Mondésir) (diamètres ≥ 2,5 cm et hauteurs ≥ 1,3 m)

Les courbes ci – dessus indiquent des valeurs de corrélation moyennes positives (Figure 179). Toutefois, ces valeurs sont extrêmement basses: MDS1 (R^2 = 0,29) et MDS2 (R^2 = 0,35). Les hauteurs ne sont pas corrélées avec les diamètres. Elles témoignent d'un grand déséquilibre structurel des deux communautés végétales. En effet, les nuages de points des deux graphiques ont pris une forme de carré (bien visible sur la station MDS1) et n'ont pas de véritables lignes directrices.

Indice de Jaccard

Tableau 81: Matrice de similarité des stations du Quartier Mondésir (Indice de Jaccard)

	MDS1 (20)	MDS2 (43)
MDS1 (20)	1	*0,31*
MDS2 (43)	-	1

L'indice de Jaccard a montré une valeur très faible (0,31; Tableau 81). Ces stations se différencient fortement l'une de l'autre. Cette distinction s'observe d'une part par la richesse spécifique nettement plus faible dans la station MDS1 que dans la MDS2. D'autre part, peu d'espèces communes ont été observées entre les deux phytocénoses: la diversité spécifique entre ces communautés est grande.

Indices de diversité

Tableau 82: Matrice de similarité des stations du Quartier Mondésir (Indices de diversité)

Indices	MDS1	MDS2
D	0,38	0,20
1 – D	0,62	**0,80**
H'	2,00	3,07
J	0,36	0,50
Hill	0,35	0,23
1 – Hill	0,65	0,77

*Indice de Simpson (D ou 1 – D) = le carré (nombre d'individus /nombre total d'individus de l'échantillon); Indice réciproque de Simpson (1/D) = inverse de l'indice de Simpson; Indice de Shannon (H') =-∑ [proportion d'une espèce par rapport au nombre total d'espèces dans l'échantillon*log (proportion d'une espèce par rapport au nombre total d'espèces dans l'échantillon)]; Indice de Piélou (J) = indice de Shannon / log (richesse spécifique); Indice de Hill (Hill) = inverse de l'indice de Simpson / par l'exponentielle de l'indice de Shannon.*

L'indice de Shannon – Weaver indique des valeurs comprises entre $2{,}6 \leq H' \leq 3{,}9$ (Tableau 82). Ceci correspond à une répartition relativement équitable des espèces dans les associations floristiques du Quartier Mondésir. La valeur de l'indice de Simpson de la station MDS1 est relativement faible (0,62; Tableau

82): elle indique une diversité moyenne. La station MDS2 a une diversité importante (0,8; Tableau 82).

L'indice de Piélou (noté J) présente des valeurs très faibles ($J \leq 0,6$). Ce qui indique qu'il existe dans ces unités floristiques une dominance (en termes de nombre) d'espèces végétales. Dans la station MDS2, *Leucaena leucocephala* et *Dichrostachys cinerea* sont les taxa qui sont surreprésentés (164 et 111 individus recensés respectivement; Tableau 79). Cette dominance est observable dans la station MDS1 par la surreprésentation de *Dichrostachys cinerea* (154 individus comptabilisés; Tableau 78).

Les valeurs de l'indice de Hill sont relativement faibles pour les deux groupements. Elles sont en accord avec les résultats obtenus plus haut et indiquent une diversité élevée (Tableau 82).

Synthèse générale

Dichrostachys cinerea figure parmi les espèces les plus concurrentes des stations MDS. Elle est très distribuée dans les quadrats de ces stations. Au total, 265 individus de *Dichrostachys cinerea* ont été dénombrés (Tableau 80). Ces derniers ont des sections comprises entre 2,5 et 15 cm, bien que les hauteurs soient relativement faibles (entre 1 et 8 m). Ces deux stations correspondent à des phytocénoses au stade arbustif dans lesquelles l'Acacia de Saint – Domingue perpétue sa population jusqu'à former des fourrés monospécifiques. Les autres individus des deux phytocénoses ont de faibles sections (entre 2,5 et 5 cm) et de faibles hauteurs (entre 1 et 8 m), hormis un individu de *Pisonia fragrans* qui appartient à une formation passée et qui a une section et une hauteur élevées. *Dichrostachys cinerea* a commencé à former des fourrés denses impénétrables qui semblent bloquer le développement des taxa indigènes.

V.1.1.1.3 Commune du Prêcheur

V.1.1.1.3.1 Pointe Lamare (PTL)

Ces deux stations ont une richesse floristique extrêmement pauvre. La majeure partie des individus que nous avons recensés sont des Dicotylédones. Nous avons observé 12 espèces végétales différentes réparties en 9 familles et 12 genres.

Tableau 83: Répartition des espèces des stations PTL en taxa supérieurs

Taxa supérieurs	Classes	Familles	%	Genres	%	Espèces	%
Angiospermes	Monocotylédones	1	11,1	1	8,3	1	8,3
	Dicotylédones	8	88,9	11	91,7	11	91,7
Total		9		12		12	

Station PTL1 (77,23 m²)

Tableau 84: Les principaux paramètres écologiques et structuraux da la station PTL1

Rang	Espèces	f_a	f_r	Nombre d'individus par espèce hors régénérations	Densité (ind/m²)	Id	Surface terrière totale par espèce	ID
1	*Delonix regia*	1	100%	3	0,039	0,039	0,788	0,0306
2	*Gliricidia sepium*	1	100%	13	0,168	0,168	0,095	0,01595
3	*Leucaena leucocephala*	1	100%	12	0,155	0,155	0,019	0,00297
4	*Melicoccus bijugatus*	1	100%	6	0,078	0,078	0,003	0,00023
	Arbres morts	1	100%	2	0,026	0,026	0,002	0,00006
5	***Dichrostachys cinerea***	1	100%	3	0,039	0,039	0,001	0,00006
6	*Hibiscus rosensis*	1	100%	3	0,039	0,039	0,001	0,00006
7	*Capparis flexuosa*	1	100%	2	0,026	0,026	0,001	0,00003
8	*Acacia tamarindifolia*	1	100%	1	0,013	0,013	0,000	0,00001
	Sansevieria hyacinthoides	1	100%	0	0,0000	0,0000	0,0000	0,0000

*Fréquence absolue (f_a) = présence de l'espèce dans les différents quadrats; Fréquence relative (f_r)= Fréquence absolue / nombre de quadrats; Densité = nombre d'individus / surface du relevé; Indice de distribution (Id) = Fréquence relative * Densité; Indice de dominance (ID) = Indice de distribution * surface terrière (aire basale).*

Il s'agit d'une formation sempervirente saisonnière d'horizon inférieur et de faciès xérique au stade présylvatique à arbustif. *Gliricidia sepium* est l'espèce dominante écologiquement (Tableau 84). Trois individus de *Dichrostachys cinerea* de faibles diamètres (2,5 cm) et hauteurs (entre 1 et 8 m) ont été recensés (Figure 180 et Figure 181). Le développement des individus ligneux de la station semble être entravé par l'extension de l'herbacée potentiellement invasive, *Sansevieria hyacinthoides*. Il en est de même avec les régénérations d'espèces: très peu d'entre elles sont parvenues à se développer (*Capparis flexuosa*, *Dichrostachys cinerea* et *Melicoccus bijugatus*). Elles ont soit une très faible (+) ou une faible abondance écologique (++) et sont marginales par rapport à la population de *Sansevieria hyacinthoides* qui est caractérisée par une très forte abondance écologique (+++++).

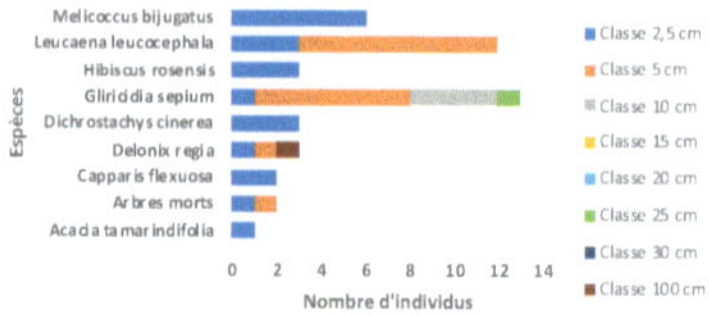

Figure 180: Distribution diamétrique des arbres vivants, sénescents et morts (diamètres ≥ 2,5 cm; Station PTL1)

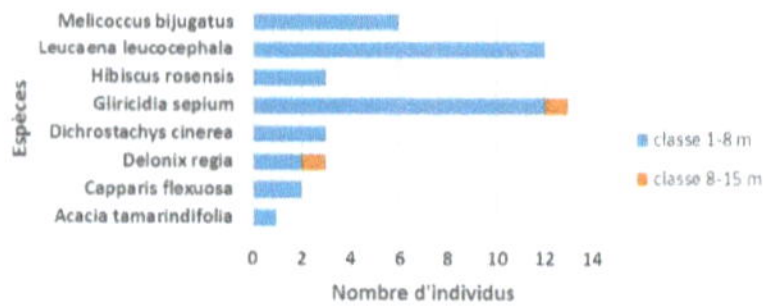

Figure 181: Distribution des hauteurs des arbres vivants et sénescents (hauteurs ≥ 1,3 m; Station PTL1)

Station PTL2 (19,31 m²)

Tableau 85: Les principaux paramètres écologiques et structuraux de la station PTL2

Rang	Espèces	f_a	f_r	Nombre d'individus par espèce hors régénérations	Densité (ind/m²)	Id	Surface terrière totale par espèce	ID
1	*Leucaena leucocephala*	1	100%	13	0,6732	0,6732	0,0108	0,0073
2	*Arbres morts*	1	100%	3	0,1554	0,1554	0,0015	0,0002
	Sansevieria hyacinthoides	1	100%	0	0,0000	0,0000	0,0000	0,0000

*Fréquence absolue (f_a) = présence de l'espèce dans les différents quadrats; Fréquence relative (f_r)= Fréquence absolue / nombre de quadrats; Densité = nombre d'individus / surface du relevé; Indice de distribution (Id) = Fréquence relative * Densité; Indice de dominance (ID) = Indice de distribution * surface terrière (aire basale).*

Cette unité floristique sempervirente saisonnière d'horizon inférieur et de faciès xérique est au stade arbustif. *Leucaena leucocephala* est la seule espèce ligneuse qui soit parvenue à se développer dans les fourrés denses formés par la population de *Sansevieria hyacynthoides* (Tableau 85). Les quelques individus ligneux de *Leucaena leucocephala* observés ont des sections comprises entre 2,5 et 5 cm et des hauteurs allant de 1 à 8 m (Figure 182 et Figure 183). Une autre espèce végétale, *Allamanda cathartica,* liane arbustive s'y est développée mais est caractérisée par une abondance écologique plus faible (+++) que celle de *Sansevieria hyacinthoides*.

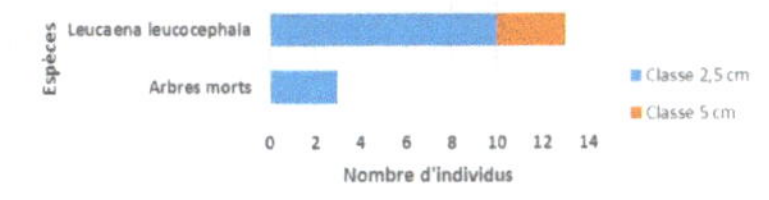

Figure 182: Distribution diamétrique des arbres vivants, sénescents et morts (diamètres ≥ 2,5 cm; Station PTL2)

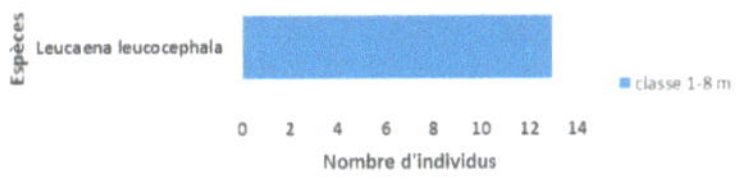

Figure 183: Distribution des hauteurs des arbres vivants et sénescents (hauteurs ≥ 1,3 m; Station PTL2)

<u>*Rapport de dominance des espèces pour l'ensemble des stations de la Pointe Lamare (PTL)*</u>

Tableau 86: Les principaux paramètres écologiques et structuraux pour l'ensemble des stations PTL

Rang	Espèces	f_a	f_r	Nombre d'individus par espèce hors régénérations	Densité (ind/m²)	Id	Surface terrière totale par espèce	ID
1	*Delonix regia*	1	50%	3	0,0311	0,0155	0,7879	0,01224
2	*Leucaena leucocephala*	2	100%	25	0,2590	0,2590	0,0299	0,00775
	Gliricidia sepium	1	50%	13	0,1347	0,0673	0,0947	0,00638
3	*Arbres morts*	2	100%	5	0,0518	0,0518	0,0039	0,00020
4	*Melicoccus bijugatus*	1	50%	6	0,0622	0,0311	0,0029	0,00009
5	***Dichrostachys cinerea***	1	50%	3	0,0311	0,0155	0,0015	0,00002
6	*Hibiscus rosensis*	1	50%	3	0,0311	0,0155	0,0015	0,00002
7	*Capparis flexuosa*	1	50%	2	0,0207	0,0104	0,0010	0,00001
8	*Acacia tamarindifolia*	1	50%	1	0,0104	0,0052	0,0005	0,000003
	Sansevieria hyacinthoides	1	50%	0	0,0000	0,0000	0,0000	0,0000

*Fréquence absolue (f_a) = présence de l'espèce dans les différents quadrats; Fréquence relative (f_r)= Fréquence absolue / nombre de quadrats; Densité = nombre d'individus / surface du relevé; Indice de distribution (Id) = Fréquence relative * Densité; Indice de dominance (ID) = Indice de distribution * surface terrière (aire basale).*

Leucaena leucocephala et secondairement *Gliricidia sepium* sont les espèces dominantes de l'ensemble des stations PTL du point de vue écologique (Tableau 86). *Leucaena leucocephala* s'est développée sous l'unité floristique formée par les individus matures de *Gliricidia sepium*. La matrice végétale est principalement constituée d'espèces arbustives de laquelle émergent quelques individus matures de *Gliricidia sepium* et de *Delonix regia*. Les autres taxa de la matrice *Dichrostachys cinerea, Hibiscus rosensis, Capparis flexuosa* et *Acacia tamarindifolia* semblent marginales, elles ont un effectif extrêmement faible (Tableau 86).

Tableau 87: Matrice de similarité de la Pointe Lamare (Indice de Jaccard)

	PTL1 (11)	PTL2 (3)
PTL1(11)	1	*0,17*
PTL2(3)	-	1

La valeur de l'indice de Jaccard est extrêmement faible (0,17; Tableau 87). Du point de vue écologique, ces deux groupements floristiques sont totalement différents.

Tableau 88: Matrice de similarité des stations de la Pointe Lamare (Indices de diversité)

Indices	PTL1	PTL2
D	0,21	1
1 – D	**0,79**	*0*
H'	2,57	0
J	0,68	0
Hill	0,37	0
1 – Hill	0,63	0

*Indice de Simpson (D ou 1 – D) = le carré (nombre d'individus /nombre total d'individus de l'échantillon); Indice réciproque de Simpson (1/D) = inverse de l'indice de Simpson; Indice de Shannon (H') =-∑ [proportion d'une espèce par rapport au nombre total d'espèces dans l'échantillon*log (proportion d'une espèce par rapport au nombre total d'espèces dans l'échantillon)]; Indice de Piélou (J) = indice de Shannon / log (richesse spécifique); Indice de Hill (Hill) = inverse de l'indice de Simpson / par l'exponentielle de l'indice de Shannon.*

Dans la station PTL2, *Leucaena leucocephala* est la seule espèce arborée à s'être développée. La valeur de l'indice de Simpson est maximale (1; Tableau 88). Les valeurs des indices de Shannon et de Piélou sont nulles: elles indiquent une représentation excessive de la population de *Leucaena leucocephala*. Dans le cas de la station PTL1, les valeurs d'indices de Simpson et de Hill sont faibles et indiquent une diversité élevée (Tableau 88). L'indice de Shannon – Weaver et l'indice de Piélou sont faibles (Tableau 88). Nous avons observé, dans la station PTL1, une dominance importante en termes de nombre d'individus des espèces suivantes: *Gliricidia sepium* et *Leucaena leucocephala* (Tableau 84)

Synthèse générale

Le milieu est dégradé et pauvre en espèces végétales. Les espèces potentiellement invasives (*Dichrostachys cinerea* et *Sansevieria hyacinthoides*) semblent inhiber le développement d'espèces indigènes.

V.1.1.1.4 Commune de Sainte – Anne

V.1.1.1.4.1 Anse Meunier (AM)

La zone d'étude Anse Meunier (notée AM) comporte 43 espèces végétales réparties en 28 familles et 36 genres.

Tableau 89: Répartition des espèces des stations AM en taxa supérieurs

Taxa supérieurs	Classes	Familles	%	Genres	%	Espèces	%
Angiospermes	Monocotylédones	3	10,7	3	8,3	3	7
	Dicotylédones	25	89,3	33	91,7	40	93
Total		28		36		43	

Station AM1 (33,83 m²)

Tableau 90: Les principaux paramètres écologiques et structuraux da la station AM1

Rang	Espèces	f_a	f_r	Nombre d'individus par espèce hors régénérations	Densité (ind/m²)	Id	Surface terrière totale par espèce	ID
1	*Hæmatoxylon campechianum*	1	100%	4	0,1182	0,1182	0,0746	0,0088
2	*Swietenia aubrevilleana*	1	100%	2	0,0591	0,0591	0,0785	0,0046
3	*Conocarpus erectus*	1	100%	4	0,1182	0,1182	0,0206	0,0024
4	*Thespesia populnea*	1	100%	6	0,1774	0,1774	0,0133	0,0024
5	*Randia aculeata*	1	100%	10	0,2956	0,2956	0,0049	0,0015
6	*Acacia nilotica*	1	100%	1	0,0296	0,0296	0,0177	0,0005
7	*Pisonia fragrans*	1	100%	4	0,1182	0,1182	0,0020	0,0002
8	*Schœpfia schreberi*	1	100%	2	0,0591	0,0591	0,0039	0,0002
9	*Capparis flexuosa*	1	100%	3	0,0887	0,0887	0,0015	0,0001
	Sansevieria hyacinthoides	1	100%	0	0,0000	0,0000	0,0000	0,0000

*Fréquence absolue (f_a) = présence de l'espèce dans les différents quadrats; Fréquence relative (f_r)= Fréquence absolue / nombre de quadrats; Densité = nombre d'individus / surface du relevé; Indice de distribution (Id) = Fréquence relative * Densité; Indice de dominance (ID) = Indice de distribution * surface terrière (aire basale).*

Cette unité floristique sempervirente saisonnière d'horizon inférieur et de faciès xérique est au stade arbustif mûr. *Hæmatoxylon campechianum*, *Swietenia aubrevilleana*, *Conocarpus erectus*, *Thespesia populnea* et *Randia aculeata* sont, par ordre d'importance écologique, les espèces qui semblent utiliser au mieux les conditions du milieu (Tableau 90). Les arbustes (*Capparis flexuosa*) et les arbres (*Hæmatoxylon campechianum* et *Swietenia aubrevilleana*) de la station sont en phase de développement morphogénétique (Figure 184). L'association floristique est composée majoritairement d'individus de sections comprises entre 2,5 et 5 cm et culminant entre 1 à 8 m (Figure 184 et Figure 185). Aucune espèce ligneuse n'est parvenue à se régénérer dans la station. Les individus de *Sansevieria hyacinthoides* semblent avoir inhibé le développement des autres espèces végétales.

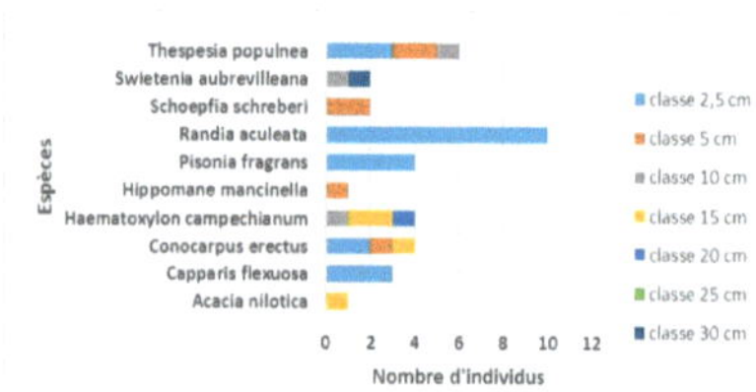

Figure 184: Distribution diamétrique des arbres vivants, sénescents et morts (diamètres ≥ 2,5 cm; Station AM1)

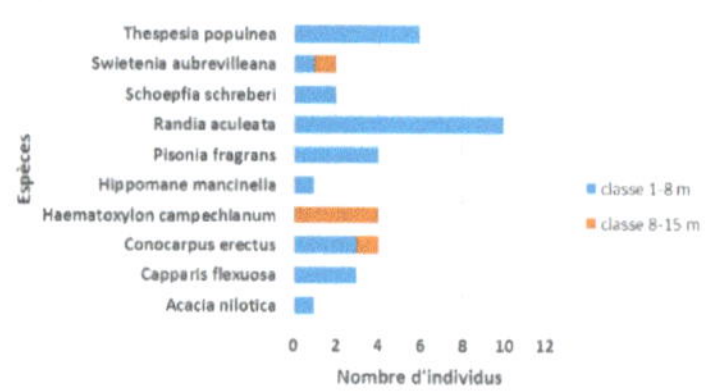

Figure 185: Distribution des hauteurs des arbres vivants et sénescents (hauteurs ≥ 1,3 m; Station AM1)

<u>*Station AM2 (400 m²)*</u>

Tableau 91: Les principaux paramètres écologiques et structuraux de la station AM2

Rang	Espèces	f_a	f_r	Nombre d'individus par espèce hors régénérations	Densité (ind/m²)	Id	Surface terrière totale par espèce	ID
1	*Pisonia fragrans*	4	100%	202	0,505	0,505	0,429	0,2167
2	*Capparis indica*	4	100%	143	0,358	0,358	0,0805	0,0288
3	*Acacia nilotica*	4	100%	39	0,098	0,098	0,2278	0,0222
4	*Hippomane mancinella*	4	100%	16	0,040	0,040	0,377	0,0151

	Arbres morts	4	100%	54	0,135	0,135	0,0761	0,0103
5	*Hæmatoxylon campechianum*	3	75%	13	0,033	0,024	0,3711	0,0090
6	*Randia aculeata*	4	100%	65	0,163	0,163	0,0319	0,0052
7	*Bourreria succulenta*	4	100%	61	0,153	0,153	0,0329	0,005
8	*Schœpfia schreberi*	4	100%	21	0,053	0,053	0,0668	0,0035
9	*Swietenia aubrevilleana*	4	100%	19	0,048	0,048	0,0457	0,0022
10	*Capparis flexuosa*	4	100%	31	0,078	0,078	0,0152	0,0012
11	*Capparis cynophallophora*	3	75%	14	0,035	0,026	0,0069	0,0002
12	*Chiococca alba*	4	100%	11	0,028	0,028	0,0054	0,0001
13	*Bursera simaruba*	2	50%	3	0,008	0,004	0,0373	0,0001

*Fréquence absolue (f_a) = présence de l'espèce dans les différents quadrats; Fréquence relative (f_r)= Fréquence absolue / nombre de quadrats; Densité = nombre d'individus / surface du relevé; Indice de distribution (Id) = Fréquence relative * Densité; Indice de dominance (ID) = Indice de distribution * surface terrière (aire basale).*

La station AM2 correspond à une association floristique sempervirente saisonnière d'horizon inférieur et de faciès xérique au stade sylvatique secondaire à forestier jeune. *Pisonia fragrans* et auxiliairement *Capparis indica* sont les espèces les plus concurrentes de cette matrice floristique. Elles dominent en raison de leur population, leurs distributions (fréquences et indice de distribution) et leurs surfaces terrières élevées (Tableau 91). De plus, *Pisonia fragrans* présente une structure biodémographique relativement équilibrée: toutes les classes d'âges sont représentées (Figure 186). On pourrait penser qu'*Acacia nilotica* et *Hippomane mancinella* font partie du cortège prépondérant. Cependant, ces taxa présents en plus faible nombre (Tableau 91) sont caractérisés par des individus de grandes sections (allant entre 2,5 et 25 cm; Figure 186), ce qui traduit des indices de dominance élevés (Tableau 91). La majorité des individus de cette station ont des sections comprises entre 2,5 (72,4% de l'effectif total) et 5 cm (17,6%). Sous la matrice végétale, formée par les espèces héliophiles de *Pisonia fragrans,* d'*Acacia nilotica,* d'*Hippomane mancinella,* d'*Hæmatoxylon campechianum,* de *Swietenia aubrevilleana* et de *Bursera simaruba* se développent des jeunes unités d'espèces affiliées à divers stades de la dynamique végétale: arbustive mûre (*Schœpfia schreberi*), sylvatique jeune (*Schæfferia frutescens*), sylvatique secondaire tardive (*Capparis cynophallophora*, *Zanthoxylum monophyllum*) et sylvatique climacique (*Sideroxylon obovatum*). Le taux de mortalité est faible

(7,5%). Au vu de la surface d'inventaires (400 m^2; Tableau 91), la diversité spécifique est riche (Figure 188). Aucune espèce végétale potentiellement invasive n'a été recensée dans cette unité floristique.

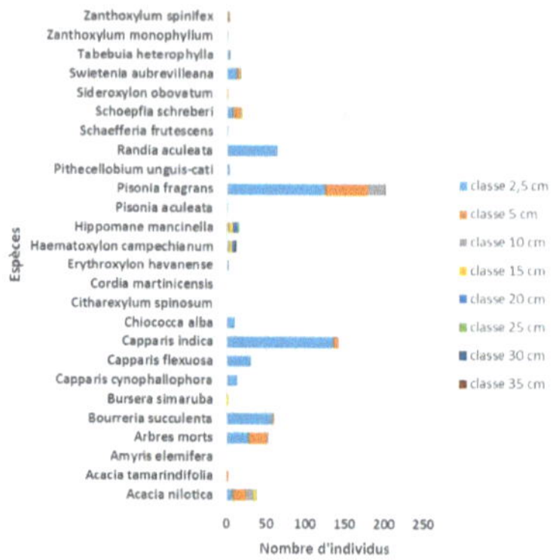

Figure 186: Distribution diamétrique des arbres vivants, sénescents et morts (diamètres ≥ 2,5 cm; Station AM2)

Figure 187: Distribution des hauteurs des arbres vivants et sénescents (hauteurs ≥ 1,3 m; Station AM2)

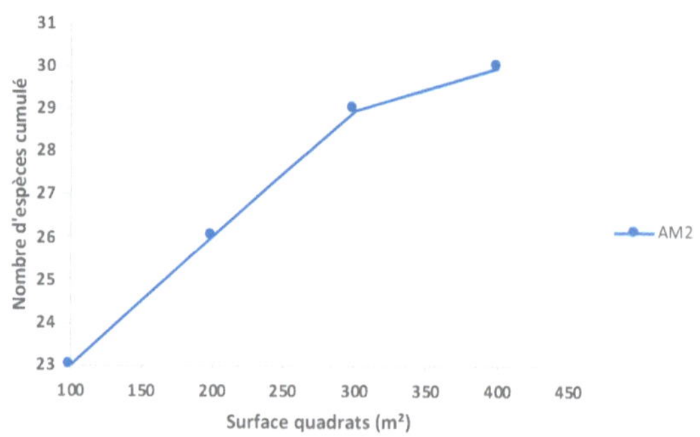

Figure 188: Courbe Aire/Espèces de la station AM2

Station AM3 (500 m^2)

Tableau 92: les principaux paramètres écologiques et structuraux de la station AM3

Rang	Espèces	f_a	f_r	Nombre d'individus par espèce hors régénérations	Densité (ind/m^2)	Id	Surface terrière totale par espèce	ID
1	*Pisonia fragrans*	5	100%	413	0,826	0,826	0,835	0,6897
2	*Randia aculeata*	5	100%	349	0,698	0,698	0,2037	0,1422
3	*Bourreria succulenta*	5	100%	165	0,33	0,33	0,1217	0,0402
4	*Bursera simaruba*	5	100%	33	0,066	0,066	0,3151	0,0208
5	*Hæmatoxylon campechianum*	5	100%	20	0,04	0,04	0,5125	0,0205
	Arbres morts	5	100%	70	0,14	0,14	0,1384	0,0194
6	*Acacia tortuosa*	5	100%	28	0,056	0,056	0,0928	0,0052
7	*Capparis indica*	4	80%	55	0,11	0,088	0,0344	0,0030
8	*Acacia tamarindifolia*	5	100%	34	0,068	0,068	0,0329	0,0022
9	*Capparis flexuosa*	4	80%	29	0,058	0,0464	0,0142	0,0007
10	*Zanthoxylum spinifex*	4	80%	18	0,036	0,0288	0,0162	0,0005
11	*Pithecellobium unguis – cati*	5	100%	10	0,02	0,008	0,0388	0,0003
12	*Krugiodendron ferreum*	2	40%	15	0,03	0,03	0,0088	0,0003
	Sansevieria hyacinthoides	2	40%	0	0,0000	0,0000	0,0000	0,0000

*Fréquence absolue (f_a) = présence de l'espèce dans les différents quadrats; Fréquence relative (f_r)= Fréquence absolue / nombre de quadrats; Densité = nombre d'individus / surface du relevé; Indice de distribution (Id) = Fréquence relative * Densité; Indice de dominance (ID) = Indice de distribution * surface terrière (aire basale).*

Cette formation présylvatique sempervirente saisonnière d'horizon inférieur et de faciès xérique au stade présylvatique est dominée par *Pisonia fragrans* et *Randia aculeata*. (Tableau 92). La matrice est composée majoritairement d'individus de faibles sections (2,5 et 5 cm) et hauteurs (entre 1 et 8 m), hormis quelques spécimens de *Pisonia fragrans*, *Bursera simaruba* et *Hæmatoxylon campechianum* qui ont des hauteurs (jusqu'à 15 m) et des sections (jusqu'à 35 cm) bien supérieures (Figure 189 et Figure 190). Ces trois espèces sont relativement bien distribuées dans les classes d'âges (Figure 189). 70 arbres morts ont été dénombrés au sein du cortège végétal: ils représentent 5,45% de l'effectif total des ligneux. Malgré une aire de relevé plus importante (500 m^2; Tableau 92), la diversité spécifique est quasiment équivalente à celle de la station AM2 (Figure 191).

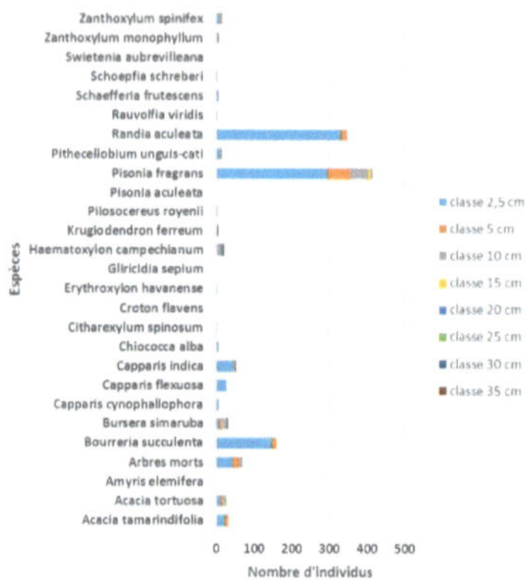

Figure 189: Distribution diamétrique des arbres vivants, sénescents et morts (diamètres ≥ 2,5 cm; Station AM3)

Figure 190: Distribution des hauteurs des arbres vivants et sénescents (hauteurs ≥ 1,3 m; Station AM3)

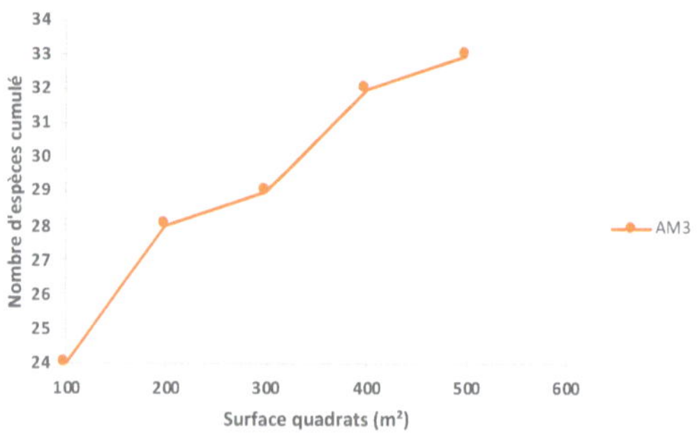

Figure 191: Courbe Aire/Espèces de la station AM3

Les individus de *Sansevieria hyacinthoides* ont été observés dans les quadrats 4 et 5 de la station AM3. En conséquence, nous avons étudié l'abondance des plantules des espèces végétales de cette unité floristique.

Tableau 93: Abondance des plantules des espèces végétales de la station AM3

Espèces	Abondance écologique					Espèces	Abondance écologique				
	Q1	Q2	Q3	**Q4**	**Q5**		Q1	Q2	Q3	**Q4**	**Q5**
Acacia tamarindifolia				+		*Passiflora suberosa*	+	+	++	+	+
Acacia tortuosa	+					*Paullinia cururu*	+				
Bambusa multiplex	+					*Pisonia aculeata*				+	
Bourreria succulenta		+				*Pisonia fragrans*	+++	++	++		+++
Capparis flexuosa	++	++				*Pithecellobium unguis – cati*				+	
Capparis indica	+					*Randia aculeata*	++	+	++	++	
Chiococca alba	+					***Sansevieria hyacinthoides***				++	++++
Erythroxylon havanense	+					*Scleria sp*	+				
Hæmatoxylon campechianum			+			*Tragia volubilis*	+				
Heteropterys purpurea	+	+	+	+	++						

(+) très faible abondance écologique (1 à 5); (++) faible abondance écologique (5 à 15); (+++) abondance écologique moyenne (15 à 30); (++++) forte abondance écologique (30 à 45); (+++++) très forte abondance écologique (45 à 100); (++++++) tapis végétal (plus de 100). Q représente les quadrats de la station.

Pisonia fragrans (Mapou), *Randia aculeata* (Ti koko), *Heteropterys purpurea* (Lyann karayib) et *Passiflora suberosa* (Pòm lyann bata) sont les plantules les plus représentées dans la station AM3. Certaines d'entre elles (*Pisonia fragrans*) sont caractérisées par une abondance moyenne, d'autres (*Heteropterys purpurea*) ont une très faible abondance mais sont présentes dans tous les quadrats (Tableau 93). Dans le quadrat 4, l'unité floristique est principalement constituée de plantules de Langue de belle – mère (*Sansevieria hyacinthoides*) et de Ti koko (*Randia aculeata*). Les autres taxa (*Heteropterys purpurea, Pisonia aculeata* et *Pithecellobium unguis – cati*) sont caractérisées par une très faible abondance écologique (Tableau 93).

Dans le quadrat 5, les plantules *Sansevieria hyacinthoides* et auxiliairement de *Pisonia fragrans* sont les plus représentées (Tableau 93). *Pisonia fragrans* est caractérisée par une abondance moyenne alors que *Sansevieria hyacinthoides* a atteint une forte abondance écologique. *Sansevieria hyacinthoides* est l'espèce, au niveau plantulaire, la plus concurrente. Les autres taxa de ce quadrat sont marginaux et se singularisent par une faible ou très faible abondance écologique. La forte abondance de *Sansevieria hyacinthoides* atteste d'une régression écosystémique.

Rapport de dominance des espèces pour l'ensemble des stations de l'Anse Meunier (AM)

Tableau 94: Les principaux paramètres écologiques et structuraux pour l'ensemble des stations AM

Rang	Espèces	f_a	f_r	Nombre d'individus par espèce hors régénérations	Densité (ind/m²)	Id	Surface terrière totale par espèce	ID
1	*Pisonia fragrans*	3	100%	619	0,6629	0,6629	1,266	0,8392
2	*Randia aculeata*	3	100%	424	0,454	0,454	0,2405	0,1092
3	*Haematoxylon campechianum*	3	100%	37	0,0396	0,0396	0,9582	0,038
4	*Bourreria succulenta*	2	67%	226	0,2420	0,1613	0,1546	0,0249
	Arbres morts	2	67%	124	0,1328	0,0885	0,215	0,019
5	*Capparis indica*	2	67%	198	0,2120	0,1414	0,1149	0,0162

6	*Bursera simaruba*	2	67%	36	0,0386	0,0257	0,3524	0,0091
7	*Acacia nilotica*	2	67%	40	0,0428	0,0286	0,2454	0,007
8	*Hippomane mancinella*	2	67%	17	0,0182	0,0121	0,3790	0,0046
9	*Swietenia aubrevilleana*	3	100%	23	0,0246	0,0246	0,1399	0,0034
10	*Capparis flexuosa*	3	100%	63	0,0675	0,0675	0,0309	0,0021
11	*Schoepfia schreberi*	3	100%	26	0,0278	0,0278	0,0722	0,002
12	*Acacia tamarindifolia*	2	67%	37	0,0396	0,0264	0,0373	0,001
13	*Acacia tortuosa*	1	33%	28	0,0300	0,0100	0,0928	0,0009
14	*Zanthoxylum monophyllum*	2	67%	12	0,0129	0,0086	0,0398	0,0003
15	*Zanthoxylum spinifex*	2	67%	22	0,0236	0,0157	0,0211	0,0003

*Fréquence absolue (f_a) = présence de l'espèce dans les différents quadrats; Fréquence relative (f_r)= Fréquence absolue / nombre de quadrats; Densité = nombre d'individus / surface du relevé; Indice de distribution (Id) = Fréquence relative * Densité; Indice de dominance (ID) = Indice de distribution * surface terrière (aire basale).*

Pisonia fragrans, *Randia aculeata*, *Hæmatoxylon campechianum*, *Bourreria succulenta* et *Capparis indica* sont très distribuées dans cet ensemble de stations AM. Pourtant, *Pisonia fragrans* et *Randia aculeata* se distinguent grandement des autres espèces. Elles ont à la fois un effectif élevé, une densité et ainsi qu'une aire basale importantes ce qui se traduit par un indice de dominance élevé (Tableau 94). *Hæmatoxylon campechianum*, espèce très distribuée (f_r = 100%) dans la station, a toutefois un effectif plus faible caractérisé par des individus de gros diamètres se traduisant par une surface terrière élevée (Tableau 94).

Dans les trois relevés de l'Anse Meunier (AM), les espèces les plus distribuées font partie du cortège dominant d'au moins une des stations AM. Les individus des autres espèces de ces communautés végétales sont moins distribuées et ont un effectif plus faible. Elles semblent être moins aptes à utiliser les facteurs du milieu. Certaines d'entre elles indiquent soit des stades dynamiques ou soit un biotope particulier. C'est le cas par exemple de l'espèce *Hippomane mancinella* qui est une espèce indicatrice des milieux sableux. D'autres plus spécialisées, sont parvenues à s'installer dans ces milieux anthropisés et tentent de maintenir leurs populations tout au long des phases de la dynamique végétale avancées. Ces espèces sont, par ordre d'importance écologique, *Zanthoxylum monophyllum, Krugiodendron ferreum* (Tableau 94).

La majorité des individus des stations AM ont des sections allant de 2,5 cm (79,1% de l'effectif total) à 5 cm (11,7%) et culminent à des hauteurs comprises entre 1 et 8 m (99,6%). Nous avons toutefois observé des individus matures dans chacune des stations inventoriées appartenant aux espèces du cortège dominant. Ces spécimens peu nombreux sont des reliques de formations passées.

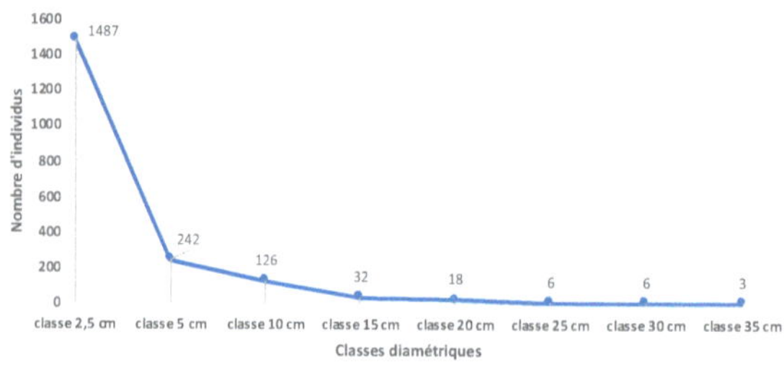

Figure 192: Distribution diamétrique de l'ensemble des stations de l'Anse Meunier (AM) hors régénérations et hors arbres morts

<u>*Courbes de régression linéaire*</u>

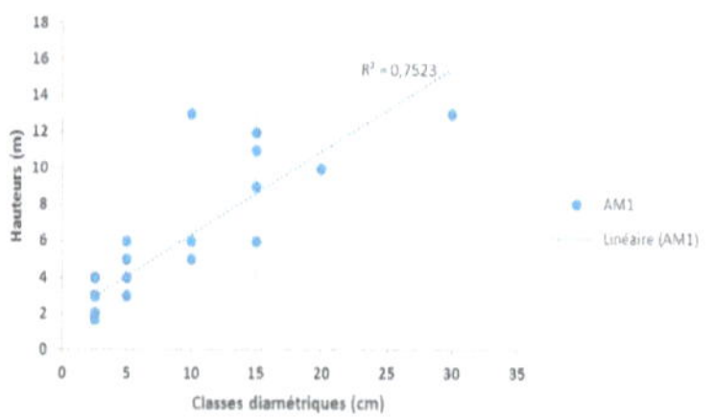

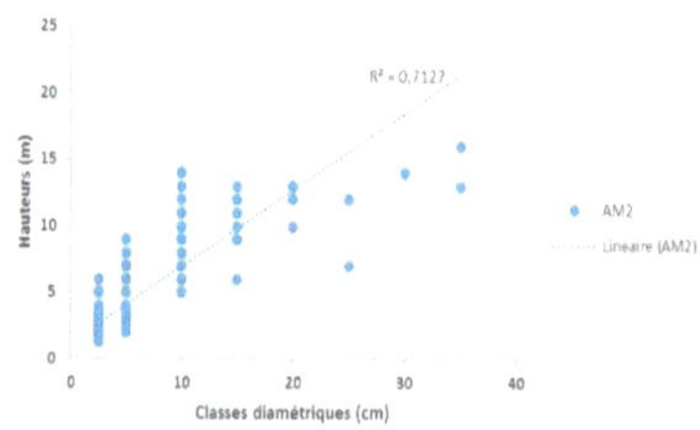

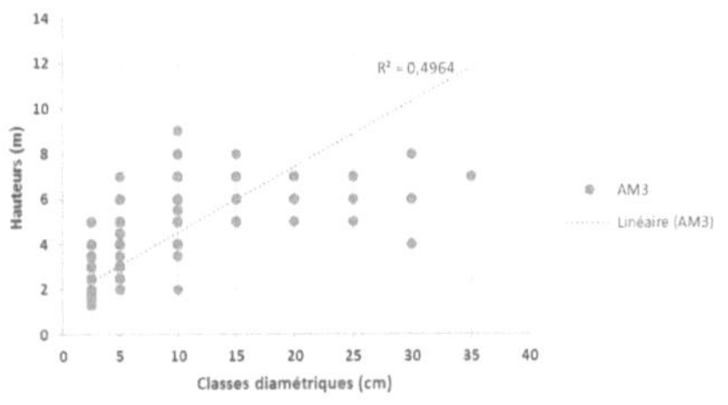

Figure 193: Courbes de corrélation entre les diamètres et les hauteurs des arbres des stations AM (Anse Meunier) (diamètres ≥ 2,5 cm et hauteurs ≥ 1,3 m)

Une autre étude comparative des hauteurs et des diamètres a été effectuée pour les trois stations de l'Anse Meunier (AM1, AM2 et AM3) (Figure 193). Celle – ci montre notamment que la station AM3 a une faible valeur de coefficient de détermination entre les hauteurs et les diamètres (R^2 = 0,496; Figure 193). La majorité des arbres de cette phytocénose sont jeunes et ont des sections (entre 2,5 et 5 cm) et des hauteurs (entre 1 et 8 m) faibles (Figure 189 et Figure 190).

Dans le cas des stations AM1 et AM2, malgré le faible nombre d'individus observés, une forte relation linéaire associe les hauteurs et les diamètres (0,7523 et 0,7127 respectivement; Figure 193). Les nuages de points de ces deux graphiques tendent vers des lignes ou des courbes dont les points s'écartent peu. On semble observer un équilibre entre la distribution des hauteurs et des diamètres de ces stations.

<u>*Indice de Jaccard*</u>

Tableau 95: Matrice de similarité de l'Anse Meunier (Indice de Jaccard)

	AM1(11)	AM2 (30)	AM3(33)
AM1(11)	1	*0,2*	*0,13*
AM2(30)	-	1	**0,58**
AM3(33)	-	-	1

L'aire de relevé de la station AM1 étant beaucoup moins importante, sa diversité spécifique est faible (11; Tableau 95) ce qui se traduit par une similarité extrêmement faible avec les autres groupements (0,2 et 0,13 respectivement; Tableau 95). En revanche, l'indice de Jaccard des unités floristiques AM2 et AM3 est relativement élevé (0,58; Tableau 95). La diversité spécifique de ces deux communautés est faible et leur composition floristique est semblable.

Indices de diversité

Tableau 96: Matrice de similarité des stations de l'Anse Meunier (Indices de diversité)

Indices	AM1	AM2	AM3
D	0,15	0,16	0,22
1 – D	**0,85**	**0,84**	**0,78**
H'	3,01	3,23	2,81
J	0,83	0,50	0,40
Hill	0,33	0,24	0,27
1 – Hill	0,67	0,76	0,73

*Indice de Simpson (D ou 1 – D) = le carré (nombre d'individus /nombre total d'individus de l'échantillon); Indice réciproque de Simpson (1/D) = inverse de l'indice de Simpson; Indice de Shannon (H') =-∑ [proportion d'une espèce par rapport au nombre total d'espèces dans l'échantillon*log (proportion d'une espèce par rapport au nombre total d'espèces dans l'échantillon)]; Indice de Piélou (J) = indice de Shannon / log (richesse spécifique); Indice de Hill (Hill) = inverse de l'indice de Simpson / par l'exponentielle de l'indice de Shannon.*

L'indice de Shannon – Weaver a des valeurs comprises entre $2{,}6 \leq H' \leq 3{,}9$. Cela indique une répartition assez équitable des espèces dans les stations de l'Anse Meunier. Les valeurs de l'indice de Simpson sont faibles (proches de 0). Elles indiquent une diversité moyenne (Tableau 96).

Les valeurs de l'indice de Piélou (noté J) sont très faibles ($J \leq 0{,}6$; Tableau 96). En effet, nous avons observé une dominance de certaines espèces dans deux associations floristiques (AM2 et AM3). La station AM1 n'a pas beaucoup d'individus d'espèces différentes et ces derniers sont relativement bien répartis. Dans la station AM2, *Pisonia fragrans* et *Capparis indica* sont surreprésentées (202 et 143 spécimens recensés; Tableau 91). Cette surreprésentation est également observable dans la station AM3 par la dominance de *Pisonia fragrans* et *Randia aculeata* (413 et 349 individus comptabilisés respectivement; Tableau 92).

Les résultats de l'indice de 1 – Hill sont assez similaires à ceux obtenus avec l'indice de Simpson avec des valeurs relativement élevées pour les stations AM2 et AM3 (0,76 et 0,73 respectivement; Tableau 96). Ces stations convergent encore vers un maximum de diversité. Toutefois, le groupement AM1 tend vers un minimum de diversité: ceci est sûrement en relation avec la surface de relevé beaucoup plus faible.

AFC de l'ensemble des stations AM

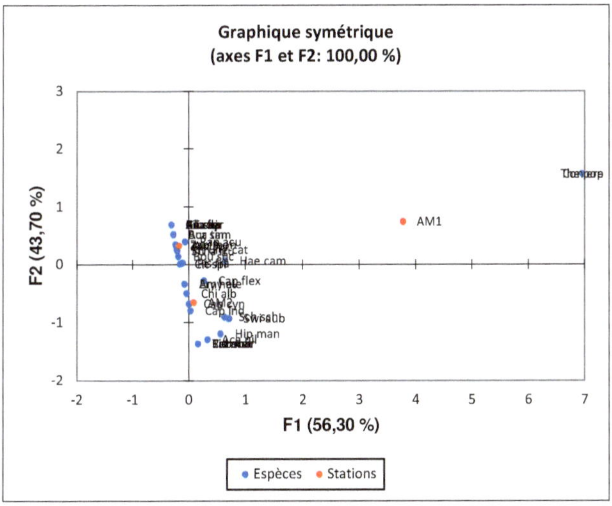

Figure 194: Différenciation mésologique et temporelle des stations et des espèces de l'Anse Meunier (AM)

L'inertie liée au premier axe F1 est de 56,3% et celle du deuxième est de 43,7%. Ce qui correspond à un maximum d'inertie de 100% (Figure 194). L'axe F1 semble différencier les changements de la composition floristique entre les communautés végétales AM. L'axe F2 discrimine un gradient dynamique et écologique. Cette AFC a permis de mettre en évidence trois niveaux d'évolution de la dynamique végétale.

Le groupement végétal AM1 est caractérisé par des espèces singulières (*Conocarpus erectus* et *Thespesia populnea*) qui «l'isole» sur le plan factoriel (Figure 194). Il s'agit d'une formation arbustive, on y retrouve des espèces régressives telles qu'*Hæmatoxylon campechianum*. La station AM2 est une unité floristique à un stade dynamique plus avancé: sylvatique jeune voire sylvatique secondaire. Elle est composée par les taxa suivants: *Bursera simaruba*, *Amyris elemifera* et *Capparis cynophallophora*. Dans son cortège, on y trouve également des espèces singulières telles qu'*Hippomane mancinella*. La station AM3 correspond à une phytocénose au stade présylvatique. On y rencontre des espèces préforestières telles que *Bursera simaruba* ou *Citharexylum spinosum*.

CAH de l'ensemble des stations AM

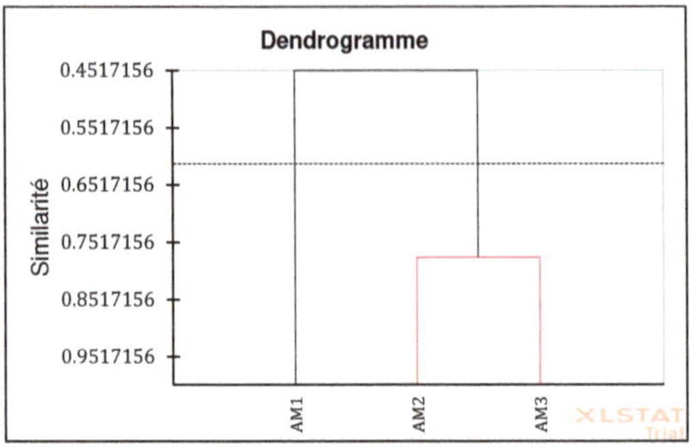

Figure 195: Hiérarchie des partitions obtenues par CAH de l'ensemble des stations AM

Les résultats de la CAH sont en conformité avec ceux obtenus précédemment et indiquent que la structure végétale des communautés AM2 et AM3 se différencie de celle de la station AM1 (0,45; Figure 195). De plus, bien que ces deux communautés (AM2 et AM3) soient à des stades d'évolution différents, elles ont une composition floristique relativement proche (0,78; Figure 195).

Synthèse générale

Les stations AM sont des unités floristiques dans lesquelles des individus de *Sansevieria hyacinthoides* se sont développés (Stations AM1 et AM3). Ces stations dans lesquelles l'espèce *Sansevieria hyacinthoides* a eu un développement populationnel important correspondent à des formations végétales au stade arbustif (cas de la station AM1) et présylvatique (station AM3).

V.1.1.1.4.2 Domaine de l'Anse Caritan (DAC)

La zone d'étude Domaine de l'Anse Caritan (ou DAC) comporte 27 espèces végétales réparties en 19 familles et 26 genres.

Tableau 97: Répartition des espèces de la station DAC en taxa supérieurs

Taxa supérieurs	Classes	Familles	%	Genres	%	Espèces	%
Angiospermes	Monocotylédones	1	5,3	1	5,7	1	3,7
	Dicotylédones	18	94,7	25	96,2	26	96,3
Total		19		26		27	

Station DAC (525 m²)

Tableau 98: Les principaux paramètres écologiques et structuraux de la station DAC

Rang	Espèces	f_a	f_r	Nombre d'individus par espèce hors régénérations	Densité (ind/m²)	Id	Surface terrière totale par espèce	ID
1	*Swietenia aubrevilleana*	7	100%	54	0,1029	0,1029	1,7632	0,1814
	Arbres morts	7	100%	53	0,101	0,101	0,3073	0,031
2	*Capparis indica*	7	100%	52	0,099	0,099	0,0785	0,0078
3	*Bourreria succulenta*	6	86%	60	0,1143	0,098	0,0722	0,0071
4	*Pithecellobium unguis – cati*	5	71%	30	0,0571	0,0408	0,0864	0,0035
5	*Leucaena leucocephala*	6	86%	21	0,04	0,0343	0,0982	0,0034
6	*Tabebuia heterophylla*	7	100%	11	0,021	0,021	0,1193	0,0025
7	*Hæmatoxylon campechianum*	2	29%	11	0,021	0,006	0,2489	0,0015
	Sansevieria hyacinthoides	3	43%	0	0,0000	0,0000	0,0000	0,0000

*Fréquence absolue (f_a) = présence de l'espèce dans les différents quadrats; Fréquence relative (f_r)= Fréquence absolue / nombre de quadrats; Densité = nombre d'individus / surface du relevé; Indice de distribution (Id) = Fréquence relative * Densité; Indice de dominance (ID) = Indice de distribution * surface terrière (aire basale).*

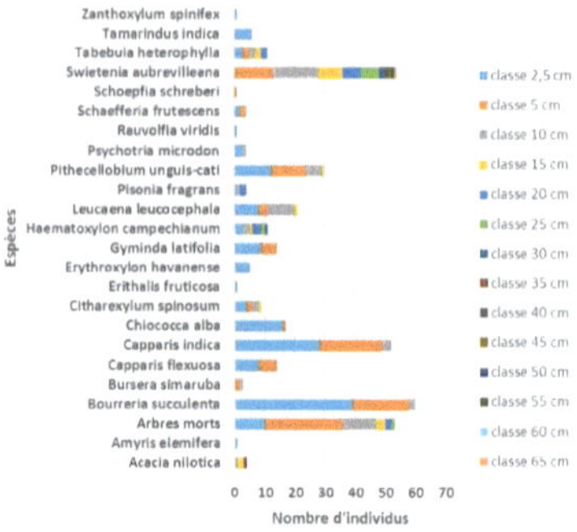

Figure 196: Distribution diamétrique des arbres vivants, sénescents et morts (diamètres ≥ 2,5 cm; Station DAC)

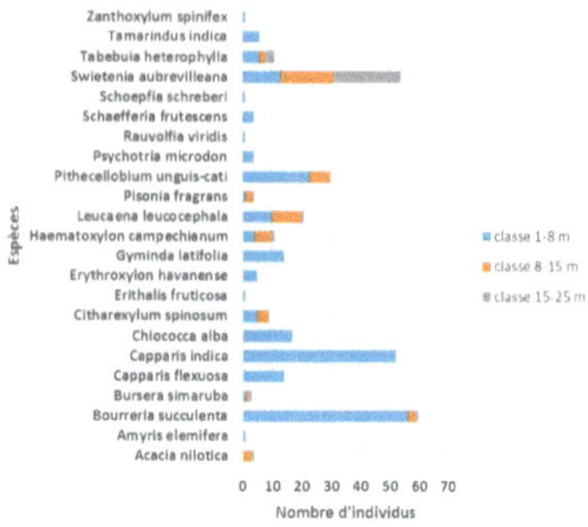

Figure 197: Distribution des hauteurs des arbres vivants et sénescents (hauteurs ≥ 1,3 m; Station DAC)

Il s'agit d'une formation sempervirente saisonnière d'horizon inférieur et de faciès xérique au stade sylvatique jeune à présylvatique. Il s'agit d'une forêt de plantation de Mahoganis. Les espèces prépondérantes sont par ordre d'importance écologique: *Swietenia aubrevilleana*, *Capparis indica* et *Bourreria succulenta.* À ce cortège dominant, on peut adjoindre *Capparis indica* et *Bourreria succulenta:* ces espèces dominent quantitativement mais ont des sections nettement plus faibles que *Swietenia aubrevilleana*, ce qui traduit les plus faibles valeurs d'indices de dominance (Tableau 98).

Les individus de *Swietenia aubrevilleana* ont des sections comprises entre 5 cm et 65 cm et culminent jusqu'à 20 m de haut (Figure 196 et Figure 197). Sous ces individus matures poussent des régénérations d'espèces de stades plus avancés (sylvatique secondaire) telles que *Amyris elemifera*, *Bursera simaruba* et *Gyminda latifolia.* De nombreux arbres morts ont été dénombrés (53 individus; Tableau 98), ce qui traduit un taux de mortalité élevé (13,9%). La diversité floristique est faible au vu de la surface d'inventaire (Tableau 98) et de la courbe Aire/Espèces (Figure 198).

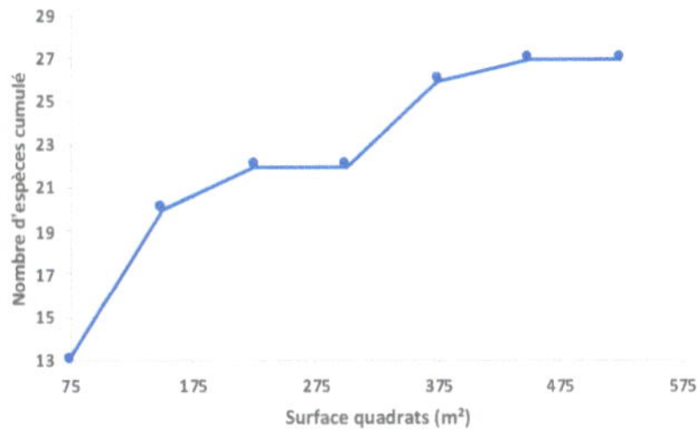

Figure 198: Courbe Aire/Espèces de la station du Domaine de l'Anse Caritan (DAC)

D'après les indices de Simpson et de Hill, cette unité floristique est composée d'une diversité importante (Tableau 99). Les indices de Shannon et de Piélou sont relativement élevés et indiquent une répartition équitable des espèces dans la station.

Tableau 99: Matrice de similarité de la station du Domaine de l'Anse Caritan (Indice de Shannon – Weaver)

D	1 – D	H'	J	Hill	1 – Hill
0,11	0,89	3,65	0,63	0,24	0,76

*Indice de Simpson (D ou 1 – D) = le carré (nombre d'individus /nombre total d'individus de l'échantillon); Indice réciproque de Simpson (1/D) = inverse de l'indice de Simpson; Indice de Shannon (H') =-∑ [proportion d'une espèce par rapport au nombre total d'espèces dans l'échantillon*log (proportion d'une espèce par rapport au nombre total d'espèces dans l'échantillon)]; Indice de Piélou (J) = indice de Shannon / log (richesse spécifique); Indice de Hill (Hill) = inverse de l'indice de Simpson / par l'exponentielle de l'indice de Shannon.*

La Figure 199 indique qu'une forte valeur de coefficient de détermination associe les hauteurs et les diamètres (R^2 = 0,6414). Il semble y avoir un équilibre entre la distribution des diamètres et des hauteurs de cette unité floristique.

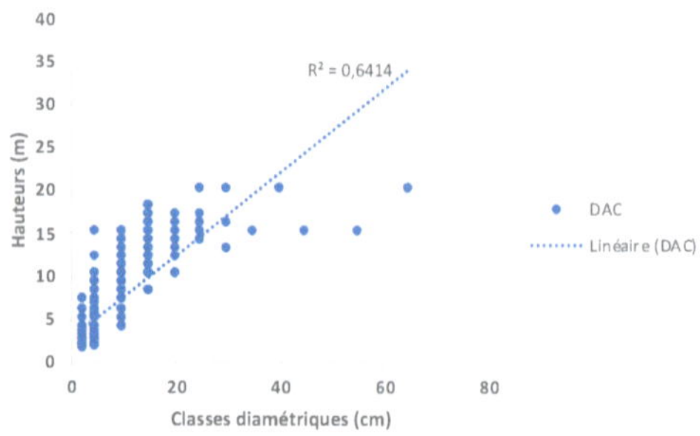

Figure 199: Courbes de corrélation entre les diamètres et les hauteurs des arbres de la station DAC (Domaine de l'Anse Caritan) (diamètres ≥ 2,5 cm et hauteurs ≥ 1,3 m)

Nous avons recensé dans trois quadrats de cette station, une expansion d'une espèce potentiellement invasive: *Sansevieria hyacinthoides*. Nous nous sommes intéressés aux plantules de la communauté végétale DAC afin d'étudier leur abondance écologique.

Tableau 100: Abondance des plantules des espèces végétales de la station DAC

Espèces	Abondance écologique						
	Q1	**Q2**	**Q3**	Q4	Q5	Q6	Q7
Amyris elemifera					+	+	
Bourreria succulenta						+	
Capparis flexuosa	+	++	+				
Capparis indica		+			++		
Chiococca alba			+++			+++	++
Gyminda latifolia						+	+
Heteropterys purpurea	++	++	+				++
Liane		++	++				
Pithecellobium unguis – cati					+		
Sansevieria hyacinthoides	++++	++++	+++++				
Tabebuia heterophylla	+						+
Urvillea ulmacea			+				

(+) très faible abondance écologique (1 à 5); (++) faible abondance écologique (5 à 15); (+++) abondance écologique moyenne (15 à 30); (++++) forte abondance écologique (30 à 45); (+++++) très forte abondance écologique (45 à 100); (++++++) tapis végétal (plus de 100). Q représente les quadrats de la station.

Cette unité floristique est majoritairement constituée de plantules de *Sansevieria hyacinthoides* (Langue de belle – mère). S'adjoignent dans des proportions moins denses *Heteropterys purpurea* (Lyann karayib) et

Chiococca alba (Ti branda). La forte abondance écologique de *Sansevieria hyacinthoides* marginalise les autres taxa (Tableau 100).

V.1.1.1.4.3 Morne Bellevue (MB)

La zone d'étude MB comporte 50 espèces végétales réparties en 32 familles et 44 genres.

Tableau 101: Répartition des espèces des stations MB en taxa supérieurs

Taxa supérieurs	Classes	Familles	%	Genres	%	Espèces	%
Angiospermes	Monocotylédones	1	3,1	1	2,3	1	2
	Dicotylédones	31	96,9	43	97,7	49	98
Total		32		44		50	

<u>*Station MB1 (700 m²)*</u>

Tableau 102: Les principaux paramètres écologiques et structuraux de la station MB1

Rang	Espèces	f_a	f_r	Nombre d'individus par espèce hors régénérations	Densité (ind/m²)	Id	Surface terrière totale par espèce	ID
1	*Gyminda latifolia*	7	100%	600	0,857	0,857	0,942	0,8078
	Arbres morts	7	100%	138	0,197	0,197	0,732	0,1443
2	*Swietenia aubrevilleana*	7	100%	92	0,131	0,131	0,498	0,0654
3	*Eugenia axillaris*	7	100%	189	0,270	0,270	0,094	0,0254
4	*Tabebuia heterophylla*	2	29%	7	0,010	0,003	0,406	0,0012
5	*Leucaena leucocephala*	5	71%	14	0,020	0,014	0,035	0,0005
6	*Bourreria succulenta*	4	57%	15	0,021	0,012	0,038	0,0005
7	*Erithalis fruticosa*	6	86%	6	0,009	0,007	0,041	0,0003
8	*Sideroxylon obovatum*	7	100%	2	0,003	0,003	0,097	0,0003
9	*Acacia sp.*	3	43%	6	0,009	0,004	0,036	0,0001

*Fréquence absolue (f_a) = présence de l'espèce dans les différents quadrats; Fréquence relative (f_r)= Fréquence absolue / nombre de quadrats; Densité = nombre d'individus / surface du relevé; Indice de distribution (Id) = Fréquence relative * Densité; Indice de dominance (ID) = Indice de distribution * surface terrière (aire basale).*

Cette formation préforestière sempervirente saisonnière d'horizon inférieur et de faciès xérique est dominée par une population de *Gyminda latifolia* (Ti mérizyé). La dominance écologique (ID) de *Gyminda latifolia* est due à son abondance populationnelle (600 spécimens dénombrés), sa distribution (fréquences et indice de distribution élevés) et sa surface terrière importantes (Tableau 102). Outre *Gyminda latifolia*, *Swietenia aubrevilleana* et *Eugenia axillaris* sont des espèces très distribuées dans les quadrats de la station MB1 (Tableau 102). *Swietenia aubrevilleana* a une structure biodémographique équilibrée: toutes les classes d'âges et de hauteurs sont représentées (Figure 200 et Figure 201). Les autres individus de la matrice végétale ont des diamètres compris entre 2,5 et 5 cm et des hauteurs allant de 1 à 8 m (Figure 200 et Figure 201). 138 arbres morts ont été recensés au sein de cette matrice floristique: ils représentent 12,6% de l'effectif total des ligneux (Tableau 102). Malgré une surface d'inventaire plus importante (700 m^2), la diversité floristique est la plus faible au regard des autres stations MB.

Ces figures (Figure 200 et Figure 201) témoignent d'une unité floristique discontinue. Toutefois, malgré l'hétérogénéité du milieu, nous n'avons pas observé le développement d'espèces potentiellement invasives.

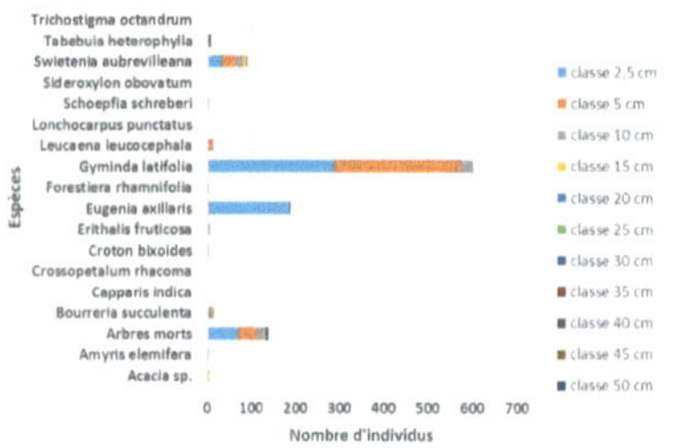

Figure 200: Distribution diamétrique des arbres vivants, sénescents et morts (diamètres ≥ 2,5 cm; Station MB1)

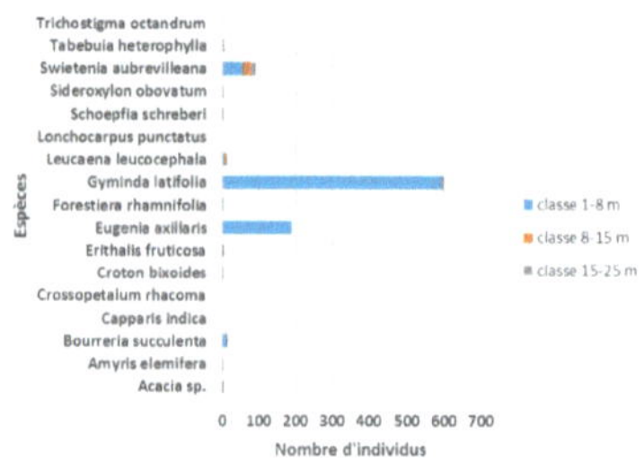

Figure 201: Distribution des hauteurs des arbres vivants et sénescents (hauteurs ≥ 1,3 m; Station MB1)

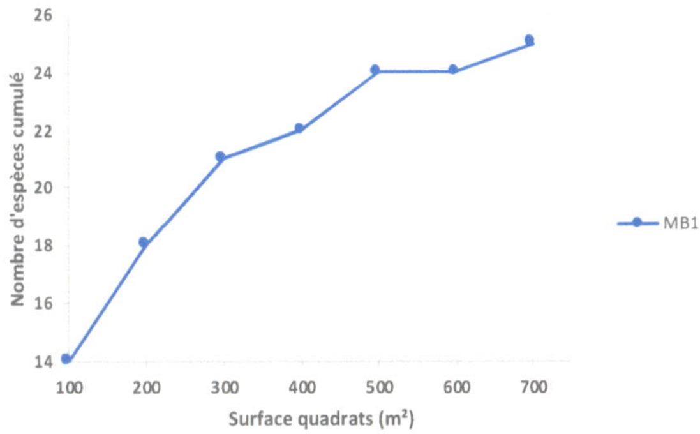

Figure 202: Courbe Aire/Espèces de la station MB1

Station MB2 (600 m²)

Tableau 103: Les principaux paramètres écologiques et structuraux de la station MB2

Rang	Espèces	f_a	f_r	Nombre d'individus par espèce hors régénérations	Densité (ind/m²)	Id	Surface terrière totale par espèce	ID
1	*Gyminda latifolia*	6	100%	304	0,5067	0,5067	0,5773	0,2925
2	*Eugenia axillaris*	6	100%	309	0,515	0,515	0,2562	0,132
	Arbres morts	6	100%	134	0,2233	0,2233	0,4359	0,0974
3	*Bourreria succulenta*	6	100%	145	0,2417	0,2417	0,3402	0,0822
4	*Pisonia fragrans*	6	100%	103	0,1717	0,1717	0,1345	0,0231
5	*Bursera simaruba*	5	83%	8	0,0133	0,0111	0,5738	0,0064
6	*Krugiodendron ferreum*	6	100%	39	0,065	0,065	0,0751	0,0049
7	*Lonchocarpus punctatus*	5	83%	15	0,025	0,0208	0,1595	0,0033
8	*Tabebuia heterophylla*	3	50%	8	0,0133	0,0067	0,401	0,0027
9	*Amyris elemifera*	5	83%	27	0,045	0,0375	0,0133	0,0005
10	*Acacia retusa*	4	67%	14	0,0233	0,0156	0,0172	0,0003
11	*Zanthoxylum spinifex*	4	67%	5	0,0083	0,0056	0,0226	0,0001

Fréquence absolue (f_a) = présence de l'espèce dans les différents quadrats; Fréquence relative (f_r)= Fréquence absolue / nombre de quadrats; Densité = nombre d'individus /

*surface du relevé; Indice de distribution (Id) = Fréquence relative * Densité; Indice de dominance (ID) = Indice de distribution * surface terrière (aire basale).*

Cette unité sylvatique jeune sempervirente saisonnière d'horizon inférieur et de faciès xérique est dominée par *Gyminda latifolia* et *Eugenia axillaris*. Ces espèces dominent en termes d'effectifs, de densités, d'indices de distribution ce qui traduit les valeurs d'indices de dominance supérieures (Tableau 103). Les individus d'espèces du cortège dominant forment une matrice dense de sections majoritairement comprises entre 2,5 et 5 cm avec des hauteurs pouvant aller jusqu'à 15 m (Figure 203 et Figure 204). De cette matrice, émergent des arbres matures au stade terminal de leur développement, par ordre d'importance écologique, *Bursera simaruba*, *Lonchocarpus punctatus* et *Tabebuia heterophylla*. La matrice est constituée de plusieurs espèces appartenant à des stades dynamiques secondaires avancés (*Krugiodendron ferreum*), sylvatique secondaire (*Amyris elemifera*), présylvatique (*Zanthoxylum spinifex*) et arbustif (*Bourreria succulenta*). Le taux de mortalité est relativement élevé (11,7%). La diversité floristique est relativement importante au regard des autres stations MB (Figure 205).

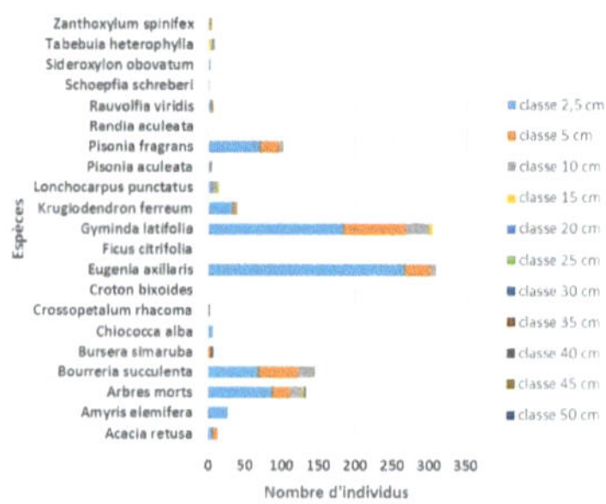

Figure 203: Distribution diamétrique des arbres vivants, sénescents et morts (diamètres ≥ 2,5 cm; Station MB2)

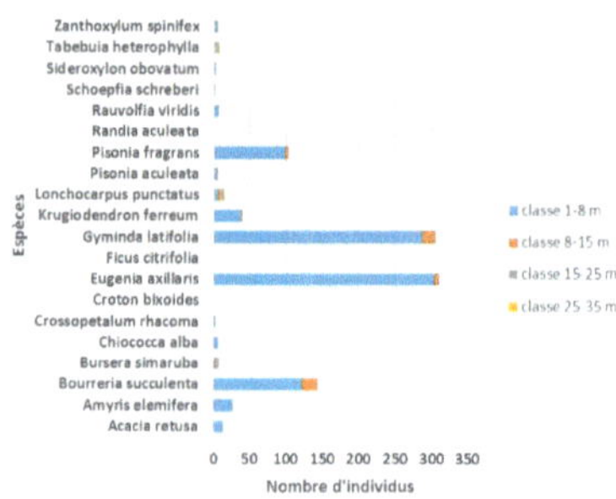

Figure 204: Distribution des hauteurs des arbres vivants et sénescents (hauteurs ≥ 1,3 m; Station MB2)

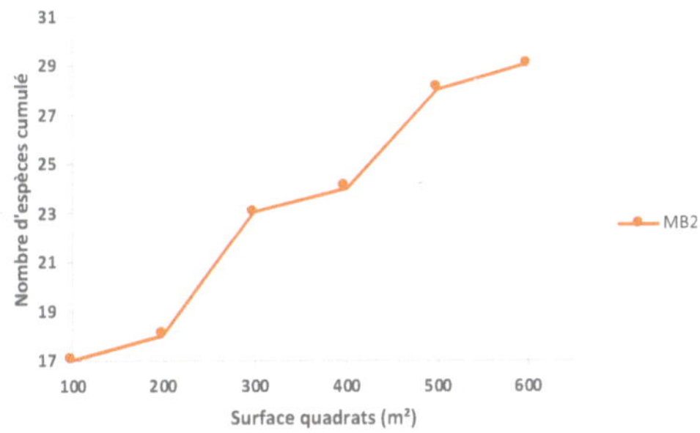

Figure 205: Courbe Aire/Espèces de la station MB2

Station MB3 (700 m²)

Tableau 104: Les principaux paramètres écologiques et structuraux de la station MB3

Rang	Espèces	f_a	f_r	Nombre d'individus par espèce hors régénérations	Densité (ind/m²)	Id	Surface terrière totale par espèce	ID
	Arbres morts	7	100%	88	0,1257	0,1257	0,6102	0,0767
1	*Lonchocarpus punctatus*	7	100%	64	0,0914	0,0914	0,4384	0,0401
2	*Amyris elemifera*	7	100%	74	0,1057	0,1057	0,3323	0,0351
3	*Krugiodendron ferreum*	7	100%	52	0,0743	0,0743	0,4683	0,0348
4	*Bourreria succulenta*	6	86%	69	0,0986	0,0845	0,2194	0,0185
5	*Forestiera rhamnifolia*	6	86%	65	0,0929	0,0796	0,2209	0,0176
6	*Bursera simaruba*	7	100%	11	0,0157	0,0157	0,3534	0,0056
7	*Pisonia fragrans*	7	100%	14	0,0200	0,0200	0,1389	0,0028
8	*Croton flavens*	7	100%	60	0,0857	0,0857	0,0295	0,0025
9	*Ficus citrifolia*	6	86%	12	0,0171	0,0147	0,1463	0,0021
10	*Capparis indica*	6	86%	8	0,0114	0,0098	0,2145	0,0021
11	*Zanthoxylum spinifex*	7	100%	18	0,0257	0,0257	0,0643	0,0017
12	*Pilosocereus royenii*	3	43%	20	0,0286	0,0122	0,0614	0,0008
13	*Schœpfia schreberi*	4	57%	8	0,0114	0,0065	0,0766	0,0005
14	*Pithecellobium unguis – cati*	3	43%	10	0,0143	0,0061	0,0545	0,0003

15	*Acacia retusa*	6	86%	10	0,0143	0,0122	0,0108	0,0001

*Fréquence absolue (f_a) = présence de l'espèce dans les différents quadrats; Fréquence relative (f_r)= Fréquence absolue / nombre de quadrats; Densité = nombre d'individus / surface du relevé; Indice de distribution (Id) = Fréquence relative * Densité; Indice de dominance (ID) = Indice de distribution * surface terrière (aire basale).*

Il s'agit d'une unité sylvatique jeune sempervirente saisonnière d'horizon inférieur et de faciès xérique. *Lonchocarpus punctatus*, *Amyris elemifera*, *Krugiodendron ferreum*, *Bourreria succulenta* et *Forestiera rhamnifolia* sont, par ordre d'importance écologique, les espèces dominantes de ce cortège végétal (Tableau 104). Dans cette matrice, se développent des individus de stades dynamiques ultérieurs (par ordre d'importance écologique, *Bursera simaruba, Pisonia fragrans*) surcimés par les individus d'espèces du cortège dominant (Tableau 104 et Figure 207). Comme pour les stations précédentes (MB1 et MB2), aucune espèce potentiellement invasive n'a été recensée. Les arbres morts que nous avons recensés ont des sections moyennes (entre 2,5 et 25 cm): ils dominent en nombre (88 individus recensés) dans la station et représentent 14,5% de l'effectif total des ligneux (Tableau 104). La richesse en espèces est la plus élevée au regard des station MB (Figure 208).

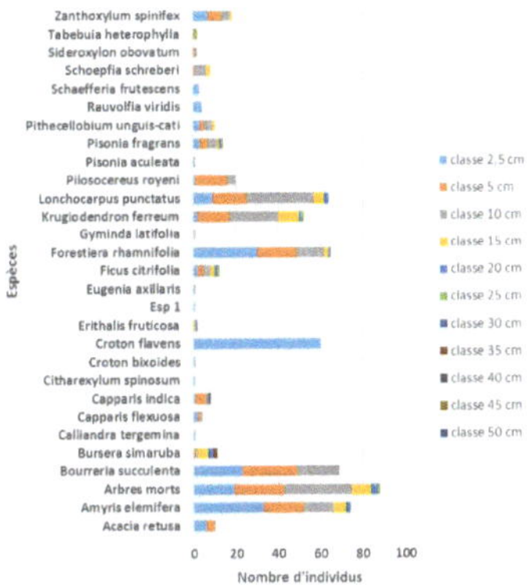

Figure 206: Distribution diamétrique des arbres vivants, sénescents et morts (diamètres ≥ 2,5 cm; Station MB3)

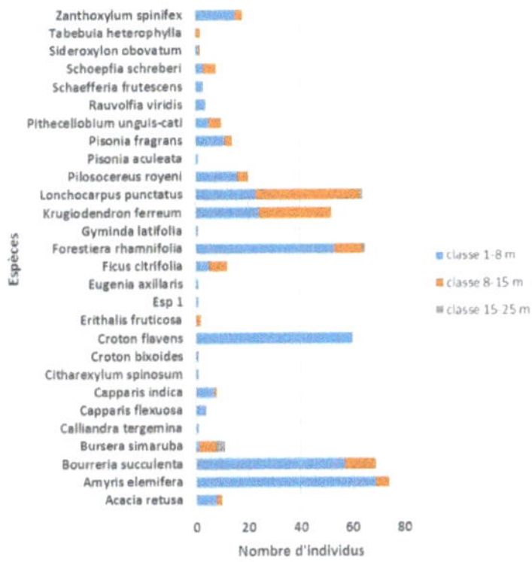

Figure 207: Distribution des hauteurs des arbres vivants et sénescents (hauteurs ≥ 1,3 m; Station MB3)

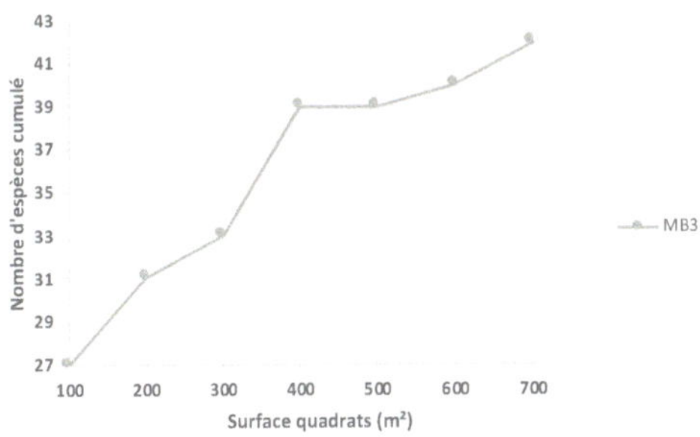

Figure 208: Courbe Aire/Espèces de la station MB3

<u>Rapport de dominance des espèces pour l'ensemble des stations du Morne Bellevue (MB)</u>

Tableau 105: Les principaux paramètres écologiques et structuraux pour l'ensemble des stations MB

Rang	Espèces	f_a	f_r	Nombre d'individus par espèce hors régénérations	Densité (ind/m²)	Id	Surface terrière totale par espèce	ID
1	*Gyminda latifolia*	3	100%	905	0,4525	0,4525	1,5276	0,6912
	Arbres morts	3	100%	360	0,18	0,1800	1,7779	0,3200
2	*Eugenia axillaris*	3	100%	499	0,2495	0,2495	0,351	0,0876

3	*Bourreria succulenta*	3	100%	229	0,1145	0,1145	0,5979	0,0685
4	*Lonchocarpus punctatus*	3	100%	80	0,04	0,04	0,5984	0,0239
5	*Swietenia aubrevilleana*	3	100%	92	0,046	0,046	0,4977	0,0229
6	*Amyris elemifera*	3	100%	106	0,053	0,053	0,348	0,0184
7	*Krugiodendron ferreum*	2	67%	91	0,0455	0,0303	0,5434	0,0165
8	*Pisonia fragrans*	2	67%	117	0,0585	0,039	0,2734	0,0107
9	*Tabebuia heterophylla*	3	100%	17	0,0085	0,0085	0,8585	0,0073
10	*Bursera simaruba*	2	67%	19	0,0095	0,0063	0,9273	0,0059
11	*Forestiera rhamnifolia*	2	67%	69	0,0345	0,023	0,2332	0,0054
12	*Capparis indica*	3	100%	9	0,0045	0,0045	0,2224	0,0010
13	*Schœpfia schreberi*	3	100%	14	0,007	0,0070	0,106	0,0007
14	*Zanthoxylum spinifex*	2	67%	23	0,0115	0,0077	0,0869	0,0007
15	*Ficus citrifolia*	2	67%	13	0,0065	0,0043	0,1468	0,0006

*Fréquence absolue (f_a) = présence de l'espèce dans les différents quadrats; Fréquence relative (f_r)= Fréquence absolue / nombre de quadrats; Densité = nombre d'individus / surface du relevé; Indice de distribution (Id) = Fréquence relative * Densité; Indice de dominance (ID) = Indice de distribution * surface terrière (aire basale).*

Gyminda latifolia, Eugenia axillaris, Bourreria succulenta, Lonchocarpus punctatus, Swietenia aubrevilleana, Amyris elemifera, Krugiodendron ferreum et *Pisonia fragrans* sont les espèces les plus distribuées des stations MB (Morne Berry). Du point de vue écologique, *Gyminda latifolia* et secondairement *Eugenia axillaris* et *Bourreria succulenta* sont les espèces les plus concurrentes. Elles ont une distribution ainsi que des aires basales élevées, ce qui explique les valeurs d'indices de dominance plus élevées (Tableau 105).

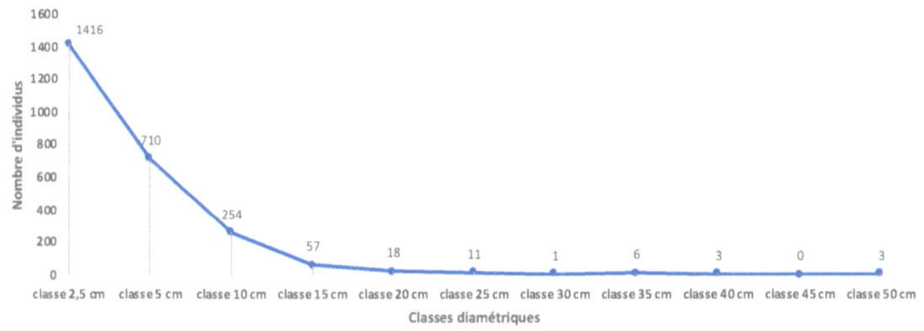

Figure 209: Distribution diamétrique de l'ensemble des stations du Morne Bellevue (MB) hors régénérations et hors arbres morts

Dans cette unité floristique, les espèces de faibles sections [2,5 cm (57,1%) et 5 cm (28,6%)] et hauteurs [entre 1 et 8 m (soit 88,9%)] dominent numériquement. Ils représentent 85,7% de l'effectif total. Des espèces de sections moyennes (entre 10 et 25 cm) figurent en plus faible nombre (Figure 209): ils représentent 13,7% de l'effectif des ligneux. Ce sont pour la plupart, des espèces plus spécialisées telles que *Sideroxylon obovatum* ou encore *Amyris elemifera*.

Courbes de régression linéaire

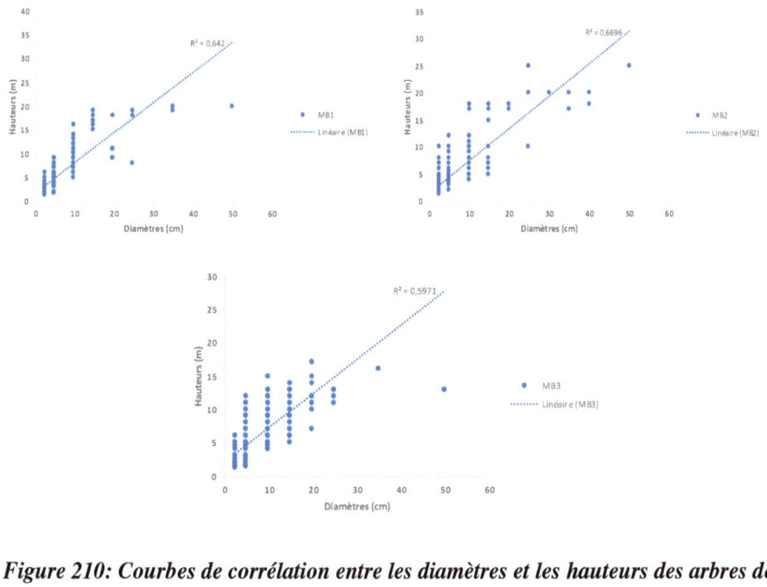

Figure 210: Courbes de corrélation entre les diamètres et les hauteurs des arbres des stations MB (Morne Berry) (diamètres ≥ 2,5 cm et hauteurs ≥ 1,3 m)

La Figure 210 permet d'évaluer les relations entre les hauteurs et les diamètres des communautés végétales du Morne Berry (MB). Elle indique que toutes les stations ont une relation linéaire positive (Figure 210). La station MB3 montre la valeur de coefficient de détermination la plus faible (R^2 = 0,5971; Figure 210). Les individus de grandes sections sont nombreux mais peu d'entre eux culminent à des hauteurs supérieures à 15 m (Figure 206 et Figure 207). La relation entre les deux paramètres est faible: les nuages de points ont pris de façon grossière la forme d'une ligne. Dans le cas des stations MB1 et MB2, les nuages de points sont plus étalés. Ceci se justifie par les valeurs de coefficient de détermination que nous avons obtenues (0,642 et 0,6696 respectivement), qui sont relativement élevées (Figure 210). Ces phytocénoses montrent un certain équilibre entre la distribution des diamètres et des hauteurs.

Indice de Jaccard

Tableau 106: Matrice de similarité des stations du Morne Bellevue (Indice de Jaccard)

	MB1 (25)	MB2 (29)	MB3 (42)
MB1 (25)	1	*0,35*	*0,40*
MB2 (29)	-	1	**0,52**
MB3 (42)	-	-	1

Nous n'avons observé qu'une valeur relativement élevée entre les stations MB2 – MB3 (0,52; Tableau 106). Ces stations ont une composition floristique proche. Elles présentent des conditions environnementales similaires entre les habitats. Les valeurs d'indices de Jaccard des autres stations MB1 – MB2 et MB1 – MB3 sont plus faibles (0,35 et 0,4 respectivement; Tableau 106).

Indice de Simpson et de Shannon – Weaver

Tableau 107: Matrice de similarité des stations du Morne Bellevue (Indice de Shannon – Weaver)

Indices	MB1	MB2	MB3
D	0,45	0,22	**0,10**
1 – D	0,55	**0,78**	**0,90**
H'	1,69	2,67	3,73
J	0,25	0,39	0,60
Hill	0,41	0,32	0,24
1 – Hill	0,59	0,68	0,76

*Indice de Simpson (D ou 1 – D) = le carré (nombre d'individus /nombre total d'individus de l'échantillon); Indice réciproque de Simpson (1/D) = inverse de l'indice de Simpson; Indice de Shannon (H') =-∑ [proportion d'une espèce par rapport au nombre total d'espèces dans l'échantillon*log (proportion d'une espèce par rapport au nombre total d'espèces dans l'échantillon)]; Indice de Piélou (J) = indice de Shannon / log (richesse spécifique); Indice de Hill (Hill) = inverse de l'indice de Simpson / par l'exponentielle de l'indice de Shannon.*

La station MB1 a la valeur d'indice de Shannon – Weaver la plus basse, comprise entre $0 \leq H' \leq 2,5$. Cette valeur est justifiée par la dominance de *Gyminda latifolia* (600 individus recensés; Tableau 102). Les stations MB2 et MB3 ont des valeurs moyennes; leur indice est compris entre $2,6 \leq H' \leq 3,9$. Cela se traduit par une répartition relativement équitable des taxa des deux stations. L'indice de diversité de Simpson (ou encore 1 – D) a une valeur qui tend vers 1 dans le cas de la station MB3: on est proche d'un maximum de diversité. Les deux autres stations ont des valeurs plus basses (0,55 et 0,78 respectivement; Tableau 107).

L'indice de Piélou des stations MB a des valeurs extrêmement basses ($J \leq 0,6$). Pour les stations MB1 et MB2, celles – ci se situent entre 0,25 et 0,39 respectivement (Tableau 107). Ces communautés végétales sont toutes deux caractérisées par une surreprésentation de *Gyminda latifolia* (600 et 304 spécimens recensés respectivement; Tableau 102 et Tableau 103). La station MB3 a également une valeur inférieure ou égale à 0,6. Toutefois, elle est presque deux fois supérieure à celle des deux autres groupements végétaux.

L'indice de Hill est en accord avec l'indice de Simpson. Il indique des valeurs relativement basses pour les stations MB1 et MB2 (0,41 et 0,32 respectivement; Tableau 107). Ce qui correspond à une diversité moyenne. À contrario, le groupement MB3 indique une diversité élevée.

AFC de l'ensemble des stations MB

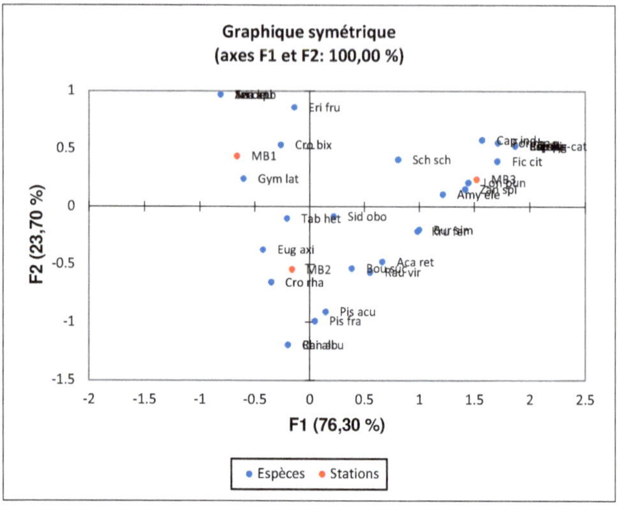

Figure 211: Différenciation mésologique et temporelle des stations et des espèces du Morne Bellevue (MB)

L'inertie associée au premier axe est de 76,3% et celle du deuxième axe est de 23,7%. Ces deux axes expriment un maximum d'inertie de 100% (Figure 211). L'axe F1 oppose les changements de la composition floristique entre les différentes phytocénoses. L'axe F2 met en évidence un gradient dynamique et écologique. Les stations MB1 et MB2 ont une composition floristique voisine: leurs valeurs sont homogènes (Figure 211). La station MB3 est constituée d'espèces végétales caractéristiques (qui lui sont propres). Ces dernières la singularisent des autres groupements. Parmi ces espèces, on note *Pilosocereus royenii* ou encore *Pithecellobium unguis – cati* (espèces indicatrices des zones calcaires) (Figure 211).

CAH de l'ensemble des stations MB

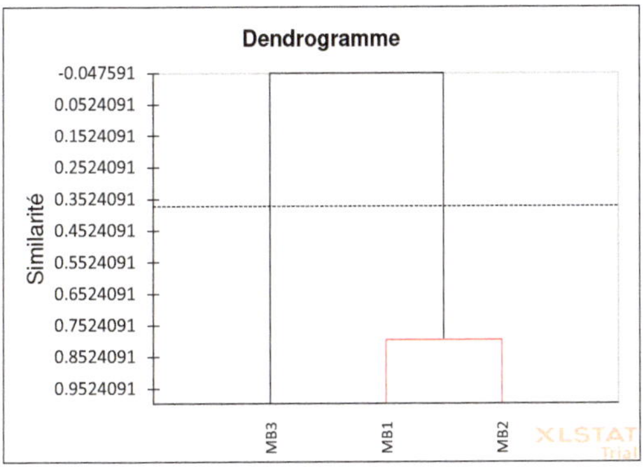

Figure 212: Hiérarchie des partitions obtenues par CAH de l'ensemble des stations MB

La CAH (Figure 212) confirme les résultats obtenus par projection des individus dans les plans factoriels à partir de l'AFC (Figure 211). Les stations MB1 et MB2 ont une composition floristique très proche (0,8; Figure 212). Dans ces deux stations, *Gyminda latifolia* et *Eugenia axillaris* font partie du cortège végétal dominant. Les deux groupements MB1 et MB2 montrent très peu de similitudes écologiques avec la station MB3: la valeur obtenue est extrêmement faible (0,05; Figure 212).

Synthèse générale

Les stations MB1, MB2 et MB3 sont des unités floristiques au stade sylvatique jeune (MB2 et MB3) voire préforestier (MB1). Les individus culminent jusqu'à 35 m de haut et leurs troncs ont des sections pouvant atteindre 50 cm (cas de la station MB2; Tableau 103). Dans ces stations, la discontinuité des strates a créé une ouverture du couvert végétal. Aucune espèce potentiellement invasive n'a été recensée. Toutefois, nous avons tout de même observé une diminution de la diversité: indice de Simpson faible (station MB1; Tableau 107).

V.1.1.1.4.4 Morne Caritan (MC)

La zone d'étude MC comporte 71 espèces végétales réparties en 34 familles et 62 genres.

Tableau 108: Répartition des espèces des stations MC en taxa supérieurs

Taxa supérieurs	Classes	Familles	%	Genres	%	Espèces	%
Angiospermes	Monocotylédones	2	5,9	2	3,2	2	2,8
	Dicotylédones	32	94,1	60	96,8	69	97,2
Total		34		62		71	

Station MC1 (500 m²)

Tableau 109: Les principaux paramètres écologiques et structuraux de la station MC1

Rang	Espèces	f_a	f_r	Nombre d'individus par espèce hors régénérations	Densité (ind/m²)	Id	Surface terrière totale par espèce	ID
1	*Bursera simaruba*	5	100%	9	0,018	0,018	0,5635	0,0101
2	*Pisonia fragrans*	4	80%	11	0,022	0,0176	0,1433	0,0025
3	*Schæfferia frutescens*	5	100%	19	0,038	0,038	0,0653	0,0025
4	*Krugiodendron ferreum*	3	60%	13	0,026	0,0156	0,1433	0,0022
5	*Acacia tamarindifolia*	5	100%	21	0,042	0,042	0,0481	0,0020
6	*Sideroxylon obovatum*	4	80%	2	0,004	0,0032	0,3534	0,0011
7	*Amyris elemifera*	4	80%	7	0,014	0,0112	0,0825	0,0009
	Arbres morts	4	80%	8	0,016	0,0128	0,0697	0,0009
8	*Lonchocarpus punctatus*	5	100%	5	0,01	0,01	0,0766	0,0008
9	*Tabebuia heterophylla*	3	60%	4	0,008	0,0048	0,1551	0,0007
10	*Rochefortia spinosa*	3	60%	3	0,006	0,0036	0,0844	0,0003
11	*Maytenus lævigata*	3	60%	4	0,008	0,0048	0,0373	0,0002
12	*Bourreria succulenta*	4	80%	2	0,004	0,0032	0,0393	0,0001

*Fréquence absolue (f_a) = présence de l'espèce dans les différents quadrats; Fréquence relative (f_r)= Fréquence absolue / nombre de quadrats; Densité = nombre d'individus / surface du relevé; Indice de distribution (Id) = Fréquence relative * Densité; Indice de dominance (ID) = Indice de distribution * surface terrière (aire basale).*

Cette station correspond à une formation sempervirente saisonnière d'horizon inférieur et de faciès xérique au stade présylvatique. Uniquement, neuf individus de très grandes sections (Figure 213) de *Bursera simaruba* ont été observés, en conséquence, l'indice de dominance de l'espèce est très élevé (Tableau 109). Nous avons adjoint à ce cortège *Pisonia fragrans*, *Schæfferia frutescens*, *Krugiodendron ferreum* et *Acacia tamarindifolia*. Ces espèces ont une densité ainsi qu'un indice de distribution relativement élevés, d'où les valeurs moyennes d'indice de dominance observées (Tableau 109). Les individus adultes prédominent numériquement dans la station au niveau des diamètres et des hauteurs (Figure 213 et Figure 214). Les arbres morts sont peu nombreux (8 individus; Tableau 109): ils représentent 6,4% de l'effectif total des ligneux. La richesse spécifique est l'une des plus faibles au regard des autres stations MC (Figure 215).

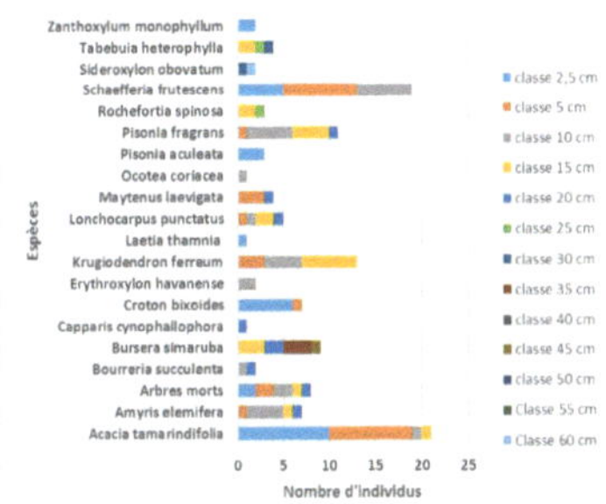

Figure 213: Distribution diamétrique des arbres vivants, sénescents et morts (diamètres ≥ 2,5 cm; Station MC1)

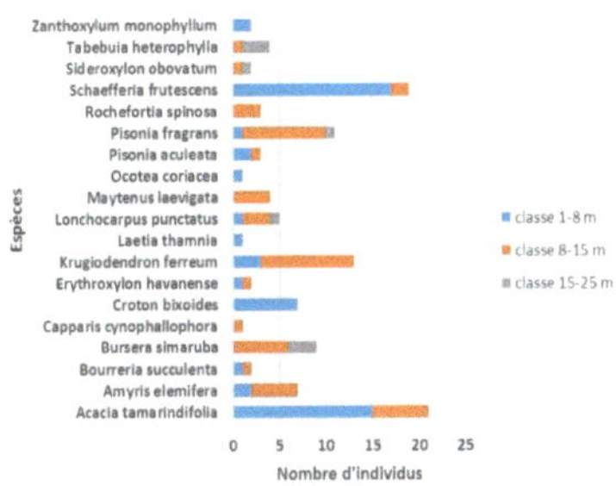

Figure 214: Distribution des hauteurs des arbres vivants et sénescents (hauteurs ≥ 1,3 m; Station MC1)

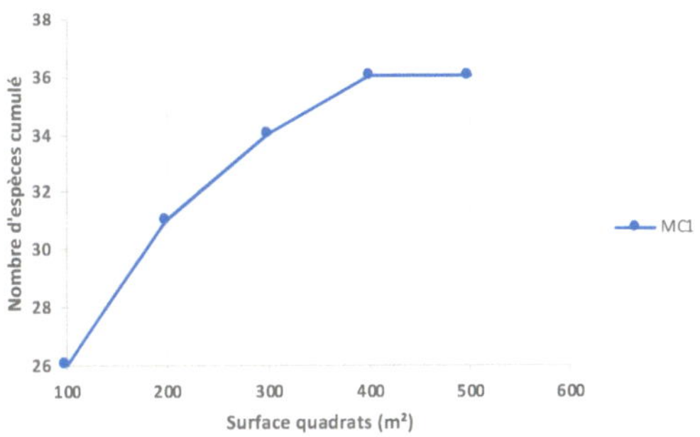

Figure 215: Courbe Aire/Espèces de la station MC1

Station MC2 (500 m^2)

Tableau 110: Les principaux paramètres écologiques et structuraux de la station MC2

Rang	Espèces	fa	fr	Nombre d'individus par espèce hors régénérations	Densité (ind/m²)	Id	Surface terrière totale par espèce	ID
1	*Bursera simaruba*	7	100%	38	0,054	0,054	1,9282	0,1047
	Arbres morts	7	100%	72	0,103	0,103	0,8806	0,0906
2	*Amyris elemifera*	7	100%	54	0,077	0,077	0,5547	0,0428
3	*Schæfferia frutescens*	7	100%	124	0,177	0,177	0,1158	0,0205
4	*Bourreria succulenta*	7	100%	92	0,131	0,131	0,1104	0,0145
5	*Pithecellobium unguis – cati*	6	86%	28	0,040	0,034	0,2484	0,0085
6	*Pisonia fragrans*	7	100%	41	0,059	0,059	0,0800	0,0047
7	*Krugiodendron ferreum*	7	100%	10	0,014	0,014	0,1335	0,0019
8	*Tabebuia heterophylla*	5	71%	6	0,009	0,006	0,3063	0,0019
9	*Sideroxylon obovatum*	6	86%	14	0,020	0,017	0,0992	0,0017
10	*Lonchocarpus punctatus*	5	71%	14	0,020	0,014	0,0623	0,0009
11	*Ficus citrifolia*	6	86%	3	0,004	0,004	0,1453	0,0005
12	*Forestiera rhamnifolia*	6	86%	12	0,017	0,015	0,0147	0,0002

*Fréquence absolue (f_a) = présence de l'espèce dans les différents quadrats; Fréquence relative (f_r)= Fréquence absolue / nombre de quadrats; Densité = nombre d'individus / surface du relevé; Indice de distribution (Id) = Fréquence relative * Densité; Indice de dominance (ID) = Indice de distribution * surface terrière (aire basale).*

Cette station est une formation sempervirente d'horizon inférieur et de faciès xérique au stade présylvatique à arbustif mûr. Par ordre d'importance écologique, *Bursera simaruba, Amyris elemifera, Schæfferia frutescens* et *Bourreria succulenta* sont les espèces dominantes (Tableau 110). Les deux premiers taxa du cortège dominant ainsi que *Krugiodendron ferreum* et *Tabebuia heterophylla* ont une structure biodémographique équilibrée: toutes les classes d'âges et de hauteurs sont représentées (Figure 216 et Figure 217). Ces individus émergent de la strate inférieure et favorisent le développement d'espèces de stades dynamiques ultérieurs (*Crossopetalum rhacoma,*

Daphnopsis americana). La matrice est composée majoritairement d'individus essentiellement de sections 2,5 cm qui culminent généralement entre 1 et 8 m (Figure 216 et Figure 217). Les arbres morts sont nombreux (72 individus; Tableau 110) et occupent presque toutes les classes diamétriques (2,5 à 40 cm; Figure 216). Le taux de mortalité est élevé (12,8%). La diversité spécifique équivaut à celle de la station MC1 (Figure 218).

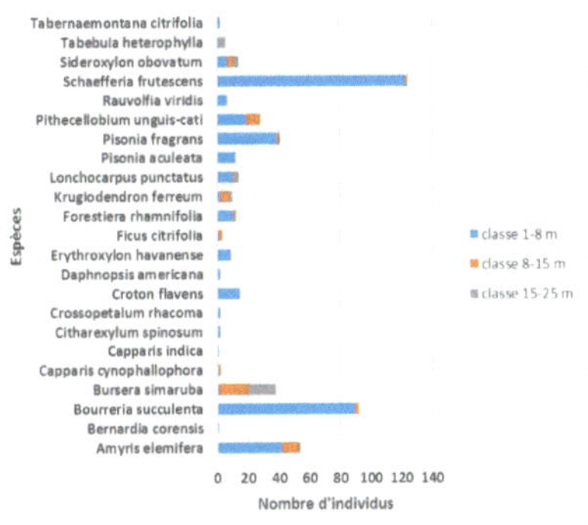

Figure 216: Distribution diamétrique des arbres vivants, sénescents et morts (diamètres ≥ 2,5 cm; Station MC2)

Figure 217: Distribution des hauteurs des arbres vivants et sénescents (hauteurs ≥ 1,3 m; Station MC2)

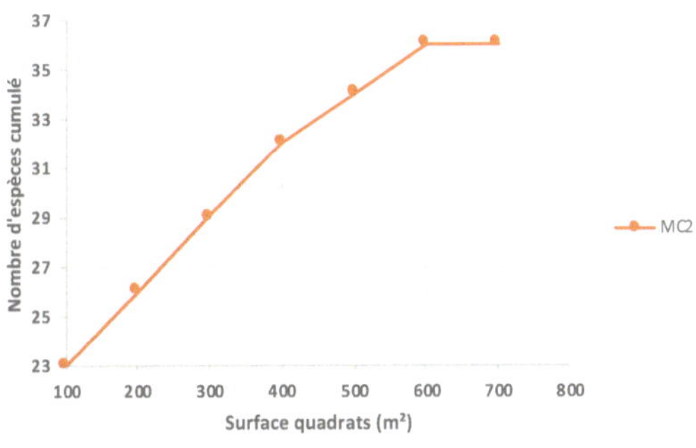

Figure 218: Courbe Aire/Espèces de la station MC2

Station MC3 (500 m²)

Tableau 111: Les principaux paramètres écologiques et structuraux de la station MC3

Rang	Espèces	f_a	f_r	Nombre d'individus par espèce hors régénérations	Densité (ind/m²)	Id	Surface terrière totale par espèce	ID
1	*Bourreria succulenta*	5	100%	640	1,280	1,280	0,5841	0,7477
	Arbres morts	5	100%	179	0,358	0,358	0,2827	0,1012
2	*Tabebuia heterophylla*	4	80%	11	0,022	0,018	1,1216	0,0197
3	*Lonchocarpus punctatus*	5	100%	50	0,100	0,100	0,1595	0,0160
4	*Pisonia fragrans*	5	100%	28	0,056	0,056	0,2332	0,0131
5	*Gyminda latifolia*	5	100%	102	0,204	0,204	0,0530	0,0108
6	*Chiococca alba*	5	100%	34	0,068	0,068	0,0241	0,0016
7	*Acacia sp.*	3	60%	10	0,020	0,012	0,1271	0,0015
8	*Capparis indica*	5	100%	29	0,058	0,058	0,0172	0,0010
9	*Hæmatoxylon campechianum*	2	40%	10	0,020	0,008	0,1212	0,0010
10	*Schæfferia frutescens*	5	100%	31	0,062	0,062	0,0152	0,0009
11	*Citharexylum spinosum*	4	80%	10	0,020	0,016	0,0560	0,0009
12	*Eugenia axillaris*	5	100%	22	0,044	0,044	0,0137	0,0006
13	*Pithecellobium unguis – cati*	2	40%	14	0,028	0,011	0,0378	0,0004
14	*Leucaena leucocephala*	3	60%	8	0,016	0,010	0,0349	0,0003
15	*Pisonia aculeata*	3	60%	12	0,024	0,014	0,0206	0,0003

*Fréquence absolue (f_a) = présence de l'espèce dans les différents quadrats; Fréquence relative (f_r)= Fréquence absolue / nombre de quadrats; Densité = nombre d'individus / surface du relevé; Indice de distribution (Id) = Fréquence relative * Densité; Indice de dominance (ID) = Indice de distribution * surface terrière (aire basale).*

Cette phytocénose sempervirente saisonnière d'horizon inférieur et de faciès xérique au stade arbustif mûr est dominée par une population de *Bourreria succulenta* (Bwa kabrit): 640 individus hors régénérations et hors arbres morts (Tableau 111). En dépit du fait que *Lonchocarpus punctatus*, *Pisonia fragrans* et *Gyminda latifolia* ne soient pas prépondérantes, elles sont très distribuées dans la station (f_r = 100%; Tableau 111). Ces dernières apparaissent à des stades ultérieurs de la dynamique végétale et sont caractérisées par un effectif plus faible que l'espèce dominante (Tableau 111). Seulement onze individus de *Tabebuia heterophylla* de diamètres allant jusqu'à 60 cm ont été observés, en conséquence, l'indice de dominance est très important (Tableau 111 et Figure 219). Ces spécimens sont des reliques d'une ancienne phytocénose. L'unité floristique est principalement constituée d'individus de diamètres compris entre 2,5 et 5 cm et dont les hauteurs ne dépassent pas 8 mètres (Figure 219 et Figure 220). Le taux de mortalité est élevé (14,1%). La richesse floristique est l'une des plus importantes au regard des stations MC (Figure 221).

Figure 219: Distribution diamétrique des arbres vivants, sénescents et morts (diamètres ≥ 2,5 cm; Station MC3)

Figure 220: Distribution des hauteurs des arbres vivants et sénescents (hauteurs ≥ 1,3 m; Station MC3)

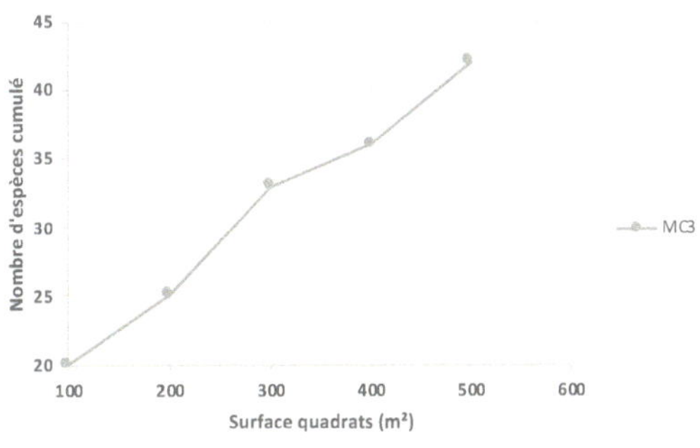

Figure 221: Courbe Aire/Espèces de la station MC3

Station MC4 (500 m²)

Tableau 112: Les principaux paramètres écologiques et structuraux de la station MC4

Rang	Espèces	f_a	f_r	Nombre d'individus par espèce hors régénérations	Densité (ind/m²)	Id	Surface terrière totale par espèce	ID
1	*Pisonia fragrans*	5	100%	295	0,59	0,59	0,3839	0,2265
2	*Acacia sp.*	5	100%	123	0,246	0,246	0,5085	0,1251
	Arbres morts	5	100%	85	0,17	0,17	0,2567	0,0436
3	*Swietenia aubrevilleana*	5	100%	34	0,068	0,068	0,5233	0,0356
4	*Bourreria succulenta*	5	100%	113	0,226	0,226	0,1026	0,0232
5	*Hæmatoxylon campechianum*	4	80%	22	0,044	0,0352	0,1998	0,0070
6	*Croton bixoides*	5	100%	40	0,08	0,08	0,078	0,0062
7	*Erythroxylon havanense*	5	100%	49	0,098	0,098	0,0604	0,0059
8	*Citharexylum spinosum*	5	100%	22	0,044	0,044	0,082	0,0036
9	*Tabernaemontana citrifolia*	5	100%	32	0,064	0,064	0,0304	0,0019
10	*Capparis indica*	5	100%	34	0,068	0,068	0,0182	0,0012
11	*Capparis flexuosa*	5	100%	30	0,06	0,06	0,0147	0,0009
12	*Chiococca alba*	5	100%	14	0,028	0,028	0,0069	0,0002

*Fréquence absolue (f_a) = présence de l'espèce dans les différents quadrats; Fréquence relative (f_r)= Fréquence absolue / nombre de quadrats; Densité = nombre d'individus / surface du relevé; Indice de distribution (Id) = Fréquence relative * Densité; Indice de dominance (ID) = Indice de distribution * surface terrière (aire basale).*

Pisonia fragrans et *Acacia sp.* sont les espèces dominantes de cette communauté floristique sempervirente saisonnière d'horizon inférieur et de faciès xérique au stade présylvatique voire arbustif (Tableau 112). Leur dominance écologique est due à leur densité ainsi que leur surface terrière élevées, ce qui traduit des valeurs d'indices de dominance nettement plus importantes (Tableau 112). En dépit de leur faible nombre d'individus par espèce hors régénérations et hors arbres morts, *Swietenia aubrevilleana* et *Hæmatoxylon campechianum* ont un profil biodémographique quasi – équilibré: leurs individus se distribuent dans presque toutes les classes de hauteurs et de diamètres (Figure 222 et Figure 223). La matrice végétale est composée majoritairement d'individus de faibles sections [entre 2,5 cm (72,5% de l'effectif total) et 5 cm (17,8%)] et de hauteurs allant de 1 à 8 m (Figure 222 et Figure 223) depuis laquelle émergent les spécimens matures de Mapou (*Pisonia fragrans*) et de Mahogani (*Swietenia aubrevilleana*). Le taux de mortalité est de 8,9%: 85 arbres morts ont été comptabilisés (Tableau 112). La diversité spécifique est la plus importante au regard des autres stations MC (Figure 224).

Figure 222: Distribution diamétrique des arbres vivants, sénescents et morts (diamètres ≥ 2,5 cm; Station MC4)

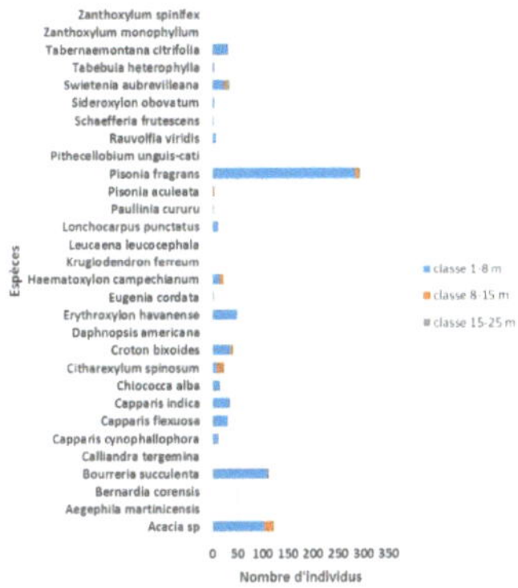

Figure 223: Distribution des hauteurs des arbres vivants et sénescents (hauteurs ≥ 1,3 m; Station MC4)

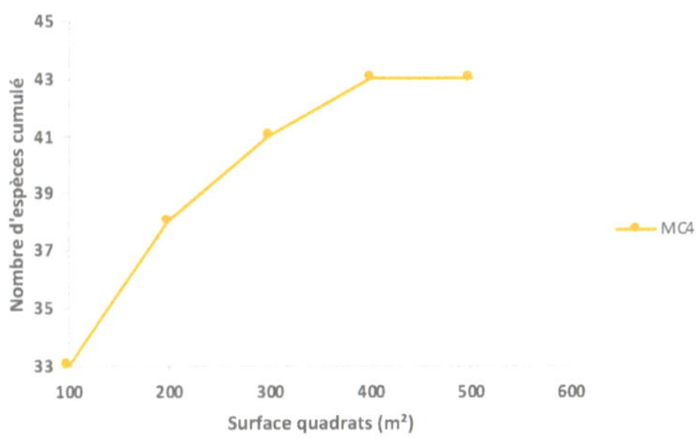

Figure 224: Courbe Aire/Espèces de la station MC4

<u>*Station MC5 (500 m²)*</u>

Tableau 113: Les principaux paramètres écologiques et structuraux de la station MC5

Rang	Espèces	f_a	f_r	Nombre d'individus par espèce hors régénérations	Densité (ind/m²)	Id	Surface terrière totale par espèce	ID
1	*Gyminda latifolia*	5	100%	70	0,14	0,14	0,3996	0,0559
2	*Tabebuia heterophylla*	5	100%	13	0,026	0,026	1,0033	0,0261
	Arbres morts	5	100%	35	0,07	0,07	0,2528	0,0177
3	*Amyris elemifera*	5	100%	20	0,04	0,04	0,3691	0,0148
4	*Bourreria succulenta*	5	100%	38	0,076	0,076	0,1006	0,0076
5	*Pisonia fragrans*	5	100%	8	0,016	0,016	0,2631	0,0042
6	*Bursera simaruba*	5	100%	4	0,008	0,008	0,2729	0,0022
7	*Schœpfia schreberi*	2	40%	9	0,0180	0,0072	0,0884	0,0006
8	*Schæfferia frutescens*	5	100%	13	0,026	0,026	0,0196	0,0005
9	*Lonchocarpus punctatus*	4	80%	3	0,006	0,0048	0,0825	0,0004
10	*Ficus citrifolia*	5	100%	4	0,008	0,008	0,0221	0,0002

*Fréquence absolue (f_a) = présence de l'espèce dans les différents quadrats; Fréquence relative (f_r)= Fréquence absolue / nombre de quadrats; Densité = nombre d'individus / surface du relevé; Indice de distribution (Id) = Fréquence relative * Densité; Indice de dominance (ID) = Indice de distribution * surface terrière (aire basale).*

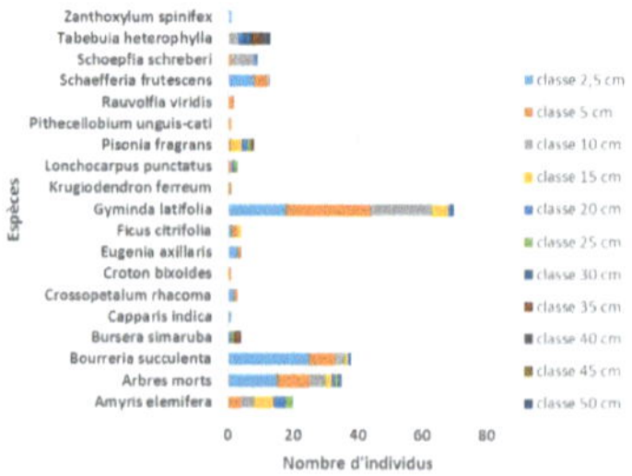

Figure 225: Distribution diamétrique des arbres vivants, sénescents et morts (diamètres ≥ 2,5 cm; Station MC5)

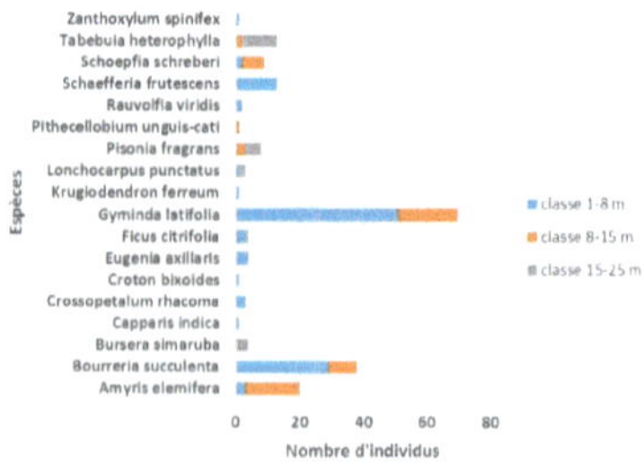

Figure 226: Distribution des hauteurs des arbres vivants et sénescents (hauteurs ≥ 1,3 m; Station MC5)

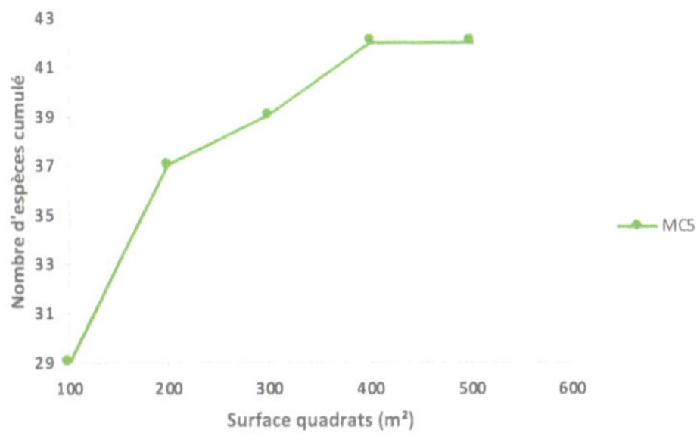

Figure 227: Courbe Aire/Espèces de la station MC5

Cette communauté végétale sempervirente saisonnière d'horizon inférieur et de faciès xérique est au stade forestier jeune. *Gyminda latifolia* est l'espèce qui utilise au mieux les conditions du milieu: elle est la plus concurrente (Tableau 113). Elle domine de par sa distribution (fréquences et indice de distribution), sa densité, et sa surface terrière élevées (Tableau 113). À la lumière de l'ID, *Tabebuia heterophylla* et *Amyris elemifera* semblent faire partie du cortège dominant (Tableau 113). Cependant, leur indice de dominance est compensé par des individus dont les diamètres atteignent jusqu'à 50 cm (Figure 225). *Tabebuia heterophylla* et *Bursera simaruba* ont une structure biodémographique relativement équilibrée: presque toutes les classes d'âges et de hauteurs sont représentées (Figure 225 et Figure 226). Le taux de mortalité est extrêmement élevé (15,1%). La diversité spécifique est riche: c'est la plus importante au regard des autres stations MC (Figure 227).

Rapport de dominance des espèces pour l'ensemble des stations du Morne Caritan (MC)

Tableau 114: Les principaux paramètres écologiques et structuraux pour l'ensemble des stations MC

Rang	Espèces	f_a	f_r	Nombre d'individus par espèce hors régénérations	Densité (ind/m²)	Id	Surface terrière totale par espèce	ID
1	*Bourreria succulenta*	5	100%	885	0,3278	0,3278	0,9371	0,3072
	Arbres morts	5	100%	379	0,1404	0,1404	1,7426	0,2446
2	*Pisonia fragrans*	5	100%	383	0,1419	0,1419	1,1035	0,1565
3	*Bursera simaruba*	5	100%	54	0,02	0,02	2,7734	0,0555

4	*Tabebuia heterophylla*	5	100%	38	0,0141	0,0141	2,5899	0,0364
5	*Amyris elemifera*	4	80%	93	0,0344	0,0276	1,0122	0,0279
6	*Schaefferia frutescens*	5	100%	190	0,0704	0,0704	0,2175	0,0153
7	*Acacia sp*	2	40%	133	0,0493	0,0197	0,6357	0,0125
8	*Lonchocarpus punctatus*	5	100%	83	0,0307	0,0307	0,3863	0,0119
9	*Gyminda latifolia*	2	40%	172	0,0637	0,0255	0,4526	0,0115
10	*Sideroxylon obovatum*	5	100%	26	0,0096	0,0096	0,4575	0,0044
11	*Pithecellobium unguis – cati*	4	80%	44	0,0163	0,013	0,2886	0,0038
12	*Krugiodendron ferreum*	5	100%	27	0,01	0,01	0,2818	0,0028
13	*Swietenia aubrevillana*	2	40%	34	0,0126	0,005	0,5233	0,0026
14	*Erythroxylon havanense*	5	100%	60	0,0222	0,0222	0,0805	0,0018
15	*Haematoxylon campechianum*	2	40%	32	0,0119	0,0047	0,3210	0,0015
16	*Citharexylum spinosum*	4	80%	34	0,0126	0,0101	0,1404	0,0014

*Fréquence absolue (f_a) = présence de l'espèce dans les différents quadrats; Fréquence relative (f_r)= Fréquence absolue / nombre de quadrats; Densité = nombre d'individus / surface du relevé; Indice de distribution (Id) = Fréquence relative * Densité; Indice de dominance (ID) = Indice de distribution * surface terrière (aire basale).*

Bourreria succulenta et *Pisonia fragrans* sont les espèces qui constituent le cortège végétal prépondérant de l'ensemble des stations MC. Elles dominent de par leur fréquence relative, leur densité ainsi que leur surface terrière relativement élevées, ce qui résulte d'un indice de dominance nettement plus important (Tableau 114).

Par ordre d'importance écologique, *Bursera simaruba*, *Tabebuia heterophylla*, *Amyris elemifera*, *Schæfferia frutescens*, *Acacia sp.* Et *Lonchocarpus punctatus* sont les espèces les plus distribuées de l'ensemble des stations du Morne Caritan (Tableau 114). La majeure partie des individus de cet ensemble de stations ont de faibles sections [entre 2,5 (69,7% de l'effectif total) et 5 (15,3%) cm; soit 85%] et hauteurs (entre 1 et 8 m; soit 86,5%) (Figure 228). De cette matrice, émergent les spécimens matures des espèces végétales les plus distribuées.

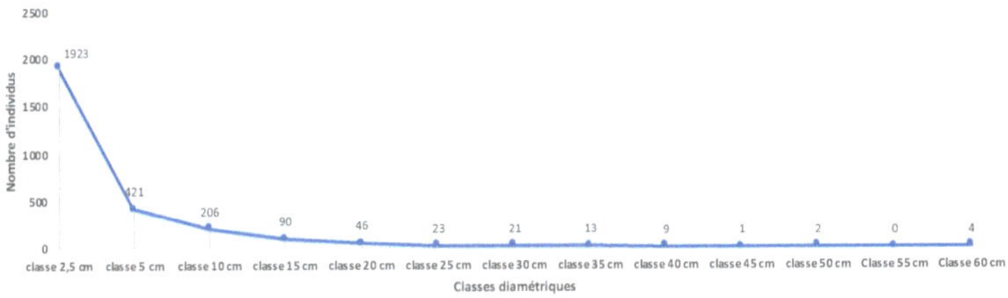

Figure 228: Distribution diamétrique de l'ensemble des stations du Morne Caritan (MC) hors régénérations et hors arbres morts

<u>Courbe de régression linéaire</u>

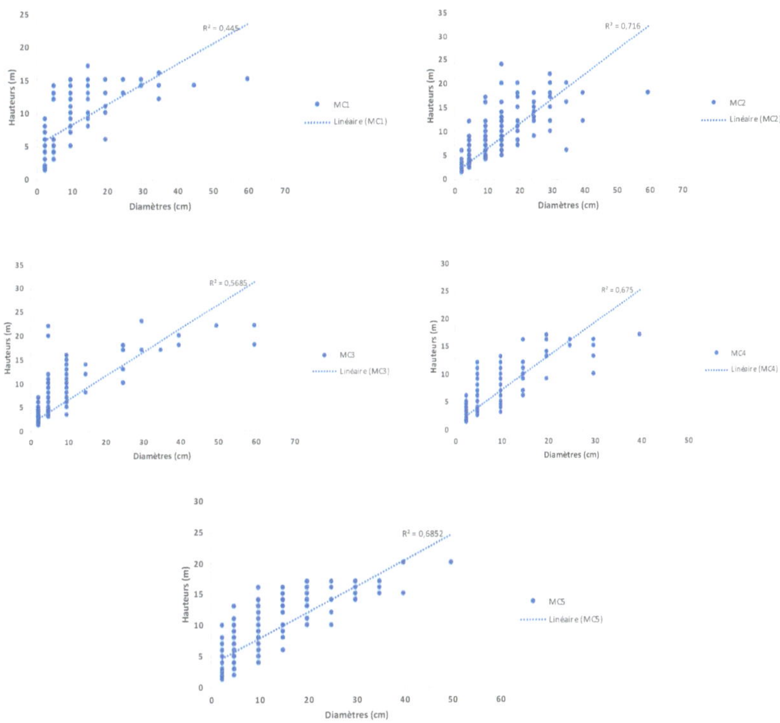

Figure 229: Courbes de corrélation entre les diamètres et les hauteurs des arbres des stations MC (Morne Caritan) (diamètres ≥ 2,5 cm et hauteurs ≥ 1,3 m)

La station MC1 a la plus faible valeur de coefficient de détermination (R^2 = 0,445; Figure 229). Les individus de cette matrice ont majoritairement des diamètres compris entre 2,5 et 5 cm et culminent entre 1 et 8 m. Cette phytocénose semble présenter un déséquilibre dans sa structure. Les nuages de points sont rassemblés vers les faibles diamètres et hauteurs (Station MC1; Figure 229). Les autres stations (MC2, MC3, MC4 et MC5) ont des valeurs de coefficients de détermination relativement élevées (0,716; 0,5685; 0,675 et 0,6852 respectivement; Figure 229). Ce qui indique un certain équilibre entre la distribution des hauteurs et des diamètres.

Indice de Jaccard

Tableau 115: Matrice de similarité des stations du Morne Caritan (Indice de Jaccard)

	MC1 (36)	MC2 (37)	MC3 (42)	MC4 (42)	MC5 (42)
MC1 (36)	1	**0,55**	*0,44*	**0,47**	**0,56**
MC2 (37)	-	1	**0,61**	**0,46**	**0,58**
MC3 (42)	-	-	1	**0,45**	**0,53**
MC4 (42)	-	-	-	1	**0,45**
MC5 (42)	-	-	-	-	1

Le croisement entre les stations MC2 – MC3 – MC4 – MC5 montrent de grandes similarités écologiques. Tous ces groupements sont deux à deux floristiquement dépendants: leur peuplement est relativement similaire. Les stations MC1 et MC3 présentent la plus faible valeur d'indice (0,44; Tableau 115). Leur composition floristique montre quelques différences, justifiées par des valeurs inférieures à 0,45 (Tableau 115).

Indices de diversité

Tableau 116: Matrice de similarité des stations du Morne Caritan (Indices de diversité)

Indices	MC1	MC2	MC3	MC4	MC5
D	0,10	0,13	0,36	0,17	0,19
1 – D	**0,90**	**0,87**	0,64	**0,83**	**0,81**
H'	3,69	3,46	2,64	3,34	3,03
J	0,77	0,56	0,38	0,49	0,57
Hill	0,25	0,24	0,20	0,21	0,25
1 – Hill	0,75	0,76	0,80	0,79	0,75

*Indice de Simpson (D ou 1 – D) = le carré (nombre d'individus /nombre total d'individus de l'échantillon); Indice réciproque de Simpson (1/D) = inverse de l'indice de Simpson; Indice de Shannon (H') =-∑ [proportion d'une espèce par rapport au nombre total d'espèces dans l'échantillon*log (proportion d'une espèce par rapport au nombre total d'espèces dans l'échantillon)]; Indice de Piélou (J) = indice de Shannon / log (richesse spécifique); Indice de Hill (Hill) = inverse de l'indice de Simpson / par l'exponentielle de l'indice de Shannon.*

Les stations MC1, MC2, MC4 et MC5 ont des valeurs d'indices de diversité de Simpson (1 – D) relativement élevées (proches de 1): elles indiquent une diversité élevée. La station MC3 se différencie des autres dans la mesure où la valeur de cet indice est plus basse (0,64; Tableau 116). Elle indique une diversité moyenne.

D'après l'indice de Shannon – Weaver, toutes les stations indiquent une répartition relativement équitable des espèces dans les unités floristiques. Leur indice est compris entre 2,6 ≤ H' ≤ 3,9. Le groupement MC3 se démarque de nouveau des autres groupements dans la mesure où sa valeur d'indice est beaucoup plus faible (2,64; Tableau 116). Cette valeur est justifiée par la surpopulation de *Bourreria succulenta* (640 individus recensés; Tableau 111). Les autres stations sont surreprésentées par d'autres espèces: MC2 (*Schæfferia frutescens;* Tableau 110), MC4 (*Pisonia fragrans;* Tableau 112) et MC5 (*Gyminda latifolia;* Tableau 113). L'indice de Piélou indique les mêmes résultats mais précise que les individus de la station MC1 sont équirépartis.

Pour l'indice de Hill, les valeurs sont beaucoup plus précises que celles obtenues pour l'indice de Simpson. En effet, elles indiquent pour chaque station, une diversité relativement élevée.

AFC de l'ensemble des stations MC

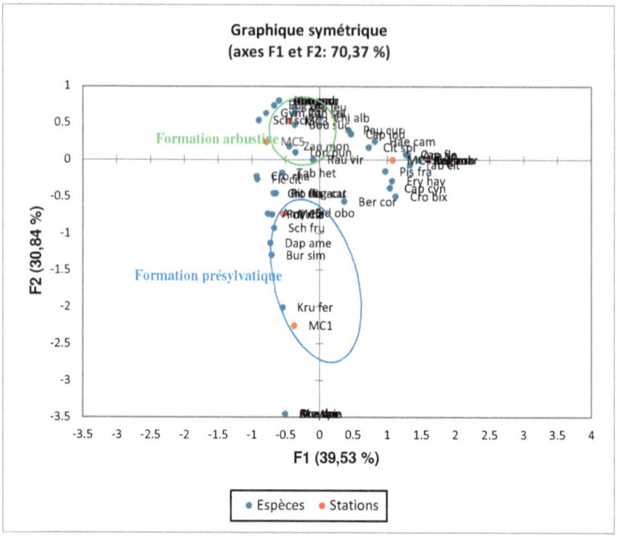

Figure 230: Différenciation mésologique et temporelle des stations et des espèces du Morne Caritan (MC)

L'AFC nous a permis de discriminer les relations qui existent entre les cinq stations précédemment décrites (Figure 230). L'inertie associée au premier axe F1 est de 39,53% et celle du deuxième axe (axe F2) est de 30,84%. Le total des deux axes exprime un maximum d'inertie de 70,37% (Figure 230). L'axe F1 oppose les variations de la composition floristique des différentes stations entre elles. L'axe F2 met en exergue les gradients d'évolution temporelle et écologique des unités floristiques du Morne Caritan. Cette AFC met en évidence trois groupements correspondant à des formations au stade arbustif, présylvatique et un niveau intermédiaire. Les stations MC1 et MC2 sont des unités floristiques au stade présylvatique. Elles sont constituées d'espèces héliophiles secondaires voire héliosciaphiles telles que *Gyminda latifolia* ou *Krugiodendron ferreum* qui forment une strate quasi – continue (Joseph, 2009). Les stations MC3 et MC5 sont des formations végétales de stades dynamiques inférieurs (arbustifs) représentées par l'importance écologique d'espèces de la strate arbustive (*Bourreria succulenta*). Le groupement MC4 semble présenter une composition intermédiaire entre les deux autres (Figure 230).

CAH de l'ensemble des stations MC

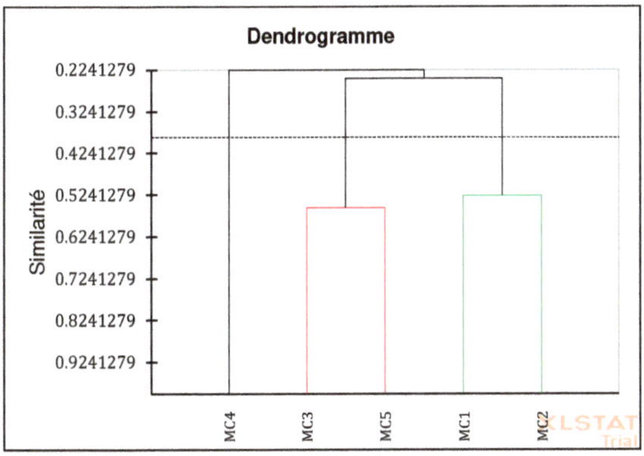

Figure 231: Hiérarchie des partitions obtenues par CAH de l'ensemble des stations MC

La CAH est bien en concordance avec les résultats de l'AFC (Figure 231). Les stations MC1 et MC2 ont une composition floristique relativement proche (0,53; Figure 231). De même, les stations MC3 et MC5 présentent de grandes similitudes écologiques (0,55; Figure 231). La station MC4 se différencie des deux autres.

Synthèse générale

Dans les stations du quartier Morne Caritan (MC), malgré l'ouverture sylvatique et la discontinuité de la strate, nous n'avons pas observé la présence d'espèces potentiellement invasives (Tableau 109, Tableau 110, Tableau 111, Tableau 112 et Tableau 113). On y retrouve une forêt de plantation (station MC4) mature de Mahoganis (*Swietenia aubrevilleana*) qui a contribué à l'installation de la flore autochtone. Cette forêt secondaire a été anciennement anthropisée: la végétation actuelle résulte d'activités humaines anciennes.

V.1.1.1.4.5 Val d'Or (VO)

La zone d'étude VO comporte 46 espèces végétales réparties en 32 familles et 41 genres.

Tableau 117: Répartition des espèces des stations VO en taxa supérieurs

Taxa supérieurs	Classes	Familles	%	Genres	%	Espèces	%
Angiospermes	Monocotylédones	2	6,3	2	4,9	2	4,3
	Dicotylédones	30	93,7	39	95,1	44	95,7
Total		32		41		46	

Station VO1 (400 m²)

Tableau 118: Les principaux paramètres écologiques et structuraux de la station VO1

Rang	Espèces	f_a	f_r	Nombre d'individus par espèce hors régénérations	Densité (ind/m²)	Id	Surface terrière totale par espèce	ID
1	*Krugiodendron ferreum*	4	80%	55	0,1375	0,11	0,2101	0,0231
	Arbres morts	4	80%	62	0,155	0,124	0,1448	0,018
2	*Amyris elemifera*	4	80%	29	0,0725	0,058	0,0771	0,0045
3	*Bourreria succulenta*	4	80%	12	0,03	0,024	0,0815	0,002
4	*Bursera simaruba*	3	60%	5	0,0125	0,0075	0,2533	0,0019
5	*Schæfferia frutescens*	4	80%	26	0,065	0,052	0,029	0,0015
6	*Chionanthus compacta*	4	80%	16	0,04	0,032	0,0447	0,0014
7	*Acacia retusa*	3	60%	13	0,0325	0,0195	0,0299	0,0006
8	*Coccoloba swartzii*	2	40%	12	0,03	0,012	0,0452	0,0005
	Rhœo spathacea	2	40%	0	0,0000	0,0000	0,0000	0,0000

*Fréquence absolue (f_a) = présence de l'espèce dans les différents quadrats; Fréquence relative (f_r)= Fréquence absolue / nombre de quadrats; Densité = nombre d'individus / surface du relevé; Indice de distribution (Id) = Fréquence relative * Densité; Indice de dominance (ID) = Indice de distribution * surface terrière (aire basale).*

La station VO1 est une unité végétale sempervirente saisonnière d'horizon inférieur et de faciès xérique au stade présylvatique voire sylvatique jeune. *Krugiodendron ferreum* est l'espèce qui utilise au mieux les facteurs du milieu: c'est l'espèce dominante de la station. Les individus de faibles sections (entre 2,5 et 5 cm) forment une matrice dense de laquelle émergent des spécimens matures de sections nettement plus élevées culminant entre 8 et 25 m (Figure 232 et Figure 233). Cette station est caractérisée par des espèces à différents niveaux d'évolution de la dynamique végétale: arbustif (*Schæfferia frutescens*), présylvatique (*Bursera simaruba*), forestier jeune (*Amyris elemifera*) et sylvatique secondaire (*Coccoloba swartzii*). Les arbres morts dominent en termes de nombre d'individus (62 spécimens; Tableau 118): ils représentent 24,9% de l'effectif total des ligneux. Au vu de la surface d'inventaires (400 m^2; Tableau 118) et de la courbe Aire/Espèces (Figure 234), la diversité spécifique est faible.

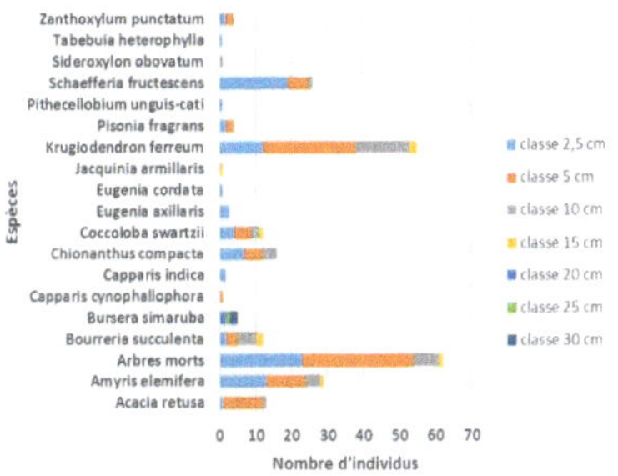

Figure 232: Distribution diamétrique des arbres vivants, sénescents et morts (diamètres ≥ 2,5 cm; Station VO1)

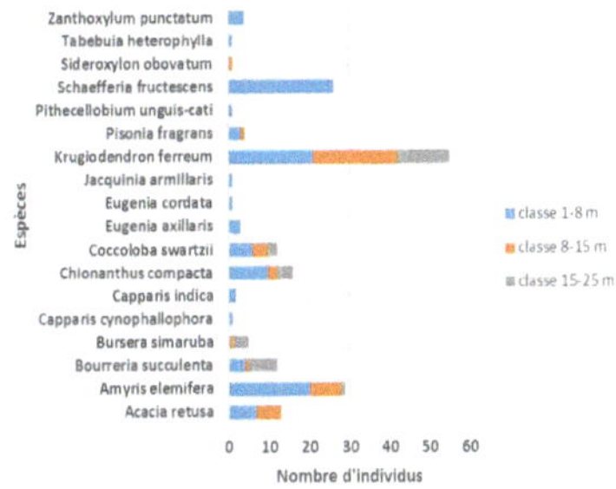

Figure 233: Distribution des hauteurs des arbres vivants et sénescents (hauteurs ≥ 1,3 m; Station VO1)

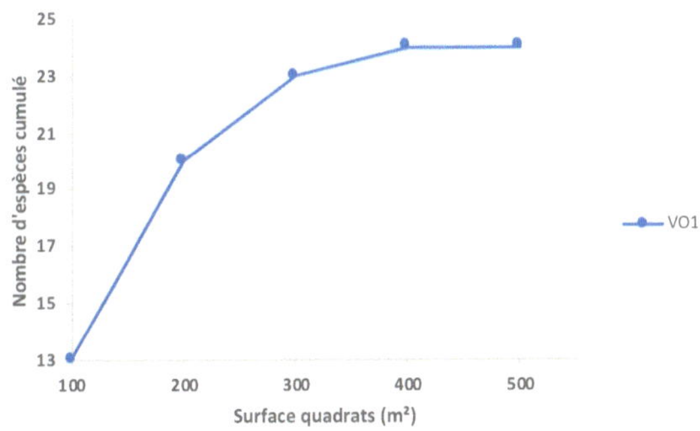

Figure 234: Courbe Aire/Espèces de la station VO1

Des plantules de *Rhœo spathacea* ont été observées dans les quadrats 2 et 4. Nous avons analysé l'abondance écologique des plantules dans le groupement VO1.

Tableau 119: Abondance des plantules des espèces végétales de la station VO1

Espèces végétales	Abondance écologique			
	Q1	**Q2**	Q3	**Q4**
Acacia retusa		+		
Erythroxylon havanense	+	+		
Eugenia cordata	+	+		
Heteropterys purpurea		+	+	+
Krugiodendron ferreum		+	++	
Macfadyena unguis – cati	+			
Malpighia coccigera	++	++	+	++
Passiflora suberosa	++	++		+
Pisonia fragrans	++		+	++
Rhœo spathacea		+		+

(+) très faible abondance écologique (1 à 5); (++) faible abondance écologique (5 à 15); (+++) abondance écologique moyenne (15 à 30); (++++) forte abondance écologique (30 à 45); (+++++) très forte abondance écologique (45 à 100); (++++++) tapis végétal (plus de 100). Q représente les quadrats de la station.

À l'échelle plantulaire, *Malpighia coccigera* et secondairement *Passiflora suberosa* et *Pisonia fragrans* sont les espèces les plus abondantes de la station VO1 (Tableau 119). Le reste des espèces (7) de la matrice sont caractérisées par une très faible abondance écologique. *Rhœo spathacea* fait partie des espèces marginales.

Station VO2 (750 m²)

Tableau 120: Les principaux paramètres écologiques et structuraux de la station VO2

Rang	Espèces	f_a	f_r	Nombre d'individus par espèce hors régénérations	Densité (ind/m²)	Id	Surface terrière totale par espèce	ID
1	*Krugiodendron ferreum*	14	93%	86	0,1147	0,107	0,2705	0,0289
2	*Croton flavens*	15	100%	173	0,2307	0,2307	0,1188	0,0274
	Arbres morts	15	100%	77	0,1027	0,1027	0,1664	0,0171
3	*Sideroxylon obovatum*	10	67%	33	0,044	0,0293	0,2184	0,0064
4	*Amyris elemifera*	12	80%	31	0,0413	0,0331	0,1694	0,0056
5	*Bursera simaruba*	14	93%	10	0,0133	0,0124	0,2651	0,0033
6	*Coccoloba swartzii*	11	73%	30	0,04	0,0293	0,1104	0,0032

7	*Bourreria succulenta*	12	80%	25	0,0333	0,0267	0,108	0,0029
8	*Zanthoxylum punctatum*	12	80%	61	0,0813	0,0651	0,0388	0,0025
9	*Tabebuia heterophylla*	3	20%	15	0,02	0,004	0,1355	0,0005
10	*Jacquinia armillaris*	6	40%	9	0,012	0,0048	0,0353	0,0002

*Fréquence absolue (f_a) = présence de l'espèce dans les différents quadrats; Fréquence relative (f_r)= Fréquence absolue / nombre de quadrats; Densité = nombre d'individus / surface du relevé; Indice de distribution (Id) = Fréquence relative * Densité; Indice de dominance (ID) = Indice de distribution * surface terrière (aire basale).*

Krugiodendron ferreum et *Croton flavens* dominent cette association floristique sempervirente saisonnière d'horizon inférieur et de faciès xérique au stade forestier jeune à présylvatique. En plus de montrer un effectif élevé, ces deux espèces ont une dominance écologique élevée (Tableau 120). Les individus de la strate inférieure sont surcimés par des spécimens adultes de *Krugiodendron ferreum*, ainsi que par quelques individus de *Sideroxylon obovatum*, de *Bursera simaruba*, de *Coccoloba swartzii*, de *Tabebuia heterophylla*, de *Lonchocarpus punctatus* et de *Pisonia fragrans* formant une strate discontinue (Figure 235 et Figure 236). *Jacquinia armillaris* (espèce rare à la Martinique) est très marginale du point de vue biodémographique. Le taux de mortalité est élevé (13,2%). Malgré une aire de relevé plus importante (750 m^2; Tableau 120), la richesse floristique est proche de celle de la station VO1 (Figure 237).

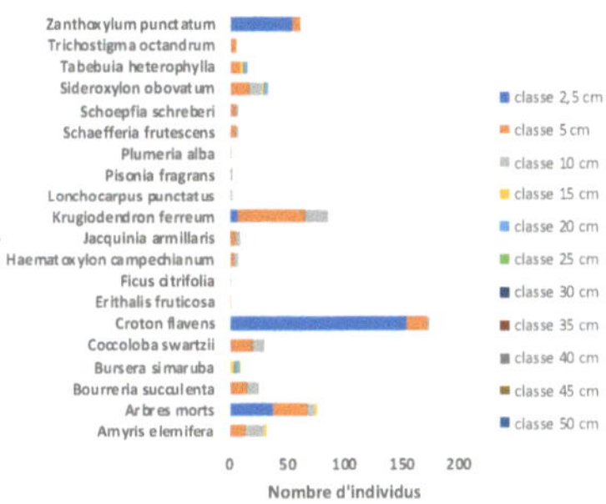

Figure 235: Distribution diamétrique des arbres vivants, sénescents et morts (diamètres ≥ 2,5 cm; Station VO2)

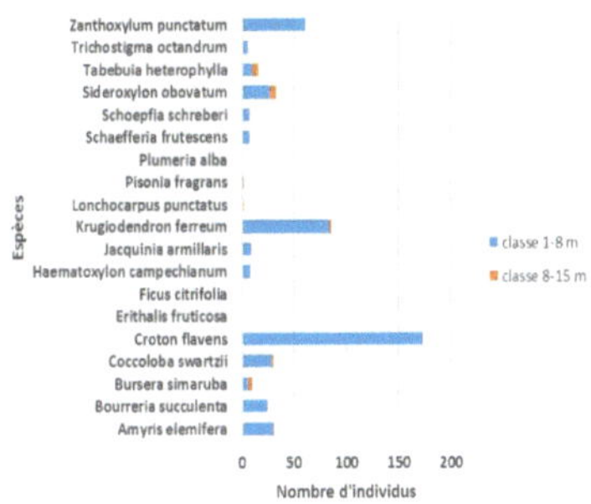

Figure 236: Distribution des hauteurs des arbres vivants et sénescents (hauteurs ≥ 1,3 m; Station VO2)

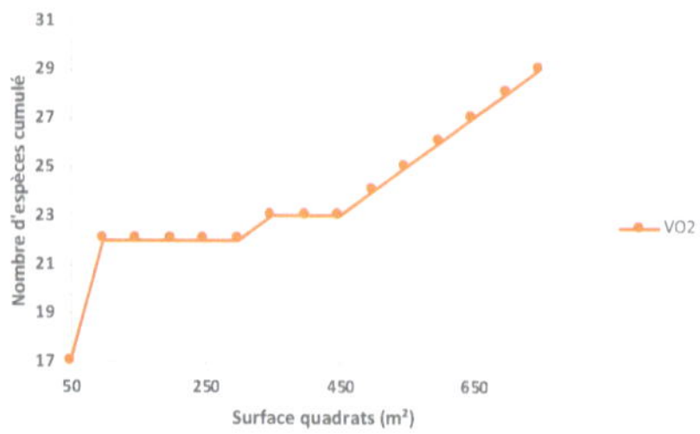

Figure 237: Courbe Aire/Espèces de la station VO2

Station VO3 (700 m²)

Tableau 121: Les principaux paramètres écologiques et structuraux de la station VO3

Rang	Espèces	f_a	f_r	Nombre d'individus par espèce hors régénérations	Densité (ind/m²)	Id	Surface terrière totale par espèce	ID
1	*Amyris elemifera*	7	100%	93	0,1329	0,1329	0,3402	0,0452
2	*Krugiodendron ferreum*	7	100%	100	0,1429	0,1429	0,2759	0,0394
	Arbres morts	7	100%	94	0,1343	0,1343	0,2562	0,0344
3	*Coccoloba swartzii*	5	71%	20	0,0286	0,0204	0,2616	0,0053
4	*Bourreria succulenta*	6	86%	29	0,0414	0,0355	0,1281	0,0045
5	*Bursera simaruba*	4	57%	5	0,0071	0,0041	0,4791	0,0020
6	*Jacquinia armillaris*	5	71%	16	0,0229	0,0163	0,0285	0,0005
7	*STA1*	4	57%	4	0,0057	0,0033	0,106	0,0003
8	*Schæfferia frutescens*	4	57%	9	0,0129	0,0073	0,0265	0,0002
9	*Rochefortia spinosa*	3	43%	8	0,0114	0,0049	0,0245	0,0001
10	*Sideroxylon obovatum*	3	43%	7	0,0100	0,0043	0,0255	0,0001
11	*Zanthoxylum punctatum*	5	71%	11	0,0157	0,0112	0,0069	0,0001

*Fréquence absolue (f_a) = présence de l'espèce dans les différents quadrats; Fréquence relative (f_r)= Fréquence absolue / nombre de quadrats; Densité = nombre d'individus / surface du relevé; Indice de distribution (Id) = Fréquence relative * Densité; Indice de dominance (ID) = Indice de distribution * surface terrière (aire basale).*

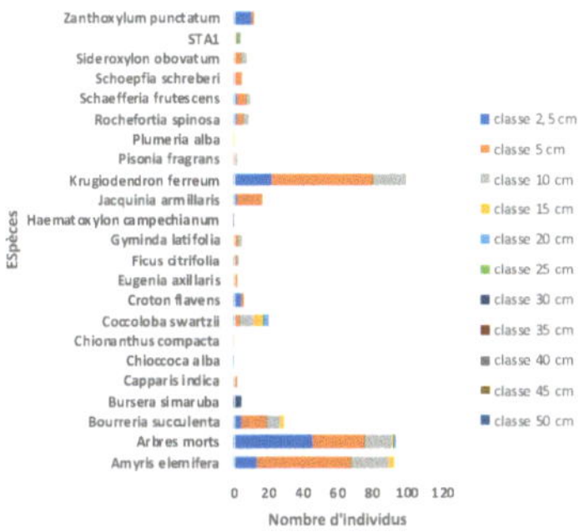

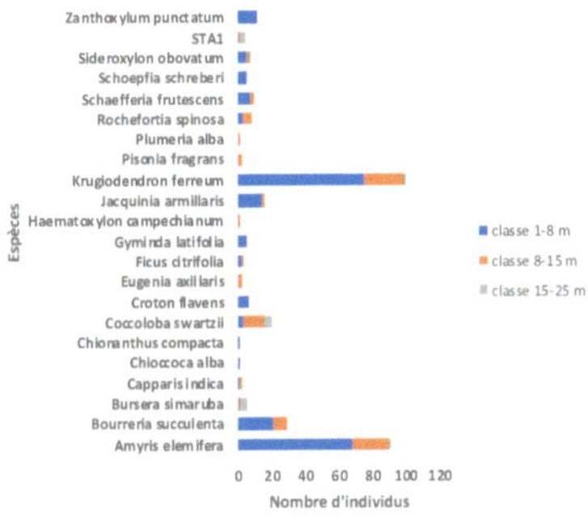

Figure 238: Distribution diamétrique des arbres vivants, sénescents et morts (diamètres ≥ 2,5 cm; Station VO3)

Figure 239: Distribution des hauteurs des arbres vivants et sénescents (hauteurs ≥ 1,3 m; Station VO3)

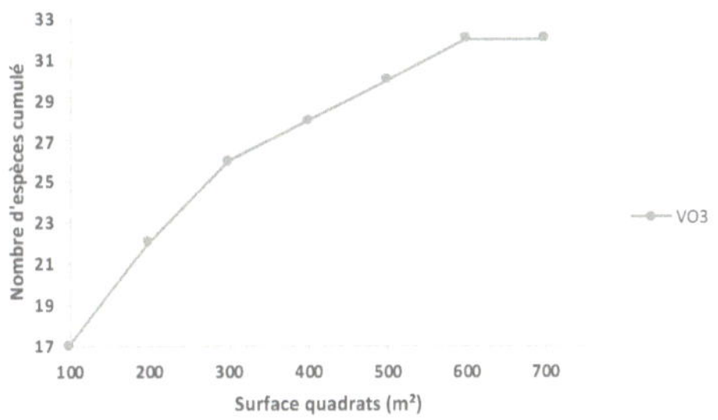

Figure 240: Courbe Aire/Espèces de la station VO3

Cette station est colonisée par une formation sempervirente saisonnière d'horizon inférieur et de faciès xérique au stade sylvatique secondaire. *Amyris elemifera* et *Krugiodendron ferreum* sont les espèces dominantes du point de vue écologique (Tableau 121). Les espèces du cortège dominant forment la strate supérieure sous laquelle se développent les autres taxa du groupement végétal (Figure 239). L'association floristique est constituée d'individus de sections comprises entre 2,5 et 10 cm et de hauteurs allant essentiellement de 1 à 8 m (Figure 238 et Figure 239). Les arbres morts ont un effectif élevé (94 individus recensés; Tableau 121). Le taux de mortalité est extrêmement important (22,1%). La richesse spécifique est la plus élevée au regard des stations VO (Figure 240).

Station VO4 (700 m^2)

Tableau 122: Les principaux paramètres écologiques et structuraux de la station VO4

Rang	Espèces	f_a	f_r	Nombre d'individus par espèce hors régénérations	Densité (ind/m^2)	Id	Surface terrière totale par espèce	ID
	Arbres morts	7	100%	110	0,1571	0,1571	0,4555	0,0716
1	*Amyris elemifera*	7	100%	104	0,1486	0,1486	0,4168	0,0619
2	*Bourreria succulenta*	7	100%	100	0,1429	0,1429	0,4025	0,0575
3	*Coccoloba swartzii*	3	43%	45	0,0643	0,0276	0,2837	0,0078
4	*Zanthoxylum punctatum*	6	86%	35	0,0500	0,0429	0,0599	0,0026
5	*Krugiodendron ferreum*	5	71%	19	0,0271	0,0194	0,1296	0,0025
6	*Bursera simaruba*	7	100%	5	0,0071	0,0071	0,0569	0,0004
7	*Jacquinia armillaris*	4	57%	7	0,0100	0,0057	0,0314	0,0002
8	*Tabebuia heterophylla*	3	43%	4	0,0057	0,0024	0,0726	0,0002
9	*Croton flavens*	4	57%	10	0,0143	0,0082	0,0137	0,0001

*Fréquence absolue (f_a) = présence de l'espèce dans les différents quadrats; Fréquence relative (f_r)= Fréquence absolue / nombre de quadrats; Densité = nombre d'individus / surface du relevé; Indice de distribution (Id) = Fréquence relative * Densité; Indice de dominance (ID) = Indice de distribution * surface terrière (aire basale).*

Cette association floristique sempervirente saisonnière d'horizon inférieur et de faciès xérique au stade sylvatique secondaire voire forestier jeune est dominée par la population d'*Amyris elemifera* et de *Bourreria succulenta*. Ces deux espèces ont les valeurs de paramètres écologiques les plus importants: effectif, distribution (fréquences et indice de distribution) et indice de dominance (Tableau 122). Les individus de cette station ont des sections moyennes (jusqu'à 20 cm; Figure 241) mais ont des hauteurs majoritairement comprises entre 1 et 8 m (Figure 242). Les arbres morts ont un effectif très élevé (110 individus dénombrés; Tableau 122): ils représentent 24% de l'effectif total des ligneux. La diversité spécifique est importante au vu des autres stations VO (Figure 243).

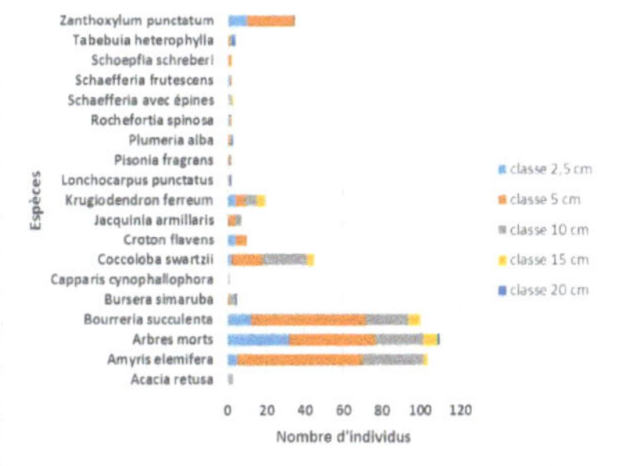

Figure 241: Distribution diamétrique des arbres vivants, sénescents et morts (diamètres ≥ 2,5 cm; Station VO4)

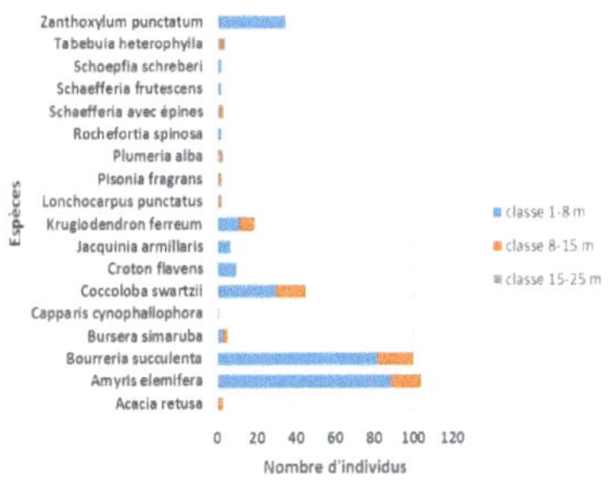

Figure 242: Distribution des hauteurs des arbres vivants et sénescents (hauteurs ≥ 1,3 m; Station VO4)

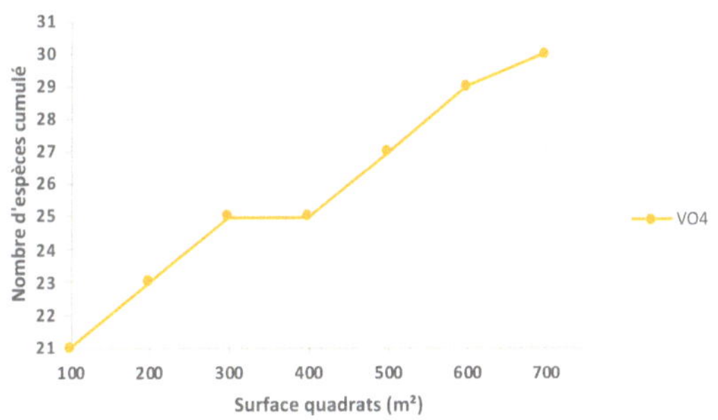

Figure 243: Courbe Aire/Espèces de la station VO4

<u>Rapport de dominance des espèces pour l'ensemble des stations de Val d'Or (VO)</u>

Tableau 123: Les principaux paramètres écologiques et structuraux pour l'ensemble des stations VO

Rang	Espèces	f_a	f_r	Nombre d'individus par espèce hors régénérations	Densité (ind/m²)	Id	Surface terrière totale par espèce	ID
	Arbres morts	4	100%	343	0,1345	0,1345	1,023	0,1376
1	*Amyris elemifera*	4	100%	257	0,1008	0,1008	1,0033	0,1011
2	*Krugiodendron ferreum*	4	100%	260	0,102	0,102	0,886	0,0903
3	*Bourreria succulenta*	4	100%	166	0,0651	0,0651	0,7201	0,0469

4	*Coccoloba swartzii*	4	100%	107	0,042	0,042	0,701	0,0294
5	*Bursera simaruba*	4	100%	25	0,0098	0,0098	1,0544	0,0103
6	*Croton flavens*	3	75%	189	0,0741	0,0556	0,137	0,0076
7	*Zanthoxylum punctatum*	4	100%	111	0,0435	0,0435	0,1104	0,0048
8	*Sideroxylon obovatum*	3	75%	41	0,0161	0,0121	0,2518	0,0030
9	*Tabebuia heterophylla*	4	100%	20	0,0078	0,0078	0,2086	0,0016
10	*Jacquinia armillaris*	4	100%	33	0,0129	0,0129	0,1129	0,0015
11	*Schæfferia frutescens*	4	100%	44	0,0173	0,0173	0,0776	0,0013
12	*Hæmatoxylon campechianum*	2	50%	9	0,0035	0,0018	0,11	0,0002
13	*Acacia retusa*	2	50%	16	0,0063	0,0031	0,0535	0,0002
14	*Chionanthus compacta*	2	50%	17	0,0067	0,0033	0,0466	0,0002
15	*Pisonia fragrans*	4	100%	10	0,0039	0,0039	0,0344	0,0001

*Fréquence absolue (f_a) = présence de l'espèce dans les différents quadrats; Fréquence relative (f_r)= Fréquence absolue / nombre de quadrats; Densité = nombre d'individus / surface du relevé; Indice de distribution (Id) = Fréquence relative * Densité; Indice de dominance (ID) = Indice de distribution * surface terrière (aire basale).*

Amyris elemifera et *Krugiodendron ferreum* sont les espèces les plus concurrentes pour l'ensemble des stations VO. On peut y adjoindre *Bourreria succulenta* (Bwa kabrit) et *Bursera simaruba* (Gommier rouge) au regard de leurs indices de dominance (Tableau 123). Nous avons observé dans la station VO1, *Rhæo spathacea*, espèce potentiellement invasive.

Au total, nous avons recensé 1 375 individus (Figure 244). Les individus de 5 cm de section sont majoritaires et représentent 45,6% de l'effectif total des ligneux. Les spécimens de classes moyennes (entre 10 et 25 cm) correspondent à 25,3% de la totalité des individus recensés. Nous avons également observé quelques individus de plus grandes sections (jusqu'à 50 cm; Figure 244). Ces spécimens sont des éléments relictuels de Gommier rouge (*Bursera simaruba*) d'une ancienne unité floristique.

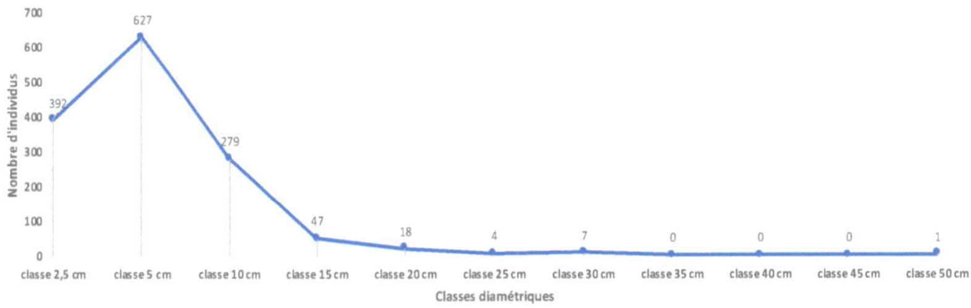

Figure 244: Distribution diamétrique de l'ensemble des stations de Val d'Or (VO) hors régénérations et hors arbres morts

<u>*Courbes de régression linéaire*</u>

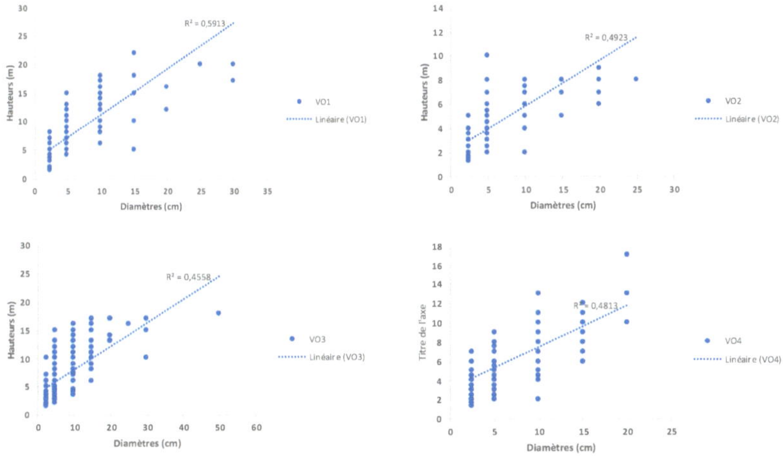

Figure 245: Courbes de corrélation entre les diamètres et les hauteurs des spécimens des stations VO (Val d'Or) (diamètres ≥ 2,5 cm et hauteurs ≥ 1,3 m)

Les diamètres et hauteurs de la station VO1 ont la plus forte valeur de coefficient de détermination (R^2 = 0,5913; Figure 245). On semble observer un équilibre entre la distribution des hauteurs et des diamètres de cette station. Les autres phytocénoses semblent présenter un déséquilibre dans leur structure. En effet, même si leur matrice est constituée d'individus de grandes sections, ces derniers se distribuent majoritairement dans des classes de hauteurs faibles (entre 1 et 8 m). Ceci justifie les valeurs de coefficients de détermination assez faibles observées (Figure 245).

Indice de Jaccard

Tableau 124: Matrice de similarité des stations de Val d'Or (Indice de Jaccard)

	VO1 (24)	VO2 (29)	VO3 (32)	VO4 (30)
VO1 (24)	1	*0,36*	*0,44*	*0,38*
VO2 (29)	-	1	**0,53**	**0,55**
VO3 (32)	-	-	1	**0,55**
VO4 (30)	-	-	-	1

Le Tableau 124 montre de très faibles valeurs d'indices pour la station VO1 qui a très peu de similitudes avec les autres groupements. Bien que cette station VO1 se rapproche plus de celle de la station VO3, sa composition floristique est différente (0,44; Tableau 124). Les croisements des stations VO2 – VO3 – VO4 montrent de grandes similitudes écologiques (0,53; 0,55 respectivement; Tableau 124). Leur composition floristique est relativement proche.

Indices de diversité

Tableau 125: Matrice de similarité des stations de Val d'Or (Indices de diversité)

Indices	VO1	VO2	VO3	VO4
D	0,15	0,18	0,19	0,20
1 – D	**0,85**	**0,82**	**0,81**	**0,80**
H'	3,08	2,74	3,00	2,48
J	0,59	0,44	0,52	0,42
Hill	0,30	0,37	0,28	0,41
1 – Hill	0,70	0,63	0,72	0,59

*Indice de Simpson (D ou 1 – D) = le carré (nombre d'individus /nombre total d'individus de l'échantillon); Indice réciproque de Simpson (1/D) = inverse de l'indice de Simpson; Indice de Shannon (H') =-∑ [proportion d'une espèce par rapport au nombre total d'espèces dans l'échantillon*log (proportion d'une espèce par rapport au nombre total d'espèces dans l'échantillon)]; Indice de Piélou (J) = indice de Shannon / log (richesse spécifique); Indice de Hill (Hill) = inverse de l'indice de Simpson / par l'exponentielle de l'indice de Shannon.*

Les indices de Simpson et de Hill ont des valeurs faibles: ils indiquent que les stations VO ont une diversité élevée (leur indice est proche de 0; Tableau 125).

Les valeurs de l'indice de Shannon – Weaver sont globalement comprises entre 2,6 ≤ H' ≤ 3,9: ce qui traduit une répartition relativement équilibrée des espèces dans les communautés végétales. Celles de la station VO4 sont nettement plus faibles: elles sont comprises entre 0 < H' ≤ 2,5 (2,48; Tableau 125). Ce qui traduit une mauvaise répartition des espèces dans la station. Dans la station

VO4, *Amyris elemifera* et *Bourreria succulenta* ont un effectif élevé (Tableau 122). Il en est de même pour les stations VO1 (*Krugiodendron ferreum*), VO2 (*Croton flavens*) et VO3 (*Krugiodendron ferreum* et *Amyris elemifera*) qui sont également dominées au moins par une espèce.

Les valeurs de l'indice de Piélou sont plus précises (J ≤ 0,6) et indiquent que dans toutes ces stations, il existe un phénomène de dominance (Tableau 125).

<u>*AFC de l'ensemble des stations VO*</u>

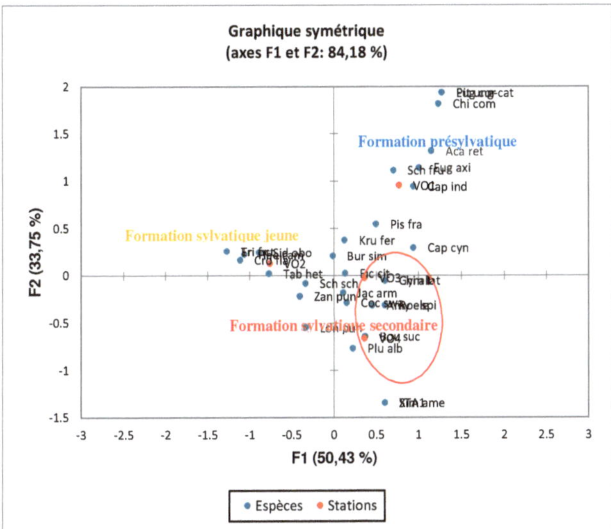

Figure 246: Différenciation mésologique et temporelle des stations et des espèces de Val d'Or (VO)

L'inertie associée à l'axe F1 est de 50,43% et celle de l'axe F2 est de 33,75%. Ce qui représente un maximum d'inertie de 84,18% (Figure 246). L'axe F2 discrimine les gradients d'évolution des stations entre elles. L'axe F1 oppose les différences observées entre les compositions floristiques. Les stations VO3 et VO4 correspondent à des unités floristiques au stade sylvatique secondaire. Ces deux groupements sont caractérisés par des espèces végétales appartenant à différents stades de la dynamique végétale: arbustif (*Schæfferia frutescens*), présylvatique (*Tabebuia heterophylla*), sylvatique secondaire (*Jacquinia armillaris*), voire sylvatique secondaire tardif (*Krugiodendron ferreum*). La station VO2 est une unité floristique au stade sylvatique jeune dont la matrice est composée d'espèces régressives qui se régénèrent sous la matrice formée par des espèces secondaires tardives (*Sideroxylon obovatum*). La station VO1 semble représenter une phytocénose appartenant à un stade dynamique antérieur: présylvatique.

CAH de l'ensemble des stations VO

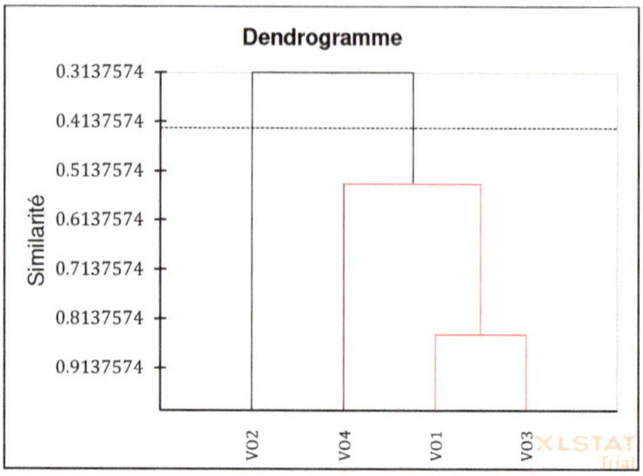

Figure 247: Hiérarchie des partitions obtenues par CAH pour l'ensemble des stations VO

La CAH présente quatre communautés végétales à trois niveaux différents de la dynamique végétale. Les stations VO1 et VO3 ont de grandes similitudes écologiques justifiées par de fortes valeurs (0,84; Figure 247). La station VO4 est relativement proche des stations VO1 et VO3 (0,54; Figure 247). En plus de présenter un stade dynamique différent (sylvatique jeune), la station VO2 a très peu de similitudes écologiques avec les autres groupements. Sa composition floristique est différente de celles des autres stations (0,31; Figure 247).

Synthèse générale

Dans les stations du quartier Val d'Or (notées VO), nous n'avons observé la présence de plantes potentiellement invasives que dans la station VO1 (Tableau 118, Tableau 120, Tableau 121 et Tableau 122). Cette dernière correspond à une communauté végétale au stade présylvatique. Les autres stations sont colonisées par des unités floristiques à différents niveaux d'évolution: sylvatique secondaire (VO3 et VO4) et forestier jeune (VO2). Les stations VO1 et VO3 ont une composition floristique proche.

V.1.1.1.5 Commune de Sainte – Luce

V.1.1.1.5.1 Trois Rivières (TR)

La zone d'étude TR comporte 31 espèces végétales réparties en 21 familles et 27 genres.

Tableau 126: Répartition des espèces des stations TR en taxa supérieurs

Taxa supérieurs	Classes	Familles	%	Genres	%	Espèces	%
Angiospermes	Monocotylédones	3	4,3	4	4,8	4	2,9
	Dicotylédones	18	85,7	23	85,2	27	87,1
Total		21		27		31	

Station TR1 (400 m²)

Tableau 127: Les principaux paramètres écologiques et structuraux de la station TR1

Rang	Espèces	f_a	f_r	Nombre d'individus par espèce hors régénérations	Densité (ind/m²)	Id	Surface terrière totale par espèce	ID
1	***Mimosa malacocentra***	4	100%	50	0,125	0,125	0,0672	0,00841
2	*Mimosa pudica*	2	50%	1	0,0025	0,00125	0,0020	0,0000025
	Arbre mort	1	25%	1	0,0025	0,000625	0,00049	0,0000003

*Fréquence absolue (f_a) = présence de l'espèce dans les différents quadrats; Fréquence relative (f_r)= Fréquence absolue / nombre de quadrats; Densité = nombre d'individus / surface du relevé; Indice de distribution (Id) = Fréquence relative * Densité; Indice de dominance (ID) = Indice de distribution * surface terrière (aire basale).*

Figure 248: Distribution diamétrique des arbres vivants, sénescents et morts (diamètres ≥ 2,5 cm; Station TR1)

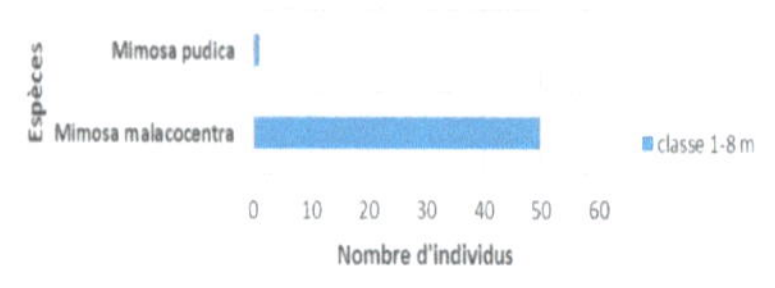

Figure 249: Distribution des hauteurs des arbres vivants et sénescents (hauteurs ≥ 1,3 m; Station TR1)

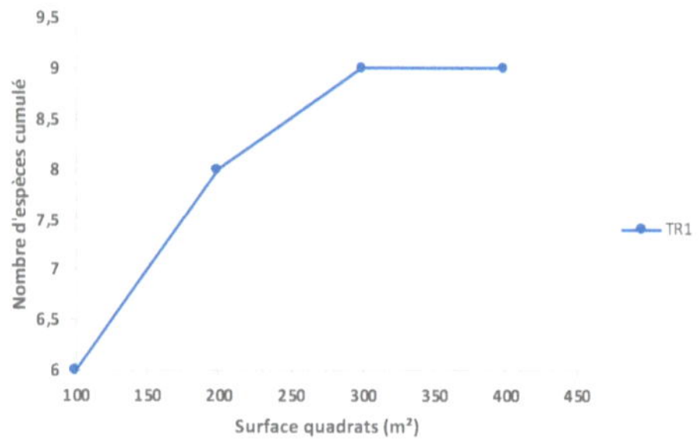

Figure 250: Courbe Aire/Espèces de la station TR1

Cette communauté végétale est une formation sempervirente saisonnière d'horizon inférieur et de faciès xérique au stade fruticé dominée par une population de *Mimosa malacocentra*. Cette dernière est très distribuée (f_r = 100%) et a un nombre d'individus élevé (50 individus hors régénérations et arbres morts) (Tableau 127). Au vu de son fonctionnement écologique au sein de la matrice végétale, *Mimosa malacocentra* est considérée comme un inhibiteur dynamique (Joseph, 2009). Hormis les ligneux, on trouve en grand nombre des herbacées (*Achyranthes aspera, Aristida sp*, *Commelina diffusa* et *Desmodium incanum*) des lianes (*Poranopsis paniculata* et *Senna bacillaris*) et quelques régénérations d'espèces arbustives (*Mimosa pigra* et *Pavonia spinifex*). Un seul individu de *Mimosa pigra* de faible section a été recensé (5 cm) et de faible hauteur (3 m) (Figure 248 et Figure 249). Le taux de mortalité est extrêmement faible (1,9%). Les paramètres structuraux ainsi que la richesse spécifique sont bien en accord avec le stade d'évolution mentionné plus haut (Figure 250).

Station TR2 (300 m²)

Tableau 128: Les principaux paramètres écologiques et structuraux de la station TR2

Rang	Espèces	f_a	f_r	Nombre d'individus par espèce hors régénérations	Densité (ind/m²)	Id	Surface terrière totale par espèce	ID
1	***Mimosa malacocentra***	3	100%	158	0,527	0,527	0,1512	0,0796
2	*Pisonia fragrans*	3	100%	25	0,083	0,083	0,0358	0,003
3	*Acacia farnesiana*	3	100%	28	0,093	0,093	0,0167	0,0016
4	*Bourreria succulenta*	3	100%	26	0,087	0,087	0,0172	0,0015
5	*Hæmatoxylon campechianum*	3	100%	21	0,07	0,07	0,0177	0,0012
	Arbres morts	3	100%	13	0,043	0,043	0,0079	0,0003
6	*Cordia martinicensis*	3	100%	10	0,033	0,033	0,0064	0,0002
7	*Tabebuia heterophylla*	3	100%	8	0,027	0,027	0,0054	0,0001

*Fréquence absolue (f_a) = présence de l'espèce dans les différents quadrats; Fréquence relative (f_r)= Fréquence absolue / nombre de quadrats; Densité = nombre d'individus / surface du relevé; Indice de distribution (Id) = Fréquence relative * Densité; Indice de dominance (ID) = Indice de distribution * surface terrière (aire basale).*

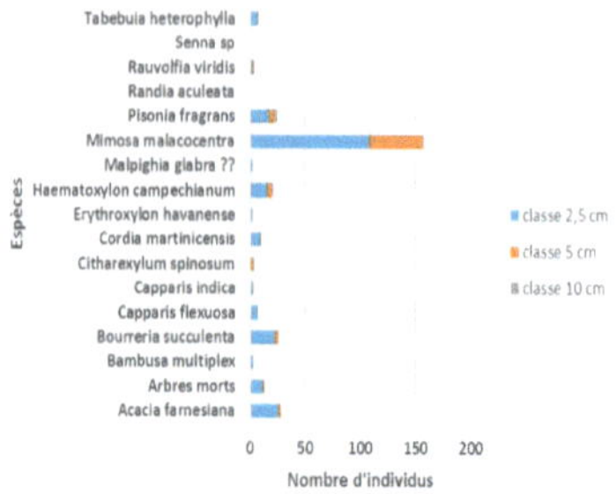

Figure 251: Distribution diamétrique des arbres vivants et morts (diamètres ≥ 2,5 cm; Station TR2)

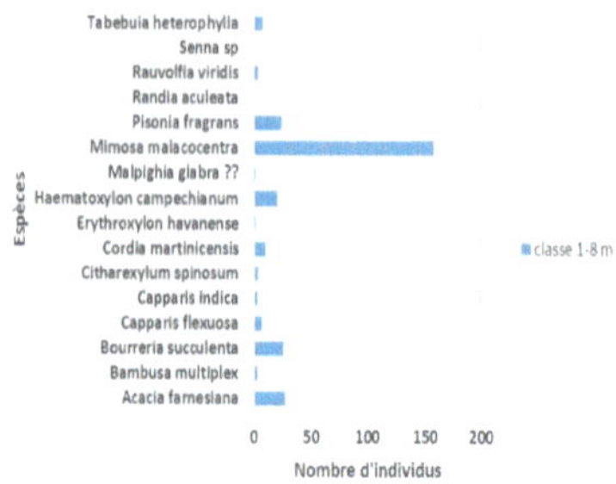

Figure 252: Distribution des hauteurs des arbres vivants (hauteurs≥ 1,3 m; Station TR2)

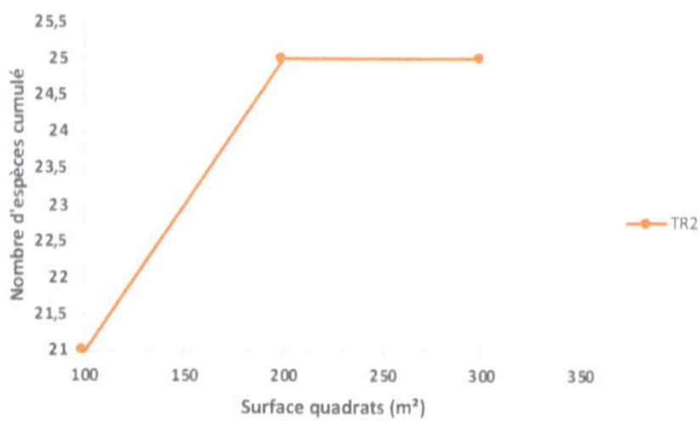

Figure 253: Courbe Aire/Espèces de la station TR2

Cette unité floristique sempervirente saisonnière d'horizon inférieur et de faciès xérique au stade arbustif est dominée par la population de *Mimosa malacocentra*. 158 individus hors régénérations et hors arbres morts dont 68,4% (de l'effectif total de *Mimosa malacocentra*)de sections 2,5 centimètres et 31,6% de 5 cm de diamètre ont été recensés (Tableau 128). La matrice floristique est composée majoritairement d'espèces héliophiles (*Bourreria succulenta*, *Hæmatoxylon campechianum*) et hémi – héliophiles (*Rauvolfia viridis*) de faibles sections (2,5 à 5 cm) et de faibles hauteurs (inférieures à 8 m) (Figure 251 et Figure 252). Le taux de mortalité est relativement faible (4,1%). L'aire minimale de relevés est atteinte dès 200 m^2 ce qui est en rapport avec un stade arbustif de la dynamique végétale propre à ce type de milieu (Figure 253).

Rapport de dominance des espèces pour l'ensemble des stations de Trois Rivières (TR)

Tableau 129: Les principaux paramètres écologiques et structuraux pour l'ensemble des stations TR

Rang	Espèces	fa	fr	Nombre d'individus par espèce hors régénérations	Densité (ind/m²)	Id	Surface terrière totale par espèce	ID
1	***Mimosa malacocentra***	2	100%	208	0,2971	0,2971	0,2184	0,06491
2	*Pisonia fragrans*	1	50%	25	0,0357	0,0179	0,0358	0,00064
3	*Acacia farnesiana*	1	50%	28	0,0400	0,0200	0,0167	0,00033
4	*Bourreria succulenta*	1	50%	26	0,0371	0,0186	0,0172	0,00032
5	*Hæmatoxylon campechianum*	1	50%	21	0,0300	0,0150	0,0177	0,00027
	Arbres morts	2	100%	13	0,0186	0,0186	0,0079	0,00015

*Fréquence absolue (f_a) = présence de l'espèce dans les différents quadrats; Fréquence relative (f_r)= Fréquence absolue / nombre de quadrats; Densité = nombre d'individus / surface du relevé; Indice de distribution (Id) = Fréquence relative * Densité; Indice de dominance (ID) = Indice de distribution * surface terrière (aire basale).*

Mimosa malacocentra est l'espèce prépondérante de l'ensemble des stations de Trois Rivières. Elle domine en raison de sa densité et de sa surface terrière nettement plus importantes qui lui confèrent l'indice de dominance le plus élevé (Tableau 129). L'espèce a commencé à former une matrice dense de faibles hauteurs (entre 1 et 8 m) sous laquelle elle forme ses régénérations. Les individus de ces communautés végétales ne dépassent pas 8 mètres de haut.

Indice de Jaccard

Tableau 130: Matrice de similarité des stations de Trois Rivières (Indice de Jaccard)

	TR1 (9)	TR2 (25)
TR1 (9)	1	*0,1*
TR2 (25)	-	1

Les stations TR1 et TR2 présentent très peu de similitudes (0,1; Tableau 130). Leur composition floristique est totalement différente.

Indices de diversité

Tableau 131: Matrice de similarité des stations de Trois Rivières (Indices de diversité)

Indices	TR1	TR2
D	0,96	0,30
1 – D	*0,04*	0,60
H'	0,14	2,55
J	0,04	0,45
Hill	0,90	0,09
1 – Hill	0,10	0,91

*Indice de Simpson (D ou 1 – D) = le carré (nombre d'individus /nombre total d'individus de l'échantillon); Indice réciproque de Simpson (1/D) = inverse de l'indice de Simpson; Indice de Shannon (H') =-∑ [proportion d'une espèce par rapport au nombre total d'espèces dans l'échantillon*log (proportion d'une espèce par rapport au nombre total d'espèces dans l'échantillon)]; Indice de Piélou (J) = indice de Shannon / log (richesse spécifique); Indice de Hill (Hill) = inverse de l'indice de Simpson / par l'exponentielle de l'indice de Shannon.*

La station TR1 a une diversité extrêmement faible. Sa valeur d'indice de Simpson est très proche de 1 et indique une très faible diversité (0,96; Tableau 131). La station TR2 montre une valeur moyenne (0,3; Tableau 131) qui traduit une diversité moyenne.

L'indice de Shannon – Weaver a une valeur très faible dans le cas de la station TR1 et moyenne pour la station TR2. S'agissant du groupement TR1, l'indice est compris entre 0 ≤ H' ≤ 2,5, ce qui indique la dominance d'une espèce dans la communauté végétale (ici *Mimosa malacocentra*). La phytocénose TR2 a une valeur d'indice intermédiaire. Nous l'avons classée dans la gamme comprise entre 0 ≤ H' ≤ 2,6 compte tenu du nombre d'individus observés. Son indice est donc faible: *Mimosa malacocentra* est surreprésentée dans la station. L'indice d'équitabilité de Piélou a des valeurs faibles (J ≤ 0,6) pour les deux communautés. Cette valeur est extrêmement faible pour la station TR1 (J = 0,04; Tableau 131). Elle confirme les résultats obtenus pour l'indice de Shannon – Weaver: ces deux groupements sont marqués par un phénomène de dominance de *Mimosa malacocentra*. L'indice de Hill traduit une diversité très faible dans le cas de la station TR1: sa valeur se rapproche de 1. À contrario de la station TR2 qui a une valeur très faible (0,1; Tableau 131) et qui indique une diversité maximale.

Synthèse générale

Dans les deux stations TR, *Mimosa malacocentra* est l'espèce la plus concurrente. L'espèce forme des fourrés denses devenus presque impénétrables qui nuisent au développement des autres taxa. La majeure partie des espèces qui se développent appartiennent à la strate herbacée (*Senna sp*, *Tragia volubilis*, *Desmodium sp*). Les taxons arbustifs voire arborés sont minoritaires.

V.1.1.1.6 Commune de Schœlcher

V.1.1.1.6.1 Anse Collat (AC)

Station AC3 (20,94 m²)

Tableau 132: Les principaux paramètres écologiques et structuraux de la station AC3

Rang	Espèces	f_a	f_r	Nombre d'individus par espèce hors régénérations	Densité (ind/m²)	Id	Surface terrière totale par espèce	ID
1	*Delonix regia*	1	100%	2	0,0955	0,0955	0,0338	0,0032
2	*Samanea saman*	1	100%	2	0,0955	0,0955	0,0098	0,0009
	Sansevieria trifasciata	1	100%	0	0,0000	0,0000	0,0000	0,0000

*Fréquence absolue (f_a) = présence de l'espèce dans les différents quadrats; Fréquence relative (f_r)= Fréquence absolue / nombre de quadrats; Densité = nombre d'individus / surface du relevé; Indice de distribution (Id) = Fréquence relative * Densité; Indice de dominance (ID) = Indice de distribution * surface terrière (aire basale).*

Dans la station AC3, *Delonix regia* et *Samanea saman* sont les seules espèces ligneuses qui se sont développées. Dans ce petit transect, *Sansevieria trifasciata*, herbacée potentiellement invasive, a formé des fourrés monospécifiques très abondants auxquels s'adjoignent en nombre beaucoup plus faible d'autres spécimens de *Bracharia sp.*

V.1.1.1.6.2 Fond Lahaye (FL)

La zone d'étude FL comporte 6 espèces végétales réparties en 9 familles et 6 genres. Cette diversité est pauvre en termes d'espèces, de familles et de genres et est le signe d'un niveau de dégradation élevé de ce milieu.

Tableau 133: Répartition des espèces des stations FL en taxa supérieurs

Taxa supérieurs	Classes	Familles	%	Genres	%	Espèces	%
Angiospermes	Monocotylédones	1	11,1	1	16,7	1	16,7
	Dicotylédones	8	88,9	5	83,3	5	83,3
Total		9		6		6	

Station FL1 (67,32 m²)

Tableau 134: Les principaux paramètres écologiques et structuraux de la station FL1

Rang	Espèces	f_a	f_r	Nombre d'individus par espèce hors régénérations	Densité (ind/m²)	Id	Surface terrière totale par espèce	ID
1	*Citharexylum spinosum*	1	100%	2	0,0297	0,0297	0,0393	0,0012
2	*Zanthoxylum monophyllum*	1	100%	1	0,0149	0,0149	0,0707	0,0010
	Arbres morts	1	100%	3	0,0446	0,0446	0,0059	0,0003
	Sansevieria hyacinthoides	1	100%	0	0,0000	0,0000	0,0000	0,0000

*Fréquence absolue (f_a) = présence de l'espèce dans les différents quadrats; Fréquence relative (f_r)= Fréquence absolue / nombre de quadrats; Densité = nombre d'individus / surface du relevé; Indice de distribution (Id) = Fréquence relative * Densité; Indice de dominance (ID) = Indice de distribution * surface terrière (aire basale).*

Citharexylum spinosum et *Zanthoxylum monophyllum* sont les seules espèces arborées qui soient parvenues à se développer dans la station FL1 (Tableau 134). Elles constituent le cortège dominant de la matrice végétale. *Sansevieria hyacinthoides* forme un tapis végétal très dense de 67,32 m^2. Aucune autre plantule ne s'est développée dans la station.

Station FL2 (342,57 m²)

Tableau 135: Les principaux paramètres écologiques et structuraux de la station FL2

Rang	Espèces	f_a	f_r	Nombre d'individus par espèce hors régénérations	Densité (ind/m²)	Id	Surface terrière totale par espèce	ID
1	*Citharexylum spinosum*	1	100%	2	0,00584	0,00584	0,00393	0,0017
	Arbres morts	1	100%	2	0,00584	0,00584	0,00147	0,00002
2	*Capparis baducca*	1	100%	3	0,00876	0,00876	0,2906	0,00001
3	*Maytenus lævigata*	1	100%	1	0,00292	0,00292	0,00196	0,00001
4	*Pimenta racemosa*	1	100%	1	0,00292	0,0029	0,00196	0,00001
	Sansevieria hyacinthoides	1	100%	0	0,00000	0,00000	0,00000	0,00000

*Fréquence absolue (f_a) = présence de l'espèce dans les différents quadrats; Fréquence relative (f_r)= Fréquence absolue / nombre de quadrats; Densité = nombre d'individus / surface du relevé; Indice de distribution (Id) = Fréquence relative * Densité; Indice de dominance (ID) = Indice de distribution * surface terrière (aire basale).*

Citharexylum spinosum et secondairement *Capparis baducca* sont les espèces écologiquement dominantes. Elles présentent à la fois une densité ainsi qu'un indice de distribution les plus élevés (Tableau 135). Des individus de stades ultérieurs (*Psychotria microdon, Maytenus lævigata* et *Pimenta racemosa*) se sont développés sous la matrice végétale formée par les spécimens matures de *Citharexylum spinosum*.

Tableau 136: Abondance des plantules des espèces végétales de la station FL2

Espèces végétales	Abondance écologique	Espèces végétales	Abondance écologique
Chiococca alba	++	*Pisonia aculeata*	+
Eugenia monticola	++	*Psychotria microdon*	+
Passiflora suberosa	++	***Sansevieria hyacinthoides***	++++++

(+) très faible abondance écologique (1 à 5); (++) faible abondance écologique (5 à 15); (+++) abondance écologique moyenne (15 à 30); (++++) forte abondance écologique (30 à 45); (+++++) très forte abondance écologique (45 à 100); (++++++) tapis végétal (plus de 100). Q représente les quadrats de la station.

Sansevieria hyacinthoides, taxon potentiellement invasif, est marqué par une très forte abondance écologique (Tableau 136). Au regard de son développement populationnel important dans la station, les autres plantules d'espèces sont marginales. Elles se singularisent par une très faible abondance écologique (Tableau 136).

Rapport de dominance des espèces pour l'ensemble des stations de Fond Lahaye (FL)

Tableau 137: Les principaux paramètres écologiques et structuraux pour l'ensemble des stations FL

Rang	**Espèces**	**f_a**	**f_r**	**Nombre d'individus par espèce hors régénérations**	**Densité (ind/m²)**	**Id**	**Surface terrière totale par espèce**	**ID**
1	*Citharexylum spinosum*	2	100%	4	0,00976	0,00976	0,32987	0,00322
	Arbres morts	2	100%	5	0,01220	0,01220	0,00982	0,00012
2	*Zanthoxylum monophyllum*	1	50%	1	0,00244	0,00122	0,07069	0,00009
3	*Capparis baducca*	1	50%	3	0,00732	0,00366	0,00147	0,00001
4	*Maytenus lævigata*	1	50%	1	0,00244	0,00122	0,00196	0,000002
5	*Pimenta racemosa*	1	50%	1	0,00244	0,00122	0,00196	0,000002

*Fréquence absolue (f_a) = présence de l'espèce dans les différents quadrats; Fréquence relative (f_r)= Fréquence absolue / nombre de quadrats; Densité = nombre d'individus / surface du relevé; Indice de distribution (Id) = Fréquence relative * Densité; Indice de dominance (ID) = Indice de distribution * surface terrière (aire basale).*

Citharexylum spinosum et secondairement *Zanthoxylum monophyllum* sont les espèces prédominantes de l'ensemble des station FL (Tableau 137). Les individus recensés sont des arbres matures probablement appartenant à des formations passées. Les individus de Sansevieria *hyacinthoides* forment des unités très denses presque monospécifiques qui pourraient limiter la régénération des ligneux.

Indice de Jaccard

Tableau 138: Matrice de similarité des stations de Fond Lahaye (Indice de Jaccard)

	FL1 (2)	FL2 (4)
FL1 (2)	1	*0,2*
FL2 (4)	-	1

La valeur de l'indice de Jaccard est extrêmement faible (0,2; Tableau 138). Du point de vue écologique, ces deux unités floristiques sont totalement différentes.

Indices de diversité

Tableau 139: Matrice de similarité des stations de Fond Lahaye (Indices de diversité)

Indices	FL1	FL2
D	0,56	0,31
1 – D	*0,44*	0,69
H'	0,92	1,84
J	0,58	0,66
Hill	0,72	0,52
1 – Hill	0,28	0,48

*Indice de Simpson (D ou 1 – D) = le carré (nombre d'individus /nombre total d'individus de l'échantillon); Indice réciproque de Simpson (1/D) = inverse de l'indice de Simpson; Indice de Shannon (H') =-∑ [proportion d'une espèce par rapport au nombre total d'espèces dans l'échantillon*log (proportion d'une espèce par rapport au nombre total d'espèces dans l'échantillon)]; Indice de Piélou (J) = indice de Shannon / log (richesse spécifique); Indice de Hill (Hill) = inverse de l'indice de Simpson / par l'exponentielle de l'indice de Shannon.*

Les valeurs de l'indice de Shannon – Weaver des deux communautés végétales sont extrêmement faibles: elles sont comprises entre $0 \leq H' \leq 2,5$. Cet intervalle indique la dominance d'au moins une espèce dans le cortège floristique.

La valeur de l'indice de Simpson de la station FL1 est faible (0,44; Tableau 139): elle indique une faible diversité. L'indice de Simpson du groupement

FL2 est plus important (0,69; Tableau 139): la station FL2 a une diversité moyenne.

<u>*Synthèse générale*</u>

Zanthoxylum monophyllum et *Maytenus lævigata* sont deux espèces qui s'installent très tôt dans la dynamique végétale et subsistent jusqu'au stade préclimacique (*Zanthoxylum monophyllum*) voire climacique (*Maytenus lævigata*) (Joseph, 2009). Leur effectif est extrêmement faible (Tableau 134 et Tableau 135): seul un individu par espèce a été comptabilisé, ces derniers ont des sections de 30 cm (*Zanthoxylum monophyllum*) et de 5 cm (*Maytenus lævigata*). Ils semblent être les reliques d'une formation végétale passée. *Sansevieria hyacinthoides* est nettement plus concurrente que les autres taxa de la matrice végétale: elle est plus apte à utiliser les facteurs du milieu. Son développement paraît limiter le développement d'autres espèces végétales.

V.1.1.1.6.3 Fond Rousseau (FROU)

La zone d'étude FROU comporte 49 espèces végétales réparties en 24 familles et 37 genres. Dans cette unité floristique, nous n'avons pas recensé de monocotylédone (Tableau 140).

Tableau 140: Répartition des espèces des stations FROU (étage inférieur) en taxa supérieurs

Taxa supérieurs	**Classes**	**Familles**	**%**	**Genres**	**%**	**Espèces**	**%**
Angiospermes	Monocotylédones	0	0	0	0	0	0
	Dicotylédones	24	100	37	100	49	100
Total		24		37		49	

Station FROU1 (400 m²)

Tableau 141: Les principaux paramètres écologiques et structuraux de la station FROU1

Rang	Espèces	f_a	f_r	Nombre d'individus par espèce hors régénérations	Densité (ind/m²)	Id	Surface terrière totale par espèce	ID
1	*Pimenta racemosa*	8	100%	121	0,3025	0,3025	0,08443	0,02554
2	*Calliandra tergemina*	8	100%	112	0,28	0,28	0,0697	0,01952
3	*Hæmatoxylon campechianum*	8	100%	17	0,0425	0,0425	0,16297	0,00693
4	*Tabebuia heterophylla*	4	50%	16	0,04	0,02	0,29452	0,00589
5	*Eugenia monticola*	8	100%	61	0,1525	0,1525	0,03142	0,00479
6	*Pisonia fragrans*	7	88%	17	0,0425	0,03719	0,07609	0,00283
7	*Myrcia citrifolia*	8	100%	45	0,1125	0,1125	0,02503	0,00282
8	*Coccoloba swartzii*	7	88%	25	0,06250	0,05469	0,03387	0,00185
9	*Erythroxylon havanense*	6	75%	21	0,0525	0,03938	0,0162	0,00064
10	*Bursera simaruba*	6	75%	16	0,04	0,03	0,00785	0,00024
11	*Guettarda odorata*	1	13%	15	0,0375	0,00469	0,02209	0,0001
12	*Randia aculeata*	4	50%	10	0,025	0,0125	0,00785	0,0001
13	*Swietenia mahagoni*	2	25%	2	0,005	0,00125	0,06676	0,00008
14	*Daphnopsis americana*	1	13%	2	0,005	0,00063	0,07265	0,00005
15	*Croton bixoides*	4	50%	6	0,015	0,0075	0,00295	0,00002
16	*Citharexylum spinosum*	4	50%	4	0,01	0,005	0,00344	0,00002

*Fréquence absolue (f_a) = présence de l'espèce dans les différents quadrats; Fréquence relative (f_r)= Fréquence absolue / nombre de quadrats; Densité = nombre d'individus / surface du relevé; Indice de distribution (Id) = Fréquence relative * Densité; Indice de dominance (ID) = Indice de distribution * surface terrière (aire basale).*

Cette unité floristique sempervirente saisonnière d'horizon inférieur et de faciès xérique est au stade sylvatique jeune à présylvatique. Le cortège végétal dominant est, par ordre d'importance écologique, constitué de deux espèces *Pimenta racemosa* et *Calliandra tergemina* (Tableau 141). Les spécimens de cette unité floristique ont majoritairement des sections [entre 2,5 (soit 84,5% de l'effectif des ligneux) et 5 cm (soit 8,3%)] et des hauteurs (entre 1 et 8 m) faibles (Figure 254 et Figure 255). Les autres espèces ont des individus ayant des sections comprises entre 10 à 30 cm (6,9% de l'effectif global) qui culminent à des hauteurs allant de 8 à 25 m (Figure 254 et Figure 255). Sous cette unité végétale, s'y développent des espèces de stades variés de la dynamique végétale. Nous n'avons pas recensé d'espèce potentiellement invasive dans cette matrice végétale.

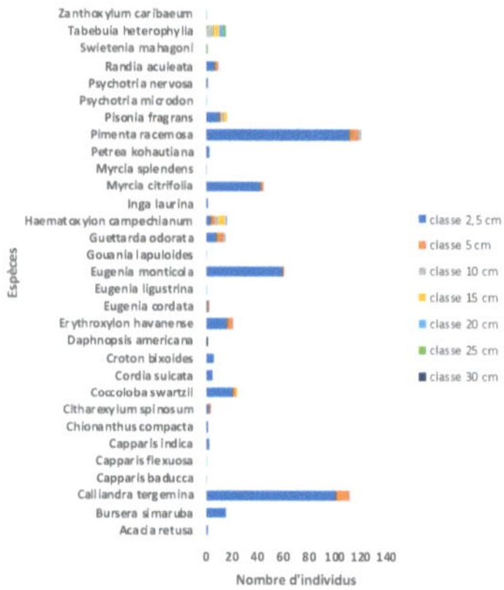

Figure 254: Distribution diamétrique des arbres vivants, sénescents (diamètres ≥ 2,5 cm; Station FROU1)

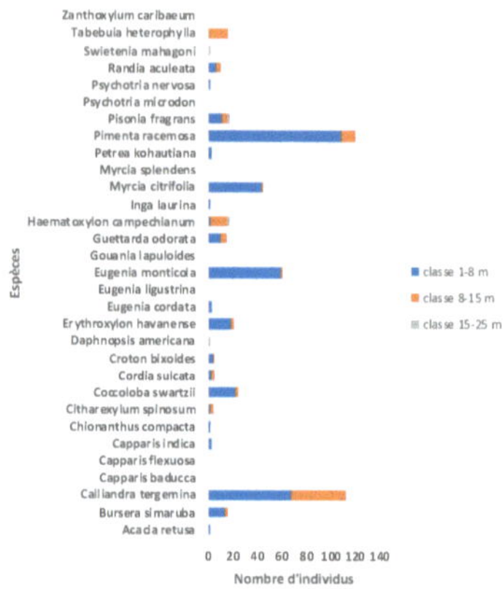

Figure 255: Distribution des hauteurs des arbres vivants et sénescents (hauteurs ≥ 1,3 m; Station FROU1)

Station FROU2 (450 m²)

Tableau 142: Les principaux paramètres écologiques et structuraux de la station FROU2

Rang	Espèces	f_a	f_r	Nombre d'individus par espèce hors régénérations	Densité (ind/m²)	Id	Surface terrière totale par espèce	ID
1	*Eugenia monticola*	9	100%	162	0,360	0,36	0,2798	0,10073
2	*Pisonia fragrans*	9	100%	54	0,12	0,12	0,35637	0,04276
3	*Calliandra tergemina*	7	78%	123	0,27333	0,21259	0,16493	0,03506
4	*Pimenta racemosa*	9	100%	70	0,15556	0,15556	0,18604	0,02894
5	*Bursera simaruba*	8	89%	8	0,01778	0,0158	0,16739	0,00265
6	*Bourreria succulenta*	6	67%	16	0,03556	0,0237	0,027	0,00064
7	*Croton bixoides*	6	67%	16	0,03556	0,0237	0,027	0,00064
8	*Hymenaea courbaril*	3	33%	4	0,00889	0,00296	0,16101	0,00048
9	*Myrcia citrifolia*	7	78%	23	0,05111	0,03975	0,01129	0,00045
10	*Daphnopsis americana*	3	33%	4	0,00889	0,00296	0,06087	0,00018
11	*Tabebuia heterophylla*	1	11%	2	0,00444	0,00049	0,33183	0,00016
12	*Cornutia pyramidata*	4	44%	3	0,00667	0,00296	0,03731	0,00011
13	*Chionanthus compacta*	6	67%	5	0,01111	0,00741	0,00245	0,00002
14	*Erythroxylon havanense*	8	89%	4	0,00889	0,00790	0,00196	0,00002

*Fréquence absolue (f_a) = présence de l'espèce dans les différents quadrats; Fréquence relative (f_r)= Fréquence absolue / nombre de quadrats; Densité = nombre d'individus / surface du relevé; Indice de distribution (Id) = Fréquence relative * Densité; Indice de dominance (ID) = Indice de distribution * surface terrière (aire basale).*

Il s'agit d'une formation sempervirente saisonnière d'horizon inférieur et de faciès xérique au stade arbustif mûr. Le cortège dominant, par ordre d'importance écologique, est composé d'*Eugenia monticola*, de *Pisonia fragrans*, de *Calliandra tergemina* et de *Pimenta racemosa* (Tableau 142). *Eugenia monticola* et *Pisonia fragrans* ont des diamètres compris entre 2,5 et 5 cm et des hauteurs allant de 1 à 8 m (Figure 256 et Figure 257). Sous la matrice formée par ces deux espèces émergent des espèces végétales de stades dynamiques plus avancés telles que *Pisonia fragrans* ou encore *Pimenta racemosa*. Deux individus de *Tabebuia heterophylla* ont été observés, l'un d'eux a un diamètre de 60 cm et est un relictuel d'une formation passée de stade dynamique plus avancé. Aucune espèce potentiellement invasive n'a été recensée dans cette station.

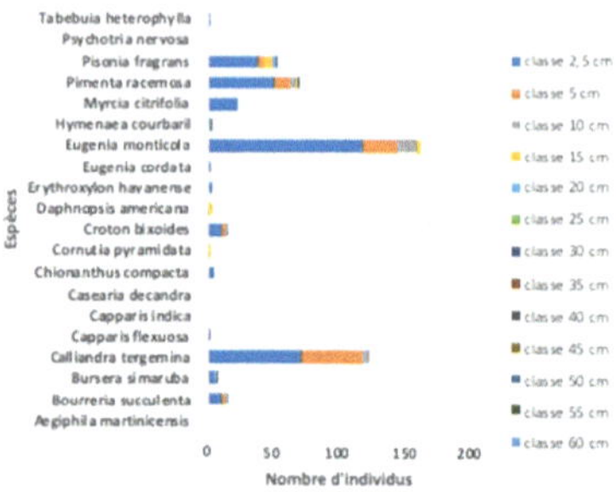

Figure 256: Distribution diamétrique des arbres vivants, sénescents (diamètres ≥ 2,5 cm; Station FROU2)

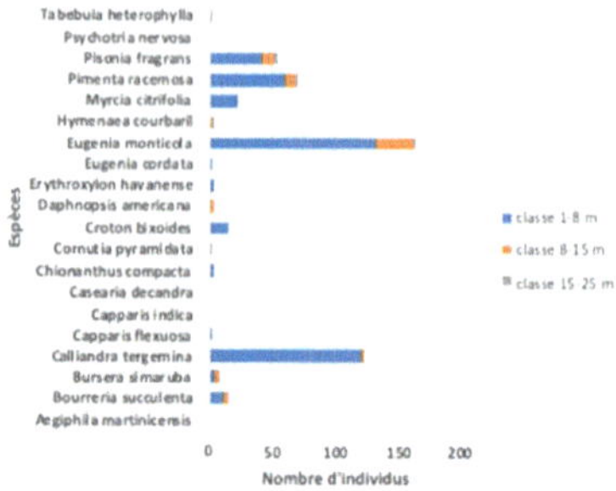

Figure 257: Distribution des hauteurs des arbres vivants et sénescents (hauteurs ≥ 1,3 m; Station FROU2)

Station FROU3 (400 m²)

Tableau 143: Les principaux paramètres écologiques et structuraux de la station FROU3

Rang	Espèces	f_a	f_r	Nombre d'individus par espèce hors régénérations	Densité (ind/m²)	Id	Surface terrière totale par espèce	ID
1	*Hæmatoxylon campechianum*	8	100%	16	0,04	0,04	0,62046	0,02482
2	*Eugenia monticola*	8	100%	64	0,16	0,16	0,06234	0,00997
3	*Coccoloba swartzii*	5	63%	18	0,04500	0,02813	0,35294	0,00993
4	*Guettarda odorata*	4	50%	25	0,06250	0,03125	0,12419	0,00388
5	*Chionanthus compacta*	8	100%	22	0,055	0,055	0,04271	0,00235
6	*Pimenta racemosa*	6	75%	24	0,06	0,045	0,02896	0,0013
7	*Bourreria succulenta*	3	38%	6	0,015	0,00563	0,07118	0,0004
8	*Myrcia citrifolia*	7	88%	7	0,0175	0,01531	0,00344	0,00005
9	*Pisonia fragrans*	8	100%	5	0,0125	0,0125	0,00393	0,00005

10	*Bursera simaruba*	4	50%	2	0,005	0,0025	0,01816	0,00005
11	*Erythroxylon havanense*	8	100%	5	0,0125	0,0125	0,00245	0,00003

*Fréquence absolue (f_a) = présence de l'espèce dans les différents quadrats; Fréquence relative (f_r)= Fréquence absolue / nombre de quadrats; Densité = nombre d'individus / surface du relevé; Indice de distribution (Id) = Fréquence relative * Densité; Indice de dominance (ID) = Indice de distribution * surface terrière (aire basale).*

Cette station est une unité floristique sempervirente saisonnière d'horizon inférieur et de faciès xérique au stade arbustif mûr. *Hæmatoxylon campechianum*, *Eugenia monticola* et *Coccoloba swartzii* sont, par ordre d'importance écologique, les trois espèces dominantes du cortège végétal (Tableau 143). *Hæmatoxylon campechianum* occupent une bonne distribution diamétrique et des hauteurs: relativement toutes les classes sont représentées (Figure 258 et Figure 259). La forte abondance populationnelle d'*Eugenia monticola* lui confère à la fois une densité ainsi qu'un indice de distribution les plus importants (Tableau 143).

La matrice végétale est composée principalement d'individus de faibles sections (2,5 cm; soit 65,5% de l'effectif total) et hauteurs (entre 1 et 8 m, soit 75,6%) (Figure 258 et Figure 259). Nous avons toutefois relevé des individus d'espèces matures qui ont des sections (jusqu'à 45 cm) et des hauteurs (entre 8 et 25 m) plus élevées (Figure 258 et Figure 259). Ces espèces appartiennent à différents stades de la dynamique végétale, on y dénombre, par ordre d'importance écologique, *Coccoloba swartzii* (sylvatique secondaire), *Guettarda odorata* (présylvatique) et *Chionanthus compacta* (sylvatique secondaire). Dans cette station, nous n'avons pas observé d'espèce potentiellement invasive.

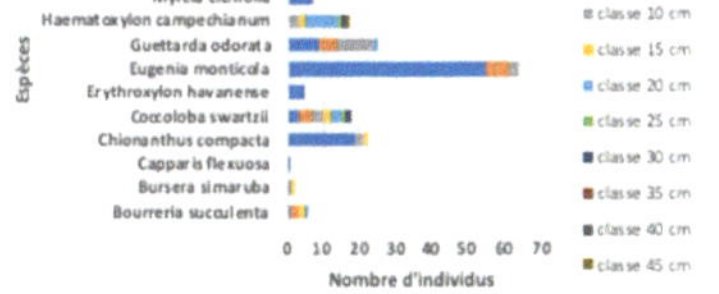

Figure 258: Distribution diamétrique des arbres vivants, sénescents (diamètres ≥ 2,5 cm; Station FROU3)

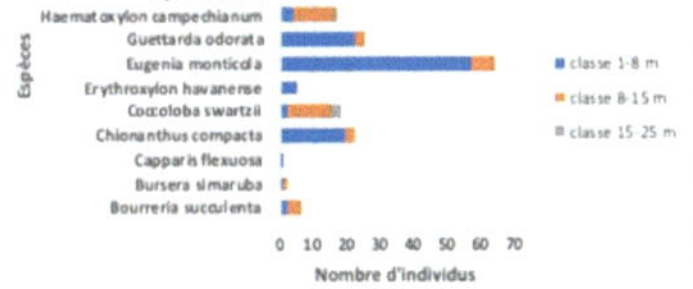

Figure 259: Distribution des hauteurs des arbres vivants et sénescents (hauteurs ≥ 1,3 m; Station FROU3)

Station FROU4 (500 m²)

Tableau 144: Les principaux paramètres écologiques et structuraux de la station FROU4

Rang	Espèces	f_a	f_r	Nombre d'individus par espèce hors régénérations	Densité (ind/m²)	Id	Surface terrière totale par espèce	ID
1	*Myrcia citrifolia*	10	100%	168	0,336	0,336	0,09425	0,03167
2	*Guettarda scabra*	7	70%	62	0,124	0,0868	0,28863	0,02505
3	*Cornutia pyramidata*	6	60%	19	0,038	0,0228	0,83449	0,01903
4	*Coccoloba swartzii*	10	100%	38	0,076	0,076	0,24887	0,01891
5	*Eugenia monticola*	10	100%	92	0,184	0,184	0,07314	0,01346
6	*Pimenta racemosa*	10	100%	40	0,08	0,08	0,1021	0,00817
7	*Bursera simaruba*	10	100%	51	0,102	0,102	0,07314	0,00746
8	*Croton corylifolius*	9	90%	52	0,104	0,0936	0,05301	0,00496
9	*Bourreria succulenta*	4	40%	83	0,166	0,0664	0,06136	0,00407
10	*Pisonia fragrans*	8	80%	16	0,032	0,0256	0,06774	0,00173
11	*Conostegia calyptrata*	8	80%	35	0,07	0,056	0,01718	0,00096
12	*Eugenia pseudopsidium*	8	80%	24	0,048	0,0384	0,02062	0,00079
13	*Lonchocarpus punctatus*	4	40%	5	0,01	0,004	0,09228	0,00037
14	*Pisonia suborbiculata*	3	30%	10	0,02	0,006	0,0324	0,00019
15	*Daphnopsis americana*	3	30%	5	0,01	0,003	0,05154	0,00015

*Fréquence absolue (f_a) = présence de l'espèce dans les différents quadrats; Fréquence relative (f_r)= Fréquence absolue / nombre de quadrats; Densité = nombre d'individus / surface du relevé; Indice de distribution (Id) = Fréquence relative * Densité; Indice de dominance (ID) = Indice de distribution * surface terrière (aire basale).*

Cette phytocénose correspond à une formation sempervirente saisonnière d'horizon inférieur et de faciès xérique au stade présylvatique à sylvatique jeune. *Myrcia citrifolia*, *Guettarda scabra*, *Cornutia pyramidata*, *Coccoloba swartzii* et *Eugenia monticola* sont, par ordre d'importance écologique, les espèces dominantes de la matrice végétale. *Myrcia citrifolia* est composée essentiellement des individus de faibles sections (2,5 cm; soit 95,2% de l'effectif total de *Myrcia citrifolia*), rares sont les individus de diamètres supérieurs (5 cm; soit 4,8%). Les autres taxa qui constituent le cortège dominant ont des sections (jusqu'à 45 cm) et des hauteurs (entre 8 et 35 m) plus élevés (Figure 260 et Figure 261). Nous n'avons pas recensé d'espèces potentiellement invasives.

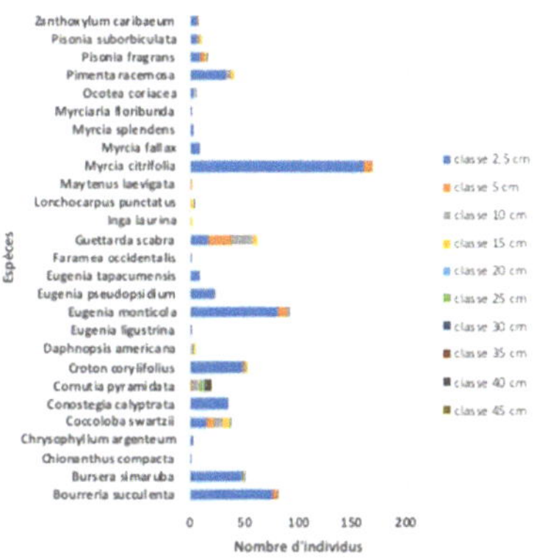

Figure 260: Distribution diamétrique des arbres vivants, sénescents (diamètres ≥ 2,5 cm; Station FROU4)

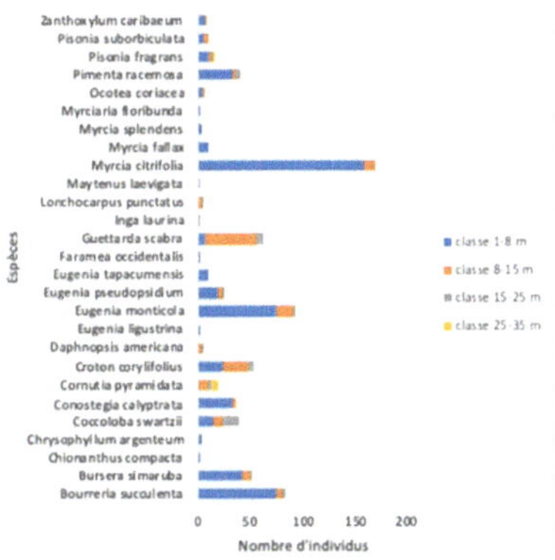

Figure 261: Distribution des hauteurs des arbres vivants et sénescents (hauteurs ≥ 1,3 m; Station FROU4)

<u>*Rapport de dominance des espèces pour l'ensemble des stations de Fond Rousseau (FROU – étage inférieur)*</u>

Tableau 145: Les principaux paramètres écologiques et structuraux de l'ensemble des stations FROU – étage inférieur

Rang	Espèces	f_a	f_r	Nombre d'individus par espèce hors régénérations	Densité (ind/m²)	Id	Surface terrière totale par espèce	ID
1	*Eugenia monticola*	4	100%	379	0,21657	0,21657	0,44670	0,09674
2	*Pimenta racemosa*	4	100%	255	0,14571	0,14571	0,40153	0,05851
3	*Pisonia fragrans*	4	100%	92	0,05257	0,05257	0,50413	0,02650
4	*Coccoloba swartzii*	3	75%	81	0,04629	0,03471	0,63568	0,02207
5	*Myrcia citrifolia*	4	100%	243	0,13886	0,13886	0,13401	0,01861
6	*Calliandra tergemina*	2	50%	235	0,13429	0,06714	0,23464	0,01575
7	*Bursera simaruba*	4	100%	77	0,04400	0,04400	0,26654	0,01173
8	*Hæmatoxylon campechianum*	2	50%	34	0,01943	0,00971	0,78343	0,00761
9	*Bourreria succulenta*	3	75%	105	0,06000	0,04500	0,15953	0,00718
10	*Cornutia pyramidata*	2	50%	22	0,01257	0,00629	0,87179	0,00548
11	*Tabebuia heterophylla*	2	50%	18	0,01029	0,00514	0,62636	0,00322
12	*Guettarda scabra*	1	25%	62	0,03543	0,00886	0,28863	0,00256
13	*Guettarda odorata*	2	50%	40	0,02286	0,01143	0,14628	0,00167
14	*Daphnopsis americana*	3	75%	11	0,00629	0,00471	0,18506	0,00087
15	*Chionanthus compacta*	4	100%	31	0,01771	0,01771	0,04712	0,00083

*Fréquence absolue (f_a) = présence de l'espèce dans les différents quadrats; Fréquence relative (f_r)= Fréquence absolue / nombre de quadrats; Densité = nombre d'individus / surface du relevé; Indice de distribution (Id) = Fréquence relative * Densité; Indice de dominance (ID) = Indice de distribution * surface terrière (aire basale).*

Eugenia monticola, *Pimenta racemosa*, *Pisonia fragrans*, *Coccoloba swartzii*, *Myrcia citrifolia*, *Calliandra tergemina* et *Bursera simaruba* sont les espèces les plus concurrentes de l'ensemble des stations de Fond Rousseau (FROU) (Tableau 145). Toutefois, elles sont de types physionomiques différents.

Eugenia monticola (arbrisseau, arbuste ou petit arbre), *Pimenta racemosa* (arbre), *Myrcia citrifolia (*arbuste ou arbrisseau, rarement petit arbre) et *Calliandra tergemina* (arbrisseau) sont des taxa dont les troncs ne dépassent pas 10 cm. À la différence des trois autres, *Pisonia fragrans* (arbre petit à moyen), *Coccoloba swartzii* (arbre) et *Bursera simaruba* (arbre) qui peuvent atteindre des sections d'au moins 30 cm (Fournet, 2002). En effet, l'indice de dominance de *Pisonia fragrans*, de *Coccoloba swartzii* et de *Bursera simaruba* n'est pas totalement significatif puisqu'il est compensé par les individus de gros diamètres et masque celui des espèces ayant les plus grandes densités. *Eugenia monticola*, *Pimenta racemosa*, *Myrcia citrifolia* et *Calliandra tergemina* constituent donc le cortège prépondérant de l'ensemble des stations de Fond Rousseau (Tableau 145).

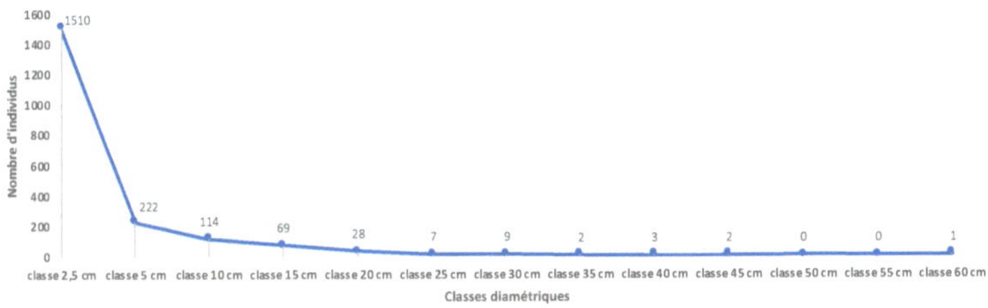

Figure 262: Distribution diamétrique de l'ensemble des stations de Fond Rousseau (FROU) étage inférieur hors régénérations et hors arbres morts

Les arbres de faibles sections (2,5 cm) dominent dans l'ensemble des stations FROU. Sur 1 967 individus recensés, 1 510 d'entre eux ont des diamètres de 2,5 cm (soit 76,8% de l'effectif total des ligneux; Figure 262). Les spécimens adultes de *Cornutia pyramidata,* de *Guettarda scabra,* d'*Hæmatoxylon campechianum* et de *Swietenia mahagoni*, sont peu nombreux et permettent sous leur houppier le développement d'espèces spécialisées telles que *Faramea occidentalis* ou encore *Ocotea coriacea.*

Indice de Jaccard

Tableau 146: Matrice de similarité des stations de Fond Rousseau FROU – étage inférieur (Indice de Jaccard)

	FROU1 (31)	FROU2 (20)	FROU3 (13)	FROU4 (27)
FROU1 (31)	1	0,42	*0,38*	*0,26*
FROU2 (20)	-	1	0,43	0,24
FROU3 (13)	-	-	1	0,2
FROU4 (27)	-	-	-	1

Peu de similitudes existent entre ces communautés végétales. L'indice de Jaccard a donné des valeurs relativement faibles (Tableau 146). Seules les stations FROU1 et FROU2, de même que les stations FROU2 et FROU3 montrent les valeurs plus significatives mais qui restent tout de même relativement basses (0,42 et 0,43 respectivement; Tableau 146). En effet, les taxa qui se sont développés dans ces stations sont pour la plupart caractéristiques de la phytocénose dans laquelle ils évoluent (*Pisonia suborbiculata*, spécifique à la station FROU4, *Aegiphila martinicensis*, unique à la station FROU2 et *Psychotria microdon*, propre à la station FROU1).

Indices de diversité

Tableau 147: Matrice de similarité des stations de Fond Rousseau FROU – étage inférieur (Indices de diversité)

Indices	FROU1	FROU2	FROU3	FROU4
D	0,13	0,20	0,17	0,11
1 – D	**0,87**	**0,80**	**0,83**	**0,89**
H'	3,55	2,84	2,99	3,73
J	0,57	0,46	0,57	0,56
Hill	0,22	0,29	0,30	0,23
1 – Hill	0,78	0,71	0,70	0,77

*Indice de Simpson (D ou 1 – D) = le carré (nombre d'individus /nombre total d'individus de l'échantillon); Indice réciproque de Simpson (1/D) = inverse de l'indice de Simpson; Indice de Shannon (H') =-∑ [proportion d'une espèce par rapport au nombre total d'espèces dans l'échantillon*log (proportion d'une espèce par rapport au nombre total d'espèces dans l'échantillon)]; Indice de Piélou (J) = indice de Shannon / log (richesse spécifique); Indice de Hill (Hill) = inverse de l'indice de Simpson / par l'exponentielle de l'indice de Shannon.*

Les indices de Shannon – Weaver et de Piélou montrent que les espèces des stations de Fond Rousseau ont une répartition quasi – équitable ($2,6 \leq H' \leq$

3,9; Tableau 147). Les communautés végétales de FROU ont une diversité relativement élevée: les valeurs de la réciproque l'indice de Simpson (noté 1 – D) sont assez proches de 1. Toutefois, les valeurs de l'indice de Piélou sont inférieures ou égales à 0,6 (J ≤ 0,6) et indiquent que toutes ces stations sont surreprésentées par au moins une espèce (Tableau 147).

AFC de l'ensemble des stations FROU

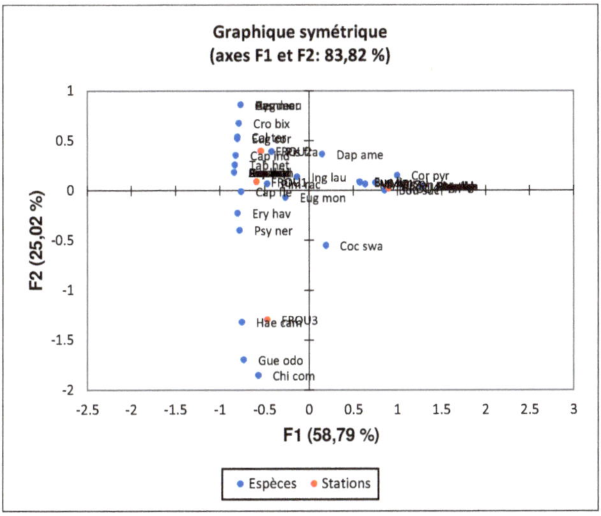

Figure 263: Différenciation mésologique et temporelle des stations et des espèces de Fond Rousseau (FROU – étage inférieur)

L'inertie associée au premier axe est 58,79% et celle du deuxième axe est de 25,02%. Il en résulte pour l'ensemble des deux axes un maximum d'inertie de 83,82% (Figure 263). L'axe F1 oppose des compositions floristiques. L'axe F2 semble différencier les gradients d'évolution temporelle et écologique. Les stations FROU1, FROU2 et FROU3 sont marquées par des espèces telles qu'*Hæmatoxylon campechianum, Erythroxylon havanense* ou encore *Croton bixoides.* La station FROU4 se singularise des autres par la présence d'espèces plus spécialisées telles que *Coccoloba swartzii* et *Daphnopsis americana.*

CAH de l'ensemble des stations FROU

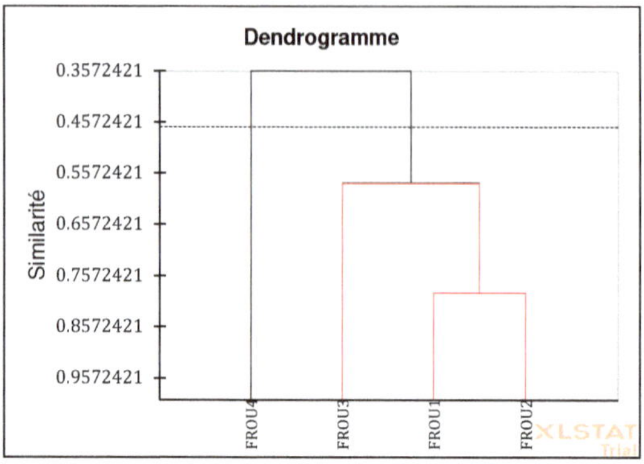

Figure 264: Hiérarchie des partitions obtenues par CAH pour l'ensemble des stations FROU (étage inférieur)

La CAH indique que les stations FROU1, FROU2 et FROU3 ont de façon significative des espèces communes (0,58; Figure 264). Les stations FROU1 et FROU2 montrent une composition floristique voisine (0,79; Figure 264). La station FROU4 se différencie des autres phytocénoses. Elle a une composition spécifique plus caractéristique (0,36; Figure 264).

Synthèse générale

Nous n'avons pas recensé d'espèces potentiellement invasives. Le milieu semble résister aux invasions biologiques. Les stations au stade arbustif mûr sont surreprésentées par des espèces arbustives telles que *Calliandra tergemina, Eugenia monticola* ou encore *Hæmatoxylon campechianum.*

V.1.1.1.6.4 Ravine Touza (RT)

La zone d'inventaire RT1 est composée de 53 espèces végétales réparties en 35 familles et 49 genres.

Tableau 148: Répartition des espèces de la station RT1 en taxa supérieurs

Taxa supérieurs	Classes	Familles	%	Genres	%	Espèces	%
Angiospermes	Monocotylédones	4	11,4	4	8,2	4	7,4
	Dicotylédones	31	88,6	45	91,8	50	92,6
Total		35		49		53	

Station RT1 (600 m^2)

Tableau 149: Les principaux paramètres écologiques et structuraux de la station RT1

Rang	Espèces	f_a	f_r	Nombre d'individus par espèce hors régénérations	Densité (ind/m^2)	Id	Surface terrière totale par espèce	ID
1	*Hæmatoxylon campechianum*	6	86%	148	0,24667	0,21143	1,16435	0,24618
2	*Eugenia monticola*	6	86%	86	0,14333	0,12286	0,05989	0,00736
3	*Pimenta racemosa*	5	71%	43	0,07167	0,05119	0,02994	0,00153
4	***Spathodea campanulata***	2	29%	11	0,01833	0,00524	0,29207	0,00153
	Arbres morts	5	71%	16	0,02667	0,01905	0,05351	0,00102
5	*Acacia sp*	4	57%	5	0,00833	0,00476	0,19831	0,00094
6	*Croton bixoides*	4	57%	35	0,05833	0,03333	0,02749	0,00092
7	*Myrcia splendens*	5	71%	18	0,03	0,02143	0,00884	0,00019
8	*Conostegia icosandra*	5	71%	12	0,02	0,01429	0,00589	0,00008
9	*Psidium guajava*	5	71%	6	0,01	0,00714	0,00736	0,00005
10	*Zanthoxylum monophyllum*	5	71%	5	0,00833	0,00595	0,00540	0,00003
11	*Daphnopsis americana*	3	43%	4	0,00667	0,00286	0,00638	0,00002

*Fréquence absolue (f_a) = présence de l'espèce dans les différents quadrats; Fréquence relative (f_r)= Fréquence absolue / nombre de quadrats; Densité = nombre d'individus / surface du relevé; Indice de distribution (Id) = Fréquence relative * Densité; Indice de dominance (ID) = Indice de distribution * surface terrière (aire basale).*

Cette unité floristique est une formation sempervirente saisonnière d'horizon inférieur et de faciès xérique au stade arbustif mûr dominée par une population d'*Hæmatoxylon campechianum* (au total 148 individus recensés; Tableau 149). Cette espèce a une bonne distribution biodémographique: toutes les classes d'âges sont représentées (Figure 265). La majeure partie des individus culminent entre 1 et 8 mètres et ont des diamètres compris entre 2,5 et 5 centimètres (Figure 265 et Figure 266). Onze individus de *Spathodea campanulata* essentiellement de sections 2,5 et 5 cm ont été recensés (Tableau 149 et Figure 265). Parmi eux, un arbre mature de 60 cm de section et de hauteur comprise entre 8 et 15 m a été observé (Figure 265 et Figure 266). Le taux de mortalité est relativement faible (4%) à la différence de la diversité spécifique qui est extrêmement riche (Figure 267).

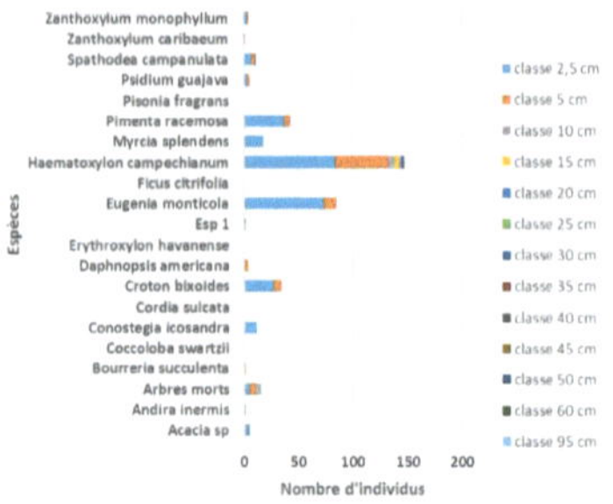

Figure 265: Distribution diamétrique des arbres vivants, sénescents et morts (diamètres ≥ 2,5 cm; Station RT1)

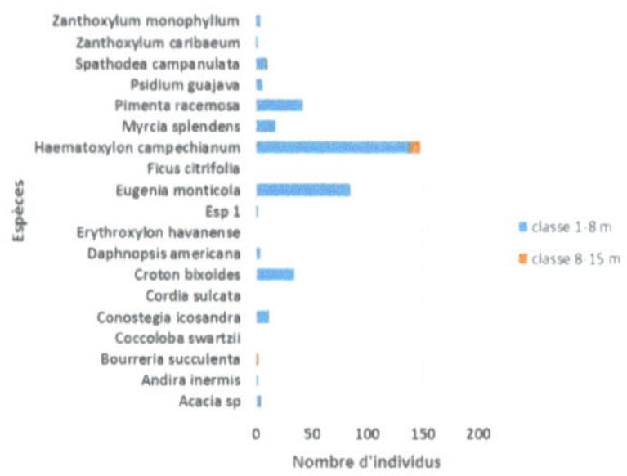

Figure 266: Distribution des hauteurs des arbres vivants et sénescents (hauteurs ≥ 1,3 m; Station RT1)

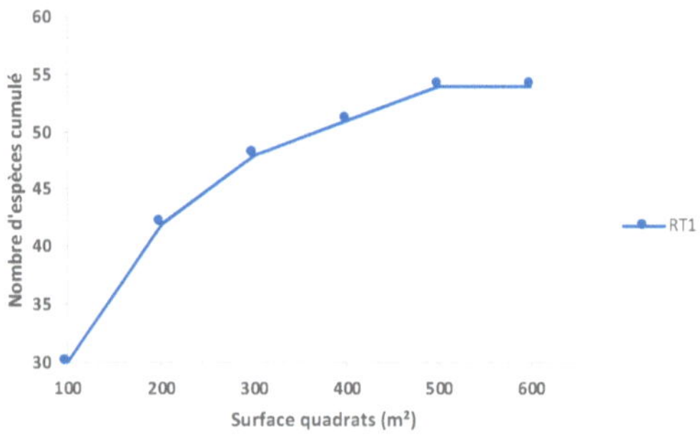

Figure 267: Courbe Aire/Espèces de la station RT1

Tableau 150: Matrice de similarité de la station de Ravine Touza RT – étage inférieur (Indice de Shannon – Weaver)

D	1 – D	H'	J	Hill	1 – Hill
0,22	0,78	2,76	0,46	0,28	0,72

*Indice de Simpson (D ou 1 – D) = le carré (nombre d'individus /nombre total d'individus de l'échantillon); Indice réciproque de Simpson (1/D) = inverse de l'indice de Simpson; Indice de Shannon (H') =-∑ [proportion d'une espèce par rapport au nombre total d'espèces dans l'échantillon*log (proportion d'une espèce par rapport au nombre total d'espèces dans l'échantillon)]; Indice de Piélou (J) = indice de Shannon / log (richesse spécifique); Indice de Hill (Hill) = inverse de l'indice de Simpson / par l'exponentielle de l'indice de Shannon.*

La diversité de cette formation végétale est relativement élevée selon les indices de Simpson et de Hill (Tableau 150). L'indice de Shannon – Weaver est compris entre 2,6 ≤ H' ≤ 3,9, cela se traduit par une répartition relativement équitable des espèces végétales dans la station. Cependant, l'indice de Piélou montre une valeur plus précise: sa valeur est inférieure à 0,6 (J < 0,6), ce qui indique la dominance au moins d'une espèce dans la station. Cette surreprésentation d'espèces s'observe notamment avec *Hæmatoxylon campechianum* (Tableau 149).

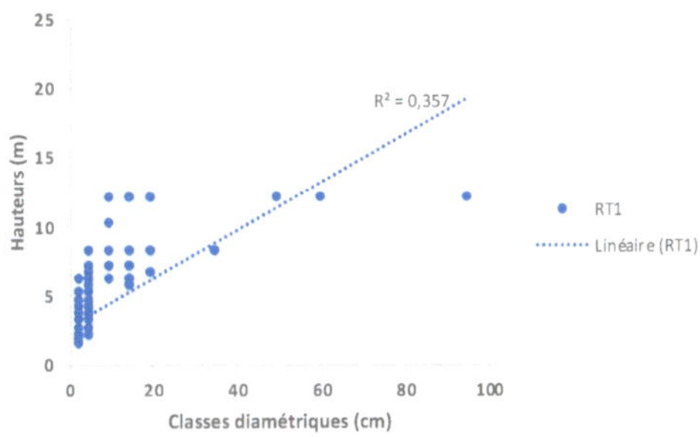

Figure 268: Courbe de corrélation entre les diamètres et les hauteurs des arbres de la station RT1 (Ravine Touza – étage inférieur) (diamètres ≥ 2,5 cm et hauteurs ≥ 1,3 m)

Le coefficient de détermination a une valeur relativement faible (R^2 = 0,357; Figure 268). Les hauteurs ne sont pas corrélées avec les diamètres: la structure végétale de la station RT1 ne semble pas être équilibrée.

V.1.1.1.7 Commune du Vauclin

V.1.1.1.7.1 Morne Carrière (VMC)

La zone d'étude VMC comporte 79 espèces végétales réparties en 41 familles et 66 genres.

Tableau 151: Répartition des espèces des stations VMC en taxa supérieurs

Taxa supérieurs	Classes	Familles	%	Genres	%	Espèces	%
Angiospermes	Monocotylédones	5	12,1	6	8,1	7	7,9
	Dicotylédones	39	87,2	68	91,9	81	92,1
Total		44		74		88	

Station VMC1 (500 m²)

Tableau 152: Les principaux paramètres écologiques et structuraux de la station VMC1

Rang	Espèces	f_a	f_r	Nombre d'individus par espèce hors régénérations	Densité (ind/m²)	Id	Surface terrière totale par espèce	ID
1	*Pisonia fragrans*	5	100%	131	0,26200	0,26200	0,17082	0,04476
2	*Bursera simaruba*	3	60%	9	0,01800	0,01080	1,05636	0,01141
3	*Bunchosia glandulosa*	5	100%	57	0,11400	0,11400	0,03534	0,00403
4	*Erythroxylon havanense*	5	100%	27	0,05400	0,05400	0,03387	0,00183
5	*Citharexylum spinosum*	5	100%	14	0,02800	0,02800	0,06430	0,00180
6	*Capparis indica*	5	100%	22	0,04400	0,04400	0,04025	0,00177
7	*Capparis baducca*	5	100%	31	0,06200	0,06200	0,01669	0,00103
8	*Psychotria microdon*	5	100%	29	0,05800	0,05800	0,01718	0,00100
9	*Casearia decandra*	4	80%	7	0,01400	0,01120	0,05596	0,00063
10	*Pisonia aculeata*	4	80%	17	0,03400	0,02720	0,01718	0,00047
11	*Acacia tenuifolia*	5	100%	18	0,03600	0,03600	0,01031	0,00037
12	*Argythamnia polygama*	2	40%	29	0,05800	0,02320	0,01424	0,00033
13	*Acacia retusa*	5	100%	10	0,02000	0,02000	0,01522	0,00030
14	*Morisonia americana*	4	80%	9	0,01800	0,01440	0,01325	0,00019
	Arbres morts	1	20%	3	0,00600	0,00120	0,02160	0,00003

*Fréquence absolue (f_a) = présence de l'espèce dans les différents quadrats; Fréquence relative (f_r)= Fréquence absolue / nombre de quadrats; Densité = nombre d'individus / surface du relevé; Indice de distribution (Id) = Fréquence relative * Densité; Indice de dominance (ID) = Indice de distribution * surface terrière (aire basale).*

Cette unité floristique sempervirente saisonnière d'horizon inférieur et de faciès xérique est au stade sylvatique jeune. *Pisonia fragrans* est l'espèce dominante de ce cortège: elle a les valeurs de paramètres écologiques les plus élevées (Tableau 152). *Bursera simaruba* a un indice de dominance relativement important (ID = 0,01141; Tableau 152) qui est en rapport avec quelques (9) individus de grandes sections (50 cm; Figure 269). La matrice végétale est constituée essentiellement d'individus de 2,5 cm de section culminant entre 1 et 8 m qui forment une matrice dense surcimée par des individus matures de *Bursera simaruba,* de *Pisonia fragrans* et de *Citharexylum spinosum* (Figure 269 et Figure 270). Les arbres morts sont peu nombreux (3 spécimens; Tableau 152), ce qui se traduit par un taux de mortalité est extrêmement faible (0,7%). La diversité floristique est la plus faible des stations VMC (Figure 271).

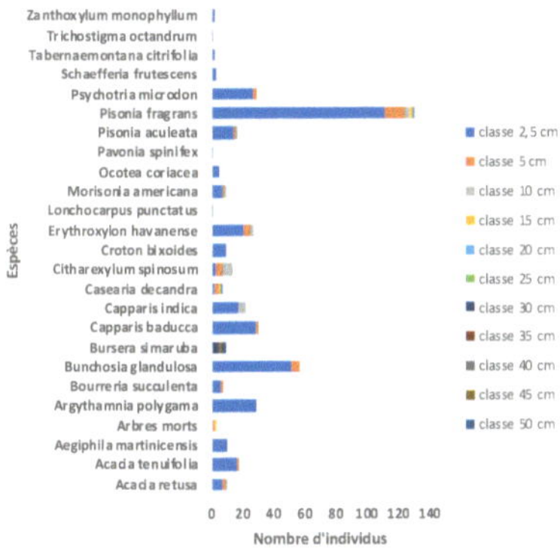

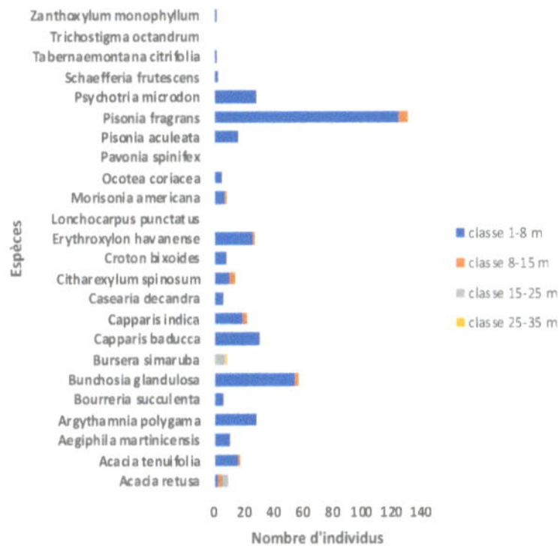

Figure 269: Distribution diamétrique des arbres vivants, sénescents et morts (diamètres ≥ 2,5 cm; Station VMC1)

Figure 270: Distribution des hauteurs des arbres vivants et sénescents (hauteurs ≥ 1,3 m; Station VMC1)

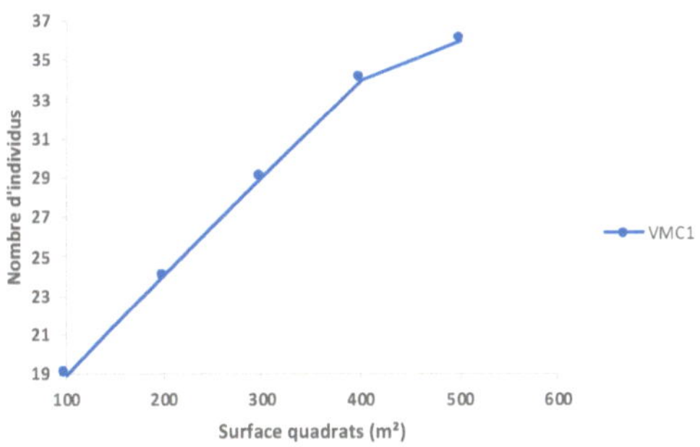

Figure 271: Courbe Aire/Espèces de la station VMC1

<u>*Station VMC2 (1 000 m²)*</u>

Tableau 153: Les principaux paramètres écologiques et structuraux de la station VMC2

Rang	Espèces	f_a	f_r	Nombre d'individus par espèce hors régénérations	Densité (ind/m²)	Id	Surface terrière totale par espèce	ID
1	*Pisonia fragrans*	10	100%	271	0,271	0,271	0,4334	0,1175
2	*Croton corylifolius*	10	100%	116	0,116	0,116	0,216	0,0251
3	*Morisonia americana*	9	90%	176	0,176	0,1584	0,1041	0,0165
4	*Odontonema nitidum*	6	60%	158	0,158	0,0948	0,0776	0,0074
5	*Ocotea coriacea*	9	90%	56	0,056	0,0504	0,1109	0,0056
	Arbres morts	9	90%	20	0,02	0,018	0,2410	0,0043
6	*Lonchocarpus punctatus*	7	70%	12	0,012	0,0084	0,3392	0,0028
7	*Erythroxylon havanense*	6	60%	36	0,036	0,0216	0,1149	0,0025
8	*Capparis baducca*	10	100%	62	0,062	0,062	0,0319	0,002
9	*Citharexylum spinosum*	5	50%	19	0,019	0,0095	0,1301	0,0012
10	*Capparis indica*	9	90%	36	0,036	0,0324	0,0191	0,0006
11	*Bourreria succulenta*	8	80%	31	0,031	0,0248	0,0196	0,0005
12	*Acacia tenuifolia*	9	90%	25	0,025	0,0225	0,0211	0,0005
13	*Cordia sulcata*	3	30%	6	0,006	0,0018	0,1144	0,0002
14	*Chrysophyllum argenteum*	4	40%	10	0,01	0,004	0,0388	0,0002
44	***Triphasia trifolia***	2	20%	0	0,0000	0,0000	0,0000	0,0000

*Fréquence absolue (f_a) = présence de l'espèce dans les différents quadrats; Fréquence relative (f_r)= Fréquence absolue / nombre de quadrats; Densité = nombre d'individus / surface du relevé; Indice de distribution (Id) = Fréquence relative * Densité; Indice de dominance (ID) = Indice de distribution * surface terrière (aire basale).*

Cette phytocénose sempervirente saisonnière tropicale dominée par une population de *Pisonia fragrans* est au stade préforestier voire forestier jeune. Le cortège dominant est, par ordre d'importance écologique, constitué de *Pisonia fragrans* et secondairement de *Croton corylifolius* et *Morisonia americana*. Elles dominent en raison de leur population, leur distribution (fréquences et indices de distribution) et par leur biomasse élevées (Tableau 153). La matrice végétale est essentiellement constituée de spécimens de sections 2,5 cm et de hauteurs comprises entre 1 et 8 m (Figure 272 et Figure 273). *Triphasia trifolia* est faiblement distribuée (f_r = 20%; Tableau 153): uniquement une dizaine de régénérations ont été observées. La Petite citronnelle semble être marginale du point de vue démographique: aucun individu mature n'a été observé (Tableau 153). Le taux de mortalité de la station est faible (1,8%). Au regard des stations VMC, la richesse floristique est la plus élevée (Figure 274).

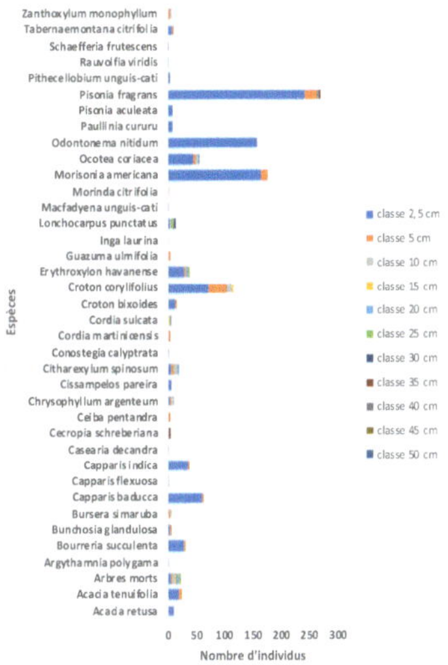

Figure 272: Distribution diamétrique des arbres vivants, sénescents et morts (diamètres ≥ 2,5 cm; Station VMC2)

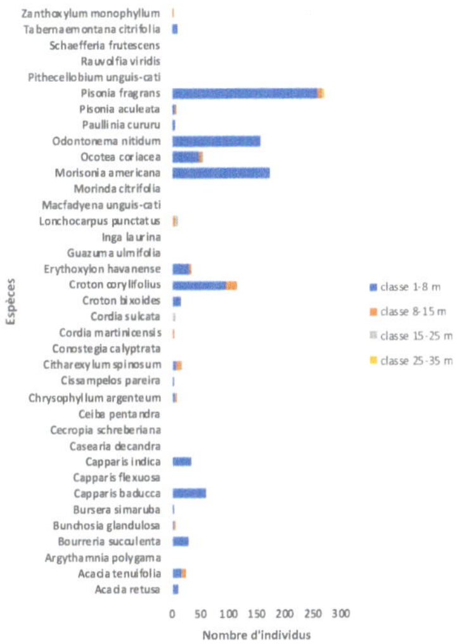

Figure 273: Distribution des hauteurs des arbres vivants et sénescents (hauteurs ≥ 1,3 m; Station VMC2)

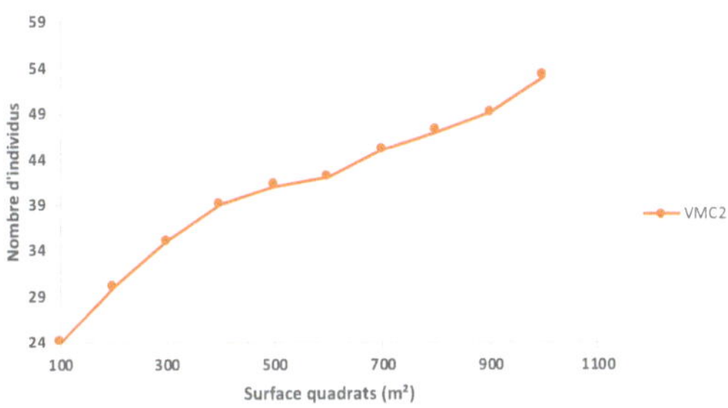

Figure 274: Courbe Aire/Espèces de la station VMC2

Station VMC3 (500 m²)

Tableau 154: Les principaux paramètres écologiques et structuraux de la station VMC3

Rang	Espèces	f_a	f_r	Nombre d'individus par espèce hors régénérations	Densité (ind/m²)	Id	Surface terrière totale par espèce	ID
1	*Citharexylum spinosum*	5	100%	27	0,054	0,054	0,4045	0,0218
2	*Bursera simaruba*	5	100%	22	0,044	0,044	0,2626	0,0116
3	*Lonchocarpus punctatus*	4	80%	18	0,036	0,0288	0,269	0,0077
4	*Erythroxylon havanense*	5	100%	57	0,114	0,114	0,0545	0,0062
5	*Croton bixoides*	4	80%	28	0,056	0,0448	0,0712	0,0032
6	*Pisonia fragrans*	4	80%	41	0,082	0,0656	0,0407	0,0027
7	*Capparis indica*	5	100%	28	0,056	0,056	0,0226	0,0013
8	*Casearia decandra*	2	40%	8	0,016	0,0064	0,1949	0,0012
9	*Bourreria succulenta*	5	100%	21	0,042	0,042	0,0295	0,0012
10	*Acacia tenuifolia*	2	40%	17	0,034	0,0136	0,0815	0,0011
11	*Acacia retusa*	3	60%	22	0,044	0,0264	0,0412	0,0011
12	*Capparis flexuosa*	5	100%	18	0,036	0,036	0,0191	0,0007
13	*Pavonia spinifex*	4	80%	29	0,058	0,0464	0,0142	0,0007
14	*Sida acuta?*	3	60%	18	0,036	0,0216	0,0088	0,0002
15	*Zanthoxylum monophyllum*	2	40%	10	0,02	0,008	0,0196	0,0002
16	*Pisonia aculeata*	4	80%	12	0,024	0,0192	0,0074	0,0001
	Arbres morts	2	40%	4	0,008	0,0032	0,0314	0,0001
28	***Dichrostachys cinerea***	1	20%	1	0,002	0,0004	0,0005	0,0000002
40	***Triphasia trifolia***	1	20%	0	0,0000	0,0000	0,0000	0,0000

*Fréquence absolue (f_a) = présence de l'espèce dans les différents quadrats; Fréquence relative (f_r)= Fréquence absolue / nombre de quadrats; Densité = nombre d'individus / surface du relevé; Indice de distribution (Id) = Fréquence relative * Densité; Indice de dominance (ID) = Indice de distribution * surface terrière (aire basale).*

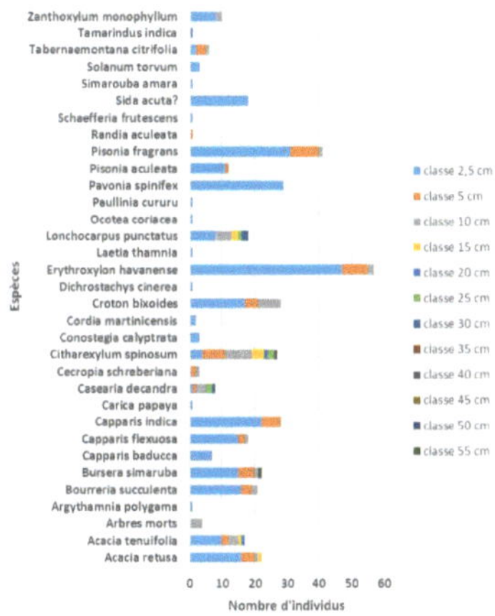

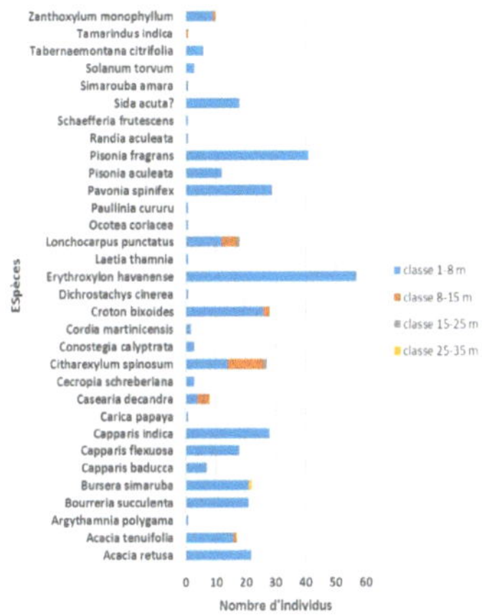

Figure 275: Distribution diamétrique des arbres vivants, sénescents et morts (diamètres ≥ 2,5 cm; Station VMC3)

Figure 276: Distribution des hauteurs des arbres vivants et sénescents (hauteurs ≥ 1,3 m; Station VMC3)

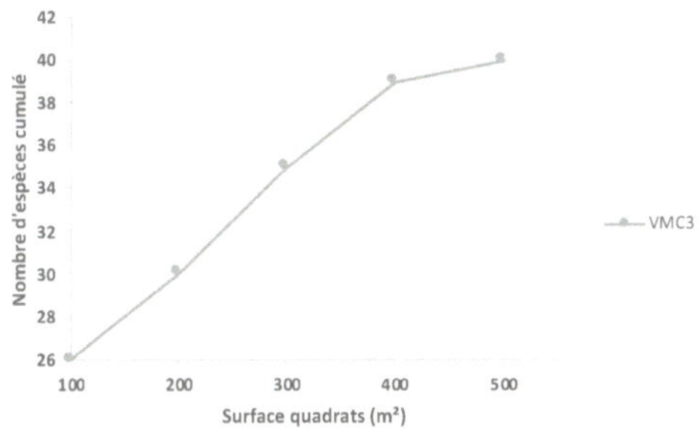

Figure 277: Courbe Aire/Espèces de la station VMC3

Cette unité floristique sempervirente saisonnière d'horizon inférieur et de faciès xérique est au stade forestier jeune. Les espèces dominantes du cortège sont, par ordre d'importance écologique, *Citharexylum spinosum* et *Bursera simaruba* et auxiliairement *Lonchocarpus punctatus* et *Erythroxylon havanense* (Tableau 154). La majeure partie des individus ont des sections se situant entre 2,5 et 5 cm et des hauteurs allant de 1 à 8 m et sont surcimés par des spécimens adultes de *Citharexylum spinosum*, de *Lonchocarpus punctatus* et de *Bursera simaruba* (Figure 275 et Figure 276).

Nous avons relevé un individu unique de *Dichrostachys cinerea* de diamètre 2,5 cm (Tableau 154 et Figure 275). L'espèce est peu distribuée (f_r = 20%) et son aire basale est négligeable dans cette communauté floristique (ST = 0,0005; Tableau 154). Des plantules de *Triphasia trifolia* ont également été identifiées dans un des quadrats de la station VMC3 (quadrat 3). Très peu (4) d'arbres morts ont été dénombrés: le taux de mortalité est extrêmement faible (1%). La richesse en espèces est relativement élevée (Figure 277).

Station VMC4 (500 m²)

Tableau 155: Les principaux paramètres écologiques et structuraux de la station VMC4

Rang	Espèces	f_a	f_r	Nombre d'individus par espèce hors régénérations	Densité (ind/m²)	Id	Surface terrière totale par espèce	ID
1	*Pisonia fragrans*	9	90%	134	0,134	0,1206	0,46044	0,05553
2	*Hæmatoxylon campechianum*	6	60%	74	0,074	0,0444	0,51493	0,02286
3	*Citharexylum spinosum*	9	90%	38	0,038	0,0342	0,242	0,00828
4	*Cordia sulcata*	7	70%	25	0,025	0,0175	0,23267	0,00407
5	*Tabebuia heterophylla*	6	60%	11	0,011	0,0066	0,18015	0,00119
6	*Capparis flexuosa*	8	80%	51	0,051	0,0408	0,02798	0,00114
7	*Zanthoxylum monophyllum*	5	50%	23	0,023	0,0115	0,05645	0,00065
8	*Bursera simaruba*	7	70%	19	0,019	0,0133	0,04565	0,00061
	Arbres morts	4	40%	24	0,024	0,0096	0,03387	0,00033
9	*Erythroxylon havanense*	7	70%	24	0,024	0,0168	0,01914	0,00032
10	*Capparis indica*	4	40%	22	0,022	0,0088	0,03289	0,00029
11	*Pisonia aculeata*	8	80%	16	0,016	0,0128	0,00933	0,00012
18	***Dichrostachys cinerea***	2	20%	8	0,008	0,0016	0,01865	0,00003
29	***Triphasia trifolia***	1	10%	0	0,00000	0,00000	0,00000	0,00000

*Fréquence absolue (f_a) = présence de l'espèce dans les différents quadrats; Fréquence relative (f_r)= Fréquence absolue / nombre de quadrats; Densité = nombre d'individus / surface du relevé; Indice de distribution (Id) = Fréquence relative * Densité; Indice de dominance (ID) = Indice de distribution * surface terrière (aire basale).*

La station VMC4 correspond à une formation sempervirente saisonnière tropicale d'horizon inférieur et de faciès xérique au stade préforestier voire forestier jeune. Le cortège dominant, par ordre d'importance écologique, est constitué de *Pisonia fragrans* et d'*Hæmatoxylon campechianum*. *Pisonia fragrans* semble être adaptée aux conditions mésologiques de la station: 134 individus de sections 2,5 à 50 cm ont été observés (Figure 278). La majorité des individus de cette communauté végétale ont des hauteurs allant de 1 à 8 m et des diamètres compris entre 2,5 et 5 cm (Figure 278 et Figure 279).

Deux espèces potentiellement invasives sont présentes dans cette unité floristique: *Dichrostachys cinerea* et *Triphasia trifolia*. La population de *Dichrostachys cinerea* est composée de huit individus de sections 2,5 à 10 cm et dont les hauteurs ne dépassent pas 8 m (Figure 278 et Figure 279). L'Acacia de Saint – Domingue (*Dichrostachys cinerea*) est peu distribuée (f_r = 20%): elle a été observée dans deux quadrats (Tableau 155). La Petite citronnelle (*Triphasia trifolia*) n'est présente que par le biais de quelques (4) plantules. Le taux de mortalité est faible (4,1%). La richesse floristique est importante, elle est l'une des plus élevées au regard des stations VMC (Figure 280).

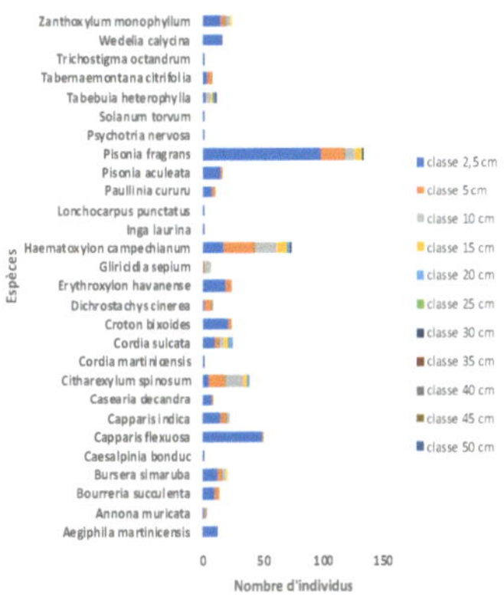

Figure 278: Distribution diamétrique des arbres vivants, sénescents et morts (diamètres ≥ 2,5 cm; Station VMC4)

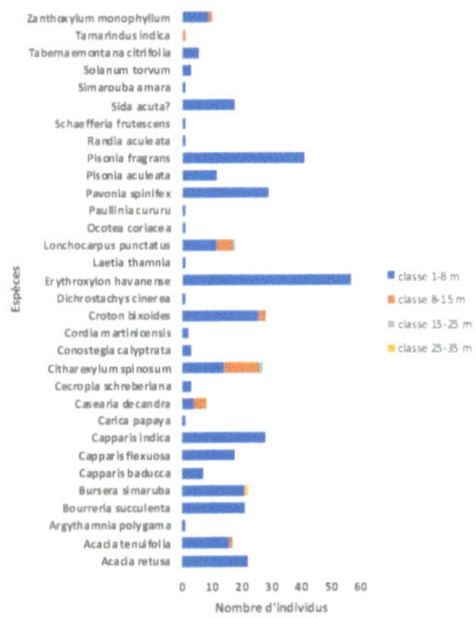

Figure 279: Distribution des hauteurs des arbres vivants et sénescents (hauteurs ≥ 1,3 m; Station VMC4)

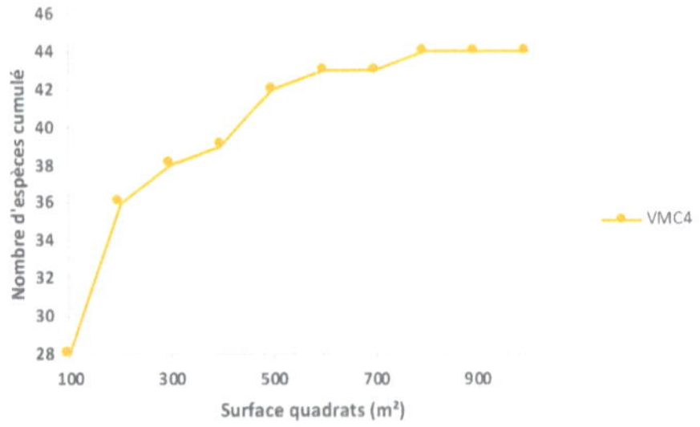

Figure 280: Courbe Aire/Espèces de la station VMC4

Station VMC5 (500 m²)

Tableau 156: Les principaux paramètres écologiques et structuraux de la station VMC5

Rang	Espèces	f_a	f_r	Nombre d'individus par espèce hors régénérations	Densité (ind/m²)	Id	Surface terrière totale par espèce	ID
1	*Croton corylifolius*	4	80%	85	0,170	0,136	0,185	0,0251
2	*Pisonia fragrans*	5	100%	36	0,072	0,072	0,128	0,0092
3	*Ocotea coriacea*	3	60%	25	0,050	0,030	0,248	0,0075
4	*Capparis baducca*	4	80%	89	0,178	0,142	0,051	0,0073
5	*Justicia secunda*	3	60%	79	0,158	0,095	0,039	0,0037
6	*Erythroxylon havanense*	4	80%	22	0,044	0,035	0,031	0,0011
7	*Bursera simaruba*	3	60%	5	0,010	0,006	0,162	0,0010
8	*Zanthoxylum monophyllum*	2	40%	18	0,036	0,014	0,056	0,0008
9	*Croton bixoides*	2	40%	32	0,064	0,026	0,023	0,0006
	Arbres morts	1	20%	15	0,030	0,006	0,073	0,0004
10	*Ceiba pentandra*	3	60%	4	0,008	0,005	0,065	0,0003
11	*Tabernaemontana citrifolia*	2	40%	4	0,008	0,003	0,067	0,0002
12	*Pisonia aculeata*	3	60%	13	0,026	0,016	0,011	0,0002
13	*Citharexylum spinosum*	1	20%	3	0,006	0,001	0,096	0,0001
31	***Triphasia trifolia***	1	20%	1	0,002	0,0004	0,0005	0,0000002

*Fréquence absolue (f_a) = présence de l'espèce dans les différents quadrats; Fréquence relative (f_r)= Fréquence absolue / nombre de quadrats; Densité = nombre d'individus / surface du relevé; Indice de distribution (Id) = Fréquence relative * Densité; Indice de dominance (ID) = Indice de distribution * surface terrière (aire basale).*

Cette association floristique sempervirente saisonnière d'horizon inférieur et de faciès xérique est au stade préforestier. *Croton corylifolius* est l'espèce dominante. Sa dominance écologique est due à sa population (85 individus recensés), sa densité (d = 0,17 ind/m^2) et sa biomasse (ST = 0,1846) élevées (Tableau 156). La majorité des spécimens de cette matrice se distribuent dans des classes diamétriques allant de 2,5 à 5 cm et mesurent entre 1 et 8 m (Figure 281 et Figure 282). Un seul individu de section 2,5 cm de *Triphasia trifolia* a été observé (Tableau 156). Les arbres morts sont peu nombreux (15 spécimens dénombrés; Tableau 156): ils représentent 3,1% de l'effectif total des ligneux. La diversité spécifique est élevée et est l'une des plus importantes des stations VMC (Figure 283).

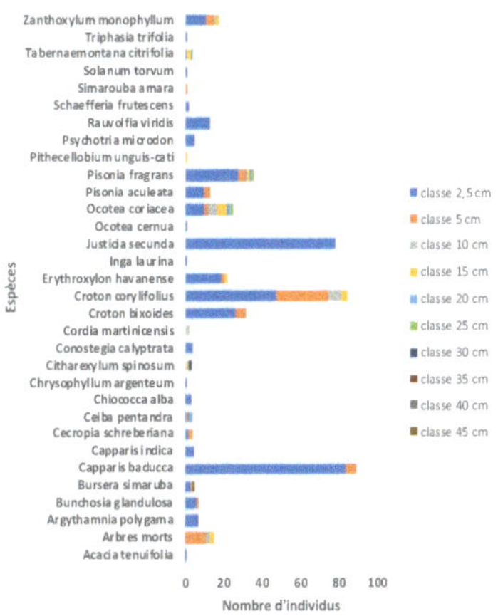

Figure 281: Distribution diamétrique des arbres vivants, sénescents et morts (diamètres ≥ 2,5 cm; Station VMC5)

Figure 282: Distribution des hauteurs des arbres vivants et sénescents (hauteurs ≥ 1,3 m; Station VMC5)

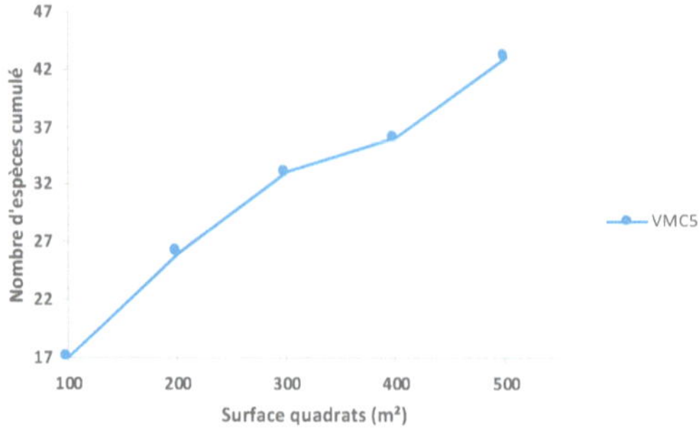

Figure 283: Courbe Aire/Espèces de la station VMC5

Station VMC6 (700 m^2)

Tableau 157: Les principaux paramètres écologiques et structuraux de la station VMC6

Rang	**Espèces**	**f_a**	**f_r**	**Nombre d'individus par espèce hors régénérations**	**Densité (ind/m^2)**	**Id**	**Surface terrière totale par espèce**	**ID**
1	*Bursera simaruba*	7	100%	22	0,0314	0,0314	1,9478	0,0612
2	*Malpighia martinicensis*	7	100%	97	0,1386	0,1386	0,2759	0,0382
3	*Psychotria microdon*	5	71%	111	0,1586	0,1133	0,081	0,0092
4	*Pisonia fragrans*	7	100%	59	0,0843	0,0843	0,1001	0,0084
	Arbres morts	7	100%	30	0,0429	0,0429	0,1713	0,0073
5	*Erythroxylon havanense*	6	86%	42	0,0600	0,0514	0,1360	0,0070
6	*Morisonia americana*	6	86%	84	0,1200	0,1029	0,0545	0,0056
7	*Capparis indica*	7	100%	29	0,0414	0,0414	0,0869	0,0036
8	*Capparis baducca*	4	57%	49	0,0700	0,0400	0,0241	0,0010
9	*Capparis flexuosa*	4	57%	21	0,0300	0,0171	0,0221	0,0004
10	*Paullinia cururu*	7	100%	16	0,0229	0,0229	0,0137	0,0003
11	*Bourreria succulenta*	6	86%	7	0,01	0,0086	0,0206	0,0002
12	*Pithecellobium unguis – cati*	6	86%	15	0,0214	0,0184	0,0088	0,0002
13	*Citharexylum spinosum*	2	29%	3	0,0043	0,0012	0,106	0,0001

*Fréquence absolue (f_a) = présence de l'espèce dans les différents quadrats; Fréquence relative (f_r)= Fréquence absolue / nombre de quadrats; Densité = nombre d'individus / surface du relevé; Indice de distribution (Id) = Fréquence relative * Densité; Indice de dominance (ID) = Indice de distribution * surface terrière (aire basale).*

La station VMC6 est une phytocénose sempervirente saisonnière d'horizon inférieur et de faciès xérique est au stade sylvatique jeune. *Bursera simaruba, Malpighia martinicensis* et secondairement *Psychotria microdon* sont, par ordre d'importance écologique, les espèces dominantes. Ces taxa ont les indices de dominance les plus élevés (Tableau 157). Les individus de sections comprises entre 2,5 et 5 cm et de hauteurs allant de 1 à 8 m sont majoritaires dans la matrice végétale (Figure 284 et Figure 285). Ils forment une matrice surcimée par les spécimens matures de *Bursera simaruba*, de *Citharexylum spinosum*, de *Casearia decandra* et de *Malpighia martinicensis*. Le taux de mortalité de la station est faible (4,4%). Aucune espèce potentiellement invasive n'a été recensée. Au vu de la surface d'inventaire (700 m^2; Tableau 157), la diversité floristique est très riche (Figure 286).

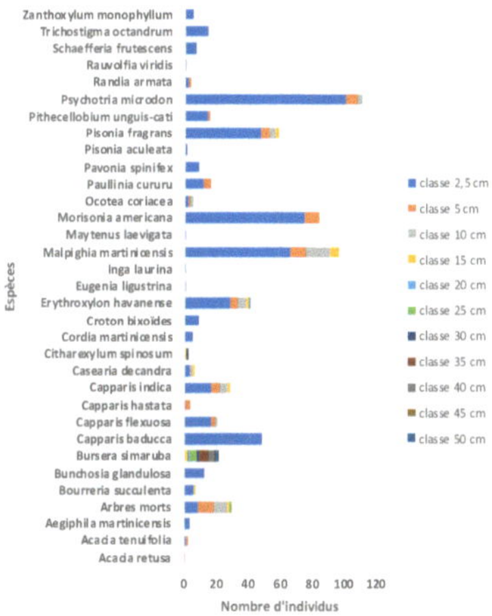

Figure 284: Distribution diamétrique des arbres vivants, sénescents et morts (diamètres ≥ 2,5 cm; Station VMC6)

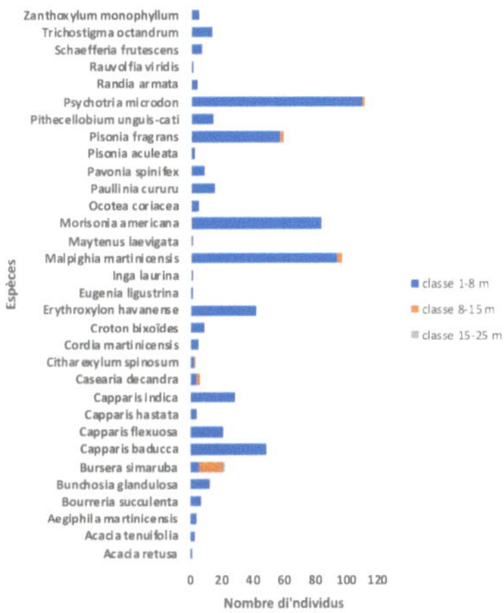

Figure 285: Distribution des hauteurs des arbres vivants et sénescents (hauteurs ≥ 1,3 m; Station VMC6)

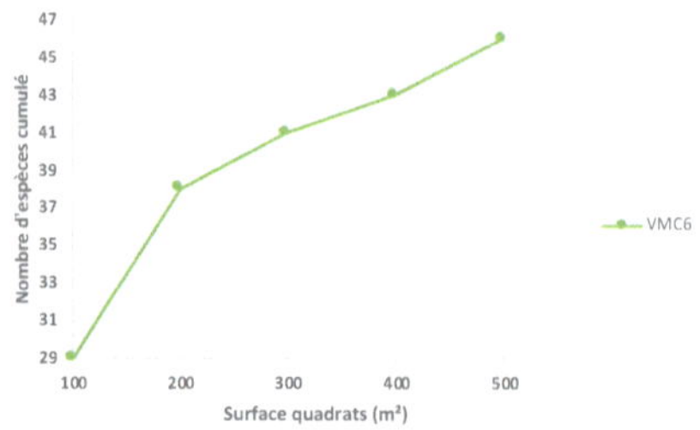

Figure 286: Courbe Aire/Espèces de la station VMC6

Rapport de dominance des espèces pour l'ensemble des stations de Morne Carrière (VMC – étage inférieur)

Tableau 158: Les principaux paramètres écologiques et structuraux pour l'ensemble des stations VMC – étage inférieur

Rang	Espèces	f_a	f_r	Nombre d'individus par espèce hors régénérations	Densité (ind/m²)	Id	Surface terrière totale par espèce	ID
1	*Pisonia fragrans*	6	100%	672	0,16	0,16	1,33321	0,21331
2	*Bursera simaruba*	6	100%	81	0,01929	0,01929	3,4857	0,06722
3	*Citharexylum spinosum*	6	100%	104	0,02476	0,02476	1,04311	0,02583
4	*Erythroxylon havanense*	6	100%	208	0,04952	0,04952	0,38926	0,01928
	Arbres morts	6	100%	96	0,02286	0,02286	0,57187	0,01307
5	*Ocotea coriacea*	6	100%	92	0,02190	0,0219	0,37356	0,00818
6	*Morisonia americana*	4	67%	269	0,06405	0,0427	0,17181	0,00734
7	*Capparis indica*	6	100%	142	0,03381	0,03381	0,2042	0,0069
8	*Croton corylifolius*	2	33%	201	0,04786	0,01595	0,40055	0,00639
9	*Capparis baducca*	5	83%	238	0,05667	0,04722	0,12714	0,006
10	*Lonchocarpus punctatus*	5	83%	32	0,00762	0,00635	0,67937	0,00431
11	*Croton bixoides*	6	100%	117	0,02786	0,02786	0,13106	0,00365
12	*Zanthoxylum monophyllum*	6	100%	63	0,015	0,015	0,15463	0,00232
13	*Casearia decandra*	5	83%	31	0,00738	0,00615	0,28471	0,00175
14	*Psychotria microdon*	3	50%	145	0,03452	0,01726	0,10063	0,00174
40	***Dichrostachys cinerea***	2	33%	9	0,00214	0,00071	0,01914	0,00001

59	***Triphasia trifolia***	4	67%	1	0,0002	0,0002	0,0005	0,0000001

*Fréquence absolue (f_a) = présence de l'espèce dans les différents quadrats; Fréquence relative (f_r)= Fréquence absolue / nombre de quadrats; Densité = nombre d'individus / surface du relevé; Indice de distribution (Id) = Fréquence relative * Densité; Indice de dominance (ID) = Indice de distribution * surface terrière (aire basale).*

Pisonia fragrans, Bursera simaruba, Citharexylum spinosum, Erythroxylon havanense, Ocotea coriacea et *Capparis indica* sont les espèces qui sont les plus distribuées (Tableau 158). *Pisonia fragrans* est l'espèce la plus concurrente. Sa dominance s'exprime par son abondance populationnelle et sa densité élevée, alors que *Bursera simaruba* se différencie des autres espèces par son indice de dominance élevé surestimé par un faible nombre d'individus de grandes sections (Tableau 158). Neuf individus de l'Acacia de Saint – Domingue ont été dénombrés: ses individus ont des sections de 2,5 à 10 cm et culminent entre 1 et 8 m. Elle est peu distribuée et a une surface terrière négligeable pour l'ensemble des stations VMC (Tableau 158). *Triphasia trifolia* est bien distribuée (f_r = 67%), cependant, un individu unique de *Triphasia trifolia* de section 2,5 cm a été observé (Tableau 158).

Nous avons compté 2 863 individus majoritairement de sections 2,5 cm: ils représentent 77,1% de l'effectif total de l'ensemble des stations VMC (Figure 287). *Bursera simaruba* et *Citharexylum spinosum* ont des spécimens de gros diamètres (jusqu'à 55 cm; Figure 287), qui les placent parmi les espèces dominantes du cortège au vu de l'indice de dominance (ID).

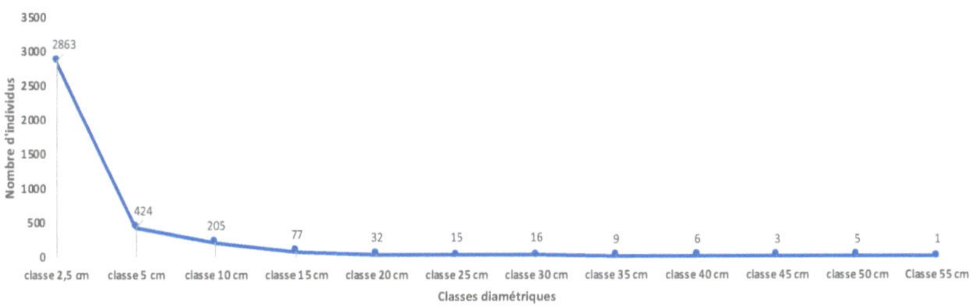

Figure 287: Distribution diamétrique de l'ensemble des stations de Morne Carrière (VMC – étage inférieur) hors régénérations et hors arbres morts

Courbes de régression linéaire

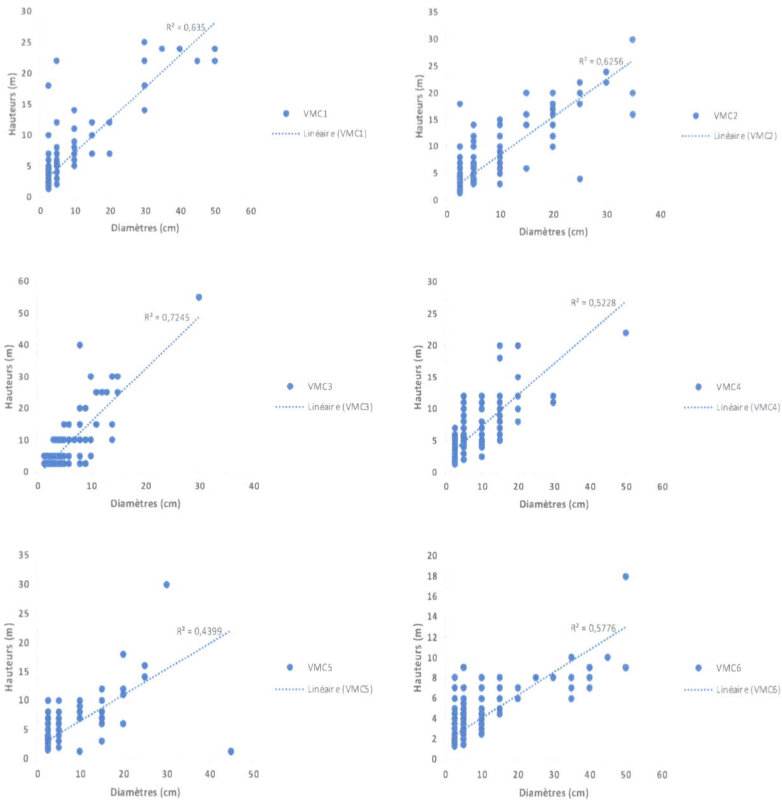

Figure 288: Courbes de corrélation entre les diamètres et les hauteurs des arbres des stations VMC – étage inférieur (Morne Carrière) (diamètres ≥ 2,5 cm et hauteurs ≥ 1,3 m)

La Figure 288 indique que toutes les stations ont une relation linéaire positive. La valeur de coefficient de détermination de station VMC5 est la plus faible (R^2 = 0,4399; Figure 288). Les individus de grandes sections sont nombreux mais peu d'entre eux culminent à des hauteurs supérieures à 15 m. La relation entre les deux paramètres est faible: cette phytocénose semble présenter un déséquilibre dans sa structure. Les autres stations (VMC1, VMC2, VMC3, VMC4 et VMC6) ont des valeurs de coefficients de détermination plus élevées (0,635; 0,6256; 0,7245; 0,5228 et 0,5776 respectivement; Figure 229). Ce qui indique un certain équilibre entre la distribution des hauteurs et des diamètres de ces communautés végétales.

Indice de Jaccard

Tableau 159: Matrice de similarité des stations de Morne Carrière VMC – étage inférieur (Indice de Jaccard)

	VMC1 (35)	VMC2 (51)	VMC3 (40)	VMC4 (44)	VMC5 (43)	VMC6 (44)
VMC1 (35)	1	**0,48**	**0,5**	**0,39**	**0,44**	**0,65**
VMC2 (51)	-	1	**0,44**	**0,30**	**0,57**	**0,48**
VMC3 (40)	-	-	1	**0,45**	**0,46**	**0,40**
VMC4 (44)	-	-	-	1	**0,32**	**0,38**
VMC5 (43)	-	-	-	-	1	**0,47**
VMC6 (44)	-	-	-	-	-	1

Le croisement des stations VMC1 – VMC3 – VMC6 de même que celui des stations VMC2 – VMC5 présentent les plus grandes similarités (Tableau 159). La plus forte valeur a été obtenue lors du croisement de VMC1 et VMC6 (0,65; Tableau 159). Il existe tout de même des similarités entre les stations VMC1 – VMC2, VMC3 – VMC4 – VMC5, VMC2 – VMC6 et VMC5 – VMC6 qui sont relativement faibles (Tableau 159).

Indices de diversité

Tableau 160: Matrice de similarité des stations de Morne Carrière VMC – étage inférieur (Indices de diversité)

Indices	VMC1	VMC2	VMC3	VMC4	VMC5	VMC6
D	0,13	0,13	0,07	0,10	0,11	0,09
1 – D	**0,87**	**0,87**	**0,93**	**0,90**	**0,89**	**0,91**
H'	3,67	3,64	4,23	3,89	3,69	3,93
J	0,60	0,52	0,70	0,61	0,60	0,61
Hill	0,20	0,21	0,22	0,20	0,22	0,21
1 – Hill	0,80	0,79	0,78	0,80	0,78	0,79

*Indice de Simpson (D ou 1 – D) = le carré (nombre d'individus /nombre total d'individus de l'échantillon); Indice réciproque de Simpson (1/D) = inverse de l'indice de Simpson; Indice de Shannon (H') =-∑ [proportion d'une espèce par rapport au nombre total d'espèces dans l'échantillon*log (proportion d'une espèce par rapport au nombre total d'espèces dans l'échantillon)]; Indice de Piélou (J) = indice de Shannon / log (richesse spécifique); Indice de Hill (Hill) = inverse de l'indice de Simpson / par l'exponentielle de l'indice de Shannon.*

Les associations floristiques sont caractérisées par une diversité spécifique assez élevée d'après les valeurs d'indices de Simpson (D) et de Hill qui sont relativement faibles (Tableau 160).

L'indice de Piélou des stations VMC1, VMC2, VMC4, VMC5 et VMC6 est faible (≤ 0,6; Tableau 160), ceci traduit une mauvaise répartition des espèces. Nous avons observé un phénomène de dominance dans ces communautés végétales. En effet, certaines espèces de leur cortège sont surreprésentées en termes de nombre d'individus [VMC1 (*Pisonia fragrans;* Tableau 152), VMC2 (*Pisonia fragrans, Croton corylifolius, Morinda citrifolia;* Tableau 153), VMC4 (*Pisonia fragrans;* Tableau 155), VMC5 (*Croton corylifolius, Capparis baducca, Justicia secunda;* Tableau 156) et VMC6 (*Psychotria microdon;* Tableau 157)]. Seule la station VMC8 indique une répartition relativement équitable (moyenne) des espèces dans la communauté (J = 0,7; Tableau 160).

AFC de l'ensemble des stations VMC

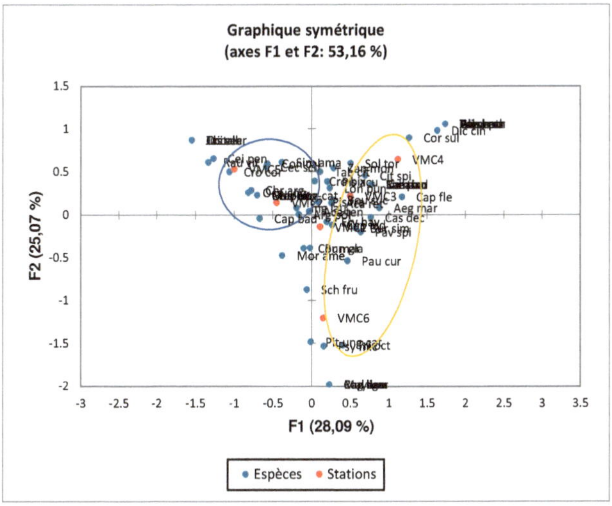

Figure 289: Différenciation mésologique et temporelle des stations et des espèces du Morne Carrière (VMC – étage inférieur)

L'inertie observée pour l'axe F1 est de 28,09% et celle de l'axe F2 est de 25,07%. Ce qui représente un maximum d'inertie de 53,16% (Figure 289). L'axe F1 semble opposer les stades d'évolution (des stades de la dynamique végétale: préforestier et forestier jeune) alors que l'axe F2 différencie les compositions floristiques. Les stations VMC1, VMC3, VMC4 et VMC6 correspondent à des formations sylvatiques secondaires et sont caractérisées par des espèces de stade dynamique avancé notamment *Tabernaemontana citrifolia*. La répartition des espèces indique des différences plus ou moins grandes entre les stations bien que remarquables pour observer une discrimination. La station VM6 se distingue des autres groupements: sa composition floristique est particulière (Figure 289). Les stations VMC2 et VMC5 sont des phytocénoses au stade présylvatique et sont représentées par des taxa de stades antérieurs comme *Croton corylifolius* (Figure 289).

CAH de l'ensemble des stations VMC

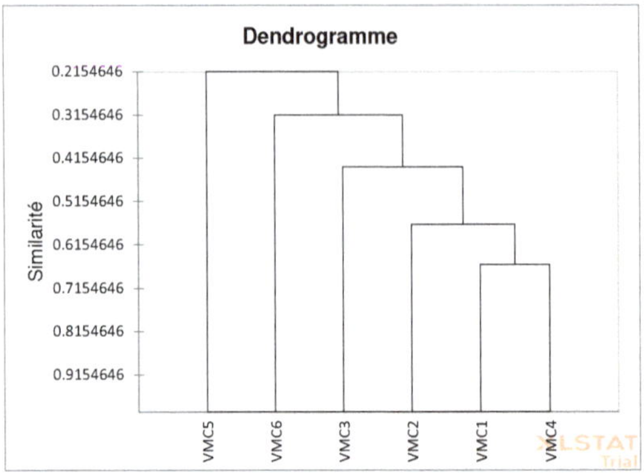

Figure 290: Hiérarchie des partitions obtenues par CAH pour l'ensemble des stations VMC (étage inférieur)

La classification ascendante hiérarchique montre des valeurs significatives pour les stations VMC2, VMC1 et VMC4 (0,57; Figure 290). Les groupements floristiques VMC1 et VMC4 ont de plus grandes similitudes (0,66; Figure 290). Les unités floristiques VMC5, VMC6 et VMC3 ont très peu de similitudes avec les autres phytocénoses. Les phytocénoses VMC5 et VMC6 se singularisent par leur composition floristique: peu de similarités sont observables avec les autres groupements (0,21 et 0,31 respectivement; Figure 290).

Synthèse générale

L'hétérogénéité des hauteurs a conduit à la discontinuité de la strate et à une ouverture sylvatique favorable à l'installation d'espèces potentiellement invasives (*Dichrostachys cinerea* et *Triphasia trifolia*). Ces deux taxa (*Dichrostachys cinerea* et *Triphasia trifolia*) ont peu d'individus mais se régénèrent progressivement dans les stations VMC au vu de leurs fréquences.

V.1.1.1.7.2 Morne Jalouse (MJ)

La zone d'étude MJ comporte 42 espèces végétales réparties en 25 familles et 38 genres.

Tableau 161: Répartition des espèces des stations MJ en taxa supérieurs

Taxa supérieurs	Classes	Familles	%	Genres	%	Espèces	%
Angiospermes	Monocotylédones	0	0	0	0	0	0
	Dicotylédones	25	100	38	100	42	100
Total		25		38		42	

Station MJ1 (400 m^2)

Tableau 162: Les principaux paramètres écologiques et structuraux de la station MJ1

Rang	Espèces	f_a	f_r	Nombre d'individus par espèce hors régénérations	Densité (ind/m^2)	Id	Surface terrière totale par espèce	ID
	Arbres morts	5	100%	102	0,204	0,204	0,25918	0,05287
1	*Bourreria succulenta*	5	100%	44	0,088	0,088	0,12370	0,01089
2	*Zanthoxylum monophyllum*	5	100%	35	0,07	0,07	0,14039	0,00983
3	*Croton bixoides*	4	80%	57	0,114	0,0912	0,08688	0,00792
4	*Erythroxylon havanense*	5	100%	57	0,114	0,114	0,0648	0,00739
5	*Capparis indica*	4	80%	51	0,10200	0,08160	0,05154	0,00421
6	*Acacia sp.*	3	60%	19	0,038	0,0228	0,11339	0,00259
7	***Dichrostachys cinerea***	4	80%	33	0,066	0,0528	0,03387	0,00179
8	*Pilosocereus royenii*	3	60%	20	0,04	0,024	0,05694	0,00137
9	*Pisonia fragrans*	5	100%	15	0,03	0,03	0,01325	0,0004
10	*Schæfferia frutescens*	4	80%	13	0,026	0,0208	0,01816	0,00038
11	*Pithecellobium unguis – cati*	5	100%	6	0,012	0,012	0,01473	0,00018

*Fréquence absolue (f_a) = présence de l'espèce dans les différents quadrats; Fréquence relative (f_r)= Fréquence absolue / nombre de quadrats; Densité = nombre d'individus / surface du relevé; Indice de distribution (Id) = Fréquence relative * Densité; Indice de dominance (ID) = Indice de distribution * surface terrière (aire basale).*

La station MJ1 est une unité floristique sempervirente saisonnière d'horizon inférieur et de faciès xérique qui se situe au stade présylvatique à arbustif mûr. *Bourreria succulenta* est l'espèce prépondérante du cortège végétal. On peut adjoindre à ce cortège végétal *Zanthoxylum monophyllum, Croton bixoides* et

Erythroxylon havanense (Tableau 162). La matrice floristique est composée d'individus ayant des sections comprises entre 2,5 et 5 cm et de hauteurs allant de 1 à 8 m (Figure 291 et Figure 292). *Dichrostachys cinerea* est très distribuée dans les quadrats de la station (f_r = 80%; Tableau 162), 33 individus ont été recensés. Ces derniers ont essentiellement des diamètres de 2,5 cm et 5 cm (Figure 291) et mesurent entre 1 et 8 m (Figure 292). Le taux de mortalité est très élevé (21,6%). La richesse floristique est relativement élevée (Figure 293).

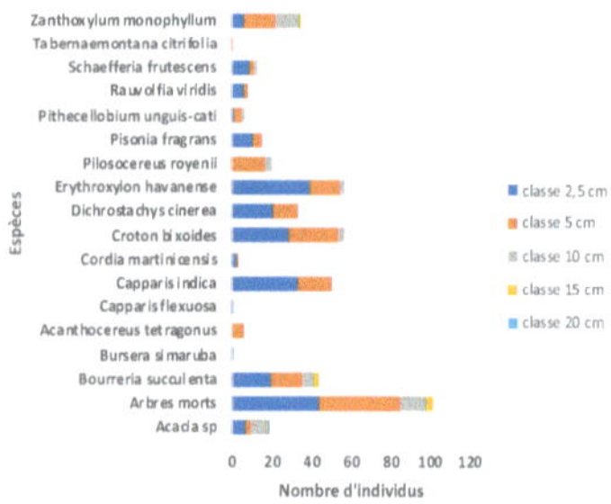

Figure 291: Distribution diamétrique des arbres vivants et morts (diamètres ≥ 2,5 cm; Station MJ1)

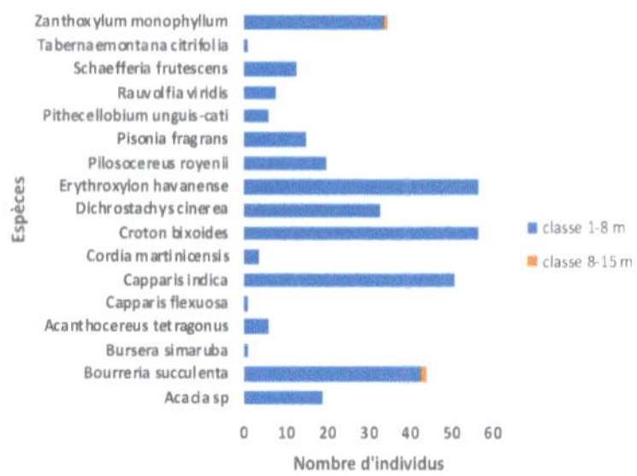

Figure 292: Distribution des hauteurs des arbres vivants (hauteurs ≥ 1,3 m; Station MJ1)

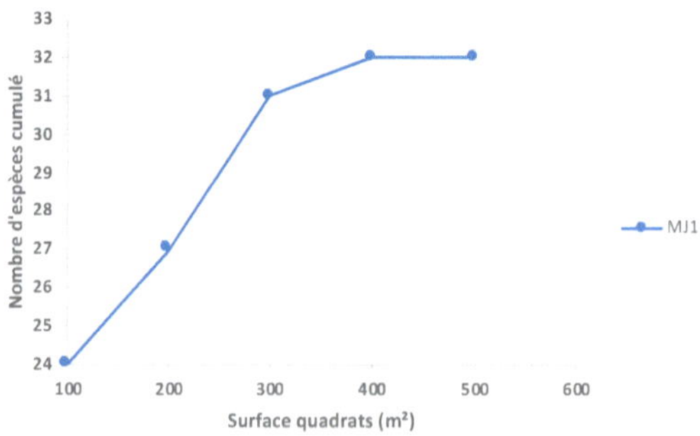

Figure 293: Courbe Aire/Espèces de la station MJ1

Station MJ2 (280 m^2)

Tableau 163: Les principaux paramètres écologiques et structuraux de la station MJ2

Rang	**Espèces**	f_a	f_r	**Nombre d'individus par espèce hors régénérations**	**Densité (ind/m²)**	**Id**	**Surface terrière totale par espèce**	**ID**
1	***Dichrostachys cinerea***	7	100%	158	0,56429	0,56429	0,15561	0,08781
2	*Capparis flexuosa*	4	57%	12	0,04286	0,02449	0,01620	0,00040
3	*Pithecellobium unguis – cati*	2	29%	6	0,02143	0,00612	0,01031	0,00006
	Arbres morts	2	29%	6	0,02143	0,00612	0,00589	0,00004
4	*Bursera simaruba*	2	29%	1	0,00357	0,00102	0,03142	0,00003
5	*Pilosocereus royenii*	1	14%	4	0,01429	0,00204	0,00491	0,00001

*Fréquence absolue (f_a) = présence de l'espèce dans les différents quadrats; Fréquence relative (f_r)= Fréquence absolue / nombre de quadrats; Densité = nombre d'individus / surface du relevé; Indice de distribution (Id) = Fréquence relative * Densité; Indice de dominance (ID) = Indice de distribution * surface terrière (aire basale).*

Cette station est colonisée par une communauté végétale sempervirente saisonnière d'horizon inférieur et de faciès xérique au stade arbustif. *Dichrostachys cinerea* est l'espèce dominante du cortège végétal grâce à sa fréquence absolue, son nombre d'individus ce qui lui confère une densité élevée (d = 0,564 ind/m^2; Tableau 163). Les individus de *Dichrostachys cinerea* forment des fourrés monospécifiques qui bloquent le développement des autres espèces de la matrice végétale qui ont de faibles effectifs et de faibles surfaces terrières (Tableau 163). Le taux de mortalité est faible (3,1%). La richesse floristique est l'une des plus faibles au regard des stations MJ (Figure 296).

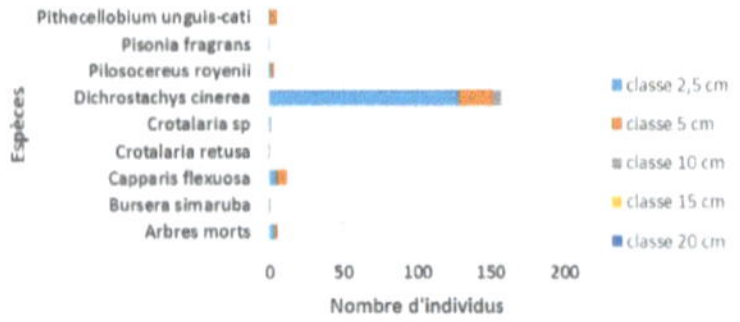

Figure 294: Distribution diamétrique des arbres vivants et morts (diamètres ≥ 2,5 cm; Station MJ2)

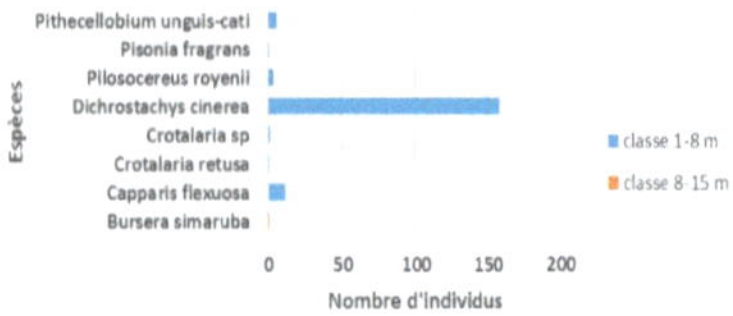

Figure 295: Distribution des hauteurs des arbres vivants (hauteurs ≥ 1,3 m; Station MJ2)

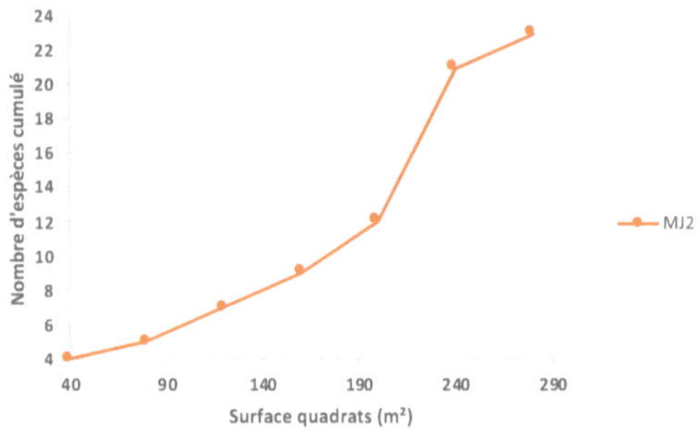

Figure 296: Courbe Aire/Espèces de la station MJ2

Station MJ3 (240 m^2)

Tableau 164: Les principaux paramètres écologiques et structuraux de la station MJ3

Rang	Espèces	fa	fr	Nombre d'individus par espèce hors régénérations	Densité (ind/m²)	Id	Surface terrière totale par espèce	ID
1	*Dichrostachys cinerea*	6	100%	114	0,475	0,475	0,08541	0,04057
	Arbres morts	5	83%	5	0,02083	0,01736	0,00687	0,00012
2	*Erythroxylon havanense*	1	17%	3	0,0125	0,00208	0,00589	0,00001
3	*Capparis flexuosa*	1	17%	1	0,00417	0,00069	0,00196	0,000001
4	*Capparis indica*	1	17%	1	0,00417	0,00069	0,00049	0,0000003
5	*Croton bixoides*	1	17%	1	0,00417	0,00069	0,00049	0,0000003
6	*Croton corylifolius*	1	17%	1	0,00417	0,00069	0,00049	0,0000003

Fréquence absolue (f_a) = présence de l'espèce dans les différents quadrats; Fréquence relative (f_r)= Fréquence absolue / nombre de quadrats; Densité = nombre d'individus /

*surface du relevé; Indice de distribution (Id) = Fréquence relative * Densité; Indice de dominance (ID) = Indice de distribution * surface terrière (aire basale).*

Cette phytocénose sempervirente saisonnière d'horizon inférieur et de faciès xérique est au stade arbustif. Elle présente de grandes similitudes écologiques avec la communauté végétale précédente (MJ2) hormis le rapport de proportions entre les individus d'espèces qui varie (Tableau 164). *Dichrostachys cinerea* est parvenue ici aussi à former des fourrés denses et impénétrables au détriment des autres espèces. Elle régénère et accroît ses populations dans la station. C'est l'espèce la plus concurrente et a une surface terrière nettement plus élevée que celle des autres espèces: ce qui lui confère un indice de dominance 3 000 fois supérieur à l'espèce positionnée au deuxième rang du Tableau 164 qui est *Erythroxylon havanense*. L'aire de relevé très réduite est en relation avec une faible richesse floristique (Figure 299). Cinq arbres morts ont été dénombrés: ils représentent 4% de l'effectif total des ligneux.

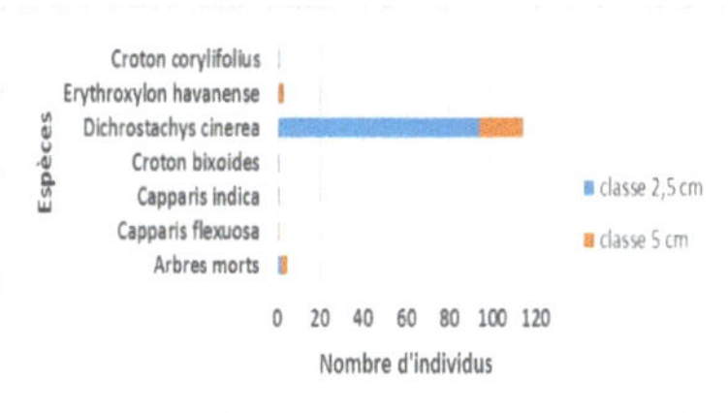

Figure 297: Distribution diamétrique des arbres vivants, sénescents et morts (diamètres ≥ 2,5 cm; Station MJ3)

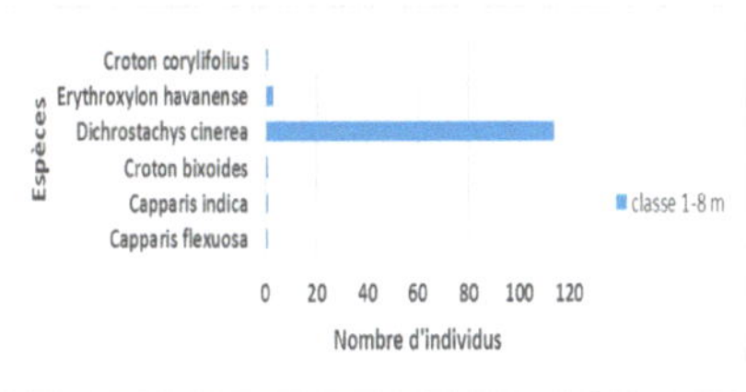

Figure 298: Distribution des hauteurs des arbres vivants et sénescents (hauteurs ≥ 1,3 m; Station MJ3)

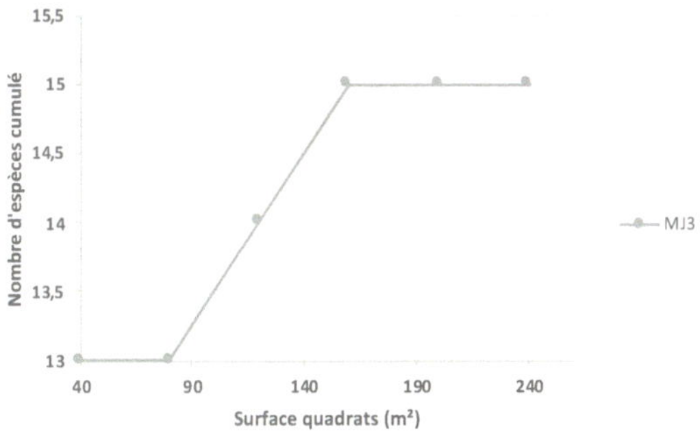

Figure 299: Courbe Aire/Espèces de la station MJ3

Station MJ4 (250 m²)

Tableau 165: Les principaux paramètres écologiques et structuraux de la station MJ4

Rang	Espèces	f_a	f_r	Nombre d'individus par espèce hors régénérations	Densité (ind/m²)	Id	Surface terrière totale par espèce	ID
	Arbres morts	3	60%	5	0,02	0,012	0,0054	0,00006
1	*Acacia sp*	2	40%	3	0,012	0,0048	0,00589	0,00003
2	*Capparis indica*	2	40%	5	0,02	0,008	0,00245	0,00002
3	***Dichrostachys cinerea***	4	80%	3	0,012	0,0096	0,00147	0,00001
4	*Pisonia fragrans*	2	40%	1	0,004	0,0016	0,00785	0,00001
5	*Pithecellobium unguis – cati*	1	20%	1	0,004	0,0008	0,00196	0,000002
6	*Cordia martinicensis*	1	20%	1	0,004	0,0008	0,00049	0,0000004

*Fréquence absolue (f_a) = présence de l'espèce dans les différents quadrats; Fréquence relative (f_r)= Fréquence absolue / nombre de quadrats; Densité = nombre d'individus / surface du relevé; Indice de distribution (Id) = Fréquence relative * Densité; Indice de dominance (ID) = Indice de distribution * surface terrière (aire basale).*

Cette unité floristique sempervirente saisonnière d'horizon inférieur et de faciès xérique est au stade arbustif. *Acacia sp*, *Capparis indica*, et *Dichrostachys cinerea* sont, par ordre d'importance écologique, les espèces dominantes. Elles ont un effectif et une densité supérieurs aux autres taxa, ce qui leur confère un indice de dominance plus important (Tableau 165). Le groupement végétal est constitué d'individus des sections de 2,5 cm (64,3% de l'effectif total des ligneux) et de 5 cm (28,6%) et de hauteurs comprises entre 1 et 8 m (Figure 300 et Figure 301). Seul, un individu de *Pisonia fragrans* de 10 cm de diamètre a été recensé: il semble appartenir à une formation passée (Tableau 165 et Figure 300). Le taux de mortalité est extrêmement élevé (26,3%). La surface minimale est limitée (250 m²; Tableau 165) est en relation avec une faible diversité spécifique (Figure 302).

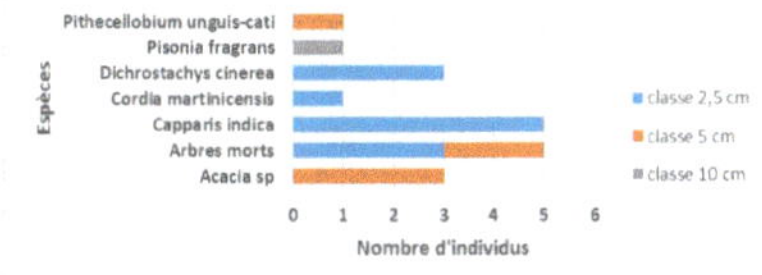

Figure 300: Distribution diamétrique des arbres vivants, sénescents et morts (diamètres ≥ 2,5 cm; Station MJ4)

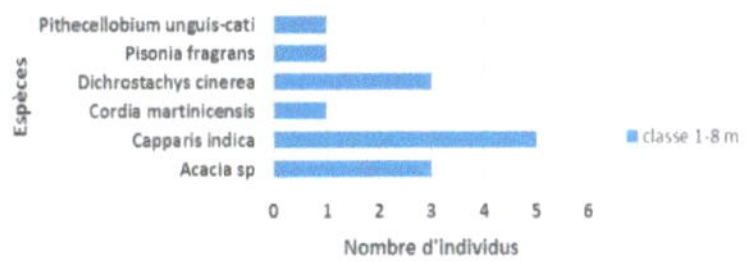

Figure 301: Distribution des hauteurs des arbres vivants et sénescents (hauteurs ≥ 1,3 m; Station MJ4)

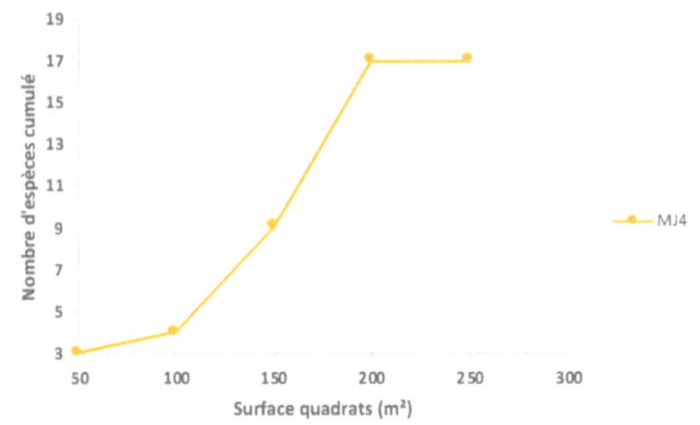

Figure 302: Courbe Aire/Espèces de la station MJ4

Station MJ5 (400 m^2)

Tableau 166: Les principaux paramètres écologiques et structuraux de la station MJ5

Rang	Espèces	f_a	f_r	Nombre d'individus par espèce hors régénérations	Densité (ind/m²)	Id	Surface terrière totale par espèce	ID
1	*Croton bixoides*	7	88%	120	0,3	0,2625	0,08247	0,02165
	Arbres morts	8	100%	36	0,09	0,09	0,18359	0,01652
2	*Pisonia fragrans*	8	100%	16	0,04	0,04	0,23218	0,00929
3	*Acacia sp*	4	50%	16	0,04	0,02	0,11928	0,00239
4	*Bourreria succulenta*	4	50%	5	0,0125	0,0063	0,13794	0,00086
5	*Erythroxylon havanense*	5	63%	13	0,0325	0,0203	0,02651	0,00054
6	*Capparis flexuosa*	7	88%	17	0,0425	0,0372	0,01129	0,00042
7	*Rauvolfia viridis*	8	100%	16	0,04	0,04	0,00933	0,00037
8	***Dichrostachys cinerea***	5	63%	12	0,03	0,0188	0,00736	0,00014
9	*Acanthocereus tetragonus*	2	25%	21	0,0525	0,0131	0,01031	0,00014

10	*Capparis indica*	5	63%	10	0,025	0,0156	0,00785	0,00012

*Fréquence absolue (f_a) = présence de l'espèce dans les différents quadrats; Fréquence relative (f_r)= Fréquence absolue / nombre de quadrats; Densité = nombre d'individus / surface du relevé; Indice de distribution (Id) = Fréquence relative * Densité; Indice de dominance (ID) = Indice de distribution * surface terrière (aire basale).*

La station MJ5 correspond à une communauté végétale sempervirente saisonnière d'horizon inférieur et de faciès xérique au stade arbustif voire présylvatique dominée par une population de *Croton bixoides* (Bom blan). La population de *Croton bixoides* forme une matrice dense de faibles diamètres (entre 2,5 et 5 cm) qui culmine entre 1 et 8 mètres (Figure 303 et Figure 304). Cette matrice est surcimée par des individus adultes de *Pisonia fragrans,* de *Bourreria succulenta* et d'*Acacia sp* qui ont un profil biodémographique relativement équilibré: toutes les classes d'âges sont représentées (Figure 303). Ces individus semblent être des reliques de formations antérieures (Tableau 166). *Dichrostachys cinerea* est relativement bien distribuée dans la station (f_r = 63%; Tableau 166) et a un faible effectif: douze individus ont été recensés. Ces derniers se distribuent dans des classes diamétriques allant de 2,5 à 5 cm (Figure 303). Le taux de mortalité est relativement élevé (12,6%). Malgré le fait que la surface de relevé soit plus élevée (400 m^2; Tableau 166), la richesse floristique est faible (Figure 305).

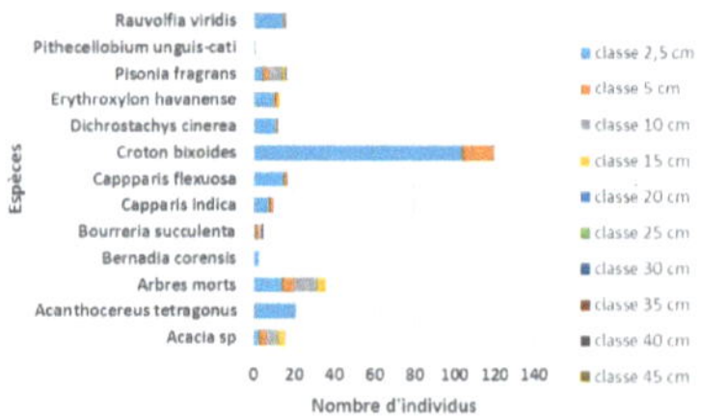

Figure 303: Distribution diamétrique des arbres vivants et morts (diamètres ≥ 2,5 cm; Station MJ5)

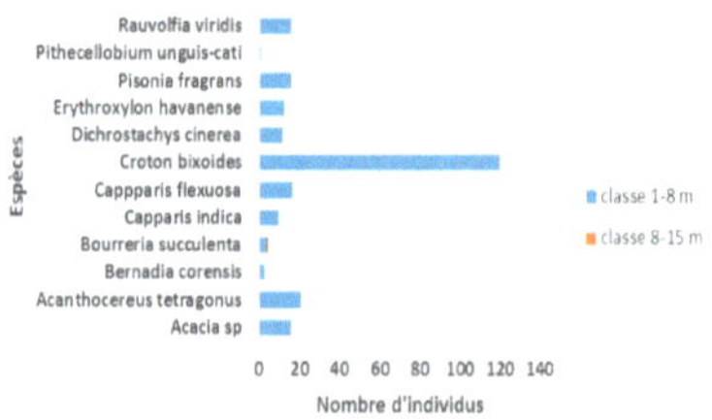

Figure 304: Distribution des hauteurs des arbres vivants (hauteurs ≥ 1,3 m; Station MJ5)

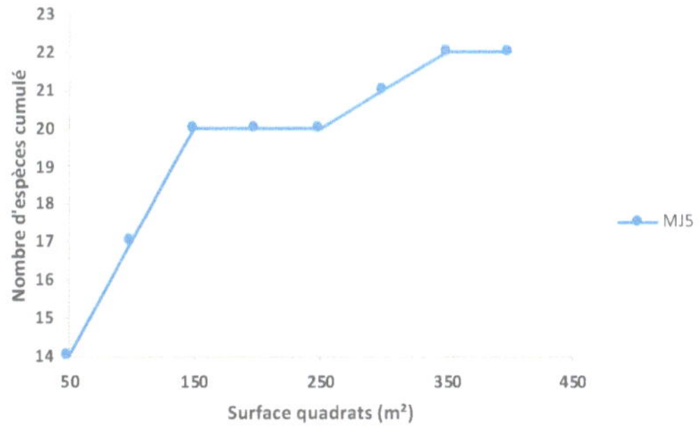

Figure 305: Courbe Aire/Espèces de la station MJ5

Station MJ6 (450 m²)

Tableau 167: Les principaux paramètres écologiques et structuraux de la station MJ6

Rang	Espèces	f_a	f_r	Nombre d'individus par espèce hors régénérations	Densité (ind/m²)	Id	Surface terrière totale par espèce	ID
1	***Dichrostachys cinerea***	7	78%	18	0,04	0,0311	0,0383	0,00119
2	*Croton bixoides*	6	67%	24	0,0533	0,0356	0,0132	0,00047
	Arbres morts	5	56%	13	0,0289	0,0160	0,0078	0,00013
3	*Zanthoxylum monophyllum*	3	33%	9	0,02	0,0067	0,0074	0,00005
4	*Erythroxylon havanense*	5	56%	7	0,0156	0,0086	0,0034	0,00003
5	*Bourreria succulenta*	3	33%	4	0,0089	0,003	0,0064	0,00002

*Fréquence absolue (f_a) = présence de l'espèce dans les différents quadrats; Fréquence relative (f_r)= Fréquence absolue / nombre de quadrats; Densité = nombre d'individus / surface du relevé; Indice de distribution (Id) = Fréquence relative * Densité; Indice de dominance (ID) = Indice de distribution * surface terrière (aire basale).*

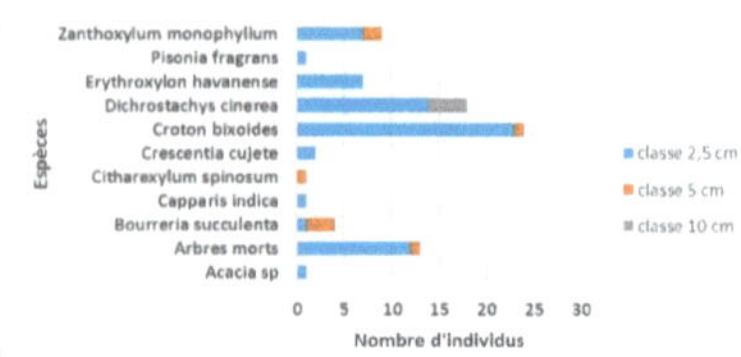

Figure 306: Distribution diamétrique des arbres vivants, sénescents et morts (diamètres ≥ 2,5 cm; Station MJ6)

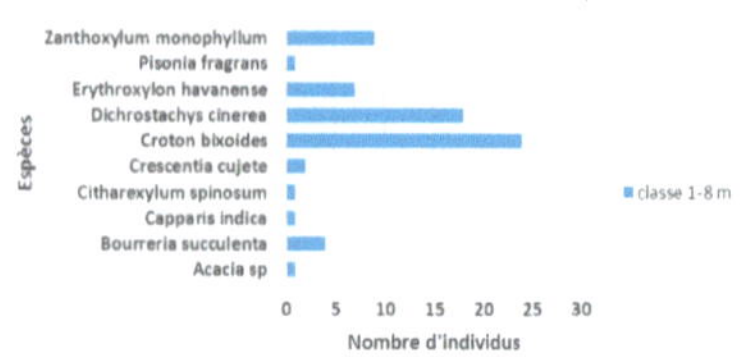

Figure 307: Distribution des hauteurs des arbres vivants et sénescents (hauteurs ≥ 1,3 m; Station MJ6)

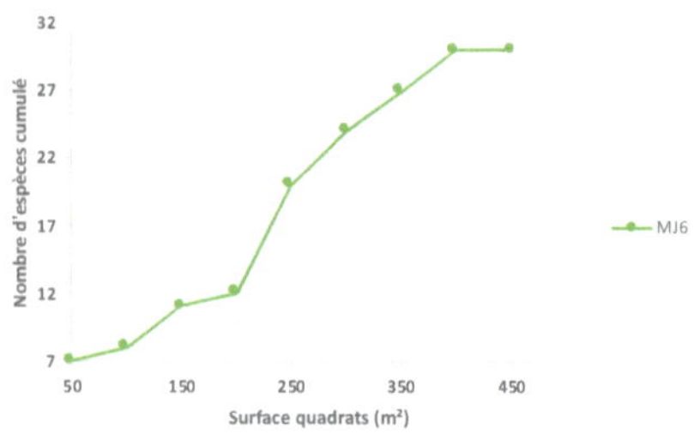

Figure 308: Courbe Aire/Espèces de la station MJ6

Cette unité sempervirente saisonnière d'horizon inférieur et de faciès xérique est au stade arbustif. *Dichrostachys cinerea* et *Croton bixoides* sont, par ordre d'importance écologique, les espèces dominantes. Elles ont les indices de dominance les plus élevés (Tableau 167). *Dichrostachys cinerea* est très distribuée (f_r = 78%; Tableau 167), ses individus ont des diamètres compris entre 2,5 à 10 cm (Figure 306). Hormis les espèces dominantes, le groupement végétal est constitué d'individus de diamètres compris entre 2,5 et 5 cm et de hauteurs entre 1 et 8 m (Figure 306 et Figure 307). La diversité floristique est relativement importante (Figure 308) et le taux de mortalité est élevé (16%).

Station MJ7 (800 m²)

Tableau 168: Les principaux paramètres écologiques et structuraux de la station MJ7

Rang	Espèces	f_a	f_r	Nombre d'individus par espèce hors régénérations	Densité (ind/m²)	Id	Surface terrière totale par espèce	ID
	Arbres morts	8	100%	126	0,1575	0,1575	0,62488	0,09842
1	*Pisonia fragrans*	8	100%	193	0,24125	0,24125	0,38239	0,09225

2	*Acanthocereus tetragonus*	8	100%	147	0,18375	0,18375	0,2798	0,05141
3	*Zanthoxylum monophyllum*	8	100%	45	0,05625	0,05625	0,37945	0,02134
4	*Capparis indica*	8	100%	108	0,135	0,135	0,0751	0,01014
5	*Erythroxylon havanense*	8	100%	56	0,07	0,07	0,14432	0,0101
6	*Bursera simaruba*	8	100%	12	0,015	0,015	0,5807	0,00871
7	*Bourreria succulenta*	8	100%	50	0,0625	0,0625	0,11241	0,00703
8	*Acacia sp*	6	75%	28	0,035	0,02625	0,11928	0,00313
9	*Rauvolfia viridis*	7	88%	36	0,045	0,03938	0,02945	0,00116
10	*Capparis flexuosa*	7	88%	25	0,03125	0,02734	0,01374	0,00038
11	*Cordia collococca*	2	25%	5	0,00625	0,00156	0,16984	0,00027
12	*Rivinia humilis*	5	63%	24	0,03	0,01875	0,01178	0,00022
13	*Pilosocereus royenii*	2	25%	13	0,01625	0,00406	0,03583	0,00015
14	***Dichrostachys cinerea***	4	50%	11	0,01375	0,00688	0,01571	0,00011

*Fréquence absolue (f_a) = présence de l'espèce dans les différents quadrats; Fréquence relative (f_r)= Fréquence absolue / nombre de quadrats; Densité = nombre d'individus / surface du relevé; Indice de distribution (Id) = Fréquence relative * Densité; Indice de dominance (ID) = Indice de distribution * surface terrière (aire basale).*

Cette station est une unité floristique sempervirente saisonnière d'horizon inférieur et de faciès xérique au stade sylvatique jeune. Le cortège prédominant est, par ordre d'importance écologique, constitué de *Pisonia fragrans*, *Acanthocereus tetragonus* auxquels on peut adjoindre *Zanthoxylum monophyllum*, *Capparis indica* et *Erythroxylon havanense* (Tableau 168).

Acanthocereus tetragonus est une espèce indicatrice des zones sèches dégradées. Nous avons observé une forte dominance et abondance de cette espèce (*Acanthocereus tetragonus*). La majeure partie des individus de la station ont des sections (entre 2,5 et 5 cm) et des hauteurs (allant de 1 à 8 m) faibles (Figure 309 et Figure 310). *Dichrostachys cinerea* est peu distribuée dans les quadrats de la station et a un faible effectif: seulement onze individus ont été recensés (Tableau 168). Ces derniers occupent principalement des classes diamétriques de 2,5 et 5 cm, bien qu'un spécimen de 10 cm ait été observé (Figure 309). Les arbres morts sont nombreux (126 individus observés) ce qui correspond à un taux de mortalité élevé (12,8%). La richesse en espèces est très importante (Figure 311).

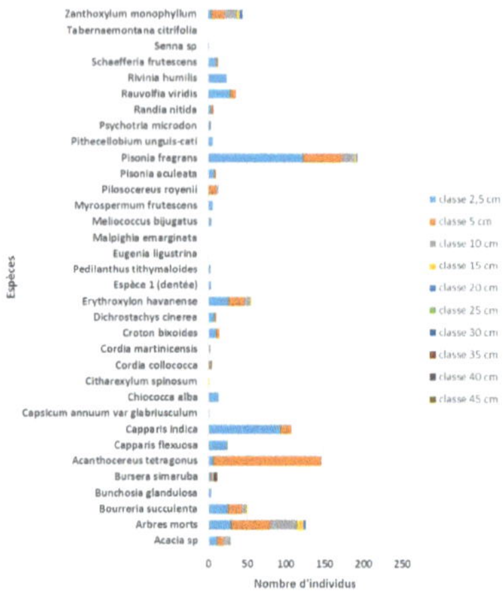

Figure 309: Distribution diamétrique des arbres vivants, sénescents et morts (diamètres ≥ 2,5 cm; Station MJ7)

Figure 310: Distribution des hauteurs des arbres vivants et sénescents (hauteurs≥ 1,3 m; Station MJ7)

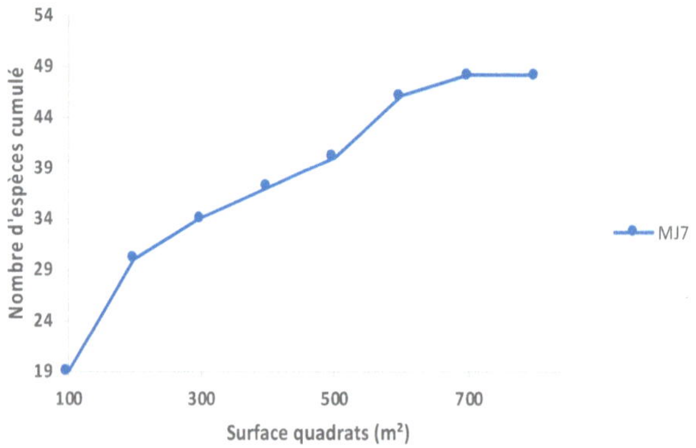

Figure 311: Courbe Aire/Espèces de la station MJ7

Station MJ8 (350 m²)

Tableau 169: Les principaux paramètres écologiques et structuraux de la station MJ8

Rang	Espèces	f_a	f_r	Nombre d'individus par espèce hors régénérations	Densité (ind/m²)	Id	Surface terrière totale par espèce	ID
1	*Acanthocereus tetragonus*	7	100%	124	0,35429	0,35429	0,27342	0,09687
2	*Pisonia fragrans*	7	100%	67	0,19143	0,19143	0,25378	0,04858
	Arbres morts	7	100%	48	0,13714	0,13714	0,29698	0,04073
3	*Zanthoxylum monophyllum*	6	86%	43	0,12286	0,10531	0,18653	0,01964
4	*Erythroxylon havanense*	7	100%	46	0,13143	0,13143	0,12026	0,01581
5	*Capparis indica*	6	86%	72	0,20571	0,17633	0,05449	0,00961
6	*Bourreria succulenta*	6	86%	19	0,05429	0,04653	0,10996	0,00512
7	*Acacia sp*	5	71%	17	0,04857	0,03469	0,06087	0,00211
8	*Chiococca alba*	6	86%	24	0,06857	0,05878	0,01178	0,00069
9	*Bursera simaruba*	5	71%	4	0,01143	0,00816	0,08099	0,00066
10	***Dichrostachys cinerea***	3	43%	13	0,03714	0,01592	0,01816	0,00029

*Fréquence absolue (f_a) = présence de l'espèce dans les différents quadrats; Fréquence relative (f_r)= Fréquence absolue / nombre de quadrats; Densité = nombre d'individus / surface du relevé; Indice de distribution (Id) = Fréquence relative * Densité; Indice de dominance (ID) = Indice de distribution * surface terrière (aire basale).*

La station MJ8 est une formation saisonnière d'horizon inférieur et de faciès xérique au stade sylvatique jeune. Le cortège dominant est, par ordre d'importance écologique, composé de *Pisonia fragrans* et d'*Acanthocereus tetragonus*. On peut y adjoindre auxiliairement *Zanthoxylum monophyllum* et *Erythroxylon havanense*. Ces espèces ont un grand nombre d'individus ainsi qu'une surface terrière plus élevée, dont il résulte d'un indice de dominance plus élevé (Tableau 169). La matrice floristique est constituée de spécimens de diamètres (entre 2,5 et 5 cm) et de hauteurs (entre 1 et 8 m) très faibles (Figure 312 et Figure 313). Outre les individus matures du cortège dominant, *Bourreria succulenta* et *Acacia sp* ont des sections jusqu'à 40 cm et des hauteurs comprises entre 8 et 15 m (Figure 312 et Figure 313). Treize individus de *Dichrostachys cinerea* de sections allant entre 2,5 et 5 cm ont été recensés

(Tableau 169). Sa surface terrière est négligeable au vu des taxa du cortège dominant. La diversité floristique est l'une des plus importantes des stations MJ, malgré la surface minimale limitée (300 m$^{2;}$ Figure 314). Le taux de mortalité est relativement faible (9,3%).

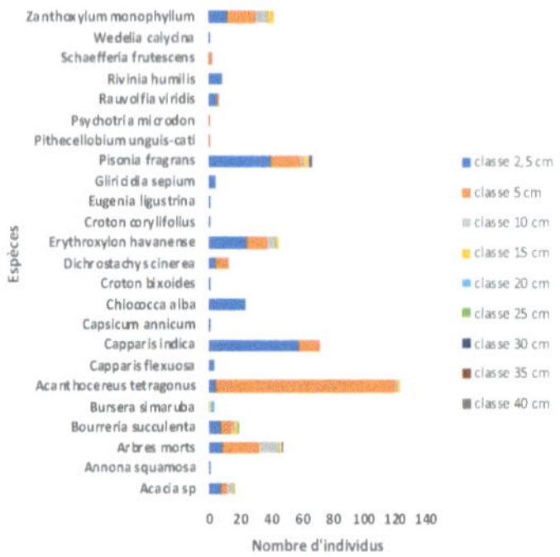

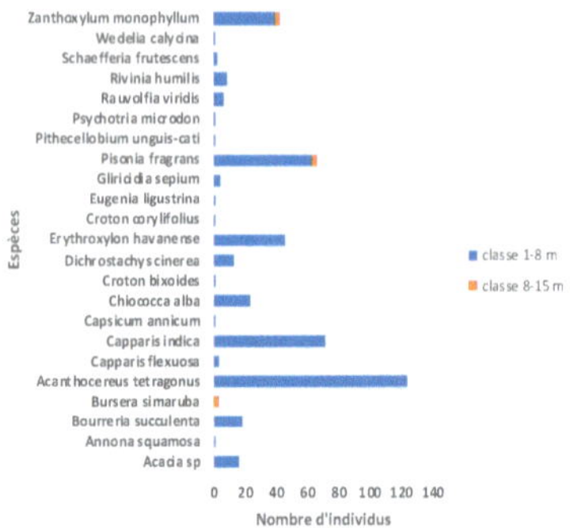

Figure 312: Distribution diamétrique des arbres vivants, sénescents et morts (diamètres ≥ 2,5 cm; Station MJ8)

Figure 313: Distribution des hauteurs des arbres vivants et sénescents (hauteurs ≥ 1,3 m; Station MJ8)

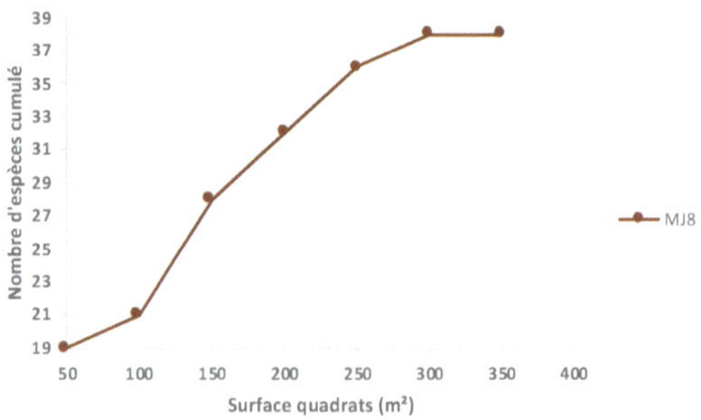

Figure 314: Courbe Aire/Espèces de la station MJ8

Station MJ9 (350 m²)

Tableau 170: Les principaux paramètres écologiques et structuraux de la station MJ9

Rang	Espèces	f_a	f_r	Nombre d'individus par espèce hors régénérations	Densité (ind/m²)	Id	Surface terrière totale par espèce	ID
	Arbres morts	7	100%	41	0,11714	0,11714	0,13597	0,01593
1	*Croton bixoides*	7	100%	85	0,24286	0,24286	0,05792	0,01407
2	*Pisonia fragrans*	7	100%	15	0,04286	0,04286	0,12419	0,00532
3	*Erythroxylon havanense*	7	100%	38	0,10857	0,10857	0,03043	0,0033
4	***Dichrostachys cinerea***	5	71%	18	0,05143	0,03673	0,06136	0,00225
5	*Capparis indica*	7	100%	22	0,06286	0,06286	0,01227	0,00077
6	*Bourreria succulenta*	4	57%	24	0,06857	0,03918	0,01325	0,00052
7	*Acacia sp.*	4	57%	8	0,02286	0,01306	0,03731	0,00049
8	*Zanthoxylum monophyllum*	6	86%	12	0,03429	0,02939	0,01473	0,00043
9	*Rauvolfia viridis*	7	100%	14	0,04	0,04	0,00687	0,00027
10	*Acanthocereus tetragonus*	5	71%	9	0,02571	0,01837	0,01031	0,00019
11	*Pithecellobium unguis – cati*	4	57%	5	0,01429	0,00816	0,01276	0,0001

*Fréquence absolue (f_a) = présence de l'espèce dans les différents quadrats; Fréquence relative (f_r)= Fréquence absolue / nombre de quadrats; Densité = nombre d'individus / surface du relevé; Indice de distribution (Id) = Fréquence relative * Densité; Indice de dominance (ID) = Indice de distribution * surface terrière (aire basale).*

La station MJ9 est colonisée par une phytocénose sempervirente saisonnière d'horizon et de faciès xérique au stade présylvatique à arbustif dominée par *Croton bixoides, Pisonia fragrans* et *Erythroxylon havanense*. Elles dominent en raison de leur effectif, de leur distribution (fréquences et indice de distribution) et de leur aire basale élevés (Tableau 170). Les individus de 2,5 cm de section en moyenne et de hauteurs comprises entre 1 et 8 m sont les plus nombreux (Figure 315 et Figure 316). *Dichrostachys cinerea* est relativement bien distribuée (f_r = 71%; Tableau 170). Ces sections vont de 2,5 à 15 cm (Figure 315). Au regard de l'indice de dominance (ID), elle apparaît au 4ème rang du Tableau 170. Le taux de mortalité est relativement élevé (13,3%). Au de l'aire minimale de relevé, la diversité floristique est importante (autour de 250 m²; Figure 317).

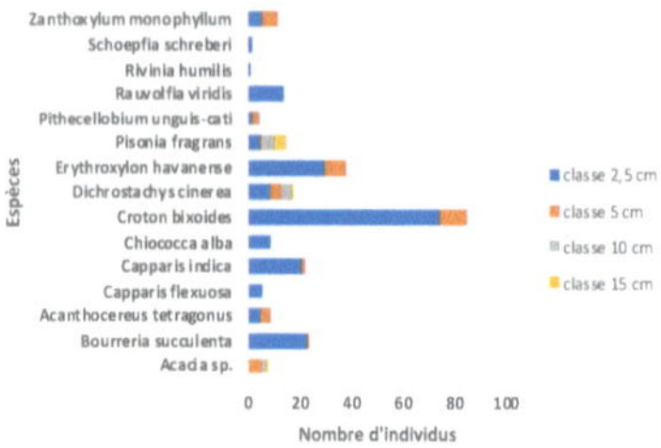

Figure 315: Distribution diamétrique des arbres vivants, sénescents et morts (diamètres ≥ 2,5 cm; Station MJ9)

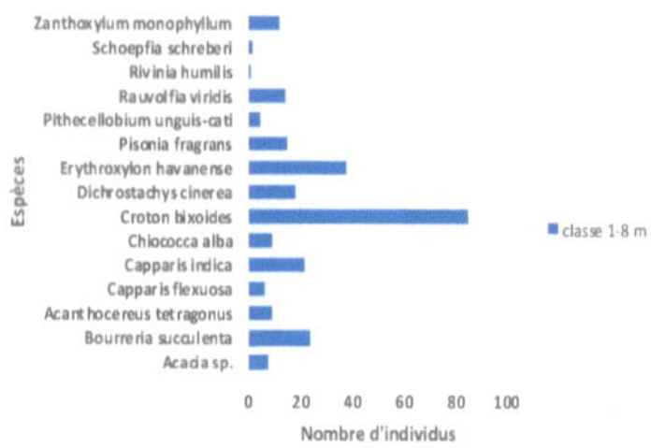

Figure 316: Distribution des hauteurs des arbres vivants et sénescents (hauteurs ≥ 1,3 m; Station MJ9)

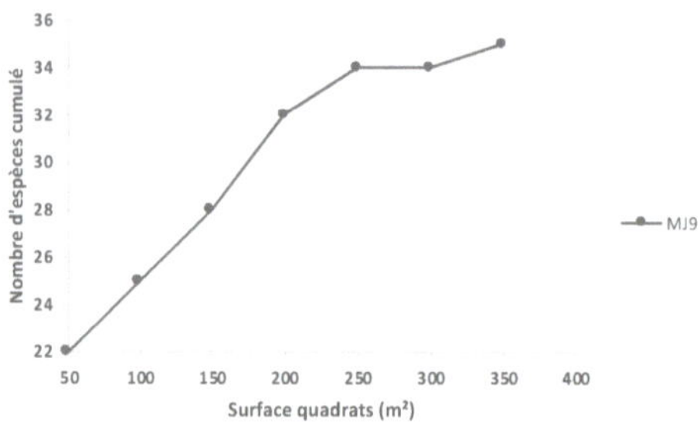

Figure 317: Courbe Aire/Espèces de la station MJ9

Rapport de dominance des espèces pour l'ensemble des stations de Morne Jalouse (MJ)

Tableau 171: Les principaux paramètres écologiques et structuraux pour l'ensemble des stations MJ

Rang	Espèces	fa	fr	Nombre d'individus par espèce hors régénérations	Densité (ind/m²)	Id	Surface terrière totale par espèce	ID
	Arbres morts	9	100%	382	0,10552	0,10552	1,52662	0,1611
1	*Pisonia fragrans*	8	89%	309	0,08536	0,07587	1,01464	0,07699
2	***Dichrostachys cinerea***	9	100%	380	0,10497	0,10497	0,41724	0,0438
3	*Acanthocereus tetragonus*	5	56%	307	0,08481	0,04711	0,58561	0,02759

4	*Erythroxylon havanense*	7	78%	220	0,06077	0,04727	0,39123	0,01849
5	*Croton bixoides*	7	78%	304	0,08398	0,06532	0,25673	0,01677
6	*Zanthoxylum monophyllum*	5	56%	144	0,03978	0,0221	0,72846	0,0161
7	*Capparis indica*	8	89%	270	0,07459	0,0663	0,20469	0,01357
8	*Bourreria succulenta*	6	67%	146	0,04033	0,02689	0,50364	0,01354
9	*Acacia sp*	7	78%	92	0,02541	0,01977	0,45799	0,00905
10	*Bursera simaruba*	4	44%	18	0,00497	0,00221	0,6936	0,00153
11	*Rauvolfia viridis*	5	56%	81	0,02238	0,01243	0,05743	0,00071
12	*Capparis flexuosa*	7	78%	66	0,01823	0,01418	0,0486	0,00069
13	*Pilosocereus royenii*	3	33%	37	0,01022	0,00341	0,09768	0,00033
14	*Pithecellobium unguis – cati*	7	78%	27	0,00746	0,0058	0,04565	0,00026

*Fréquence absolue (f_a) = présence de l'espèce dans les différents quadrats; Fréquence relative (f_r)= Fréquence absolue / nombre de quadrats; Densité = nombre d'individus / surface du relevé; Indice de distribution (Id) = Fréquence relative * Densité; Indice de dominance (ID) = Indice de distribution * surface terrière (aire basale).*

Pisonia fragrans, *Dichrostachys cinerea*, *Acanthocereus tetragonus*, *Erythroxylon havanense*, *Croton bixoides*, *Zanthoxylum monophyllum*, *Capparis indica* et *Bourreria succulenta* sont les espèces dominantes pour l'ensemble des stations de Morne Jalouse (notées MJ). Ces taxa dominants ont à la fois un nombre d'individus, une densité ainsi qu'un indice de dominance parmi les plus élevés. *Dichrostachys cinerea* se démarque des autres espèces: elle a le plus grand nombre de spécimens (380 individus dénombrés; Tableau 171) qui correspond à une densité importante (d = 0,105 ind/m^2). Son indice de distribution est nettement plus élevé que celui des autres espèces végétales (Tableau 171). En effet, les individus des autres espèces dominantes (*Pisonia fragrans, Acanthocereus tetragonus, Zanthoxylum monophyllum, Bourreria succulenta*) se distribuent dans des classes diamétriques allant de jusqu'à 45 cm alors que ceux des autres taxons dont *Dichrostachys cinerea* ont des diamètres allant de 2,5 à 15 cm.

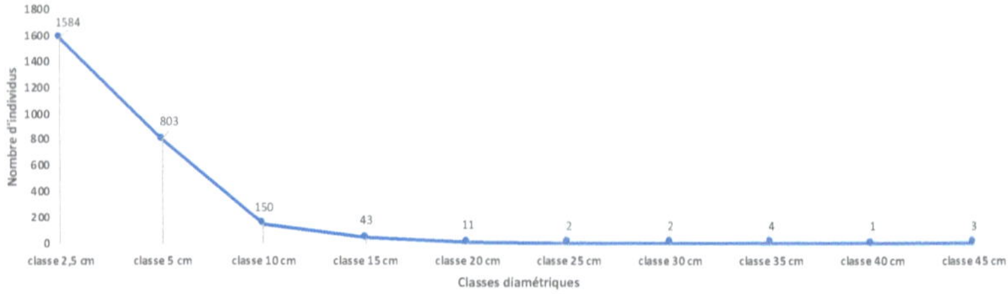

Figure 318: Distribution diamétrique de l'ensemble des stations de Morne Jalouse (MJ) hors régénérations et hors arbres morts

Au total, nous avons recensé 2 603 individus (Figure 318). La majeure partie d'entre eux ont des diamètres compris entre 2,5 (60,8%) et 5 (30,8%) cm. Ils représentent 91,6% de l'effectif total des ligneux. Les spécimens de classes diamétriques moyennes (entre 10 et 25 cm) sont beaucoup moins nombreux (206 individus soit 7,9%).

<u>*Courbes de régression linéaire*</u>

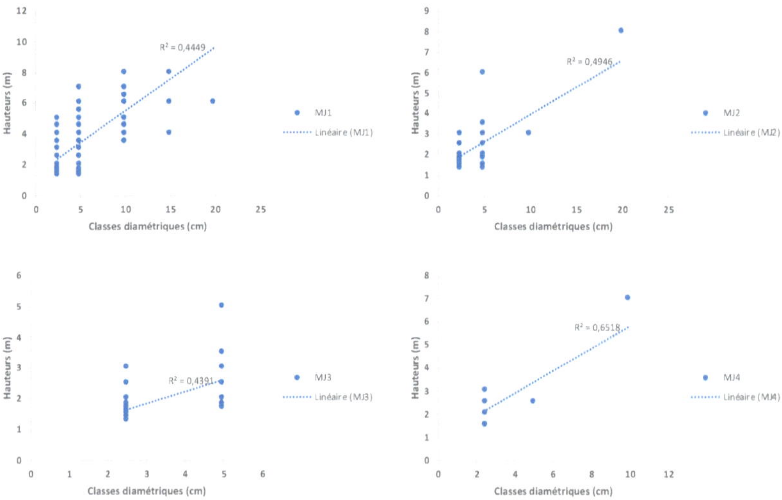

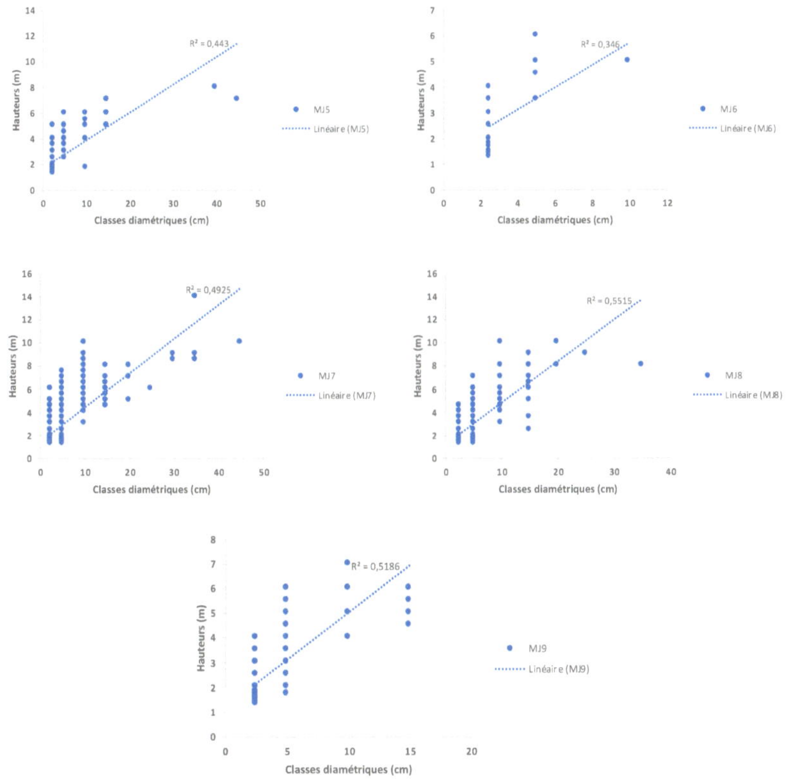

Figure 319: Courbes de corrélation entre les diamètres et les hauteurs des arbres des stations MJ (Morne Jalouse) (diamètres ≥ 2,5 cm et hauteurs ≥ 1,3 m)

La Figure 319 indique que toutes les stations MJ ont une relation linéaire positive. La valeur de coefficient de détermination la plus faible est observée pour l'unité floristique MJ6 (R^2 = 0,346; Figure 319). Cette dernière est caractérisée par des d'individus de classes diamétriques hétérogènes qui culminent essentiellement entre 1 et 8 m (Figure 306 et Figure 307). Les stations MJ4, MJ8 et MJ9 ont des valeurs plus élevées (R^2 = 0,6518; R^2 = 0,5515; R^2 = 0,5186 respectivement; Figure 319). Ces phytocénoses montrent un certain équilibre entre la distribution des diamètres et des hauteurs. Les groupements MJ1, MJ2, MJ3 et MJ7 ont des valeurs modérées à faibles (R^2 = 0,4449; R^2 = 0,4946; R^2 = 0,4391; R^2 = 0,4925 respectivement; Figure 319). La relation qui lie les diamètres et les hauteurs est relativement faible. Ces structures ne semblent pas être équilibrées (Figure 319).

Indice de Jaccard

Tableau 172: Matrice de similarité des stations de Morne Jalouse (Indice de Jaccard)

	MJ1 (32)	MJ2 (23)	MJ3 (15)	MJ4 (17)	MJ5 (22)	MJ6 (30)	MJ7 (48)	MJ8 (39)	MJ9 (35)
MJ1 (32)	1	**0,45**	*0,38*	*0,4*	**0,5**	*0,38*	**0,57**	**0,54**	**0,60**
MJ2 (23)	-	1	*0,41*	*0,38*	*0,36*	*0,29*	*0,37*	*0,35*	**0,49**
MJ3 (15)	-	-	1	**0,45**	*0,42*	*0,32*	*0,24*	*0,32*	*0,35*
MJ4 (17)	-	-	-	1	**0,5**	*0,38*	*0,33*	*0,37*	**0,49**
MJ5 (22)	-	-	-	-	1	**0,53**	*0,37*	*0,42*	**0,5**
MJ6 (30)	-	-	-	-	-	1	*0,34*	*0,38*	*0,44*
MJ7 (48)	-	-	-	-	-	-	1	**0,64**	**0,54**
MJ8 (39)	-	-	-	-	-	-	-	1	**0,61**
MJ9 (35)	-	-	-	-	-	-	-	-	1

Nous avons observé de grandes dissimilarités entre les phytocénoses des stations MJ: toutes les communautés végétales ne sont pas identiques du point de vue de la surface de relevés. Les stations caractérisant des formations présylvatiques (MJ1, MJ5, MJ6 et MJ9) ont des surfaces de relevés quasi – similaires et montrent des similarités écologiques fortes à modérées (Tableau 172). La station MJ9 est composée d'un grand nombre d'espèces communes aux autres stations MJ et a de grandes similitudes avec ces stations (MJ1, MJ2, MJ4, MJ5, MJ7 et MJ8; Tableau 172). Les stations MJ3 et MJ4 correspondant à des formations arbustives ont des valeurs significatives (0,45; Tableau 172). La diversité végétale des unités floristiques MJ7 et MJ8 est faible: l'indice de Jaccard est relativement élevé (0,57; Tableau 172).

Indices de diversité

Tableau 173: Matrice de similarité des stations de Morne Jalouse (Indices de diversité)

Indices	MJ1	MJ2	MJ3	MJ4	MJ5	MJ6	MJ7	MJ8	MJ9
D	0,11	0,74	0,89	0,23	0,26	0,23	0,11	0,14	0,15
1 – D	**0,89**	*0,26*	*0,11*	**0,77**	**0,74**	**0,77**	**0,89**	**0,86**	**0,85**
H'	3,48	0,92	0,44	2,30	2,41	2,51	3,80	3,35	3,24
J	0,59	0,18	0,09	0,6	0,44	0,59	0,56	0,54	0,58
Hill	0,29	0,54	0,72	0,43	0,34	0,36	0,20	0,25	0,26
1 – Hill	0,71	0,46	0,28	0,57	0,66	0,64	0,80	0,75	0,74

*Indice de Simpson (D ou 1 – D) = le carré (nombre d'individus /nombre total d'individus de l'échantillon); Indice réciproque de Simpson (1/D) = inverse de l'indice de Simpson; Indice de Shannon (H') =-∑ [proportion d'une espèce par rapport au nombre total d'espèces dans l'échantillon*log (proportion d'une espèce par rapport au nombre total d'espèces dans l'échantillon)]; Indice de Piélou (J) = indice de Shannon / log (richesse spécifique); Indice de Hill (Hill) = inverse de l'indice de Simpson / par l'exponentielle de l'indice de Shannon.*

Les indices de Simpson et de Hill montrent des résultats assez proches. Mais pour mieux différencier les stations entre elles, nous nous sommes appuyés sur l'indice de Hill. Les stations MJ1, MJ3, MJ5, MJ7, MJ8 et MJ9 ont une diversité relativement élevée (Tableau 173). Les autres groupements floristiques (MJ2, MJ4 et MJ6) ont des valeurs plus faibles et indiquent une diversité moyenne (Tableau 173). Les valeurs de l'indice de Piélou sont plus précises que celles de l'indice de Shannon – Weaver. Elles montrent essentiellement des valeurs faibles ($J \leq 0,6$; Tableau 173) pour les stations MJ, ce qui traduit que la composition floristique de ces phytocénoses est dominée au moins par une espèce. Les phytocénoses MJ2 et MJ3 ont des valeurs d'indices de Piélou extrêmement faibles (0,18 et 0,09 respectivement; Tableau 173). Le cortège de ces deux communautés floristiques est surreprésentée par la population de *Dichrostachys cinerea*. Au vu de la valeur de l'indice de Piélou, seule la station MJ4 montre une répartition quasi – équitable des espèces (Tableau 173).

AFC de l'ensemble des stations MJ

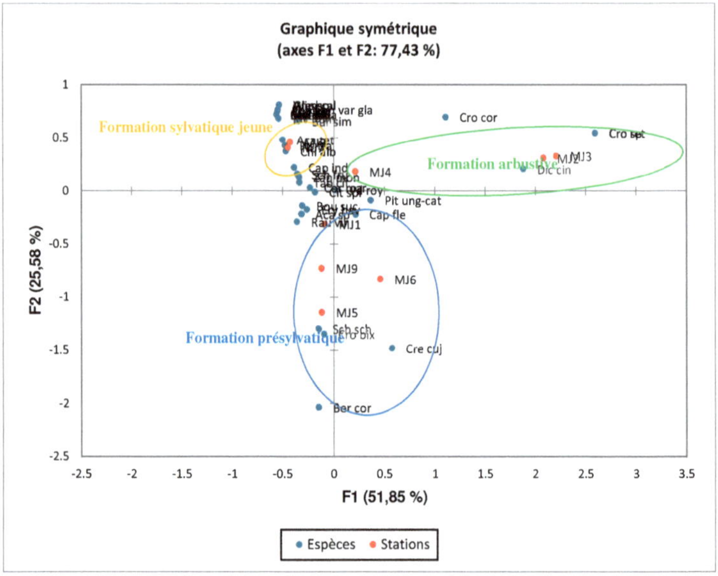

Figure 320: Différenciation mésologique et temporelle des stations et des espèces du Morne Jalouse (MJ)

L'inertie obtenue par le premier axe est de 51,85% et celle du deuxième axe est de 25,58%. Ces deux axes expriment un maximum d'inertie de 77,43% (Figure 320). L'axe 2 met en évidence les changements de la composition floristique entre les différentes stations. L'axe 1 (noté F1) discrimine un gradient dynamique et écologique des formations végétales. L'analyse a permis d'observer des formations végétales à trois niveaux d'évolution différents: arbustif, présylvatique et sylvatique jeune.

Les stations MJ2, MJ3 et MJ4 ont une composition floristique proche (Figure 320). Elles représentent les phytocénoses les plus régressives. Elles sont caractérisées par des espèces arbustives telles que *Croton corylifolius* dont les individus ont de faibles biomasses. Dans ces stations, *Dichrostachys cinerea* fait partie du cortège dominant. Les stations MJ1, MJ5, MJ6 et MJ9 ont une composition floristique proche représentée par des valeurs homogènes (Figure 320).

Les stations MJ7 et MJ8 ont des valeurs voisines. Elles s'assimilent à des formations sylvatiques jeunes. Elles sont constituées d'espèces de stades dynamiques avancés telles que *Bunchosia glandulosa*. Dans ces deux dernières stations, *Dichrostachys cinerea* est marginale.

CAH de l'ensemble des stations MJ

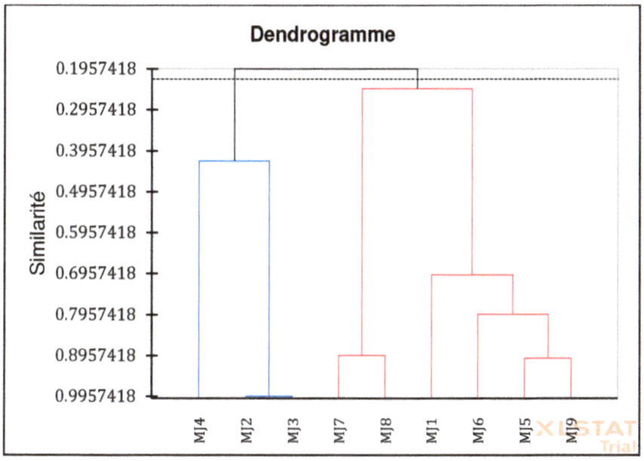

Figure 321: Hiérarchie des partitions obtenues par CAH pour l'ensemble des stations MJ

Les résultats de la classification ascendante hiérarchique sont en accord avec ceux obtenus par AFC (Figure 320). Les groupements MJ2, MJ3 et MJ4 ont une composition floristique plus proche entre elles au regard des autres stations MJ (0,42; Figure 321). Nous avons observé de très grandes similitudes entre les stations MJ2 et MJ3. Ces stations présentent une composition floristique très homogène (0,99; Figure 321). Les stations MJ1, MJ6, MJ5 et MJ9 ont des valeurs proches (0,7; Figure 321). Dans ce groupe, formé par les stations MJ1, MJ6, MJ5 et MJ9, nous avons remarqué de plus grandes similarités entre les stations MJ5 et MJ9 (0,9; Figure 321).

Synthèse générale

Dans les stations MJ5, MJ7 et MJ8 qui sont des phytocénoses présylvatiques voire sylvatiques jeunes, *Dichrostachys cinerea* a une faible dominance écologique (Tableau 166, Tableau 168 et Tableau 169). Dans les unités végétales au stade présylvatique (cas des stations MJ1, MJ4 et MJ9), *Dichrostachys cinerea* a une dominance écologique moyenne (Tableau 162, Tableau 165 et Tableau 170). Cette dominance écologique est plus élevée dans les stations MJ2, MJ3 et MJ6 qui sont des phytocénoses au stade arbustif (Tableau 163, Tableau 164 et Tableau 167). L'abondance de *Dichrostachys cinerea* semble varier en fonction du stade d'évolution phytocénotique.

V.1.1.2 Synthèse des données des stations de l'étage inférieur: structure populationnelle et dominance

L'ensemble des stations de l'étage inférieur est constitué de 312 espèces réparties en 89 familles et 227 genres. Les Monocotylédones sont représentées par 32 espèces (soit 10,3%) et les Dicotylédones comprennent 280 espèces (soit 89,7%) (Tableau 174).

Tableau 174: Répartition des espèces de l'étage inférieur en taxa supérieurs

Taxa supérieurs	Classes	Familles	%	Genres	%	Espèces	%
Angiospermes	Monocotylédones	10	11,2	28	12,3	32	10,3
	Dicotylédones	79	88,8	199	87,7	280	89,7
Total		89		227		312	

Nous avons analysé plus de quatre – vingt stations dans le milieu xérique de la Martinique. À cet étagement, nous avons recensé les sept espèces potentiellement invasives suivantes: *Bambusa vulgaris, Dichrostachys cinerea, Mimosa malacocentra, Œceoclades maculata, Rhœo spathacea, Spathodea campanulata* et *Triphasia trifolia*.

Tableau 175: Les principaux paramètres écologiques et structuraux pour l'ensemble des stations de l'étage inférieur

Rang	Espèces	f_a	f_r	Nombre d'individus par espèce hors régénérations	Densité (ind/m²)	Id	Surface terrière totale par espèce	ID
	Arbres morts	59	69%	3948	0,08811	0,06116	12,94042	0,79145
1	*Pisonia fragrans*	79	93%	3851	0,08595	0,07988	9,68150	0,77338
2	*Bourreria succulenta*	68	80%	4550	0,10155	0,08124	5,37801	0,43691
3	*Hæmatoxylon campechianum*	40	47%	1287	0,02872	0,01352	7,05091	0,09531

4	*Myrcia citrifolia*	25	29%	5098	0,11378	0,03346	2,74349	0,09181
5	*Bursera simaruba*	63	74%	494	0,01103	0,00817	11,10357	0,09074
6	*Croton bixoides*	49	58%	2723	0,06077	0,03503	2,05578	0,07202
7	*Citharexylum spinosum*	54	64%	738	0,01647	0,01046	6,48641	0,06787
8	*Capparis indica*	53	62%	2046	0,04566	0,02847	1,73082	0,04928
9	*Swietenia aubrevilleana*	22	26%	861	0,01922	0,00497	7,25119	0,03606
10	*Tabebuia heterophylla*	43	51%	327	0,00730	0,00369	8,57508	0,03166
11	*Amyris elemifera*	36	42%	854	0,01906	0,00807	2,67674	0,02161
12	*Erythroxylon havanense*	62	73%	837	0,01868	0,01363	1,26695	0,01726
13	*Zanthoxylum monophyllum*	48	56%	603	0,01346	0,00760	1,87759	0,01427
14	***Dichrostachys cinerea***	21	25%	1263	0,02819	0,00696	1,60663	0,01119
46	***Triphasia trifolia***	18	22%	387	0,00864	0,00183	0,19144	0,00035
73	***Bambusa vulgaris***	2	2%	87	0,00194	0,00005	0,81583	0,00004
78	***Mimosa malacocentra***	2	2%	208	0,00464	0,00011	0,21844	0,00002
117	***Spathodea campanulata***	1	1%	11	0,0002	0,000003	0,29207	0,000001
	Sansevieria hyacinthoides	5	7%	0	0,00000	0,00000	0,00000	0,00000
	Œceoclades maculata	5	6%	0	0,00000	0,00000	0,00000	0,00000
	Rhœo spathacea	1	1%	0	0,00000	0,00000	0,00000	0,00000
	Sansevieria trifasciata	1	1%	0	0,00000	0,00000	0,00000	0,00000

*Fréquence absolue (f_a) = présence de l'espèce dans les différents quadrats; Fréquence relative (f_r)= Fréquence absolue / nombre de quadrats; Densité = nombre d'individus / surface du relevé; Indice de distribution (Id) = Fréquence relative * Densité; Indice de dominance (ID) = Indice de distribution * surface terrière (aire basale).*

Pisonia fragrans, Bourreria succulenta, Bursera simaruba, Croton bixoides, Citharexylum spinosum, Capparis indica, Tabebuia heterophylla, Erythroxylon havanense et *Zanthoxylum monophyllum* sont les espèces les plus distribuées de l'ensemble des stations de l'étage inférieur. Par ordre d'importance écologique, *Pisonia fragrans, Bourreria succulenta, Hæmatoxylon campechianum, Myrcia citrifolia* et secondairement *Bursera simaruba* sont les espèces dominantes. Elles ont les indices de dominances (ID) les plus élevés (Tableau 175).

Dichrostachys cinerea est peu distribuée dans la matrice globale (f_r = 25%) mais présente un nombre d'individus important (1 263 spécimens) ainsi qu'une surface terrière relativement importante (ST = 1,6066; Tableau 175).

Triphasia trifolia est peu distribuée (f_r = 22%) et apparaît au 46ème rang du Tableau 175 au regard de l'indice de dominance. Nous avons recensé 387 individus: ces derniers se distribuent essentiellement dans de faibles classes diamétriques (2,5 cm). *Bambusa vulgaris,* herbacée à port arborée, est peu représentée dans cet ensemble de stations de l'étage inférieur (f_r = 2%; Tableau 175). 87 spécimens hors arbres morts et hors régénérations ayant des diamètres compris entre 2,5 et 15 cm ont été dénombrés.

Mimosa malacocentra est faiblement distribuée (fréquences et indice de distribution faibles; Tableau 175). Elle est constituée d'individus de sections comprises entre 2,5 et 5 cm.

Spathodea campanulata est marginale du point de vue populationnel dans l'ensemble des stations de l'étage inférieur (Tableau 175). Onze individus ont été recensés, ces derniers ont majoritairement des diamètres de 2,5 cm plus rarement de 5 cm. Toutefois, deux individus matures respectivement de sections 45 et 60 cm ont été observés.

V.1.1.2.1 Analyse factorielle des correspondances de l'étage inférieur

Une première analyse factorielle a été effectuée à partir d'un tableau de données constitué de 85 colonnes (stations) et 205 lignes (espèces) (Figure 322).

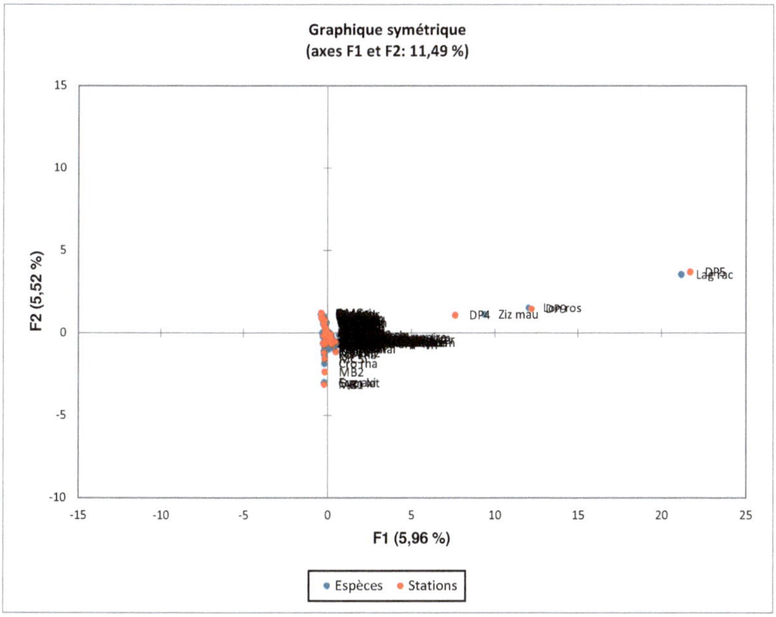

Figure 322: Différenciation mésologique et temporelle des stations et des espèces de l'étage inférieur

Les stations de Duprey (DP1, DP2, DP3, DP4, DP5, DP6, DP7, DP8 et DP9) ont été retirées de notre tableau de données. Leur isolement sur le plan factoriel (Figure 322) s'explique par rapport au fait que ces communautés végétales soient caractérisées par des espèces singulières notamment *Laguncularia racemosa* (cas de la phytocénose DP5).

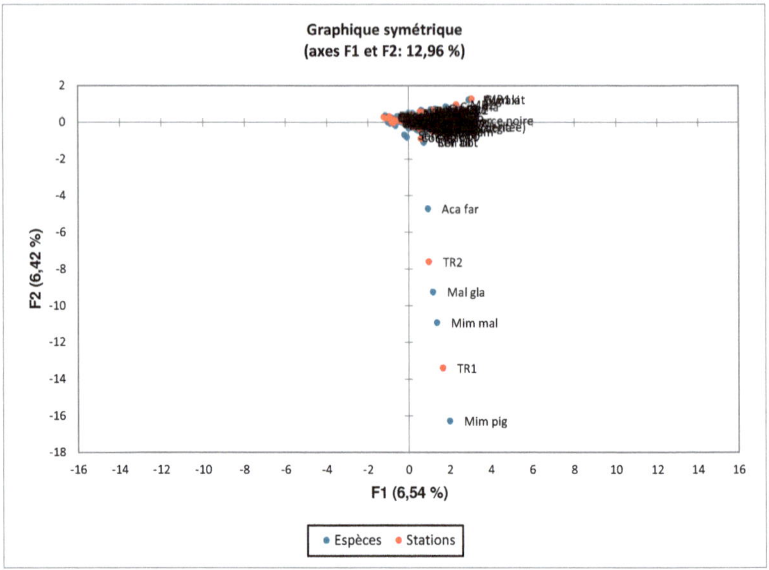

Figure 323: Différenciation mésologique et temporelle des stations et des espèces de l'étage inférieur hormis les stations de Duprey DP (DP1 à DP9)

Nous avons soustrait les stations TR1, TR2 et AC3 du tableau de contingence dans la mesure où elles sont très mal représentées dans le plan du graphique. Leur composition floristique caractéristique les isole sur le graphique (Figure 323).

Cette troisième analyse factorielle a été réalisée à partir d'un tableau de contingence composé de 73 colonnes (stations) et de 186 lignes (espèces) (Figure 325).

L'inertie totale a augmenté (14,31%; Figure 325) et nous avons pu observer un étalement des groupements végétaux sur le plan factoriel. Cette analyse a permis de différencier les stations de relevés en fonction des compositions floristiques et des variations des abondances populationnelles. Ces deux paramètres nous permettent d'une part, de discriminer les phytocénoses par rapport à un gradient mésologique et d'autre part, selon un gradient dynamique (stade d'évolution temporelle).

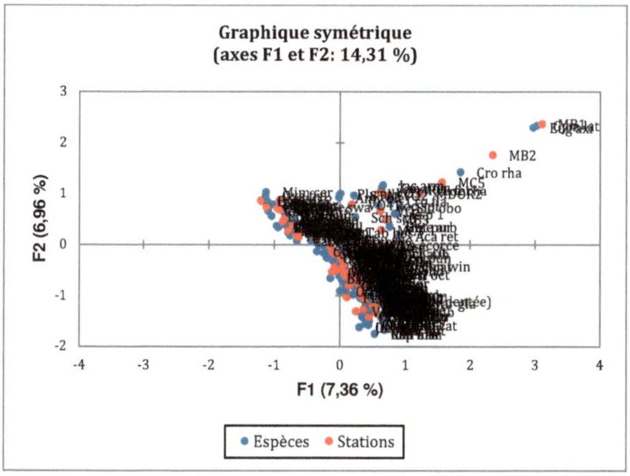

Figure 324: Différenciation mésologique et temporelle des stations et des espèces de l'étage inférieur hormis les stations DP (DP1 à DP9), TR (TR1 et TR2) et AC3

L'inertie associée au premier axe est de 7,36% et celle du second axe est de 6,96%. Pour ces deux axes, le maximum d'inertie est de 14,31% (Figure 324 et Figure 325). L'axe 1 discrimine les changements de la composition floristique. L'axe 2 semble opposer un gradient dynamique temporel: ceci en dépit du fait que les aires de relevés correspondant aux stations sont parfois très différentes.

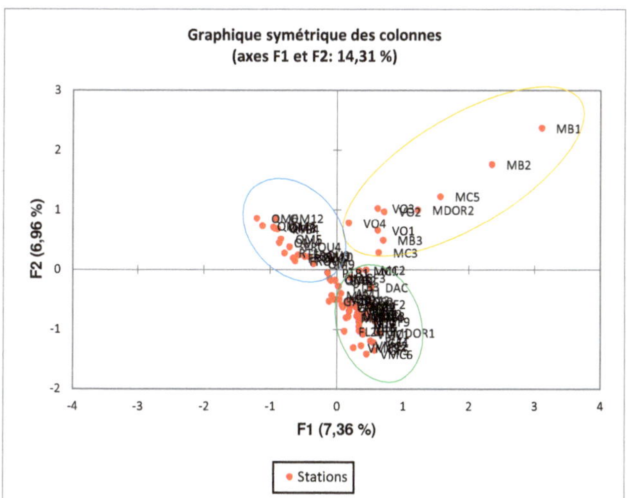

Figure 325: Différenciation mésologique et temporelle des stations de l'étage inférieur hormis les stations DP (DP1 à DP9), TR (TR1 et TR2) et AC3

L'analyse a rassemblé les phytocénoses en fonction de la variabilité des stades d'évolution (entre le stade arbustif et sylvatique jeune) et de la variabilité populationnelle.

Les stations VO (VO1, VO2, VO3 et VO4), MDOR2, MB (MB1, MB2 et MB3), MC3 et MC5 ont des valeurs significatives (Figure 325): elles sont marquées par la présence de *Krugiodendron ferreum* (Bwadfè) et de *Gyminda latifolia* (Ti mérizyé) dans leur cortège végétal (Figure 325).

Les stations PTB4, FROU (FROU1, FROU2, FROU3 et FROU4) QM3, QM4, QM5, QM6, QM7, QM10, QM11, QM12 et RT1 sont voisines au regard de leur composition floristique (Figure 325).

Enfin, les stations AM (AM1, AM2 et AM3), MC (MC1, MC2 et MC4), DAC, BT (BT1 à BT4), VMC (VMC1 à VCM6), MDS (MDS1 et MDS2), MJ (MJ1 à MJ9), GF (GF1 à GF10) et MDOR1 sont des formations plus régressives. Elles ont une composition floristique voisine: elles forment un nuage de points de valeurs très homogènes. Leur cortège est principalement constitué d'espèces arbustives telles que *Croton bixoides* (Figure 325).

La station DP4 a une composition floristique différente du reste du groupe. On dénombre dans son cortège végétal, des espèces exogènes telles que *Delonix regia* et *Samanea saman* qui sont d'après Philippe JOSEPH (1997) des activateurs dynamiques.

V.1.2 <u>Étage moyen</u>

V.1.2.1.1 <u>Commune du Lorrain</u>

V.1.2.1.1.1 Durocher (DUR)

La zone d'étude DUR comporte 24 espèces végétales réparties en 17 familles et 22 genres.

Tableau 176: Répartition des espèces de la station DUR en taxa supérieurs

Taxa supérieurs	Classes	Familles	%	Genres	%	Espèces	%
Angiospermes	Monocotylédones	2	11,8	2	9,1	2	8,3
	Dicotylédones	15	88,2	20	90,9	22	91,7
Total		17		22		24	

Station DUR (300 m²)

Tableau 177: Les principaux paramètres écologiques et structuraux de la station DUR

Rang	Espèces	f_a	f_r	Nombre d'individus par espèce hors régénérations	Densité (ind/m²)	Id	Surface terrière totale par espèce	ID
	Arbres morts	5	100%	57	0,19	0,19	0,4599	0,0874
1	*Citharexylum spinosum*	3	60%	11	0,0367	0,022	1,02	0,0224
2	*Piper dilatatum*	5	100%	82	0,2733	0,2733	0,0506	0,0138
3	*Ficus citrifolia*	4	80%	9	0,03	0,024	0,5596	0,0134
4	*Simarouba amara*	4	80%	32	0,1067	0,0853	0,1134	0,0097
5	*Rauvolfia viridis*	4	80%	15	0,05	0,04	0,0265	0,0011
6	*Garcinia humilis*	4	80%	23	0,0767	0,0613	0,0113	0,0007
7	*Erythrina sp*	2	40%	5	0,0167	0,0067	0,0687	0,0005
8	*Cocos nucifera*	3	60%	1	0,0033	0,002	0,1963	0,0004
9	*Pisonia fragrans*	5	100%	9	0,03	0,03	0,0103	0,0003
10	*Inga laurina*	5	100%	11	0,0367	0,0367	0,0069	0,0003
11	*Terminalia catappa*	1	20%	1	0,0033	0,0007	0,1963	0,0001

*Fréquence absolue (f_a) = présence de l'espèce dans les différents quadrats; Fréquence relative (f_r)= Fréquence absolue / nombre de quadrats; Densité = nombre d'individus / surface du relevé; Indice de distribution (Id) = Fréquence relative * Densité; Indice de dominance (ID) = Indice de distribution * surface terrière (aire basale).*

Cette unité floristique sempervirente saisonnière tropicale type est au stade présylvatique. *Piper dilatatum* et secondairement *Simarouba amara* constituent les espèces dominantes. *Citharexylum spinosum* et *Ficus citrifolia* ont des individus de grandes sections (allant jusqu'à 60 cm; Figure 326), ce qui leur confère des valeurs d'indices de dominance élevées. Ces deux espèces ont un effectif faible (11 et 9 individus respectivement; Tableau 177), leurs individus semblent être les reliques d'une formation végétale antérieure. Le groupement floristique est principalement composé d'individus de sections comprises entre 2,5 et 5 cm qui culminent à des hauteurs allant de 1 à 8 m (Figure 326 et Figure 327). Le taux de mortalité est élevé (20,8%). Au vu de la surface d'inventaire (300 m²) et de la courbe Aire/Espèces, la diversité spécifique est importante (Tableau 177 et Figure 326). La Figure 329 montre une relation moyenne positive, les hauteurs des arbres sont étroitement liées aux diamètres ($R^2 = 0,6625$).

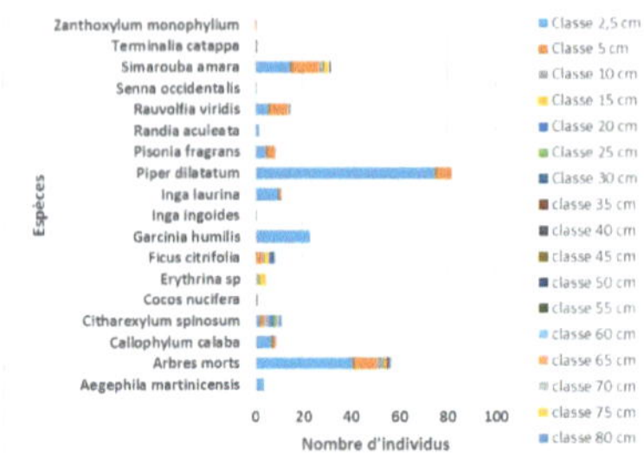

Figure 326: Distribution diamétrique des arbres vivants, sénescents et morts (diamètres ≥ 2,5 cm; Station DUR)

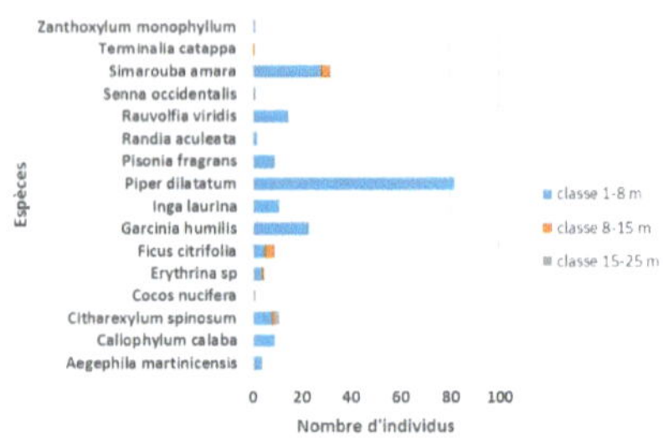

Figure 327: Distribution des hauteurs des arbres vivants et sénescents (hauteurs ≥ 1,3 m; Station DUR)

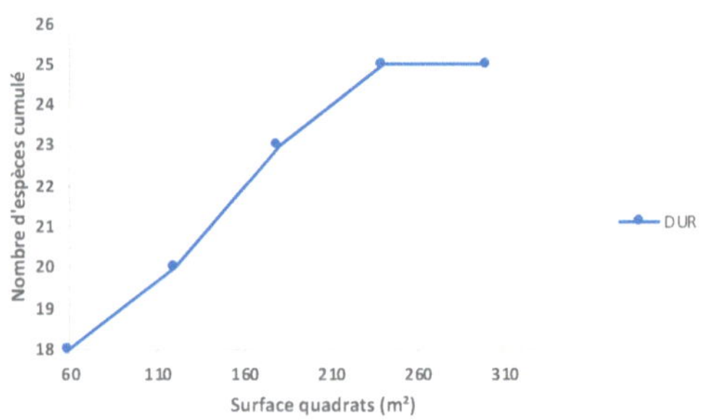

Figure 328: Courbes Aire/Espèces de la station de Durocher (DUR)

Indices de diversité

Tableau 178: Matrice de similarité de la station de Durocher (Indices de diversité)

D	1 – D	H'	J	Hill	1 – Hill
0,19	0,81	3,03	0,56	0,25	0,75

*Indice de Simpson (D ou 1 – D) = le carré (nombre d'individus /nombre total d'individus de l'échantillon); Indice réciproque de Simpson (1/D) = inverse de l'indice de Simpson; Indice de Shannon (H') =-∑ [proportion d'une espèce par rapport au nombre total d'espèces dans l'échantillon*log (proportion d'une espèce par rapport au nombre total d'espèces dans l'échantillon)]; Indice de Piélou (J) = indice de Shannon / log (richesse spécifique); Indice de Hill (Hill) = inverse de l'indice de Simpson / par l'exponentielle de l'indice de Shannon.*

Au vu des faibles valeurs des indices de Simpson (D) et de Hill, la communauté végétale DUR est composée d'une diversité floristique importante (Tableau 178). En revanche, les valeurs des indices de Shannon et de Piélou sont faibles en raison de l'abondance populationnelle de *Piper dilatatum* (Tableau 177 et Tableau 178).

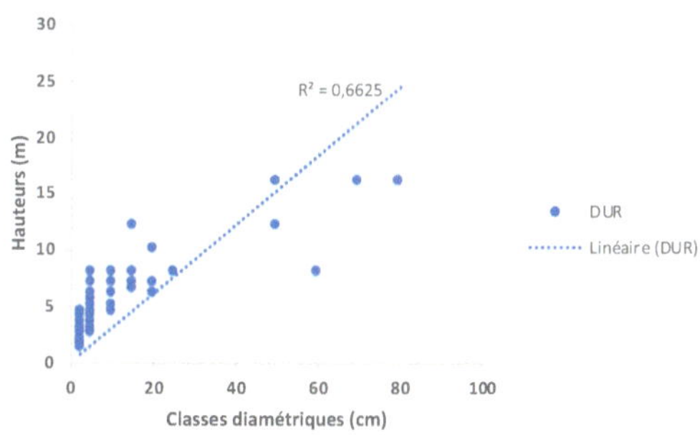

Figure 329: Courbe de corrélation entre les diamètres et les hauteurs des arbres de la station DUR (Durocher) (diamètres ≥ 2,5 cm et hauteurs ≥ 1,3 m)

V.1.2.1.2 *Commune du Marin*

V.1.2.1.2.1 Morne Berry (MBRY)

La zone d'étude MBRY comporte 45 espèces végétales réparties en 30 familles et 40 genres.

Tableau 179: Répartition des espèces de la station MBRY en taxa supérieurs

Taxa supérieurs	Classes	Familles	%	Genres	%	Espèces	%
Angiospermes	Monocotylédones	4	13,3	5	12,5	5	11,1
	Dicotylédones	26	86,7	35	87,5	40	88,9
Total		30		40		45	

<u>*Station MBRY (700 m²)*</u>

Tableau 180: Les principaux paramètres écologiques et structuraux de la station MBRY

Rang	Espèces	f_a	f_r	Nombre d'individus par espèce hors régénérations	Densité (ind/m²)	Id	Surface terrière totale par espèce	ID
1	*Ocotea coriacea*	7	100%	206	0,2943	0,2943	0,3937	0,1159
	Arbres morts	7	100%	57	0,0814	0,0814	0,5527	0,045
2	*Inga laurina*	7	100%	83	0,1186	0,1186	0,2597	0,0308
3	*Mangifera indica*	7	100%	5	0,0071	0,0071	1,7519	0,0125
4	*Pisonia fragrans*	7	100%	63	0,09	0,09	0,1311	0,0118
5	*Cedrela odorata*	5	71%	12	0,0171	0,0122	0,913	0,0112
6	*Swietenia macrophylla*	6	86%	23	0,0329	0,0282	0,2602	0,0073
7	*Tabernaemontana citrifolia*	7	100%	29	0,0414	0,0414	0,0805	0,0033
8	*Piper amalago*	6	86%	31	0,0443	0,038	0,0167	0,0006
9	*Sideroxylon fœtidissimum*	7	100%	24	0,0343	0,0343	0,0147	0,0005
10	*Citharexylum spinosum*	1	14%	4	0,0057	0,0008	0,4732	0,0004
11	*Hæmatoxylon campechianum*	1	14%	2	0,0029	0,0004	0,4084	0,0002
25	***Triphasia trifolia***	4	57%	1	0,0014	0,0008	0,0005	0,0000004
	Œceoclades maculata	2	29%	0	0,0000	0,0000	0,0000	0,0000
	Rhœo spathacea	1	14%	0	0,0000	0,0000	0,0000	0,0000

*Fréquence absolue (f_a) = présence de l'espèce dans les différents quadrats; Fréquence relative (f_r)= Fréquence absolue / nombre de quadrats; Densité = nombre d'individus / surface du relevé; Indice de distribution (Id) = Fréquence relative * Densité; Indice de dominance (ID) = Indice de distribution * surface terrière (aire basale).*

Cette unité sylvatique secondaire à sylvatique jeune sempervirente saisonnière tropicale type est dominée par *Ocotea coriacea* qui forme une matrice dense d'individus de diamètres compris entre 2,5 cm (70,9% de l'effectif total d'*Ocotea coriacea*) et 5 cm (15,5% de l'effectif total d'*Ocotea coriacea*) qui culmine entre 1 et 8 m (Figure 330 et Figure 331). Cette matrice est surcimée par des arbres matures de *Cedrela odorata,* de *Pisonia fragrans* et de *Swietenia macrophylla* dont les hauteurs peuvent atteindre 35 m (Figure 331). Les figures (Figure 330 et Figure 331) montrent que la matrice est essentiellement constituée d'individus de sections 2,5 et 5 cm et de hauteurs comprises entre 1 et 8 m. La présence de *Mangifera indica,* de *Melicoccus bijugatus* et de *Swietenia macrophylla*, espèces anthropophytes, sont le signe d'une activité anthropique. 57 arbres morts ont été dénombrés: ils représentent 10% des ligneux. La richesse floristique est relativement importante (Figure 332). Malgré le fait que *Triphasia trifolia* soit relativement bien distribuée (f_r = 57%; Tableau 180), un seul individu de section 2,5 cm a été observé. Outre *Triphasia trifolia, Œceoclades maculata* et *Rhœo spathacea* sont deux potentiellement invasives observées dans la station MBRY. Elles sont peu distribuées (29% et 14% respectivement) et semblent négligeables au regard des taxa dominants (Tableau 180).

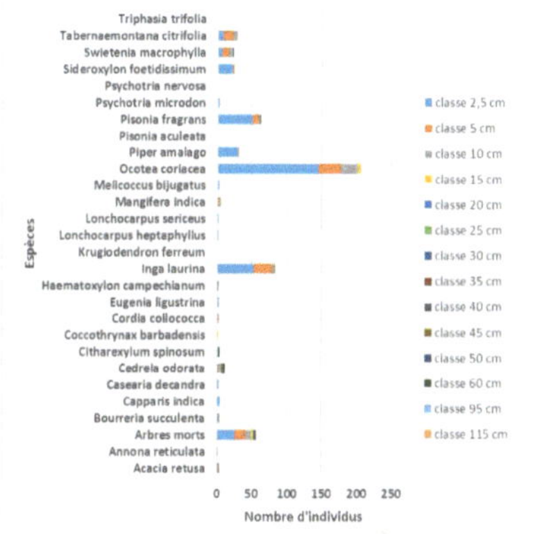

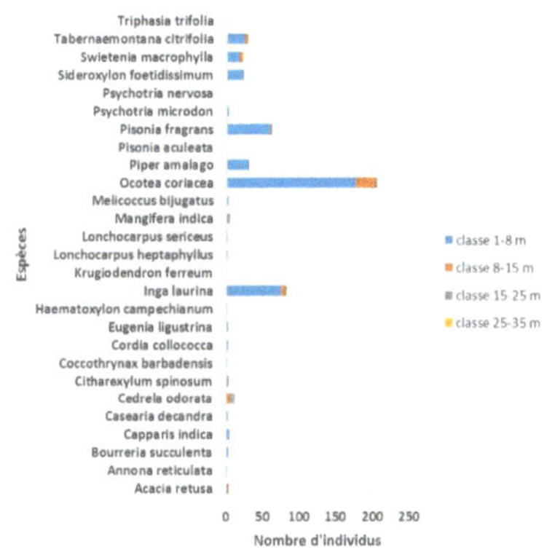

Figure 330: Distribution diamétrique des arbres vivants, sénescents et morts (diamètres ≥ 2,5 cm; Station MBRY)

Figure 331: Distribution des hauteurs des arbres vivants et sénescents (hauteurs ≥ 1,3 m; Station MBRY)

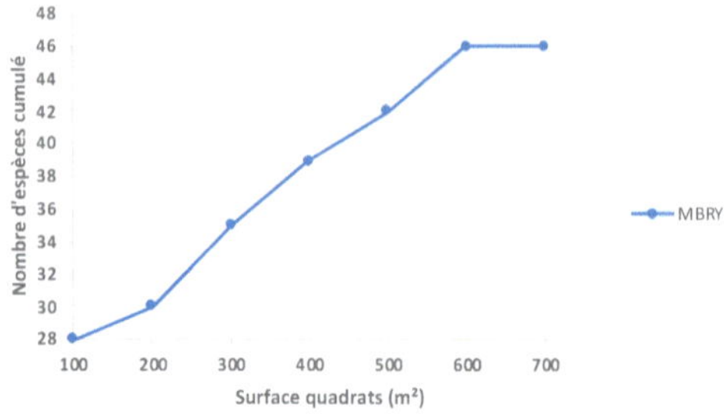

Figure 332: Courbe Aire/Espèces de la station Morne Berry (MBRY)

La diversité floristique est élevée d'après les valeurs d'indices de Simpson et de Hill (Tableau 181). Les valeurs d'indices de Shannon et de Piélou sont faibles. Elles indiquent la dominance d'au moins une espèce dans la station: la population d'*Ocotea coriacea* est surreprésentée (Tableau 180).

Indices de diversité

Tableau 181: Matrice de similarité de la station du Morne Berry (Indices de diversité)

D	1 – D	H'	J	Hill	1 – Hill
0,21	0,79	3,05	0,49	0,23	0,77

*Indice de Simpson (D ou 1 – D) = le carré (nombre d'individus /nombre total d'individus de l'échantillon); Indice réciproque de Simpson (1/D) = inverse de l'indice de Simpson; Indice de Shannon (H') =-∑ [proportion d'une espèce par rapport au nombre total d'espèces dans l'échantillon*log (proportion d'une espèce par rapport au nombre total d'espèces dans l'échantillon)]; Indice de Piélou (J) = indice de Shannon / log (richesse spécifique); Indice de Hill (Hill) = inverse de l'indice de Simpson / par l'exponentielle de l'indice de Shannon.*

La Figure 333 indique une relation moyenne positive (R^2 = 0,6631): la communauté végétale montre un certain équilibre entre la distribution des hauteurs et des diamètres.

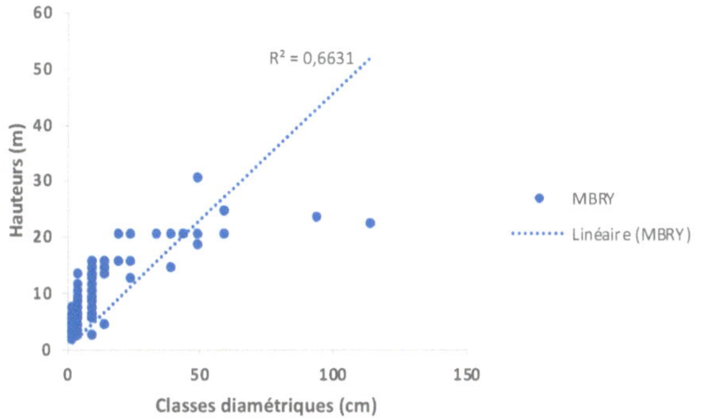

Figure 333: Courbe de corrélation entre les diamètres et les hauteurs des arbres de la station MBRY (Morne Berry) (diamètres ≥ 2,5 cm et hauteurs ≥ 1,3 m)

Nous avons observé l'importance écologique des plantules des espèces végétales de la station MBRY.

Tableau 182: Abondance des plantules des espèces végétales de la station MBRY

Espèces	Importance écologique							Espèces	Importance écologique						
	Q1	Q2	Q3	**Q4**	Q5	Q6	**Q7**		**Q1**	Q2	Q3	**Q4**	Q5	Q6	**Q7**
Acacia retusa				+				*Ocotea coriacea*	+++	+++	+++	+++	+++	++	++
Bambusa multiplex	++	++	++	++	+	++	+	***Œceoclades maculata***	+						+
Cæsalpinia bonduc						++	+++	*Paullinia cururu*	+	+	+	+		+	+
Capparis baducca	+	+						*Piper amalago*	+	++		+			+
Capparis flexuosa				+		+		*Pisonia aculeata*	++	+					
Capparis indica						+	+	*Pisonia fragrans*	+	++		+			
Chiococca alba		++						*Psychotria microdon*			+			+	
Coccothrinax barbadensis	++			+				*Psychotria nervosa*		+			+		+
Commelina diffusa	++							***Rhœo spathacea***				+			
Cupania americana	+	+		+	++	+	++	*Schæfferia frutescens*					+		
Eugenia ligustrina			+	+	+			*Securidaca diversifolia*	+						
Heteropterys purpurea	+							*Sideroxylon fœtidissimum*	+	+	+	++			
Inga laurina	++	++		++	+		+	*Swietenia macrophylla*	+			+		+	
Lonchocarpus heptaphyllus			+					*Tabernaemontana citrifolia*							+
Macfadyena unguis – cati	+		+	+	+			*Tragia volubilis*			+			+	
Mangifera indica	+	+				+	+	*Urvillea ulmacea*			+	+			
Melicoccus bijugatus						+	+	*Zanthoxylum caribaeum*				+			

(+) très faible abondance écologique (1 à 5); (++) faible abondance écologique (5 à 15); (+++) abondance écologique moyenne (15 à 30); (++++) forte abondance écologique (30 à 45); (+++++) très forte abondance écologique (45 à 100); (++++++) tapis végétal (plus de 100). Q représente les quadrats de la station.

Cette association floristique est majoritairement composée de plantules d'*Ocotea coriacea* (Bwa négrès). Dans des proportions plus faibles, on peut adjoindre *Bambusa multiplex*, une herbacée à port arbustif. *Ocotea coriacea* appartient au stade sylvatique jeune alors que *Bambusa multiplex* est une espèce régressive.

Dans le quadrat 1, *Ocotea coriacea* et auxiliairement *Bambusa multiplex, Coccoloba barbadensis, Commelina diffusa, Inga laurina* et *Pisonia aculeata* sont les plantules les plus représentées. Les autres taxa se singularisent par une très faible abondance écologique. Dans le quadrat 4, *Ocotea coriacea* et secondairement *Bambusa multiplex, Inga laurina* et *Sideroxylon fœtidissimum* ont l'abondance écologique la plus significative. Dans le quadrat 7, *Cæsalpinia bonduc* et éventuellement *Cupania americana* et *Ocotea coriacea* sont les plus abondantes.

Œceoclades maculata et *Rhœo spathacea* sont faiblement représentées dans les quadrats où elles sont observables (Q1, Q4 et Q7). Au vu de l'abondance écologique des plantules d'*Ocotea coriacea*, leur présence est négligeable.

V.1.2.1.2.2 Morne Dorsau

La zone d'étude MDOR3 comporte 47 espèces végétales réparties en 30 familles et 40 genres.

Tableau 183: Répartition des espèces de la station MDOR3 en taxa supérieurs

Taxa supérieurs	Classes	Familles	%	Genres	%	Espèces	%
Angiospermes	Monocotylédones	4	13,3	5	12,5	5	10,6
	Dicotylédones	26	86,7	35	87,5	42	89,4
Total		30		40		47	

Station MDOR3 (700 m²)

Tableau 184: Les principaux paramètres écologiques et structuraux de la station MDOR3

Rang	Espèces	f_a	f_r	Nombre d'individus par espèce hors régénérations	Densité (ind/m²)	Id	Surface terrière totale par espèce	ID
1	*Swietenia macrophylla*	7	100%	121	0,1729	0,1729	4,0757	0,7045
2	*Eugenia ligustrina*	7	100%	175	0,25	0,25	0,0859	0,0215
3	*Manilkara zapota*	7	100%	106	0,1514	0,1514	0,0844	0,0128
	Arbres morts	7	100%	54	0,0771	0,0771	0,1482	0,0114
4	*Inga laurina*	7	100%	38	0,0543	0,0543	0,11	0,006
5	*Pisonia fragrans*	7	100%	71	0,1014	0,1014	0,0579	0,0059
6	*Myrcia citrifolia*	7	100%	76	0,1086	0,1086	0,0388	0,0042
7	*Ocotea coriacea*	7	100%	55	0,0786	0,0786	0,0447	0,0035
8	*Triphasia trifolia*	7	100%	41	0,0586	0,0586	0,0201	0,0012
9	*Tabebuia heterophylla*	2	29%	2	0,0029	0,0008	0,5655	0,0005
10	*Capparis indica*	5	71%	25	0,0357	0,0255	0,0123	0,0003
11	*Psychotria nervosa*	7	100%	19	0,0271	0,0271	0,0093	0,0003
	Œceoclades maculata	1	14%	0	0,0000	0,0000	0,0000	0,0000

*Fréquence absolue (f_a) = présence de l'espèce dans les différents quadrats; Fréquence relative (f_r)= Fréquence absolue / nombre de quadrats; Densité = nombre d'individus / surface du relevé; Indice de distribution (Id) = Fréquence relative * Densité; Indice de dominance (ID) = Indice de distribution * surface terrière (aire basale).*

Cette unité floristique sempervirente saisonnière tropicale type au stade sylvatique jeune. Les espèces prépondérantes de la station sont, par ordre d'importance écologique, *Swietenia macrophylla*, *Eugenia ligustrina* et *Manilkara zapota*. *Swietenia macrophylla* présente un profil biodémographique équilibré: toutes les classes d'âges et de hauteurs sont représentées (Figure 334 et Figure 335). Sous la strate supérieure formée par les individus de *Swietenia macrophylla* se développent des espèces dont certaines appartiennent aux stades avancés de la succession végétale:

Coccothrinax barbadensis, *Bunchosia glandulosa*, *Sideroxylon fœtidissimum*, *Manilkara zapota*. On retrouve des espèces anthropophytes, *Melicoccus bijugatus*, *Manilkara zapota, Swietenia macrophylla* qui indiquent une activité anthropique dans la zone.

Le taux de mortalité est de 6,3%. La richesse en espèces est relativement élevée (Figure 336).

Triphasia trifolia est bien distribuée (f_r = 100%). 41 individus ont été observés, leurs sections ne dépassent pas 2,5 centimètres. Au regard des espèces dominantes, son indice de distribution est faible: il est quatre fois inférieur à celui d'*Eugenia ligustrina* (Tableau 184).

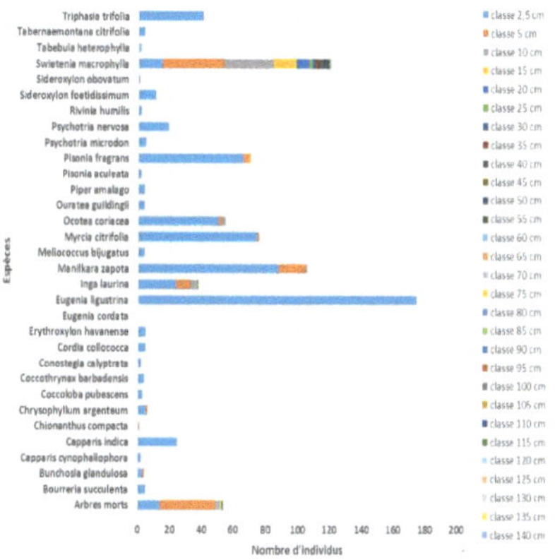

Figure 334: Distribution diamétrique des arbres vivants, sénescents et morts (diamètres ≥ 2,5 cm; Station MDOR3)

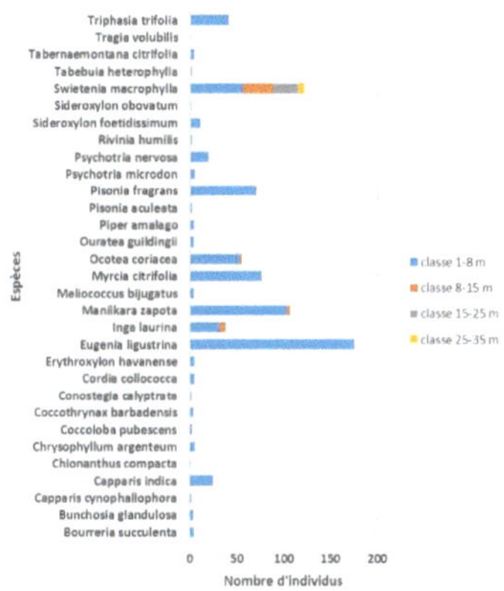

Figure 335: Distribution des hauteurs des arbres vivants et sénescents (hauteurs ≥ 1,3 m; Station MDOR3)

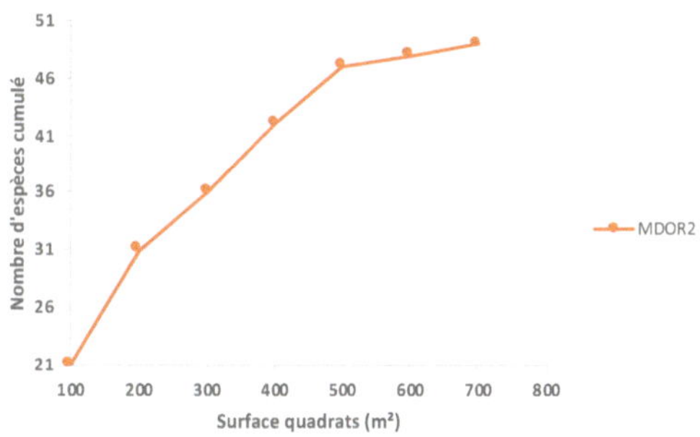

Figure 336: Courbe Aire/Espèces de la station MDOR3

Les valeurs d'indices de Simpson et de Hill sont faibles: elles indiquent une diversité élevée. Les valeurs des indices de Shannon – Weaver et de Piélou sont assez faibles (Tableau 185). Nous avons observé une dominance importante en termes de nombre d'individus des espèces suivantes: *Swietenia macrophylla*, *Eugenia ligustrina* et *Manilkara zapota* (Tableau 184).

<u>*Indices de diversité*</u>

Tableau 185: Matrice de similarité de la station du Morne Dorsau MDOR3 – étage moyen (Indices de diversité)

D	1 – D	H'	J	Hill	1 – Hill
0,12	0,88	3,59	0,54	0,24	0,76

*Indice de Simpson (D ou 1 – D) = le carré (nombre d'individus /nombre total d'individus de l'échantillon); Indice réciproque de Simpson (1/D) = inverse de l'indice de Simpson; Indice de Shannon (H') =-∑ [proportion d'une espèce par rapport au nombre total d'espèces dans l'échantillon*log (proportion d'une espèce par rapport au nombre total d'espèces dans l'échantillon)]; Indice de Piélou (J) = indice de Shannon / log (richesse spécifique); Indice de Hill (Hill) = inverse de l'indice de Simpson / par l'exponentielle de l'indice de Shannon.*

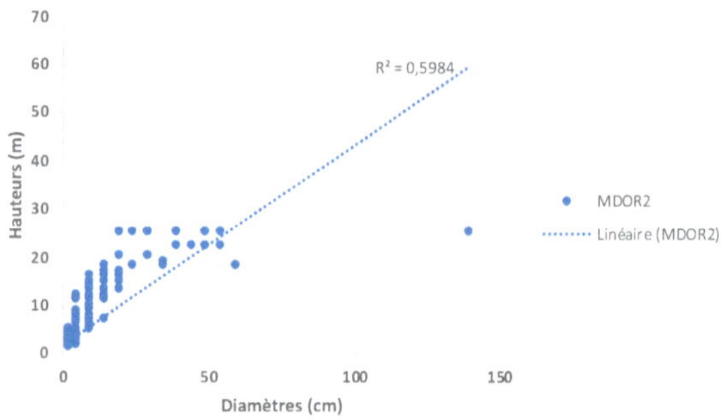

Figure 337: Courbe de corrélation entre les diamètres et les hauteurs des arbres de la station MDOR3 (Morne Dorsau) (diamètres ≥ 2,5 cm et hauteurs ≥ 1,3 m)

La station MDOR3 montre une valeur de coefficient de détermination relativement importante (~0,6; Figure 337). Celle – ci indique un certain équilibre entre les structures biodémographiques de la station: les hauteurs et les diamètres sont étroitement liés.

Par analogie avec les stations précédentes, nous avons comparé l'abondance écologique des plantules des espèces végétales de la station MDOR3.

Tableau 186: Abondance des plantules des espèces végétales de la station MDOR3

Espèces	Abondance écologique							Espèces	Abondance écologique						
	Q1	Q2	Q3	**Q4**	Q5	Q6	Q7		Q1	Q2	Q3	**Q4**	Q5	Q6	Q7
Bambusa multiplex	+++	++		++	+			*Manilkara zapota*	++	++		++	++		
Capparis cynophallophora			+					*Myrcia citrifolia*		+		+			
Capparis flexuosa		+			+	+		*Ocotea coriacea*	+	+		++	+	+	+
Citharexylum spinosum		+						***Œceoclades maculata***				+			
Coccothrinax barbadensis	+							*Paullinia cururu*		+	++	++	++	+++	++
Conostegia calyptrata	+							*Philodendron sp*	++						
Cordia collococca						+		*Piper amalago*	+		+				+
Cratevia tapia			+					*Pisonia fragrans*	+					++	
Eugenia cordata				+	+			*Psychotria microdon*		+					
Eugenia ligustrina	++		++	++	+		+++	*Psychotria nervosa*	+		+	++	+++	++	+
Gouania lupuloides		+						*Securidaca diversifolia*		++		+	+		
Heliconia sp	+							*Sideroxylon fœtidissimum*				+	+		
Herbacée					+			*Swietenia macrophylla*	+++	+++	++	++		+	++
Heteropterys purpurea				+		+		*Tragia volubilis*				+			
Inga laurina	++			++		+		***Triphasia trifolia***	+++		+	+	++	++	
Liane papillon		+	+					*Urvillea ulmacea*				+	+		
Macfadyena unguis – cati	++	+++	++	++	++		++								

(+) très faible abondance écologique (1 à 5); (++) faible abondance écologique (5 à 15); (+++) abondance écologique moyenne (15 à 30); (++++) forte abondance écologique (30 à 45); (+++++) très forte abondance écologique (45 à 100); (++++++) tapis végétal (plus de 100). Q représente les quadrats de la station.

Paullinia cururu (Lyann (a) si), *Macfadyena unguis – cati* (Grif (a) chat), *Psychotria nervosa* (Ti kafé mawon) et *Swietenia macrophylla* (Mahogani gran fèy) sont les plantules les plus représentées de la station MDOR3. Elles semblent utiliser au mieux les conditions du milieu (Tableau 186). *Œceoclades maculata* n'a été observée que dans le quadrat 4: elle caractérise une très faible abondance écologique (Tableau 186). Au regard des autres taxa les plus distribués de la station, l'espèce est marginale. *Triphasia trifolia* semble avoir trouver des conditions favorables à son développement et perpétue sa population dans la station (Tableau 186).

V.1.2.1.3 Commune de Schœlcher

V.1.2.1.3.1 Anse Collat (AC)

La zone d'étude AC comporte 37 espèces végétales réparties en 30 familles et 37 genres.

Tableau 187: Répartition des espèces des stations AC en taxa supérieurs

Taxa supérieurs	Classes	Familles	%	Genres	%	Espèces	%
Angiospermes	Monocotylédones	4	13,3	4	10,8	4	10,8
	Dicotylédones	26	86,7	33	89,2	33	89,2
Total		30		37		37	

Station AC1 (400 m²)

Tableau 188: Les principaux paramètres écologiques et structuraux de la station AC1

Rang	Espèces	f_a	f_r	Nombre d'individus par espèce hors régénérations	Densité (ind/m²)	Id	Surface terrière totale par espèce	ID
1	*Mangifera indica*	4	100%	29	0,072	0,072	1,0515	0,0762
2	***Spathodea campanulata***	4	100%	13	0,0325	0,0325	0,3333	0,0108
	Arbres morts	4	100%	14	0,035	0,035	0,2906	0,0102
3	*Pisonia fragrans*	4	100%	63	0,1575	0,1575	0,0619	0,0097
4	*Terminalia catappa*	4	100%	10	0,025	0,025	0,3117	0,0078
5	*Samanea saman*	3	75%	9	0,0225	0,0169	0,4555	0,0077
6	*Delonix regia*	4	100%	22	0,055	0,055	0,0535	0,0029

7	*Citharexylum spinosum*	4	100%	15	0,0375	0,0375	0,0525	0,0020
8	*Cocos nucifera*	4	100%	2	0,005	0,005	0,1924	0,0010
9	*Melicoccus bijugatus*	4	100%	10	0,025	0,025	0,0383	0,0010
14	***Triphasia trifolia***	2	50%	4	0,01	0,005	0,0020	0,0762
	Sansevieria hyacinthoides	3	75%	0	0,0000	0,0000	0,0000	0,0000

*Fréquence absolue (f_a) = présence de l'espèce dans les différents quadrats; Fréquence relative (f_r)= Fréquence absolue / nombre de quadrats; Densité = nombre d'individus / surface du relevé; Indice de distribution (Id) = Fréquence relative * Densité; Indice de dominance (ID) = Indice de distribution * surface terrière (aire basale).*

Cette station correspond à une unité sempervirente saisonnière tropicale type au stade forestier jeune. *Mangifera indica, Spathodea campanulata, Pisonia fragrans* et *Terminalia catappa* sont les espèces les plus distribuées de la station AC1. Les deux premiers taxa et secondairement *Pisonia fragrans* sont, par ordre d'importance écologique, les espèces prépondérantes de ce cortège végétal. *Mangifera indica* et *Spathodea campanulata* ont une bonne distribution des classes d'âges (Tableau 188 et Figure 338). Les espèces dominantes de la station ont de très grandes sections (jusqu'à 65 cm; Figure 338). *Pisonia fragrans* est caractérisée par un nombre d'individus plus élevé (63 au total) de faibles sections (essentiellement entre 2,5 et 5 cm) (Tableau 188 et Figure 338). La matrice végétale est composée majoritairement d'individus de sections comprises entre 2,5 et 5 cm et culminant entre 1 et 8 m (Figure 338 et Figure 339). *Mangifera indica, Swietenia mahagoni, Terminalia catappa, Cocos nucifera* et *Melicoccus bijugatus* sont des espèces introduites: elles sont le signe d'une activité anthropique. 14 arbres morts ont été comptabilisés dans l'aire de relevé: cela correspond à un taux de mortalité de 6,2%. La diversité spécifique est élevée au vu de la courbe Aire/Espèces (Figure 340).

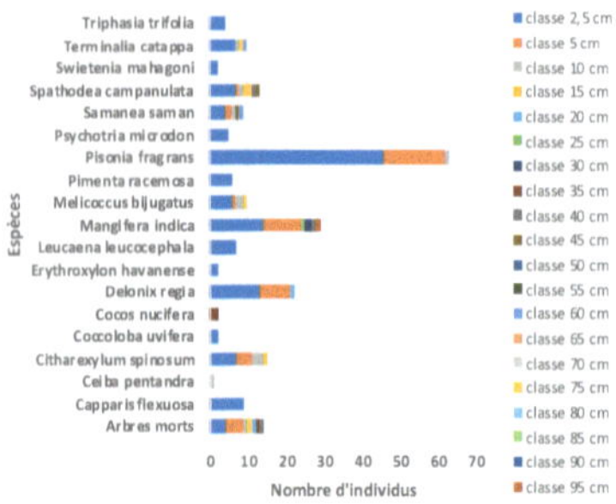

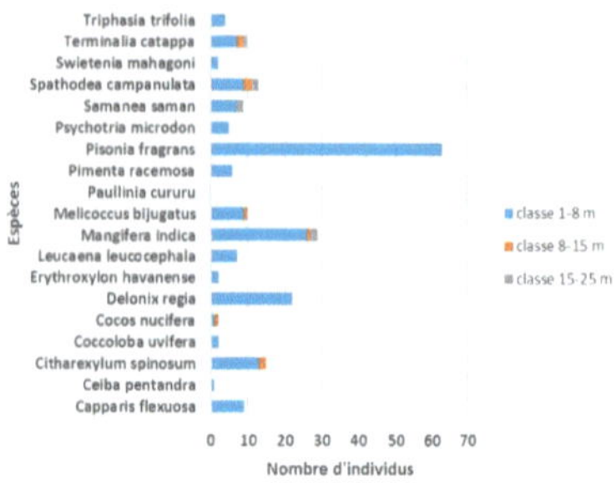

Figure 338: Distribution diamétrique des arbres vivants, sénescents et morts (diamètres ≥ 2,5 cm; Station AC1)

Figure 339: Distribution des hauteurs des arbres vivants et sénescents (hauteurs ≥ 1,3 m; Station AC1)

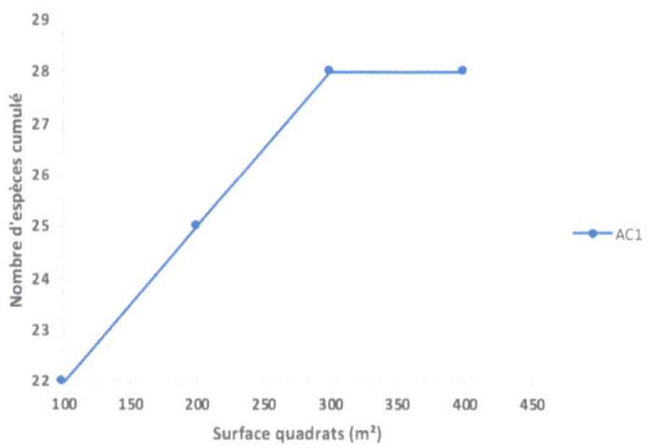

Figure 340: Courbe Aire/Espèces de la station AC1

L'étude ci – dessous compare les abondances écologiques des espèces végétales de la station AC1.

Tableau 189: Abondance des plantules des espèces végétales de la station AC1

Espèces	Importance écologique				Espèces	Importance écologique			
	Q1	**Q2**	Q3	**Q4**		**Q1**	**Q2**	Q3	**Q4**
Capparis flexuosa	+	+	+	+	*Leucaena leucocephala*			+	
Citharexylum spinosum			+		*Liane cordée*	+++++	++++	++++	+++
Coccoloba uvifera			+		*Liane peltée*			+	+
Cocos nucifera	+	+	+		*Mangifera indica*	+	++	+	
Delonix regia	+	+		++	*Melicoccus bijugatus*	++			
Desmodium sp			+		*Paullinia cururu*	++	+++	+++	+++++
Erythroxylon havanense			+	+	*Pimenta racemosa*		+	+	
Esp 1	+	+	+	+	*Pisonia fragrans*	++	+		++
Eugenia monticola		+			***Sansevieria hyacinthoides***	+++	+++		+++
Guzmania lingulata	+				*Trichostigma octandrum*	+		+	
Heteropterys purpurea		+		+	***Triphasia trifolia***	+	+		

(+) très faible abondance écologique (1 à 5); (++) faible abondance écologique (5 à 15); (+++) abondance écologique moyenne (15 à 30); (++++) forte abondance écologique (30 à 45); (+++++) très forte abondance écologique (45 à 100); (++++++) tapis végétal (plus de 100). Q représente les quadrats de la station.

Le taxon que nous appellerons «*Liane cordée*» et secondairement *Paullinia cururu* et *Sansevieria hyacinthoides* sont les taxa les plus abondants de la station AC1. Ces trois espèces appartiennent aux stades arbustifs. L'abondance moyenne de *Sansevieria hyacinthoides* témoigne d'une régression écosystémique. Les autres espèces sont marginales et sont caractérisées par une faible voire très faible abondance écologique (Tableau 189).

Station AC2 (300 m²)

Tableau 190: Les principaux paramètres écologiques et structuraux de la station AC2

Rang	**Espèces**	**f_a**	**f_r**	**Nombre d'individus par espèce hors régénérations**	**Densité (ind/m²)**	**Id**	**Surface terrière totale par espèce**	**ID**
1	***Spathodea campanulata***	5	100%	38	0,1267	0,1267	0,3304	0,0418
2	*Samanea saman*	5	100%	24	0,0800	0,0800	0,3259	0,0261
3	*Mangifera indica*	5	100%	12	0,0400	0,0400	0,2283	0,0091
4	*Pisonia fragrans*	5	100%	22	0,0733	0,0733	0,0442	0,0032
5	*Terminalia catappa*	5	100%	9	0,0300	0,0300	0,0761	0,0023
6	*Delonix regia*	5	100%	4	0,0133	0,0133	0,0520	0,0007
	Arbres morts	3	60%	5	0,0167	0,0100	0,0457	0,0005
7	*Cocos nucifera*	4	80%	1	0,0033	0,0027	0,0962	0,0003
8	*Capparis flexuosa*	5	100%	8	0,0267	0,0267	0,0069	0,0002
9	*Citharexylum spinosum*	4	80%	9	0,0300	0,0240	0,0059	0,0001

*Fréquence absolue (f_a) = présence de l'espèce dans les différents quadrats; Fréquence relative (f_r)= Fréquence absolue / nombre de quadrats; Densité = nombre d'individus / surface du relevé; Indice de distribution (Id) = Fréquence relative * Densité; Indice de dominance (ID) = Indice de distribution * surface terrière (aire basale).*

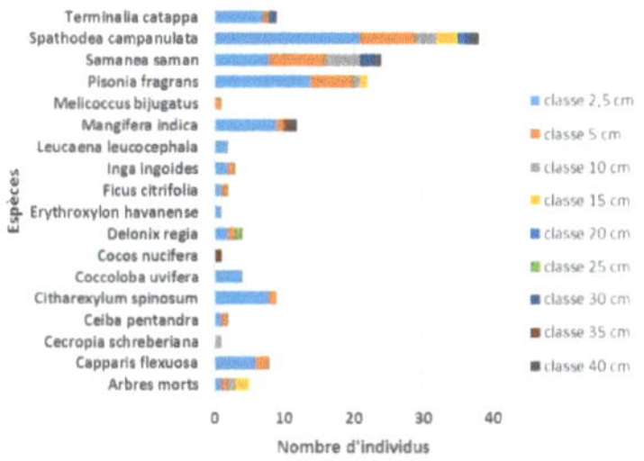

Figure 341: Distribution diamétrique des arbres vivants, sénescents et morts (diamètres ≥ 2,5 cm; Station AC2)

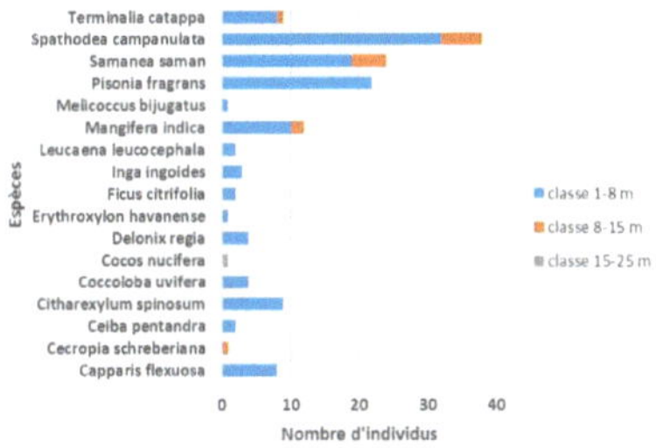

Figure 342: Distribution des hauteurs des arbres vivants et sénescents (hauteurs ≥ 1,3 m; Station AC2)

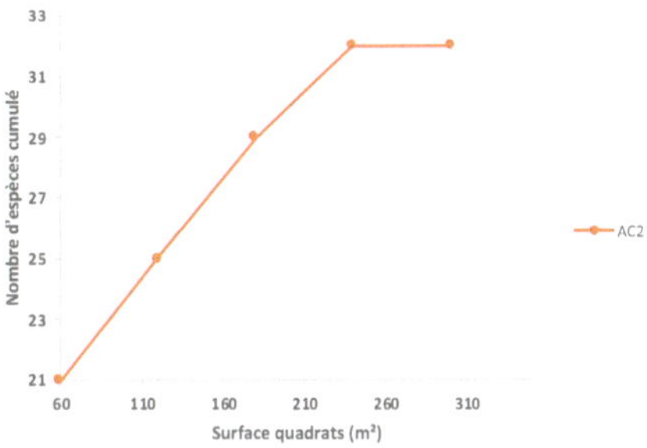

Figure 343: Courbe Aire/Espèces de la station AC2

Cette station est une unité floristique sempervirente saisonnière tropicale au stade sylvatique secondaire à forestier jeune. *Spathodea campanulata* et *Samanea saman* sont les deux espèces les plus concurrentes de ce cortège végétal. Elles dominent grâce à leur nombre d'individus, leur densité ainsi que leur distribution élevés (Tableau 190). Ces taxa ont une bonne distribution diamétrique: toutes les classes d'âges sont représentées (Figure 341). L'association floristique est composée d'individus majoritairement de sections comprises entre 2,5 et 5 cm et de hauteurs allant de 1 à 8 m (Figure 341 et Figure 342). *Mangifera indica* et *Melicoccus bijugatus*, espèces naturalisées, témoignent d'une activité anthropique dans la zone.

Rapport de dominance des espèces pour l'ensemble des stations de l'Anse Collat (AC)

Tableau 191: Les principaux paramètres écologiques et structuraux de l'ensemble des stations AC

Rang	Espèces	f_a	f_r	Nombre d'individus par espèce hors régénérations	Densité (ind/m²)	Id	Surface terrière totale par espèce	ID
1	*Mangifera indica*	2	100%	41	0,0586	0,0586	1,2797	0,07495
2	***Spathodea campanulata***	2	100%	51	0,0729	0,0729	0,6637	0,04835
3	*Samanea saman*	2	100%	33	0,0471	0,0471	0,7815	0,03684
4	*Pisonia fragrans*	2	100%	85	0,1214	0,1214	0,1060	0,01287
5	*Terminalia catappa*	2	100%	19	0,0271	0,0271	0,3878	0,01053
	Arbres morts	2	100%	19	0,0271	0,0271	0,3362	0,00913
6	*Delonix regia*	2	100%	26	0,0371	0,0371	0,1055	0,00392
7	*Citharexylum spinosum*	2	100%	24	0,0343	0,0343	0,0584	0,00200
8	*Cocos nucifera*	2	100%	3	0,0043	0,0043	0,2886	0,00124
9	*Melicoccus bijugatus*	2	100%	11	0,0157	0,0157	0,0403	0,00063
10	*Capparis flexuosa*	2	100%	17	0,0243	0,0243	0,0113	0,00027
16	***Triphasia trifolia***	2	100%	4	0,0057	0,0057	0,0020	0,00001

*Fréquence absolue (f_a) = présence de l'espèce dans les différents quadrats; Fréquence relative (f_r)= Fréquence absolue / nombre de quadrats; Densité = nombre d'individus / surface du relevé; Indice de distribution (Id) = Fréquence relative * Densité; Indice de dominance (ID) = Indice de distribution * surface terrière (aire basale).*

Mangifera indica (Pyé mango), *Spathodea campanulata* (Tulipier du Gabon), *Samanea saman* (Saman) et *Pisonia fragrans* (Mapou) sont les espèces dominantes de l'ensemble des stations AC. Elles ont à la fois une densité, une distribution ainsi qu'une surface terrière les plus élevées (Tableau 191).

Sur 354 individus recensés, 88,1% de l'effectif total a de faibles sections (entre 2,5 (65,5%) et 5 (22,6%) cm; Figure 344). Le milieu est très anthropisé, les individus de grandes sections sont des espèces naturalisées [*Mangifera indica* (95 cm), *Terminalia catappa* (60 cm), *Cocos nucifera* (35 cm)] ou des espèces potentiellement invasives [*Spathodea campanulata* (45 cm)]. D'autres espèces introduites sont observables: *Delonix regia* et *Samanea saman*.

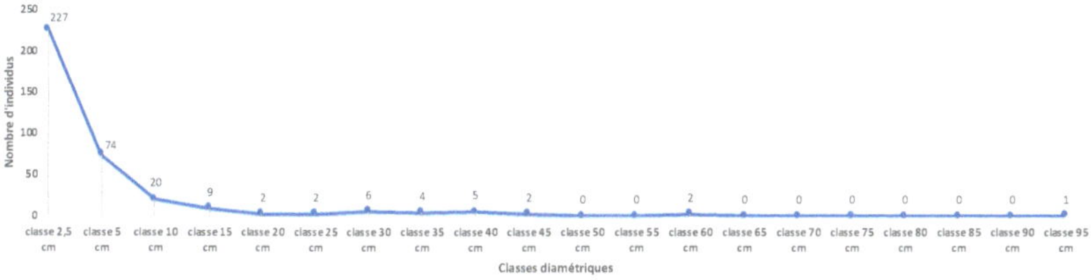

Figure 344: Distribution diamétrique de l'ensemble des stations de l'Anse Collat (AC) étage moyen hors régénérations et hors arbres morts

Courbes de régression linéaire

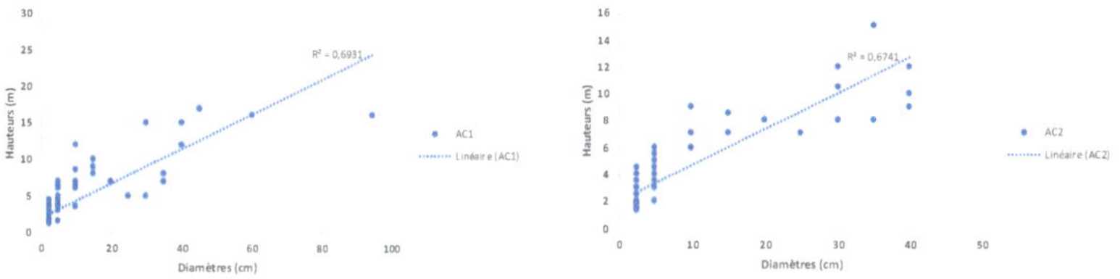

Figure 345: Courbes de corrélation entre les diamètres et les hauteurs des arbres des stations AC (Anse Collat) (diamètres ≥ 2,5 cm et hauteurs ≥ 1,3 m)

Malgré la forte concentration des espèces vers de faibles classes diamétriques, une relation relativement forte relie les hauteurs et les diamètres des stations AC1 et AC2. En effet, leur coefficient de déterminant indique des valeurs élevées ce qui se traduit le fait qu'il existe un équilibre structurel dans ces deux communautés végétales.

Indice de Jaccard

Tableau 192: Matrice de similarité des stations de l'Anse Collat (Indice de Jaccard)

	AC1 (28)	AC2 (31)
AC1 (28)	1	**0,59**
AC2 (31)	-	1

L'indice de Jaccard est relativement élevé (0,59; Tableau 192): la diversité spécifique des deux phytocénoses est faible. Leur composition floristique assez proche.

Indices de diversité

Tableau 193: Matrice de similarité des stations de l'Anse Collat (Indices de diversité)

Indices	AC1	AC2
D	0,14	0,14
1 – D	**0,86**	**0,86**
H'	3,42	3,25
J	0,64	0,66
Hill	0,24	0,27
1 – Hill	0,76	0,73

*Indice de Simpson (D ou 1 – D) = le carré (nombre d'individus /nombre total d'individus de l'échantillon); Indice réciproque de Simpson (1/D) = inverse de l'indice de Simpson; Indice de Shannon (H') =-∑ [proportion d'une espèce par rapport au nombre total d'espèces dans l'échantillon*log (proportion d'une espèce par rapport au nombre total d'espèces dans l'échantillon)]; Indice de Piélou (J) = indice de Shannon / log (richesse spécifique); Indice de Hill (Hill) = inverse de l'indice de Simpson / par l'exponentielle de l'indice de Shannon.*

L'indice de Simpson présente des valeurs relativement faibles: elles indiquent une diversité relativement élevée (0,14 pour les deux stations; Tableau 193). Les valeurs des indices de Shannon – Weaver sont comprises entre 2,6 ≤ H' ≤ 3,9, ce qui indique une répartition relativement équitable des espèces des stations AC1 et AC2. La valeur de l'indice de Piélou de la station AC2 confirme cette équirépartition. En revanche, cet indice (indice de Piélou) a une valeur très faible (≤ 0,6; Tableau 193) dans le cas de la station AC1. Il existe alors dans cette association floristique, une abondance populationnelle d'espèces végétales. Cette dominance est observable par la surreprésentation de *Pisonia fragrans* (63 individus recensés; Tableau 188) par rapport aux autres taxa.

Synthèse générale

Dans les unités floristiques AC, *Spathodea campanulata*, espèce potentiellement invasive, fait partie des espèces dominantes du cortège végétal (Tableau 188 et Tableau 190).

V.1.2.1.3.2 Fond Rousseau (FROU)

La zone d'étude FROU comporte 94 espèces végétales réparties en 40 familles et 72 genres.

Tableau 194: Répartition des espèces des stations FROU en taxa supérieurs

Taxa supérieurs	Classes	Familles	%	Genres	%	Espèces	%
Angiospermes	Monocotylédones	3	7,5	4	5,6	4	4,3
	Dicotylédones	37	92,5	68	94,4	90	95,7
Total		40		72		94	

Station FROU5 (765 m²)

Tableau 195: Les principaux paramètres écologiques et structuraux de la station FROU5

Rang	Espèces	f_a	f_r	Nombre d'individus par espèce hors régénérations	Densité (ind/m²)	Id	Surface terrière totale par espèce	ID
1	*Piper amalago*	9	100%	77	0,1007	0,1007	0,0716	0,00721
2	*Pisonia fragrans*	9	100%	59	0,0771	0,0771	0,0289	0,00223
3	***Funtumia elastica***	8	89%	51	0,0667	0,0593	0,1016	0,00602
4	*Eugenia monticola*	9	100%	40	0,0523	0,0523	0,0196	0,00103
5	*Inga ingoides*	9	100%	29	0,0379	0,0379	0,1173	0,00445
6	*Cordia sulcata*	7	78%	28	0,0366	0,0285	0,1467	0,00418
7	*Psychotria mapourioides*	6	67%	19	0,0248	0,0166	0,0137	0,00023
8	*Pimenta racemosa*	5	56%	12	0,0157	0,0087	0,0059	0,00005
9	*Dieffenbachia seguine*	5	56%	11	0,0144	0,0080	0,0054	0,00004
10	*Cestrum laurifolium*	5	56%	9	0,0118	0,0065	0,0059	0,00004
11	*Psychotria microdon*	5	56%	9	0,0118	0,0065	0,0059	0,00004
12	*Coccoloba swartzii*	5	56%	8	0,0105	0,0058	0,0039	0,00002
13	*Psychotria nervosa*	5	56%	6	0,0078	0,0044	0,0029	0,00001
14	*Samanea saman*	5	56%	6	0,0078	0,0044	1,6965	0,00739

*Fréquence absolue (f_a) = présence de l'espèce dans les différents quadrats; Fréquence relative (f_r)= Fréquence absolue / nombre de quadrats; Densité = nombre d'individus / surface du relevé; Indice de distribution (Id) = Fréquence relative * Densité; Indice de dominance (ID) = Indice de distribution * surface terrière (aire basale).*

Cette unité végétale sempervirente saisonnière tropicale au stade sylvatique secondaire est dominée numériquement par une population de *Piper amalago* (77 individus recensés). *Piper amalago, Pisonia fragrans* et secondairement *Funtumia elastica* constituent les espèces les plus concurrentes de la matrice végétale au regard de l'indice de distribution (Tableau 195). Elles se singularisent par un effectif, un indice de distribution et une densité élevés alors que l'arbre à la pluie (*Samanea saman*) est marqué par un faible nombre d'individus de grandes sections (diamètres pouvant atteindre 60 cm; Figure 346) ce qui explique que sa surface terrière soit très élevée. La matrice végétale est majoritairement constituée d'individusde sections 2,5 cm (Figure 346) et de hauteurs comprises entre 1 et 8 m (Figure 347).

Les (51) individus de *Funtumia elastica* ont des sections variables allant de 2,5 à 15 cm et culminent entre 1 et 15 m (Figure 346 et Figure 347).

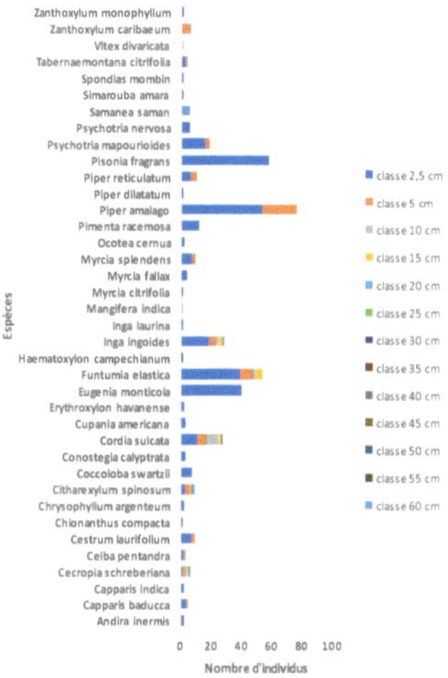

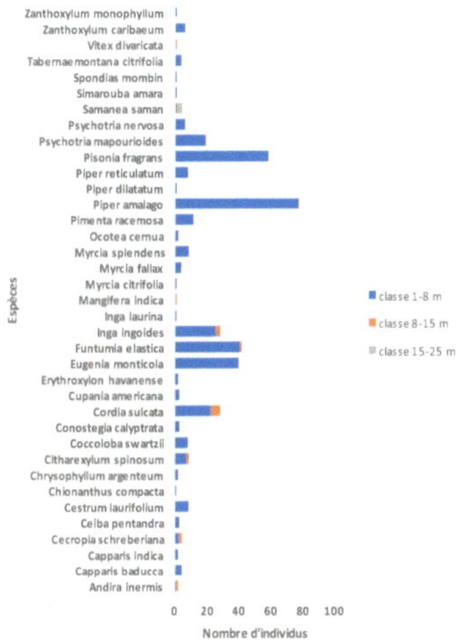

Figure 346: Distribution diamétrique des arbres vivants et sénescents (diamètres ≥ 2,5 cm; Station FROU6)

Figure 347: Distribution des hauteurs des arbres vivants et sénescents (hauteurs ≥ 1,3 m; Station FROU6)

Station FROU6 (825 m²)

Tableau 196: Les principaux paramètres écologiques et structuraux de la station FROU6

Rang	Espèces	f_a	f_r	Nombre d'individus par espèce hors régénérations	Densité (ind/m²)	Id	Surface terrière totale par espèce	ID
1	*Cordia sulcata*	10	91%	108	0,1309	0,1190	0,2739	0,03260
2	*Inga ingoides*	11	100%	132	0,1600	0,1600	0,1571	0,02513
3	*Samanea saman*	6	55%	6	0,0073	0,0040	1,6258	0,00645
4	*Piper amalago*	11	100%	90	0,1091	0,1091	0,0545	0,00594
5	*Pisonia fragrans*	11	100%	48	0,0582	0,0582	0,0471	0,00274
6	*Terminalia catappa*	6	55%	15	0,0182	0,0099	0,1340	0,00133
7	*Zanthoxylum caribaeum*	8	73%	6	0,0073	0,0053	0,2297	0,00122
8	*Piper reticulatum*	9	82%	44	0,0533	0,0436	0,0260	0,00114
9	*Citharexylum spinosum*	6	55%	10	0,0121	0,0066	0,0942	0,00062

10	*Eugenia monticola*	10	91%	29	0,0352	0,0320	0,0142	0,00045
11	*Capparis baducca*	8	73%	18	0,0218	0,0159	0,0133	0,00021
12	*Coccoloba swartzii*	10	91%	17	0,0206	0,0187	0,0083	0,00016
13	***Funtumia elastica***	7	64%	16	0,0194	0,0123	0,0123	0,00015
19	***Bambusa vulgaris***	6	55%	14	0,0170	0,0093	0,0069	0,00006

*Fréquence absolue (f_a) = présence de l'espèce dans les différents quadrats; Fréquence relative (f_r)= Fréquence absolue / nombre de quadrats; Densité = nombre d'individus / surface du relevé; Indice de distribution (Id) = Fréquence relative * Densité; Indice de dominance (ID) = Indice de distribution * surface terrière (aire basale).*

Il s'agit d'une unité floristique sempervirente saisonnière tropicale au stade sylvatique secondaire à sylvatique jeune. *Cordia sulcata* et *Inga ingoides* sont, par ordre d'importance écologique, les espèces qui constituent le cortège végétal dominant. L'unité floristique est majoritairement constituée d'individus de hauteurs comprises entre 1 et 8 m qui forment une matrice dense de laquelle émergent les individus adultes des espèces du cortège dominant (*Cordia sulcata* et *Inga ingoides*) y compris *Terminalia catappa* et *Samanea saman* (Figure 349).

Funtumia elastica apparaît au 13ème rang du Tableau 196 au vu de l'indice de dominance (ID). Elle est relativement bien distribuée dans la station (f_r = 64%; Tableau 196) mais très peu d'individus ont été observés (16 spécimens; Tableau 196). Outre *Funtumia elastica*, nous avons également recensé des individus d'une autre espèce potentiellement invasive, *Bambusa vulgaris*. Cette herbacée terrestre, bien répartie (f_r = 55%; Tableau 196), a commencé à former des fourrés dans la station: quatorze individus de faibles diamètres (entre 2,5 et 5 cm) et hauteurs (entre 1 et 8 m) ont été recensés (Tableau 196, Figure 348 et Figure 349). Le taux de mortalité est nul.

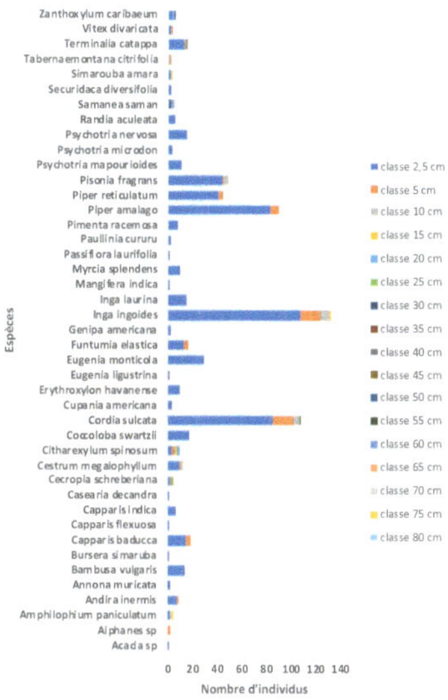

Figure 348: Distribution diamétrique des arbres vivants, sénescents (diamètres ≥ 2,5 cm; Station FROU6)

Figure 349: Distribution des hauteurs des arbres vivants et sénescents (hauteurs ≥ 1,3 m; Station FROU6)

Station FROU7 (1 000 m²)

Tableau 197: Les principaux paramètres écologiques et structuraux de la station FROU7

Rang	Espèces	f_a	f_r	Nombre d'individus par espèce hors régénérations	Densité (ind/m²)	Id	Surface terrière totale par espèce	ID
1	***Funtumia elastica***	10	100%	251	0,2510	0,2510	0,3613	0,0907
2	*Inga ingoides*	10	100%	22	0,0220	0,0220	1,0225	0,0225
3	*Myrcia splendens*	8	80%	53	0,0530	0,0424	0,0275	0,0012
4	*Terminalia catappa*	2	20%	4	0,0040	0,0008	0,7913	0,0006
5	*Cupania americana*	7	70%	24	0,0240	0,0168	0,0133	0,0002
6	*Cola nitida*	4	40%	7	0,0070	0,0028	0,0565	0,0002
7	*Andira inermis*	9	90%	12	0,0120	0,0108	0,0133	0,0001
8	*Simarouba amara*	2	20%	2	0,0020	0,0004	0,2690	0,0001

*Fréquence absolue (f_a) = présence de l'espèce dans les différents quadrats; Fréquence relative (f_r)= Fréquence absolue / nombre de quadrats; Densité = nombre d'individus / surface du relevé; Indice de distribution (Id) = Fréquence relative * Densité; Indice de dominance (ID) = Indice de distribution * surface terrière (aire basale).*

Cette phytocénose correspond à une formation sempervirente saisonnière tropicale au stade sylvatique jeune à sylvatique secondaire. *Funtumia elastica* constitue l'espèce dominante du cortège végétal: elle utilise au mieux les facteurs du milieu (Tableau 197). Ses spécimens se distribuent dans des classes diamétriques comprises entre 2,5 et 20 cm et culminent à des hauteurs allant jusqu'à 25 m (Figure 350 et Figure 351). La majorité d'entre eux ont des sections comprises entre 2,5 et 5 cm et forment une matrice dense surcimée par une strate (entre 25 et 35 m) discontinue d'*Inga ingoides,* de *Samanea saman,* de *Simarouba amara* et de *Terminalia catappa*. *Inga ingoides* a une surface terrière très élevée marquée par un faible nombre d'individus de grandes sections (45 cm; Figure 350). Elle a une distribution des classes d'âges quasi – équilibrée: presque toutes les classes diamétriques sont représentées (Figure 350).

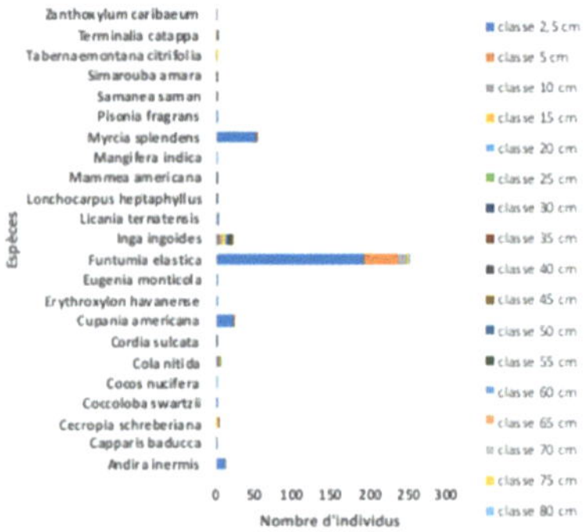

Figure 350: Distribution diamétrique des arbres vivants, sénescents (diamètres ≥ 2,5 cm; Station FROU7)

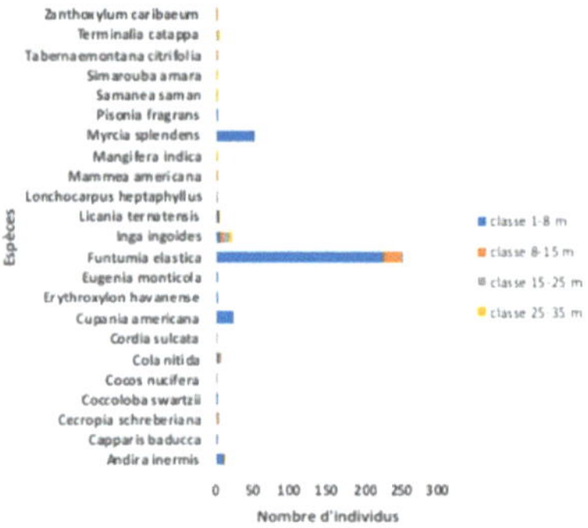

Figure 351: Distribution des hauteurs des arbres vivants et sénescents (hauteurs ≥ 1,3 m; Station FROU7)

Station FROU8 (450 m²)

Tableau 198: Les principaux paramètres écologiques et structuraux de la station FROU8

Rang	Espèces	f_a	f_r	Nombre d'individus par espèce hors régénérations	Densité (ind/m²)	Id	Surface terrière totale par espèce	ID
1	*Myrcia splendens*	9	100%	143	0,3178	0,3178	0,0992	0,0315
2	*Inga ingoides*	8	89%	34	0,0756	0,0672	0,2204	0,0148
3	***Funtumia elastica***	9	100%	60	0,1333	0,1333	0,0540	0,0072
4	*Cupania americana*	8	89%	41	0,0911	0,0810	0,0476	0,0039
5	*Coccoloba swartzii*	5	56%	5	0,0111	0,0062	0,2557	0,0016
6	*Homalium racemosum*	3	33%	3	0,0067	0,0022	0,2533	0,0006
7	*Andira inermis*	4	44%	6	0,0133	0,0059	0,0776	0,0005
8	*Ficus nymphaeifolia*	1	11%	1	0,0022	0,0002	1,5394	0,0004
9	*Chrysophyllum argenteum*	5	56%	8	0,0178	0,0099	0,0349	0,0003
10	*Eugenia monticola*	6	67%	20	0,0444	0,0296	0,0098	0,0003
11	*Cecropia schreberiana*	2	22%	2	0,0044	0,0010	0,2847	0,0003
12	*Croton corylifolius*	3	33%	11	0,0244	0,0081	0,0270	0,0002
13	*Citharexylum spinosum*	4	44%	5	0,0111	0,0049	0,0349	0,0002
14	*Pimenta racemosa*	4	44%	5	0,0111	0,0049	0,0334	0,0002
15	*Simarouba amara*	1	11%	2	0,0044	0,0005	0,3220	0,0002

*Fréquence absolue (f_a) = présence de l'espèce dans les différents quadrats; Fréquence relative (f_r)= Fréquence absolue / nombre de quadrats; Densité = nombre d'individus / surface du relevé; Indice de distribution (Id) = Fréquence relative * Densité; Indice de dominance (ID) = Indice de distribution * surface terrière (aire basale).*

La station FROU8 est une formation sylvatique jeune sempervirente saisonnière tropicale type. Le cortège végétal dominant est constitué de *Myrcia splendens* et d'*Inga ingoides.* À ce cortège, on peut adjoindre secondairement *Funtumia elastica.* Ces espèces ont les indices de dominance les plus élevés (Tableau 198). La majeure partie des individus de la matrice floristique ont des diamètres compris entre 2,5 et 5 cm (Figure 352). Ces derniers mesurent entre

1 et 8 m (Figure 353). *Inga ingoides* forme la strate supérieure sous laquelle les individus de plus faibles hauteurs forment une matrice dense (Figure 353).

Funtumia elastica est bien distribuée (f_r = 100%; Tableau 198) dans la station. Ses individus se répartissent dans des classes diamétriques variables (2,5 à 10 cm; Figure 352). Ils culminent jusqu'à 15 m de haut (Figure 353). Le taux de mortalité est nul.

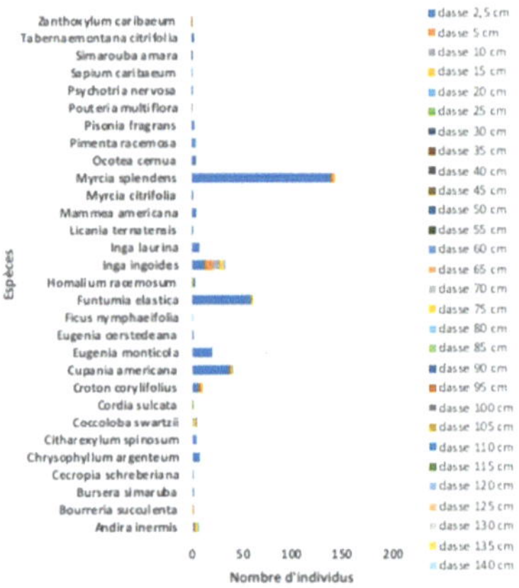

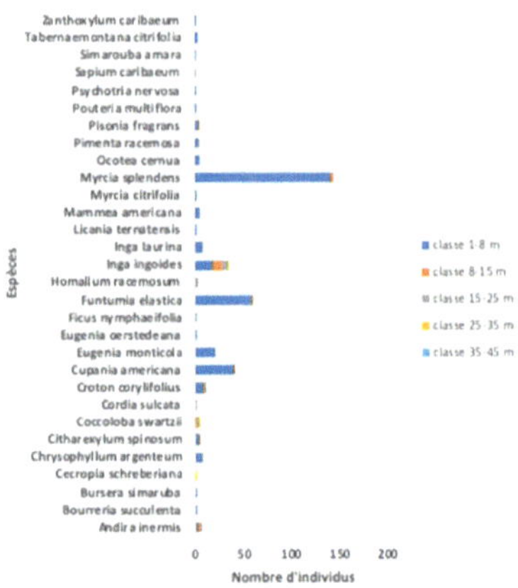

Figure 352: Distribution diamétrique des arbres vivants, sénescents (diamètres ≥ 2,5 cm; Station FROU8)

Figure 353: Distribution des hauteurs des arbres vivants et sénescents (hauteurs ≥ 1,3 m; Station FROU8)

Station FROU9 (600 m²)

Tableau 199: Les principaux paramètres écologiques et structuraux de la station FROU9

Rang	Espèces	f_a	f_r	Nombre d'individus par espèce hors régénérations	Densité (ind/m²)	Id	Surface terrière totale par espèce	ID
1	*Myrcia splendens*	12	100%	314	0,5233	0,5233	0,2518	0,13178
2	*Simarouba amara*	9	75%	74	0,1233	0,0925	1,0544	0,09753
3	*Andira inermis*	11	92%	31	0,0517	0,0474	0,9935	0,04705
4	*Sapium caribaeum*	7	58%	24	0,0400	0,0233	1,1801	0,02753
5	*Tabernaemontana citrifolia*	7	58%	23	0,0383	0,0224	0,0565	0,00126
6	*Inga ingoides*	12	100%	34	0,0567	0,0567	0,0167	0,00095
7	***Funtumia elastica***	7	58%	19	0,0317	0,0185	0,0417	0,00077
8	*Calophyllum calaba*	6	50%	6	0,0100	0,0050	0,0722	0,00036
9	*Licania ternatensis*	8	67%	20	0,0333	0,0222	0,0098	0,00022
10	*Cupania americana*	11	92%	13	0,0217	0,0199	0,0064	0,00013
11	*Zanthoxylum caribaeum*	3	25%	8	0,0133	0,0033	0,0334	0,00011
18	***Spathodea campanulata***	1	8%	1	0,0017	0,0001	0,0177	0,000002

*Fréquence absolue (f_a) = présence de l'espèce dans les différents quadrats; Fréquence relative (f_r)= Fréquence absolue / nombre de quadrats; Densité = nombre d'individus / surface du relevé; Indice de distribution (Id) = Fréquence relative * Densité; Indice de dominance (ID) = Indice de distribution * surface terrière (aire basale).*

Cette station présente des caractéristiques écologiques proches avec la station précédente hormis le rapport de proportions entre les régénérations d'espèces et le cortège dominant qui varient légèrement. Il s'agit d'une formation sempervirente saisonnière tropicale type au stade sylvatique jeune. *Myrcia splendens* et secondairement *Simarouba amara et Andira inermis* sont, par ordre d'importance écologique, les espèces dominantes. Ces taxa se discriminent par leurs populations, leurs distributions ainsi que leurs surfaces terrières élevées (Tableau 199). Les individus de faibles sections (entre 2,5 et 5 cm) et hauteurs (allant de 1 à 8 m) sont prépondérants dans la station (Figure 354 et Figure 355). *Sapium caribaeum* et *Simarouba amara* semblent être des espèces relictuelles de formations antérieures. Elles sont caractérisées par des individus de sections très importantes (pouvant atteindre 80 cm; Figure 354).

Funtumia elastica est bien répartie (f_r = 58%; Tableau 199). Les 19 individus inventoriés ont majoritairement des sections de 2,5 cm, seulement deux d'entre eux ont des diamètres plus élevés (5 et 10 cm respectivement) (Figure 354). Ils (les individus) culminent jusqu'à 15 m de haut (Figure 355). Au regard des espèces dominantes, son indice de distribution est très faible (ID = 0,0185; Tableau 199).

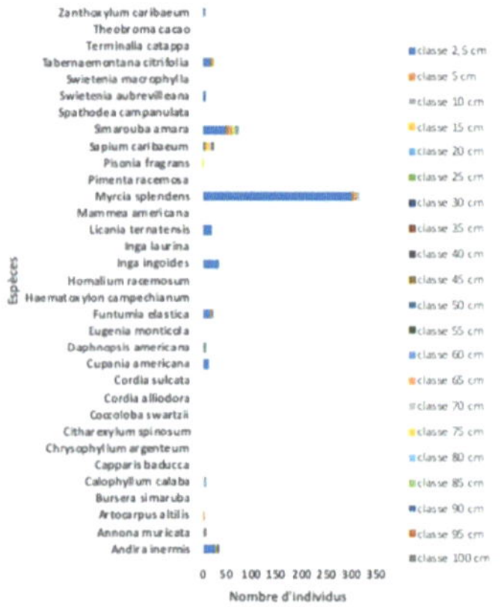

Figure 354: Distribution diamétrique des arbres vivants, sénescents (diamètres ≥ 2,5 cm; Station FROU9)

Figure 355: Distribution des hauteurs des arbres vivants et sénescents (hauteurs ≥ 1,3 m; Station FROU9)

Station FROU10 (800 m²)

Tableau 200: Les principaux paramètres écologiques et structuraux de la station FROU10

Rang	Espèces	f_a	f_r	Nombre d'individus par espèce hors régénérations	Densité (ind/m²)	Id	Surface terrière totale par espèce	ID
1	*Eugenia monticola*	8	100%	383	0,4788	0,4788	0,6160	0,2949
2	*Ocotea coriacea*	8	100%	193	0,2413	0,2413	0,2474	0,0597
3	*Pimenta racemosa*	8	100%	28	0,0350	0,0350	0,6661	0,0233
4	*Pisonia fragrans*	8	100%	11	0,0138	0,0138	0,7319	0,0101
5	*Coccoloba swartzii*	6	75%	21	0,0263	0,0197	0,3848	0,0076
6	*Lonchocarpus punctatus*	3	38%	8	0,0100	0,0038	0,7893	0,0030
7	*Croton corylifolius*	8	100%	43	0,0538	0,0538	0,0535	0,0029
8	*Myrcia citrifolia*	7	88%	31	0,0388	0,0339	0,0241	0,0008
9	*Bursera simaruba*	4	50%	3	0,0038	0,0019	0,2852	0,0005
10	*Chrysophyllum argenteum*	5	63%	14	0,0175	0,0109	0,0388	0,0004
11	*Inga laurina*	2	25%	3	0,0038	0,0009	0,1610	0,2949

*Fréquence absolue (f_a) = présence de l'espèce dans les différents quadrats; Fréquence relative (f_r)= Fréquence absolue / nombre de quadrats; Densité = nombre d'individus / surface du relevé; Indice de distribution (Id) = Fréquence relative * Densité; Indice de dominance (ID) = Indice de distribution * surface terrière (aire basale).*

L'association floristique sempervirente saisonnière tropicale au stade sylvatique jeune est dominée par la population d'*Eugenia monticola*. Elle domine grâce à son effectif (383 individus recensés), sa densité (d = 0,4788 ind/m²) et sa surface terrière élevés (ST = 0,616) (Tableau 200). Ses individus ont majoritairement des sections comprises entre 2,5 et 5 cm et mesurent entre 1 et 8 m de haut (Figure 356 et Figure 357). Par ordre d'importance écologique, *Eugenia monticola* (Mérizyé ti fèy), *Ocotea coriacea* (Bwa négrès), *Pimenta racemosa* (Bois d'Inde) et *Coccoloba swartzii* (Bois rouge) ont une distribution diamétrique relativement équilibrée (Figure 356). Bien que quelques individus matures aient été observés, les spécimens de faibles sections (entre 2,5 et 5 cm) et hauteurs (allant de 1 à 8 m) sont prépondérants

(Figure 356 et Figure 357). Aucune espèce potentiellement invasive n'a été observée dans la matrice. Aucun arbre mort n'a été recensé: le taux de mortalité est nul.

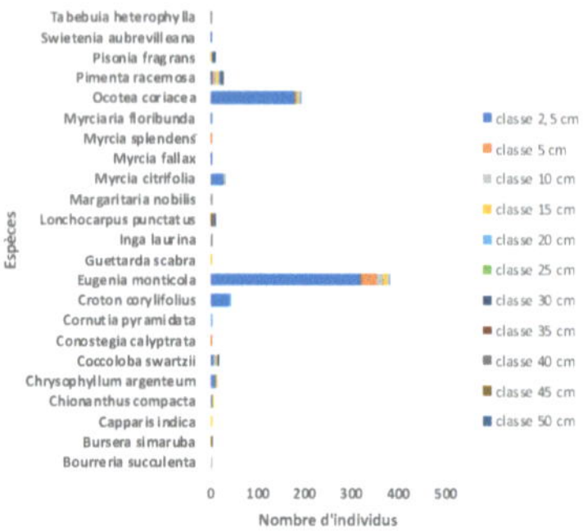

Figure 356: Distribution diamétrique des arbres vivants, sénescents (diamètres ≥ 2,5 cm; Station FROU10)

Figure 357: Distribution des hauteurs des arbres vivants et sénescents (hauteurs ≥ 1,3 m; Station FROU10)

Station FROU11 (800 m²)

Tableau 201: Les principaux paramètres écologiques et structuraux de la station FROU11

Rang	Espèces	f_a	f_r	Nombre d'individus par espèce hors régénérations	Densité (ind/m²)	Id	Surface terrière totale par espèce	ID
1	*Cupania americana*	8	100%	63	0,07875	0,0788	0,3642	0,0287
2	*Myrcia splendens*	8	100%	56	0,07	0,0700	0,0349	0,0024
3	*Eugenia monticola*	8	100%	41	0,05125	0,0513	0,0216	0,0011
4	***Funtumia elastica***	8	100%	33	0,04125	0,0413	0,0918	0,0038
5	*Tabernaemontana citrifolia*	7	88%	33	0,04125	0,0361	0,1203	0,0043
6	*Simarouba amara*	7	88%	22	0,0275	0,0241	0,9464	0,0228
7	*Ocotea coriacea*	7	88%	14	0,0175	0,0153	0,1109	0,0017
8	*Myrcia fallax*	7	88%	11	0,01375	0,0120	0,0054	0,0001
9	*Sapium caribaeum*	6	75%	11	0,01375	0,0103	0,7501	0,0077
10	*Croton corylifolius*	3	38%	9	0,01125	0,0042	0,0191	0,0001

11	*Coccoloba swartzii*	7	88%	3	0,00375	0,0033	0,0496	0,0002
12	*Inga ingoides*	8	100%	2	0,0025	0,0025	0,0967	0,0002
13	*Pisonia fragrans*	8	100%	2	0,0025	0,0025	0,0010	0,000002
14	*Ceiba pentandra*	3	38%	5	0,00625	0,0023	1,7495	0,0041

*Fréquence absolue (f_a) = présence de l'espèce dans les différents quadrats; Fréquence relative (f_r)= Fréquence absolue / nombre de quadrats; Densité = nombre d'individus / surface du relevé; Indice de distribution (Id) = Fréquence relative * Densité; Indice de dominance (ID) = Indice de distribution * surface terrière (aire basale).*

Cette unité floristique sempervirente saisonnière tropicale déstructurée est au stade sylvatique jeune. Les figures (Figure 358 et Figure 359) indiquent une hétérogénéité des classes de hauteurs et de diamètres. *Cupania americana* et *Myrcia splendens* sont les espèces prépondérantes à la lumière de l'indice de distribution (Id; Tableau 201). Ces deux taxa ont à la fois un nombre d'individus, une densité ainsi qu'une distribution (fréquence et indice de distribution) élevés (Tableau 201). *Simarouba amara* et *Sapium caribaeum* ont un nombre d'individus plus faible compensé par des aires basales élevées, ce qui justifie les valeurs importantes d'indice de dominance (Tableau 201). *Sapium caribaeum* a une distribution diamétrique équilibrée (Figure 358). Les individus de faibles sections (entre 2,5 et 5 cm) et hauteurs (entre 1 et 8 m) sont prépondérants (Figure 358 et Figure 359).

Funtumia elastica est très distribuée (f_r = 100%), 33 individus ont été observés (Tableau 201). Ces derniers ont des sections comprises entre 2,5 et 20 cm et se distribuent dans toutes les classes de hauteurs (jusqu'à 35 m; Figure 358 et Figure 359).

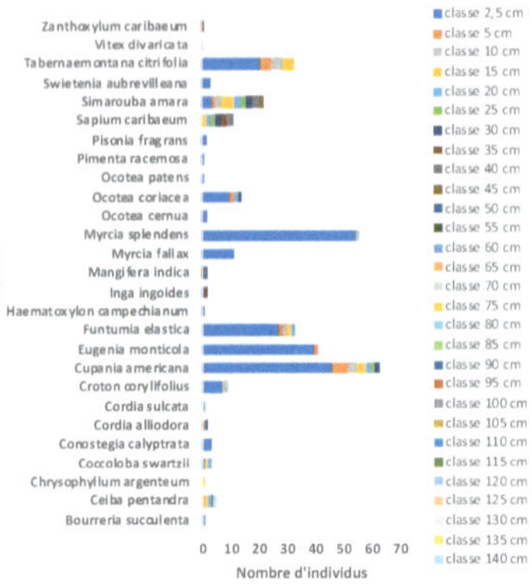

Figure 358: Distribution diamétrique des arbres vivants et sénescents (diamètres ≥ 2,5 cm; Station FROU11)

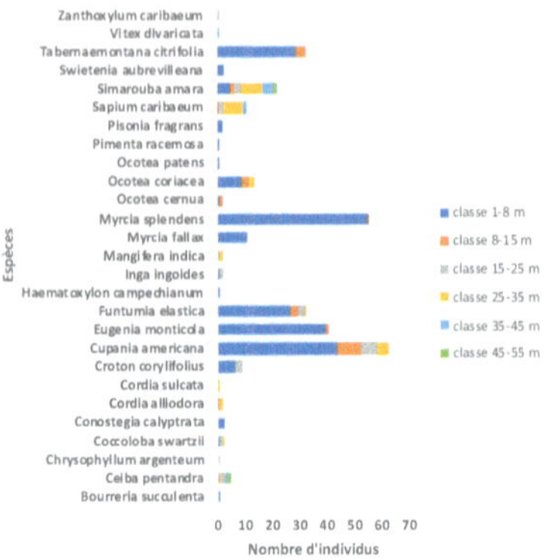

Figure 359: Distribution des hauteurs des arbres vivants et sénescents (hauteurs ≥ 1,3 m; Station FROU11)

Station FROU12 (500 m²)

Tableau 202: Les principaux paramètres écologiques et structuraux de la station FROU12

Rang	Espèces	f_a	f_r	Nombre d'individus par espèce hors régénérations	Densité (ind/m²)	Id	Surface terrière totale par espèce	ID
1	***Funtumia elastica***	9	100%	230	0,4600	0,4600	0,2719	0,1251
2	*Myrcia splendens*	9	100%	79	0,1580	0,1580	0,0579	0,0092
3	*Cupania americana*	9	100%	51	0,1020	0,1020	0,1065	0,0109
4	*Simarouba amara*	8	89%	32	0,0640	0,0569	2,4917	0,1417
6	*Sapium caribaeum*	7	78%	32	0,0640	0,0498	0,8571	0,0427
7	*Tabernaemontana citrifolia*	7	78%	19	0,0380	0,0296	0,0285	0,0008
8	*Coffea liberica*	3	33%	43	0,0860	0,0287	0,0285	0,0008
9	*Andira inermis*	7	78%	17	0,0340	0,0264	0,1085	0,0029
10	*Zanthoxylum caribaeum*	7	78%	16	0,0320	0,0249	0,0324	0,0008
11	*Inga ingoides*	8	89%	14	0,0280	0,0249	2,4838	0,0618
12	*Hirtella triandra*	8	89%	13	0,0260	0,0231	0,2454	0,0057
13	*Piper amalago*	5	56%	17	0,0340	0,0189	0,0083	0,0002

14	*Cassia sp*	6	67%	13	0,0260	0,0173	0,0373	0,0006

*Fréquence absolue (f_a) = présence de l'espèce dans les différents quadrats; Fréquence relative (f_r)= Fréquence absolue / nombre de quadrats; Densité = nombre d'individus / surface du relevé; Indice de distribution (Id) = Fréquence relative * Densité; Indice de dominance (ID) = Indice de distribution * surface terrière (aire basale).*

Cette unité floristique sempervirente saisonnière tropicale déstructurée est au stade sylvatique jeune. Elle est marquée par une hétérogénéité des classes de diamètres et de hauteurs (Figure 360 et Figure 361). De façon analogue à la station précédente, nous n'avons pas tenu compte des surfaces terrières et des indices de dominance des espèces. Ces deux paramètres ne sont pas représentatifs puisqu'ils surévaluent la dominance des espèces dont les individus ont de grandes sections mais ayant une faible densité vis – à – vis de celle des espèces dont les valeurs de densité et d'indice de distribution sont importantes. Au regard de l'indice de distribution, *Funtumia elastica* est donc l'espèce la plus concurrente de la station. Elle semble utiliser au mieux les facteurs du milieu (Tableau 202).

Simarouba amara et *Inga ingoides* ont un faible nombre d'individus ayant de grandes sections qui compensent les valeurs de surface terrière et donc d'indice de dominance (Tableau 202).

La majeure partie des individus de cette association floristique ont de faibles sections (entre 2,5 et 5 cm) et hauteurs (entre 1 et 8 m) (Figure 360 et Figure 361). Le taux de mortalité est nul.

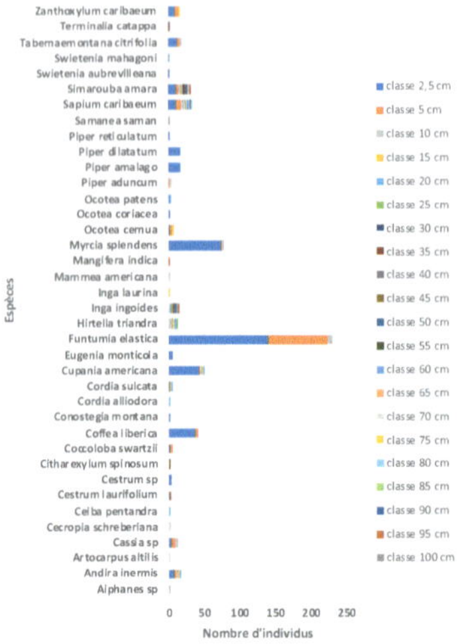

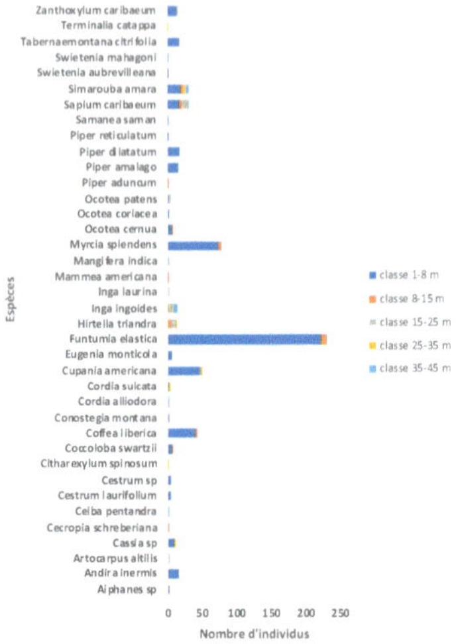

Figure 360: Distribution diamétrique des arbres vivants, sénescents (diamètres ≥ 2,5 cm; Station FROU12)

Figure 361: Distribution des hauteurs des arbres vivants et sénescents (hauteurs ≥ 1,3 m; Station FROU12)

Station FROU13 (920 m²)

Tableau 203: Les principaux paramètres écologiques et structuraux de la station FROU13

Rang	Espèces	f_a	f_r	Nombre d'individus par espèce hors régénérations	Densité (ind/m²)	Id	Surface terrière totale par espèce	ID
1	*Simarouba amara*	7	78%	53	0,0576	0,0448	0,7535	0,0338
2	*Myrcia splendens*	9	100%	105	0,1141	0,1141	0,1821	0,0208
3	*Cordia alliodora*	5	56%	44	0,0478	0,0266	0,4536	0,0121
4	*Hymenaea courbaril*	4	44%	16	0,0174	0,0077	0,7928	0,0061
5	*Inga ingoides*	9	100%	62	0,0674	0,0674	0,0565	0,0038
6	*Cupania americana*	9	100%	53	0,0576	0,0576	0,0511	0,0029
7	*Andira inermis*	9	100%	42	0,0457	0,0457	0,0339	0,0015
8	*Sapium caribaeum*	6	67%	7	0,0076	0,0051	0,1247	0,0006
9	*Homalium racemosum*	6	67%	2	0,0022	0,0014	0,4084	0,0006
10	*Cassia sp*	3	33%	12	0,0130	0,0043	0,1129	0,0005

11	*Cordia sulcata*	8	89%	9	0,0098	0,0087	0,0555	0,0005
12	*Tabernaemontana citrifolia*	9	100%	14	0,0152	0,0152	0,0260	0,0004
13	***Funtumia elastica***	7	78%	23	0,0250	0,0194	0,0201	0,0004

*Fréquence absolue (f_a) = présence de l'espèce dans les différents quadrats; Fréquence relative (f_r)= Fréquence absolue / nombre de quadrats; Densité = nombre d'individus / surface du relevé; Indice de distribution (Id) = Fréquence relative * Densité; Indice de dominance (ID) = Indice de distribution * surface terrière (aire basale).*

La station FROU13 est une phytocénose sempervirente saisonnière tropicale au stade sylvatique jeune à sylvatique secondaire. *Simarouba amara*, *Myrcia splendens* et *Cordia alliodora* constituent, par ordre d'importance écologique, le cortège végétal dominant. Elles ont les paramètres écologiques les plus élevés (Tableau 203). De plus, ces trois espèces ont à la fois une distribution diamétrique et des hauteurs relativement équilibrées: presque toutes les classes des diamètres et des hauteurs sont représentées (Figure 362 et Figure 363). On observe quatre strates plus ou moins distinctes, néanmoins, la majorité des individus se situent dans les premières classes: 2,5 à 5 cm pour les diamètres et 1 à 8 m pour les hauteurs (Figure 362 et Figure 363).

Funtumia elastica est bien distribuée dans la station (f_r = 78%; Tableau 203). On compte 23 individus de diamètres compris entre 2,5 et 5 cm et mesurant entre 1 à 15 m (Figure 362 et Figure 363).

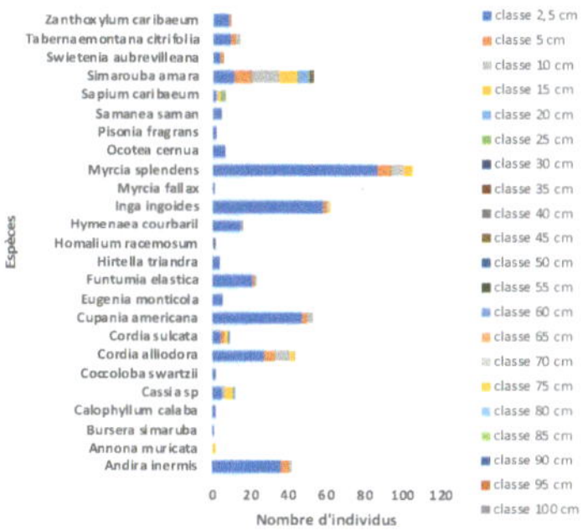

Figure 362: Distribution diamétrique des arbres vivants, sénescents (diamètres ≥ 2,5 cm; Station FROU13)

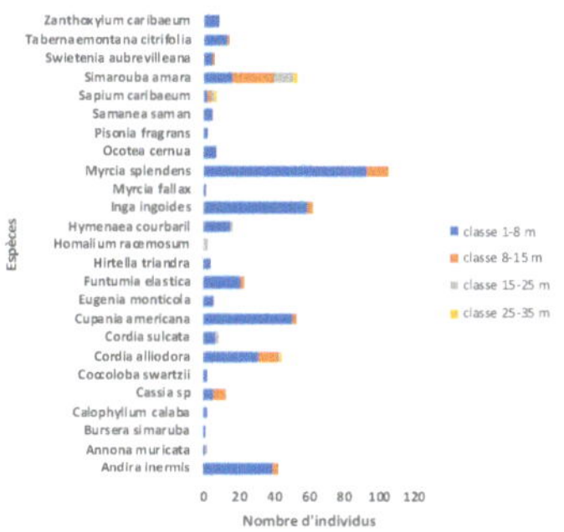

Figure 363: Distribution des hauteurs des arbres vivants et sénescents (hauteurs ≥ 1,3 m; Station FROU13)

Rapport de dominance des espèces pour l'ensemble des stations de Fond Rousseau (FROU – étage moyen)

Tableau 204: Les principaux paramètres écologiques et structuraux pour l'ensemble des stations FROU – étage moyen

Rang	Espèces	f_a	f_r	Nombre d'individus par espèce hors régénérations	Densité (ind/m²)	Id	Surface terrière totale par espèce	ID
1	*Myrcia splendens*	9	100%	773	0,1161	0,1161	0,6676	0,0775
2	***Funtumia elastica***	8	89%	683	0,1026	0,0912	0,9547	0,0870
3	*Eugenia monticola*	9	100%	530	0,0796	0,0796	0,6897	0,0549
4	*Inga ingoides*	8	89%	329	0,0494	0,0439	4,1710	0,1831
5	*Cupania americana*	8	89%	252	0,0378	0,0336	0,5925	0,0199
6	*Simarouba amara*	8	89%	189	0,0284	0,0252	5,8561	0,1477
7	*Cordia sulcata*	8	89%	154	0,0231	0,0206	0,9312	0,0191
8	*Pisonia fragrans*	8	89%	130	0,0195	0,0174	0,8310	0,0144
9	*Andira inermis*	7	78%	119	0,0179	0,0139	1,3587	0,0189
10	*Tabernaemontana citrifolia*	8	89%	102	0,0153	0,0136	0,2896	0,0039
11	*Ocotea coriacea*	3	33%	209	0,0314	0,0105	0,3593	0,0038
12	*Coccoloba swartzii*	9	100%	66	0,0099	0,0099	0,7157	0,0071
13	*Piper amalago*	3	33%	184	0,0276	0,0092	0,1345	0,0012
14	*Zanthoxylum caribaeum*	8	89%	50	0,0075	0,0067	0,4276	0,0029
15	*Sapium caribaeum*	5	56%	75	0,0113	0,0063	2,9433	0,0184
55	***Bambusa vulgaris***	1	11%	14	0,0021	0,0002	0,0069	0,000002
77	***Spathodea campanulata***	1	11%	1	0,0002	0,00002	0,0177	0,0000003

*Fréquence absolue (f_a) = présence de l'espèce dans les différents quadrats; Fréquence relative (f_r)= Fréquence absolue / nombre de quadrats; Densité = nombre d'individus / surface du relevé; Indice de distribution (Id) = Fréquence relative * Densité; Indice de dominance (ID) = Indice de distribution * surface terrière (aire basale).*

Le rapport de dominance des stations FROU indique un ensemble déséquilibré. L'ID n'est représentatif que dans les formations équilibrées. En conséquence, nous n'avons pas pris en compte les aires basales ni l'indice de dominance. Nous nous sommes intéressés aux paramètres suivants: nombre d'individus, densité et indice de distribution.

Ces paramètres indiquent que *Myrcia splendens, Funtumia elastica* et *Eugenia monticola* sont, par ordre d'importance écologique, les espèces dominantes de l'ensemble des stations FROU. Elles sont caractérisées à la fois par un nombre d'individus, une densité ainsi qu'un indice de distribution très élevés.

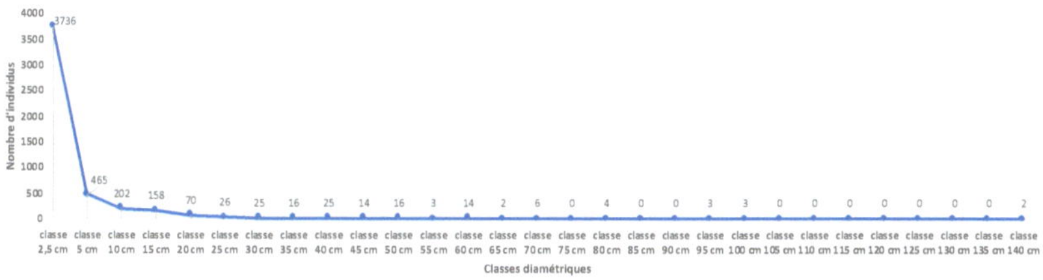

Figure 364: Distribution diamétrique de l'ensemble des stations de Fond Rousseau (FROU) de l'étage moyen hors régénérations et hors arbres morts

Nous avons recensé 4 790 spécimens de sections comprises entre 2,5 et 140 cm (Figure 364). Les spécimens de 2,5 cmde sections sont nombreux: ils représentent 78% de l'effectif total. Les individus de grandes sections que nous avons observés (entre 100 et 140 cm) semblent être des reliques de formations antérieures: *Andira inermis*, *Hymenaea courbaril* et *Samanea saman.*

Indice de Jaccard

Tableau 205: Matrice de similarité des stations de Fond Rousseau FROU – étage moyen (Indice de Jaccard)

	FROU5 (42)	FROU6 (45)	FROU7 (23)	FROU8 (30)	FROU9 (33)	FROU10 (23)	FROU11(27)	FROU12(38)	FROU13(25)
FROU5 (42)	1	*0,43*	*0,35*	*0,36*	*0,32*	*0,23*	*0,41*	*0,38*	*0,29*
FROU6 (45)	-	1	*0,36*	*0,32*	*0,32*	*0,11*	*0,24*	*0,28*	*0,27*
FROU7 (23)	-	-	1	*0,39*	*0,4*	*0,07*	*0,32*	*0,36*	*0,37*
FROU8 (30)	-	-	-	1	**0,46**	*0,26*	*0,36*	*0,33*	*0,41*
FROU9 (33)	-	-	-	-	1	*0,19*	*0,4*	*0,37*	**0,49**
FROU10 (23)	-	-	-	-	-	1	*0,32*	*0,13*	*0,17*
FROU11 (27)	-	-	-	-	-	-	1	*0,35*	*0,41*
FROU12 (38)	-	-	-	-	-	-	-	1	*0,37*
FROU13 (25)	-	-	-	-	-	-	-	-	1

Les stations qui présentent de fortes valeurs d'indices de Jaccard sont indiquées en gras (0,45 ≥) alors que les valeurs d'indices plus faibles sont en italique. Les stations FROU montrent peu de similitudes entre elles. La diversité spécifique entre ces stations est très grande. Les seuls croisements pour lesquels nous avons observé des similarités dans les compositions floristiques sont FROU8 – FROU9 et FROU9 – FROU13 (Tableau 205).

Indices de diversité

Tableau 206: Matrice de similarité des stations de Fond Rousseau FROU – étage moyen (Indices de diversité)

Indices	FROU5	FROU6	FROU7	FROU8	FROU9	FROU10	FROU11	FROU12	FROU13
D	0,08	0,09	0,42	0,19	0,29	0,32	0,11	0,16	0,11
1 – D	**0,92**	**0,91**	0,58	**0,81**	**0,71**	**0,68**	**0,89**	**0,84**	**0,89**
H’	4,25	4,17	2,15	3,26	2,86	2,37	3,59	3,63	3,68
J	0,69	0,64	0,36	0,55	0,45	0,36	0,62	0,56	0,59
Hill	0,18	0,17	0,28	0,20	0,20	0,29	0,24	0,17	0,23
1 – Hill	0,82	0,83	0,72	0,80	0,80	0,71	0,76	0,83	0,77

*Indice de Simpson (D ou 1 – D) = le carré (nombre d’individus /nombre total d’individus de l’échantillon); Indice réciproque de Simpson (1/D) = inverse de l’indice de Simpson; Indice de Shannon (H’) =-∑ [proportion d’une espèce par rapport au nombre total d’espèces dans l’échantillon*log (proportion d’une espèce par rapport au nombre total d’espèces dans l’échantillon)]; Indice de Piélou (J) = indice de Shannon / log (richesse spécifique); Indice de Hill (Hill) = inverse de l’indice de Simpson / par l’exponentielle de l’indice de Shannon.*

À l'exception de la station FROU5, les indices de Piélou des stations FROU sont faibles (≤ 0,6), (Tableau 206). En effet, dans ces formations végétales, certaines espèces semblent avoir une abondance populationnelle bien supérieure aux autres. Cette surreprésentation de la population s'observe notamment pour *Myrcia splendens* dans le cas des stations FROU8 (Tableau 198), FROU9 (Tableau 199) et FROU13 (Tableau 203) ou encore pour *Funtumia elastica* dans le cas des groupements floristiques FROU7 (Tableau 197) et FROU12 (Tableau 202).

L'indice d'équitabilité de la station FROU5 a une valeur moyenne (0,7; Tableau 206): les espèces de cette phytocénose sont relativement bien réparties.

La diversité des stations FROU5, FROU6, FROU8, FROU11, FROU12 et FROU13 est importante au vu des faibles valeurs des indices de Simpson et de Hill (Tableau 206). Les stations FROU9 et FROU10 ont également une diversité relativement élevée mais ont des valeurs un peu plus faibles (0,71 et 0,68 respectivement; Tableau 206). La station FROU7 a la diversité la plus faible des stations FROU (0,58; Tableau 206).

AFC de l'ensemble des stations FROU

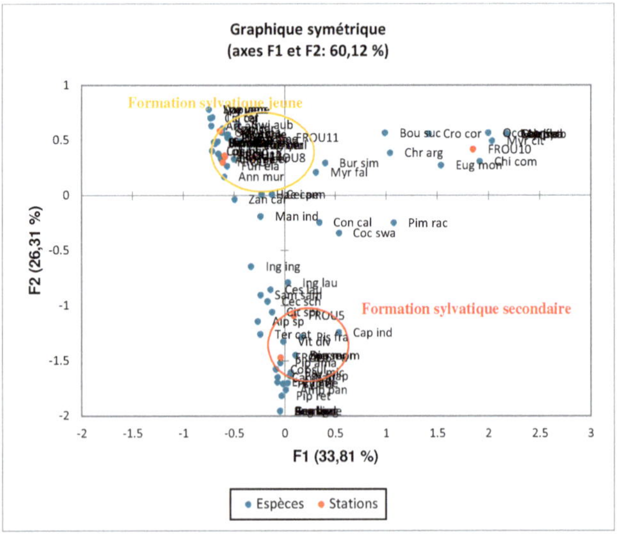

Figure 365: Différenciation mésologique et temporelle des stations et des espèces de Fond Rousseau (FROU – étage moyen)

L'inertie observée par le premier axe F1 est de 33,81% et celle de l'axe F2 est de 26,31%. Ces deux axes expriment un maximum d'inertie de 60,12% (Figure 365). L'axe F1 oppose les compositions floristiques tandis que l'axe F2 semble différencier un gradient dynamique et écologique des formations végétales.

Les stations FROU7, FROU8, FROU9, FROU11, FROU12 et FROU13 correspondent à des formations sylvatiques jeunes et ont composition floristique voisine. Elles sont représentées par des espèces végétales communes telles que *Daphnopsis americana* ou encore *Annona muricata.* La station FROU10 est également une unité floristique sylvatique jeune. Cependant, elle a une composition floristique caractéristique et est représentée par des espèces spécifiques à la zone (*Chionanthus compacta* ou encore *Tabebuia heterophylla*).

Les stations FROU5 et FROU6 sont des formations sylvatiques secondaires. Elles sont marquées par des espèces végétales de stade dynamique ultérieur: on y trouve notamment *Vitex divaricata*.

CAH de l'ensemble des stations FROU

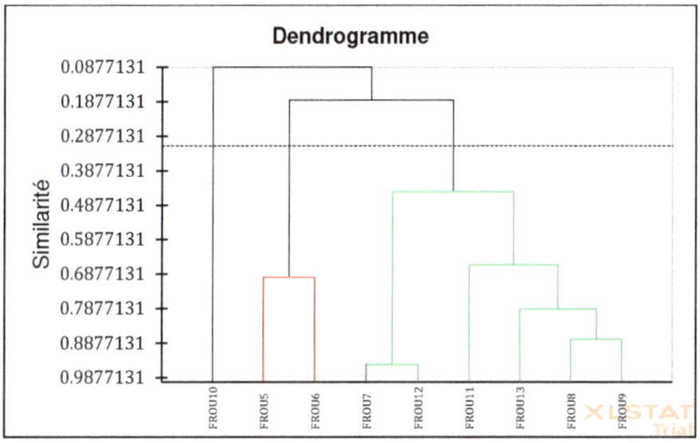

Figure 366: Hiérarchie des partitions obtenues par CAH de l'ensemble des stations FROU (étage moyen)

La classification ascendante hiérarchique a mis en évidence deux groupes (Figure 366). Les formations sylvatiques secondaires correspondant aux stations FROU5 et FROU6 ont de grandes similarités (0,70; Figure 366). De plus grandes affinités ont été observées pour les stations FROU7 et FROU12 (0,95) de même que pour les stations FROU8 et FROU9 (0,88). La station FROU10 a une composition floristique différente et a peu de similarités avec les autres groupements (0,09; Figure 366).

V.1.2.1.3.3 Ravine Touza (RT)

La zone d'étude RT2 comporte 44 espèces végétales réparties en 25 familles et 42 genres.

Tableau 207: Répartition des espèces de la station RT2 en taxa supérieurs

Taxa supérieurs	Classes	Familles	%	Genres	%	Espèces	%
Angiospermes	Monocotylédones	3	12	6	14,3	6	13,6
	Dicotylédones	22	88	36	85,7	38	86,4
Total		25		42		44	

<u>*Station RT2 (550 m²)*</u>

Tableau 208: Les principaux paramètres écologiques et structuraux de la station RT2

Rang	Espèces	f_a	f_r	Nombre d'individus par espèce hors régénérations	Densité (ind/m²)	Id	Surface terrière totale par espèce	ID
1	*Citharexylum spinosum*	6	86%	22	0,04	0,0343	0,6912	0,02370
2	*Swietenia mahagoni*	7	100%	12	0,0218	0,0218	1,0745	0,02344
3	*Swietenia macrophylla*	7	100%	27	0,0491	0,0491	0,3039	0,01492
4	*Hæmatoxylon campechianum*	6	86%	6	0,0109	0,0094	0,0982	0,00092
	Arbres morts	1	14%	11	0,0200	0,0029	0,0800	0,00023
5	*Eugenia monticola*	7	100%	8	0,0145	0,0145	0,0039	0,00006
6	*Spathodea campanulata*	1	14%	1	0,0018	0,0003	0,159	0,00004
7	*Coccoloba swartzii*	6	86%	7	0,0127	0,0109	0,0034	0,00004
8	*Pimenta racemosa*	7	100%	5	0,0091	0,0091	0,0025	0,00002
9	*Inga ingoides*	6	86%	4	0,0073	0,0062	0,0034	0,00002
10	*Daphnopsis americana*	3	43%	3	0,0055	0,0023	0,0088	0,00002
11	***Dichrostachys cinerea***	3	43%	3	0,0055	0,0023	0,0029	0,00001
	Œceoclades maculata	4	57%	0	0,0000	0,0000	0,0000	0,0000
	Triphasia trifolia	1	14%	0	0,0000	0,0000	0,0000	0,0000

*Fréquence absolue (f_a) = présence de l'espèce dans les différents quadrats; Fréquence relative (f_r)= Fréquence absolue / nombre de quadrats; Densité = nombre d'individus / surface du relevé; Indice de distribution (Id) = Fréquence relative * Densité; Indice de dominance (ID) = Indice de distribution * surface terrière (aire basale).*

Cette formation sempervirente saisonnière tropicale (mésophile) est au stade forestier jeune. *Citharexylum spinosum*, *Swietenia mahagoni* et *Swietenia macrophylla* sont les espèces dominantes. Elles ont les paramètres écologiques les plus élevés (Tableau 208). La majeure partie des individus de la station ont de faibles sections (2,5 cm) et de faibles hauteurs (entre 1 et 8 m) hormis les individus d'espèces du cortège dominant et quelques spécimens d'*Hæmatoxylon campechianum* (Figure 367 et Figure 368). Les espèces du cortège dominant (*Citharexylum spinosum*, *Swietenia mahagoni* et *Swietenia macrophylla*) ont une distribution biodémographique équilibrée (Figure 367 et Figure 368): toutes les classes d'âges et de hauteurs sont représentées.

Dans cette station, nous avons observé quatre espèces potentiellement invasives, par ordre d'importance écologique, *Spathodea campanulata, Dichrostachys cinerea*, *Triphasia trifolia* et *Œceoclades maculata*. Au total, nous avons recensé quatre individus de ces espèces hors régénérations et hors arbres morts: 3 individus de *Dichrostachys cinerea* (de diamètre 2,5 cm) et un individu de *Spathodea campanulata* (de section 45 cm) (Figure 367). *Œceoclades maculata* et *Triphasia trifolia* ont été observés au stade de plantule. Le taux de mortalité est faible (2,4%). La richesse floristique est importante (Figure 369).

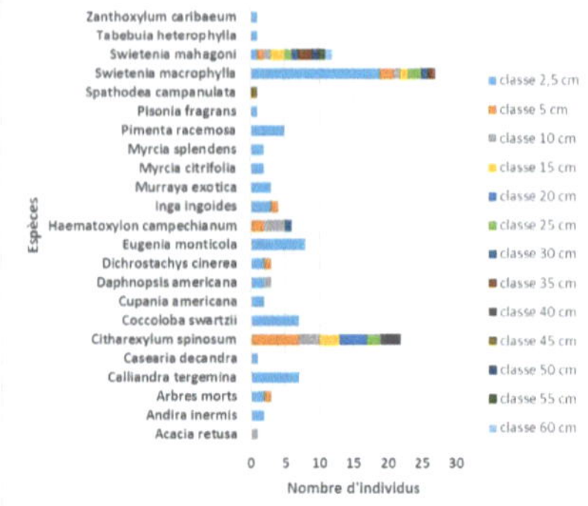

Figure 367: Distribution diamétrique des arbres vivants, sénescents et morts (diamètres ≥ 2,5 cm; Station RT2)

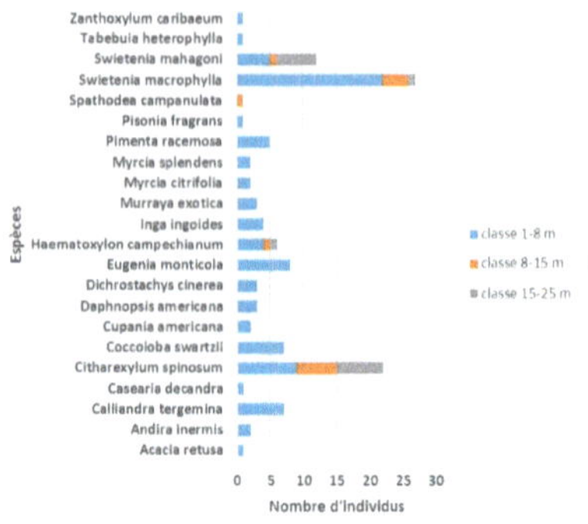

Figure 368: Distribution des hauteurs des arbres vivants et sénescents (hauteurs ≥ 1,3 m; Station RT2)

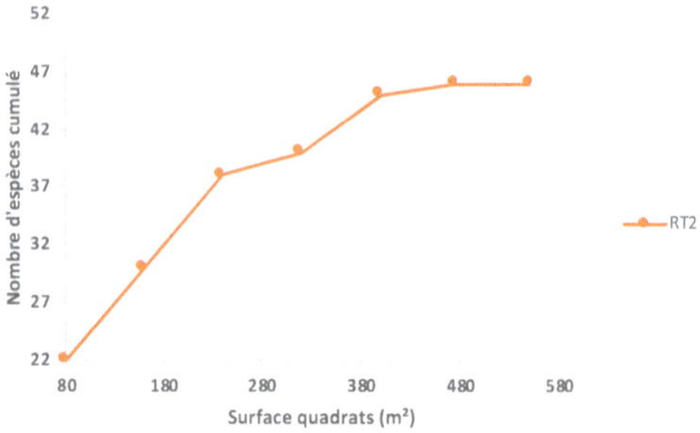

Figure 369: Courbe Aire/Espèces de la station RT2

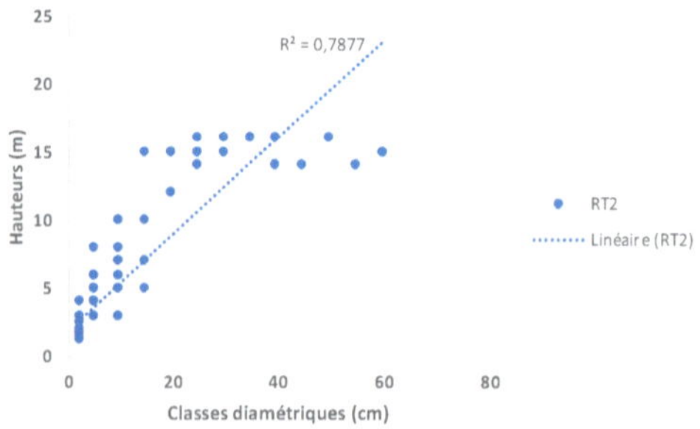

Figure 370: Courbe de corrélation entre les diamètres et les hauteurs des arbres de la station RT2 (diamètres 2,5 cm et hauteurs 1,3 m)

Une forte valeur de coefficient de détermination associe les hauteurs et les diamètres (R^2 = 0,7877; Figure 370). Il semble y avoir un équilibre entre la distribution des diamètres et des hauteurs de cette communauté végétale.

Indices de diversité

Tableau 209: Matrice de similarité de la station de Ravine Touza – étage moyen (Indices de diversité)

D	1 – D	H'	J	Hill	1 – Hill
0,11	0,89	3,69	0,77	0,22	0,78

*Indice de Simpson (D ou 1 – D) = le carré (nombre d'individus /nombre total d'individus de l'échantillon); Indice réciproque de Simpson (1/D) = inverse de l'indice de Simpson; Indice de Shannon (H') =-∑ [proportion d'une espèce par rapport au nombre total d'espèces dans l'échantillon*log (proportion d'une espèce par rapport au nombre total d'espèces dans l'échantillon)]; Indice de Piélou (J) = indice de Shannon / log (richesse spécifique); Indice de Hill (Hill) = inverse de l'indice de Simpson / par l'exponentielle de l'indice de Shannon.*

L'indice de Shannon – Weaver est compris entre $2{,}6 \leq H' \leq 3{,}9$, cela se traduit par une répartition relativement équitable des espèces végétales. L'indice de Piélou est en accord avec l'indice de Shannon: valeur comprise entre $0{,}7 \leq J \leq 0{,}8$. Les valeurs des indices de Simpson (D) et de Hill sont faibles (Tableau 209), ce qui se traduit par une diversité élevée.

Les individus d'*Œceoclades maculata* ont été observés dans les quadrats 3, 5, 6 et 7 de la station RT2 (Tableau 210). Par analogie aux cas précédents, nous avons étudié l'abondance des plantules dans la station RT2.

Tableau 210: Abondance des plantules des espèces végétales de la station RT2

Espèces	Importance écologique							Espèces	Importance écologique						
	Q1	Q2	**Q3**	Q4	**Q5**	**Q6**	**Q7**		Q1	Q2	**Q3**	Q4	**Q5**	**Q6**	**Q7**
Abrus precatorius	+	+	+	+				*Macfadyena unguis – cati*		+		+		+	
Aglaonema costatum				+		+		*Myrcia citrifolia*	++	+	++	+	++		+
Andira inermis	+	+	+	++		++		*Myrcia splendens*	+	+	+	+	+	+	
Bourreria succulenta		+		+				*Nephrolepsis sp*	+				++	++	
Bursera simaruba				+				***Œceoclades maculata***			++		++	+++	++
Calophyllum calaba			+					*Passiflora suberosa*			+				
Casearia decandra	+	+						*Paullinia cururu*		+		+	+		
Cissampelos pareira?			+					*Philodendron scandens*						+	
Coccoloba swartzii	+	+		+		+	+	*Pimenta racemosa*	+	++	+	+	+	++	
Coccothrinax barbadensis	+			+				*Pisonia fragrans*	++	+	+	+	++	+	+
Cocos nucifera				+				*Polypodium sp*					+		
Conostegia calyptrata	+			+	+			*Psychotria nervosa*	+			+		+	
Cupania americana		+						*Swietenia macrophylla*	++	++	++	++	++	++	+
Daphnopsis americana			+			+	+	*Swietenia mahagoni*	++	++	+	+	++	+	
Desmodium sp	+++	++	+++	+++		++++		*Syngonium podophyllum*					+++	++	
Dichrostachys cinerea			+					*Tabebuia heterophylla*		+	+		+	+	
Erythroxylon havanense	+	+	+	+	+	+	+	*Terminalia catappa*		+	+	+		+	+
Eugenia monticola	+	+	+	+	+	++	+	***Triphasia trifolia***			+				
Gonzalagunia hirsuta						+		*Wedelia calycina*	+++	++	+++	+++	++++	++++	++++
Hæmatoxylon campechianum								*Zanthoxylum caribaeum*					+		+
Inga ingoides	+	+	+	+											

(+) très faible abondance écologique (1 à 5); (++) faible abondance écologique (5 à 15); (+++) abondance écologique moyenne (15 à 30); (++++) forte abondance écologique (30 à 45); (+++++) très forte abondance écologique (45 à 100); (++++++) tapis végétal (plus de 100). Q représente les quadrats de la station.

Wedelia calycina (Bouton d'or) est la plus plantule la plus représentée de la phytocénose RT2. S'adjoignent dans des proportions inférieures les plantules de *Swietenia macrophylla* (Mahogani gran fèy) et de *Pisonia fragrans* (Mapou) (Tableau 210).

Œceoclades maculata est caractérisée soit par une faible abondance (quadrats Q3, Q5 et Q7) soit par une abondance écologique moyenne (quadrat Q7) dans les quadrats dans lesquels elle a été observée (Tableau 210). L'espèce semble avoir trouver des conditions favorables à son développement et perpétue progressivement sa population dans la station. Les plantules de *Triphasia trifolia* sont observables dans le quadrat 3. Au vu du développement des autres taxa dans la station, la Petite citronnelle semble être marginale.

V.1.2.1.4 <u>Commune du Vauclin</u>

V.1.2.1.4.1 Morne Carrière (VMC)

La zone d'étude VMC comporte 93 espèces végétales réparties en 47 familles et 79 genres.

Tableau 211: Répartition des espèces des stations VMC en taxa supérieurs

Taxa supérieurs	**Classes**	**Familles**	%	**Genres**	%	**Espèces**	%
Angiospermes	Monocotylédones	5	10,6	7	9,7	7	7,5
	Dicotylédones	42	89,4	72	90,3	86	92,5
Total		47		79		93	

<u>Station VMC7 (500 m^2)</u>

Tableau 212: Les principaux paramètres écologiques et structuraux de la station VMC7

Rang	Espèces	f_a	f_r	Nombre d'individus par espèce hors régénérations	Densité (ind/m²)	Id	Surface terrière totale par espèce	ID
1	*Lonchocarpus punctatus*	5	100%	25	0,05	0,05	0,4761	0,0238
2	*Pisonia fragrans*	5	100%	93	0,186	0,186	0,081	0,0151
3	*Citharexylum spinosum*	4	80%	20	0,04	0,032	0,432	0,0138
4	*Capparis indica*	4	80%	51	0,102	0,0816	0,0486	0,0040
5	*Acacia retusa*	3	60%	29	0,058	0,0348	0,1046	0,0036
6	*Simarouba amara*	2	40%	29	0,058	0,0232	0,1257	0,0029

7	*Cecropia schreberiana*	3	60%	8	0,016	0,0096	0,267	0,0026
	Arbres morts	4	80%	17	0,034	0,0272	0,0623	0,0017
8	*Erythroxylon havanense*	5	100%	29	0,058	0,058	0,0275	0,0016
9	*Casearia decandra*	4	80%	7	0,014	0,0112	0,1237	0,0014
10	*Bourreria succulenta*	4	80%	18	0,036	0,0288	0,0378	0,0011
11	*Tabebuia heterophylla*	4	80%	9	0,018	0,0144	0,0525	0,0008
12	*Bursera simaruba*	3	60%	16	0,032	0,0192	0,0329	0,0006
13	*Cordia sulcata*	4	80%	8	0,016	0,0128	0,0314	0,0004
17	***Triphasia trifolia***	3	60%	3	0,006	0,0036	0,001	0,00001

*Fréquence absolue (f_a) = présence de l'espèce dans les différents quadrats; Fréquence relative (f_r)= Fréquence absolue / nombre de quadrats; Densité = nombre d'individus / surface du relevé; Indice de distribution (Id) = Fréquence relative * Densité; Indice de dominance (ID) = Indice de distribution * surface terrière (aire basale).*

Cette formation sempervirente saisonnière tropicale (mésophile) est au stade présylvatique. *Lonchocarpus punctatus*, *Pisonia fragrans* et *Citharexylum spinosum* sont, par ordre d'importance écologique, les espèces dominantes. *Lonchocarpus punctatus* et *Citharexylum spinosum* ont un profil biodémographique équilibré: toutes les classes d'âges et de hauteurs sont représentées (Figure 371 et Figure 372). *Pisonia fragrans* a l'effectif (93 spécimens; Tableau 212) et la densité (0,186; Tableau 212) les plus élevés. Ses individus ont majoritairement des sections de 2,5 cm (91,4% de l'effectif total de *Pisonia fragrans*) ce qui traduit la faible valeur de surface terrière. La majeure partie des individus de cette matrice mesurent entre 1 et 8 m et ont des sections comprises entre 2,5 et 5 cm (Figure 371 et Figure 372).

Seulement trois individus de *Triphasia trifolia* ont été observés: ces derniers ont de faibles sections (2,5 cm; Figure 371). En dépit du faible nombre d'individus et des faibles valeurs d'indices de dominance observées, *Triphasia trifolia* est relativement bien répartie (f_r = 60 %; Tableau 212) et apparaît au 17ème rang du Tableau 212 au vu de l'indice de dominance. Le taux de mortalité est faible (4,3%). Les paramètres structuraux et la richesse en espèces sont en adéquation avec le stade d'évolution mentionné plus haut (Tableau 212 et Figure 373).

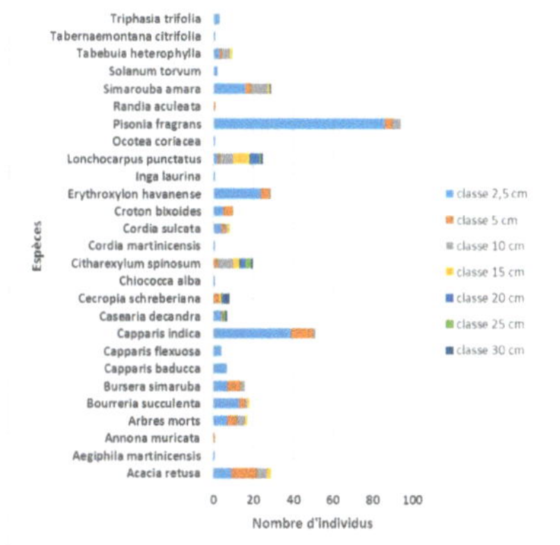

Figure 371: Distribution diamétrique des arbres vivants, sénescents et morts (diamètres ≥ 2,5 cm; Station VMC7)

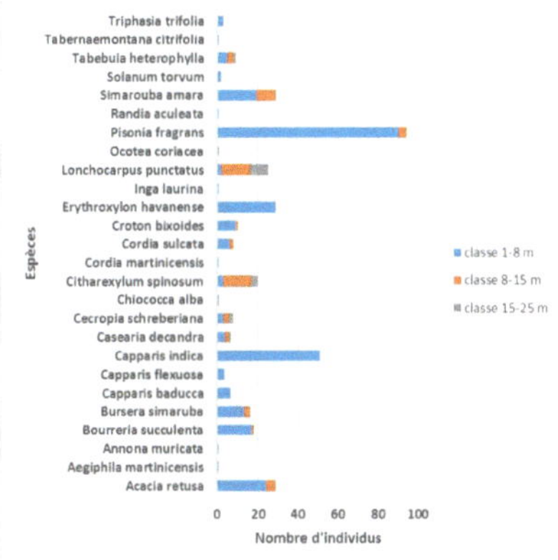

Figure 372: Distribution des hauteurs des arbres vivants et sénescents (hauteurs ≥ 1,3 m; Station VMC7)

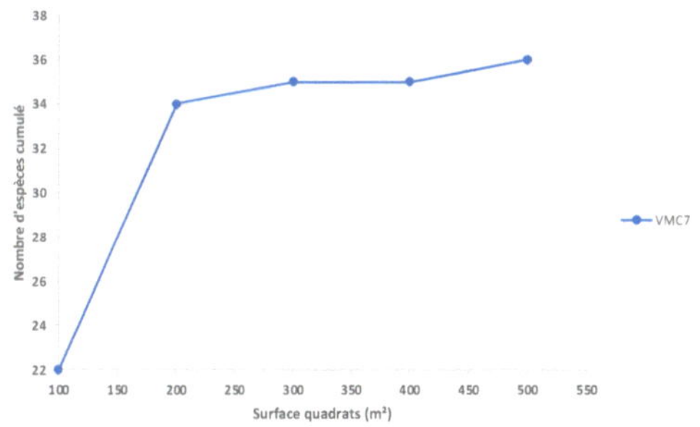

Figure 373: Courbe Aire/Espèces de la station VMC7

Station VMC8 (500 m²)

Tableau 213: Les principaux paramètres écologiques et structuraux de la station VMC8

Rang	Espèces	f_a	f_r	Nombre d'individus par espèce hors régénérations	Densité (ind/m²)	Id	Surface terrière totale par espèce	ID
1	*Pisonia fragrans*	6	100%	118	0,1967	0,1967	0,4055	0,0797
2	*Ocotea coriacea*	6	100%	72	0,1200	0,1200	0,1419	0,0170
3	*Lonchocarpus punctatus*	5	83%	11	0,0183	0,0153	0,4673	0,0071
4	*Capparis indica*	6	100%	36	0,06	0,06	0,0879	0,0053
5	*Psychotria microdon*	6	100%	63	0,105	0,105	0,0353	0,0037
6	*Erythroxylon havanense*	6	100%	30	0,05	0,05	0,0668	0,0033
	Arbres morts	3	50%	12	0,02	0,01	0,2641	0,0026
7	*Bourreria succulenta*	5	83%	40	0,0667	0,0556	0,0285	0,0016
8	*Morisonia americana*	4	67%	48	0,08	0,0533	0,0295	0,0016
9	*Acacia tenuifolia*	5	83%	24	0,04	0,0333	0,0339	0,0011
10	*Bursera simaruba*	2	33%	4	0,0067	0,0022	0,4987	0,0011
11	*Citharexylum spinosum*	3	50%	12	0,0200	0,0100	0,0884	0,0009
12	*Pisonia aculeata*	5	83%	20	0,0333	0,0278	0,0260	0,0007
13	*Bunchosia glandulosa*	5	83%	20	0,0333	0,0278	0,0187	0,0005
14	*Zanthoxylum monophyllum*	4	67%	6	0,01	0,0067	0,0614	0,0004
15	*Capparis flexuosa*	4	67%	21	0,035	0,0233	0,0118	0,0003

*Fréquence absolue (f_a) = présence de l'espèce dans les différents quadrats; Fréquence relative (f_r)= Fréquence absolue / nombre de quadrats; Densité = nombre d'individus / surface du relevé; Indice de distribution (Id) = Fréquence relative * Densité; Indice de dominance (ID) = Indice de distribution * surface terrière (aire basale).*

Cette unité floristique sempervirente saisonnière tropicale est au stade présylvatique. *Pisonia fragrans* et *Ocotea coriacea* sont les espèces végétales dominantes. Elles dominent grâce à leur effectif, leur densité et leur distribution (fréquences et indice de distribution) élevés (Tableau 213). La majeure partie des individus de la matrice ont des sections comprises entre 2,5

(91,2%) et 5 (13,2%) cm: ils représentent 91,2% de l'effectif total de la station (Figure 374). Le groupement végétal est majoritairement constitué de spécimens de hauteurs comprises entre 1 et 8 m qui forment une matrice dense depuis laquelle émergent les individus matures de *Pisonia fragrans*, d'*Ocotea coriacea*, de *Lonchocarpus punctatus*, de *Bursera simaruba*, et de *Citharexylum spinosum* (Figure 375). Aucune espèce potentiellement invasive n'a été observée. Les arbres morts sont peu (12) nombreux, ce qui traduit un taux de mortalité très faible (environ 2%). La richesse en espèces est équivalente à celle de la station précédente (Figure 376).

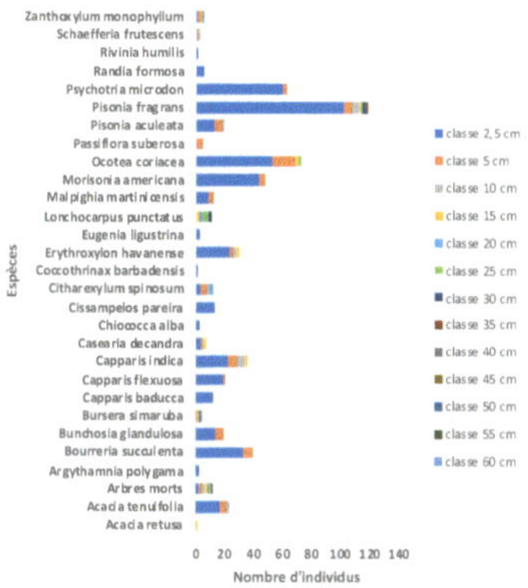

Figure 374: Distribution diamétrique des arbres vivants, sénescents et morts (diamètres ≥ 2,5 cm; Station VMC8)

Figure 375: Distribution des hauteurs des arbres vivants et sénescents (hauteurs ≥ 1,3 m; Station VMC8)

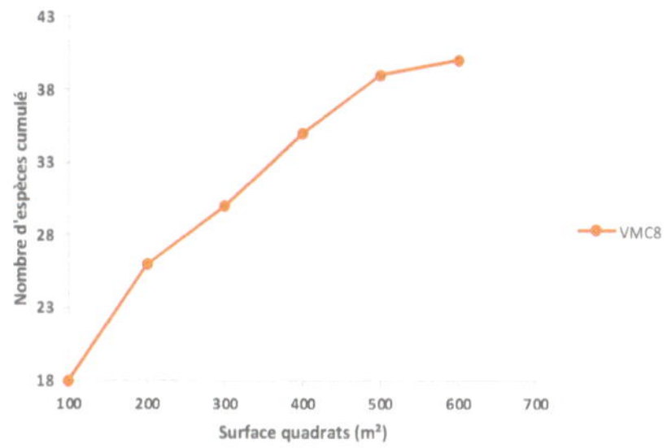

Figure 376: Courbe Aire/Espèces de la station VMC8

Station VMC9 (1 000 m²)

Tableau 214: Les principaux paramètres écologiques et structuraux de la station VMC9

Rang	Espèces	f_a	f_r	Nombre d'individus par espèce hors régénérations	Densité (ind/m²)	Id	Surface terrière totale par espèce	ID
1	*Citharexylum spinosum*	9	90%	78	0,078	0,0702	1,03476	0,07264
2	*Pisonia fragrans*	10	100%	166	0,166	0,166	0,2798	0,04645
3	*Simarouba amara*	10	100%	79	0,079	0,079	0,1561	0,01233
4	*Tabebuia heterophylla*	7	70%	17	0,017	0,0119	0,45553	0,00542
5	*Ceiba pentandra*	8	80%	22	0,022	0,0176	0,25035	0,00441
6	*Cordia sulcata*	8	80%	24	0,024	0,0192	0,17033	0,00327
	Arbres morts	6	60%	19	0,019	0,0114	0,25476	0,00290
7	*Inga laurina*	9	90%	39	0,039	0,0351	0,06038	0,00212
8	*Erythroxylon havanense*	8	80%	25	0,025	0,02	0,08836	0,00177
9	*Bursera simaruba*	9	90%	24	0,024	0,0216	0,04516	0,00098
10	*Casearia decandra*	9	90%	24	0,024	0,0216	0,03534	0,00076
11	*Cupania americana*	10	100%	26	0,026	0,026	0,01571	0,00041
12	*Morinda citrifolia*	6	60%	12	0,012	0,0072	0,05547	0,00040
13	*Ocotea coriacea*	8	80%	18	0,018	0,0144	0,01767	0,00025
14	*Gliricidia sepium*	2	20%	9	0,009	0,0018	0,11977	0,00022
15	*Aegiphila martinicensis*	6	60%	26	0,026	0,0156	0,01276	0,0002
20	***Triphasia trifolia***	9	90%	12	0,012	0,0108	0,00589	0,00006

*Fréquence absolue (f_a) = présence de l'espèce dans les différents quadrats; Fréquence relative (f_r)= Fréquence absolue / nombre de quadrats; Densité = nombre d'individus / surface du relevé; Indice de distribution (Id) = Fréquence relative * Densité; Indice de dominance (ID) = Indice de distribution * surface terrière (aire basale).*

Cette phytocénose sempervirente saisonnière tropicale type est au stade présylvatique voire sylvatique jeune. *Citharexylum spinosum*, *Pisonia fragrans* et *Simarouba amara* sont les espèces dominantes. Leurs paramètres écologiques sont les plus élevés (Tableau 214). *Citharexylum spinosum*,

Simarouba amara, Ceiba pentandra et *Tabebuia heterophylla* ont un profil biodémographique quasi – équilibré: les individus sont relativement bien répartis dans toutes les classes diamétriques et de hauteurs (Figure 377 et Figure 378). Cette unité floristique est majoritairement constituée de spécimensde sections 2,5 cm et dont les hauteurs sont comprises entre 1 et 8 m (Figure 377 et Figure 378). La présence de *Mangifera indica*, espèce naturalisée des forêt mésophiles secondaires, témoigne d'une activité anthropique.

Douze individus de *Triphasia trifolia* ont été recensés. L'espèce est bien distribuée (90%; Tableau 214) et apparaît au 20ème rang au regard de l'indice de dominance. Ses individus se distribuent essentiellement dans des classes diamétriques de 2,5 cm (Figure 377). Le taux de mortalité est très faible (2,6%). La diversité spécifique est très riche (Figure 379).

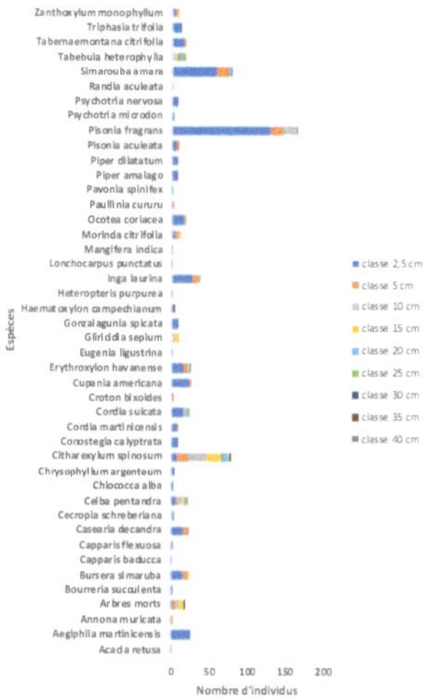

Figure 377: Distribution diamétrique des arbres vivants, sénescents et morts (diamètres ≥ 2,5 cm; Station VMC9)

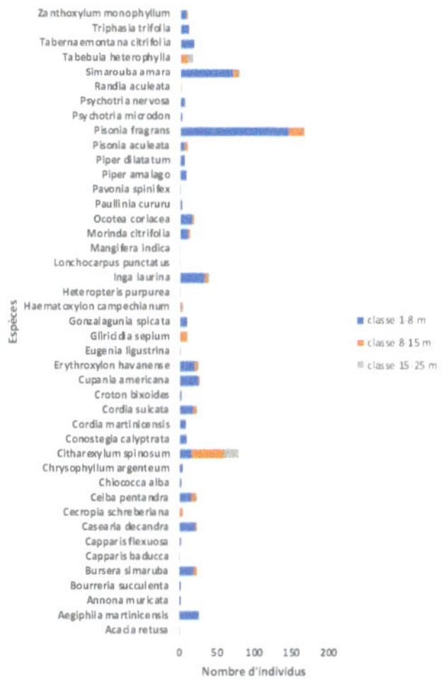

Figure 378: Distribution des hauteurs des arbres vivants et sénescents (hauteurs ≥ 1,3 m; Station VMC9)

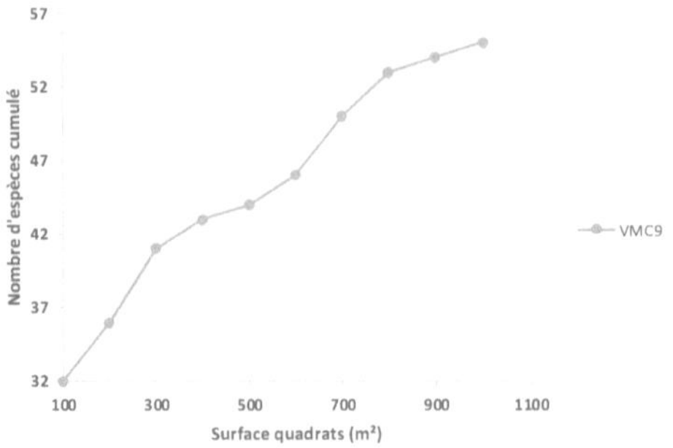

Figure 379: Courbe Aire/Espèces de la station VMC9

Station VMC10 (900 m²)

Tableau 215: Les principaux paramètres écologiques et structuraux de la station VMC10

Rang	Espèces	f_a	f_r	Nombre d'individus par espèce hors régénérations	Densité (ind/m²)	Id	Surface terrière totale par espèce	ID
1	*Citharexylum spinosum*	9	100%	130	0,1444	0,1444	0,9705	0,1402
2	*Simarouba amara*	9	100%	69	0,0767	0,0767	0,2788	0,0214
3	*Tabernaemontana citrifolia*	9	100%	111	0,1233	0,1233	0,1134	0,0140
4	*Cordia sulcata*	6	67%	13	0,0144	0,0096	0,2773	0,0027
	Arbres morts	6	67%	29	0,0322	0,0215	0,1100	0,0024
5	*Pisonia fragrans*	9	100%	38	0,0422	0,0422	0,0319	0,0013
6	*Zanthoxylum monophyllum*	4	44%	30	0,0333	0,0148	0,0545	0,0008
7	*Ceiba pentandra*	5	56%	12	0,0133	0,0074	0,0933	0,0007
8	*Piper dilatatum*	6	67%	36	0,0400	0,0267	0,0177	0,0005
9	*Pisonia aculeata*	8	89%	18	0,0200	0,0178	0,0191	0,0003
10	*Inga laurina*	7	78%	19	0,0211	0,0164	0,0182	0,0003
11	*Gonzalagunia spicata*	6	67%	28	0,0311	0,0207	0,0137	0,0003
12	*Cupania americana*	9	100%	10	0,0111	0,0111	0,0182	0,0002
13	***Triphasia trifolia***	6	67%	23	0,0256	0,0170	0,0113	0,0002
31	***Dichrostachys cinerea***	1	11%	1	0,0011	0,0001	0,0020	0,0000002

*Fréquence absolue (f_a) = présence de l'espèce dans les différents quadrats; Fréquence relative (f_r)= Fréquence absolue / nombre de quadrats; Densité = nombre d'individus / surface du relevé; Indice de distribution (Id) = Fréquence relative * Densité; Indice de dominance (ID) = Indice de distribution * surface terrière (aire basale).*

Cette station correspond à une phytocénose sempervirente saisonnière tropicale type au stade forestier jeune à présylvatique. *Citharexylum spinosum* et auxiliairement *Simarouba amara* et *Tabernaemontana citrifolia* sont, par ordre d'importance écologique, les espèces dominantes. Elles ont les indices de dominance les plus élevés (Tableau 215). La matrice floristique est en grande partie composée de spécimens de sections comprises entre 2,5 et 10 cm allant de 1 à 8 m de haut (Figure 380 et Figure 381). Néanmoins, les individus de hauteurs comprises entre 8 et 15 m ne sont pas négligeables (Figure 381).

Deux espèces potentiellement invasives ont été identifiées. *Triphasia trifolia* est bien distribuée (f_r = 67%; Tableau 215) et comporte 23 individus essentiellement de diamètre 2,5 cm (Figure 380). Son indice de distribution et sa surface terrière sont donc très faibles au regard des espèces dominantes (Tableau 215). Un seul individu de *Dichrostachys cinerea* a été observé dans les quadrats de cette station (Tableau 215). Son indice de distribution est extrêmement faible (Id = 0,0001) et sa surface terrière est négligeable (ST = 0,002). L'Acacia de Saint – Domingue est marginale voire erratique. Le taux de mortalité est faible (4,3%). La richesse floristique est importante (Figure 382).

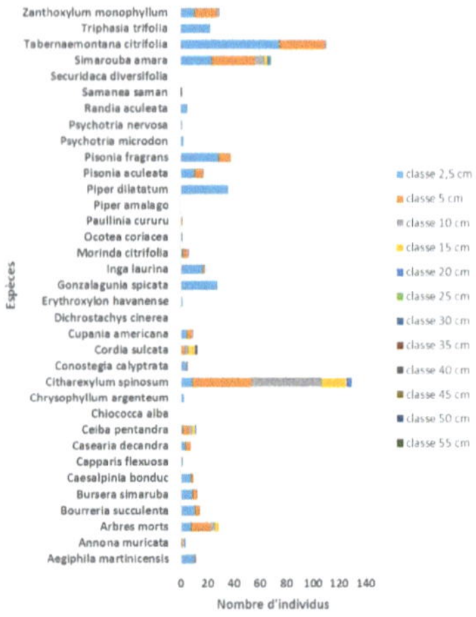

Figure 380: Distribution diamétrique des arbres vivants, sénescents et morts (diamètres ≥ 2,5 cm; Station VMC10)

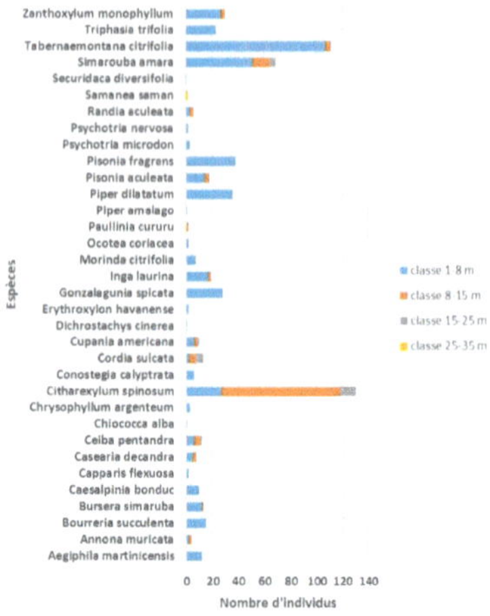

Figure 381: Distribution des hauteurs des arbres vivants et sénescents (hauteurs ≥ 1,3 m; Station VMC10)

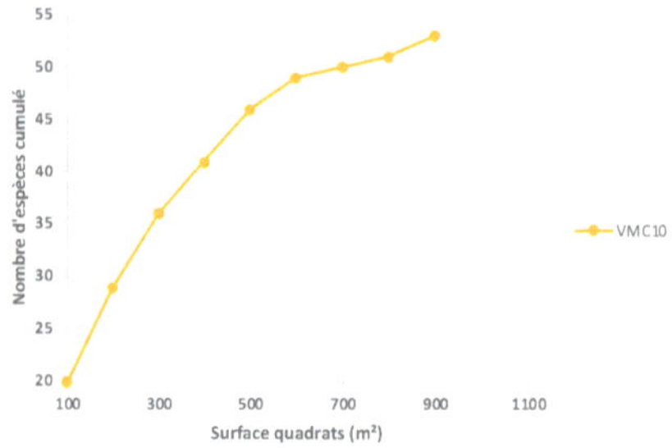

Figure 382: Courbe Aire/Espèces de la station VMC10

Station VMC11 (1 000 m²)

Tableau 216: Les principaux paramètres écologiques et structuraux de la station VMC11

Rang	Espèces	f_a	f_r	Nombre d'individus par espèce hors régénérations	Densité (ind/m²)	Id	Surface terrière totale par espèce	ID
1	*Cordia sulcata*	10	100%	125	0,125	0,125	0,9106	0,1138
2	*Mangifera indica*	10	100%	28	0,028	0,028	0,9101	0,0255
3	*Inga laurina*	10	100%	75	0,075	0,075	0,1041	0,0078

4	*Cecropia schreberiana*	5	50%	14	0,014	0,007	0,6583	0,0046
5	*Psychotria microdon*	8	80%	54	0,054	0,0432	0,0265	0,0011
6	*Pisonia fragrans*	10	100%	34	0,034	0,034	0,0329	0,0011
7	*Chrysophyllum argenteum*	9	90%	44	0,044	0,0396	0,0216	0,0009
8	*Pisonia aculeata*	10	100%	23	0,023	0,023	0,0187	0,0004
9	*Ocotea coriacea*	9	90%	26	0,026	0,0234	0,0157	0,0004
10	*Simarouba amara*	6	60%	8	0,008	0,0048	0,0756	0,0004
	Arbres morts	5	50%	12	0,012	0,006	0,0486	0,0003
11	*Piper amalago*	6	60%	30	0,03	0,018	0,0147	0,0003
12	*Capparis baducca*	8	80%	21	0,021	0,0168	0,0103	0,0002
13	*Citharexylum spinosum*	6	60%	11	0,011	0,0066	0,0241	0,0002
35	***Triphasia trifolia***	6	60%	1	0,001	0,0006	0,0005	0,0000003

*Fréquence absolue (f_a) = présence de l'espèce dans les différents quadrats; Fréquence relative (f_r)= Fréquence absolue / nombre de quadrats; Densité = nombre d'individus / surface du relevé; Indice de distribution (Id) = Fréquence relative * Densité; Indice de dominance (ID) = Indice de distribution * surface terrière (aire basale).*

La station VMC11 est une formation sempervirente saisonnière tropicale au stade sylvatique jeune à présylvatique dominée par une population de *Cordia sulcata*. La majeure partie des individus de la matrice se distribuent dans des classes faibles (essentiellement 2,5 cm) et culminent entre 1 et 8 m (Figure 383 et Figure 384). Les spécimens de faibles hauteurs forment une matrice surcimée par une strate discontinue de *Cordia sulcata* et de quelques individus de *Mangifera indica* et de *Cecropia schreberiana*. Cette discontinuité de la strate a créé une ouverture de la sylve qui a donc probablement favorisé l'installation de *Triphasia trifolia*.

Triphasia trifolia est bien répartie (f_r = 60%; Tableau 216), néanmoins un seul spécimen de section 2,5 cm a été observé (Figure 383). Quelques (7) régénérations de l'espèce ont été observées. Le taux de mortalité est très faible (1,8%). Au regard des autres stations de Morne Carrière de l'étage moyen, la richesse spécifique est la plus élevée (Figure 385).

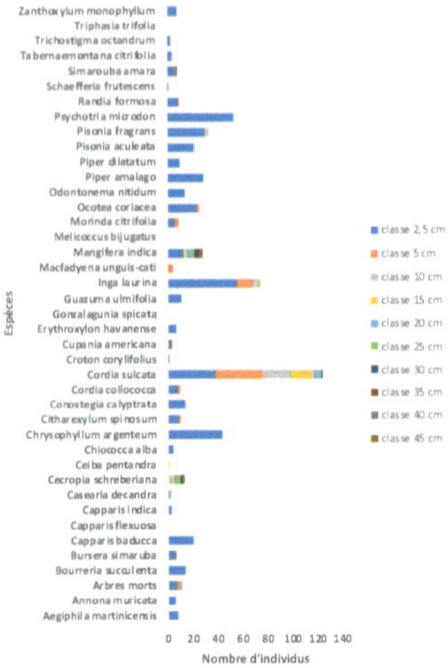

Figure 383: Distribution diamétrique des arbres vivants, sénescents et morts (diamètres ≥ 2,5 cm; Station VMC11)

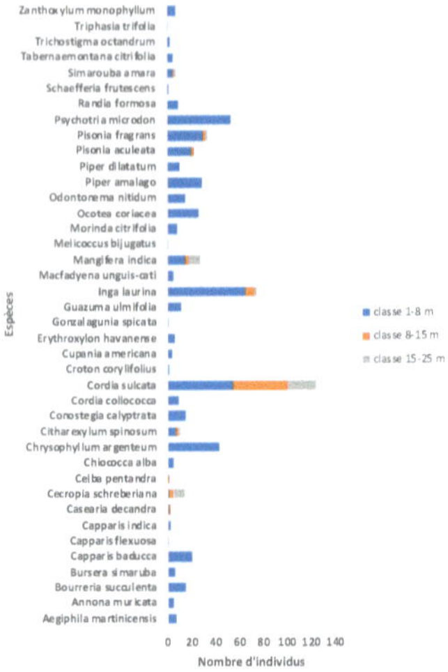

Figure 384: Distribution des hauteurs des arbres vivants et sénescents (hauteurs ≥ 1,3 m; Station VM11)

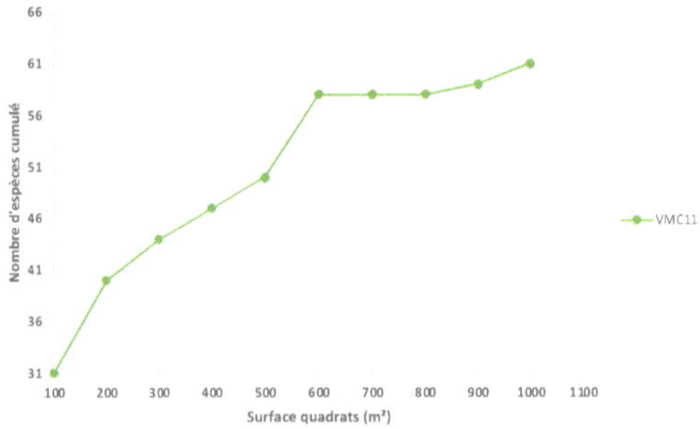

Figure 385: Courbe Aire/Espèces de la station VMC11

Rapport de dominance des espèces pour l'ensemble des stations de Morne Carrière (VMC – étage moyen)

Tableau 217: Les principaux paramètres écologiques et structuraux pour l'ensemble des stations VMC – étage moyen

Rang	Espèces	f_a	f_r	Nombre d'individus par espèce hors régénérations	Densité (ind/m²)	Id	Surface terrière totale par espèce	ID
1	*Citharexylum spinosum*	5	100%	251	0,0628	0,0628	2,5496	0,16
2	*Pisonia fragrans*	5	100%	449	0,1123	0,1123	0,8310	0,0933
3	*Cordia sulcata*	4	80%	170	0,0425	0,034	1,3897	0,0472
4	*Simarouba amara*	4	80%	185	0,0463	0,037	0,6362	0,0235
	Arbres morts	5	100%	89	0,0223	0,0223	0,7397	0,0165
5	*Bursera simaruba*	5	100%	64	0,016	0,016	0,594	0,0095
6	*Lonchocarpus punctatus*	4	80%	37	0,0093	0,0074	0,944	0,007
7	*Ocotea coriacea*	5	100%	119	0,0298	0,0298	0,1767	0,0053
8	*Inga laurina*	4	80%	134	0,0335	0,0268	0,1831	0,0049
9	*Erythroxylon havanense*	5	100%	93	0,0233	0,0233	0,1870	0,0043
11	*Cecropia schreberiana*	3	60%	26	0,0065	0,0039	0,9803	0,0038
12	*Tabernaemontana citrifolia*	4	80%	135	0,0338	0,027	0,1355	0,0037
13	*Tabebuia heterophylla*	4	80%	26	0,0065	0,0052	0,5081	0,0026
14	*Mangifera indica*	2	40%	29	0,0073	0,0029	0,9106	0,0026
15	*Casearia decandra*	5	100%	49	0,0123	0,0123	0,2071	0,0025
16	*Capparis indica*	4	80%	90	0,0225	0,018	0,1379	0,0025
17	*Bourreria succulenta*	5	100%	91	0,0228	0,0228	0,0884	0,002
28	***Triphasia trifolia***	4	80%	39	0,0098	0,0078	0,0191	0,0001
60	***Dichrostachys cinerea***	1	20%	1	0,0003	0,0001	0,0020	0,0000001

*Fréquence absolue (f_a) = présence de l'espèce dans les différents quadrats; Fréquence relative (f_r)= Fréquence absolue / nombre de quadrats; Densité = nombre d'individus / surface du relevé; Indice de distribution (Id) = Fréquence relative * Densité; Indice de dominance (ID) = Indice de distribution * surface terrière (aire basale).*

Citharexylum spinosum, Pisonia fragrans, Bursera simaruba, Ocotea coriacea et *Erythroxylon havanense* sont les espèces les plus distribuées de l'ensemble des stations VMC. *Pisonia fragrans* et *Citharexylum spinosum* constituent les taxa dominants. Elles sont représentées par un nombre d'individus important ainsi qu'une fréquence élevée qui leur confère des indices de dominance significatifs (Tableau 217).

Triphasia trifolia est relativement bien distribuée (f_r = 80%) et est placée au 28ème rang du classement écologique au regard de l'ID (Tableau 217). Un seul individu de *Dichrostachys cinerea* a été observé. Sa distribution (fréquence et indice de distribution) ainsi que sa surface terrière sont extrêmement faibles, l'espèce est marginale.

Nous avons recensé 2 994 spécimens au total (Figure 386). L'ensemble est constitué particulièrement d'individusde sections de 2,5 cm (soit 67,4% de l'effectif total). Parmi les individus d'espèces de grandes sections (jusqu'à 60 cm; Figure 386), on retrouve des taxa de stades dynamique plus avancés (*Pisonia fragrans, Bursera simaruba, Cecropia schreberiana*) ainsi que des taxons introduits (*Mangifera indica* et *Samanea saman*).

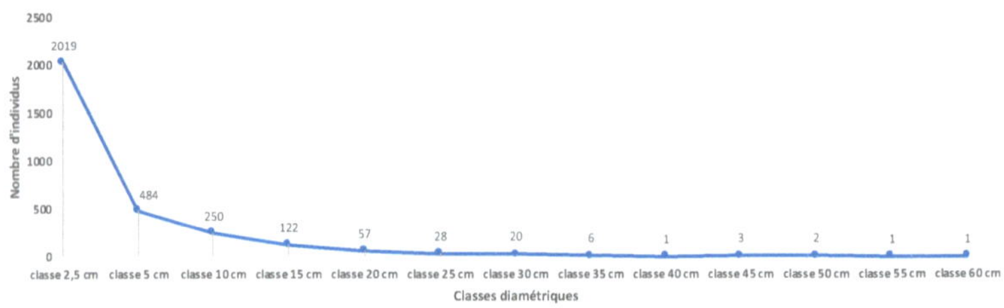

Figure 386: Distribution diamétrique de l'ensemble des stations de Morne Carrière (VMC) de l'étage moyen hors régénérations et hors arbres morts

<u>Courbes de régression linéaire</u>

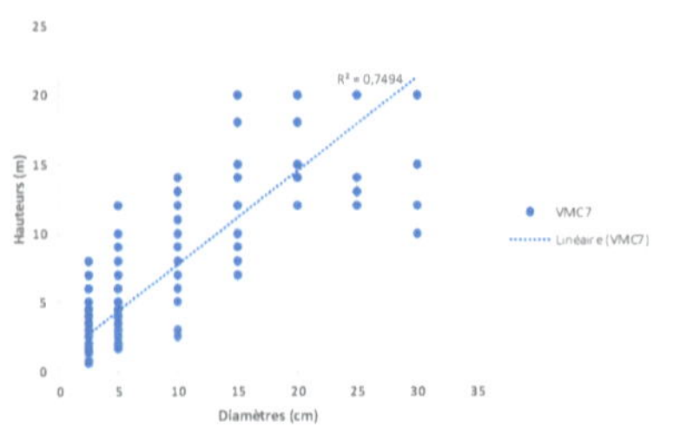

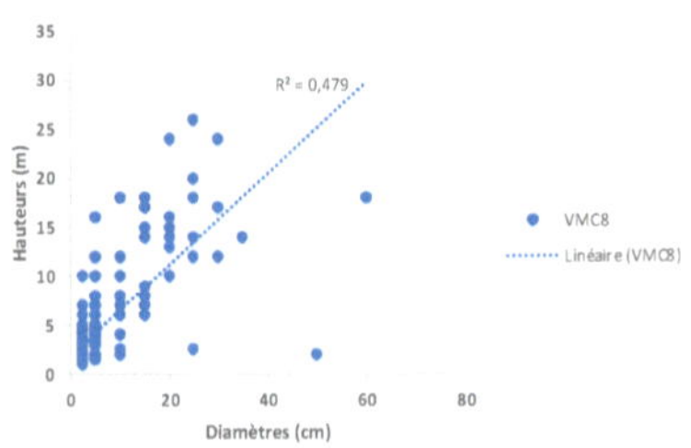

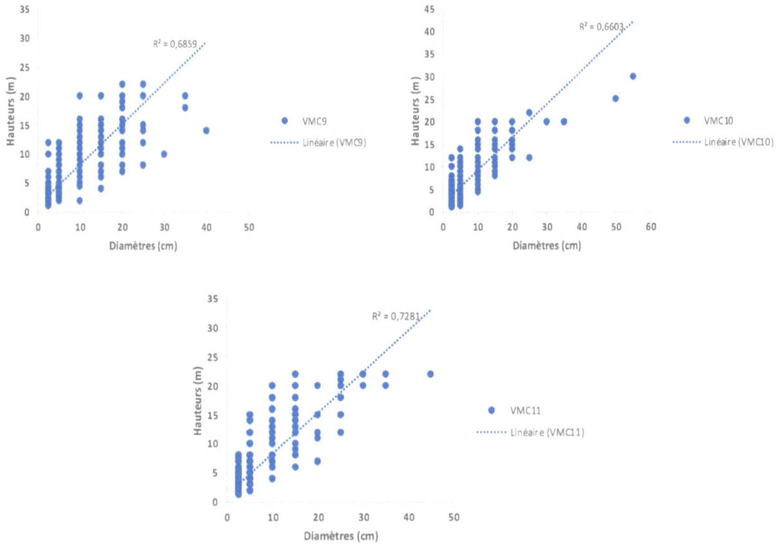

Figure 387: Courbe de corrélation entre les diamètres et les hauteurs des arbres des stations VMC – étage moyen (Morne Carrière) (diamètres 2,5 cm et hauteurs 1,3 m)

Globalement, les cinq courbes de corrélation indiquent des relations moyennes positives: VMC7 ($R^2 = 0,75$), VMC8 ($R^2 = 0,48$), VMC9 ($R^2 = 0,69$), VMC10 ($R^2 = 0,66$) et VMC11 ($R^2 = 0,73$). Un certain équilibre existe entre les distributions de diamètres et de hauteurs des stations VMC7, VMC9, VMC10 et VMC11: de fortes valeurs de coefficient de détermination ont été observées (Figure 387). L'association floristique VMC8 a un coefficient de détermination beaucoup plus faible (0,48; Figure 387). Ce peuplement végétal est composé majoritairement d'individus de faibles sections et hauteurs.

Indice de Jaccard

Tableau 218: Matrice de similarité des stations de Morne Carrière VMC – étage moyen (Indice de Jaccard)

	VMC7 (26)	VMC8 (40)	VMC9 (55)	VMC10 (53)	VMC11 (60)
VMC7 (26)	1	*0,27*	*0,42*	*0,32*	*0,34*
VMC8 (40)	-	1	*0,36*	*0,37*	*0,43*
VMC9 (55)	-	-	1	**0,59**	**0,55**
VMC10 (53)	-	-	-	1	**0,57**
VMC11 (60)	-	-	-	-	1

En gras, sont indiquées toutes les stations dont la valeur de l'indice de Jaccard est supérieure ou égale à 0,45 (≥ 0,45) et en italique toutes les valeurs strictement inférieures à 0,45. Le croisement entre les stations VMC9 – VMC10 – VMC11 montre des similarités significatives. Les autres croisements indiquent de grande différence entre leurs communautés végétales. Ces groupements sont caractérisés par une composition floristique très spécifique (Tableau 218).

Indices de diversité

Tableau 219: Matrice de similarité des stations de Morne Carrière VMC – étage moyen (Indices de diversité)

Indices	VMC7	VMC8	VMC9	VMC10	VMC11
D	0,11	0,09	0,09	0,10	0,07
1 – D	**0,89**	**0,91**	**0,91**	**0,90**	**0,93**
H'	3,70	3,93	4,25	3,97	4,41
J	0,62	0,62	0,65	0,61	0,68
Hill	0,22	0,21	0,16	0,19	0,16
1 – Hill	0,78	0,79	0,84	0,81	0,84

*Indice de Simpson (D ou 1 – D) = le carré (nombre d'individus /nombre total d'individus de l'échantillon); Indice réciproque de Simpson (1/D) = inverse de l'indice de Simpson; Indice de Shannon (H') =-∑ [proportion d'une espèce par rapport au nombre total d'espèces dans l'échantillon*log (proportion d'une espèce par rapport au nombre total d'espèces dans l'échantillon)]; Indice de Piélou (J) = indice de Shannon / log (richesse spécifique); Indice de Hill (Hill) = inverse de l'indice de Simpson / par l'exponentielle de l'indice de Shannon.*

Au vu des faibles valeurs d'indices de Simpson et de Hill observées, les stations VMC (VMC7, VMC8, VMC9, VMC10 et VMC11) ont une diversité élevée (Tableau 219). Hormis la station VMC11, les indices de Piélou des stations VMC ont des valeurs faibles (≤ 0,6; Tableau 219): une dominance populationnelle est observable dans ces phytocénoses. En effet, celle – ci s'exprime par l'abondance populationnelle de *Pisonia fragrans* dans les unités floristiques VMC7 (25% de l'effectif total de la station), VMC8 (20%) et VMC9 (23%) et par celle de *Citharexylum spinosum* et de *Tabernaemontana citrifolia* dans la phytocénose VMC10 (20% et 17% respectivement de l'effectif total des ligneux). L'indice de Piélou de la station VMC11 indique une bonne répartition des espèces dans le cortège (0,68; Tableau 219).

AFC de l'ensemble des stations VMC

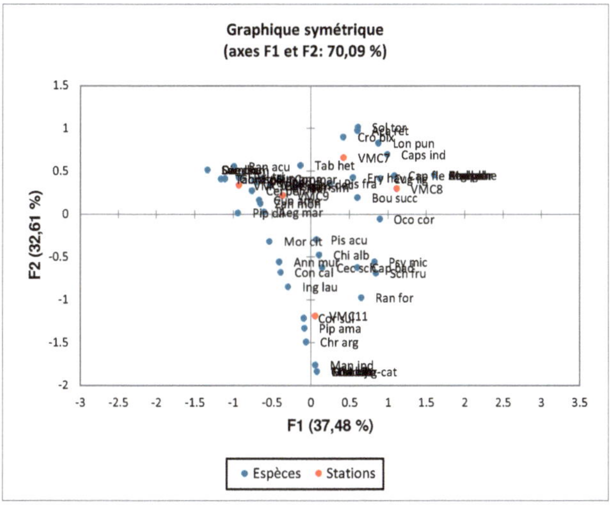

Figure 388: Différenciation mésologique et temporelle des stations et des espèces du Morne Carrière (VMC – étage moyen)

L'inertie associée à l'axe 1 est de 37,48% et celle de l'axe F2 est d 32,61%. L'ensemble représente un maximum d'inertie de 70,09% (Figure 388). Le premier axe F1 oppose les gradients d'évolution temporelle et écologique alors que l'axe F2 met en évidence les compositions floristiques. Les stations VCM7, VMC8 et VMC11 sont des formations présylvatiques caractérisées par des espèces communes telles que *Schæfferia frutescens*. La station VMC11 se singularise des autres stations par sa composition floristique bien particulière (Figure 388). Les stations VMC9 et VMC10 correspondent à des unités végétales au stade sylvatique jeune: elles sont représentées par des taxons de stade dynamique avancé tels que *Psychotria nervosa*.

CAH de l'ensemble des stations VMC

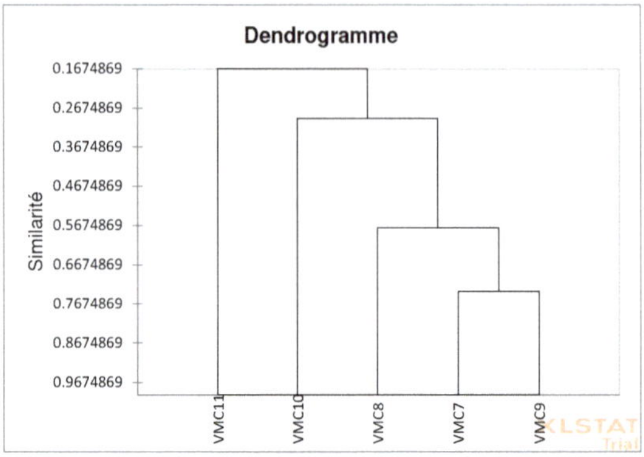

Figure 389: Hiérarchie des partitions obtenues par CAH de l'ensemble des stations VMC (étage moyen)

Les stations VMC10 et VMC11 ont une composition floristique totalement différente de celle des autres phytocénoses: elles ont des valeurs extrêmement faibles avec le reste des groupements (0,29 et 0,17 respectivement; Figure 389). Les autres formations végétales (VMC8, VMC7 et VCM9) ont une valeur significative (0,57; Figure 389). Les unités floristiques VMC7 et VMC9 ont une composition floristique très proche (0,74; Figure 389).

Synthèse générale

Triphasia trifolia, espèce potentiellement invasive, s'est développée dans les stations VMC7 (Tableau 212), VMC9 (Tableau 214), VMC10 (Tableau 215) et VMC11 (Tableau 216). Au vu de son type physionomique (arbrisseau) et de son effectif, la Petite citronnelle ne fait pas partie des espèces dominantes du cortège végétal. Cependant, l'espèce est très distribuée et compte tenu de sa dynamique d'expansion, elle pourrait s'avérer dominante dans ces formations végétales.

V.1.2.2 Synthèse des données des stations de l'étage moyen: structure populationnelle et dominance

L'étage moyen est constitué de 181 espèces réparties en 61 familles et en 137 genres. Les Monocotylédones comprennent 18 espèces (soit 9,9%) et les Dicotylédones sont représentées par 181 espèces (soit 90,1%).

Tableau 220: Répartition des espèces de l'étage moyen en taxa supérieurs

Taxa supérieurs	Classes	Familles	%	Genres	%	Espèces	%
Angiospermes	Monocotylédones	9	17,3	16	11,7	18	9,9
	Dicotylédones	52	82,7	121	88,3	163	90,1
Total		61		137		181	

Une vingtaine d'inventaires floristiques ont été effectués dans l'étage moyen. Dans cet étage, nous avons recensé les espèces végétales suivantes: *Bambusa vulgaris, Dichrostachys cinerea, Œceoclades maculata, Rhœo spathacea, Funtumia elastica, Spathodea campanulata* et *Triphasia trifolia* (Tableau 221).

Tableau 221: Les principaux paramètres écologiques et structuraux pour l'ensemble des stations de l'étage moyen

Rang	Espèces	f_a	f_r	Nombre d'individus par espèce hors régénérations	Densité (ind/m²)	Id	Surface terrière totale par espèce	ID
1	*Simarouba amara*	13	65%	406	0,02299	0,01494	6,60569	0,09871
2	*Pisonia fragrans*	19	95%	808	0,04575	0,04347	1,96791	0,08554
3	*Citharexylum spinosum*	16	80%	339	0,01920	0,01536	5,15712	0,07920
4	*Inga ingoides*	12	60%	337	0,01908	0,01145	4,17783	0,04783
5	*Cordia sulcata*	12	60%	324	0,01835	0,01101	2,32085	0,02555
	Arbres morts	11	55%	287	0,01625	0,00894	2,31692	0,02071
6	*Ocotea coriacea*	10	50%	589	0,03335	0,01668	0,97438	0,01625
7	***Funtumia elastica***	8	40%	683	0,03867	0,01547	0,95475	0,01477
8	*Myrcia splendens*	10	50%	775	0,04388	0,02194	0,66857	0,01467
9	*Mangifera indica*	10	50%	81	0,00459	0,00229	5,23468	0,01200
10	*Eugenia monticola*	11	55%	538	0,03046	0,01676	0,69360	0,01162
11	*Swietenia macrophylla*	4	20%	173	0,00980	0,00196	4,64072	0,00909
12	*Inga laurina*	13	65%	296	0,01676	0,01089	0,75840	0,00826
13	*Cupania americana*	13	65%	294	0,01665	0,01082	0,63077	0,00683

14	*Samanea saman*	8	40%	54	0,00306	0,00122	5,45115	0,00667
15	*Tabernaemontana citrifolia*	14	70%	270	0,01529	0,01070	0,50756	0,00543
31	***Spathodea campanulata***	4	20%	53	0,00300	0,00060	0,84038	0,00050
43	***Triphasia trifolia***	9	45%	85	0,00481	0,00217	0,04172	0,00009
110	***Bambusa vulgaris***	1	5%	14	0,00079	0,00004	0,00687	0,0000003
114	***Dichrostachys cinerea***	2	10%	4	0,00023	0,00002	0,00491	0,0000001
	Œceoclades maculata	3	15%	0	0,00000	0,00000	0,00000	0,00000
	Rhœo spathacea	1	5%	0	0,00000	0,00000	0,00000	0,00000
	Sansevieria hyacinthoides	2	10%	0	0,00000	0,00000	0,00000	0,00000

*Fréquence absolue (f_a) = présence de l'espèce dans les différents quadrats; Fréquence relative (f_r)= Fréquence absolue / nombre de quadrats; Densité = nombre d'individus / surface du relevé; Indice de distribution (Id) = Fréquence relative * Densité; Indice de dominance (ID) = Indice de distribution * surface terrière (aire basale).*

Pisonia fragrans, Citharexylum spinosum et *Cordia sulcata* sont les espèces les plus distribuées de cet ensemble de stations de l'étage moyen (Tableau 221). Par ordre d'importance écologique, *Pisonia fragrans, Simarouba amara* et *Citharexylum spinosum* sont les espèces dominantes. Leur abondance populationnelle, leur densité ainsi que leur distribution (fréquences et indice de distribution) leur confèrent les indices de dominance les plus élevés (Tableau 221).

Nous avons recensé plusieurs espèces potentiellement invasives au sein de cette unité floristique. Au regard de l'ID, *Funtumia elastica* est au 7ème rang du Tableau 221. L'espèce est relativement bien distribuée (f_r = 40%; Tableau 221) et comporte un grand nombre d'individus (683 spécimens recensés; Tableau 221) ayant des diamètres compris entre 2,5 et 20 cm. Son abondance populationnelle la place parmi les espèces ayant les densités les plus importantes (d = 0,387 ind/m^2; Tableau 221).

Spathodea campanulata apparaît au 31ème rang du Tableau 221 à la lumière de l'ID. Elle est faiblement distribuée (f_r = 20%; Tableau 221), les 53 individus dénombrés ont des diamètres variables allant de 2,5 à 45 cm.

Triphasia trifolia, espèce de type physionomique arbuste ou arbrisseau, est au 43ème rang au regard de l'ID (Tableau 221). L'espèce est relativement bien distribuée (f_r = 45%; Tableau 221) et a un nombre d'individus relativement important (85 spécimens observés; Tableau 221) majoritairementde sections 2,5 cm. Ceci est en concordance avec les faibles valeurs d'indices de dominance observées. *Bambusa vulgaris* est très peu distribuée dans la station (f_r = 5%; Tableau 221). Les quatorze individus de Bambou observés ont des diamètres essentiellement de 2,5 cm. Ce qui traduit que son indice de distribution, sa surface terrière et son indice de dominance soient extrêmement faibles (Tableau 221). Au total, quatre individus de *Dichrostachys cinerea* ont été recensés. Au regard des paramètres écologiques observés, l'Acacia de Saint – Domingue est une espèce erratique dans cet ensemble de stations de l'étage moyen.

V.1.2.2.1 <u>Analyse factorielle des correspondances de l'étage moyen</u>

L'analyse factorielle des correspondances a été effectuée à partir d'un tableau de contingence composé de 144 espèces (lignes) et de 20 colonnes (stations).

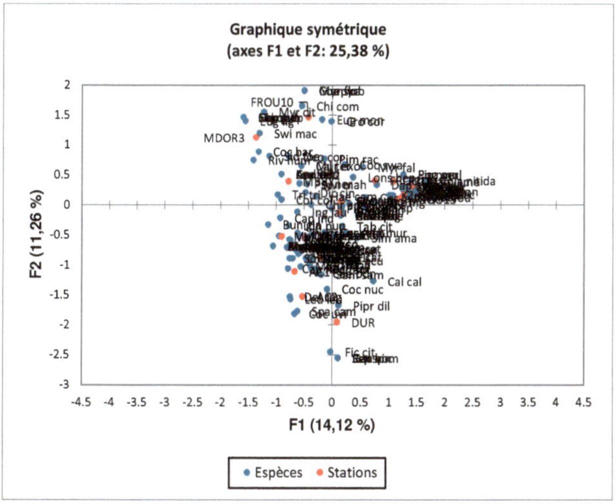

Figure 390: Différenciation mésologique et temporelle des stations et des espèces de l'étage moyen

L'inertie observée par le premier F1 est de 14,12% et celle du second axe est de 11,26%. Cela correspond à un maximum d'inertie de 25,38% (Figure 390). La répartition des stations et des espèces végétales de l'étage moyen dans le plan factoriel résulte de la diversité du couvert végétal en unités floristiques de surfaces différentes. Ces différences sont visibles tant du point de vue des variations du stade d'évolution (entre le stade présylvatique et le stade sylvatique secondaire) que du point de vue des variations de l'abondance populationnelle.

La Figure 390 indique une distanciation entre les espèces affines de certaines stations en fonction de leurs structures populationnelles. L'axe F1 oppose les changements de la composition floristique alors que l'axe F2 semble mettre en évidence un gradient dynamique temporelle et écologique.

Les unités floristiques MDOR3 et FROU10 sont singulières. Elles ont toutes deux, une composition floristique bien particulière qui s'exprime par un isolement des points sur le graphique. Elles sont caractérisées soit par des espèces propres aux deux groupements telles que *Myrcia citrifolia* ou encore *Chionanthus compacta*.

V.1.3 Étage supérieur

V.1.3.1.1 Commune de Fort – de – France

V.1.3.1.1.1 Absalon (ABS)

La zone d'étude ABS comporte 57 espèces végétales réparties en 29 familles et 45 genres.

Tableau 222: Répartition des espèces de la station ABS en taxa supérieurs

Taxa supérieurs	Classes	Familles	%	Genres	%	Espèces	%
Angiospermes	Monocotylédones	7	24,1	8	17,8	12	21,1
	Dicotylédones	22	75,9	37	82,2	45	78,9
Total		29		45		57	

Station ABS (700 m²)

Tableau 223: Les principaux paramètres écologiques et structuraux de la station ABS

Rang	Espèces	f_a	f_r	Nombre d'individus par espèce hors régénérations	Densité (ind/m²)	Id	Surface terrière totale par espèce	ID
1	*Swietenia macrophylla*	5	71%	28	0,0400	0,0286	1,5595	0,0446
2	*Swietenia mahagoni*	3	43%	14	0,0200	0,0086	2,2561	0,0193

3	*Talauma dodecapetala*	7	100%	39	0,0557	0,0557	0,3191	0,0178
4	*Tapura latifolia*	7	100%	96	0,1371	0,1371	0,1090	0,0149
	Arbres morts	7	100%	23	0,0329	0,0329	0,1365	0,0045
5	*Aniba bracteata*	7	100%	36	0,0514	0,0514	0,0295	0,0015
6	*Cyathea muricata*	6	86%	20	0,0286	0,0245	0,0540	0,0013
7	***Bambusa vulgaris***	5	71%	18	0,0257	0,0184	0,0707	0,0013
8	*Trichilia septentrionalis*	7	100%	22	0,0314	0,0314	0,0285	0,0009
9	*Heliconia sp.*	5	71%	18	0,0257	0,0184	0,0221	0,0004
10	*Palicourea crocea*	6	86%	17	0,0243	0,0208	0,0142	0,0003
11	*Licania ternatensis*	6	86%	11	0,0157	0,0135	0,0142	0,0002
12	*Myrcia fallax*	6	86%	16	0,0229	0,0196	0,0093	0,0002
13	*Cyathea arborea*	6	86%	7	0,0100	0,0086	0,0196	0,0002
14	*Guatteria caribaea*	5	71%	15	0,0214	0,0153	0,0103	0,0002

*Fréquence absolue (f_a) = présence de l'espèce dans les différents quadrats; Fréquence relative (f_r)= Fréquence absolue / nombre de quadrats; Densité = nombre d'individus / surface du relevé; Indice de distribution (Id) = Fréquence relative * Densité; Indice de dominance (ID) = Indice de distribution * surface terrière (aire basale).*

Cette formation ombrophile submontagnarde est au stade sylvatique jeune à présylvatique. Le cortège dominant est composé, par ordre d'importance écologique, de *Swietenia macrophylla*, de *Swietenia mahagoni*, de *Talauma dodecapetala* et de *Tapura latifolia*. Les individus de sections 2,5 et 5 cm et de hauteurs comprises entre 1 et 8 m, dominent en nombre et forment une matrice dense surcimée par des individus matures de Mahoganis (*Swietenia macrophylla* et *Swietenia mahagoni*) et de quelques individus de *Talauma dodecapetala* (Figure 391 et Figure 392). Cette unité floristique est composée d'espèces appartenant à différents stades d'évolution de la dynamique végétale: arbustif (*Cestrum laurifolium*), sylvatique secondaire (*Cecropia schreberiana*, *Eugenia pseudopsidium*, *Inga ingoides*) et sylvatique secondaire tardive (*Pouteria semecarpifolia*, *Faramea occidentalis*).

Bambusa vulgaris est relativement bien répartie (f_r = 71%; Tableau 223) et apparaît au 7ème rang du Tableau 223 à la lumière de l'indice de dominance. 18 individus de sections comprises entre 5 et 10 centimètres et culminant entre 1 et 15 mètres ont été observés. Ses indices écologiques (indice de distribution et de dominance) sont relativement élevés (Tableau 223). Les arbres morts (23 au total; Tableau 223) sont très distribués (f_r =100%; Tableau 223): le taux de mortalité est faible (4,3%). La diversité floristique est relativement élevée au vu de l'aire minimale de relevé (environ 500 m^2; Figure 393). La structure végétale de cette phytocénose est équilibrée (Figure 394): les hauteurs et les diamètres sont fortement liées.

Figure 391: Distribution diamétrique des arbres vivants, sénescents et morts (diamètres ≥ 2,5 cm; Station ABS)

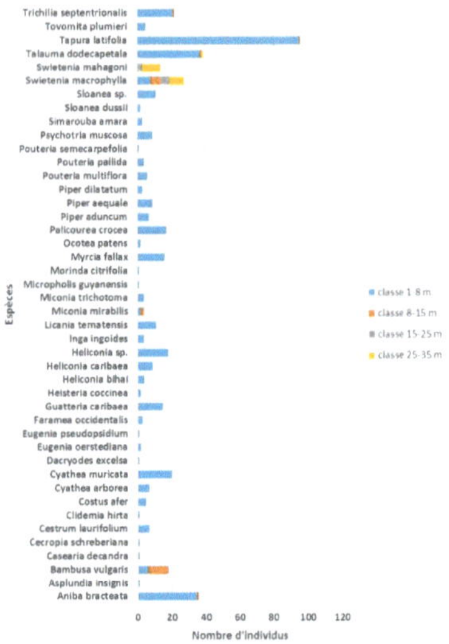

Figure 392: Distribution des hauteurs des arbres vivants et sénescents (hauteurs ≥ 1,3 m; Station ABS)

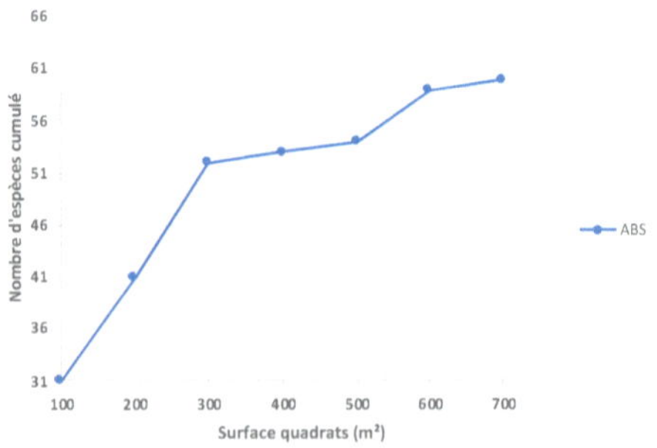

Figure 393: Courbe Aire/Espèces de la station Absalon (ABS)

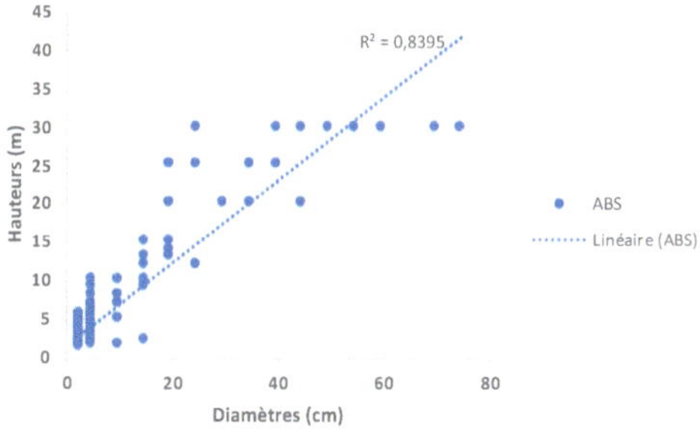

Figure 394: Courbe de corrélation entre les diamètres et les hauteurs des arbres de la station ABS (Absalon) (diamètres 2,5 cm et hauteurs 1,3 m)

La diversité spécifique de cette phytocénose est importante au vu des faibles valeurs des indices de Hill et de Simpson observées (Tableau 224). L'indice de Shannon est élevé (4,55; Tableau 224): il n'y a pas de dominance numérique excessive d'espèces végétales dans la station. Néanmoins, l'indice de Piélou, beaucoup plus précis, indique une surreprésentation en termes de nombre d'individus de *Tapura latifolia* (96 individus recensés; Tableau 223).

Tableau 224: Matrice de similarité de la station Absalon (Indice de Shannon – Weaver)

D	1 – D	H'	J	Hill	1 – Hill
0,07	0,93	4,55	0,73	0,15	0,85

*Indice de Simpson (D ou 1 – D) = le carré (nombre d'individus /nombre total d'individus de l'échantillon); Indice réciproque de Simpson (1/D) = inverse de l'indice de Simpson; Indice de Shannon (H') =-∑ [proportion d'une espèce par rapport au nombre total d'espèces dans l'échantillon*log (proportion d'une espèce par rapport au nombre total d'espèces dans l'échantillon)]; Indice de Piélou (J) = indice de Shannon / log (richesse spécifique); Indice de Hill (Hill) = inverse de l'indice de Simpson / par l'exponentielle de l'indice de Shannon.*

V.1.3.1.1.2 Morne Césaire (MCES)

La zone d'étude MCES comporte 79 espèces végétales réparties en 39 familles et 58 genres.

Tableau 225: Répartition des espèces des stations MCES en taxa supérieurs

Taxa supérieurs	Classes	Familles	%	Genres	%	Espèces	%
Angiospermes	Monocotylédones	9	23,1	11	19	15	19
	Dicotylédones	30	76,9	47	81	64	71
Total		39		58		79	

Station MCES1 (1 035 m²)

Tableau 226: Les principaux paramètres écologiques et structuraux de la station MCES1

Rang	Espèces	f_a	f_r	Nombre d'individus par espèce hors régénérations	Densité (ind/m²)	Id	Surface terrière totale par espèce	ID
1	*Swietenia mahagoni*	5	56%	45	0,0435	0,0242	1,9537	0,0472
2	*Piper dilatatum*	7	78%	256	0,2473	0,1924	0,1257	0,0242
3	*Psychotria berteriana*	8	89%	28	0,0271	0,0240	0,0515	0,0012
4	*Miconia trichotoma*	7	78%	33	0,0319	0,0248	0,0486	0,0012
5	*Chimarrhis cymosa*	5	56%	27	0,0261	0,0145	0,0663	0,0010
6	*Cestrum laurifolium*	7	78%	44	0,0425	0,0331	0,0231	0,0008
7	*Hibiscus elatus*	4	44%	9	0,0087	0,0039	0,1571	0,0006
8	*Cordia sulcata*	5	56%	8	0,0077	0,0043	0,0942	0,0004
	Arbres morts	5	56%	12	0,0116	0,0064	0,0491	0,0003
9	*Cecropia schreberiana*	3	33%	6	0,0058	0,0019	0,1374	0,0003
10	*Pouteria semecarpifolia*	4	44%	17	0,0164	0,0073	0,0344	0,0003

*Fréquence absolue (f_a) = présence de l'espèce dans les différents quadrats; Fréquence relative (fr)= Fréquence absolue / nombre de quadrats; Densité = nombre d'individus / surface du relevé; Indice de distribution (Id) = Fréquence relative * Densité; Indice de dominance (ID) = Indice de distribution * surface terrière (aire basale).*

Cette unité floristique ombrophile submontagnarde est au stade sylvatique jeune. Il s'agit d'une forêt de plantation de Mahoganis. Le cortège prépondérant est constitué de deux espèces: *Swietenia mahagoni* (espèce introduite pour la foresterie) et *Piper dilatatum* (espèce indiquant généralement la dégradation du milieu). *Swietenia mahagoni* a une distribution des classes d'âges relativement bien équilibrée: ses individus occupent presque toutes les classes diamétriques (Figure 395). Les individus de *Piper dilatatum*, de diamètres et de hauteurs bien plus faibles, sont beaucoup plus nombreux (256 individus observés; Tableau 226). Les spécimens de faibles sections (entre 2,5 et 5 cm) et de basses hauteurs (entre 1 et 8 m) sont les plus représentés (Figure 395 et Figure 396) et forment une matrice dense surcimée par des individus adultes de *Swietenia mahagoni*. Les strates moyennes (entre 15 et 25 m) ainsi que les hautes strates (entre 25 et 35 m) sont constituées des individus de *Swietenia mahagoni* (Figure 396). Le taux de mortalité est faible (2%) à la différence de la diversité spécifique qui est très riche (Figure 397).

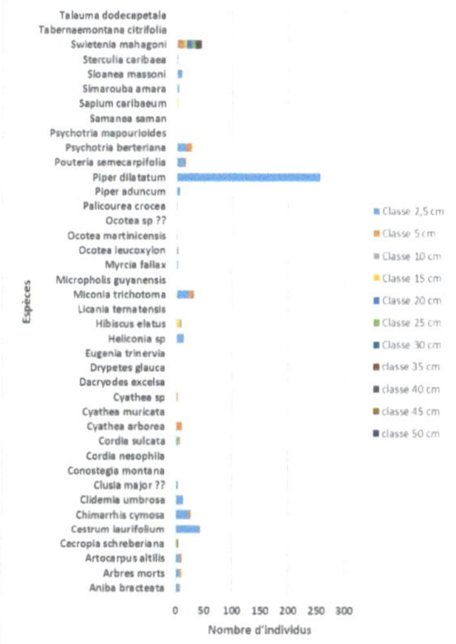

Figure 395: Distribution diamétriques des arbres vivants, sénescents et morts (diamètres ≥ 2,5 cm; Station MCES1)

Figure 396: Distribution des hauteurs des arbres vivants et sénescents (hauteurs ≥ 1,3 m; Station MCES1)

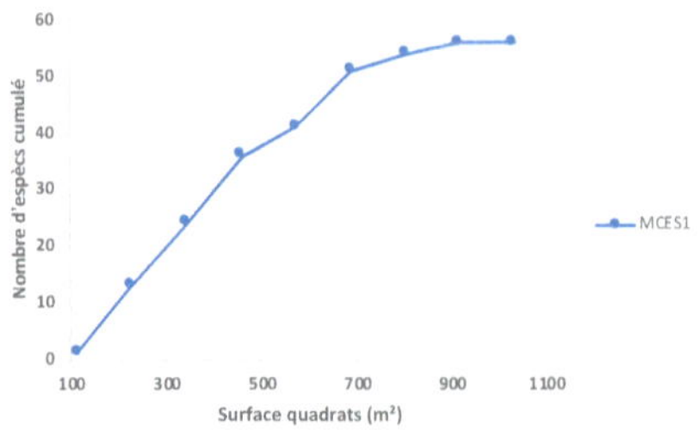

Figure 397: Courbe Aire/Espèces de la station MCES1

Station MCES2 (1 100 m^2)

Tableau 227: Les principaux paramètres écologiques et structuraux de la station MCES2

Rang	Espèces	f_a	f_r	Nombre d'individus par espèce hors régénérations	Densité (ind/m²)	Id	Surface terrière totale par espèce	ID
1	*Swietenia mahagoni*	11	100%	126	0,1145	0,1145	3,6565	0,4188
2	*Chimarrhis cymosa*	6	55%	17	0,0155	0,0084	0,2857	0,0024
3	***Spathodea campanulata***	5	45%	11	0,01	0,0045	0,3024	0,0014
	Arbres morts	7	64%	11	0,01	0,0064	0,1104	0,0007
4	*Palicourea crocea*	9	82%	33	0,03	0,0245	0,0177	0,0004
5	*Cyathea muricata*	5	45%	13	0,0118	0,0054	0,0589	0,0003
6	*Tapura latifolia*	8	73%	31	0,0282	0,0205	0,0152	0,0003
7	*Simarouba amara*	6	55%	6	0,0055	0,003	0,082	0,0002
8	*Sloanea massoni*	8	73%	5	0,0045	0,0033	0,0677	0,0002
9	*Aniba bracteata*	3	27%	8	0,0073	0,0020	0,0653	0,0001
10	*Piper dilatatum*	5	45%	24	0,0218	0,0099	0,0118	0,0001

*Fréquence absolue (f_a) = présence de l'espèce dans les différents quadrats; Fréquence relative (f_r)= Fréquence absolue / nombre de quadrats; Densité = nombre d'individus / surface du relevé; Indice de distribution (Id) = Fréquence relative * Densité; Indice de dominance (ID) = Indice de distribution * surface terrière (aire basale).*

Cette unité végétale ombrophile submontagnarde au stade sylvatique jeune est dominée numériquement par une population de *Swietenia mahagoni* (126 individus recensés; Tableau 227). Il s'agit également d'une forêt de plantation de Mahoganis. Cette phytocénose est formée de quatre strates. La majeure partie des individus ont des hauteurs comprises entre 1 et 8 m (59,6% de l'effectif total des ligneux), d'autres atteignent 8 à 15 m de haut (10,2%; Figure 399). Les individus de *Swietenia mahagoni,* de *Chimarrhis cymosa,* de *Sloanea massoni,* de *Simarouba amara,* de *Spathodea campanulata,* d'*Aniba bracteata* et du *Palmier sp* forment la strate de 15 à 25 m: ils représentent 29,7% de l'effectif total. Seuls, les spécimens de *Swietenia mahagoni* constituent la plus haute strate (entre 25 et 35 m; Figure 399). La présence de *Cyathea arborea*, espèce indicatrice de trouées sylvatiques, témoigne d'un défaut d'imbrication des différentes strates (Figure 399). Cette ouverture de la sylve a probablement permis l'installation du Tulipier du Gabon. Les onze individus de *Spathodea campanulata* observés ont des diamètres pouvant aller jusqu'à 20 cm de diamètre et mesurent entre 1 à 25 m de haut (Figure 398 et Figure 399). Les arbres morts, peu nombreux, se dénombrent dans toutes les classes de diamètre (Figure 398): le taux de mortalité est faible (2,6%). L'aire minimale de relevé est autour de 600 m^2 ce qui est en rapport avec le stade d'évolution mentionné plus haut (Figure 400).

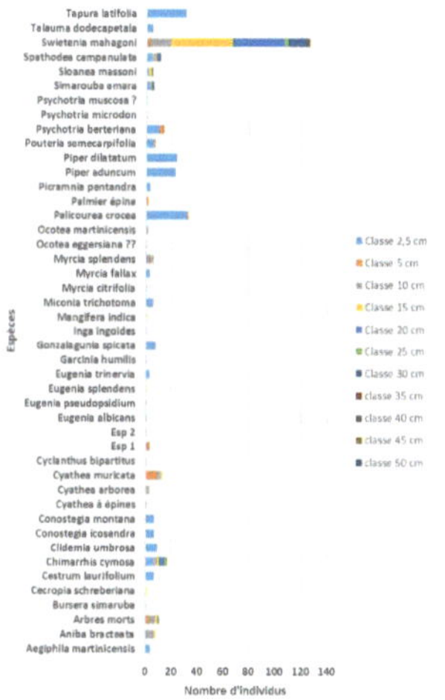

Figure 398: Distribution diamétriques des arbres vivants, sénescents et morts (diamètres ≥ 2,5 cm; Station MCES2)

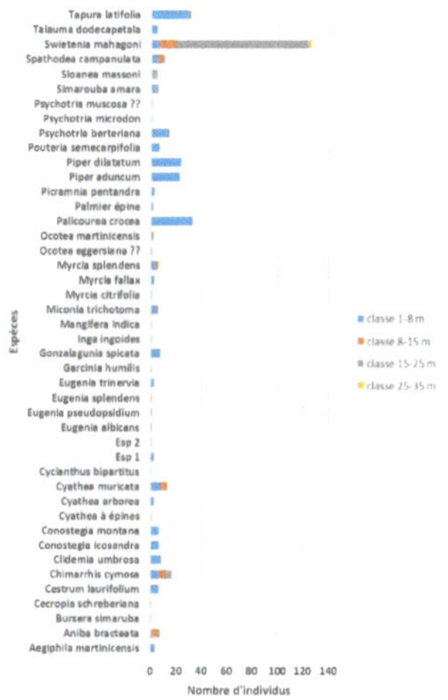

Figure 399: Distribution des hauteurs des arbres vivants et sénescents (hauteurs ≥ 1,3 m; Station MCES2)

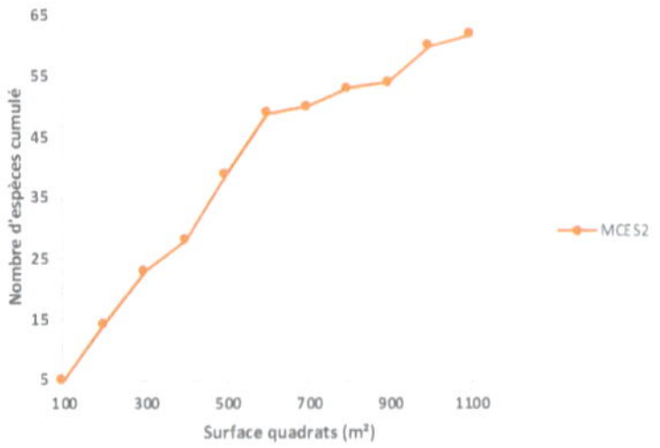

Figure 400: Courbe Aire/Espèces de la station MCES2

Rapport de dominance des espèces pour l'ensemble des stations du Morne Césaire (MCES)

Tableau 228: Les principaux paramètres écologiques et structuraux pour l'ensemble des stations MCES

Rang	Espèces	f_a	f_r	Nombre d'individus par espèce hors régénérations	Densité (ind/m²)	Id	Surface terrière totale par espèce	ID
1	*Swietenia mahagoni*	2	100%	171	0,0801	0,0801	5,6102	0,4493
2	*Piper dilatatum*	2	100%	280	0,1311	0,1311	0,1374	0,0180
3	*Chimarrhis cymosa*	2	100%	44	0,0206	0,0206	0,3520	0,0073
	Arbres morts	2	100%	23	0,0108	0,0108	0,1595	0,0017
4	*Psychotria berteriana*	2	100%	42	0,0197	0,0197	0,0643	0,0013
5	*Miconia trichotoma*	2	100%	39	0,0183	0,0183	0,0589	0,0011
6	***Spathodea campanulata***	1	50%	11	0,0052	0,0026	0,3024	0,0008
7	*Cestrum laurifolium*	2	100%	51	0,0239	0,0239	0,0265	0,0006
8	*Aniba bracteata*	2	100%	17	0,0080	0,0080	0,0785	0,0006
9	*Sloanea massoni*	2	100%	15	0,0070	0,0070	0,0800	0,0006
10	*Cecropia schreberiana*	2	100%	7	0,0033	0,0033	0,1551	0,0005
11	*Pouteria semecarpifolia*	2	100%	24	0,0112	0,0112	0,0393	0,0004
12	*Simarouba amara*	2	100%	11	0,0052	0,0052	0,0844	0,0004

13	*Cyathea muricata*	2	100%	14	0,0066	0,0066	0,0594	0,0004
14	*Cordia sulcata*	2	100%	8	0,0037	0,0037	0,0942	0,0004
15	*Hibiscus elatus*	1	50%	9	0,0042	0,0021	0,1571	0,0003

*Fréquence absolue (f_a) = présence de l'espèce dans les différents quadrats; Fréquence relative (f_r)= Fréquence absolue / nombre de quadrats; Densité = nombre d'individus / surface du relevé; Indice de distribution (Id) = Fréquence relative * Densité; Indice de dominance (ID) = Indice de distribution * surface terrière (aire basale).*

Swietenia mahagoni et *Piper dilatatum* sont les espèces dominantes de cet ensemble de stations MCES. Onze individus de *Spathodea campanulata* ont été comptabilisés (Tableau 228). La discontinuité des strates a créé une ouverture du milieu favorisant le développement d'espèces de trouées telles que *Piper dilatatum* voire *Spathodea campanulata.* Le Tulipier du Gabon apparaît au 6ème rang du cortège écologique global à la lumière de l'ID (Tableau 228).

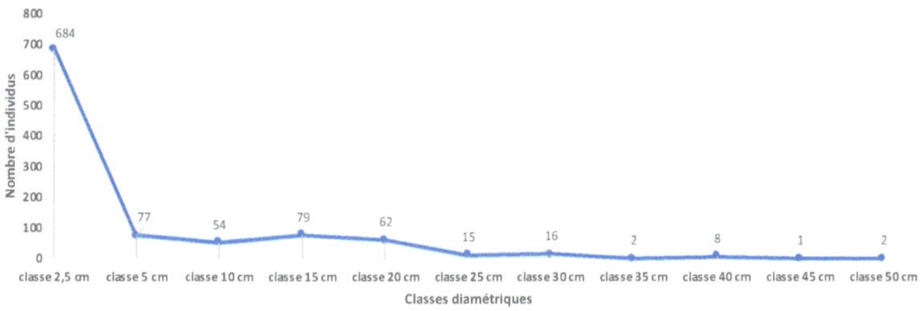

Figure 401: Analyse physionomique de l'ensemble des stations de Morne Césaire (MCES) hors régénérations et hors arbres morts

Nous avons comptabilisé au total 1 000 individus (hors arbres morts et hors régénérations; Figure 401). Les individus de 2,5 cm de section sont nombreux: ils représentent 68,4% de l'effectif total. Toutefois, les spécimens de sections moyennes (entre 10 et 20 cm) sont relativement importants (19,5%). De plus gros spécimens ont été observés: leur diamètre n'excède pas 50 cm (Figure 401).

Courbes de régression linéaire

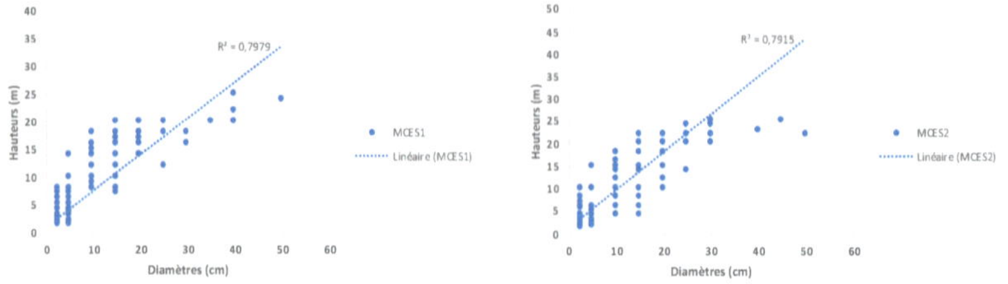

Figure 402: Courbes de corrélation entre les diamètres et les hauteurs des arbres des stations MCES (Morne Césaire) (diamètres 2,5 cm et hauteurs 1,3 m)

Les courbes de corrélation ont des valeurs moyennes positives (> 0,5; Figure 402). Les hauteurs et les diamètres de ces unités floristiques sont fortement liées: les populations de ces phytocénoses semblent être équilibrées.

Indice de Jaccard

Tableau 229: Matrice de similarité des stations du Morne Césaire (Indice de Jaccard)

	MCES1 (56)	MCES2 (61)
MCES1 (56)	1	*0,35*
MCES2 (61)	-	1

L'indice de Jaccard est relativement faible (0,35; Tableau 229). Ceci indique qu'il existe une grande différenciation entre ces deux communautés végétales. Elles sont constituées d'une composition bien spécifique.

Indices de diversité

Tableau 230: Matrice de similarité des stations du Morne Césaire (Indices de diversité)

Indices	MCES1	MCES2
D	0,21	0,12
1 – D	**0,79**	**0,88**
H'	3,41	4,10
J	0,53	0,68
Hill	0,16	0,14
1 – Hill	0,84	0,86

*Indice de Simpson (D ou 1 – D) = le carré (nombre d'individus /nombre total d'individus de l'échantillon); Indice réciproque de Simpson (1/D) = inverse de l'indice de Simpson; Indice de Shannon (H') =-∑ [proportion d'une espèce par rapport au nombre total d'espèces dans l'échantillon*log (proportion d'une espèce par rapport au nombre total d'espèces dans l'échantillon)]; Indice de Piélou (J) = indice de Shannon / log (richesse spécifique); Indice de Hill (Hill) = inverse de l'indice de Simpson / par l'exponentielle de l'indice de Shannon.*

Les valeurs d'indices de Simpson indiquent une diversité relativement élevée. Toutefois, nous avons observé que cette valeur est plus élevée dans le cas de la station MCES1 (0,21; Tableau 230). Ses valeurs sont en concordance avec celles obtenues avec l'indice de Hill. L'indice de Piélou de la station MCES1 est faible ($\leq$ 0,6). Dans cette communauté végétale, il y a une abondance populationnelle de *Piper dilatatum* (256 individus observés; Tableau 226). Dans la station MCES2, l'abondance de *Swietenia mahagoni* (Tableau 227) par rapport à l'ensemble du peuplement indique une répartition relativement équitable au vu des valeurs des indices de Piélou et de Shannon (Tableau 230).

Synthèse générale

La station MCES2 est une unité floristique au stade présylvatique à sylvatique jeune qui est composée par des espèces héliophiles secondaires (Joseph, 2009) de grandes sections qui culminent à des hauteurs comprises entre 25 et 35 m. Les individus de *Spathodea campanulata* se sont développés uniquement dans la station MCES2. Au total, onze individus de *Spathodea campanulata* ont été recensés. Ces individus se distribuent dans des classes de diamètres allant de 2,5 à 20 cm et des classes de hauteurs comprises entre 1 et 15 m.

V.1.3.1.2 Commune du Morne – Rouge

V.1.3.1.2.1 Champflore (CF)

La zone d'étude CF comporte 51 espèces végétales réparties en 30 familles et 43 genres.

Tableau 231: Répartition des espèces des stations CF en taxa supérieurs

Taxa supérieurs	Classes	Familles	%	Genres	%	Espèces	%
Angiospermes	Monocotylédones	5	16,7	8	18,6	9	17,6
	Dicotylédones	25	83,3	35	81,4	42	82,4
Total		30		43		51	

Station CF1 (600 m²)

Tableau 232: Les principaux paramètres écologiques et structuraux de la station CF1

Rang	Espèces	f_a	f_r	Nombre d'individus par espèce hors régénérations	Densité (ind/m²)	Id	Surface terrière totale par espèce	ID
	Arbres morts	6	100%	70	0,11667	0,1167	0,5488	0,064
1	*Piper aduncum*	6	100%	184	0,30667	0,3067	0,1846	0,0566
2	***Spathodea campanulata***	6	100%	32	0,05333	0,0533	0,8463	0,0451
3	*Cecropia schreberiana*	6	100%	22	0,03667	0,0367	0,7815	0,0287
4	*Inga ingoides*	5	83%	9	0,015	0,0125	0,5748	0,0072
5	*Cyathea arborea*	6	100%	21	0,035	0,035	0,1482	0,0052
6	*Clidemia umbrosa*	6	100%	32	0,05333	0,0533	0,0231	0,0012
7	*Chimarrhis cymosa*	6	100%	14	0,02333	0,0233	0,0378	0,0009

*Fréquence absolue (f_a) = présence de l'espèce dans les différents quadrats; Fréquence relative (f_r)= Fréquence absolue / nombre de quadrats; Densité = nombre d'individus / surface du relevé; Indice de distribution (Id) = Fréquence relative * Densité; Indice de dominance (ID) = Indice de distribution * surface terrière (aire basale).*

Cette communauté ombrophile submontagnarde tropicale au stade sylvatique jeune à sylvatique secondaire est dominée par *Piper aduncum, Spathodea campanulata* et de *Cecropia schreberiana* (Tableau 232). Les individus de *Piper aduncum* beaucoup plus nombreux (184 individus; Tableau 232) ont des sections comprises entre 2,5 (63,2% de l'effectif total de *Piper aduncum*) et 5

(34,8% de l'effectif total de *Piper aduncum*) cm. Les individus de *Spathodea campanulata* et de *Cecropia schreberiana* se distribuent dans toutes les classes diamétriques et des hauteurs (Figure 403 et Figure 404). Quatre espèces de Melastomataceae ont été observées dans le cortège végétal: *Clidemia hirta*, *Clidemia umbrosa*, *Conostegia icosandra* et *Conostegia montana*. Elles sont le signe d'une ouverture de la strate sylvatique (Ely – Marius, et al., 2017). Cette ouverture a probablement permis l'installation de *Spathodea campanulata* dans la station. L'espèce est bien distribuée (f_r = 100%; Tableau 232) et se régénère peu à peu dans la matrice végétale (Figure 403). La richesse floristique de la station CF1 est importante (Figure 405). Le taux de mortalité est important (16,5%).

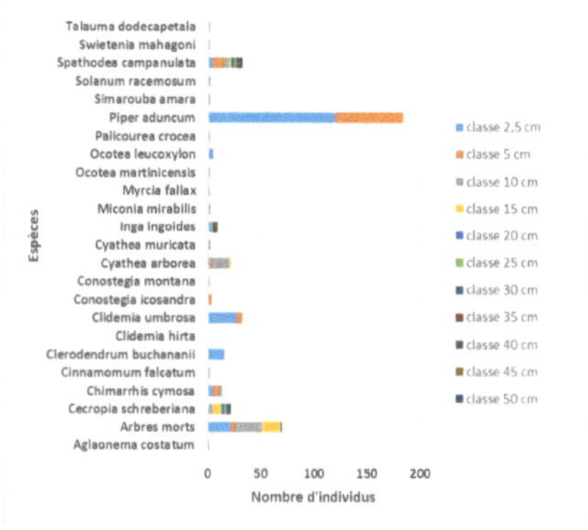

Figure 403: Distribution diamétrique des arbres vivants, sénescents et morts (diamètres ≥ 2,5 cm; Station CF1)

Figure 404: Distribution des hauteurs des arbres vivants et sénescents (hauteurs ≥ 1,3 m; Station CF1)

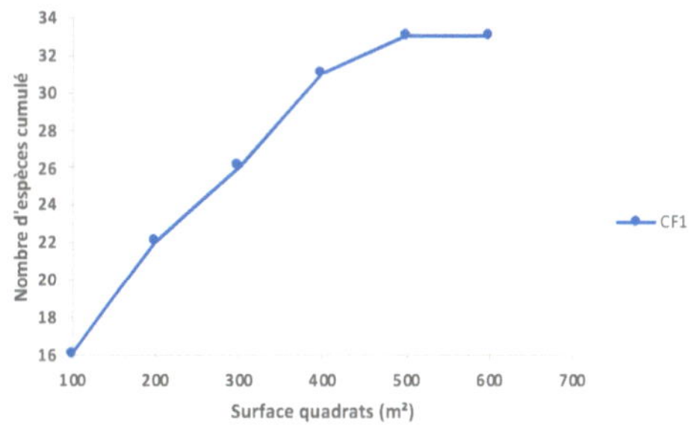

Figure 405: Courbe Aire/Espèces de la station CF1

Station CF2 (600 m^2)

Tableau 233: Les principaux paramètres écologiques et structuraux de la station CF2

Rang	Espèces	f_a	f_r	Nombre d'individus par espèce hors régénérations	Densité (ind/m^2)	Id	Surface terrière totale par espèce	ID
1	***Spathodea campanulata***	6	100%	73	0,1217	0,1217	1,9718	0,2399
	Arbres morts	6	100%	59	0,0983	0,0983	0,5576	0,0548
2	*Cecropia schreberiana*	5	83%	16	0,0267	0,0222	0,7501	0,0167
3	*Piper aduncum*	6	100%	108	0,1800	0,1800	0,0854	0,0154
4	*Chimarrhis cymosa*	4	67%	10	0,0167	0,0111	0,6676	0,0074
5	*Inga ingoides*	6	100%	17	0,0283	0,0283	0,1497	0,0042
6	*Clidemia umbrosa*	6	100%	44	0,0733	0,0733	0,0290	0,0021
7	*Conostegia icosandra*	3	50%	12	0,0200	0,0100	0,0515	0,0005
8	***Bambusa vulgaris***	3	50%	13	0,0217	0,0108	0,0255	0,0003
9	*Cyathea arborea*	3	50%	4	0,0067	0,0033	0,0550	0,0002
10	*Cyathea muricata*	3	50%	4	0,0067	0,0033	0,0511	0,0002

*Fréquence absolue (f_a) = présence de l'espèce dans les différents quadrats; Fréquence relative (f_r)= Fréquence absolue / nombre de quadrats; Densité = nombre d'individus / surface du relevé; Indice de distribution (Id) = Fréquence relative * Densité; Indice de dominance (ID) = Indice de distribution * surface terrière (aire basale).*

Cette station correspond à une formation ombrophile submontagnarde tropicale au stade sylvatique secondaire. *Spathodea campanulata* est l'espèce prépondérante de par sa distribution (fréquences et indice de distribution), sa densité et sa surface terrière élevées (Tableau 233). On peut adjoindre à ce cortège dominant *Piper aduncum* et *Cecropia schreberiana.* 108 individus de *Piper aduncum* ont été recensés: ils dominent en nombre mais ont des sections majoritairement de 2,5 cm (Figure 406), ce qui explique la faible valeur de surface terrière (Tableau 233). Cette communauté végétale est marquée par des espèces végétales qui appartiennent à des stades d'évolution ultérieurs telles que *Cecropia schreberiana*, *Inga ingoides*, *Ocotea leucoxylon* et *Vitex divaricata.* Les individus de *Cyathea arborea* observés dans la station témoignent de l'ouverture progressive de la sylve. La diversité en espèces est la plus faible au regard des autres groupements CF (Figure 408). Le taux de mortalité est élevé (15,8%).

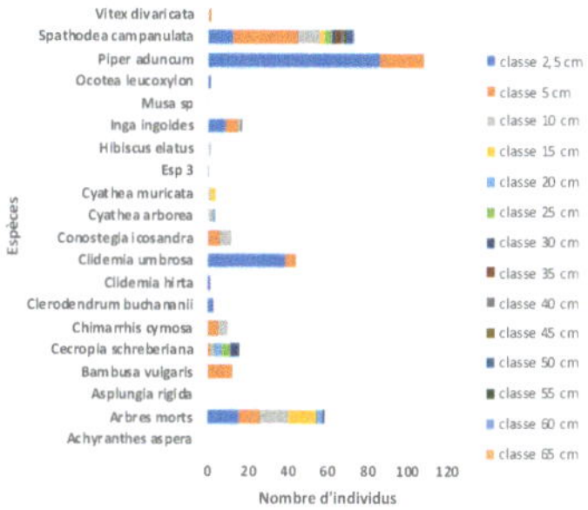

Figure 406: Distribution diamétrique des arbres vivants, sénescents et morts (diamètres ≥ 2,5 cm; Station CF2)

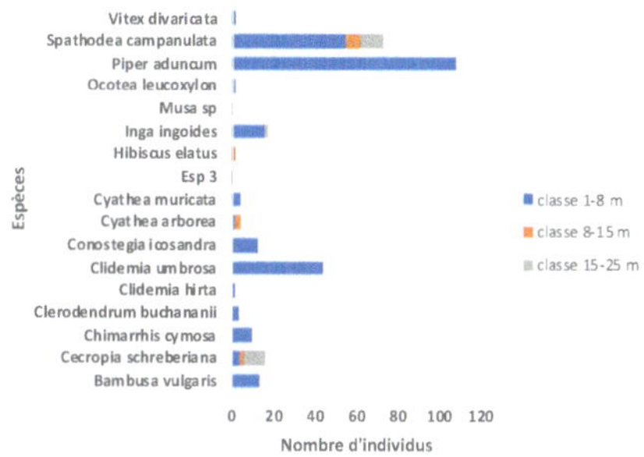

Figure 407: Distribution des hauteurs des arbres vivants et sénescents (hauteurs ≥ 1,3 m; Station CF2)

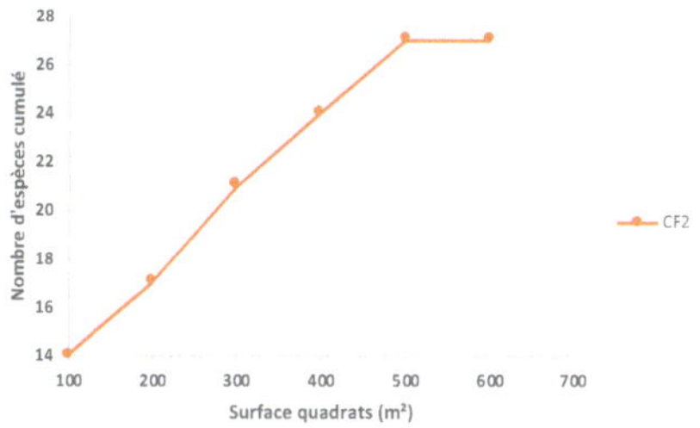

Figure 408: Courbe Aire/Espèces de la station CF2

Station CF3 (500 m²)

Tableau 234: Les principaux paramètres écologiques et structuraux de la station CF3

Rang	Espèces	f_a	f_r	Nombre d'individus par espèce hors régénérations	Densité (ind/m²)	Id	Surface terrière totale par espèce	ID
	Arbres morts	5	100%	96	0,192	0,192	0,9871	0,1895
1	***Spathodea campanulata***	5	100%	33	0,066	0,066	0,7947	0,0525
2	*Piper aduncum*	5	100%	138	0,276	0,276	0,1119	0,0309
3	*Cecropia schreberiana*	5	100%	17	0,034	0,034	0,7658	0,0260
4	*Clidemia umbrosa*	5	100%	45	0,09	0,09	0,0236	0,0021

5	*Cyathea muricata*	5	100%	12	0,024	0,024	0,0805	0,0019
6	*Inga ingoides*	4	80%	10	0,02	0,016	0,1011	0,0016
7	*Chimarrhis cymosa*	5	100%	19	0,038	0,038	0,0329	0,0012
8	*Conostegia icosandra*	4	80%	20	0,04	0,032	0,0334	0,0011
9	*Cyathea arborea*	5	100%	5	0,01	0,01	0,0726	0,0007
10	*Hibiscus elatus*	2	40%	13	0,026	0,0104	0,0486	0,0005

*Fréquence absolue (f_a) = présence de l'espèce dans les différents quadrats; Fréquence relative (f_r)= Fréquence absolue / nombre de quadrats; Densité = nombre d'individus / surface du relevé; Indice de distribution (Id) = Fréquence relative * Densité; Indice de dominance (ID) = Indice de distribution * surface terrière (aire basale).*

Cette phytocénose ombrophile submontagnarde tropicale au stade sylvatique secondaire tardif à sylvatique secondaire. *Spathodea campanulata*, *Piper aduncum* et *Cecropia schreberiana* sont les espèces les plus concurrentes au regard des facteurs biophysiques du milieu: les indices de distribution et de dominance sont les plus élevés. Les individus de *Piper aduncum* dominent en nombre (138 spécimens; Tableau 234). *Spathodea campanulata* a un profil biodémographique équilibré: toutes les classes d'âges et de hauteurs sont représentées (Figure 409 et Figure 410). La matrice végétale est principalement composée d'individus de faibles hauteurs et diamètres (Figure 409 et Figure 410). *Conostegia icosandra*, de même que *Cyathea arborea* sont des espèces indicatrices de zones ouvertes (trouées sylvatiques). De nombreux arbres morts ont été recensés (96 individus; Tableau 234), ce qui traduit un taux de mortalité très élevé: 21,7%. La diversité floristique équivaut à celle de la station précédente (Figure 411).

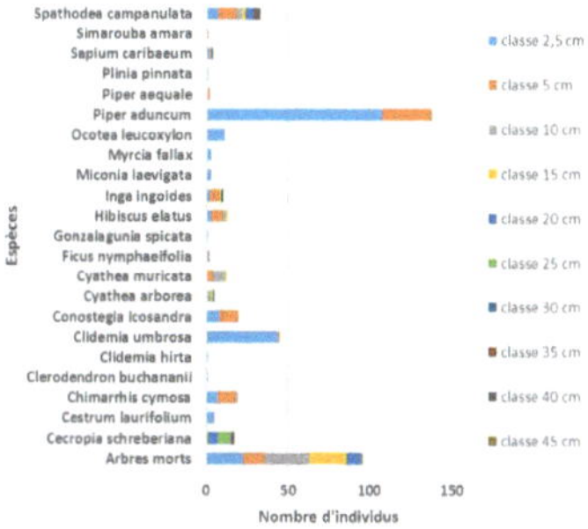

Figure 409: Distribution diamétrique des arbres vivants, sénescents et morts (diamètres ≥ 2,5 cm; Station CF3)

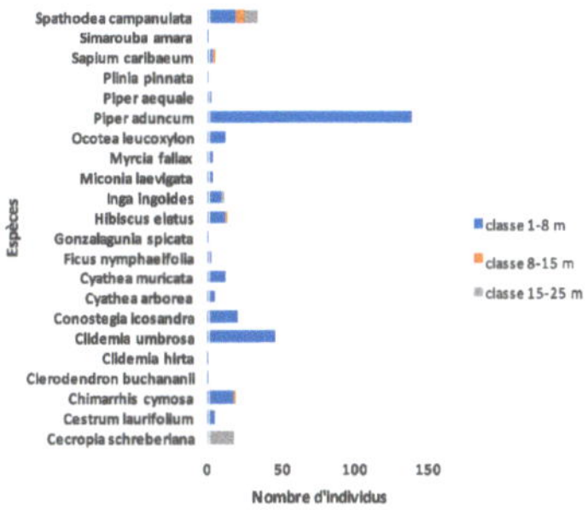

Figure 410: Distribution des hauteurs des arbres vivants et sénescents (hauteurs ≥ 1,3 m; Station CF3)

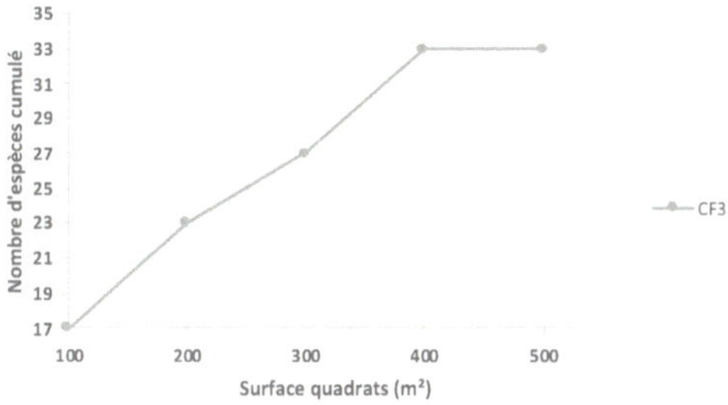

Figure 411: Courbe Aire/Espèces de la station CF3

<u>*Rapport de dominance des espèces pour l'ensemble des stations de Champflore (CF)*</u>

Tableau 235: Les principaux paramètres écologiques et structuraux pour l'ensemble des stations CF

Rang	Espèces	f_a	f_r	Nombre d'individus par espèce hors régénérations	Densité (ind/m²)	Id	Surface terrière totale par espèce	ID
1	*Spathodea campanulata*	3	100%	138	0,0812	0,0812	3,6128	0,2933
	Arbres morts	3	100%	225	0,1324	0,1324	2,0936	0,2771
2	*Piper aduncum*	3	100%	430	0,2529	0,2529	0,3819	0,0966
3	*Cecropia schreberiana*	3	100%	55	0,0324	0,0324	2,2973	0,0743
4	*Inga ingoides*	3	100%	36	0,0212	0,0212	0,8256	0,0175

5	*Clidemia umbrosa*	3	100%	121	0,0712	0,0712	0,0756	0,0054
6	*Cyathea arborea*	3	100%	30	0,0176	0,0176	0,2759	0,0049
7	*Chimarrhis cymosa*	3	100%	43	0,0253	0,0253	0,1124	0,0028
8	*Conostegia icosandra*	3	100%	35	0,0206	0,0206	0,0908	0,0019
9	*Cyathea muricata*	3	100%	18	0,0106	0,0106	0,1414	0,0015
10	*Hibiscus elatus*	2	67%	15	0,0088	0,0059	0,0643	0,0004
11	***Bambusa vulgaris***	3	100%	13	0,0076	0,0076	0,0255	0,0002
12	*Clerodendron buchananii*	3	100%	20	0,0118	0,0118	0,0098	0,0001

*Fréquence absolue (f_a) = présence de l'espèce dans les différents quadrats; Fréquence relative (f_r)= Fréquence absolue / nombre de quadrats; Densité = nombre d'individus / surface du relevé; Indice de distribution (Id) = Fréquence relative * Densité; Indice de dominance (ID) = Indice de distribution * surface terrière (aire basale).*

Spathodea campanulata, *Piper aduncum*, *Cecropia schreberiana* et *Inga ingoides* constituent les espèces dominantes. Elles ont les valeurs de densité, d'indice de dominance et de surface terrière les plus élevées (Tableau 235). *Bambusa vulgaris* est très distribuée (f_r = 100%) mais a un faible nombre d'individus (13 spécimens; Tableau 235). Ces derniers ont essentiellement des diamètres de 5 cm, ce qui explique les faibles valeurs de surface terrière et d'indice de dominance (Tableau 235).

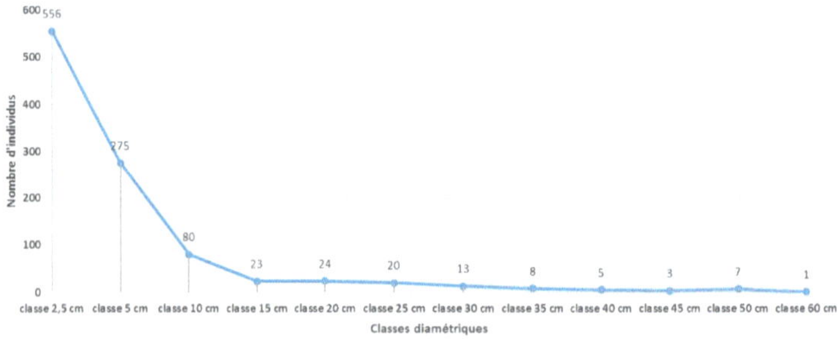

Figure 412: Distribution diamétrique de l'ensemble des stations de Champflore (CF) hors régénérations et hors arbres morts

556 individus de 2,5 centimètres de section et 275 individus de 5 centimètres ont été recensés: ils représentent respectivement 54,8% et 27,1% de l'effectif total (Figure 412). 430 de ces individus sont des spécimens de *Piper aduncum*.

Cette espèce indique généralement la dégradation du milieu. Les individus d'espèces de grandes sections sont peu nombreux (Figure 412). Parmi ces taxa, on trouve principalement *Spathodea campanulata*, *Cecropia schreberiana* ou encore *Inga ingoides*.

<u>*Courbes de régression linéaire*</u>

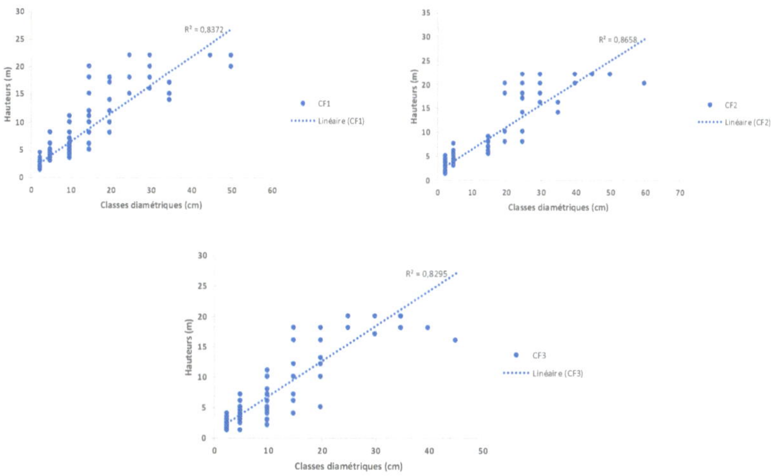

Figure 413: Courbes de corrélation entre les diamètres et les hauteurs des arbres des stations CF (Champflore) (diamètres ≥ 2,5 cm et hauteurs ≥ 1,3 m)

Les courbes de corrélation entre les diamètres et les hauteurs présentent des relations linéaires positives. Les coefficients de détermination des stations CF ont des valeurs relativement proches (Figure 413). Toutefois, la station CF3 a un coefficient de détermination plus faible que les deux autres ($R^2 = 0,83$). La relation qui lie les hauteurs et les diamètres de ces phytocénoses est forte. Les nuages de points qui constituent les graphiques prennent la forme d'une ligne. Il existe un équilibre entre les deux paramètres (diamètres et hauteurs).

Indice de Jaccard

Tableau 236: Matrice de similarité des stations de Champflore (Indice de Jaccard)

	CF1 (33)	CF2 (27)	CF3 (33)
CF1 (33)	1	**0,60**	**0,58**
CF2 (27)	-	1	**0,57**
CF3 (33)	-	-	1

Les stations CF1 et CF2 ont de grandes similitudes (0,6; Tableau 236): leur composition floristique est relativement proche. Les stations CF2 et CF3 (0,57) de même que les stations CF1 et CF3 (0,58) ont également des valeurs d'indices relativement élevées. Tous ces groupements sont donc deux à deux floristiquement dépendants: leur peuplement est relativement similaire.

Indices de diversité

Tableau 237: Matrice de similarité des stations de Champflore (Indices de diversité)

Indices	CF1	CF2	CF3
D	0,30	0,20	0,20
1 – D	**0,70**	**0,80**	**0,80**
H'	2,64	2,85	3,14
J	0,45	0,50	0,54
Hill	0,24	0,28	0,22
1 – Hill	0,76	0,72	0,78

*Indice de Simpson (D ou 1 – D) = le carré (nombre d'individus /nombre total d'individus de l'échantillon); Indice réciproque de Simpson (1/D) = inverse de l'indice de Simpson; Indice de Shannon (H') =-∑ [proportion d'une espèce par rapport au nombre total d'espèces dans l'échantillon*log (proportion d'une espèce par rapport au nombre total d'espèces dans l'échantillon)]; Indice de Piélou (J) = indice de Shannon / log (richesse spécifique); Indice de Hill (Hill) = inverse de l'indice de Simpson / par l'exponentielle de l'indice de Shannon.*

Les valeurs des indices de Simpson (D) et de Hill sont faibles, les communautés végétales ont une diversité élevée (Tableau 237). Les valeurs des indices de Piélou des stations CF sont faibles (≤ 0,6): certaines espèces sont surreprésentées dans les stations. En effet, dans les trois phytocénoses, *Spathodea campanulata* et *Piper aduncum* sont caractérisées par une abondance populationnelle (Tableau 232, Tableau 233 et Tableau 234).

AFC de l'ensemble des stations CF

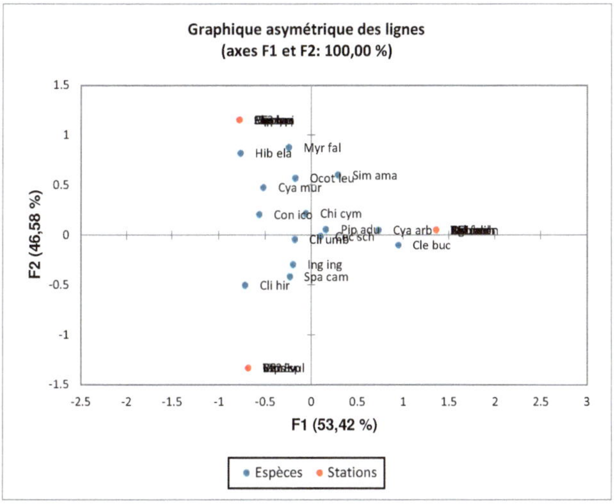

Figure 414: Différenciation mésologique et temporelle des stations et des espèces et des stations de Champflore (CF)

L'inertie observée par le premier axe est de 53,42% et celle du deuxième axe est de 46,58%. Ce qui correspond à un total d'inertie de 100%. L'axe F1 oppose les stades d'évolution de la dynamique végétale tandis que l'axe F2 discrimine les compositions floristiques. Les stations CF2 et CF3 ont des valeurs homogènes: leur composition floristique est voisine (Figure 414). La station CF1 se différencie des autres car elle est marquée par des espèces singulières telles que *Miconia mirabilis* ou encore *Solanum racemosum* (Figure 414).

CAH de l'ensemble des stations CF

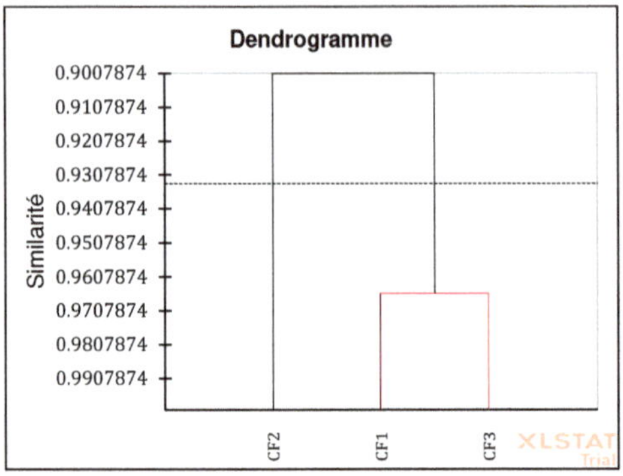

Figure 415: Hiérarchie des partitions obtenues par CAH de l'ensemble des stations CF

Les trois stations ont une composition floristique très proche (0,9; Figure 415). Les espèces végétales *Cecropia schreberiana*, *Piper aduncum* et *Spathodea campanulata* sont communes aux trois phytocénoses. Cependant, les unités floristiques CF1 et CF3 présentent de plus grandes similarités (0,97; Figure 415).

Synthèse générale

Les stations CF (CF1, CF2 et CF3) correspondent à des formations ombrophiles submontagnardes tropicales au stade sylvatique jeune à sylvatique secondaire. Dans ces trois relevés floristiques, *Spathodea campanulata*, taxon potentiellement invasif, s'est développé et fait partie des espèces dominantes du cortège. Nous avons recensé 138 individus de *Spathodea campanulata* (mesuré à 1,33 m du sol selon les normes internationales). Malgré le stade dynamique avancé de ces stations, le Tulipier du Gabon commence à former des fourrés monospécifiques. L'espèce semble y avoir trouvé des conditions favorables à son installation.

V.1.3.1.3 Commune de Sainte – Marie

V.1.3.1.3.1 Forêt de reculée (FREC)

La zone d'étude FREC comporte 30 espèces végétales réparties en 25 familles et 28 genres.

Tableau 238: Répartition des espèces des stations FREC en taxa supérieurs

Taxa supérieurs	Classes	Familles	%	Genres	%	Espèces	%
Angiospermes	Monocotylédones	3	12	4	16,7	4	13,3
	Dicotylédones	22	88	24	83,3	26	86,7
Total		25		28		30	

Station FREC1 (400 m²)

Tableau 239: Les principaux paramètres écologiques et structuraux de la station FREC1

Rang	Espèces	f_a	f_r	Nombre d'individus par espèce hors régénérations	Densité (ind/m²)	Id	Surface terrière totale par espèce	ID
1	*Pachira insignis*	4	100%	59	0,1475	0,1475	1,3524	0,19947
2	*Dalbergia monetaria*	1	25%	11	0,0275	0,0069	0,0157	0,00011
3	*Sloanea dentata*	3	75%	3	0,0075	0,0056	0,0088	0,00005
4	*Tapura latifolia*	1	25%	1	0,0025	0,0006	0,0177	0,00001
5	*Chimarrhis cymosa*	2	50%	1	0,0025	0,0013	0,0079	0,00001

*Fréquence absolue (f_a) = présence de l'espèce dans les différents quadrats; Fréquence relative (f_r)= Fréquence absolue / nombre de quadrats; Densité = nombre d'individus / surface du relevé; Indice de distribution (Id) = Fréquence relative * Densité; Indice de dominance (ID) = Indice de distribution * surface terrière (aire basale).*

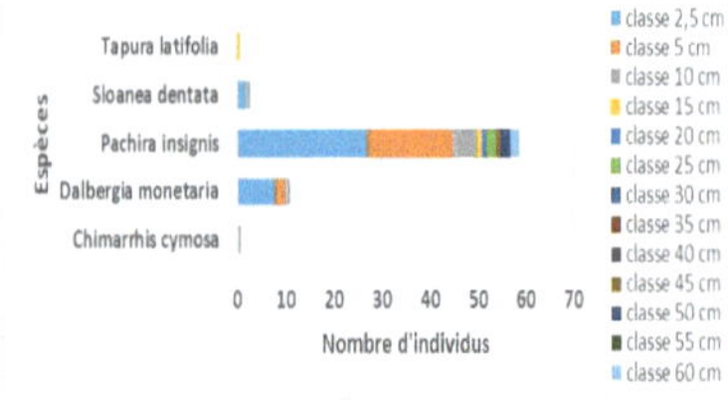

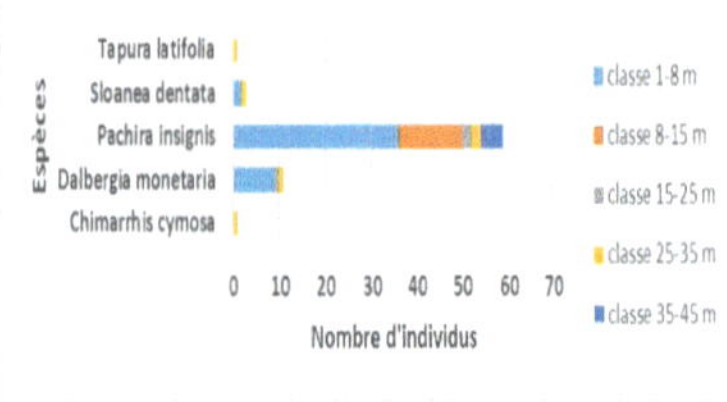

Figure 416: Distribution diamétrique des arbres vivants et sénescents (diamètres ≥ 2,5 cm; Station FREC1)

Figure 417: Distribution des hauteurs des arbres vivants et sénescents (hauteurs ≥ 1,3 m; Station FREC1)

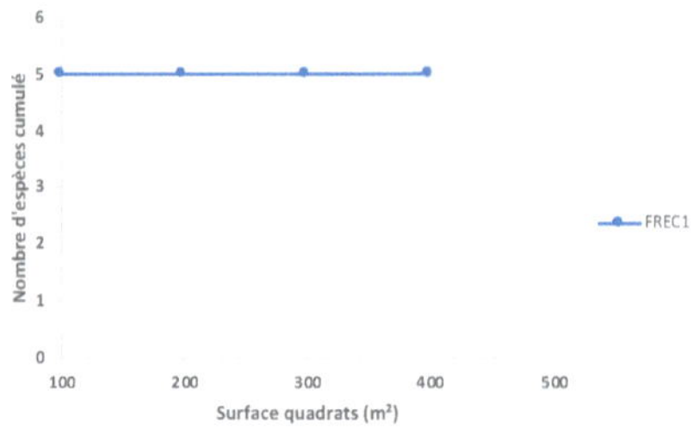

Figure 418: Courbe Aire/Espèces de la station FREC1

Cette phytocénose ombrophile submontagnarde tropicale au stade sylvatique secondaire est dominée par *Pachira insignis*. *Tapura latifolia, Sloanea dentata* et *Chimarrhis cymosa* sont des espèces indicatrices du climax, de l'horizon moyen (*Tapura latifolia* et *Sloanea dentata*) et de l'horizon inférieur (*Chimarrhis cymosa*) de la forêt hygrophile. Toutefois, seulement cinq individus (un individu de *Chimarrhis cymosa*, trois individus de *Sloanea dentata* et un individu de *Tapura latifolia*) ont été recensés: ces derniers ont des diamètres allant de 2,5 à 15 centimètres (Figure 416). *Pachira insignis* (ou Cacao sauvage) est une espèce naturalisée qui se développe non loin des bords de marécages, de ravines ou encore de bas – fonds (Fournet, 2002). Le Cacao sauvage a une dynamique d'expansion rapide par rapport aux autres espèces de la station, qui est observée par un effectif élevé (59 individus; Tableau 239). L'espèce a une bonne structure biodémographique: ses individus occupent toutes les classes diamétriques et toutes les classes de hauteurs (Figure 416 et Figure 417). La communauté floristique a une diversité en espèces très faible (Figure 418). Le taux de mortalité est nul.

Station FREC2 (250 m²)

Tableau 240: Les principaux paramètres écologiques et structuraux de la station FREC2

Rang	Espèces	f_a	f_r	Nombre d'individus par espèce hors régénérations	Densité (ind/m²)	Id	Surface terrière totale par espèce	ID
1	*Dacryodes excelsa*	4	80%	3	0,0120	0,0096	0,7874	0,0076
2	*Swietenia macrophylla*	4	80%	7	0,0280	0,0224	0,3338	0,0075
3	*Chimarrhis cymosa*	4	80%	12	0,0480	0,0384	0,1316	0,0051
4	*Sloanea dentata*	3	60%	1	0,0040	0,0024	0,6362	0,0015
5	*Tapura latifolia*	3	60%	2	0,0080	0,0048	0,1968	0,0009
6	*Cyathea arborea*	3	60%	3	0,0120	0,0072	0,0432	0,0003
7	*Cyathea muricata*	2	40%	3	0,0120	0,0048	0,0275	0,0001

*Fréquence absolue (f_a) = présence de l'espèce dans les différents quadrats; Fréquence relative (f_r)= Fréquence absolue / nombre de quadrats; Densité = nombre d'individus / surface du relevé; Indice de distribution (Id) = Fréquence relative * Densité; Indice de dominance (ID) = Indice de distribution * surface terrière (aire basale).*

La station FREC2 correspond à une unité floristique ombrophile submontagnarde tropicale au stade sylvatique secondaire. *Swietenia macrophylla* et *Chimarrhis cymosa* sont, par ordre d'importance écologique, les espèces dominantes. Le groupement floristique est constitué d'individus d'effectifs très faibles (36 individus au total; Tableau 240) mais ayant de très grandes sections (90 cm; Figure 419). Les trois individus de *Dacryodes excelsa* semblent être des reliques de formations passées: leurs sections atteignent 80 cm (Figure 419). La diversité en espèces est assez importante (Figure 421). Le taux de mortalité est nul.

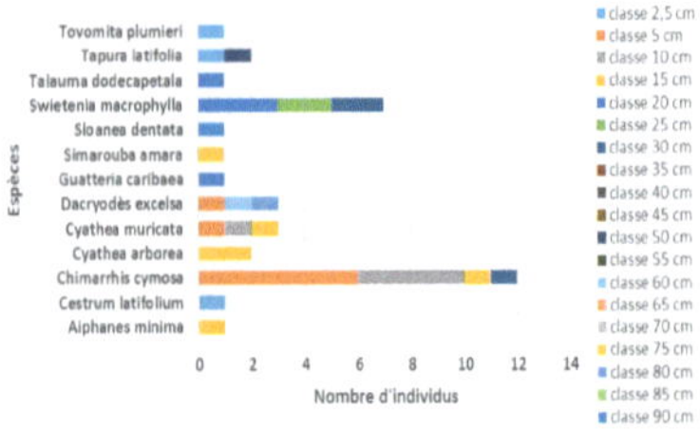

Figure 419: Distribution diamétrique des arbres vivants et sénescents (diamètres ≥ 2,5 cm; Station FREC2)

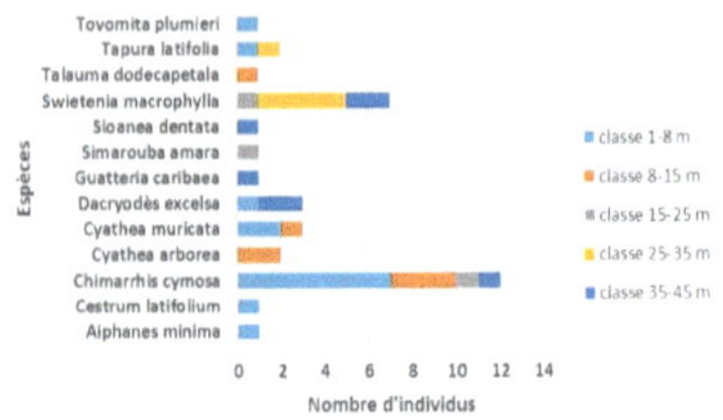

Figure 420: Distribution des hauteurs des arbres vivants et sénescents (hauteurs ≥ 1,3 m; Station FREC2)

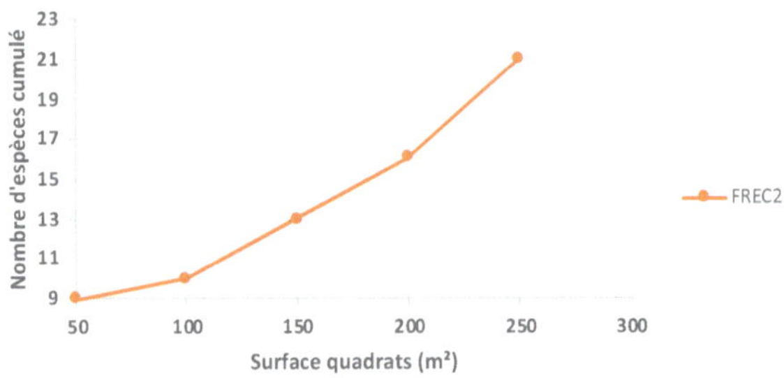

Figure 421: Courbe Aire/Espèces de la station FREC2

Station FREC3 (400 m²)

Tableau 241: Les principaux paramètres écologiques et structuraux de la station FREC3

Rang	Espèces	f_a	f_r	Nombre d'individus par espèce hors régénérations	Densité (ind/m²)	Id	Surface terrière totale par espèce	ID
1	*Swietenia macrophylla*	5	71%	13	0,025	0,018	2,425	0,0429
2	*Pouteria multiflora*	7	100%	67	0,128	0,128	0,13	0,0166
3	*Chimarrhis cymosa*	7	100%	20	0,038	0,038	0,273	0,0104
4	*Prestoea montana*	5	71%	8	0,015	0,011	0,112	0,0012
5	*Sloanea dentata*	6	86%	10	0,019	0,016	0,061	0,0010
6	*Tapura latifolia*	5	71%	11	0,021	0,015	0,014	0,0002

*Fréquence absolue (f_a) = présence de l'espèce dans les différents quadrats; Fréquence relative (f_r)= Fréquence absolue / nombre de quadrats; Densité = nombre d'individus / surface du relevé; Indice de distribution (Id) = Fréquence relative * Densité; Indice de dominance (ID) = Indice de distribution * surface terrière (aire basale).*

La station FREC3 est une phytocénose ombrophile submontagnarde tropicale au stade sylvatique secondaire à sylvatique secondaire tardive. *Swietenia macrophylla, Pouteria multiflora* et *Chimarrhis cymosa* sont, par ordre d'importance écologique, les espèces dominantes de la station FREC3 (Tableau 241). *Swietenia macrophylla* a une bonne distribution biodémographique: toutes les classes diamétriques ainsi que toutes les classes des hauteurs sont représentées (Figure 422 et Figure 423). Les deux autres espèces du cortège dominant (*Pouteria multiflora* et *Chimarrhis cymosa*) sont des taxa du climax de l'horizon inférieur de la forêt hygrophile. Les individus de *Pouteria multiflora*, majoritairement de faibles sections (2,5 et 5 cm) et de faibles hauteurs (entre 1 et 8 m), forment une matrice surcimée par les individus d'espèces du cortège dominant (*Swietenia macrophylla, Pouteria multiflora* et *Chimarrhis cymosa*). Le taux de mortalité est nul: aucun arbre mort n'a été observé. L'aire minimale de relevé est faible (200 $m^{2;}$ Figure 424), elle montre vers 300 m^2 le passage à une autre phytocénose. Il n'y a aucune espèce potentiellement invasive dans cette association floristique.

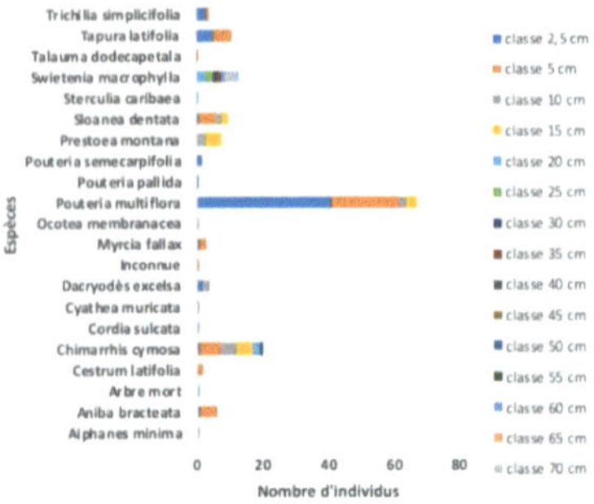

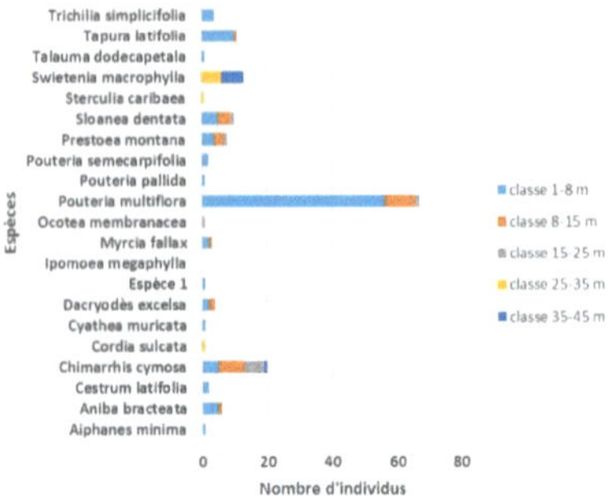

Figure 422: Distribution diamétrique des arbres vivants et sénescents (diamètres ≥ 2,5 cm; Station FREC3)

Figure 423: Distribution des hauteurs des arbres vivants et sénescents (hauteurs ≥ 1,3 m; Station FREC3)

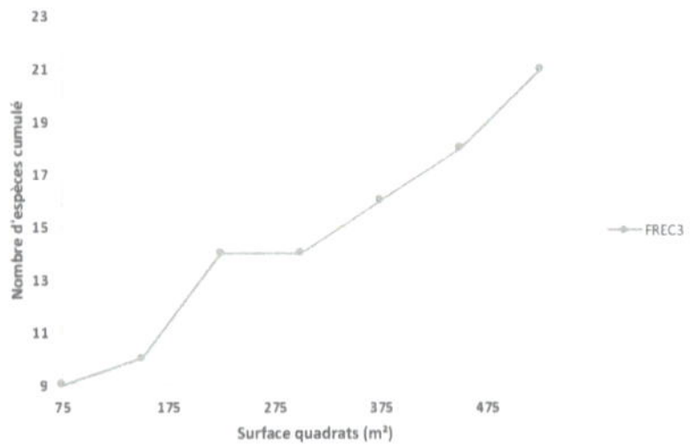

Figure 424: Courbe Aire/Espèces de la station FREC3

Rapport de dominance des espèces pour l'ensemble des stations de la Forêt de Reculée (FREC)

Tableau 242: Les principaux paramètres écologiques et structuraux pour l'ensemble des stations FREC

Rang	Espèces	f_a	f_r	Nombre d'individus par espèce hors régénérations	Densité (ind/m²)	Id	Surface terrière totale par espèce	ID
1	*Swietenia macrophylla*	2	67%	20	0,0170	0,0113	2,7587	0,0313
2	*Pachira insignis*	1	33%	59	0,0502	0,0167	1,3524	0,0226
3	*Chimarrhis cymosa*	3	100%	33	0,028	0,028	0,413	0,0116
4	*Sloanea dentata*	3	100%	14	0,0119	0,0119	0,7064	0,0084
5	*Dacryodes excelsa*	2	67%	7	0,006	0,004	0,804	0,0032

6	*Tapura latifolia*	3	100%	14	0,0119	0,0119	0,2287	0,0027
7	*Pouteria multiflora*	1	33%	67	0,0570	0,0190	0,1301	0,0025
8	*Prestoea montana*	1	33%	8	0,0068	0,0023	0,1119	0,0003

*Fréquence absolue (f_a) = présence de l'espèce dans les différents quadrats; Fréquence relative (f_r)= Fréquence absolue / nombre de quadrats; Densité = nombre d'individus / surface du relevé; Indice de distribution (Id) = Fréquence relative * Densité; Indice de dominance (ID) = Indice de distribution * surface terrière (aire basale).*

Swietenia macrophylla, Pachira insignis, Chimarrhis cymosa et auxiliairement *Sloanea dentata*, sont, par ordre d'importance écologique, les espèces les plus concurrentes: ceci résulte de la conjonction d'un effectif, d'une densité, ainsi qu'un indice de distribution élevés (Tableau 242). *Pachira insignis* a une très faible fréquence absolue (f_r = 33%; Tableau 242) mais a un effectif relativement élevé caractérisé par des individus de grandes sections (jusqu'à 60 cm; Figure 416): ce qui lui confère de fortes valeurs de surface terrière et d'indice de dominance.

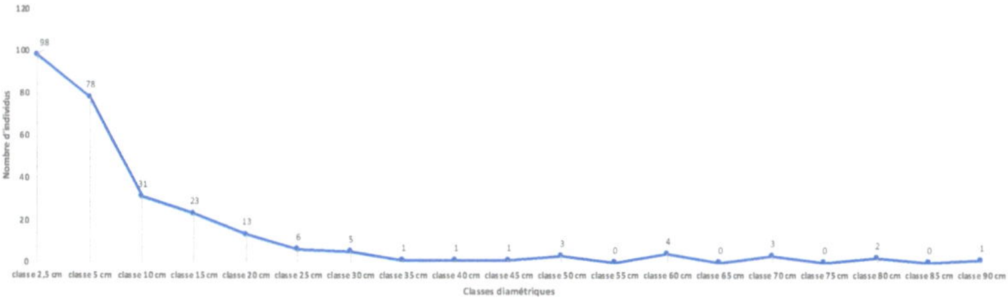

Figure 425: Distribution diamétrique de l'ensemble des stations de la Forêt de Reculée (FREC) hors régénérations et hors arbres morts

L'ensemble des stations FREC est composé principalement d'individus ayant des sections comprises entre 2,5 et 10 cm (Figure 425). Ces derniers représentent 85,2% de l'effectif total stationnel. Les spécimens de *Pouteria multiflora,* de *Pachira insignis* et de *Chimarrhis cymosa* sont très nombreux. Ils représentent respectivement 24,8%, 21,9% et de12,2% de l'effectif total de la station de l'ensemble des stations de la Forêt de Reculée (FREC).

Courbes de régression linéaire

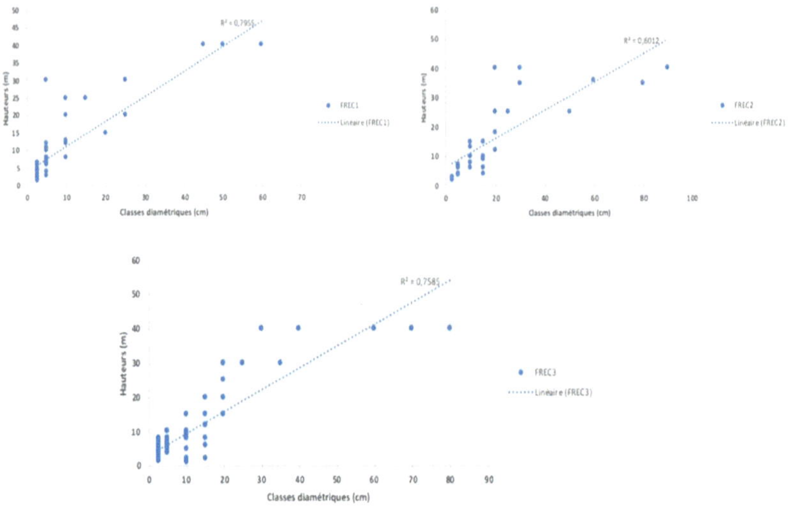

Figure 426: Courbes de corrélation entre les diamètres et les hauteurs des arbres des stations FREC (Forêt de Reculée) (diamètres ≥2,5 cm et hauteurs ≥1,3 m)

Les stations de la Forêt de Reculée ont des valeurs de coefficients de détermination positives et supérieures à 0,5 (Figure 426). Néanmoins, la station FREC2 a la valeur plus faible (0,60; Figure 426). Ces formations végétales présentent un certain équilibre entre les structures diamétriques et les hauteurs.

Indice de Sorensen

Tableau 243: Matrice de similarité des stations de la Forêt de Reculée (Indice de Sorensen)

	FREC1 (5)	FREC2 (21)	FREC3 (21)
FREC1 (5)	1	*0,23*	*0,23*
FREC2 (21)	-	1	**0,52**
FREC3 (21)	-	-	1

Les données montrent une similarité des communautés végétales pour les stations FREC2 et FREC3 (0,52; Tableau 243). Les croisements des autres groupements FREC1 – FREC2 et FREC1 – FREC3 représentent des valeurs très basses.

Indices de diversité

Tableau 244: Matrice de similarité des stations de la Forêt de Reculée (Indices de diversité)

Indices	FREC1	FREC2	FREC3
D	0,64	0,17	0,22
1 – D	*0,36*	**0,83**	**0,78**
H'	1,03	3,08	3,02
J	0,24	0,85	0,60
Hill	0,56	0,27	0,22
1 – Hill	0,44	0,73	0,78

*Indice de Simpson (D ou 1 – D) = le carré (nombre d'individus /nombre total d'individus de l'échantillon); Indice réciproque de Simpson (1/D) = inverse de l'indice de Simpson; Indice de Shannon (H') =-∑ [proportion d'une espèce par rapport au nombre total d'espèces dans l'échantillon*log (proportion d'une espèce par rapport au nombre total d'espèces dans l'échantillon)]; Indice de Piélou (J) = indice de Shannon / log (richesse spécifique); Indice de Hill (Hill) = inverse de l'indice de Simpson / par l'exponentielle de l'indice de Shannon.*

Les indices de Simpson et de Hill ont des valeurs faibles pour les stations FREC2 et FREC3 (0,29 et 0,22 respectivement; Tableau 244). Elles indiquent une diversité élevée. En revanche la station FREC1 a une diversité faible (0,36; Tableau 244): les valeurs des indices de Hill et de Simpson sont élevées.

À l'exception de la station FREC2, les indices d'équitabilité (J) des stations FREC sont faibles et indiquent l'abondance populationnelle d'au moins une espèce dans leur cortège. En effet, dans la station FREC1, la population de *Pachira insignis* représente 79% de l'effectif stationnel (Tableau 239). La dominance populationnelle de *Pouteria multiflora* (Tableau 241) est observable dans la phytocénose FREC3: elle représente 42% de l'effectif de la station.

AFC des stations FREC

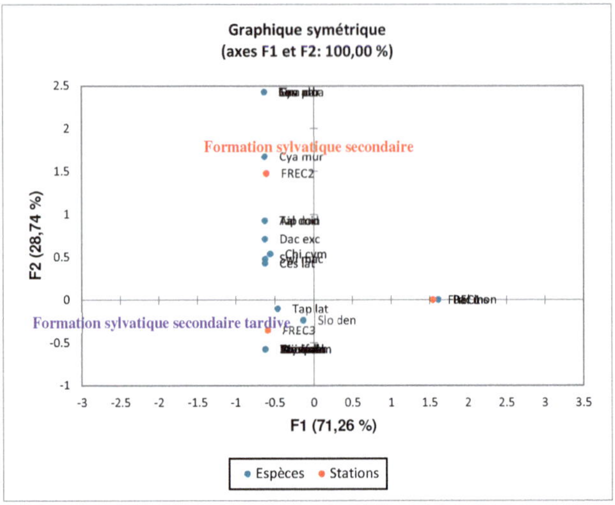

Figure 427: Différenciation mésologique et temporelle des stations et des espèces de la Forêt de Reculée (FREC)

L'axe 1 oppose les compositions floristiques alors que l'axe 2 semble discriminer les variations des stades d'évolution. L'inertie liée au premier axe est de 71,26%, celle du deuxième est de 28,74%. Les stations FREC2 et FREC3 sont caractérisées par des espèces matures spécialisées de stade préclimacique à climacique (*Talauma dodecapetala*, *Tapura latifolia*). La station FREC1 est une formation végétale dominée par des espèces singulières telles que *Pachira insignis*, espèce naturalisée des zones humides, ou *Dalbergia monetaria*, espèces des forêts mésophiles et hygrophiles.

CAH des stations FREC

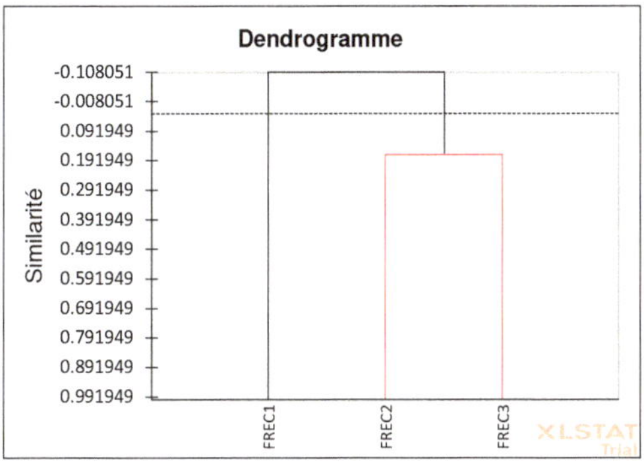

Figure 428: Hiérarchie des partitions obtenues par CAH de l'ensemble des stations FREC

La CAH montre de très faibles similarités entre les compositions floristiques des stations FREC. Les stations FREC2 et FREC3 ont très peu de similitudes entre elles (0,17; Figure 428). La station FREC1 se distingue largement des deux autres et ne présente aucune similarité avec les autres stations.

Synthèse générale

Les stations FREC (FREC1, FREC2 et FREC3) correspondent à des formations ombrophiles submontagnardes tropicales. Dans ces phytocénoses, nous n'avons pas observé la présence d'espèce potentiellement invasive. Pourtant deux espèces végétales introduites naturalisées font partie du cortège dominant, *Pachira insignis* et *Swietenia macrophylla* (introduite pour la foresterie).

V.1.3.1.3.2 La Richer (LR)

La zone d'étude LR comporte 64 espèces végétales réparties en 33 familles et 47 genres.

Tableau 245: Répartition des espèces des stations LR en taxa supérieurs

Taxa supérieurs	**Classes**	**Familles**	**%**	**Genres**	**%**	**Espèces**	**%**
Angiospermes	Monocotylédones	6	18,2	7	14,9	9	14,1
	Dicotylédones	27	81,8	40	85,1	55	85,9
Total		33		47		64	

Station LR1 (800 m²)

Tableau 246: Les principaux paramètres écologiques et structuraux de la station LR1

Rang	Espèces	f_a	f_r	Nombre d'individus par espèce hors régénérations	Densité (ind/m²)	Id	Surface terrière totale par espèce	ID
1	*Swietenia mahagoni*	7	88%	19	0,0248	0,0217	3,7311	0,0811
	Arbres morts	7	88%	23	0,0301	0,0263	2,2232	0,0585
2	*Tapura latifolia*	7	88%	59	0,0771	0,0675	0,1571	0,0106
3	*Chimarrhis cymosa*	7	88%	20	0,0261	0,0229	0,3814	0,0087
4	*Sloanea dentata*	8	100%	25	0,0327	0,0327	0,1517	0,0050
5	*Prestoea montana*	7	88%	13	0,0170	0,0149	0,1949	0,0029
6	*Aniba bracteata*	8	100%	30	0,0392	0,0392	0,0368	0,0014
7	*Pouteria pallida*	6	75%	19	0,0248	0,0186	0,0152	0,0003
8	*Pouteria multiflora*	5	63%	13	0,0170	0,0106	0,0241	0,0003
9	*Piper dilatatum*	6	75%	19	0,0248	0,0186	0,0093	0,0002
10	*Cyathea tenera*	3	38%	6	0,0078	0,0029	0,0398	0,0001

*Fréquence absolue (f_a) = présence de l'espèce dans les différents quadrats; Fréquence relative (f_r)= Fréquence absolue / nombre de quadrats; Densité = nombre d'individus / surface du relevé; Indice de distribution (Id) = Fréquence relative * Densité; Indice de dominance (ID) = Indice de distribution * surface terrière (aire basale).*

La station LR1 correspond à une communauté floristique ombrophile submontagnarde tropicale au stade sylvatique secondaire. Elle est composée de régénérations de la végétation naturelle qui se développent sous la plantation de Mahoganis. Le cortège végétal dominant est, par ordre d'importance écologique, constitué de *Swietenia mahagoni* et de *Tapura latifolia. Tapura latifolia* (taxon du climax de l'horizon moyen de la forêt hygrophile) et *Swietenia mahagoni* (espèce des forêts mésophiles dégradées, introduite pour la foresterie) ont une structure démographique relativement équilibrée: leurs individus sont répartis dans toutes les classes diamétriques et de hauteurs (Figure 429 et Figure 430). L'unité floristique est majoritairement constituée d'individus de sections 2,5 cm (188 individus soit 59% de l'effectif total; Figure 429) et ayant des hauteurs comprises entre 1 et 8 m (Figure 430).

Ils forment une matrice dense de laquelle émergent les arbres matures de *Swietenia mahagoni* (Figure 430).

On compte également dans ce cortège, quelques spécimens matures d'espèces de la dynamique ultérieure: *Chimarrhis cymosa*, *Prestoea montana, Sloanea dentata* et *Talauma dodecapetala* qui ont également des valeurs de paramètres écologiques importantes (Tableau 246). Les arbres morts bien distribués (f_r = 88%; Tableau 246) sont peu nombreux (23 individus), ce qui se traduit par un taux de mortalité faible (7,3%). La richesse en espèces est importante (Figure 431). Aucune espèce potentiellement invasive n'a été observée.

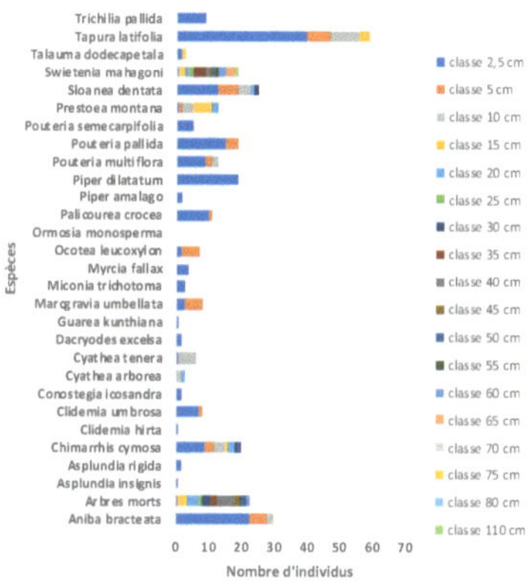

Figure 429: Distribution diamétrique des arbres vivants et sénescents (diamètres ≥ 2,5 cm; Station LR1)

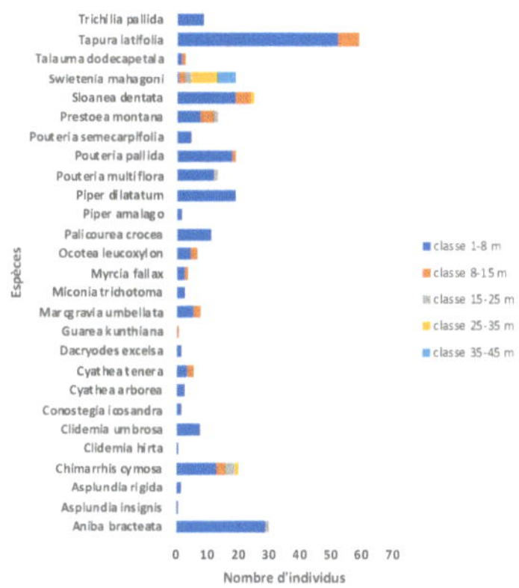

Figure 430: Distribution des hauteurs des arbres vivants et sénescents (hauteurs ≥ 1,3 m; Station LR1)

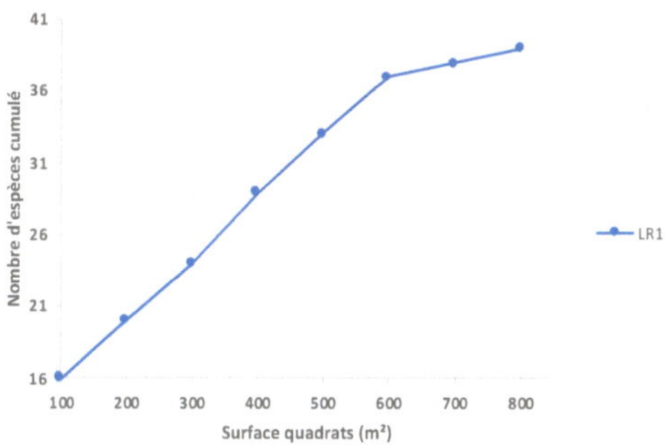

Figure 431: Courbe Aire/Espèces de la station LR1

Station LR2 (900 m^2)

Tableau 247: Les principaux paramètres écologiques et structuraux de la station LR2

Rang	Espèces	f_a	f_r	Nombre d'individus par espèce hors régénérations	Densité (ind/m^2)	Id	Surface terrière totale par espèce	ID
1	*Swietenia x aubrevilleana*	6	67%	21	0,0233	0,0156	2,046	0,0318
2	*Chimarrhis cymosa*	5	56%	17	0,0189	0,0105	0,2253	0,0024
3	*Sloanea massoni*	7	78%	12	0,0133	0,0104	0,2116	0,0022
4	*Dacryodes excelsa*	5	56%	9	0,0100	0,0056	0,2975	0,0017
5	*Cecropia schreberiana*	3	33%	8	0,0089	0,0030	0,3868	0,0011
6	*Swietenia macrophylla*	3	33%	5	0,0056	0,0019	0,6185	0,0011
	Arbres morts	4	44%	8	0,0089	0,0040	0,2832	0,0011
7	*Piper dilatatum*	9	100%	43	0,0478	0,0478	0,0226	0,0011
8	*Cestrum laurifolium*	7	78%	24	0,0267	0,0207	0,0206	0,0004
9	*Miconia trichotoma*	6	67%	9	0,0100	0,0067	0,052	0,0003
10	*Talauma dodecapetala*	6	67%	11	0,0122	0,0081	0,0403	0,0003
11	*Prestoea montana*	8	89%	5	0,0056	0,0049	0,0432	0,0002
12	*Cordia sulcata*	3	33%	3	0,0033	0,0011	0,1473	0,0002
13	*Aniba bracteata*	5	56%	17	0,0189	0,0105	0,0128	0,0001

*Fréquence absolue (f_a) = présence de l'espèce dans les différents quadrats; Fréquence relative (f_r)= Fréquence absolue / nombre de quadrats; Densité = nombre d'individus / surface du relevé; Indice de distribution (Id) = Fréquence relative * Densité; Indice de dominance (ID) = Indice de distribution * surface terrière (aire basale).*

Cette unité floristique ombrophile submontagnarde tropicale est au stade sylvatique secondaire à sylvatique jeune. Il s'agit également d'une forêt de plantation de Mahoganis qui a contribué à l'installation de la flore autochtone. *Swietenia x aubrevilleana* est l'espèce dominante. Les 21 individus recensés ont une bonne distribution diamétrique et des hauteurs (Figure 432 et Figure 433). Les individus de Mahoganis culminent jusqu'à 45 m (Figure 433). Les autres individus de la matrice végétale ont majoritairement des sections comprises entre 2,5 et 5 cm et culminent entre 1 et 8 m (Figure 432 et Figure

433). Les spécimens de *Piper dilatatum* forment une matrice dense surcimée par les arbres matures de *Swietenia x aubrevilleana* et de *Swietenia macrophylla* qui constituent la strate supérieure. La présence de *Cecropia schreberiana* et de *Chimarrhis cymosa*, espèces de trouées sylvatiques, atteste d'un manque d'imbrication des différentes strates (Figure 433). Les arbres morts sont peu nombreux (8 individus; Tableau 247), ce qui traduit un taux de mortalité faible: 3,2%. La richesse floristique de cette station est importante (Figure 434). Il n'y a aucune espèce potentiellement invasive dans cette communauté végétale.

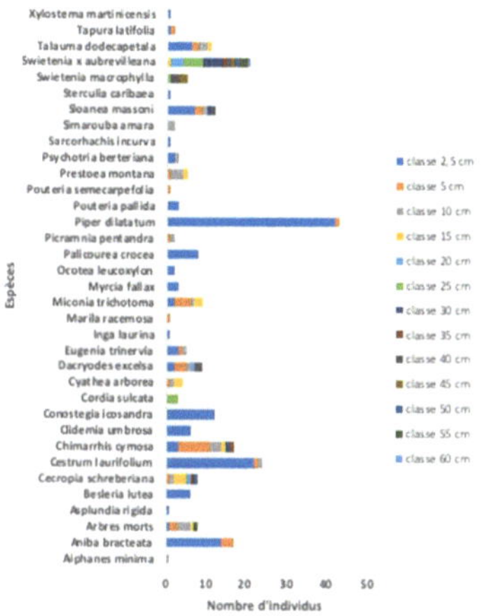

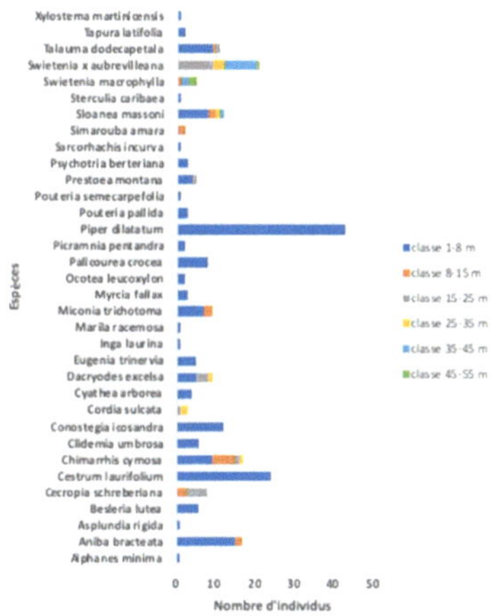

Figure 432: Distribution diamétrique des arbres vivants et sénescents (diamètres ≥ 2,5 cm; Station LR2)

Figure 433: Distribution des hauteurs des arbres vivants et sénescents (hauteurs ≥ 1,3 m; Station LR2)

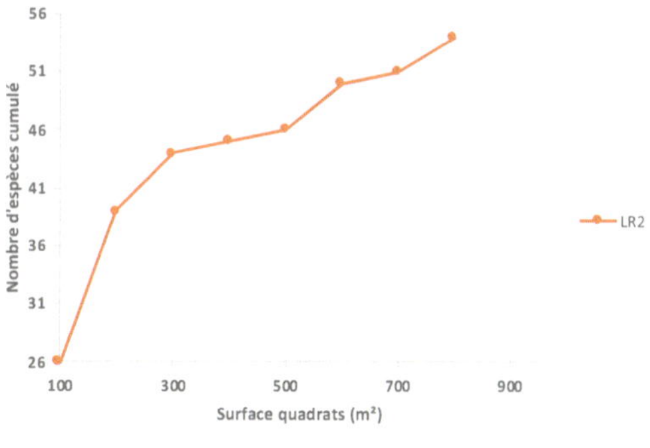

Figure 434: Courbe Aire/Espèces de la station LR2

Rapport de dominance des espèces pour l'ensemble des stations de La Richer (LR)

Tableau 248: Les principaux paramètres écologiques et structuraux pour l'ensemble des stations LR

Rang	Espèces	f_a	f_r	Nombre d'individus par espèce hors régénérations	Densité (ind/m²)	Id	Surface terrière totale par espèce	ID
1	*Arbres morts*	2	100%	31	0,0182	0,0182	2,5064	0,0457
2	*Swietenia mahagoni*	1	50%	19	0,0112	0,0056	3,7311	0,0209
3	*Chimarrhis cymosa*	2	100%	37	0,0218	0,0218	0,6067	0,0132
4	*Swietenia x aubrevilleana*	1	50%	21	0,0124	0,0062	2,046	0,0126
5	*Tapura latifolia*	2	100%	61	0,0359	0,0359	0,1595	0,0057
6	*Prestoea montana*	2	100%	18	0,0106	0,0106	0,2381	0,0025
7	*Dacryodes excelsa*	2	100%	11	0,0065	0,0065	0,2985	0,0019
8	*Aniba bracteata*	2	100%	47	0,0276	0,0276	0,0496	0,0014
9	*Piper dilatatum*	2	100%	62	0,0365	0,0365	0,0319	0,0012
10	*Sloanea dentata*	1	50%	25	0,0147	0,0074	0,1517	0,0011
11	*Cecropia schreberiana*	1	50%	8	0,0047	0,0024	0,3868	0,0009
12	*Swietenia macrophylla*	1	50%	5	0,0029	0,0015	0,6185	0,0009
13	*Sloanea massoni*	1	50%	12	0,0071	0,0035	0,2116	0,0007
14	*Talauma dodecapetala*	2	100%	14	0,0082	0,0082	0,0589	0,0005
15	*Cyathea arborea*	2	100%	7	0,0041	0,0041	0,0923	0,0004

*Fréquence absolue (f_a) = présence de l'espèce dans les différents quadrats; Fréquence relative (f_r)= Fréquence absolue / nombre de quadrats; Densité = nombre d'individus / surface du relevé; Indice de distribution (Id) = Fréquence relative * Densité; Indice de dominance (ID) = Indice de distribution * surface terrière (aire basale).*

Swietenia mahagoni, Chimarrhis cymosa, Swietenia x aubrevilleana et auxiliairement *Tapura latifolia* sont les espèces dominantes. Ces taxa ont à la fois des fréquences, des densités ainsi que des surfaces terrières élevées, ce qui traduit les valeurs importantes d'indice de dominance (Tableau 248). *Aniba bracteata* et *Piper dilatatum* ont un nombre d'individus élevé de sections majoritairement comprises entre 2,5 et 5 cm. En conséquence, elles ont une surface terrière peu importante et donc un indice de dominance plus faible que celles des espèces dominantes (*Swietenia mahagoni, Chimarrhis cymosa, Swietenia x aubrevilleana* et *Tapura latifolia*) (Tableau 248).

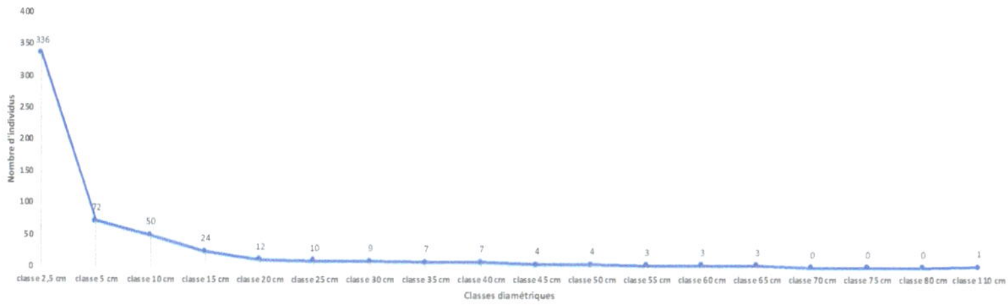

Figure 435: Distribution diamétrique de l'ensemble des stations de La Richer (LR) hors régénérations et hors arbres morts

Nous avons recensé 545 individus (Figure 435). Les spécimens de sections 2,5 cm sont prépondérants: ils représentent 61,7% de l'effectif total. Quelques individus ont des sections plus importantes (notamment ceux appartenant aux deux espèces de Mahoganis) se situant entre 30 à 110 cm (Figure 435).

<u>*Courbes de régression linéaire*</u>

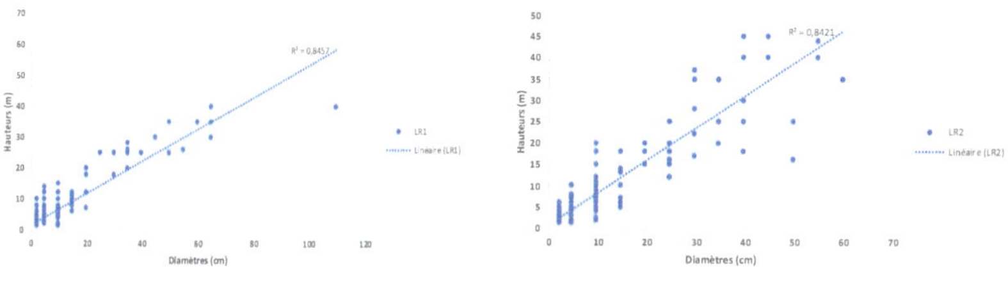

Figure 436: Courbes de corrélation entre les diamètres et les hauteurs des arbres des stations LR (La Richer) (diamètres ≥2,5 cm et hauteurs ≥1,3 m)

Les courbes linéaires sont toutes les deux positives (Figure 436). Les grandes valeurs obtenues [LR1 (R^2 = 0,85) et LR2 (R^2 = 0,84)] témoignent qu'il existe une forte relation entre les hauteurs et les diamètres. Ces deux formations végétales semblent être équilibrées.

Pour une surface de relevé proche (800 et 900 m^2), la surface terrière de la station LR1 est plus élevée que celle de la station LR2.

Indice de Jaccard

Tableau 249: Matrice des similarités des stations de La Richer (Indice de Jaccard)

	LR1 (39)	LR2 (57)
LR1 (39)	1	*0,32*
LR2 (57)	-	1

Les deux stations montrent de très faibles similarités écologiques (0,32; Tableau 249). Leur composition floristique est très différente.

Indices de diversité

Tableau 250: Matrice de similarité des stations de La Richer (Indices de diversité)

Indices	LR1	LR2
D	0,08	0,07
1 – D	**0,92**	**0,93**
H'	4,05	4,35
J	0,71	0,79
Hill	0,21	0,19
1 – Hill	0,79	0,81

*Indice de Simpson (D ou 1 – D) = le carré (nombre d'individus /nombre total d'individus de l'échantillon); Indice réciproque de Simpson (1/D) = inverse de l'indice de Simpson; Indice de Shannon (H') =-∑ [proportion d'une espèce par rapport au nombre total d'espèces dans l'échantillon*log (proportion d'une espèce par rapport au nombre total d'espèces dans l'échantillon)]; Indice de Piélou (J) = indice de Shannon / log (richesse spécifique); Indice de Hill (Hill) = inverse de l'indice de Simpson / par l'exponentielle de l'indice de Shannon.*

Les valeurs des indices de Simpson et de Hill des stations LR sont faibles. Elles indiquent que les phytocénoses LR1 et LR2 ont une diversité élevée (Tableau 250). Les valeurs des indices de Shannon – Weaver et de Piélou sont élevées: les espèces végétales de ces phytocénoses sont équitablement réparties.

Synthèse générale

Les deux formations La Richer (notées LR) sont des forêts de plantation de Mahoganis (*Swietenia x aubrevilleana* et *Swietenia mahagoni*). Ces deux taxa ont contribué à la restructuration de la flore autochtone.

V.1.3.2 Synthèse des données des stations de l'étage supérieur: structure populationnelle et dominance

L'étage supérieur comporte 157 espèces végétales réparties en 59 familles et 103 genres.

Tableau 251: Répartition des espèces de l'étage supérieur en taxa supérieurs

Taxa supérieurs	Classes	Familles	%	Genres	%	Espèces	%
Angiospermes	Monocotylédones	10	17	18	17,5	25	15,9
	Dicotylédones	49	83	85	82,5	132	84,1
Total		59		103		157	

Une dizaine d'inventaires floristiques ont été réalisés dans l'étage supérieur. Nous y avons observé les taxa suivants: *Spathodea campanulata* et *Bambusa vulgaris* (Tableau 252).

Tableau 252: Les principaux paramètres écologiques et structuraux pour l'ensemble des stations de l'étage supérieur

Rang	Espèces	f_a	f_r	Nombre d'individus par espèce hors régénérations	Densité (ind/m²)	Id	Surface terrière totale par espèce	ID
	Arbres morts	10	91%	304	0,041	0,0373	4,9352	0,1841
1	*Piper aduncum*	6	55%	467	0,063	0,0344	0,4045	0,0139
2	*Piper dilatatum*	5	45%	345	0,0466	0,0212	0,1708	0,0036
3	*Chimarrhis cymosa*	10	91%	157	0,0212	0,0193	1,4839	0,0286
4	*Tapura latifolia*	7	64%	202	0,0273	0,0173	0,5125	0,0089
5	*Clidemia umbrosa*	7	64%	158	0,0213	0,0136	0,0952	0,0013
6	*Swietenia mahagoni*	5	45%	205	0,0277	0,0126	11,5979	0,1458
7	*Aniba bracteata*	7	64%	106	0,0143	0,0091	0,1679	0,0015
8	*Cyathea arborea*	10	91%	61	0,0082	0,0075	0,4703	0,0035
9	***Spathodea campanulata***	4	36%	149	0,0201	0,0073	3,9152	0,0286
10	*Cyathea muricata*	10	91%	56	0,0076	0,0069	0,2901	0,0020
11	*Cecropia schreberiana*	7	64%	71	0,0096	0,0061	2,8397	0,0173

12	*Talauma dodecapetala*	8	73%	62	0,0084	0,0061	0,4148	0,0025
13	*Cestrum laurifolium*	5	45%	87	0,0117	0,0053	0,0574	0,0003
14	*Palicourea crocea*	6	55%	72	0,0097	0,0053	0,0457	0,0002
15	*Conostegia icosandra*	6	55%	56	0,0076	0,0041	0,1011	0,0004
16	*Miconia trichotoma*	6	55%	55	0,0074	0,004	0,1144	0,0005
24	***Bambusa vulgaris***	5	45%	31	0,0042	0,0019	0,0962	0,0001

*Fréquence absolue (f_a) = présence de l'espèce dans les différents quadrats; Fréquence relative (f_r)= Fréquence absolue / nombre de quadrats; Densité = nombre d'individus / surface du relevé; Indice de distribution (Id) = Fréquence relative * Densité; Indice de dominance (ID) = Indice de distribution * surface terrière (aire basale).*

Chimarrhis cymosa, Cecropia schreberiana, Talauma dodecapetala Tapura latifolia, Clidemia umbrosa et *Aniba bracteata* sont les espèces les plus distribuées. Au regard de l'indice de dominance, *Swietenia mahagoni* est l'espèce dominante. Néanmoins, l'espèce est peu distribuée (f_r = 45%; Tableau 252) et présente un nombre d'individus de grandes sections: sa surface terrière est nettement plus élevée que celle des autres espèces ce qui lui confère un indice de dominance beaucoup plus important (Tableau 252). *Piper aduncum, Piper dilatatum, Chimarrhis cymosa* et *Tapura latifolia* ont les densités et les indices de distribution les plus importants (Tableau 252). En conséquence, au regard de leur indice de distribution, elles constituent les espèces prépondérantes de l'ensemble des stations de l'étage supérieur.

Les individus de *Piper aduncum* sont très nombreux (467 spécimens recensés; Tableau 252). Ils se distribuent dans des classes diamétriques comprises entre 2,5 (74,5% de la population de *Piper aduncum*) et 5 (25,5%) cm et culminent entre 1 et 8 m.

Spathodea campanulata a une abondance populationnelle importante ainsi qu'une densité élevée. Toutefois, en raison d'une plus faible distribution (f_r = 36%; Tableau 252), elle ne fait pas partie des espèces dominantes. Ses individus se répartissent dans des classes diamétriques variables (allant de 2,5 à 60 cm), ce qui lui confère une surface terrière élevée (ST = 3,9152; Tableau 252).

Bambusa vulgaris, autre espèce potentiellement invasive du cortège, est relativement bien distribuée (f_r = 45%; Tableau 252). Nous avons recensé 31 individus ayant des diamètres compris entre 5 et 10 cm.

V.1.3.2.1 Analyse factorielle des correspondances de l'étage supérieur

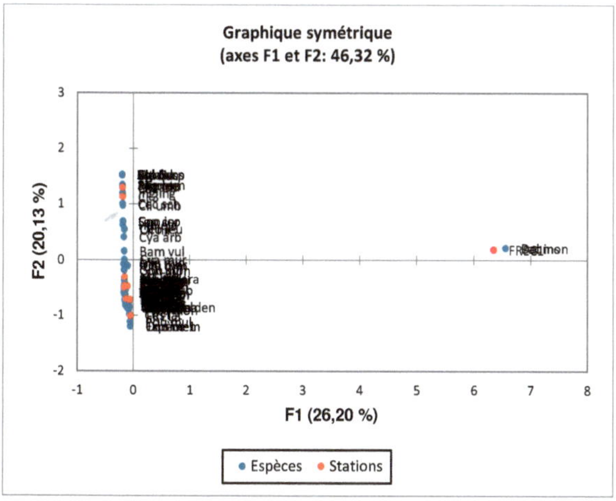

Figure 437: Différenciation mésologique et temporelle des stations et des espèces de l'étage supérieur

La phytocénose FREC1 se singularise des autres stations par sa composition floristique caractéristique (Figure 437). Elle est composée d'une dominance excessive de la population de *Pachira insignis*. Nous avons donc soustrait la station FREC1 de notre tableau de contingence. Nous avons obtenu une nouvelle analyse factorielle des correspondances (Figure 438). L'inertie totale a augmenté (48,44%; Figure 438) et nous avons pu observer une meilleure discrimination entre les stations de l'étage supérieur.

AFC de l'ensemble des stations de l'étage supérieur sans FREC1

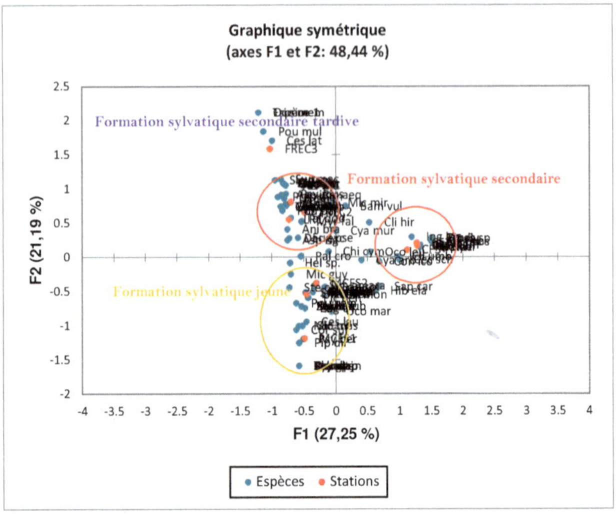

Figure 438: Différenciation mésologique et temporelle des stations et des espèces de l'étage supérieur hormis la station FREC1

L'inertie associée au premier axe (F1) est de 27,25% et celle du deuxième axe (F2) est de 21,19%. L'ensemble des deux correspond à un maximum d'inertie de 48,44% (Figure 438). L'axe F1 discrimine la composition floristique et l'axe F2 semble opposer les stades dynamiques.

Les stations ABS, LR1, FREC2 et FREC3 ont des valeurs communes (Figure 438): elles sont caractérisées par des espèces très spécialisées (*Dacryodes excelsa, Talauma dodecapetala* et *Tapura latifolia*). Les stations CF (CF1, CF2 et CF3) ont des valeurs homogènes et sont marquées par des espèces végétales qui leurs sont propres (*Musa sp, Miconia lævigata, Conostegia montana* et *Plinia pinnata*). Les stations MCES1, MCES2 et LR2 sont représentées par *Eugenia trinervia, Psychotria berteriana* et *Sloanea massoni*. La station FREC3 est composée d'espèces de stade dynamique plus avancé: préclimacique à climacique (notamment *Trichilia simplicifolia*).

V.2 Synthèse générale

Au total, 116 inventaires floristiques ont été réalisés. Nous avons recensé 449 espèces différentes réparties en 257 genres et 99 familles (Tableau 253). Les Dicotylédones sont composées de 392 espèces (soit 87,3% de l'ensemble des espèces végétales recensées) tandis que les Monocotylédones ont 57 espèces (soit un total de 12,7%).

Les familles les plus représentées sont les Rubiacées (24,2%), les Mimosacées (21,2%), les Myrtacées (19,2%), les Fabacées (18,2%), les Pipéracées (14,1%), les Euphorbiacées (14,1%) et les Caesalpiniacées (14,1%).

Tableau 253: Répartition des espèces de l'ensemble des stations en taxa supérieurs

Taxa supérieurs	Classes	Familles	%	Genres	%	Espèces	%
Angiospermes	Monocotylédones	13	13,1	41	15,9	57	12,7
	Dicotylédones	86	86,9	216	84,1	392	87,3
Total		99		257		449	

Au total, 2 975 individus d'espèces potentiellement invasives (toutes espèces confondues) ont été dénombrées. Nous avons recensé les principales espèces potentiellement invasives en Martinique: *Bambusa vulgaris, Dichrostachys cinerea, Funtumia elastica, Mimosa malacocentra, Œceoclades maculata, Rhœo spathacea, Spathodea campanulata* et *Triphasia trifolia.* En fonction du bioclimat ou du stade d'évolution temporelle dans lequel ces taxa évoluent, nous avons observé des variations de leur abondance populationnelle.

Dans les formations les plus régressives de l'étage inférieur, elles font partie du cortège dominant et présentent parfois des indices de dominance et de surface terrière beaucoup plus élevés que ceux des espèces indigènes. De plus, selon le gradient altitudinal, l'abondance populationnelle des taxa potentiellement invasifs diminue.

Bambusa vulgaris a été observée dans les trois étagements bioclimatiques. Dans les stations des étages inférieur et moyen, l'espèce montre un indice de distribution faible. Son nombre d'individus est très élevé dans les stations de l'étage inférieur. Dans l'étage supérieur, l'espèce est très distribuée et présente un nombre de spécimens relativement important.

Dichrostachys cinerea a été recensée dans les stations de l'étage inférieur et dans quelques stations de l'étage moyen. Il est à noter que l'espèce est marginale voire erratique dans les phytocénoses sempervirentes tropicales types. Dans les formations végétales sempervirentes saisonnières tropicales et de faciès xérique, sa dominance varie en fonction du stade d'évolution dans lequel *Dichrostachys cinerea* évolue.

Funtumia elastica et *Mimosa malacocentra* sont deux espèces caractéristiques d'un étage bien précis. *Funtumia elastica* a été uniquement retrouvée dans l'étage moyen des stations de Fond Rousseau (notées FROU). L'espèce *Mimosa malacocentra* s'est développée dans les forêts de l'étage inférieur. Dans certaines unités floristiques de ces deux étagements bioclimatiques, elles font partie des espèces dominantes.

Spathodea campanulata s'est développée dans tous les étagements bioclimatiques (inférieur, moyen et supérieur). Toutefois, l'espèce est très distribuée dans l'étage supérieur et présente un plus grand nombre d'individus par rapport aux autres étagements.

Triphasia trifolia a été retrouvée dans les stations de l'étage inférieur et moyen. Sa distribution ainsi que son nombre d'individus varient d'un étage à l'autre. D'après nos résultats, elle semble plus distribuée dans les stations de l'étage moyen que dans l'étage inférieur. Mais son abondance populationnelle semble être beaucoup plus importante dans l'étage inférieur.

V.2.1 Analyse en composante principale

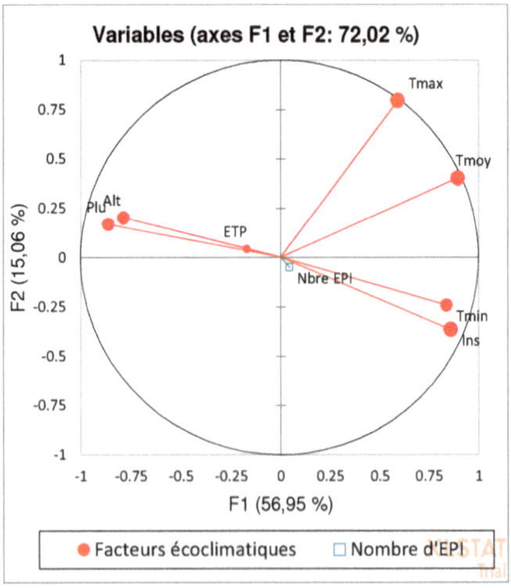

Figure 439: Cercle de corrélations des facteurs écoclimatiques (températures, insolation, pluviométrie, altitude et évapotranspiration) de l'ensemble des stations

Cette analyse repose sur un tableau de contingence constitué de 6 colonnes (facteurs écoclimatiques) et de 116 lignes (stations). Nous avons considéré les facteurs écoclimatiques suivants: altitude, pluviométrie, température maximale, température moyenne, température minimale et insolation. Nous n'avons pas tenu compte dans notre analyse de la variable évapotranspiration dans la mesure où elle est mal représentée et contribue peu à l'analyse des résultats. Elle n'a donc pas été retenue pour l'interprétation des données (Figure 439).

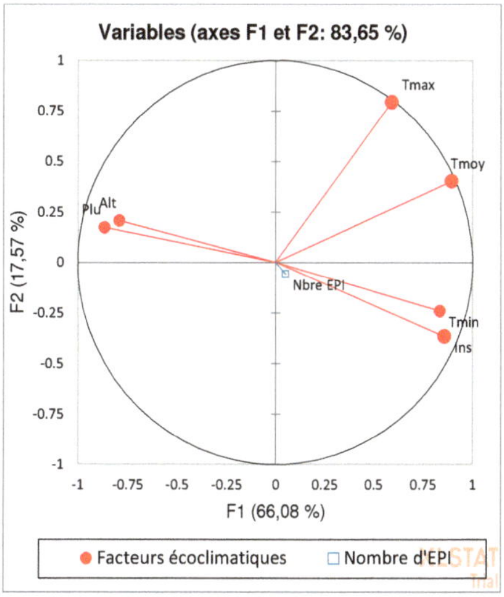

Figure 440: Cercle de corrélations des facteurs écoclimatiques hormis l'évapotranspiration de l'ensemble des stations

Hormis la température moyenne maximale, tous les facteurs écoclimatiques sont corrélés au premier axe (F1). Cette corrélation est positive pour la température moyenne, la température minimale et l'insolation. En revanche, celle – ci est négative pour les variables pluviométrie et altitude. Les variables température moyenne (0,895) et insolation (0,858) montrent de fortes corrélations entre elles (Figure 440). La température maximale a une forte corrélation avec l'axe F2 (0,79; Figure 440).

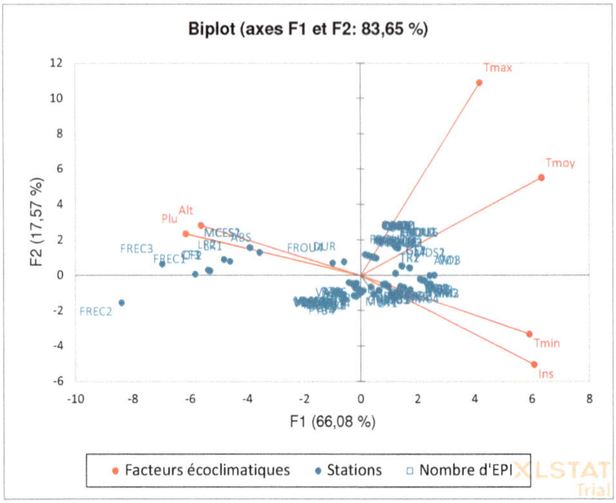

Figure 441: Analyse en composante principale de l'ensemble des stations

Au vu des résultats de l'analyse (axe F1; Figure 441), l'insolation ainsi que les variations thermiques (températures minimale et moyenne) sont peu significatives. D'ailleurs, les variations des températures ne sont pas considérables sur l'île. Néanmoins, tous ces facteurs écoclimatiques agissent sur les associations des espèces végétales et conduisent à une multitude de combinaisons d'unités floristiques (Joseph, 2009).

La pluviométrie représente le facteur prépondérant à l'origine de la variabilité des biotopes. Ces derniers sont conditionnés par différents types de végétation et définissent l'étagement végétal (Joseph, 2009, 2011). Même si le climat défini le type de végétation (Joseph, 2009, 2011, 2012; Portecop, 1979), la composante édaphique (les sols) contribue également à la variabilité des groupements floristiques. Il existe une coévolution entre le sol et la végétation (Joseph, 2009). En conséquence, nos relevés de terrain se différencient également selon le type de sols.

Il est à préciser que dans cette analyse en composante principale (ACP), les herbacées [*Œceoclades maculata*, *Rhœo spathacea* ainsi que les langues de Belle – mère (*Sansevieria sp.*)] ne font pas partie du tableau de contingence. Nous n'avons retenu que les régénérations viables (2,5 cm de section) et les individus adultes. En conséquence, les stations (QM1, QM2, FL1, FL2, PTL1, PTL2 et AC3) dans lesquelles ces herbacées se sont développées apparaissent comme n'ayant pas d'espèce potentiellement invasive dans leur cortège végétal.

V.2.2 Abondance des espèces potentiellement invasives

Au vu de ce travail de recherche, nous avons observé que les espèces potentiellement invasives se développent dans tous les étagements bioclimatiques (inférieur, moyen et supérieur). Toutefois, leur abondance populationnelle varie selon un gradient pluviométrique altitudinal (Figure 440 et Figure 441). Cette dominance démographique est très élevée dans les formations sempervirentes saisonnières tropicales d'horizon inférieur et de faciès xérique (forêts xériques) et diminue progressivement dans les formations d'étagements supérieurs conditionnées par des sylves sempervirentes saisonnières tropicales types (forêts mésophiles) et forêts ombrophiles submontagnardes (forêts hygrophiles).

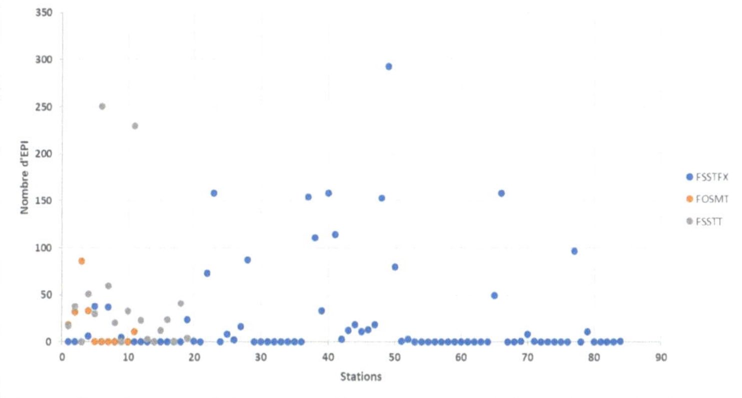

Figure 442: Répartition populationnelle des espèces potentiellement invasives dans les communautés végétales

(FSSTFX) Formation végétale sempervirente saisonnière tropicale et de faciès xérique; (FSSTT) Formation végétale sempervirente saisonnière tropicale type; (FOSMT) Formation végétale ombrophile submontagnarde tropicale; (EPI) Espèces potentiellement invasives.

Sur la Figure 442, nous avons répertorié toutes les régénérations viables: diamètres à partir de 2,5 cm mesurés à 1,33 m de la surface du sol. Ceci implique que toutes les stations dans lesquelles nous n'avons observé que des herbacées potentiellement invasives sont considérées comme ne présentant pas de taxon potentiellement invasif.

Nous avons recensé 1 956 individus d'espèces potentiellement invasives (toutes espèces confondues) dans l'étage inférieur (Figure 442 et Figure 443). Alors que dans les étages moyen et supérieur, ce nombre est bien inférieur: nous avons dénombré respectivement 869 et 180 individus (Figure 442 et Figure 443). Dans chaque étagement bioclimatique, nous avons comptabilisé un grand nombre d'espèces potentiellement invasives: les stations PTB2 (étage inférieur: 293 espèces potentiellement invasives), FROU7 (étage moyen: 250 spécimens) et CF2 (étage supérieur: 86 individus) (Figure 442).

On remarque de grandes disparités de l'abondance populationnelle des espèces potentiellement invasives dans certaines stations tout étagement confondu (Figure 442).

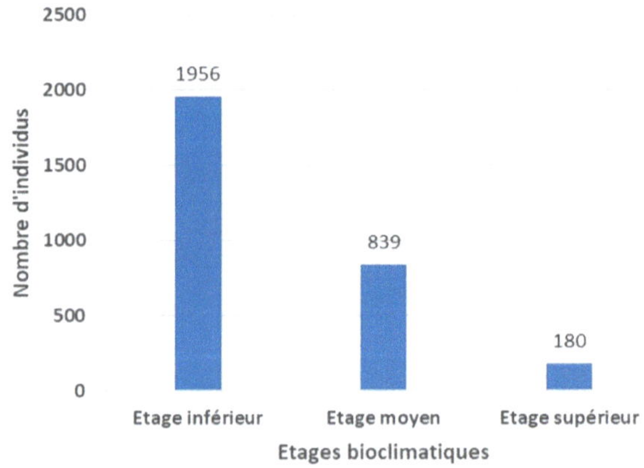

Figure 443: Abondance des espèces potentiellement invasives en fonction de l'étagement bioclimatique

V.2.3 Classes d'âges des individus

Tableau 254: Répartition des individus en fonction des classes d'âges et de l'étagement bioclimatique

Classes diamétriques (cm)	2,5	5	10	15	20	25	30	35	40	45	50
Étage inférieur (%)	74,28	16,72	5,51	1,76	0,81	0,33	0,27	0,11	0,09	0,03	0,03
Étage moyen (%)	72,02	13,07	6,19	3,57	1,70	0,79	0,65	0,35	0,47	0,22	0,32
Étage supérieur (%)	59,71	18,96	6,88	4,76	3,54	1,73	1,33	0,67	0,76	0,33	0,51

Dans le tableau ci – dessus, nous avons répertorié les individus de classes d'âges comprises entre 2,5 et 50 cm en fonction de l'étagement bioclimatique (inférieur, moyen et supérieur). Bien que nous ayons observé des diamètres plus importants (allant jusqu'à 250 cm; Figure 105), les sections présentées dans le tableau ci – dessus sont celles qui ont été les plus comptabilisées dans nos formations végétales.

Les individus de sections comprises entre 2,5 et 5 cm sont plus nombreux quel que soit l'étagement bioclimatique (inférieur, moyen et supérieur) (Tableau 254). Le rapport de proportion diminue drastiquement lorsque les classes diamétriques augmentent (Tableau 254). Dans l'étage inférieur, au – delà de 15 cm de section, le pourcentage d'individus est extrêmement faible. Le taux de proportions des individusde sections 20 cm représente 2 fois moins celui de l'étage moyen et 4 fois moins celui de l'étage supérieur. Cet écart augmente progressivement selon les classes diamétriques (Tableau 254).

Malgré le fait que nous n'ayons pas un nombre d'inventaires aussi exhaustif dans les autres étagements bioclimatiques (moyen et supérieur), notre analyse décrit de façon générale les structures végétales des forêts actuelles en Martinique.

V.2.4 Étude des arbres morts

De nombreux arbres morts ont été comptabilisés: ils représentent un total de 4 539 individus tout étage confondu (inférieur, moyen et supérieur) (Tableau 175, Tableau 221 et Tableau 252). Le taux de mortalité a été étudié dans toutes les communautés végétales préalablement présentées.

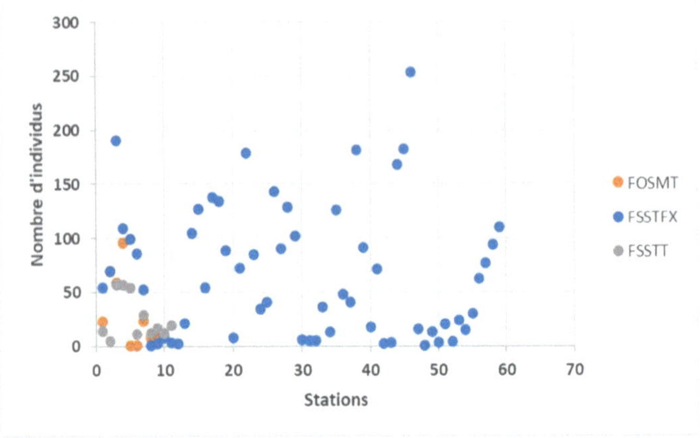

Figure 444: Répartition des arbres morts dans les communautés végétales

(FSSTFX) Formation végétale sempervirente saisonnière tropicale et de faciès xérique; (FSSTT) Formation végétale sempervirente saisonnière tropicale type; (FOSMT) Formation végétale ombrophile submontagnarde tropicale.

3 948 arbres morts ont été recensés dans l'étage inférieur tandis que dans les autres étagements bioclimatiques (moyen et supérieur), leur nombre est beaucoup plus faible: 287 et 304 individus respectivement (Tableau 221 et Tableau 252).

Le Tableau 255 présente les stations dans lesquelles nous avons observé à la fois la présence d'arbres morts ainsi que la présence d'espèces potentiellement invasives. La Figure 445 montre les variations de l'abondance populationnelle des arbres morts et des taxa potentiellement invasifs en fonction des stations dans lesquelles ils se sont développés.

Dans la majorité des cas, le nombre d'arbres morts semble diminuer lorsque celui des espèces potentiellement invasives augmente et inversement (Tableau 255 et Figure 445). Cependant, la relation entre les deux variables n'est pas toujours vérifiée: c'est le cas notamment des stations ABS, AC1, CF2, GF1, MCES2, MJ4 et VMC3 (Figure 445).

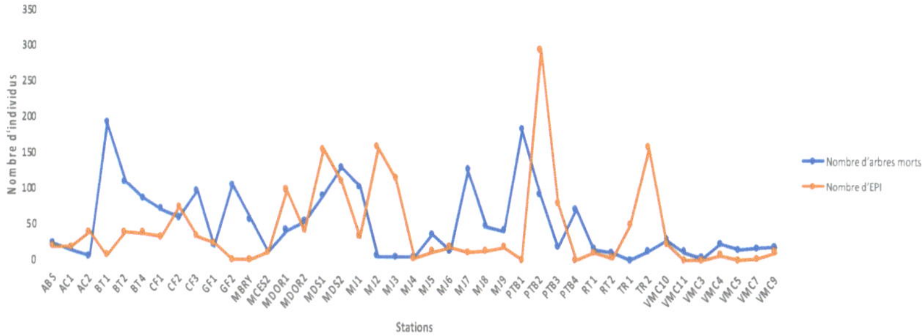

Figure 445: Abondance populationnelle des arbres morts et des espèces potentiellement invasives en fonction des groupements floristiques

En utilisant le coefficient de Spearman, on remarque qu'aucune relation ne lie le nombre d'arbres morts et l'abondance populationnelle des espèces potentiellement invasives (R_S = 0,033; Annexe 15). Les herbacées (*Œceoclades maculata*, *Rhœo spathacea, Sansevieria hyacinthoides* et *Sansevieria trifasciata*) n'ont pas été prises en compte dans l'étude ci – dessous. En conséquence, les phytocénoses QM1, QM2, PTL1, PTL2, FL1 et FL2 dans lesquelles ces herbacées ont été observées ne font pas partie des stations qui répondent aux deux conditions: présence d'arbres morts et d'espèces potentiellement invasives.

Tableau 255: Abondance des arbres morts et des espèces potentiellement invasives dans les communautés végétales

Stations ayant des arbres morts	Nombre d'arbres morts	Taux de mortalité (%)	Nombre d'EPI	Pourcentage EPI (%)
BT1	191	25,8	6	1,1
BT2	109	17,6	38	7,4
BT4	86	14,8	37	7,5
GF1	21	5,9	24	7,1
GF2	105	15,5	1	0,18
MDOR1	41	6,6	97	16,8
MDOR3	54	6,3	41	5,1
PTB1	182	15,4	1	0,1
PTB2	91	6,1	293	20,8
PTB3	18	5,7	80	26,8
PTB4	71	4,9	1	0,07
MDS1	90	25,6	154	59
MDS2	129	21,8	111	24
TR1	1	1,92	50	98,04
TR2	13	4,11	158	52,14
AC1	14	6,22	17	8,06
AC2	5	3,38	38	26,6
RT1	16	3,99	11	2,86
RT2	11	8,33	4	3,31
VMC3	4	0,97	1	0,24
VMC4	24	4,15	8	1,44

Stations ayant des arbres morts	Nombre d'arbres morts	Taux de mortalité (%)	Nombre d'EPI	Pourcentage EPI (%)
VMC5	15	3,06	1	0,21
VMC7	17	4,33	3	0,81
VMC9	19	2,56	12	1,66
VMC10	29	4,33	24	3,75
VMC11	12	1,77	1	0,15
MJ1	102	21,56	33	8,89
MJ2	6	3,14	158	85,4
MJ3	5	3,97	114	94,21
MJ4	5	26,32	3	21,43
MJ5	36	12,59	12	4,8
MJ6	13	16,05	18	26,47
MJ7	126	12,82	11	1,28
MJ8	48	9,27	13	2,77
MJ9	41	13,27	18	6,27
MBRY	57	9,84	1	0,19
ABS	23	4,34	18	3,55
MCES2	11	2,61	11	2,68
CF1	70	16,51	32	9,04
CF2	59	15,82	73	23,25
CF3	96	21,67	33	9,51

VI Discussion Générale

Les forêts autrefois peuplées par les espèces (végétales et animales) autochtones doivent faire face aujourd'hui à l'arrivée de taxons exotiques (Joseph, 1997, 2009). La mondialisation et notamment le développement des moyens de transport a permis le franchissement de la barrière géographique et a ouvert l'accès aux espèces nouvelles dans des espaces naturels. En effet, au fil du temps, l'homme a été l'acteur principal dans l'établissement d'espèces d'une région à l'autre (Joseph, 2017b; Lefeuvre, 2013; Brundu, et al., 2012; Reaser, et al., 2007; Beauvais, et al., 2006; Duplouy & Meyer, 2004; Jaffré, et al., 2002; Parsons & Cuthbertson, 2001; Muller, 2000; Gargominy, et al., 1996; Strasberg, 1994, 1995; Meyer, 1993, 2005, 2011b; Meyer & Lavergne, 2004; Macdonald, et al., 1991).

Les différents arrangements des taxa des écosystèmes forestiers de l'île sont le résultat de l'anthropisation: il s'agit d'une réponse écosystémique face à la perturbation anthropique.

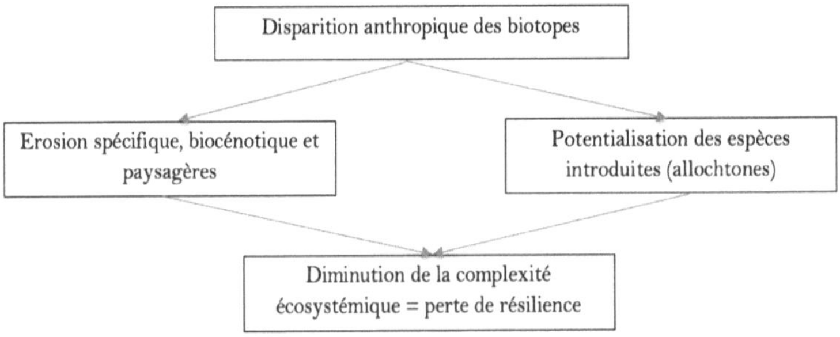

Figure 446: Impact de l'activité anthropique sur l'écosystème (communications JOSEPH)

Outre les modifications des paysages végétaux engendrées par la dégradation des milieux naturels, le réchauffement climatique a également favorisé les invasions biologiques (Haeuser, et al., 2018; Dutartre & Suffran, 2011; Joseph, 2011; Tassin, 2010; Walther, et al., 2002, Walther, et al., 2002).

L'introduction d'espèces exotiques constitue la deuxième cause de la perte de la biodiversité végétale et animale à l'échelle internationale (Vitousek, et al., 1996) après la destruction des habitats naturels (Simberloff, 2003). Ces invasions sont à l'origine de perturbations multiples (Worku & Sahile, 2018; Brown & Daigneault, 2014; Chauvel & Martinez, 2013; Lavoie, et al., 2013; Thévenot, 2013; Frésard & Hernandez, 2012; Dumas, 2011; Tremblay & Lefebvre, 2010; Maurel, et al., 2010; Heywood & Brunel, 2009; Dagno, et al., 2007; Busser, 2007; Fumanal, 2007; Goudard, 2007; Clayton & Champion, 2006; Streftaris & Zenetos, 2006); Vanderhoeven, et al., 2006; Dandelot, et al., 2005; Foloni & Pitelli, 2005; Ainouche, et al., 2003, Ainouche, et al., 2009; Carruthers, 2003; Huber, et al., 2002; (McNeely, 2001b); McNeely, 2001); (Mullin, et al., 2000; Pimentel, et al., 2000); (UICN, 2000); (Harley, et al., 1997; Kline & Duquesnel, 1996; Vitousek, et al., 1996; Aweke, 1994; Thompson, 1991; Drake, et al., 1989; Gopal, 1987; Pieterse, et al., 1981; Holm, et al., 1977). Elles affectent aussi bien les communautés biologiques, les populations ainsi que le fonctionnement des écosystèmes (Vilà, et al., 2011; Mack, et al., 2000).

Selon la littérature, les écosystèmes insulaires tropicaux sont plus sensibles aux phénomènes d'invasion (Barbault & Atramentowicz, 2010; Vitousek & Walker, 1989; Vitousek, et al., 1997).

L'île de la Martinique n'est pas épargnée par ce phénomène. Depuis 1999, le Professeur Philippe JOSEPH étudie les potentialités d'invasion des espèces végétales, qu'il qualifie d'espèces potentiellement invasives (Joseph, 1999).

Les taxa présentés plus tôt dans cette thèse sont les principales espèces potentiellement invasives en Martinique. Ces espèces originaires de l'Asie du Sud (*Bambusa vulgaris, Triphasia trifolia*), de l'Afrique (*Dichrostachys cinerea, Funtumia elastica, Œceoclades maculata, Sansevieria hyacinthoides, Sansevieria trifasciata* et *Spathodea campanulata*), du Brésil (*Mimosa malacocentra*), ou d'Amérique (*Rhœo spathacea*) se développent dans une grande diversité de milieux (Joseph, 2006a, 2007, 2011, 2012) et sur tout type de sols (Annexe 11).

Afin de mieux appréhender les processus d'invasion des espèces exotiques, il est essentiel de connaître leurs dynamiques spatio – temporelles. On sait que pour qu'une espèce allochtone (ou exotique) puisse devenir envahissante, elle suit une séquence: introduction, acclimatation – naturalisation et invasion (Williamson, 1996c). De plus, seule une faible proportion d'espèces allochtones parvient à devenir invasive: règle des dix (Munoz, 2010; Anderson & Galatowitsch, 2006; Williamson, 1996c; Williamson & Fitter, 1996a, b; Holdgate, 1986; Williamson & Brown, 1986. En conséquence, l'établissement (ou naturalisation) d'une espèce dans une région donnée n'est pas dans tous les cas le signe d'une invasion biologique. Ce qui traduit que toutes les espèces introduites ne deviennent pas invasives.

Nous avons tenté de répondre à tous les questionnements présentés en première partie:

- Quelles sont les différentes espèces potentiellement invasives en Martinique?
- Quelle est la répartition actuelle de chacune des populations des espèces potentiellement invasives?
- Quelles sont leur écologie ou les caractéristiques de leurs traits de vie?
- Quelles sont les potentialités d'invasions futures de ces espèces dans les biotopes?
- Quelles espèces naturalisées pourraient se révéler potentiellement invasives en Martinique?
- Quels moyens devrons – nous utiliser pour limiter leur expansion?

VI.1 Répartition des espèces potentiellement invasives

Les formations sempervirentes saisonnières tropicales d'horizon inférieur et de faciès xérique (forêts xériques) sont les plus touchées par les invasions biologiques (1 956 individus recensés; Figure 443). L'invasion des espèces potentiellement invasives n'est pas aussi marquée dans les sylves ombrophiles montagnardes et ombrophiles submontagnardes. Nos résultats sont en concordance avec ceux du Professeur Philippe Joseph (Joseph, 2006a, 2007, 2009).

VI.1.1 Abondance des populations

Nous avons observé une abondance populationnelle des espèces potentiellement invasives dans l'étage inférieur. Les autres étagements bioclimatiques (moyen et supérieur) ne sont pas épargnés par l'invasion de ces espèces, toutefois, leur abondance en termes de nombre d'individus est beaucoup plus faible (Figure 442 et Figure 443).

Nous avons remarqué une forte disparité entre certaines stations de la dominance biodémographique des espèces potentiellement invasives tout étage végétal confondu. Par exemple, parmi les phytocénoses de l'étage inférieur, les stations de Morne Carrière (VMC1), de Grand Fond (GF10), ou encore de la Pointe Borgnèse (PTB1) ont respectivement 3, 87 et 153 et individus d'espèces potentiellement invasives dans leur cortège végétal (Figure 442).

Les facteurs mésologiques (facteurs du milieu) conditionnent la distribution des espèces ainsi que la multiplicité des phytocénoses (Joseph, 2009, 2012). Dans ses écrits, le Professeur Philippe JOSEPH indique que les facteurs anthropogènes dictent la mise en place et l'évolution de la végétation (Joseph, 2012).

En conséquence, la répartition des espèces potentiellement invasives semble être influencée à la fois par les facteurs mésologiques et par l'anthropisation (Joseph, 2012). Il en résulte alors que les phytocénoses de l'étage inférieur qui présentent les plus fortes abondances populationnelles d'espèces potentiellement invasives sont marquées par une très grande diversité des environnements biophysiques et par une action anthropique beaucoup plus importante (Joseph, 2012).

VI.1.2 Abondance des herbacées

Dans certaines unités floristiques, nous avons observé le développement d'herbacées potentiellement invasives: *Œceoclades maculata*, *Rhœo spathacea*, *Sansevieria hyacinthoides* et *Sansevieria trifasciata*.

Malgré le faible nombre de plantules (entre 1 et 5 plantules) d'espèces potentiellement invasives recensées dans les cas d'*Œceoclades maculata* et de *Rhœo spathacea*, leur présence témoigne d'une activité anthropique régulière dans les stations dans lesquelles elles ont été observées. Les populations de *Sansevieria hyacinthoides* et *Sansevieria trifasciata* dominent numériquement et forment des tapis monospécifiques dans certains quadrats ou stations dans lesquels elles se sont développées.

Dans les stations dans lesquelles nous avons comptabilisé des herbacées potentiellement invasives, les espèces dominantes numériquement au niveau plantulaire appartiennent à des stades d'évolution différents [arbustif mûr (*Erythroxylon havanense*), présylvatique (*Eugenia monticola*), sylvatique secondaire (*Pisonia fragrans*)]. Cette hétérogénéité des structures végétales indique une dégradation stationnelle. Celle – ci favorise des niches écologiques permettant l'installation d'espèces exotiques voire potentiellement invasives.

VI.2 Importance écologique des espèces potentiellement invasives

Pour connaître la dynamique d'expansion des espèces potentiellement invasives au sein des diverses unités floristiques étudiées, nous avons utilisé plusieurs indicateurs. Ces derniers nous ont permis d'une part d'apprécier la distribution des sections des individus, l'architecture et la structure des formations végétales, les caractéristiques des canopées et d'autre part d'évaluer la distribution des espèces, leurs phytomasses mais surtout la dominance relative des espèces végétales les unes par rapport aux autres (Joseph, et al., 2015a, b, Joseph, et al., 2016, Joseph, et al., 2018a, b, c, Joseph, et al., 2019).

VI.2.1 Indice de dominance (ID) et indice de distribution (Id)

En analysant, l'indice de dominance, nous avons remarqué que les taxons potentiellement invasifs font parfois partie des espèces du cortège dominant (Figure 447) (Joseph, 1997, 2009). Cet indice tient compte à la fois de la distribution et de l'aire basale (surface terrière). C'est à partir de ces deux paramètres qu'il est possible de déterminer les espèces dominantes d'une phytocénose dite équilibrée (Joseph, 1997, 2009).

Au vu des stations étudiées et de l'indice de dominance (ID), nous avons observé que *Dichrostachys cinerea*, *Funtumia elastica, Mimosa malacocentra* et *Spathodea campanulata* font partie du cortège dominant dans 14 stations tout étage végétal confondu (inférieur, moyen et supérieur) (Figure 447).

Dichrostachys cinerea fait partie des espèces dominantes des stations xériques PTB1, MDS (MDS1 et MDS2) et MJ (MJ3 et MJ6) (Figure 447). Dans les formations mésophiles, *Funtumia elastica* (stations FROU7 et FROU12) et *Spathodea campanulata* (stations AC1 et AC2) font partie du cortège dominant. Enfin, dans les unités floristiques hygrophiles, *Spathodea campanulata* appartient au cortège dominant des stations CF1, CF2 et CF3.

Triphasia trifolia présente une physionomie d'arbuste ou d'arbrisseau de moins de 4 m de haut. Ses individus ne dépassent guère 2,5 cm de section. Au vu de sa physionomie et de l'indice de dominance, elle ne fait pas partie des espèces dominantes.

Dans l'étage inférieur qui conditionne des formations sempervirentes saisonnières tropicales d'horizon inférieur et de faciès xérique (forêts xérophiles), la Figure 447 indique que les espèces potentiellement invasives font majoritairement partie du cortège dominant.

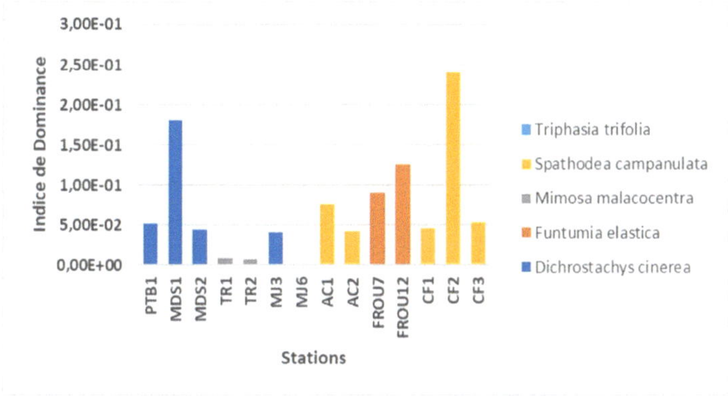

Figure 447: Dominance des espèces potentiellement invasives en fonction de l'indice de dominance (ID)

L'aire basale a un «poids» important sur la valeur de l'ID. En effet, nous avons constaté dans certaines phytocénoses que les individus très distribués ayant de faibles surfaces terrières ne font pas partie du cortège prépondérant au vu de la valeur de leur indice de dominance. Ce phénomène est le signe d'une interférence entre les stades d'évolution due à l'anthropisation.

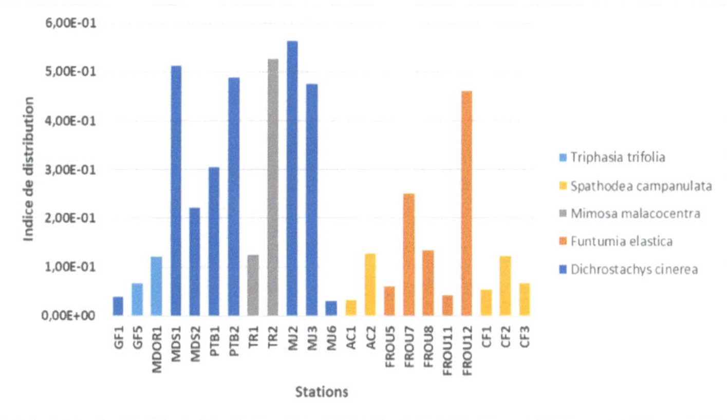

Figure 448: Dominance des espèces potentiellement invasives en fonction de l'indice de distribution (Id)

Et donc, en dépit de l'importance écologique donnée par l'indice de dominance (ID), l'indice de distribution permet d'évaluer la distribution des espèces à la fois en fonction de leur fréquence relative et de leur occupation par mètre carré (densité d'individus).

Ainsi, au regard de l'indice de distribution, dans 22 stations (Figure 448), les espèces potentiellement invasives, *Dichrostachys cinerea*, *Funtumia elastica, Mimosa malacocentra, Spathodea campanulata* et *Triphasia elastica* font partie du cortège prépondérant quel que soit l'étagement bioclimatique considéré (inférieur, moyen, supérieur) (Figure 448). En considérant l'indice de distribution, malgré son type physionomique *Triphasia trifolia* fait partie des espèces dominantes dans certains relevés floristiques (stations GF5 et MDOR1; Figure 448).

Les espèces potentiellement invasives font principalement partie des taxa du cortège dominant dans les formations sempervirentes saisonnières tropicales d'horizon inférieur et de faciès xérique (Figure 448). Les unités floristiques de l'île sont majoritairement aux stades: arbustif, présylvatique voire sylvatique jeune (Joseph, 2009).

Les phytocénoses actuelles des étages végétaux moyen et inférieur sont des formes de régression des sylves originelles (Joseph, et al., 2003; Joseph, 2009, 2011). Nos résultats prouvent que les altérations de la structure végétale favorisent le développement des espèces potentiellement invasives.

VI.2.2 Indices complémentaires

Pour une étude plus fine de la structure des communautés végétales, nous avons utilisé les indices de Simpson (D), de Shannon – Weaver (H'), de Piélou (J) et de Hill.

À partir de l'indice de Piélou (ou indice d'équitabilité) et de l'indice de Shannon, nous avons pu observer un déséquilibre de certaines phytocénoses marqué par une mauvaise répartition des espèces. Ce déséquilibre observé dans ces unités floristiques s'exprime par une prédominance numérique d'espèces végétales indigènes ou parfois de taxons exogènes (*Swietenia sp.*, *Pachira insignis* ou une espèce potentiellement invasive).

En utilisant les indices de Simpson et de Hill, nos résultats ont montré une diversité spécifique élevée aussi bien dans les formations végétales dans lesquelles nous avons recensé ou non des espèces potentiellement invasives.

Et donc, si on prend l'exemple des stations du Morne Jalouse (MJ) dans lesquelles nous avons comptabilisé des espèces potentiellement invasives, la diversité spécifique des stations MJ (MJ4 à MJ9 et MJ1) est importante alors que celle des stations MJ2 et MJ3 est extrêmement faible.

Toutefois, l'abondance populationnelle des espèces potentiellement invasives est l'une des disparités observées entre ces phytocénoses. Nous avons remarqué que le développement des espèces potentiellement invasives dans les stations MJ2 et MJ3 est tel qu'il a conduit à un blocage de la succession végétale (Joseph, 2006a, 2006b, 2009). Ce qui a probablement conduit à une diversité spécifique faible (Figure 449).

On constate cette même situation dans le cas des stations dans lesquelles aucune espèce potentiellement invasive ne s'est développée: la station BT3 ou certaines stations du Quartier Mélisse (QM6). Dans ces phytocénoses, la diversité spécifique est faible.

Nos résultats sont en adéquation aussi bien avec les auteurs qui affirment qu'une communauté avec une diversité spécifique faible est favorable au développement d'espèces invasives (David, et al., 2017; Wang & Loreau, 2016; Knops, et al., 2002; Levine, 2000), que ceux qui pensent le contraire: une phytocénose avec une diversité floristique élevée favorise l'émergence d'espèces invasives (Foster, et al., 2002; Levine & D'Antonio, 1999; Levine, 2000). La figure ci – dessous indique les variations de la diversité des communautés floristiques étudiées à partir de l'indice de Simpson en fonction des variations de l'abondance populationnelle des espèces potentiellement invasives dans les communautés végétales (Figure 449). Les deux courbes suivent des tendances différentes. D'ailleurs, en comparant ces données à l'aide du coefficient de Spearman, nous n'avons pas observé de corrélation entre l'indice de Simpson et l'abondance des espèces potentiellement invasives (R_S = 0,17).

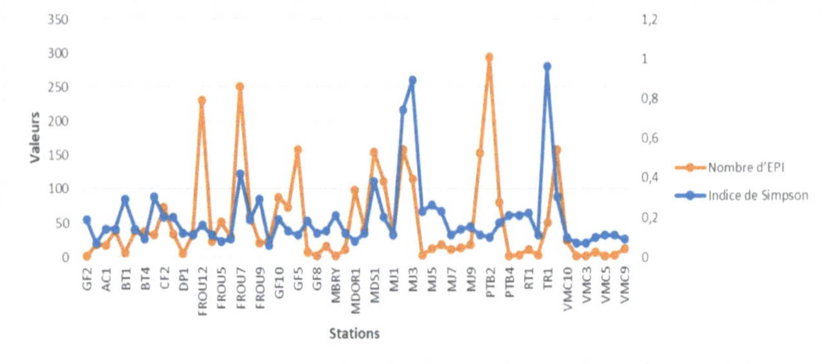

Figure 449: Variation de l'indice de Simpson en fonction de l'abondance populationnelle des espèces potentiellement invasives

Le dysfonctionnement écosystémique modifie les facteurs extrinsèques tels que l'hétérogénéité ou la disponibilité des ressources qui conditionnent la richesse et la composition des communautés floristiques (Mata, et al., 2013; Kennedy, et al., 2002).

VI.3 Écologie des espèces potentiellement invasives

Les unités floristiques (ou éco – unités) sont composées d'espèces d'écologie et de physionomie inféodées à un milieu donné. Pourtant, malgré les similitudes physionomiques, pour un même bioclimat selon les facteurs endogènes telles que les conditions du milieu ou les facteurs exogènes comme la topographie (versant, crête, vallée ou vallon), on retrouve une pluralité de cortèges végétaux (Joseph, 2006b, 2009, 2011, 2012).

Selon les structures biodémographiques des espèces, les analyses factorielles des correspondances (AFC) ont discriminé les stations de relevés tant selon les caractéristiques mésologiques que selon les niveaux d'évolution écosystémique.

À l'aide de nos analyses stationnelles couplées aux analyses factorielles des correspondances, nous avons pu établir le profil écologique des espèces potentiellement invasives. Il est à noter que les variations de l'écologie des taxa potentiellement invasifs présentées ci – dessous ne sont applicables que pour les groupements floristiques étudiés plus tôt.

VI.3.1 Profil écologique des espèces potentiellement invasives

En considérant qualitativement la biodémographie, la biomasse ainsi que la distribution des espèces potentiellement invasives, nous avons évalué, leur importance écologique en fonction du stade d'évolution temporelle du groupement floristique auquel elles sont associées. Cet indice intègre globalement leur distribution qui renvoie à la densité et à la fréquence relative des espèces, et leur biomasse qui est approchée à l'aide de la surface terrière des sections (diamètre à partir de 2,5 cm mesuré à 1,33 m de la surface du sol).

Ce modèle de représentation s'inspire des travaux menés par le Professeur Philippe JOSEPH (Joseph, 2006b, 2009).

Tableau 256: Profil écologique des espèces potentiellement invasives, Tableau inspiré du modèle de représentation du Professeur Philippe Joseph (Joseph, 2009)

	FRM	FAB	FABM	FPS	FSJS	FSS
Bambusa vulgaris		+	+	+	++	+
Dichrostachys cinerea		+++	++	+	+	+
Funtumia elastica					++	+
Mimosa malacocentra	+	++				
Œceoclades maculata					++	+
Rhœo spathacea		+	+	+	+	+
Sansevieria hyacinthoides		+++	+++	+++		
Sansevieria trifasciata		+++				
Spathodea campanulata		+	+	+	++	+++
Triphasia trifolia	P	+	+	+	+	

(+) peu abondant ou erratique; (++) abondant; (+++) très abondant. (FRM) Formation fruticée mûre; (FAB) Formation arbustive; (FABM) Formation arbustive mûre; (FPS) Formation présylvatique; (FSJS) Formation sylvatique jeune; (FSS) Formation sylvatique secondaire

Bambusa vulgaris parvient à se développer dans les formations sylvatiques secondaires, sylvatiques jeunes, présylvatiques voire arbustives. Son nombre d'individus est relativement élevé dans les formations dégradées appartenant aux stades arbustifs voire présylvatiques. L'espèce a commencé à former des fourrés dans lesquels ne se développent que ses régénérations: processus «d'hibernation» (Joseph, 2009).

Dichrostachys cinerea est capable de s'installer dans différentes conditions biocénotiques. L'espèce apparaît dès le stade herbacé. Nous l'avons observée dans les stades arbustif, préforestier, sylvatique jeune et sylvatique secondaire. En fonction du stade d'évolution dans lequel *Dichrostachys cinerea* évolue, nous avons remarqué une variation de sa dominance dans les formations végétales. L'Acacia de Saint – Domingue est prépondérante dans les formations arbustives. Ces caractéristiques font de *Dichrostachys cinerea*, une espèce assez «plastique» (Abati, et al., 2020).

Nous avons observé des spécimens de *Funtumia elastica* dans les formations sylvatiques jeunes à sylvatiques secondaires (Joseph, et al., 2019). De plus, dans ces associations floristiques, nous avons constaté une variation de la dominance de l'espèce en fonction du stade d'évolution de ces formations. *Funtumia elastica* est prépondérante dans les unités floristiques sylvatiques jeunes et présente un nombre d'individus plus faible dans les formations sylvatiques secondaires.

Mimosa malacocentra est affine des milieux ouverts dégradés appartenant aux stades arbustifs. Dans ces stations, l'espèce peut inhiber les processus de succession végétale (Joseph, 2009). Les espèces qui se sont développées sont essentiellement de type herbacé. Les rares espèces arborées observées ont un nombre d'individus nettement plus faible.

Œceoclades maculata s'est développée dans les sous – bois et les zones perturbées des forêts xériques et mésophiles. L'espèce apparaît dès le stade arbustif et parvient également à s'installer dans les stades présylvatique et sylvatique secondaire.

Rhœo spathacea est affine des zones xériques ouvertes. Nous l'avons observée dans les stades arbustif, préforestier, sylvatique jeune et sylvatique secondaire.

Les deux Langue de Belle – mère (*Sansevieria hyacinthoides* et *Sansevieria trifasciata*) ont une forte voire une très forte dominance écologique dans les stations de l'étage inférieur. Ces deux espèces apparaissent dès le stade arbustif.

Le Tulipier du Gabon (*Spathodea campanulata*) se développe dans les différents étagements bioclimatiques (étage inférieur, moyen et supérieur) de l'île. Cependant, nous avons observé une variation du nombre d'individus en fonction des conditions bioclimatiques dans lesquelles l'espèce est placée. En effet, dans les formations végétales de l'étage inférieur *Spathodea campanulata* est marginale: peu de spécimens se sont développés. Sa population ainsi que sa distribution sont un peu plus élevées dans les unités floristiques de l'étage moyen. Dans l'étage supérieur, elle peut faire partie du cortège dominant et menace la flore indigène. *Spathodea campanulata* est affine des milieux humides (à paraître Abati, et al., 2021).

Le comportement hémisciaphile de *Triphasia trifolia* lui permet de se développer dans différentes conditions biocénotiques (Abati, et al., 2017). En effet, nous l'avons observée aussi bien dans les stades arbustif, préforestier que forestier jeune (Joseph, 2012). Dans les stades arbustifs, elle est marginale: elle est en compétition avec d'autres espèces naturalisées et plus aptes aux conditions du milieu, *Dichrostachys cinerea* (stations PTB) ou *Sansevieria hyacinthoides* (station AC). Dans les formations équilibrées présylvatiques et sylvatiques jeunes, sa biomasse est faible par rapport aux arbres matures.

VI.4 Carte des potentialités

À partir des facteurs écoclimatiques prépondérants: températures et pluviométrie, nous avons réalisé un zonage pédoclimatique. En considérant les données recueillies dans la littérature, nous avons obtenu les cartes ci – dessous. Les parties en jaune sur la carte correspondent aux zones probables d'expansion des différentes espèces végétales potentiellement invasives.

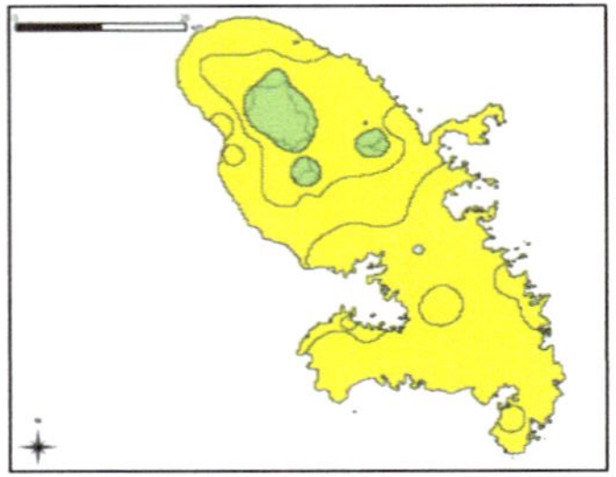

Bambusa vulgaris

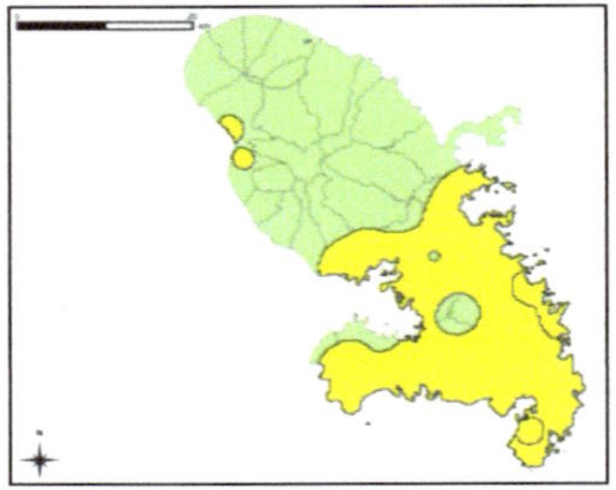

Dichrostachys cinerea

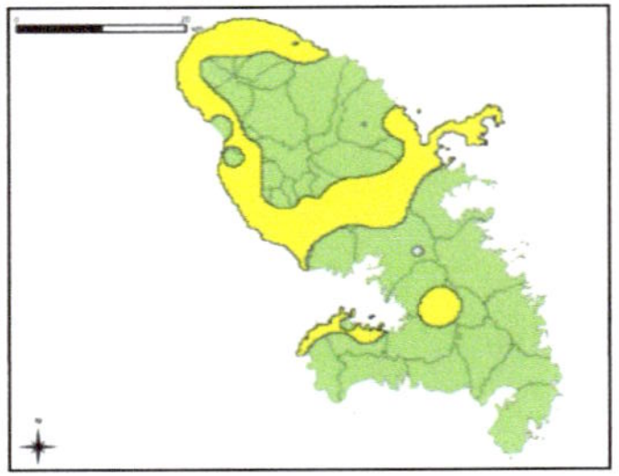

Funtumia elastica

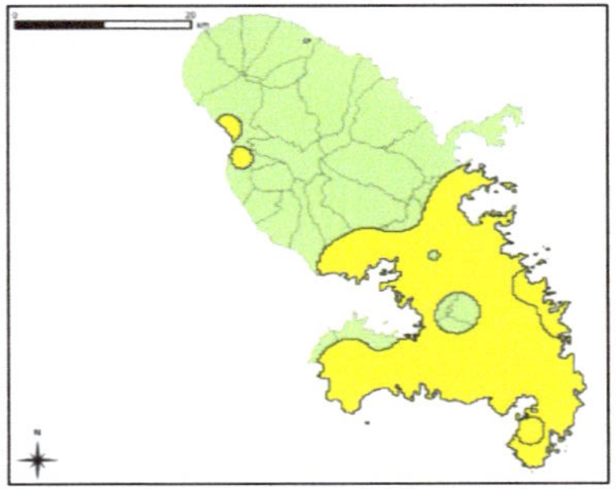

Mimosa malacocentra

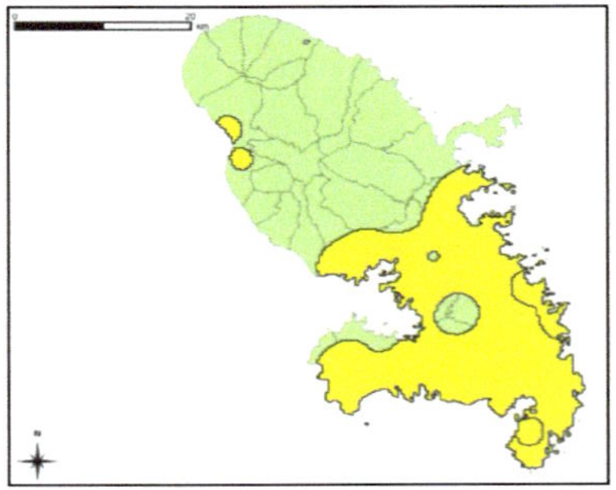

Œceoclades maculata

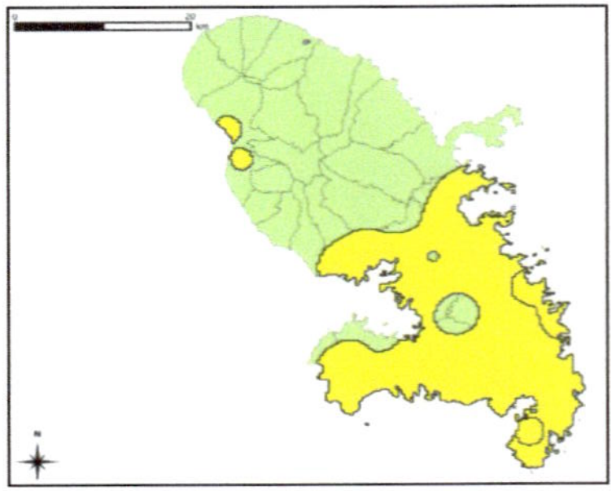

Rhœo spathacea

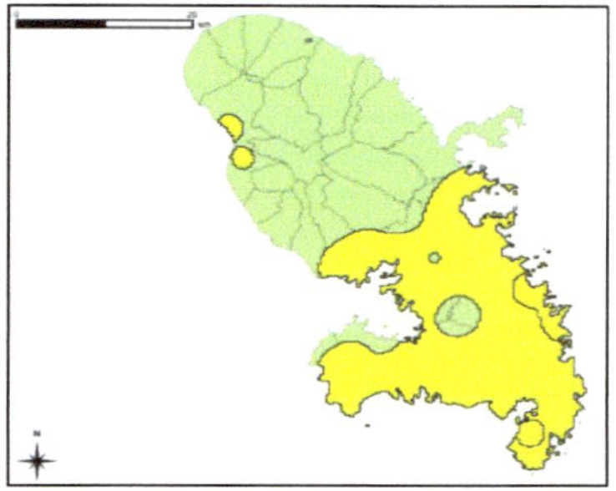

Sansevieria trifasciata et *Sansevieria hyacinthoides*

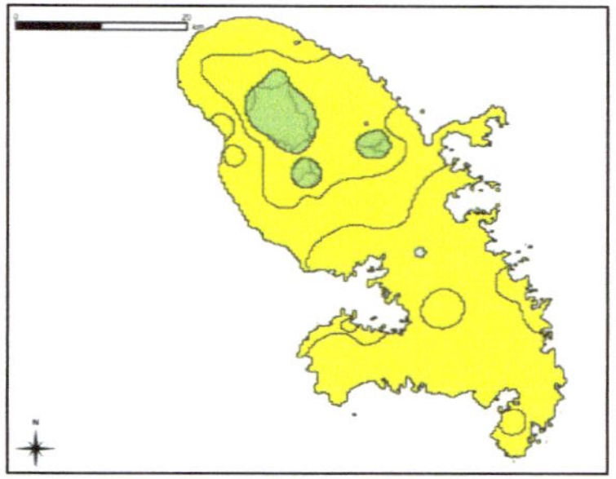

Spathodea campanulata

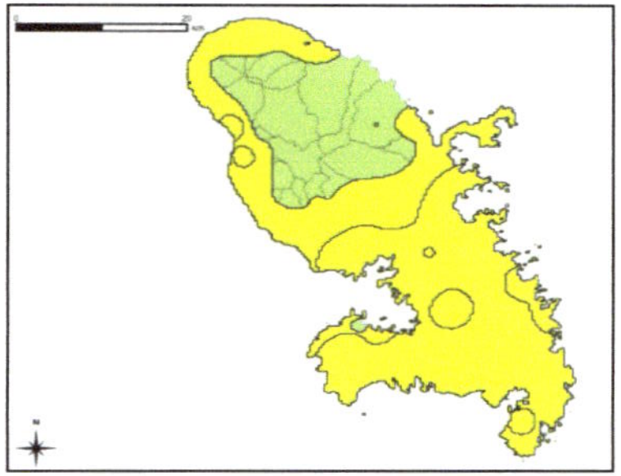

Triphasia trifolia

Figure 450: Aires plausibles d'extension des espèces potentiellement invasives

VI.5 Impact anthropique sur la végétation

Les structures végétales ainsi que les compositions floristiques sont en évolution continue. Les changements observés dans les groupements floristiques peuvent se produire à la suite d'interactions de compétition ou à la suite de changements climatiques (Nagel, et al., 2013; Joseph, 2009).

L'anthropisation a des conséquences sur les changements physionomiques des écosystèmes végétaux naturels (Joseph, 2012; Salaün & Marre, 2005). En conséquence, la structure végétale actuelle (faibles diamètres, faibles hauteurs et taux de mortalité élevé) des paysages végétaux de l'île est la résultante de perturbations liées à l'anthropisation.

VI.5.1 Mortalité des arbres

La mortalité des arbres est un processus naturel dans le cycle de développement d'une phytocénose. Ce phénomène est multifactoriel: il se produit à la suite d'interactions complexes de plusieurs facteurs intrinsèques ou extrinsèques (Taccoen, 2019; Etzold, et al., 2016).

Nous avons analysé la répartition des arbres morts dans les étagements bioclimatiques (inférieur, moyen et supérieur; Figure 444): ce taux est extrêmement élevé dans les forêts sempervirentes saisonnières tropicales d'horizon inférieur et de faciès xérique.

Ce taux est légèrement plus élevé dans les forêts ombrophiles submontagnardes tropicales par rapport aux forêts sempervirentes saisonnières tropicales types (Figure 444). Dans les huit phytocénoses mésophiles, dans lesquelles *Funtumia elastica* s'est développée, nous n'avons pas comptabilisé d'arbres morts.

Nos analyses nous ont permis de remarquer qu'il n'y a pas de corrélation entre les variations du nombre d'arbres morts et celles des espèces potentiellement invasives en fonction des unités floristiques. Par conséquent, cette variabilité du taux de la mortalité des communautés végétales dépend de plusieurs facteurs endogènes (la topographie ou encore la structure végétale) et de facteurs exogènes notamment les conditions climatiques (Taccoen, 2019).

Le taux de mortalité et les nombreux individus de faibles sections que nous avons recensés indiquent la jeunesse de la matrice végétale (Etzold, et al., 2016) aussi qu'une grande activité anthropique et/ou la récurrence de phénomènes naturels (cyclones, ouragans, etc.) dans la zone inventoriée. D'ailleurs, ces perturbations anthropiques entrainent l'apparition de trouées sylvatiques. Dans certaines phytocénoses, nous avons recensé des espèces indicatrices de trouées, *Piper dilatatum* ou encore *Conostegia calyptrata*. Ces ouvertures sylvatiques sont favorables au développement des taxa les plus aptes (Nagel, et al., 2013; Joseph, 2006b).

VI.5.2 Jeunesse de la matrice végétale

Avant la colonisation et la mondialisation, les sylves de l'île étaient caractérisées par une structure composée de spécimens de moyennes et de grandes sections qui atteignaient les strates supérieures (Joseph, 2009). En raison du développement de l'anthropisation, la superficie des forêts climaciques a fortement diminué (Joseph, 2009, 2012).

Les sylves sempervirentes saisonnières tropicales d'horizon inférieur et de faciès xérique (forêts xériques) sont les sylves les plus touchées (Tableau 254). L'anthropisation a conduit à une perturbation importante de ces forêts qui ont perdu leur caractère primitif. Cette pression anthropique s'observe de différentes façons sur les paysages végétaux. Les conséquences de cette anthropisation sont variées: faible biomasse, individus majoritairement de sections comprises entre 2,5 et 5 cm, des unités végétales appartenant à des stades dynamiques inférieurs: arbustifs, présylvatiques, forestiers jeunes et sont rarement sylvatiques secondaires.

Nous avons remarqué que les sylves sempervirentes saisonnières tropicales types (forêts mésophiles) se secondarisent progressivement (Joseph, 2009). Ceci s'observe par une densité relativement importante de tiges et des individus de sections comprises entre 2,5 et 5 cm (72,02%; Tableau 254). Les communautés floristiques sont aux stades: présylvatiques, forestiers jeunes, sylvatiques secondaires et sont rarement aux stades plus avancés.

Les zones de l'étage supérieur souvent inaccessibles par l'homme notamment à cause des dénivellations importantes sont peu touchées par les perturbations anthropiques. Les sylves ombrophiles montagnardes et submontagnardes tropicales étudiées semblent encore conserver leur identité. Cependant, les impacts anthropiques ne sont pas négligeables: les individus de faibles sections (comprises entre 2,5 et 5 cm) dominent en nombre (59,71%; Tableau 254) mais on observe tout de même une plus grande proportion de spécimens de grandes sections que dans les deux autres étages végétaux (Tableau 254).

La distribution diamétrique est un indice temporel d'évolution qui permet d'observer l'homogénéité stationnelle d'un écosystème forestier. D'une façon générale, nous avons observé une prédominance des espèces de faibles diamètres (compris entre 2,5 et 5 cm) et de faibles hauteurs (entre 1 et 8 m).

Les unités floristiques sont majoritairement composées d'arbustes, d'arbrisseaux et d'arbres qui appartiennent essentiellement à la strate inférieure. Nous avons tout de même recensé en nombre plus faible des arbres matures qui font partie de la strate supérieure. Les stations inventoriées ont montré des unités floristiques à différents stades de la dynamique végétale (du stade arbustif au stade sylvatique secondaire). Les altérations des structures végétales sont principalement liées à l'anthropisation. Le paysage végétal actuel des étages inférieur et moyen est constitué de différentes entités physionomiques (Joseph, et al., 2003; Joseph, 2009, 2011). Les zones sèche et moyennement humide sont principalement concernées par les invasions biologiques (Joseph, 2006b, 2009). Il est fort possible que la dégradation anthropique des milieux soit favorable à l'émergence d'espèces exogènes puisque ce sont «les dysfonctionnements écosystémiques, associés à la régression des unités végétales, ainsi qu'à la disparition de leurs vecteurs de dissémination, qui libèrent des sites de colonisation biotopes et d'espèces» (Joseph, 2006a, b; Joseph, 2009).

Le nombre d'inventaires effectué dans les étages végétaux moyen et supérieur est assez faible comparativement à celui de l'étage inférieur. Cependant, notre étude décrit la réalité des biotopes actuels et futurs: perte progressive des relais floristiques, compétivité des espèces introduites pour les ressources naturelles face à l'incapacité des espèces indigènes à former des réarrangements résistants (Joseph, 2006b).

VI.5.3 *Impact du changement climatique*

L'abondance des espèces potentiellement invasives varie en fonction d'un gradient altitudinal, défini par la pluviométrie et l'importance de l'anthropisation (Figure 440 et Figure 441). Du littoral au sommet, nous avons observé des variations de la biodémographie des taxa potentiellement invasifs. Ces derniers sont plus nombreux dans le bioclimat sec et moyennement humide (Figure 443). Ces résultats sont en accord avec ceux du Professeur Philippe JOSEPH (Joseph, 2006a, b; Joseph, 2007, 2009, 2011).

Le changement climatique est un phénomène qui doit être également pris en compte dans les mesures de gestion des espèces invasives. L'accroissement du nombre d'invasions biologiques au détriment de la population d'espèces indigènes est une des conséquences prévisibles du changement climatique (Joseph, 2011; Tassin, 2010; Walther, et al., 2002; Walther, et al., 2009). En effet, ce dernier peut réduire les barrières essentielles à la naturalisation d'espèces végétales exotiques (Haeuser, et al., 2018; Joseph, 2011; Walther, et al., 2009; Llope & Mueller – Dombois, 1989).

Selon les données du GIEC[17], le changement climatique provoquera des modifications des gradients thermiques (augmentation des températures moyennes) et pluviométriques (réduction des précipitations dans la zone Caraïbe et Amérique tropicale) (GIEC, 2014). À la lumière de ces observations, le Professeur Philippe JOSEPH a étudié les effets plausibles du réchauffement climatique sur les formations végétales des Petites Antilles (Joseph, 2011).

À partir des travaux menés par le Professeur Philippe JOSEPH et des résultats des ACP (Figure 440 et Figure 441), les facteurs écoclimatiques (températures, pluviométrie et implicitement l'humidité) ont un impact sur la répartition ainsi que sur l'abondance populationnelle des espèces potentiellement invasives. Le Professeur Philippe JOSEPH (2011) explique qu'on assistera à une extension altitudinale des sylves sempervirentes saisonnières d'horizon inférieur et de faciès xérique (forêts xériques) et à une potentialisation des taxa de la flore xérophile. En conséquence, cette extension des milieux xériques conduira à une réduction des forêts sempervirentes saisonnières types (forêts mésophiles) et à une occupation marginale voire une disparition totale des sylves ombrophiles montagnardes et submontagnardes (forêts hygrophiles) ainsi qu'aux espèces inféodées à ces types de milieux (Joseph, 2011).

Les zones à fortes vulnérabilités écosystémiques seront de plus en plus nombreuses: elles vont s'accompagner de modifications de la composition des communautés d'espèces et du fonctionnement des habitats.

Tous ces phénomènes favoriseront le développement d'espèces exogènes voire des espèces potentiellement invasives et pourraient s'accompagner d'une dominance démographique des espèces potentiellement invasives de types xérophytes et éventuellement des mésophytes qui sont spécifiques aux

[17] Groupe d'Experts Intergouvernemental sur l'Evolution du Climat ou IPPC en anglais (Intergovernmental Panel on Climate Change)

bioclimats sec et moyennement humide (Joseph, 2011; Tassin, 2010; Walther, et al., 2009).

Les espèces potentiellement invasives étant plus nombreuses dans les milieux à tendance xérique, leurs abondances populationnelles devraient progressivement accroître dans le temps dans ce type de milieu.

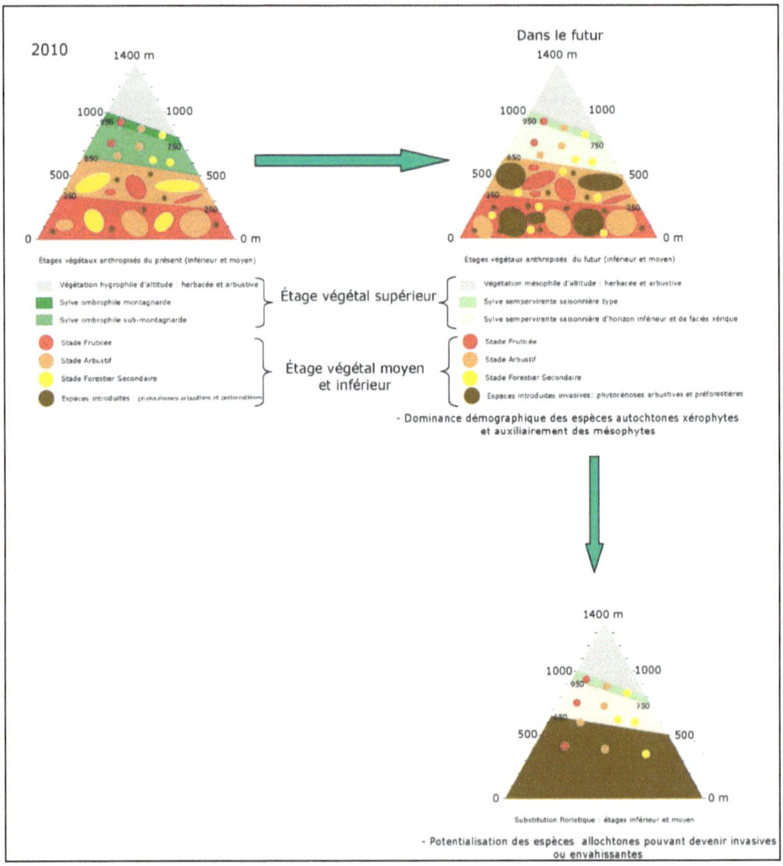

Figure 451: Évolution physionomique, biocénotique et écosystémique plausible (Image tirée de l'article «La végétation des Petites Antilles: principaux traits floristiques et effets plausibles du changement climatique» du Professeur Philippe JOSEPH) (Joseph, 2011)

VI.6 Immunité[18] ou résistance écosystémique face aux invasions?

Les écosystèmes forestiers de l'île sont marqués par la prépondérance des espèces végétales indigènes (Tableau 175, Tableau 221 et Tableau 252). Toutefois, lors de nos analyses de terrain, nous avons pu observer dans certaines phytocénoses des régressions des phases de la succession végétale accentuées notamment par la présence d'espèces potentiellement invasives.

Les milieux ouverts sont favorables à l'installation d'espèces introduites (Menozzii, 2010; Joseph, 2007, 2009, 2011; Muller, 2000). Dans ces milieux, se développent les espèces de lumière (espèces héliophiles). Cependant, dans certaines phytocénoses [par exemple les stations du Morne Bellevue (MB), de Val d'Or (VO) ou encore du Morne Caritan (MC)], malgré l'ouverture sylvatique, nous n'avons pas recensé d'espèces potentiellement invasives. Le milieu semble présenter une certaine résistance aux invasions biologiques et parvient à conserver son identité écosystémique en se reconstituant ou en évoluant vers des formes secondaires (Barbault, 2013; Lloret, et al., 2011; Levine, et al., 2003; Bergonzini & Lanly, 2000; Gunderson, 2000; Holling, 1973). Dans ses écrits, le Professeur Philippe JOSEPH parle d'une «immunité écosystémique» et précise qu'il s'agit d'un phénomène éphémère et précaire (Joseph, 2009, 2011).

Grâce à cette résistance des unités floristiques des différents étagements bioclimatiques (inférieur, moyen et supérieur), les espèces potentiellement invasives capables de se développer sont relativement peu nombreuses.

Toutefois, la pression anthropique sur les groupements végétaux est de plus en plus forte et provoque une dérégulation des écosystèmes forestiers. D'après nos résultats et les études du Professeur Philippe JOSEPH, la menace anthropique est plus accentuée dans les formations sempervirentes saisonnières tropicales d'horizon inférieur et de faciès xérique. Le dérèglement des écosystèmes pourra favoriser l'invasion d'espèces exogènes et conduira à une modification des paysages (homogénéisation des paysages végétaux) (Joseph, 2009, 2011).

Par conséquent, sans programme de gestion appropriée, on risque d'assister à long terme à une diminution voire à une perte des verrous écologiques (Joseph, 2009, 2011). Autrement dit, «l'immunité écosystémique actuelle de la

[18] Terme employé par le Professeur Philippe JOSEPH pour indiquer la résistance des écosystèmes des Antilles Françaises au regard des espèces introduites.

Martinique au regard des espèces exogènes diminuera avec la rupture d'équilibre due à la simplification, de plus en plus prégnante, des écosystèmes» (Joseph, 2009).

VI.7 Risque des espèces potentiellement invasives

Le succès de l'envahissement des plantes exogènes est lié à la nature du milieu (Mack, et al., 2000). Un milieu anthropisé est plus d'autant plus sujet aux invasions qu'un milieu naturel (Davis, et al., 2000). L'ouverture sylvatique créée par les perturbations naturelles et/ou anthropiques a conduit également à une invasion biologique. En effet, dans les forêts dans lesquelles nous avons observé de grandes trouées, des espèces potentiellement invasives se sont développées (exemples des stations MJ, BT, PTB).

Pour assurer le succès de leur invasion, les plantes envahissantes peuvent libérer dans le milieu forestier des substances ou des toxines phytochimiques qui agissent négativement sur les taxa indigènes: phénomène d'allélopathie (Callaway, et al., 2005; Bais, et al., 2003; Hierro & Callaway, 2003; Gallet & Pellisier, 2002; De Raissac, et al., 1998). Par ce processus, elles se développent et limitent la régénération des espèces végétales indigènes avoisinantes: impact sur la germination et la croissance des plantes autochtones.

Elles peuvent également agir sur le fonctionnement biologique du milieu d'accueil afin «d'optimiser» leur reproduction. Ainsi, elles réduisent la biodiversité indigène: diminution du nombre d'individus d'espèces végétales, perte de verrous écologiques, perte de résilience (Joseph, 2009).

La compétition entre les taxa pour les ressources naturelles (source lumineuse, nutriments, eau) conduit au développement des espèces invasives (Levine, et al., 2003). Par exemple, dans les stations dans lesquelles *Funtumia elastica* (espèce héliophile) s'est développée, ses individus dépassaient en taille les spécimens des espèces indigènes.

De plus, les espèces végétales décrites dans la partie bilan de la recherche présentent une grande plasticité phénotypique (Terral & Ater, 2016; Knop & Reusser, 2012; Joseph, 2009; Richards, et al., 2006a; Daehler, 2003; Sexton, et al., 2002; Baker, 1974). Elles ont une large gamme d'habitats et se développent dans des conditions environnementales différentes. Elles peuvent maintenir et accroître leur population d'espèces dans différents bioclimats (inférieur, moyen et supérieur) à différents stades d'évolution (de l'arbustif au forestier jeune).

L'ensemble de ces phénomènes leurs concèdent une meilleure adaptabilité au milieu d'accueil par rapport aux espèces végétales indigènes.

VI.7.1 Espèces sur surveillance

Outre les espèces potentiellement invasives, les taxa naturalisés ont également fait l'objet de recherches (Joseph & Abati, 2016). Ces espèces sont présentes dans tous les étagements bioclimatiques de l'île. Elles sont pour la plupart vendues dans les pépinières (*Spathoglottis plicata*) ou plantées comme arbres d'ornement (*Acacia auriculiformis*).

Des relevés floristiques ont déjà été menés dans ce cadre mais n'ont pas été ajoutés à ceux présentant les espèces potentiellement invasives. Toutes ces informations, couplées entre elles, nous permettront d'élaborer un article sur les espèces naturalisées. Ce travail permettra également aux prochains étudiants et autres professionnels d'avoir un aperçu des espèces qui pourront présenter dans l'avenir des menaces sur les communautés végétales et sur l'écosystème.

VI.7.2 Espèces activatrices

À la lumière des travaux du Professeur Philippe JOSEPH, les espèces invasives positives (ou espèces activatrices ou activateurs dynamiques) (Annexes 7 et 8) facilitent les processus de succession végétale, notamment dans les zones très dégradées. Ces espèces pourraient conduire à un procédé de reforestation et de reconstruction d'habitats naturels. Sous leurs houppiers, se développent des espèces autochtones généralistes ainsi que des espèces plus spécialistes appartenant à des stades dynamiques ultérieurs (Joseph, 2009). D'après les travaux du Professeur Philippe JOSEPH, ces espèces forment des populations monospécifiques qui «conditionnent la mise en place d'unités floristiques autochtones propres aux diverses phases de la dynamique végétale» (Joseph, 2009, 2011).

Swietenia macrophylla et *Swietenia aubrevilleana* sont deux espèces introduites qui ont montré des résultats remarquables lors d'études menées dans les forêts de milieux humides et moyennement humides de l'île (Joseph, et al., 2020).

VII Conclusion

La Martinique est une île, de faible superficie dans laquelle certaines formations végétales sont fragilisées par les invasions biologiques. L'anthropisation a conduit à une diminution de la superficie des forêts naturelles et a favorisé le développement d'espèces exogènes dont certaines ont un impact sur la biodiversité: elles sont qualifiées d'espèces potentiellement invasives par le Professeur Philippe JOSEPH (Joseph, 2004, 2006a, 2007, 2009).

Cette étude fait l'inventaire des principales plantes potentiellement envahissantes dans les différents étages bioclimatiques de la Martinique. L'objectif général était de les identifier puis d'évaluer leur état d'évolution sur le territoire martiniquais afin de déceler les éventuels impacts des populations de taxa indigènes.

En première partie, nous avons présenté les principales plantes potentiellement envahissantes: leur description botanique, leur écologie, leurs impacts, leurs usages et les moyens de gestion (notamment par des ennemis naturels). Ceci a été possible à partir des travaux menés par le Professeur Philippe JOSEPH (Joseph, 2004; Joseph, 2006a, b; Joseph, 2007, 2009, 2011, 2012; Joseph, et al., 2016; Joseph & Abati, 2016; Joseph, et al., 2019), de recherches bibliographiques et de nombreux relevés de terrain.

À partir de tous ces éléments, une base de données a pu être établie. Elle nous a permis de déterminer l'architecture des formations végétales ainsi que les caractéristiques des canopées. À la lumière du modèle descriptif de la dynamique végétale des Petites Antilles (Joseph, 1997), il a donc été possible de déterminer le stade d'évolution temporelle des différentes stations que nous avons présentées. Nous avons répondu aux objectifs de notre étude.

Les relevés de terrain ont été réalisés sur tous types de sols (vertisols, sols peu évolués sur cendres, sols fersiallitiques, sols brun – rouille à halloysite et sols à alluvions). Les plantes potentiellement invasives parviennent à s'y installer et à y trouver des conditions favorables à leur développement (Joseph, 2004; Joseph 2006a, b; Joseph 2007; Joseph, 2009; Joseph & Abati, 2016; Joseph, et al., 2016; Joseph et al., 2019).

Certains sites d'étude ont été choisis de façon aléatoire. D'autres ont été sélectionnés dans des milieux fortement anthropisés. Ceci a permis d'établir un échantillon représentatif de la mosaïque végétale de l'île et de tenter de définir le profil écologique des espèces potentiellement invasives. L'ensemble de ces données nous a permis de montrer que les espèces invasives se développent aussi bien dans les milieux perturbés ou non (Muller, 2004; Cronk & Fuller, 1995; Cronk & Fuller, 2001).

Toutes les zones qui ont des similarités écoclimatiques ont été représentées sous forme de cartes SIG à l'aide de données spatiales et attributaires. Cela nous a permis de rassembler toutes les stations qui indiquent les mêmes conditions du milieu (type de sol, pluviométrie, température, etc.). Cependant, les forêts de l'île constituent des mosaïques d'éco – unités qui sont à des stades d'évolution différents et qui forment un ensemble hétérogène (Génin, 2018; Joseph, 2011). En conséquence, deux unités floristiques présentant des conditions de milieu proches, ne subissent pas les mêmes pressions anthropiques et/ou naturelles et n'évoluent donc pas de façon identique. Il est donc presque impossible de prédire qu'une zone donnée fera l'objet d'une invasion végétale.

Parmi les zones inventoriées, nous avons observé que les milieux très secondaires résistent encore aux invasions. Ils sont caractérisés par des ouvertures sylvatiques qui créent des niches écologiques favorables aux espèces les plus aptes. Toutefois, même si les conditions s'y prêtent aucune espèce potentiellement invasive n'a été recensée. La complexité des îles est liée aux modalités de l'anthropisation car celle – ci n'est pas homogène sur tout le territoire.

La grande richesse floristique dont disposent les Petites Antilles et notamment l'île de la Martinique offre une résistance écosystémique aux changements environnementaux liés aux espèces invasives (Joseph, 2011).

Pour évaluer la dominance des espèces végétales entre elles, nous avons utilisé dans ce travail de recherche des outils élaborés par le Professeur Philippe JOSEPH (Joseph, 1997, 2009; Joseph et al., 2015a, b; Joseph, et al., 2018a, b). À l'aide de l'indice de dominance (ID), nous avons analysé la dominance relative des plantes potentiellement envahissantes les unes par rapport aux autres mais également par rapport aux espèces végétales indigènes. Dans les stations équilibrées, cet indice nous a permis d'évaluer le caractère concurrentiel des espèces entre elles. Par ailleurs, nous avons pu montrer que les espèces potentiellement invasives sont parfois dominantes dans ces phytocénoses.

Cependant, nous avons observé que cet indice n'est pas représentatif dans les formations végétales déséquilibrées. L'indice de dominance tient compte de la distribution (indice de distribution) et de l'importance de l'aire basale (surface terrière). En conséquence, les espèces peu distribuées ayant des individus de grandes sections, ont une surface terrière plus élevée que celles qui ont un grand nombre d'individus de faibles sections. Or, la majeure partie des formations végétales actuelles de l'île sont anthropisées et sont principalement composées d'individus très distribués de faibles sections.

Par ailleurs, la base de données que nous avons construite nous a permis d'apprécier la distribution des espèces potentiellement invasives entre les stations à partir de l'indice de distribution. Ce dernier a été très utile dans les formations végétales déséquilibrées. Il nous a permis d'évaluer l'importance numérique des populations d'espèces et leur répartition spatiale entre les stations à la fois en fonction de la distribution des taxa dans la station (fréquence) et de la densité de leurs individus. Souvent, dans ces formations végétales déséquilibrées, les espèces potentiellement invasives dominent.

D'autres indices (Indice de Jaccard, de Shannon, de Simpson, de Hill et de Piélou) ont été utilisés en complément. Ces derniers nous ont permis d'évaluer la diversité spécifique des phytocénoses (Marcon, 2015; Ousmane, et al., 2013; Ramade, 2008, 2009; Spellerberg & Fedor, 2003; Joseph, 1997, 2009; Simpson, 1949; Shannon, 1948). Nous avons pu observer qu'il n'y a pas de corrélation entre la diversité spécifique d'une communauté et le développement des espèces potentiellement invasives. Il y a donc plusieurs facteurs extrinsèques qui interviennent et qui favorisent l'émergence de ces taxa (Mata, et al., 2013; Kennedy, et al., 2002).

Le taux de mortalité élevé est en grande partie lié aux activités anthropiques plus ou moins importantes dans certaines associations floristiques. Les structures végétales (individus de faibles sections et de faibles hauteurs) du paysage actuel sont une des conséquences de la pression anthropique. Le taux de mortalité des individus semble être influencé par des facteurs extrinsèques (notamment le changement climatique) et/ou intrinsèques (tels que les facteurs mésologiques) (Taccoen, 2019).

À l'aide d'AFC (Analyse Factorielle par Correspondance) et de CAH (Classification Ascendante Hiérarchique), nous avons comparé les stations entre elles. Ces deux outils (AFC et CAH) nous ont permis d'observer l'affinité statistique entre les espèces (composition floristique) et entre les stations (dynamique temporelle et gradients écologiques).

Au regard des relevés de terrain et des analyses factorielles, nous avons pu établir le profil écologique des espèces potentiellement invasives présentées en première partie dans cette thèse: *Bambusa vulgaris* (Bambou), *Dichrostachys cinerea* (Acacia de Saint – Domingue), *Funtumia elastica, Mimosa malacocentra, Œceoclades maculata, Rhœo spathacea, Sansevieria hyacinthoides, Sansevieria trifasciata, Spathodea campanulata* (Tulipier du Gabon) et *Triphasia trifolia* (Petite Citronnelle). Celles – ci parviennent à se développer dès le stade fruticé (*Mimosa malacocentra*) jusqu'au stade sylvatique secondaire (*Bambusa vulgaris* ou encore *Spathodea campanulata*) (Joseph, 2004, 2006b, 2007, 2009).

Malgré toute la campagne d'inventaires floristiques que nous avons menée sur l'île, nous n'avons pas pu montrer l'impact de *Castilla elastica* et de *Thunbergia grandiflora*, deux autres espèces potentiellement invasives affines des milieux humides et moyennement humides, dans les forêts naturelles et anthropisées. Une collecte de données est en cours de réalisation et n'a toutefois pas pu être considérée à ce document de recherche déjà très riche en informations.

L'anthropisation est en conséquence l'un des facteurs à prendre en compte considérablement car elle est la source de perturbations physiques et biologiques des milieux. La présence, la répartition ainsi que l'abondance populationnelle des espèces potentiellement invasives dépendent fortement des facteurs mésologiques et du niveau d'anthropisation des phytocénoses (Joseph, 2012).

D'ailleurs, nous avons observé une diminution du nombre d'espèces potentiellement invasives lorsque le gradient altitudinal augmente. Ces taxa sont très nombreux dans les forêts sempervirentes saisonnières d'horizon inférieur et de faciès xérique (forêt xérique).

Dans les stations de l'étage inférieur, nous avons recensé un total de 1 956 spécimens d'espèces potentiellement invasives: ce qui représente 1 263 individus de *Dichrostachys cinerea*, 387 individus de *Triphasia trifolia*, 208 de *Mimosa malacocentra*, 87 de *Bambusa vulgaris* et 11 spécimens de *Spathodea campanulata*. Les espèces potentiellement invasives représentent 4,1% des espèces végétales recensées dans l'ensemble des relevés de terrain de cet étagement.

Dans les stations de l'étage moyen, nous avons compté 839 individus d'espèces potentiellement invasives (toutes espèces confondues) soit: 4 individus de *Dichrostachys cinerea*, 85 individus de *Triphasia trifolia*, 683 de *Funtumia elastica*, 14 de *Bambusa vulgaris* et 53 spécimens de *Spathodea campanulata*. Ces taxa représentent 8,6% des espèces végétales des inventaires floristiques effectués dans cet étagement.

Dans les formations végétales correspondant aux stations de l'étage supérieur, nous avons dénombré 149 individus de *Spathodea campanulata* et 31 spécimens de *Bambusa vulgaris*. Au total, nous avons recensé 180 spécimens d'espèces potentiellement invasives soit représentent 5,4% des taxa observés dans la totalité des relevés de terrain de cet étagement.

Toutes ces plantes exogènes en dépit de leurs contraintes néfastes sur l'écosystème ne conduisent pas à la perte de la biodiversité. Le Professeur Philippe JOSEPH dans ses écrits désigne certaines d'entre elles d'espèces activatrices (Joseph, 2009; Joseph, et al., 2020). Ces espèces ont un comportement héliophile (*Delonix regia, Gliricidia sepium, Hæmatoxylon campechianum, Heliocarpus donnellsmithii, Spondias mombin, Swietenia macrophylla, Swietenia mahagoni*), hémisciaphile (*Manilkara zapota*) ou encore hémihéliophile (*Mimosa pigra, Samanea saman*). Elles progressent dans les formations ouvertes aussi bien dans les milieux secs que dans les milieux humides. Lors de leur phase de développement, elles colonisent le milieu et ont un comportement relativement similaire à celui des espèces potentiellement invasives. Toutefois, contrairement aux espèces aux impacts nocifs sur la biodiversité, ces espèces activatrices favorisent le développement d'espèces végétales autochtones. En effet, elles ont tendance à former des peuplements monospécifiques, qui sous leur couvert permettent l'installation d'espèces indigènes assurant ainsi la restructuration de la diversité végétale (Joseph, 2006a, 2009, 2012; Joseph, et al., 2020).

Pour prévenir les futures invasions, il est essentiel d'identifier les espèces naturalisées ou en voie de naturalisation. En effet, les espèces naturalisées colonisent peu à peu les formations végétales de l'île. Lors de nos prospections sur le terrain et inventaires floristiques, nous avons observé six espèces végétales naturalisées: *Acacia auriculiformis*, *Gmelina arborea, Hamelia patens*, *Heterotis rotundifolia*, *Miconia calvescens* et *Spathoglottis plicata*. Celles – ci progressent lentement dans le milieu naturel et pourraient si les conditions y sont favorables devenir potentiellement invasives. Ce sont des arbres, des arbustes ou herbacées qui se développent dans les forêts xérophile, mésophile et hygrophile de la Martinique. Ces espèces se classent dans la catégorie des plantes à risque. Elles ne montrent pas actuellement de caractère invasif avéré dans la région considérée mais peuvent tôt ou tard présenter un caractère invasif par rapport à leur statut d'espèces invasives dans d'autres régions du monde (Magnanon, et al., 2008).

Au vu des données recueillies et des observations du Professeur Philippe JOSEPH, on remarque bien que la résistance aux invasions exogènes n'est pas totale puisque nous observons un développement progressif d'espèces allochtones voire potentiellement invasives dans les écosystèmes forestiers (Joseph, 2006a, b; Joseph, 2009). Le changement climatique conduira à long terme à un développement du nombre d'invasions biologiques susceptibles d'utiliser des niches écologiques libérées par des espèces indigènes quantitativement moins nombreuses (Joseph, 2011; Tassin, 2010).

Cette étude avait pour but d'analyser la distribution des plantes potentiellement invasives au sein des différents bioclimats de la Martinique, ainsi que dans les différents stades de la succession végétale.

Notre étude sur l'écologie des espèces potentiellement invasives devra donc être poursuivie. Le vent, l'eau et les animaux ont une action importante sur la dissémination d'espèces végétales exotiques (Meyer, 1994). Une étude complémentaire pourrait être réalisée sur les pollinisateurs et les disséminateurs qui participent au développement d'espèces allochtones. Des recherches sur la dispersion des graines des espèces exotiques font l'œuvre d'un travail en cours. Par ce travail, il sera possible d'identifier les animaux responsables de la dissémination des espèces potentiellement invasives et de connaître les zones probables d'expansion future de ces taxa en fonction de leur habitat.

Dans un second temps, afin d'évaluer l'impact des espèces potentiellement invasives, il serait intéressant d'effectuer une étude comparative des espèces potentiellement invasives sur des écosystèmes écologiquement proches notamment dans d'autres îles des Petites Antilles. Cette étude permettra d'analyser les moyens de lutte mis en place dans l'archipel pour gérer au mieux le développement des espèces potentiellement invasives. Un autre travail de recherche devra être enrichi: celui des herbacées potentiellement invasives.

Pour pallier au manque de données notamment pour *Thunbergia grandiflora*, il est possible de cartographier les zones envahies par les espèces potentiellement invasives et plus précisément par les espèces lianescentes (Abdou, et al., 2017; Tassin & Laizé, 2015; Foster, et al., 2002). Cette méthode a d'ailleurs été utilisée pour étudier la distribution de *Spathodea campanulata* et a fait l'objet d'un article qui paraîtra bientôt (à paraître Abati, et al., 2021). L'étude peut également être menée à l'aide de la télédétection. Cette méthode permettra à l'aide d'images satellites, d'analyser la couverture spatiale d'une population végétale à un temps donné (Sorokoby, et al., 2010; Auda, et al., 2007; Poncet, 1984).

Enfin, des enquêtes qualitatives devront être menées auprès de professionnels du jardinage, de l'horticulture. Une telle étude permettrait dans un premier temps, de constituer une base de données afin de pouvoir retracer l'origine des espèces végétales ornementales devenues ou qui deviendront potentiellement invasives. D'autre part, ces données pourront être retranscrites pour élaborer des moyens de contrôler les espèces exotiques.

La connaissance des espèces végétales potentiellement invasives et leur impact sur l'écosystème des Antilles est un enjeu fondamental au moment d'aborder la lutte contre leur dissémination et la protection de la population indigène dans leur aire de répartition naturelle.

Le professeur Philippe JOSEPH, en 2004 dans son article "La question des espèces végétales invasives dans les Petites Antilles. Le cas de la Martinique" parle de paradoxe entre le fait que les paysages soient pour l'instant modérément affectés par les espèces introduites alors que les écosystèmes sont vulnérables. Il convient d'utiliser des moyens de contrôle efficaces pour lutter contre l'expansion des plantes potentiellement invasives.

L'éradication des espèces végétales potentiellement invasives, la connaissance de leur écologie sont des éléments qui permettront de contrôler ces taxa (Joseph, 2009). Mais, la lutte contre les invasions végétales est un processus long, compliqué et extrêmement coûteux (Weber, 2016; Pimentel, et al., 2005; Mullin, et al., 2000; Harley, et al., 1997; Gopal, 1987; Holm, et al., 1977). D'autres moyens de protection et de prévention devront être envisagés afin de préserver les espèces indigènes face aux espèces potentiellement invasives.

L'éradication d'une espèce n'est parfois pas suffisante pour restaurer la végétation naturelle et peut conduire à l'installation de nouvelles espèces envahissantes (Hulme & Bremner, 2006), il convient d'établir une stratégie de gestion permettant de restaurer l'écosystème par la plantation d'espèces végétales indigènes (Buisson, et al., 2018; Dommanget, et al., 2015; Buckley, 2008; Vecrin, 2003; Muller, et al., 1998).

D'ailleurs, afin de pérenniser la résilience écosystémique, il est primordial de conserver et protéger par le biais d'aires protégées et de Zones Naturelles d'Intérêt Écologique, Faunistique et Floristique (ZNIEFF), le potentiel floristique de l'île. Des espaces de conservation in – situ tels que les réserves naturelles doivent être entretenus pour sauvegarder les espèces indigènes et/ou endémiques.

Table des Illustrations

Table des Tableaux

VIII Annexes

VIII.1 Annexe 1: Origine, distribution et caractéristiques biologiques des espèces potentiellement invasives

			CARACTERISTIQUES BIOLOGIQUES			ORIGINE ET DISTRIBUTION DE L'ESPECE	
Famille	**Genre**	**Espèce**	**Type physionomique**	**Durée de vie**	**Hauteur (m)**	**Origine dans le monde**	**Distribution géographique des PA**
ACANTHACEAE	*Thunbergia*	*grandiflora*	Liane	Pérenne	40	Inde	G, M, DMQ, STLUC, STVIN
APOCYNACEAE	*Funtumia*	*elastica*	Arbre	Pérenne	30	Afrique occidentale	G, M, ANTG, STCHR, MSRT, DMQ, STLUC, STVIN, GRD
BIGNONIACEAE	*Spathodea*	*campanulata*	Arbre	Pérenne	30 – 35	Afrique	G, M, ANG, DMQ, STLUC, BRB
COMMELINACEAE	*Rhoeo*	*spathacea*	Herbacée terrestre	Pérenne	0,7	Mexique, Amérique centrale, Grandes Antilles	SB, G, M, ANTG, Saba, STLUC, STVIN, GRDN, GRD, BRB
DRACAENACEAE	*Sansevieria*	*hyacinthoides*	Herbacée terrestre	Pérenne	1	Afrique du Sud	SM, SB, G, MG, M, ANTG, STVIN
DRACAENACEAE	*Sansevieria*	*trifasciata*	Herbacée terrestre	Pérenne	1	Afrique	SM, G, M, Saba, STEUST, STLUC, STVIN
MIMOSACEAE	*Dichrostachys*	*cinerea*	Arbuste		6	Afrique	G, MG, M
MIMOSACEAE	*Mimosa*	*malacocentra*	Arbuste		2	Brésil	M
MORACEAE	*Castilla*	*elastica*	Arbre	Pérenne	20 – 30	Mexique, Amérique centrale, Amérique du Sud	G, M, MSRT, STLUC
ORCHIDACEAE	*Oeceoclades*	*maculata*	Herbacée terrestre		0,6	Afrique	G, M
POACEAE	*Bambusa*	*vulgaris*	Herbacée terrestre	Pérenne	15	Asie du Sud	SB, G, MG, M, GRD
RUTACEAE	*Triphasia*	*trifolia*	Arbrisseau ou arbuste		4	Inde (Asie du Sud – Est)	SM, SB, G, M

LEGENDE						
ANG: Anguilla	DMQ: Dominique	GRDN: Grenadines	MSRT: Montserrat	SB: Saint Barthélémy	STLUC: Sainte – Lucie	ST: Les Saintes
ANTG: Antigua	G: Guadeloupe	M: Martinique	NV: Nieves, Nevis	SM: Saint Martin	STCHR: St. Christophe, St. Kitts	
BRB: Barbade	GRD: Grenade	MG: Marie – Galante	PA: Petites Antilles	STEUST: Saint Eustache	STVIN: Saint Vincent	

(Fourdrigniez et Meyer, 2008; Fournet, 2002; Smith, 2002; Randall, 2001; Small, 1933; Duss, 1897)

VIII.2 Annexe 2: Écologie et modes de dispersion et de reproduction des espèces potentiellement invasives

	REPRODUCTION ET DISPERSION						ECOLOGIE		
N°	**Mode de reproduction**	**Type de reproduction**	**Disposition des fleurs**	**Type de fruits**	**Période de floraison**	**Dissémination**	**Comportement**	**Végétation**	**Stades dynamiques**
1	Mixte	Bouturage, Graines	Grappe	Capsule	Toute l'année	Zoochorie	Hémihéliophile	Mésophile	Arbustif, préforestier, forêt secondaire, trouées des forêts mésophile et hygrophile
2	Sexué	Graines	Cyme	Follicule	Presque toute l'année	Barochorie Hydrochorie Zoochorie	Hémisciaphile, Hémihéliophile	Mésophile Hygrophile	Forestier secondaire
3	Végétatif	Bouturage, Drageonnage	Racème	Capsule	Presque toute l'année (surtout Septembre – Février)	Anémochorie Hydrochorie	Héliophile	Xérophile Mésophile, Hygrophile	Arbustif, préforestier, forestier jeune, trouées des forêts secondaires avancées
4	Mixte	Bouturage, Graines	Ombelles	Capsule	Presque toute l'année	Anémochorie	Hémihéliophile	Xérophile Mésophile	Herbacé, arbustif, forestier jeune
5	Végétatif	Bouturage	Solitaire Racème	Baie		Zoochorie	Hémihéliophile	Xérophile Mésophile	Herbacé, arbustif
6	Végétatif	Bouturage	Solitaire Racème	Baie		Zoochorie	Hémihéliophile	Xérophile	Herbacé, arbustif
7	Mixte	Bouturage Graines	Racème	Gousse	Presque toute l'année (surtout Octobre – Janvier)	Barochorie Zoochorie	Héliophile	Xérophile	Herbacé, arbustif, préforestier, forestier jeune
8	Végétatif	Bouturage	Épi	Gousse	Octobre à Décembre	Barochorie	Héliophile	Xérophile	Herbacé, arbustif
9	Sexué	Graines	Grappe	Drupe		Anémochorie Entomochorie Zoochorie	Héliophile	Mésophile Hygrophile	Préforestier, forestier jeune, trouées
10	Sexué (autogamie)	Pollen	Racème	Capsule	Toute l'année (surtout Septembre – Mars)	Apomixie	Sciaphile	Xérophile Mésophile Hygrophile	Herbacé, arbustif, préforestier
11	Végétatif	Division de touffes (rhizome ou chaume)	Panicule	Caryopse	Périodique	Anémochorie	Hémisciaphile	Mésophile Hygrophile	Herbacé, arbustif chablis
12	Végétatif	Division de touffes	Solitaire Cyme axillaire	Drupe	Février – Avril	Zoochorie, Barochorie, Anémochorie	Hémisciaphile, Hémihéliophile	Xérophile Mésophile	Arbustif, préforestier, forestier jeune

LEGENDE					
1: *Thunbergia grandiflora*	2: *Funtumia elastica*	3: *Spathodea campanulata*	4: *Rhœo spathacea*	5: *Sansevieria hyacinthoides*	6: *Sansevieria trifasciata*
7: *Dichrostachys cinerea*	8: *Mimosa malacocentra*	9: *Castilla elastica*	10: *Oeceoclades maculata*	11: *Bambusa vulgaris*	12: *Triphasia trifolia*

(Fourdrigniez et Meyer, 2008; Finkeldey & Hatterner, 2007; Joseph, 2006b, 2009; Binggeli, 2003; Fournet, 2002; Mitchell, 1985; Bor & Raizada, 1982)

VIII.3 Annexe 3: Type d'habitats et bioclimats des espèces potentiellement invasives

N°	Abondance relative	Habitats	BIOCLIMATS				
			Bioclimat sec ou subhumide sec [forêt xérophile (<1 500 mm eau/an)]: Étage inférieur	**T**	**Subhumide [forêt mésophile (1 500 – 2 500 eau/an)]: Étage moyen**	**T**	**Humide [forêt hygrophile (>2 500 mm eau/an)]: Étage végétal supérieur**
1	Assez commun				X	X	
2	Très rare				X	X	X
3	Commun	Forêts secondaires	X	X	X	X	X
4	Assez commun		X	X	X		
5	Commun	Littoral sableux, Sous – bois	X	X	X		
6	Rare	Littoral sableux	X				
7	Commun		X				
8	Rare		X				
9	Très rare	Bord de rivière			X	X	X
10	Très rare	Sous – bois	X	X	X	X	X
11	Commun	Abords des habitations Forêts galeries			X	X	X
12	Assez commun	Forêts secondaires Littoral	X	X	X		

LEGENDE					
1: *Thunbergia grandiflora*	2: *Funtumia elastica*	3: *Spathodea campanulata*	4: *Rhœo spathacea*	5: *Sansevieria hyacinthoides*	6: *Sansevieria trifasciata*
7: *Dichrostachys cinerea*	8: *Mimosa malacocentra*	9: *Castilla elastica*	10: *Œceoclades maculata*	11: *Bambusa vulgaris*	12: *Triphasia trifolia*

Tableau inspiré des travaux de (Joseph, 2011; Meyer, et al., 2006; Fournet, 2002)

VIII.4 Annexe 4: Régions envahies par les plantes potentiellement envahissantes

NOM SCIENTIFIQUE	PAYS OU REGIONS ENVAHIS	REFERENCES
Bambusa vulgaris	Nouvelle – Calédonie, Guadeloupe, Martinique, Grenade	(Van der Burg, et al., 2012; Coudair, 2005; Jaffré, et al., 2002)
Castilla elastica	Samoa, Hawaii, Mayotte, Polynésie française, île Christmas (océan Indien), Porto Rico	(Meyer, et al., 2006; Swarbrick & Hart, 2001; Space, et al., 2000; Fonseca Da Silva, 2014, 2015; Fonseca da Silva, et al., 2017; Francis & Liogier, 1991)
Dichrostachys cinerea	Réunion, Somalie, Yémen,	(Tassin & Rivière, 1999; Von Maydell, 1986)
Eichhornia crassipes	Guadeloupe, Nouvelle – Calédonie, Réunion, Mayotte, États – Unis, Amérique du Sud, Afrique du Sud, Asie du Sud, Australie, Éthiopie, Chine, Espagne, Mexique, Portugal	(Reda & Tewelde, 2017; Abera, 2018; Maddi & Brizzard, 2010; Hequet, et al., 2009; Hequet et Le Corre, 2010; Téllez, et al., 2008; Lu, et al., 2007; Meyer, et al., 2006; Tessema, et al., 2003; Julien, et al., 1999; N'dah & Arfi, 1996; MacKee, 1994; Gopal, 1987)
Funtumia elastica	Samoa, Martinique	(Joseph, 2006b, 2009; Elmqvist, 1994)
Hydrilla verticillata	Marie – Galante, Guadeloupe, Martinique	(Maddi, et al., 2008; Maddi & Brizzard, 2010: Maddi, 2014)
Mimosa malacocentra	Martinique	(Joseph, 2009)
Œceoclades maculata	Antilles françaises, Floride, Porto Rico, Panama, Mexique	(Riverón – Giró, et al., 2019; Bayman, et al., 2016; Van der Burg, et al., 2012; Cohen & Ackerman, 2009)
Pistia stratiotes	Afrique (Sénégal)	(Diop, 2006)
Rhœo spathacea	Amérique	(Langeland & Burks, 1998)
Sansevieria hyacynthoides	Texas	(Singhurst, et al., 2016)
Sansevieria trifasciata	Hawaii	(Batianoff & Franks, 1997; Joyner, et al., 1951)
Spathodea campanulata	Hawaii, Polynésie française, Fidji, Singapour	(Meyer, et al., 2006)
Thunbergia grandiflora	Australie, Costa Rica, Fidji, Hawaii, La Réunion, Palau, Polynésie française, Queensland, Samoa, Singapour	(Fourdrigniez et Meyer, 2008; Meyer, et al., 2006)
Triphasia trifolia	Iles Mariannes, Texas, île du Pacifique	(Space, et al., 2000; Small, 1933)

VIII.5 Annexe 5: Origine, distribution et caractéristiques biologiques des espèces naturalisées

	CARACTERISTIQUES BIOLOGIQUES					ORIGINE ET DISTRIBUTION DE L'ESPECE		
Famille	**Genre**	**Espèce**	**Type physionomique**	**Durée de vie**	**Hauteur (m)**	**Origine dans le monde**	**Distribution géographique générale**	**Distribution géographique des PA**
FABACEAE (ANCIENNEMENT MIMOSACEAE)	*Acacia*	*auriculiformis*	Arbre	Pérenne	30	Afrique du Sud	Australie, Indonésie, Papouasie, Nouvelle – Guinée	SM, SB, G, MG, M, ANTG, STVIN
MELASTOMATACEAE	*Heterotis*	*rotundifolia*	Herbacée terrestre	Pérenne	0,4	Afrique tropicale		G, M
MELASTOMATACEAE	*Miconia*	*calvescens*	Arbre			Amérique du Sud		M
ORCHIDACEAE	*Spathoglottis*	*plicata*	Herbacée terrestre	Pérenne	1,5	Asie du Sud – Est		G, M
RUBIACEAE	*Hamelia*	*patens*	Arbuste ou petit arbre		7	États-Unis,	Sud – Est des États – Unis, Grandes Antilles, Mexique, Amérique centrale, Amérique du Sud	G, M, BRB, DMQ, STVIN
VERBENACEAE	*Gmelina*	*arborea*	Arbre		20	Asie	Inde, Bangladesh, Pakistan, Thaïlande	M

LEGENDE						
ANG: Anguilla	DMQ: Dominique	GRDN: Grenadines	MSRT: Montserrat	SB: Saint Barthélémy	STLUC: Sainte Lucie	ST: Les Saintes
ANTG: Antigua	G: Guadeloupe	M: Martinique	NV: Nieves, Nevis	SM: Saint Martin	STCHR: St. Christophe, St. Kitts	
BRB: Barbade	GRD: Grenade	MG: Marie – Galante	PA: Petites Antilles	STEUST: Saint Eustache	STVIN: Saint Vincent	

(Schmerberk & Naudiyal, 2013; Rokeya, et al., 2010; Fourdrigniez et Meyer, 2008; Singh, et al., 2007; Gnahoua & Louppe, 2003; Lauridsen & Kjaer, 2002; Meyer, 1993, 1994; Adam, 1975)

VIII.6 Annexe 6: Écologie et modes de dispersion et de reproduction des espèces naturalisées

	REPRODUCTION ET DISPERSION						**ECOLOGIE**		
N°	**Mode de reproduction**	**Type de reproduction**	**Disposition des fleurs**	**Type de fruits**	**Période de floraison**	**Dissémination**	**Comportement**	**Végétation**	**Stades dynamiques**
I	Sexué	Graines	Épi	Gousses	Presque toute l'année	Zoochorie	Héliophile	Xérophile Mésophile Hygrophile	Arbustif, préforestier, forestier jeune, trouées de forêts secondaires
II	Végétatif Sexué	Drageonnage, Bouturage, Graines	Solitaire	Capsule			Hémisciaphile	Mésophile Hygrophile	Herbacé
III	Sexué	Autopollinisation	Panicules de cymes	Baie		Anémochorie Barochorie Hydrochorie Zoochorie	Héliophile	Hygrophile	Trouées de forêts secondaires
IV	Végétatif Sexué (Autogamie)	Division de touffes	Racème (Grappe)	Capsules	Toute l'année		Hémihéliophile	Mésophile Hygrophile	Herbacé, arbustif
V	Végétatif Sexué	Bouturage, Graines	Cyme	Baie		Zoochorie	Hémihéliophile	Mésophile	Herbacé, arbustif
VI	Mixte	Bouturage, Graines	Panicule	Drupe	Avril à Juin	Zoochorie	Héliophile	Xérophile Mésophile	

LEGENDE					
I: *Acacia auriculiformis*	II: *Heterotis rotundifolia*	III: *Miconia calvescens*	IV: *Spathoglottis plicata*	V: *Hamelia patens*	VI: *Gmelina arborea*

(Fourdrigniez et Meyer, 2008; Joseph, 2006b; Wingfield & Robinson, 2004; Gnahoua & Louppe, 2003; Fournet, 2002; Meyer, 1993, 1994)

VIII.7 Annexe 7: Origine, distribution et caractéristiques biologiques des activateurs dynamiques de la végétation

			CARACTERISTIQUES BIOLOGIQUES		ORIGINE ET DISTRIBUTION DE L'ESPECE		
Familles	**Genre**	**Espèce**	**Type physionomique**	**Hauteur (m)**	**Origine dans le monde**	**Distribution géographique générale**	**Distribution géographique des Petites Antilles**
ANACARDIACEAE	*Spondias*	*mombin*	Arbre	25	Madagascar	Amérique tropicale, Mexique, Amérique du Sud	G, DR, MG, M, ANG, ANTG, Saba, STEUST, STCHR, MSRT, DMQ, STLUC, STVIN, GRDN, GRD, BRB
CAESALPINIACEAE	*Delonix*	*regia*	Arbre moyen		Madagascar		SM, SB, G, ST, DR, MG, M, ANTG, Saba, STEUST, DMQ, STVIN, BRB
CAESALPINIACEAE	*Hæmatoxylon*	*campechianum*	Arbre ou petit arbre	8 (- 15) ou plus	Amérique tropicale	Mexique, Amérique centrale, Antilles	SM, SB, G, ST, DR, MG, M, ANTG, BBRD, Saba, STEUST, MSRT, DMQ, STLUC, STVIN, GRDN, GRD, BRB
FABACEAE	*Gliricidia*	*sepium*	Arbre	4 – 10	Amérique du Sud		G, DR, MG, M, BRBD, ANTG, STEUST, MSRT, DMQ, STLUC, STVIN, BRB
MALVACEAE (ANCIENNEMENT TILIACEAE)	*Heliocarpus*	*donnellsmithii*	Arbre	5 – 8 ou plus	Amérique centrale	Sud du Mexique, Amérique centrale	M
MELIACEAE	*Swietenia*	*macrophylla*	Arbre	20	Amérique tropicale	Mexique, Amérique centrale, Amérique du Sud	G, M
MELIACEAE	*Swietenia*	*mahagoni*	Arbre	6 –10 (- 15)	Amérique tropicale	Sud de la Floride, Bahamas, Grandes Antilles, Trinidad	SB, G, ST, MG, M, ANG, BRBD, ANTG, Saba, STEUST, MSRT, DMQ, STLUC, STVIN, GRD, BRB
MIMOSACEAE	*Mimosa*	*pigra*	Arbrisseau	1,5 – 3	Amérique tropicale	Grandes Antilles, Amérique centrale, Amérique du Sud	G, MG, M, STVIN, GRD, BRB
MIMOSACEAE	*Samanea*	*saman*	Arbre	8 – 20	Amérique tropicale	Grandes Antilles, Amérique centrale, Nord de l'Amérique du Sud	G, MG, M, ANTG, BRBD, MSRT, DMW, STLUC, STVIN, GRDN, GRD, BRB
SAPOTACEAE	*Manilkara*	*zapota*	Arbre	5 – 40	Amérique centrale	Mexique, Amérique du Sud	SM, SB, G, ST, DR, MG, M, ANTG, DMQ, STLUC, STVIN, GRDN

LEGENDE						
ANG: Anguilla	DMQ: Dominique	GRDN: Grenadines	MSRT: Montserrat	SB: Saint Barthélémy	STLUC: Sainte Lucie	
ANTG: Antigua	G: Guadeloupe	M: Martinique	NV: Nieves, Nevis	SM: Saint Martin	STCHR: St. Christophe, St. Kitts	ST: Les Saintes
BRB: Barbade	GRD: Grenade	MG: Marie Galante	PA: Petites Antilles	STEUST: Saint Eustache	STVIN: Saint Vincent	

(Van der Burg, et al., 2012; Duvall, 2006; Joseph, 2006b; Fournet, 2002)

VIII.8 Annexe 8: Écologie et modes de dispersion et de reproduction des activateurs dynamiques de la végétation

	REPRODUCTION ET DISPERSION						ECOLOGIE		
	Mode de reproduction	**Type de reproduction**	**Disposition des fleurs**	**Type de fruits**	**Période de floraison**	**Dissémination**	**Comportement**	**Végétation**	**Stades dynamiques (affinités biocénotiques)**
a	Mixte	Graines, Bouturage	Panicules terminales ou subterminales	Drupe	Mai – Juin Octobre – Novembre	Barochorie, zoochorie Hydrochorie	Hémihéliophile	Mésophile Hygrophile	préforestier, forestier
b	Mixte	Graines, Bouturage	Grappes terminales et axillaires	Gousse	(Avril –) Mai – Septembre	Barochorie	Héliophile	Xérophile Mésophile	Herbacé, arbustif, préforestier jeune, forestier
c	Mixte	Graines, Bouturage	Racèmes axillaires ou terminales	Gousse	Janvier – Mai	Barochorie? Zoochorie	Hémisciaphile	Xérophile	Herbacé, arbustif, préforestier
d	Sexué	Graines	Racèmes	Gousse	Décembre – Mars	Barochorie?	Hémihéliophile	Xérophile Mésophile	Herbacée, arbustif
e	Sexué	Graines	Panicules de cymes	Nucule		Anémochorie, barochorie	Héliophile	Mésophile Hygrophile	Arbustif, préforestier jeune
f	Mixte	Graines, Bouturage	Panicules axillaires ou subterminales	Capsule	Mai (– Août)	Anémochorie	Héliophile	Mésophile Hygrophile	Préforestier, forestier jeune
g	Mixte	Graines, Bouturage	Panicules axillaires ou terminales	Capsule	Mai	Anémochorie	Héliophile	Xérophile Mésophile	Herbacé, préforestier, forestier jeune
h	Sexué (autogamie)	Graines	Glomérule	Gousse	Avril – Juin	Barochorie?	Héliophile	Mésophile Hygrophile	Herbacé
i	Sexué (Hermaphrodisme)	Graines	Ombelles axillaires	Gousse	Mars – Mai et Juillet – Novembre	Zoochorie? barochorie	Héliophile	Xérophile Mésophile Hygrophile	Forêt, herbacé, arbustif, préforestier
j	Sexué	Graines	Fascicules axillaires	Drupe	Presque toute l'année	Zoochorie, barochorie	Hémisciaphile	Mésophile Hygrophile	Préforestier, forestier

LEGENDE				
a: *Spondias mombin*	b: *Delonix regia*	c: *Hæmatoxylon campechianum*	d: *Gliricidia sepium*	e: *Heliocarpus donnellsmithii*
f: *Swietenia macrophylla*	g: *Swietenia mahagoni*	h: *Mimosa pigra*	i: *Samanea saman*	j: *Manilkara zapota*

(Fourdrigniez et Meyer, 2008; Singh, et al., 2007; Duvall, 2006; Joseph, 2006b, 2009; Vázquez – Yanes & Orozco – Segovia, 1982)

VIII.9 Annexe 9: Liste des indices écologiques utilisés

INDICES	DEFINITIONS	ÉQUATIONS
Affinité		$A = \frac{C}{\sqrt{(A+B)}}$
Équitabilité (diversité), régularité de la distribution des espèces	Hill ($\frac{1}{\lambda}$ inverse de l'indice de Simpson; $e^{H'}$exponentielle de l'indice de Shannon – Weaver) donne plus de précision sur la diversité observée.	$Hill = \frac{(\frac{1}{\lambda})}{e^{H'}}$
	Shannon (n_i nombre d'individus de l'espèce i; N nombre total d'individus de l'échantillon)	$H' = -\sum_{s=1}^{S} p_s \ln p_s$ $H' = -\sum_{s=1}^{S} \frac{n_i}{N} \ln \frac{n_i}{N}$
	Simpson permet d'estimer la biodiversité ß d'une communauté (n_i nombre d'individus de l'espèce i; N nombre total d'individus de l'échantillon)	$D = 1 - \sum_{s=1}^{S} p_s^2$ $D = 1 - \sum \left[\frac{n_i \times (n_i - 1)}{N \times (N-1)}\right]$
	Piélou, mesure la répartition des individus au sein des espèces	$J = \frac{H'}{H'_{max}}$
Similarité, dissimilarité entre les communautés végétales	Jaccard, rapport entre le nombre d'espèces communes et le nombre d'espèces total ($s_{1,1}$ nombre d'espèces observé dans les deux communautés, $s_{1,0}$ nombre d'espèces observé dans la 1ère communauté uniquement (et inversement pour $s_{0,1}$)	$I_{Jaccard} = \frac{s_{1,1}}{s_{1,1} + s_{1,0} + s_{0,1}}$
	Sorensen, deux fois le nombre d'espèces communes divisé par la somme du nombre d'espèces des deux communautés ($s_{1,1}$ nombre d'espèces observé dans les deux communautés, $s_{1,0}$ nombre d'espèces observé dans la 1ère communauté uniquement (et inversement pour $s_{0,1}$)	$I_{Sorensen} = \frac{2s_{1,1}}{2s_{1,1} + s_{1,0} + s_{0,1}}$ Ou $I_{Sorensen} = \frac{2a}{b+c}$

(Marcon, 2015; Tchapgnouo, et al., 2012; Gégout & Renaux, 2010; Chao, et al., 2006)

VIII.10 *Annexe 10: Caractéristiques générales de l’ensemble des stations*

Stations	Surface d'inventaire (m²)	Nombre de familles	Nombre de genres	Nombre d'espèces	Nombre total d'individus (HAM et HR)	Densité totale	Surface terrière totale
QM1	500	18	24	46	1458	2,4	1,4888
QM2	500	23	33	49	1984	3,05	1,4672
QM3	525	20	26	30	1186	2,259	0,7325
QM4	500	19	25	30	1231	2,462	1,2938
QM5	500	22	28	32	954	1,908	1,075
QM6	700	20	27	31	1478	2,1114	1,646
QM7	500	17	24	27	990	1,98	1,1201
QM8	500	16	20	24	757	1,514	1,1559
QM9	700	18	25	32	941	1,3443	1,1029
QM10	500	19	32	35	1132	2,264	0,8449
QM11	500	17	23	28	1711	3,422	2,008
QM12	600	17	25	28	2006	3,3433	2,2114
BT1	500	24	35	39	549	1,036	1,1349
BT2	600	25	33	39	511	0,8517	1,8099
BT3	500	17	20	24	666	1,332	1,1943
BT4	500	29	41	49	493	0,986	2,125
DP1	2 000	24	39	45	346	0,173	1,0971
DP2	900	25	32	36	28	0,0212	0,8021
DP3	1 000	34	45	54	61	0,028	1,0023
DP4	1 200	19	22	24	10	0,011	0,4359
DP5	1 320	17	19	21	43	0,102	0,2857
DP6	850	14	17	18	120	0,1333	6,6101
DP7	2 200	11	11	13	126	0,126	4,5455

Stations	Surface d'inventaire (m²)	Nombre de familles	Nombre de genres	Nombre d'espèces	Nombre total d'individus (HAM et HR)	Densité totale	Surface terrière totale
VO1	400	18	22	24	187	0,374	0,8119
VO2	750	25	27	29	508	0,6773	1,5963
VO3	700	27	30	32	331	0,4729	1,8589
VO4	700	22	26	30	349	0,4986	1,6312
TR1	400	8	8	9	51	0,1275	0,0692
TR2	300	18	24	25	303	1,01	0,2724
AC1	400	25	28	28	211	0,5275	2,5766
AC2	300	24	31	31	143	0,4767	1,1869
AC3	20,94	5	5	5	4	0,19	0,0432
FL1	67,32	2	2	2	3	0,0446	0,11
FL2	342,47	4	4	4	7	0,0204	0,296
FROU1	400	18	25	31	519	1,2975	0,9935
FROU2	450	15	18	20	504	1,12	1,8275
FROU3	400	10	13	13	196	0,49	1,3317
FROU4	500	17	21	27	747	1,494	2,1687
FROU5	765	26	32	42	452	0,5908	2,754
FROU6	825	27	38	45	699	0,8473	2,8858
FROU7	1 000	18	23	23	402	0,402	3,469
FROU8	450	20	27	30	384	0,8533	3,4022
FROU9	600	25	30	33	614	1,0233	4,2068
FROU10	800	17	21	23	768	0,96	4,4694
FROU11	800	18	24	27	325	0,4063	5,6396
FROU12	500	25	29	38	657	1,314	9,6732

Stations	Surface d'inventaire (m²)	Nombre de familles	Nombre de genres	Nombre d'espèces	Nombre total d'individus (HAM et HR)	Densité totale	Surface terrière totale
DP8	900	22	23	28	187	0,1558	1,6714
DP9	420	6	8	8	44	0,0518	3,6541
GF1	600	38	60	69	337	0,5617	1,4638
GF2	600	32	52	59	571	0,8157	2,5069
GF3	600	31	39	47	601	1,202	1,3769
GF4	500	19	26	30	430	0,86	1,5806
GF5	1 000	18	27	31	454	0,454	1,6371
GF6	700	24	35	40	921	1,3157	2,3753
GF7	510	19	23	27	446	0,8745	1,2851
GF8	1 000	17	21	25	520	0,52	1,3602
GF9	600	18	24	26	533	0,8883	1,2316
GF10	510	14	20	24	757	1,4843	2,423
MDOR1	800	35	46	54	576	0,72	6,2518
MDOR2	500	30	40	44	610	1,22	2,8623
MDOR3	700	31	42	49	803	1,1471	5,1453
PTB1	500	27	45	53	1003	2,006	2,0862
PTB2	600	28	40	48	1412	2,3533	3,229
PTB3	240	19	25	25	298	1,242	2,1157
PTB4	400	20	26	29	1390	3,475	1,3332
MDS1	300	14	17	20	261	0,87	0,5228
MDS2	500	27	38	43	462	0,924	0,9979
PTL1	77,23	9	11	11	43	0,5568	0,9091
PTL2	19,31	3	3	3	13	0,6732	0,0108
AM1	33,83	11	11	11	37	1,0937	0,2189
AM2	400	19	24	30	668	1,67	1,7509
FROU13	920	19	24	25	489	0,5315	3,1328
RT1	470	35	49	53	385	0,6417	1,8177
RT2	470	25	42	44	121	0,22	2,3704
VMC1	500	26	31	35	452	0,904	1,6533
VMC2	500	33	45	51	114	1,114	1,9821
VMC3	1 000	27	36	40	410	0,828	1,6439
VMC4	900	29	40	44	555	0,555	1,9532
VMC5	500	30	37	43	475	0,95	1,2301
VMC6	1 000	29	38	44	650	0,9286	2,9664
VMC7	1 000	19	23	26	376	0,752	1,8678
VMC8	500	26	35	40	591	0,985	2,0975
VMC9	500	32	48	55	723	0,723	3,3271
VMC10	500	34	49	53	640	0,7111	2,4823
VMC11	700	36	52	61	664	0,664	2,958
MJ1	400	23	30	32	371	0,742	0,7427
MJ2	280	17	20	23	185	0,661	0,2204
MJ3	240	11	13	15	121	0,5042	0,0947
MJ4	250	10	15	17	14	0,056	0,0201
MJ5	400	15	20	22	250	0,625	0,6465
MJ6	450	20	26	29	68	0,1511	0,0746
MJ7	800	28	44	48	856	1,07	2,4809
MJ8	280	29	36	39	470	1,3429	1,1992
MJ9	280	25	32	35	268	0,7657	0,3902
MBRY	700	30	40	45	522	0,7457	4,7767
DUR	300	17	22	24	217	0,7233	2,2732

Stations	Surface d'inventaire (m^2)	Nombre de familles	Nombre de genres	Nombre d'espèces	Nombre total d'individus (HAM et HR)	Densité totale	Surface terrière totale
AM3	500	24	28	33	1215	2,43	2,3631
DAC	700	19	26	27	328	0,6248	2,7916
MB1	700	20	23	25	953	1,3614	2,2374
MB2	600	22	27	29	1007	1,6783	2,609
MB3	700	29	36	42	519	0,7414	2,9644
MC1	500	25	33	36	117	0,234	1,855
MC2	500	24	32	36	491	0,701	3,8671
MC3	500	26	38	42	1086	2,172	2,6969
MC4	500	29	38	43	869	1,738	2,0445
MC5	500	29	37	42	196	0,392	2,6384

Stations	Surface d'inventaire (m^2)	Nombre de familles	Nombre de genres	Nombre d'espèces	Nombre total d'individus (HAM et HR)	Densité totale	Surface terrière totale
ABS	700	29	45	57	507	0,7243	4,652
MCES1	1 035	29	41	54	589	0,5807	3,1131
MCES2	1 100	31	42	57	411	0,3736	4,7585
CF1	600	22	27	30	354	0,59	2,6733
CF2	600	20	23	24	314	0,5233	3,8666
CF3	500	21	28	31	347	0,694	2,1206
FREC1	400	5	5	5	75	0,1875	1,4024
FREC2	250	18	18	18	37	0,148	2,2556
FREC3	400	15	18	20	158	0,301	3,1465
LR1	800	20	29	35	295	0,3856	4,8572
LR2	900	33	45	53	250	0,2778	4,2515

VIII.11 *Annexe 11: Caractéristiques mésologiques de l'ensemble des stations*

Stations	Pédologie	T_{MIN} (°C)	T_{MAX} (°C)	T_{ANN} (°C)	Plu_{ANN} (mm)	Longitude	Latitude
QM1	Vertisols	22,8	30,9	26,9	1609	710598,1	1602644,1
QM2	Vertisols	22,8	30,9	26,9	1609	710584,2	1602490,7
QM3	Vertisols	22,8	30,9	26,9	1609	710568,5	1602544
QM4	Vertisols	22,8	30,9	26,9	1609	710674,1	1602803,6
QM5	Vertisols	22,8	30,9	26,9	1609	710624,1	1602798
QM6	Vertisols	22,8	30,9	26,9	1609	710484,1	1602519,9
QM7	Vertisols	22,8	30,9	26,9	1609	710448,9	1602552,8
QM8	Vertisols	22,8	30,9	26,9	1609	710550,8	1602620
QM9	Vertisols	22,8	30,9	26,9	1609	710589,8	1602782,7
QM10	Vertisols	22,8	30,9	26,9	1609	710486	1602566
QM11	Vertisols	22,8	30,9	26,9	1609	710634	1602661
QM12	Vertisols	22,8	30,9	26,9	1609	710647,2	1602587,5
BT1	Vertisols	23,8	28,7	26,3	1814	730073.3	1601000,5
BT2	Vertisols	23,8	29,2	26,5	1741	730097,5	1600958,7
BT3	Vertisols	23,8	29,2	26,5	1741	730078,2	1600935.651
BT4	Vertisols	23,2	28,7	26,0	1814	730099,153	1601008,8
DP1	Sols à alluvions	23,2	29,1	26,2	1751	728538,6	1600807,7
DP2	Sols à alluvions	23,2	29,1	26,2	1751	728519	1600827,3
DP3	Sols à alluvions	23,2	29,1	26,2	1751	728492,3	1600805,9
DP4	Sols à alluvions	23,2	29,1	26,2	1751	728462,8	1600789
DP5	Sols à alluvions	23,2	29,1	26,2	1751	728438,3	1600763,6
DP6	Sols à alluvions	22,8	30,9	26,9	1609	728476,2	1600766,7
DP7	Sols à alluvions	22,8	30,9	26,9	1609	728405,8	1600738,6

Stations	Pédologie	T_{MIN} (°C)	T_{MAX} (°C)	T_{ANN} (°C)	Plu_{ANN} (mm)	Longitude	Latitude
VO1	Sols à alluvions	24,2	29,7	27,0	1441	728864,2	1596814,846
VO2	Sols à alluvions	24,2	29,7	27,0	1441	728896,5	1596862,8
VO3	Vertisols	24,6	29,9	27,3	1476	728891	1597047,651
VO4	Sols à alluvions	24,2	29,7	27,0	1441	728911,3	1596943,147
TR1	Vertisols	23	30	26,5	1599	720358	1601189,3
TR2	Vertisols	23	30	26,5	1599	720168,3	1601362
AC1	Vertisols	23	29	26,0	1705	703830,2	1617441,5
AC2	Vertisols	23	29	26,0	1705	703784,8	1617425,9
AC3	Vertisols	23	29	26,0	1708	703784,8	1617425,9
FL1	Vertisols	23	29	26,0	1708	703762,4	1618572,1
FL2	Vertisols	23	29	26,0	1708	703488	1617709
FROU1	Sols à alluvions	23,4	30,7	27,1	1708	705237	1617949
FROU2	Vertisols	23,4	30,7	27,1	1708	705287	1617974
FROU3	Sols à alluvions	23	30,2	26,6	1705	705376	1618098
FROU4	Vertisols	22,4	29,7	26,1	1738	705344	1619300
FROU5	Sols à alluvions	23,4	30,7	27,1	1708	705223	1617852
FROU6	Sols à alluvions	23,4	30,7	27,1	1708	705287	1617795
FROU7	Sols à alluvions	23	30,2	26,6	1705	705370	1618422
FROU8	Sols à alluvions	23	30,2	26,6	1705	705380	1618423
FROU9	Sols brun–rouille à halloysite	23	30,2	26,6	1705	705455	1618466
FROU10	Sols brun–rouille à halloysite	23	30,2	26,6	1705	705636	1618569
FROU11	Sols brun–rouille à halloysite	23	30,2	26,6	1705	705711	1618747
FROU12	Sols à alluvions	23	30,2	26,6	1705	705426	1618566

Stations	Pédologie	T_{MIN} (°C)	T_{MAX} (°C)	T_{ANN} (°C)	Plu_{ANN} (mm)	Longitude	Latitude
DP8	Sols à alluvions	22,8	30,9	26,9	1609	728560,5	1600786,3
DP9	Sols à alluvions	22,8	30,9	26,9	1609	728472.6	1600737,7
GF1	Vertisols	24	30	27,0	1854	72968	1601755,5
GF2	Vertisols	24	30	27,0	1854	729997	1602659
GF3	Vertisols	23	29	26,0	1854	729505.244	1603286.
GF4	Vertisols	23,1	28,4	25,8	1853	730266.76	1602758.1
GF5	Vertisols	23,1	28,4	25,8	1853	730231.56	1602779,8
GF6	Vertisols	23,2	28,9	26,1	1854	729254.34	1602832,7
GF7	Sols brun–rouille à halloysite	23,1	28,4	25,8	1853	730448.953	1602804,2
GF8	Vertisols	23,2	28,9	26,1	1854	729548	1602031
GF9	Sols brun–rouille à halloysite	23,1	28,4	25,8	1853	730343	1602790
GF10	Sols brun–rouille à halloysite	23,2	28,9	26,1	1854	729086,75	1602635,7
MDOR1	Vertisols	23,2	28,6	25,9	1814	730544,5	1601571,950
MDOR2	Vertisols	23,2	28,6	25,9	1814	730565.353	1601496,8
MDOR3	Vertisols	23,2	28,6	25,9	1814	730506,8	1601600,2
PTB1	Sols brun–rouille à halloysite	23,4	29	26,2	1592	726080,1	1598950
PTB2	Sols brun–rouille à halloysite	23,4	29	26,2	1592	726097,7	1598940,6
PTB3	Sols brun–rouille à halloysite	23,4	29	26,2	1592	726083.454	1598929,3
PTB4	Sols brun–rouille à halloysite	22,7	28,4	25,6	1698	726011,5	1599060,6

Stations	Pédologie	T_{MIN} (°C)	T_{MAX} (°C)	T_{ANN} (°C)	Plu_{ANN} (mm)	Longitude	Latitude
FROU13	Sols brun–rouille à halloysite	23	30,2	26,6	1705	705451	1618687
RT1	Sols à alluvions	23	29	26,0	1705	705753,1	1617187,6
RT2	Sols à alluvions	23	29	26,0	1705	705778,3	1617142,648
VMC1	Vertisols	23,3	28,4	25,9	1575	731836	1605426
VMC2	Vertisols	23,3	28,4	25,9	1575	731943	1605489
VMC3	Vertisols	23,3	28,4	25,9	1575	731742	1605458
VMC4	Vertisols	23,3	28,4	25,9	1575	731777	1605573
VMC5	Vertisols	23,3	28,4	25,9	1575	731898	1605476
VMC6	Sols brun–rouille à halloysite	23,5	28,9	26,2	1489	731951	1605546
VMC7	Vertisols	23,3	28,4	25,9	1575	731892	1605678
VMC8	Vertisols	23,3	28,4	25,9	1575	731812	1605425
VMC9	Vertisols	23,3	28,4	25,9	1575	731742	1605392
VMC10	Vertisols	23,3	28,4	25,9	1575	731818	1605571
VMC11	Sols brun–rouille à halloysite	23,3	28,4	25,9	1575	732031	1605446
MJ1	Sols brun–rouille à halloysite	24	29	26,5	1393	732544.927	1606165,1
MJ2	Sols brun–rouille à halloysite	24	29	26,5	1393	732377.588	1606220,4
MJ3	Sols brun–rouille à halloysite	24	29	26,5	1393	732476.483	1606212,1
MJ4	Sols brun–rouille à halloysite	24	29	26,5	1393	732620,2	1606159,9
MJ5	Sols brun–rouille à halloysite	24	29	26,5	1393	732237,4	1606278,2

Stations	Pédologie	T_{MIN} (°C)	T_{MAX} (°C)	T_{ANN} (°C)	Plu_{ANN} (mm)	Longitude	Latitude
MDS1	Vertisols	24	30	27,0	1592	730817.895	1601042.464
MDS2	Vertisols	24	30	27,0	1592	730793.415	1601080879
PTL1	Vertisols	24	30	27,0		692099.01	1635172.50
PTL2	Vertisols	24	30	27,0		692070.3	1635322.4
AM1	Vertisols	24	30	27,0	1397	727820.726	1594780.297
AM2	Vertisols	24,3	29,6	27,0	1397	727574.869	1594925.561
AM3	Vertisols	24,3	29,6	27,0	1397	727656.169	1594858.341
DAC	Vertisols	24,4	29,6	27,0	1438	727973.569	1596278.19
MB1	Vertisols	24,2	29,7	27,0	1441	728435.169	1596214.098
MB2	Vertisols	24,2	29,7	27,0	1441	728689.640	1596267.799
MB3	Vertisols	23,9	29,3	26,6	1421	728691,037	1595999.609
MC1	Vertisols	23,9	29,3	26,6	1421	728400.367	1595861.175
MC2	Vertisols	23,9	29,3	26,6	1421	728957.435	1595767.612
MC3	Vertisols	24,2	29,7	27,0	1441	728883.211	1596079.796
MC4	Vertisols	23,9	29,3	26,6	1421	728207.608	1595721.088
MC5	Vertisols	24,2	29,7	27,0	1441	728419.076	1596055.71

Stations	Pédologie	T_{MIN} (°C)	T_{MAX} (°C)	T_{ANN} (°C)	Plu_{ANN} (mm)	Longitude	Latitude
MJ6	Sols brun–rouille à halloysite	24	29	26,5	1393	732132.936	1606351.026
MJ7	Sols brun–rouille à halloysite	24	29	26,5	1393	732309.914	1606232.594
MJ8	Sols brun–rouille à halloysite	24	29	26,5	1393	732278.094	1606245.193
MJ9	Sols brun–rouille à halloysite	24	29	26,5	1393	732195.638	1606316.108
MCES1	Sols brun–rouille à halloysite et sols à allophane	23	29	26,0	2600	706250.289	1623527.241
MCES2	Sols brun–rouille à halloysite	23	29	26,0	2600	706125.466	1623463.757
DUR	Sols brun–rouille à halloysite	22	30	26,0	1751	707874.136	1641849.591
MBRY	Sols brun–rouille à halloysite	23,5	28,7	26,1	1810	731559.186	1601002.974
ABS	Sols brun–rouille à halloysite	20,2	26,7	23,5	2613	706250.288	162527.241
CF1	Sols à allophane	22	28	25,0	2100	703891.097	1631729.820
CF2	Sols à allophane	22	28	25,0	2100	703758.001	1631872.208
CF3	Sols à allophane	22	28	25,0	2100	703926.613	1631746.153
FREC1	Sols à allophane	21	28	24,5	2600	709011	1632981
FREC2	Sols à allophane	19,6	26,6	23,1	2507	710027.972	1633707.43
FREC3	Sols à allophane	21	28,1	24,6	3870	709662	1635425
LR1	Sols à allophane	21,7	28,7	25,2	3123	717005	1633084
LR2	Sols à allophane	21,7	28,7	25,2	3123	717098	1633154

VIII.12 Annexe 12: Noms et abréaviations des espèces végétales de l'étage inférieur

Espèces	Abréviations
Acacia farnesiana	*Aca far*
Acacia muricata	*Aca mur*
Acacia nilotica	*Aca nil*
Acacia retusa	*Aca ret*
Acacia sp	*Aca sp*
Acacia tamarindifolia	*Aca tam*
Acacia tenuifolia	*Aca ten*
Acacia tortuosa	*Aca tet*
Acanthocereus tetragonus	*Aca tor*
Aegiphila martinicensis	*Aeg mar*
Amaranthus viridis	*Ama vir*
Amyris elemifera	*Amy ele*
Andira inermis	*And ine*
Annona muricata	*Ann mur*
Annona squamosa	*Ann squ*
Argythamnia polygama	*Arg pol*
Avicennia germinans	*Avi ger*
Bambusa multiplex	*Bam mul*
Bambusa vulgaris	*Bam vul*
Bernardia corensis	*Ber cor*
Bourreria succulenta	*Bou suc*
Bunchosia glandulosa	*Bun gla*
Bursera simaruba	*Bur sim*
Byrsonima spicata	*Byr spi*
Cæsalpinia bonduc	*Cae bon*
Calliandra slaneae	*Cal sla*
Calliandra tergemina	*Cal ter*
Canella winterana	*Can win*

Espèces	Abréviations
Capparis baducca	*Cap bad*
Capparis coccolobifolia	*Cap coc*
Capparis cynophallophora	*Cap cyn*
Capparis flexuosa	*Cap fle*
Capparis hastata	*Cap has*
Capparis indica	*Cap ind*
Capsicum annuum var glabriusculum	*Cap ann var gla*
Capsicum frutescens	*Cap fru*
Carica papaya	*Car pap*
Casearia decandra	*Cas dec*
Cecropia schreberiana	*Cec sch*
Cedrela odorata	*Ced odo*
Ceiba pentandra	*Cei pen*
Chamaecrista nictitans	*Cha nic*
Chamaesyce sp	*Cha sp*
Chiococca alba	*Chi alb*
Chionanthus compacta	*Chi com*
Chrysophyllum argenteum	*Chr arg*
Cissampelos pareira	*Cis par*
Citharexylum spinosum	*Cit spi*
Coccoloba pubescens	*Coc pub*
Coccoloba swartzii	*Coc swa*
Coccoloba uvifera	*Coc uvi*
Coccothrinax barbadensis	*Coc bar*
Conocarpus erectus	*Con ere*
Conostegia calyptrata	*Con cal*
Conostegia icosandra	*Con ico*
Conostegia montana	*Con mon*

Espèces	Abréviations
Cordia alliodora	*Cor all*
Cordia collococca	*Cor col*
Cordia martinicensis	*Cor mar*
Cordia nesophila	*Cor nes*
Cordia sulcata	*Cor sul*
Cornutia pyramidata	*Cor pyr*
Cratevia tapia	*Cra tap*
Crescentia cujete	*Cre cuj*
Crossopetalum rhacoma	*Cro rha*
Crotalaria retusa	*Cro ret*
Crotalaria sp	*Cro sp*
Croton bixoides	*Cro bix*
Croton corylifolius	*Cro cor*
Croton flavens	*Cro fla*
Croton hircinus	*Cro hirc*
Croton hirtus	*Cro hirt*
Daphnopsis americana	*Dap ame*
Delonix regia	*Del reg*
Dichrostachys cinerea	*Dic cin*
Erithalis fruticosa	*Eri fru*
Erythroxylon havanense	*Ery hav*
Esp 1	*Esp 1*
Esp 1 à écorce noire	*Esp 1 à éco noi*
Esp 1"	*Esp 1"*
Espèce 1 (dentée)	*Esp 1 (den)*
Eugenia axillaris	*Eug axi*
Eugenia confusa	*Eug con*
Eugenia cordata	*Eug cor*

Eugenia ligustrina	*Eug lig*
Eugenia monticola	*Eug mon*
Eugenia pseudopsidium	*Eug pse*
Eugenia tapacumensis	*Eug tap*
Faramea occidentalis	*Far occ*
Ficus citrifolia	*Fic cit*
Ficus sp	*Fic sp*
Forestiera rhamnifolia	*For rha*
Gliricidia sepium	*Gli sep*
Gmelina arborea	*Gme arb*
Gonzalagunia spicata	*Gon spi*
Gouania lapuloides	*Gou lap*
Guazuma ulmifolia	*Gua ulm*
Guettarda odorata	*Gue odo*
Guettarda scabra	*Gue sca*
Gyminda latifolia ??	*Gym lat ??*
Hæmatoxylon campechianum	*Hae cam*
Heteropterys purpurea	*Het pur*
Hibiscus rosensis	*Hib ros*
Hippomane mancinella	*Hip man*
Hymenaea courbaril	*Hym cou*
Inga laurina	*Ing lau*
Jacquinia armillaris	*Jac arm*
Justicia secunda	*Jus sec*
Krugiodendron ferreum	*Kru fer*
Laetia thamnia	*Lae tha*
Laguncularia racemosa	*Lag rac*
Leonotis nepetifolia	*Leo nep*
Leucaena leucocephala	*Leu leu*
Lonchocarpus heptaphyllus	*Lon hep*
Lonchocarpus punctatus	*Lon pun*

Lonchocarpus roseus	*Lon ros*
Lonchocarpus sericeus	*Lon ser*
Macfadyena unguis – cati	*Mac ung cat*
Malpighia emarginata	*Mal ema*
Malpighia glabra ??	*Mal gla*
Malpighia martinicensis	*Mal mar*
Mangifera indica	*Man ind*
Maytenus lævigata	*May lae*
Melia azedarach	*Mel aze*
Melicoccus bijugatus	*Mel bij*
Mimosa ceratonia	*Mim cer*
Mimosa malacocentra	*Mim mal*
Mimosa pigra	*Mim pig*
Mimosa pudica	*Mim pud*
Morinda citrifolia	*Mor cit*
Morisonia americana	*Mor ame*
Murraya exotica	*Mur exo*
Myrcia citrifolia	*Myr cit*
Myrcia fallax	*Myr fal*
Myrcia splendens	*Myr spl*
Myrciaria floribunda	*Myr flo*
Myrospermum frutescens	*Myr fru*
Ocotea cernua	*Oco cer*
Ocotea coriacea	*Oco cor*
Odontonema nitidum	*Odo nit*
Ouratea guildingii	*Our gui*
Oxalis frutescens	*Oxa fru*
Passiflora laurifolia	*Pas lau*
Passiflora suberosa	*Pas sub*
Paullinia cururu	*Pau cur*
Pavonia spinifex	*Pav spi*

Pedilanthus tithymaloides	*Ped tit*
Petrea kohautiana	*Pet koh*
Pilosocereus royenii	*Pil roy*
Pimenta racemosa	*Pim rac*
Piper aduncum	*Pip adu*
Piper amalago	*Pip ama*
Piper dilatatum	*Pip dil*
Pisonia aculeata	*Pis acu*
Pisonia fragrans	*Pis fra*
Pisonia suborbiculata	*Pis sub*
Pithecellobium unguis – cati	*Pit ung-cat*
Plumeria alba	*Plu alb*
Psidium guajava	*Psi gua*
Psychotria microdon	*Psy mic*
Psychotria nervosa	*Psy ner*
Randia aculeata	*Ran acu*
Randia armata	*Ran arm*
Randia nitida	*Ran nit*
Rauvolfia viridis	*Rau vir*
Rivinia humilis	*Riv hum*
Rochefortia spinosa	*Roc spi*
Roystonea regia	*Roy reg*
Samanea saman	*Sam sam*
Schaefferia frutescens	*Sch fru*
Schæpfia schreberi	*Sch sch*
Securidaca diversifolia	*Sec dive*
Senna alata	*Sen ala*
Senna bicapsularis	*Sen bic*
Senna obtusifolia	*Sen obt*
Senna sp.	*Sen sp.*
Sida acuta?	*Sid acu*

Sideroxylon fœtidissimum	*Sid foe*
Sideroxylon obovatum	*Sid obo*
Simarouba amara	*Sim ama*
Solanum racemosum	*Sol rac*
Solanum torvum	*Sol tor*
Solanum triste	*Sol tri*
Spathodea campanulata	*Spa cam*
Spondias mombin	*Spo mom*
STA1	*STA1*
Swietenia aubrevilleana	*Swi aub*

Swietenia macrophylla	*Swi mac*
Swietenia mahagoni	*Swi mah*
Tabebuia heterophylla	*Tab het*
Tabernaemontana citrifolia	*Tab cit*
Tamarindus indica	*Tam ind*
Terminalia catappa	*Ter cat*
Thespesia populnea	*The pop*
Trichostigma octandrum	*Tri oct*
Triphasia trifolia	*Tri tri*
Triumfeta lappula	*Tri lap*

Vernonia arborescens	*Ver arb*
Wedelia calycina	*Wed cal*
Ximenia americana	*Xim ame*
Zanthoxylum caribaeum	*Zan car*
Zanthoxylum monophyllum	*Zan mon*
Zanthoxylum punctatum	*Zan pun*
Zanthoxylum spinifex	*Zan spi*
Ziziphus mauritiana	*Ziz mau*

VIII.13 *Annexe 13: Tableau de contingence utilisé pour l'AFC et la CAH des stations de l'étage inférieur*

Espèces	QM1	QM2	QM3	QM4	QM5	QM6	QM7	QM8	QM9	QM10	QM11	QM12	BT1	BT2	BT3	BT4	DP1	DP2	DP3
Aca far	0	0	0	0	0	0	0	0	0	0	0	0	0	0	0	0	0	0	0
Aca mur	0	0	0	0	0	0	0	0	0	0	0	0	0	0	0	0	0	0	0
Aca nil	0	0	0	0	0	0	0	0	0	0	0	0	0	0	0	0	53	2	35
Aca ret	0	0	0	1	0	1	0	0	0	0	0	0	0	0	0	0	7	0	0
Aca sp	0	0	0	0	0	0	0	0	0	0	0	0	0	1	2	0	0	0	0
Aca tam	29	0	0	0	4	1	0	38	25	0	0	0	0	0	0	1	0	0	0
Aca ten	0	0	0	0	0	0	0	4	0	0	0	0	0	0	0	0	0	0	0
Aca tet	0	0	0	0	0	0	0	0	0	0	0	0	0	0	0	0	0	0	0
Aca tor	0	0	0	0	0	0	0	0	0	0	0	0	0	0	0	0	0	0	0
Aeg mar	0	0	1	0	0	0	0	0	0	0	0	0	0	0	0	0	0	0	0
Ama vir	0	0	0	0	0	0	0	0	0	0	0	0	0	0	0	0	0	0	0
Amy ele	1	1	13	5	6	0	46	0	1	6	1	279	1	0	0	1	0	0	0
And ine	0	0	0	0	0	0	0	0	0	0	0	0	0	0	0	0	0	0	0
Ann mur	0	0	0	0	0	0	0	0	0	0	0	0	0	3	0	3	0	0	2
Ann squ	0	0	0	0	0	0	0	0	0	0	0	0	0	0	0	0	0	0	0
Arg pol	0	0	0	0	0	0	0	0	0	0	0	0	0	3	43	20	0	0	0
Avi ger	0	0	0	0	0	0	0	0	0	0	0	0	0	0	0	0	1	0	0
Bam mul	11	9	2	0	6	21	0	7	12	0	22	0	0	0	0	0	0	0	0
Bam vul	0	0	0	0	0	0	0	0	0	0	0	0	0	0	0	0	0	0	0
Ber cor	0	0	0	0	0	0	0	0	0	0	0	1	0	0	0	0	0	0	0
Bou suc	300	427	71	9	21	8	43	205	202	235	2	36	66	9	20	12	0	0	0
Bun gla	0	0	0	0	1	0	0	0	0	1	0	0	0	0	0	0	2	0	0
Bur sim	25	10	2	4	8	1	4	19	11	1	5	28	4	3	11	3	0	0	0
Byr spi	0	0	1	0	0	3	1	0	0	1	0	0	0	0	0	0	0	0	0
Cae bon	0	0	0	0	0	0	0	0	0	0	0	0	0	0	1	0	0	0	0
Cal sla	1	0	0	0	0	0	0	0	0	0	0	0	0	0	0	0	0	0	0
Cal ter	3	0	15	3	0	0	0	64	0	0	178	0	0	0	0	0	0	0	0
Can win	0	0	0	0	0	0	0	0	0	0	0	0	0	1	0	0	0	0	0

Cap bad	0	0	0	0	0	0	0	0	0	0	0	0	0	0	0	0	0	0	0
Cap coc	0	0	0	0	0	0	0	0	0	0	0	0	0	0	0	0	0	0	0
Cap cyn	0	0	0	0	0	0	0	0	0	0	0	0	0	0	0	0	0	0	0
Cap fle	0	9	0	5	3	4	4	3	0	3	5	0	22	9	19	10	51	0	1
Cap has	0	0	0	0	0	0	0	0	0	0	0	0	0	0	0	0	0	0	0
Cap ind	0	0	0	1	0	0	0	0	1	0	0	0	337	154	124	87	0	0	0
Cap ann var gla	0	0	0	0	0	0	0	0	0	0	0	0	0	0	0	0	0	0	0
Cap fru	0	0	0	0	0	0	0	0	0	0	0	0	0	0	0	0	0	0	0
Car pap	0	0	0	0	0	0	0	0	0	0	0	0	0	0	0	0	0	0	0
Cas dec	14	3	0	1	4	0	0	1	3	9	0	0	0	0	0	0	0	0	0
Cec sch	0	0	0	0	0	0	0	0	0	0	0	0	0	0	0	0	0	0	0
Ced odo	0	0	0	0	0	0	0	0	0	0	0	0	0	0	0	0	0	0	0
Cei pen	0	0	0	0	0	0	0	0	0	0	0	0	0	1	0	0	0	0	0
Cha nic	0	0	29	1	3	0	0	0	0	2	0	23	0	0	0	0	0	0	0
Cha sp	0	0	0	0	0	0	0	0	0	0	0	0	0	0	0	0	0	0	0
Chi alb	3	75	43	0	3	1	1	0	1	6	1	5	9	11	70	21	0	0	0
Chi com	0	0	0	0	0	0	0	0	0	0	0	0	0	0	0	0	0	0	0
Chr arg	0	3	0	0	0	0	0	0	0	0	0	0	0	0	0	0	0	0	0
Cis par	0	0	0	0	0	0	0	0	0	0	0	0	0	0	0	0	0	0	0
Cit spi	2	4	0	0	0	0	0	0	0	0	0	0	1	16	40	15	0	6	0
Coc pub	0	0	0	0	0	0	0	0	0	0	0	0	0	0	0	0	0	0	0
Coc swa	3	1	18	2	5	39	9	5	12	1	42	36	0	0	0	0	6	0	1
Coc uvi	0	0	0	0	0	0	0	0	0	0	0	0	0	0	0	0	0	0	0
Coc bar	0	0	0	0	0	0	0	1	0	0	0	0	0	0	0	0	0	0	0
Con ere	0	0	0	0	0	0	0	0	0	0	0	0	0	0	0	0	0	0	0
Con cal	0	0	1	0	0	56	0	0	0	0	0	0	0	0	0	0	0	0	0
Con ico	0	0	0	2	0	0	0	0	0	0	0	0	0	0	0	0	0	0	0
Con mon	0	0	0	0	0	0	0	0	0	0	0	0	0	0	0	0	0	0	0
Cor all	0	0	0	0	0	0	0	0	0	0	0	0	0	0	0	0	0	0	0
Cor col	0	0	0	0	0	0	0	0	0	0	0	0	0	0	0	0	0	3	0
Cor mar	7	2	0	0	0	0	5	3	3	29	0	7	0	0	0	0	0	0	0

Cor nes	0	0	0	0	0	0	0	0	0	0	0	0	0	0	0	0	0	0	0
Cor sul	0	0	0	0	0	0	0	0	0	0	0	0	0	0	0	0	0	1	0
Cor pyr	0	0	0	0	0	0	0	0	0	0	0	0	0	0	0	0	0	0	0
Cra tap	0	0	0	0	0	0	0	0	0	0	0	0	0	0	0	0	0	0	0
Cres cuj	0	0	0	0	0	0	0	0	0	0	0	0	0	0	0	0	0	0	0
Cro rha	0	0	0	0	0	0	0	0	0	0	0	0	0	0	0	0	0	0	0
Cro ret	0	0	0	0	0	0	0	0	0	0	0	0	0	0	0	0	0	0	0
Cro sp	0	0	0	0	0	0	0	0	0	0	0	0	0	0	0	0	0	0	0
Cro bix	53	300	121	130	170	47	96	83	160	397	60	62	0	0	0	0	7	0	0
Cro cor	0	0	0	13	11	3	0	0	5	3	2	0	0	0	0	0	0	0	0
Cro fla	0	0	2	0	0	0	1	0	0	0	0	0	0	0	0	0	0	0	0
Cro hir	0	0	0	0	0	0	0	0	0	0	0	9	0	0	0	0	0	0	0
Cro hir	0	0	0	0	0	0	0	0	5	0	0	0	0	0	0	0	0	0	0
Dap ame	0	0	0	0	0	2	0	0	0	0	0	0	0	0	0	0	0	0	0
Delonix reg	0	0	0	0	0	0	0	0	0	0	0	0	0	0	0	0	0	0	0
Dic cin	0	0	0	0	0	0	0	0	0	0	0	0	0	0	0	0	5	0	0
Eri fru	0	25	84	10	23	25	59	0	1	33	6	106	0	0	0	0	0	0	0
Ery hav	8	0	0	0	0	0	0	0	1	1	0	0	1	2	1	2	5	0	0
Esp 1	0	0	0	0	0	0	0	0	0	0	0	0	0	0	0	0	0	0	0
Esp 1 à éco noi	0	0	0	0	0	0	0	0	0	0	0	0	0	0	0	0	0	0	0
Esp 1"	0	0	0	0	0	0	0	0	0	0	0	0	0	0	0	0	0	0	0
Esp 1 (den)	0	0	0	0	0	0	0	0	0	0	0	0	0	0	0	0	0	0	0
Eug axi	0	0	0	0	0	0	0	0	0	0	0	0	0	0	0	0	0	0	0
Eug con	0	0	0	4	0	0	0	0	0	0	0	0	0	0	0	0	0	0	0
Eug cor	6	22	95	12	93	11	25	5	4	30	23	238	0	0	0	0	0	0	0
Eug lig	1	0	0	0	1	0	0	0	1	0	0	0	0	0	0	0	0	0	0
Eug mon	176	94	22	0	61	2	56	57	126	94	6	67	0	0	0	0	0	0	0
Eug pse	0	0	0	0	0	0	0	0	0	0	0	0	0	0	0	0	0	0	0
Eug tap	0	0	0	0	0	0	0	0	0	0	0	0	0	0	0	0	0	0	0
Far occ	0	0	0	0	0	0	0	0	0	0	0	0	0	0	0	0	0	0	0
Fic cit	0	0	0	0	0	0	0	0	0	0	0	0	0	0	0	6	0	0	0

Fic sp	0	0	0	0	0	0	0	0	0	0	0	0	0	0	0	0	0	0	0
For rha	0	0	0	0	0	0	0	0	0	0	0	0	0	0	0	0	0	0	0
Gli sep	47	26	0	0	9	0	9	43	22	21	0	0	3	0	0	0	0	0	0
Gme arb	0	0	0	0	0	0	0	0	0	0	0	0	0	0	0	0	0	0	0
Gon spi	0	0	0	0	0	0	0	0	0	0	0	0	0	0	0	0	0	0	0
Gou lap	0	0	0	0	0	0	0	0	0	0	0	0	0	0	0	0	0	0	0
Gua ulm	0	0	0	0	0	0	0	0	0	0	0	0	0	0	0	0	0	0	0
Gue odo	0	0	0	0	0	0	0	0	2	0	1	0	0	0	0	0	0	0	0
Gue sca	0	35	127	39	49	97	110	0	0	33	140	280	0	0	0	0	1	0	0
Gym lat??	0	0	0	0	0	0	0	0	0	0	0	0	0	1	0	0	0	0	0
Hae cam	3	16	3	606	0	11	2	0	3	14	60	0	0	0	0	1	22	3	0
Het pur	0	0	0	0	0	0	0	0	0	0	0	0	0	0	0	0	0	0	0
Hib ros	0	0	0	0	0	0	0	0	0	0	0	0	0	0	0	0	0	0	0
Hip man	0	0	0	0	0	0	0	0	0	0	0	0	0	0	0	0	0	0	0
Hym cou	0	0	0	0	0	0	0	0	0	0	0	0	0	0	0	0	0	0	0
Ing lau	0	0	0	0	0	0	0	0	0	0	0	0	0	0	0	0	0	0	0
Jac arm	0	0	0	0	0	0	0	0	0	0	0	0	0	0	0	0	0	0	0
Jus sec	0	0	0	0	0	0	0	0	0	0	0	0	0	0	0	0	0	0	0
Kru fer	0	0	0	0	0	0	0	0	0	0	0	0	1	4	3	0	0	0	0
Lae tha	0	0	0	0	0	0	0	0	0	1	0	0	0	0	0	0	0	0	0
Lag rac	0	0	0	0	0	0	0	0	0	0	0	0	0	0	0	0	3	0	0
Leo nep	0	0	0	0	0	0	0	0	0	0	0	0	0	0	0	0	0	0	0
Leu leu	1	1	0	0	0	0	0	13	0	0	2	0	147	14	37	23	0	0	0
Lon hep	0	0	0	0	0	0	0	0	0	0	0	0	0	0	0	0	0	0	0
Lon pun	0	8	0	0	0	0	0	0	0	0	0	0	0	0	0	1	0	0	0
Lon ros	0	0	0	0	0	0	0	0	0	0	0	0	0	0	0	0	0	0	1
Lon ser	0	0	0	0	0	0	0	0	0	0	0	0	0	0	0	0	12	6	5
Mac ung-cat	0	0	0	0	0	0	0	0	0	0	0	0	0	0	0	0	0	0	0
Mal ema	2	0	0	0	0	0	0	0	0	0	0	0	0	0	0	0	0	0	0
Mal gla??	0	0	0	0	0	0	0	0	0	0	0	0	0	0	0	0	0	0	0
Mal mar	0	0	0	0	0	0	0	0	0	0	0	0	0	0	0	0	0	0	0

Man ind	0	0	0	0	0	0	0	0	0	0	0	0	0	0	0	0	0	0	0
May lae	3	2	0	0	3	2	1	0	0	3	0	21	0	0	0	0	0	0	0
Mel aze	0	0	0	0	0	0	0	0	0	0	0	0	0	0	0	0	0	0	0
Mel bij	0	0	0	0	0	0	0	0	0	0	0	0	0	7	1	0	0	0	0
Mim cer	0	0	3	0	0	1	0	0	0	0	0	22	0	0	0	0	0	0	0
Mim mal	0	0	0	0	0	0	0	0	0	0	0	0	0	0	0	0	0	0	0
Mim pig	0	0	0	0	0	0	0	0	0	0	0	0	0	0	0	0	57	0	0
Mim pud	0	0	0	0	0	0	0	0	0	0	0	0	0	0	0	0	0	0	0
Mor cit	0	0	0	0	0	0	0	0	0	0	0	0	0	0	0	0	0	0	0
Mor ame	0	0	0	0	0	0	0	0	0	0	0	0	0	0	0	0	0	0	0
Mur exo	0	0	0	0	0	0	0	0	0	0	0	0	0	5	12	6	0	0	0
Myr cit	73	239	384	262	268	1047	376	9	141	48	955	436	0	0	0	1	0	0	0
Myr fal	0	0	0	0	0	0	0	0	0	0	0	0	0	0	0	0	0	0	0
Myr spl	0	0	0	0	0	0	0	0	0	0	0	0	0	0	0	0	0	0	0
Myr flo	0	0	0	0	0	0	0	0	0	0	0	0	0	0	0	0	0	0	0
Myr fru	0	0	0	0	0	0	0	0	0	0	0	0	0	0	0	0	0	0	0
Oco cer	0	0	0	0	0	0	0	0	0	0	0	0	0	0	0	0	0	0	0
Oco cor	0	0	0	0	0	0	0	0	0	0	0	0	0	0	0	0	0	0	0
Odo nit	0	0	0	0	0	0	0	0	0	0	0	0	0	0	0	0	0	0	0
Our gui	2	10	2	2	7	2	0	0	0	10	3	13	0	0	0	0	0	0	0
Oxa fru	0	0	0	0	0	0	6	0	0	0	0	5	0	0	0	0	0	0	0
Pas lau	0	0	0	0	0	0	0	0	0	0	0	0	0	0	0	0	0	0	0
Pas sub	0	0	0	1	0	0	0	0	0	0	0	0	0	0	0	0	0	0	0
Pau cur	0	0	0	0	0	0	0	0	0	0	0	0	0	0	0	0	0	0	0
Pav spi	0	0	0	0	0	0	0	0	0	0	0	0	0	0	0	0	0	0	0
Ped tit	0	0	0	0	0	0	0	0	0	0	0	0	0	0	0	0	0	0	0
Pet koh	0	0	0	0	0	0	0	0	0	0	0	0	0	0	0	0	0	0	0
Pil roy	0	0	0	0	0	0	0	0	0	0	0	0	0	0	0	0	0	0	0
Pim rac	10	60	10	43	25	16	9	0	12	32	81	3	0	0	0	1	0	0	0
Pip adu	0	0	0	0	0	0	0	0	0	0	0	0	0	0	0	0	0	0	0
Pip ama	0	0	0	0	0	0	0	0	0	0	0	0	0	0	0	0	0	0	0

Pip dil	0	0	0	0	0	0	0	0	0	0	0	0	0	0	0	0	0	0	0
Pis acu	0	0	0	0	0	0	0	5	36	0	2	0	0	0	0	0	62	0	7
Pis fra	371	57	1	18	62	3	6	126	88	22	16	3	4	10	11	42	6	4	1
Pis sub	0	16	62	14	66	23	43	0	4	21	39	201	0	0	0	0	0	0	0
Pit ung-cat	0	5	0	1	1	0	0	0	0	0	0	0	0	0	1	0	0	0	0
Plu alb	0	0	0	0	0	0	0	0	0	0	0	0	0	0	0	0	0	0	0
Psi gua	0	0	0	0	0	0	0	0	0	0	0	0	0	0	0	0	0	0	0
Psy mic	0	0	0	0	0	0	0	0	0	0	0	0	0	0	2	0	0	0	0
Psy ner	0	28	0	0	0	0	0	0	0	8	0	0	0	0	0	0	0	0	0
Ran acu	0	4	13	0	4	0	2	2	12	1	0	6	0	0	0	0	0	0	0
Ran arm	0	0	0	0	0	0	0	0	0	0	0	0	0	0	0	0	0	0	0
Ran nit	0	0	0	0	0	0	0	0	0	0	0	0	0	0	0	0	0	0	0
Rau vir	0	1	0	0	2	0	0	3	1	0	0	0	0	17	12	33	30	0	0
Riv hum	0	0	0	0	0	0	0	0	0	0	0	0	0	0	0	0	0	0	0
Roc spi	0	0	0	0	0	0	0	0	0	0	0	0	0	0	0	0	0	0	0
Roy reg	0	0	0	0	0	0	0	0	0	0	0	0	0	0	0	0	0	0	0
Sam sam	0	0	0	0	0	0	0	0	0	0	0	0	0	0	0	1	5	1	0
Sch fru	0	0	0	0	0	1	11	0	0	6	0	0	66	43	37	31	0	0	0
Sch sch	0	2	20	24	8	2	0	0	0	0	10	6	8	6	4	2	0	0	0
Sec div	0	0	0	0	0	0	0	6	0	0	0	0	0	0	0	0	0	0	0
Sen ala	0	0	0	0	0	0	0	0	0	0	0	0	0	0	0	0	0	0	0
Sen bic	0	0	0	0	0	0	0	0	0	0	0	0	0	0	0	0	4	0	0
Sen obt	0	0	0	0	0	0	0	0	0	0	0	0	0	0	0	0	1	0	0
Sen sp.	0	0	0	0	0	0	0	0	0	0	0	5	0	0	0	0	0	0	0
Sid acu?	0	0	0	0	0	0	0	0	0	0	0	0	0	0	0	0	0	0	0
Sid foe	0	0	0	0	0	0	0	0	0	0	0	0	0	0	0	0	0	0	0
Sid obo	0	0	0	0	0	0	0	0	0	0	0	0	0	0	0	0	0	0	0
Sim ama	0	0	0	0	0	0	0	0	0	0	0	0	0	1	0	0	0	0	0
Sol rac	0	0	0	0	0	0	0	0	0	0	0	0	0	0	2	0	0	0	0
Sol tor	0	0	0	0	0	0	0	0	0	0	0	0	0	0	0	0	0	0	0
Sol tri	0	0	0	0	0	0	0	0	0	0	0	0	0	0	0	0	0	0	0

Spa cam	0	0	0	0	0	0	0	0	0	0	0	0	0	0	0	0	0	0	0
Spo mom	0	0	0	0	0	0	0	0	0	0	0	0	0	0	0	0	0	0	0
STA1	0	0	0	0	0	0	0	0	0	0	0	0	0	0	0	0	0	0	0
Swi aub	0	17	0	0	0	0	0	0	0	0	0	9	0	72	4	62	0	0	0
Swi mac	0	0	0	0	0	0	0	0	0	0	0	0	0	0	0	1	0	0	1
Swi mah	0	0	10	8	10	19	5	0	5	3	20	0	0	52	0	6	0	0	0
Tab het	0	3	10	4	6	7	2	0	2	3	4	18	0	0	1	0	0	0	0
Tab cit	0	0	0	0	0	0	0	0	0	0	0	0	0	1	1	3	0	0	0
Tam ind	0	0	0	0	0	0	0	0	0	0	0	0	0	1	0	0	0	0	0
Ter cat	0	0	0	0	0	0	0	0	0	0	0	0	0	0	0	0	0	0	4
The pop	0	0	0	0	0	0	0	0	0	0	0	0	0	0	0	0	0	0	0
Tri oct	0	0	0	0	0	0	0	0	0	0	0	0	0	0	1	0	6	0	0
Tri tri	0	0	0	0	0	0	0	0	0	0	0	0	0	38	6	37	0	0	0
Tri lap	0	0	0	0	0	0	0	0	0	0	0	0	0	0	0	0	0	0	0
Ver arb	0	0	0	0	0	0	0	0	0	4	1	0	0	0	0	0	0	0	0
Wed cal	0	3	21	6	11	20	58	0	0	48	24	81	0	0	0	0	0	0	0
Xim ame	0	0	0	0	0	0	0	0	0	0	0	0	0	0	0	0	0	0	0
Zan car	1	1	0	0	0	0	0	0	0	0	0	0	6	2	2	1	0	0	0
Zan mon	36	6	0	0	0	2	0	52	16	2	0	0	12	19	26	56	0	2	1
Zan pun	0	0	0	0	0	0	0	0	0	0	0	0	0	0	0	0	0	0	0
Zan spi	8	0	0	0	0	0	0	3	23	0	0	0	24	5	9	4	0	0	0
Ziz mau	0	0	0	0	0	0	0	0	0	0	0	0	0	0	0	0	0	0	2

Espèces	DP4	DP5	DP6	DP7	DP8	DP9	GF1	GF2	GF3	GF4	GF5	GF6	GF7	GF8	GF9	GF10	MDOR1	MDOR2	PTB1
Aca far	0	0	0	0	0	0	0	0	0	0	35	0	0	0	0	0	0	0	0
Aca mur	0	0	0	0	0	0	0	0	0	0	0	0	0	0	0	0	0	0	42
Aca nil	1	1	0	0	0	3	0	0	0	0	17	0	0	0	0	0	0	0	0
Aca ret	0	0	0	0	0	0	4	0	0	0	0	8	0	0	0	0	0	28	0
Aca sp	0	0	0	0	0	0	0	0	0	0	0	0	21	0	61	1	0	0	0
Aca tam	0	0	0	0	0	0	0	0	0	15	2	2	0	1	0	0	0	0	22
Aca ten	0	0	0	0	0	0	0	3	0	0	0	0	0	0	0	0	0	0	0
Aca tet	0	0	0	0	0	0	0	0	0	0	0	0	0	0	0	0	0	0	0
Aca tor	0	0	0	0	0	0	0	0	0	0	0	0	0	0	0	0	0	0	0
Aeg mar	0	0	0	0	0	0	5	2	0	5	10	0	0	0	2	0	0	0	0
Ama vir	0	0	0	0	2	0	0	0	0	0	0	0	0	0	0	0	0	0	0
Amy ele	0	0	0	0	0	0	1	3	18	0	0	0	0	0	0	0	0	3	0
And ine	0	0	0	0	0	0	0	0	0	0	0	0	0	0	0	0	0	0	0
Ann mur	0	0	10	6	2	0	0	4	0	80	54	0	5	11	32	0	1	0	0
Ann squ	0	0	0	0	0	0	0	0	0	0	0	0	0	0	0	0	0	0	0
Arg pol	0	0	0	0	0	0	0	0	33	0	0	0	0	0	0	0	0	0	0
Avi ger	0	0	0	0	0	0	0	0	0	0	0	0	0	0	0	0	0	0	0
Bam mul	0	0	0	0	0	0	0	0	0	0	0	7	0	0	0	0	0	0	0
Bam vul	0	0	0	0	0	0	0	0	0	0	0	0	0	0	0	87	0	0	0
Ber cor	0	0	0	0	0	0	0	0	0	0	0	0	0	0	0	0	0	0	6
Bou suc	0	0	1	0	0	0	3	4	135	21	1	11	1	63	55	7	25	8	259
Bun gla	0	0	1	0	3	0	0	5	0	0	0	11	0	0	0	3	10	0	0
Bur sim	0	0	0	0	0	0	0	6	6	2	0	1	0	2	0	4	1	2	4
Byr spi	0	0	0	0	0	0	0	0	0	0	0	0	0	0	0	0	0	0	0
Cae bon	0	0	0	0	0	0	0	0	0	0	0	0	0	0	0	0	0	0	0
Cal sla	0	0	0	0	0	0	0	0	0	0	0	0	0	0	0	0	0	0	0
Cal ter	0	0	0	0	0	0	0	0	0	0	0	0	0	0	0	236	0	0	0
Can win	0	0	0	0	0	0	0	0	0	0	0	0	0	0	0	0	48	26	0
Cap bad	0	0	0	0	0	0	6	0	0	0	0	1	0	0	0	1	0	0	0
Cap coc	0	0	0	0	0	0	0	0	1	0	0	0	0	0	0	0	0	0	0

Cap cyn	0	0	0	0	0	0	0	0	0	0	0	0	0	0	0	0	0	0	0
Cap fle	0	0	0	0	0	0	0	4	2	1	1	27	3	2	1	26	0	0	9
Cap has	0	0	0	0	0	0	0	0	0	0	0	0	0	0	0	0	0	0	0
Cap ind	0	0	0	0	0	0	3	5	3	5	0	326	27	5	5	167	29	4	1
Cap ann var gla	0	0	0	0	0	0	0	0	0	0	0	0	0	0	0	0	0	0	0
Cap fru	0	0	0	0	2	0	0	0	0	0	0	0	0	0	0	0	0	0	0
Car pap	0	0	3	1	1	0	0	0	0	0	0	0	0	0	0	0	0	0	0
Cas dec	0	0	0	0	0	0	0	0	0	0	0	0	0	0	0	0	0	0	0
Cec sch	0	0	0	0	0	1	1	0	0	0	0	0	0	0	0	0	0	0	0
Ced odo	0	0	1	0	0	0	3	2	0	3	17	0	0	1	5	0	0	0	0
Cei pen	0	0	4	1	1	0	4	0	0	0	0	0	0	1	1	0	0	0	0
Cha nic	0	0	0	0	0	0	0	0	0	0	0	0	0	0	0	0	0	0	7
Cha sp	0	0	0	0	0	0	0	0	0	0	0	0	0	0	0	0	0	0	1
Chi alb	0	0	0	0	1	0	2	2	1	1	0	66	0	27	1	37	0	1	1
Chi com	0	0	0	0	0	0	16	0	0	0	0	0	0	0	0	0	0	1	0
Chr arg	0	0	0	0	0	0	0	1	0	0	0	0	1	0	0	0	0	0	0
Cis par	0	0	0	0	0	0	0	0	0	0	0	0	0	0	0	0	0	0	0
Cit spi	0	0	1	0	0	1	41	43	1	98	21	11	33	35	116	1	37	0	4
Coc pub	0	0	0	0	0	0	0	0	0	0	0	0	0	0	0	0	1	0	0
Coc swa	0	0	0	0	0	0	0	0	0	0	0	0	0	0	0	0	0	1	3
Coc uvi	0	0	0	0	0	0	0	0	0	0	0	0	0	0	0	0	0	0	5
Coc bar	0	0	0	0	0	0	0	0	0	0	0	0	0	0	0	0	5	0	0
Con ere	0	0	0	0	0	0	0	0	0	0	0	0	0	0	0	0	0	0	0
Con cal	0	0	0	0	0	0	0	0	0	0	0	0	0	0	0	0	0	0	0
Con ico	0	0	0	0	0	0	0	0	0	0	0	0	0	0	0	0	0	0	0
Con mon	0	0	0	0	0	0	21	0	0	0	0	0	0	0	0	0	0	0	0
Cor all	0	0	0	0	0	0	0	0	0	0	2	0	0	0	0	0	0	0	0
Cor col	0	1	14	7	0	0	0	0	0	0	0	0	4	0	0	0	0	0	0
Cor mar	0	0	0	0	0	0	0	1	0	0	0	0	0	0	0	4	0	0	3
Cor nes	0	0	0	0	0	0	0	0	0	1	0	0	0	0	0	0	0	0	0
Cor sul	0	0	20	4	12	0	0	0	0	2	0	0	2	0	2	0	0	0	0

Cor pyr	0	0	0	0	0	0	0	0	0	0	0	0	0	0	0	0	0	0	0
Cra tap	0	0	0	0	2	0	0	0	0	0	0	0	0	0	0	0	0	0	0
Cres cuj	0	0	0	0	1	0	0	0	0	0	0	2	0	0	0	0	0	0	0
Cro rha	0	0	0	0	0	0	0	0	0	0	0	0	0	0	0	0	0	6	0
Cro ret	0	0	0	0	0	0	0	0	0	0	0	0	0	0	0	0	0	0	0
Cro sp	0	0	0	0	0	0	0	0	0	0	0	0	0	0	0	0	0	0	0
Cro bix	0	0	0	0	0	0	11	34	63	0	1	102	7	27	0	1	0	0	95
Cro cor	0	0	0	0	0	0	0	0	15	0	0	0	0	0	0	0	0	0	0
Cro fla	0	0	0	0	0	0	0	0	0	7	4	0	0	0	0	0	0	0	0
Cro hir	0	0	0	0	0	0	0	0	0	0	0	0	0	1	0	0	0	0	2
Cro hir	0	0	0	0	0	0	0	0	0	0	0	0	0	0	0	0	0	0	0
Dap ame	0	0	0	0	0	0	0	1	1	3	11	0	8	0	0	0	0	0	0
Delonix reg	0	0	0	0	0	0	0	0	0	0	0	0	0	0	0	0	0	0	0
Dic cin	0	0	0	0	0	0	23	0	0	0	51	0	0	0	0	0	0	0	153
Eri fru	0	0	0	0	0	0	0	5	0	0	0	0	0	0	0	0	0	1	20
Ery hav	0	0	4	0	2	0	4	7	3	2	1	82	14	4	3	5	1	0	10
Esp 1	0	0	0	0	0	0	0	0	0	0	0	0	0	0	0	0	0	0	0
Esp 1 à éco noi	0	0	0	0	0	0	0	0	41	0	0	0	0	0	0	0	0	0	0
Esp 1"	0	0	0	0	0	0	0	0	0	0	0	0	0	0	0	0	0	0	0
Esp 1 (den)	0	0	0	0	0	0	0	0	0	0	0	0	0	0	0	0	0	0	0
Eug axi	0	0	0	0	0	0	0	1	11	0	0	0	0	0	0	0	0	0	0
Eug con	0	0	0	0	0	0	0	0	0	0	0	0	0	0	0	0	0	0	0
Eug cor	0	0	0	0	0	0	0	0	0	0	0	0	0	0	0	0	0	5	4
Eug lig	0	0	0	0	0	0	0	0	45	0	0	7	0	0	0	0	1	6	6
Eug mon	0	0	0	0	0	0	0	1	3	0	0	16	0	1	0	5	0	0	3
Eug pse	0	0	0	0	0	0	0	0	0	0	0	0	0	0	0	0	0	0	0
Eug tap	0	0	0	0	0	0	0	0	50	0	0	0	0	0	0	1	0	0	0
Far occ	0	0	0	0	0	0	0	0	0	0	0	0	0	0	0	0	0	0	0
Fic cit	0	0	0	0	0	0	0	3	0	1	1	0	0	0	6	0	10	2	0
Fic sp	0	0	0	0	0	0	0	0	0	0	0	0	0	0	0	0	0	0	0
For rha	0	0	0	0	0	0	0	0	0	0	0	0	0	0	0	0	0	221	0

Gli sep	0	0	0	0	0	0	9	0	0	21	0	0	4	22	0	0	0	0	9
Gme arb	0	0	0	0	1	0	0	0	0	0	0	0	0	0	0	0	0	0	0
Gon spi	0	0	0	0	0	0	15	0	0	0	0	0	0	0	0	0	0	0	0
Gou lap	0	0	0	0	0	0	0	0	0	0	0	0	0	0	0	0	0	0	0
Gua ulm	0	0	0	0	0	0	0	0	0	0	0	0	0	0	0	0	0	0	0
Gue odo	0	0	0	0	0	0	0	0	13	0	0	10	0	0	0	21	0	0	0
Gue sca	0	0	0	0	0	0	0	0	11	0	0	0	0	0	0	0	0	0	1
Gym lat??	0	0	0	0	0	0	0	0	0	0	0	0	0	0	0	0	0	0	0
Hae cam	3	1	0	0	0	0	2	0	0	0	9	15	0	0	1	4	1	6	63
Het pur	0	0	0	0	0	0	0	0	0	0	0	0	0	0	0	0	0	0	0
Hib ros	0	0	0	0	0	0	0	0	0	0	0	0	0	0	0	0	0	0	0
Hip man	0	0	0	0	0	0	0	0	0	0	0	0	0	0	0	0	0	0	4
Hym cou	0	0	0	0	0	0	0	0	0	0	0	0	0	0	0	0	0	0	0
Ing lau	0	0	0	0	0	0	1	2	0	0	0	0	3	0	0	0	3	0	0
Jac arm	0	0	0	0	0	0	0	0	0	0	0	0	0	0	0	0	0	0	0
Jus sec	0	0	0	0	0	0	0	0	0	0	0	0	0	0	0	0	0	0	0
Kru fer	0	0	0	0	0	0	0	0	14	0	0	0	0	0	0	0	0	221	0
Lae tha	0	0	0	0	0	0	0	0	0	0	0	0	0	0	0	0	0	0	0
Lag rac	0	36	0	0	0	12	0	0	0	0	0	0	0	0	0	0	0	0	0
Leo nep	0	0	0	0	1	0	0	0	0	0	0	0	0	0	0	0	0	0	0
Leu leu	0	0	0	0	0	0	0	0	0	0	2	0	0	0	0	0	0	12	39
Lon hep	0	0	0	0	0	0	0	0	0	0	0	0	4	0	0	0	0	0	0
Lon pun	0	0	0	0	0	0	9	11	16	2	0	5	0	0	116	0	0	0	2
Lon ros	5	0	0	0	0	12	0	0	0	0	0	0	0	0	0	0	0	0	0
Lon ser	0	0	44	75	39	12	0	0	0	0	0	0	0	0	0	0	0	0	0
Mac ung-cat	0	0	0	0	0	0	0	0	0	0	0	0	0	0	0	0	0	0	0
Mal ema	0	0	0	0	0	0	0	0	0	0	0	0	0	0	0	0	0	0	0
Mal gla??	0	0	0	0	0	0	0	0	0	0	0	0	0	0	0	0	0	0	0
Mal mar	0	0	0	0	0	0	0	0	0	0	0	0	0	0	0	0	0	0	0
Man ind	0	0	0	0	0	0	0	0	0	0	0	0	0	0	0	0	2	0	0
May lae	0	0	0	0	0	0	0	0	0	0	0	0	0	0	0	0	0	0	1

Mel aze	0	0	1	0	0	0	0	0	0	0	0	0	0	0	0	0	0	0	0
Mel bij	0	0	0	0	0	0	0	0	0	0	0	0	0	0	0	0	0	0	0
Mim cer	0	0	0	0	0	0	0	0	0	0	0	0	0	0	0	0	0	0	0
Mim mal	0	0	0	0	0	0	0	0	0	0	0	0	0	0	0	0	0	0	0
Mim pig	0	0	0	0	19	0	0	0	0	0	0	0	0	0	0	0	0	0	0
Mim pud	0	0	0	0	6	0	0	0	0	0	0	0	0	0	0	0	0	0	0
Mor cit	0	0	0	0	0	0	0	0	0	0	0	0	0	0	0	0	0	0	0
Mor ame	0	0	0	0	0	0	0	0	25	0	0	0	0	0	0	0	0	0	0
Mur exo	0	0	0	0	0	0	0	0	0	0	0	0	0	0	0	0	0	0	0
Myr cit	0	0	0	0	0	0	0	6	0	0	0	47	0	0	0	3	0	0	22
Myr fal	0	0	0	0	0	0	0	0	0	0	0	0	0	0	0	0	0	0	0
Myr spl	0	0	0	0	0	0	0	0	0	0	0	0	0	0	0	0	0	0	0
Myr flo	0	0	0	0	0	0	0	0	0	0	0	0	0	0	0	0	0	0	0
Myr fru	0	0	0	0	0	0	0	0	0	0	0	0	0	0	0	0	0	0	0
Oco cer	0	0	0	0	0	0	0	0	0	0	0	0	0	0	0	0	0	0	0
Oco cor	0	0	0	0	0	0	14	0	0	0	0	0	0	0	0	0	1	0	0
Odo nit	0	0	0	0	0	0	0	0	0	0	0	0	0	0	0	0	0	0	0
Our gui	0	0	0	0	0	0	0	1	0	0	0	0	0	0	0	0	0	0	0
Oxa fru	0	0	0	0	0	0	0	0	0	0	0	0	0	0	0	0	0	0	0
Pas lau	0	0	0	0	0	0	0	0	0	0	0	0	0	0	0	0	0	0	0
Pas sub	0	0	0	0	0	0	0	1	0	0	0	0	0	0	0	0	0	0	0
Pau cur	0	0	0	0	0	0	0	0	0	0	0	0	0	0	0	0	0	0	0
Pav spi	0	0	0	0	0	0	0	0	0	0	0	0	0	0	0	0	0	0	0
Ped tit	0	0	0	0	0	0	0	0	0	0	0	0	0	0	0	0	0	0	0
Pet koh	0	0	0	0	0	0	0	0	0	0	0	0	0	0	0	0	0	0	0
Pil roy	0	0	0	0	0	0	0	0	0	0	0	0	0	0	0	0	0	0	0
Pim rac	0	0	0	0	0	0	0	2	0	0	0	0	0	0	0	0	3	0	0
Pip adu	0	0	0	0	5	0	0	0	0	0	0	0	0	0	0	0	0	0	0
Pip ama	0	0	0	13	0	0	13	0	0	6	0	0	0	0	6	0	1	0	0
Pip dil	0	0	0	0	0	0	0	0	0	0	0	0	3	0	0	0	0	0	0
Pis acu	0	0	0	1	29	0	0	0	0	8	4	0	0	0	0	0	0	0	0

Pis fra	0	0	2	7	8	2	20	23	45	10	10	97	105	135	29	112	57	7	26
Pis sub	0	0	0	0	0	0	0	0	0	0	0	0	0	0	0	0	0	0	22
Pit ung-cat	0	0	0	0	0	0	0	0	0	0	0	0	0	0	0	0	0	0	0
Plu alb	0	0	0	0	0	0	0	0	0	0	0	0	0	0	0	0	0	0	0
Psi gua	0	0	0	0	0	0	0	0	0	0	0	0	0	0	0	0	0	0	0
Psy mic	0	0	0	0	0	0	28	0	0	14	0	18	8	12	0	16	0	0	0
Psy ner	0	0	0	0	0	0	30	67	7	11	12	29	144	52	19	3	49	0	0
Ran acu	0	0	0	0	0	0	0	0	0	0	2	1	0	0	0	0	0	0	43
Ran arm	0	0	0	0	0	0	0	0	0	0	0	0	0	0	0	0	0	0	0
Ran nit	0	0	0	0	0	0	0	0	0	0	0	0	0	0	0	0	0	0	0
Rau vir	0	0	2	1	2	0	4	4	3	2	1	0	0	21	22	9	10	0	4
Riv hum	0	0	0	0	0	0	0	0	0	0	0	0	0	0	0	0	0	0	0
Roc spi	0	0	0	0	0	0	0	0	0	0	0	0	0	0	0	0	1	0	0
Roy reg	0	0	0	0	0	0	0	0	0	0	0	0	0	0	0	0	0	0	0
Sam sam	1	0	0	2	9	1	0	0	0	0	0	0	0	0	0	0	0	0	0
Sch fru	0	0	0	0	0	0	1	6	0	0	0	0	0	1	0	0	21	0	0
Sch sch	0	0	0	0	0	0	0	0	0	0	0	0	0	0	0	0	0	33	0
Sec div	0	0	0	0	0	0	0	0	0	0	0	0	0	0	0	0	0	0	0
Sen ala	0	0	0	0	21	0	0	0	0	0	0	0	0	0	0	0	0	0	0
Sen bic	0	0	0	0	6	0	0	0	0	0	0	0	0	0	0	0	0	0	0
Sen obt	0	0	0	0	5	0	0	0	0	0	7	0	0	0	0	0	0	0	0
Sen sp.	0	0	0	0	0	0	0	0	0	0	0	0	0	0	0	0	0	0	0
Sid acu?	0	0	0	0	0	0	0	0	0	0	0	0	0	0	0	0	0	0	0
Sid foe	0	0	0	0	0	0	0	3	0	0	0	0	0	0	0	0	40	0	0
Sid obo	0	0	0	0	0	0	0	0	0	0	0	0	0	0	0	0	4	9	0
Sim ama	0	0	0	0	0	0	0	0	0	1	1	0	2	0	0	0	0	0	0
Sol rac	0	0	0	0	0	0	8	0	0	0	0	1	9	0	9	0	0	0	0
Sol tor	0	0	0	0	0	0	0	0	0	0	0	0	0	0	0	0	0	0	0
Sol tri	0	0	4	1	0	0	0	0	0	0	0	0	0	0	0	0	0	0	0
Spa cam	0	0	0	0	0	0	0	0	0	0	0	0	0	0	0	0	0	0	0
Spo mom	0	0	1	0	0	0	0	0	0	0	0	0	0	0	0	0	0	0	0

STA1	0	0	0	0	0	0	0	0	0	0	0	0	0	0	0	0	0	0	0
Swi aub	0	0	0	0	0	0	0	228	0	0	0	0	1	0	0	0	6	0	36
Swi mac	0	0	0	0	0	0	2	3	0	0	0	0	0	1	2	0	24	0	2
Swi mah	0	0	0	0	0	0	5	16	0	1	1	0	15	0	0	0	0	0	0
Tab het	0	0	0	0	0	0	0	1	0	0	4	3	3	0	0	0	7	5	28
Tab cit	0	0	0	0	0	0	1	42	0	18	41	0	2	45	9	3	64	2	0
Tam ind	0	0	0	0	0	0	0	0	0	0	0	0	0	0	0	0	0	0	0
Ter cat	0	0	5	7	0	0	0	0	0	0	0	0	0	0	0	0	0	0	0
The pop	0	0	0	0	0	0	0	0	0	0	0	0	0	0	0	0	0	0	0
Tri oct	0	0	0	0	0	0	0	0	0	0	0	0	0	0	0	0	0	0	0
Tri tri	0	0	0	0	0	0	1	1	0	73	107	0	8	2	16	0	97	0	0
Tri lap	0	0	0	0	1	0	0	0	0	0	0	0	0	0	0	0	0	0	0
Ver arb	0	0	0	0	0	0	0	0	0	0	0	0	0	0	0	0	0	0	0
Wed cal	0	0	0	0	0	0	10	2	4	0	0	15	0	0	0	0	0	0	41
Xim ame	0	0	0	0	0	0	0	0	24	0	0	0	0	0	0	0	0	0	0
Zan car	0	0	0	0	2	0	9	0	0	0	0	0	0	5	4	0	0	0	0
Zan mon	0	0	2	0	3	0	7	15	0	15	22	0	9	43	8	0	9	0	0
Zan pun	0	0	0	0	0	0	0	0	0	0	0	0	0	0	0	0	0	0	0
Zan spi	0	0	0	0	0	0	0	0	7	0	0	0	0	0	0	0	7	0	0
Ziz mau	0	4	0	0	1	0	0	0	0	1	2	0	0	0	2	0	0	0	0

Espèces	PTB2	PTB3	PTB4	MDS1	MDS2	PTL	AM1	AM2	AM3	DAC	MB1	MB2	MB3	MC1	MC2	MC3	MC4	MC5	VO1
Aca far	0	0	0	0	0	0	0	0	0	0	0	0	0	0	0	0	0	0	0
Aca mur	0	29	208	0	0	0	0	0	0	0	0	0	0	0	0	0	0	0	0
Aca nil	0	0	0	0	0	0	1	39	0	4	0	0	0	0	0	0	0	0	0
Aca ret	0	0	0	0	0	0	0	0	0	0	0	14	10	0	0	0	0	0	13
Aca sp	0	0	0	35	0	0	0	0	0	0	6	0	0	0	0	10	123	0	0
Aca tam	0	0	0	0	9	1	0	3	34	0	0	0	0	21	0	0	0	0	0
Aca ten	0	0	0	0	0	0	0	0	0	0	0	0	0	0	0	0	0	0	0
Aca tet	0	0	0	0	0	0	0	0	28	0	0	0	0	0	0	0	0	0	0
Aca tor	0	0	0	0	0	0	0	0	0	0	0	0	0	0	0	0	0	0	0
Aeg mar	0	0	0	0	0	0	0	0	0	0	0	0	0	0	0	0	2	0	0
Ama vir	0	0	0	0	0	0	0	0	0	0	0	0	0	0	0	0	0	0	0
Amy ele	0	2	7	0	0	0	0	1	1	1	5	27	74	7	54	12	0	20	29
And ine	0	0	0	0	0	0	0	0	0	0	0	0	0	0	0	0	0	0	0
Ann mur	0	0	0	0	0	0	0	0	0	0	0	0	0	0	0	1	0	0	0
Ann squ	0	0	0	0	0	0	0	0	0	0	0	0	0	0	0	0	0	0	0
Arg pol	0	0	0	0	0	0	0	0	0	0	0	0	0	0	0	0	0	0	0
Avi ger	0	0	0	0	0	0	0	0	0	0	0	0	0	0	0	0	0	0	0
Bam mul	0	0	0	0	9	0	0	0	0	0	0	0	0	0	0	0	0	0	0
Bam vul	0	0	0	0	0	0	0	0	0	0	0	0	0	0	0	0	0	0	0
Ber cor	0	0	0	0	0	0	0	0	0	0	0	0	0	0	1	0	1	0	0
Bou suc	2	111	213	18	21	0	0	61	165	60	15	145	69	2	92	640	113	38	12
Bun gla	0	0	0	0	0	0	0	0	0	0	0	0	0	0	0	0	0	0	0
Bur sim	0	11	1	0	2	0	0	3	33	3	0	8	11	9	38	3	0	4	5
Byr spi	0	0	0	0	0	0	0	0	0	0	0	0	0	0	0	0	0	0	0
Cae bon	0	0	0	0	0	0	0	0	0	0	0	0	0	0	0	0	0	0	0
Cal sla	0	0	0	0	0	0	0	0	0	0	0	0	0	0	0	0	0	0	0
Cal ter	0	0	0	0	0	0	0	0	0	0	0	0	1	0	0	0	1	0	0
Can win	0	0	0	0	0	0	0	0	0	0	0	0	0	0	0	0	0	0	0
Cap bad	0	0	0	0	0	0	0	0	0	0	0	0	0	0	0	0	0	0	0
Cap coc	0	0	0	0	0	0	0	0	0	0	0	0	0	0	0	0	0	0	0

Cap cyn	0	0	0	0	0	0	0	14	7	0	0	0	0	1	2	0	12	0	1
Cap fle	0	10	4	7	14	2	3	31	29	14	0	0	4	0	0	3	30	0	0
Cap has	0	0	0	0	0	0	0	0	0	0	0	0	0	0	0	0	0	0	0
Cap ind	0	1	0	0	14	0	0	143	55	52	1	0	8	0	1	29	34	1	2
Cap ann var gla	0	0	0	0	0	0	0	0	0	0	0	0	0	0	0	0	0	0	0
Cap fru	0	0	0	0	0	0	0	0	0	0	0	0	0	0	0	0	0	0	0
Car pap	0	0	0	0	1	0	0	0	0	0	0	0	0	0	0	0	0	0	0
Cas dec	0	0	0	0	0	0	0	0	0	0	0	0	0	0	0	0	0	0	0
Cec sch	0	0	0	0	0	0	0	0	0	0	0	0	0	0	0	0	0	0	0
Ced odo	0	0	0	0	0	0	0	0	0	0	0	0	0	0	0	0	0	0	0
Cei pen	0	0	0	0	1	0	0	0	0	0	0	0	0	0	0	0	0	0	0
Cha nic	0	2	5	0	0	0	0	0	0	0	0	0	0	0	0	0	0	0	0
Cha sp	0	0	0	0	0	0	0	0	0	0	0	0	0	0	0	0	0	0	0
Chi alb	0	8	27	0	0	0	0	11	8	17	0	7	0	0	0	34	14	0	0
Chi com	0	0	0	0	0	0	0	0	0	0	0	0	0	0	0	1	0	0	16
Chr arg	0	0	0	0	0	0	0	0	0	0	0	0	0	0	0	0	0	0	0
Cis par	0	0	0	0	0	0	0	0	0	0	0	0	0	0	0	0	0	0	0
Cit spi	1	30	0	0	14	0	0	1	2	9	0	0	1	0	2	10	22	0	0
Coc pub	0	0	0	0	0	0	0	0	0	0	0	0	0	0	0	0	0	0	0
Coc swa	0	18	1	0	0	0	0	0	0	0	0	0	0	0	0	0	0	0	12
Coc uvi	0	0	0	0	0	0	0	0	0	0	0	0	0	0	0	0	0	0	0
Coc bar	0	0	0	0	0	0	0	0	0	0	0	0	0	0	0	0	0	0	0
Con ere	0	0	0	0	0	0	4	0	0	0	0	0	0	0	0	0	0	0	0
Con cal	0	0	0	0	0	0	0	0	0	0	0	0	0	0	0	0	0	0	0
Con ico	0	0	0	0	0	0	0	0	0	0	0	0	0	0	0	0	0	0	0
Con mon	0	0	0	0	0	0	0	0	0	0	0	0	0	0	0	0	0	0	0
Cor all	0	0	0	0	0	0	0	0	0	0	0	0	0	0	0	0	0	0	0
Cor col	0	0	0	0	2	0	0	0	0	0	0	0	0	0	0	0	0	0	0
Cor mar	0	2	0	0	20	0	0	1	0	0	0	0	0	0	0	0	0	0	0
Cor nes	0	0	0	0	0	0	0	0	0	0	0	0	0	0	0	0	0	0	0
Cor sul	0	0	0	0	0	0	0	0	0	0	0	0	0	0	0	0	0	0	0

Cor pyr	0	0	0	0	0	0	0	0	0	0	0	0	0	0	0	0	0	0	0
Cra tap	0	0	0	0	0	0	0	0	0	0	0	0	0	0	0	0	0	0	0
Cres cuj	0	0	0	0	0	0	0	0	0	0	0	0	0	0	0	0	0	0	0
Cro rha	0	0	0	0	0	0	0	0	0	0	1	3	0	0	2	0	0	3	0
Cro ret	0	0	0	0	0	0	0	0	0	0	0	0	0	0	0	0	0	0	0
Cro sp	0	0	0	0	0	0	0	0	0	0	0	0	0	0	0	0	0	0	0
Cro bix	0	70	53	10	31	0	0	0	0	0	4	1	1	7	0	0	40	1	0
Cro cor	0	0	0	0	0	0	0	0	0	0	0	0	0	0	0	0	0	0	0
Cro fla	0	0	0	0	2	0	0	0	1	0	0	0	60	0	15	8	0	0	0
Cro hir	0	0	0	0	0	0	0	0	0	0	0	0	0	0	0	0	0	0	0
Cro hir	0	0	0	0	0	0	0	0	0	0	0	0	0	0	0	0	0	0	0
Dap ame	0	2	0	0	0	0	0	0	0	0	0	0	0	0	2	0	0	0	0
Delonix reg	0	0	0	0	0	3	0	0	0	0	0	0	0	0	0	0	0	0	0
Dic cin	80	293	1	154	111	3	0	0	0	0	0	0	0	0	0	0	0	0	0
Eri fru	59	48	199	0	0	0	0	0	0	1	6	0	2	0	0	0	0	0	0
Ery hav	2	136	0	2	2	0	0	3	3	5	0	0	0	2	9	0	49	0	0
Esp 1	0	0	0	0	0	0	0	0	0	0	0	0	1	0	0	0	0	0	0
Esp 1 à éco noi	0	0	0	0	0	0	0	0	0	0	0	0	0	0	0	0	0	0	0
Esp 1"	0	0	0	0	0	0	0	0	0	0	0	0	0	0	0	0	0	0	0
Esp 1 (den)	0	0	0	0	0	0	0	0	0	0	0	0	0	0	0	0	0	0	0
Eug axi	0	0	0	0	0	0	0	0	0	0	189	309	1	0	0	22	0	4	3
Eug con	0	0	0	0	0	0	0	0	0	0	0	0	0	0	0	0	0	0	0
Eug cor	0	10	1	0	0	0	0	0	0	0	0	0	0	0	0	0	3	0	1
Eug lig	0	2	1	0	0	0	0	0	0	0	0	0	0	0	0	0	0	0	0
Eug mon	0	7	2	0	0	0	0	0	0	0	0	0	0	0	0	0	0	0	0
Eug pse	0	0	0	0	0	0	0	0	0	0	0	0	0	0	0	0	0	0	0
Eug tap	0	0	0	0	0	0	0	0	0	0	0	0	0	0	0	0	0	0	0
Far occ	0	0	0	0	0	0	0	0	0	0	0	0	0	0	0	0	0	0	0
Fic cit	0	0	0	0	0	0	0	0	0	0	0	1	12	0	3	0	0	4	0
Fic sp	1	0	0	0	0	0	0	0	0	0	0	0	0	0	0	0	0	0	0
For rha	0	0	0	0	0	0	0	0	0	0	4	0	65	0	12	3	0	0	0

Gli sep	0	2	0	0	0	13	0	0	2	0	0	0	0	0	0	0	0	0	0
Gme arb	0	0	0	0	0	0	0	0	0	0	0	0	0	0	0	1	0	0	0
Gon spi	0	0	0	0	0	0	0	0	0	0	0	0	0	0	0	0	0	0	0
Gou lap	0	0	0	0	0	0	0	0	0	0	0	0	0	0	0	0	0	0	0
Gua ulm	0	0	0	0	0	0	0	0	0	0	0	0	0	0	0	0	0	0	0
Gue odo	0	0	0	0	0	0	0	0	0	0	0	0	0	0	0	0	0	0	0
Gue sca	0	0	3	0	0	0	0	0	0	0	0	0	0	0	0	0	0	0	0
Gym lat??	0	0	0	0	0	0	0	0	0	14	600	304	1	0	0	102	0	70	0
Hae cam	2	61	1	6	2	0	4	13	20	11	0	0	0	0	0	10	22	0	0
Het pur	0	0	0	0	0	0	0	0	0	0	0	0	0	0	0	1	0	0	0
Hib ros	0	0	0	0	0	3	0	0	0	0	0	0	0	0	0	0	0	0	0
Hip man	19	16	0	0	0	0	1	16	0	0	0	0	0	0	0	0	0	0	0
Hym cou	0	0	0	0	0	0	0	0	0	0	0	0	0	0	0	0	0	0	0
Ing lau	0	0	0	0	0	0	0	0	0	0	0	0	0	0	0	0	0	0	0
Jac arm	0	0	0	0	0	0	0	0	0	0	0	0	0	0	0	0	0	0	1
Jus sec	0	0	0	0	0	0	0	0	0	0	0	0	0	0	0	0	0	0	0
Kru fer	0	0	0	0	0	0	0	0	4	0	0	39	52	13	10	2	1	1	55
Lae tha	0	0	0	0	0	0	0	0	0	0	0	0	0	1	0	0	0	0	0
Lag rac	0	0	0	0	0	0	0	0	0	0	0	0	0	0	0	0	0	0	0
Leo nep	0	0	0	0	0	0	0	0	0	0	0	0	0	0	0	0	0	0	0
Leu leu	16	4	0	27	164	25	0	0	0	21	14	0	0	0	0	8	1	0	0
Lon hep	0	0	0	0	0	0	0	0	0	0	0	0	0	0	0	0	0	0	0
Lon pun	0	0	0	0	0	0	0	0	0	0	1	15	64	5	14	50	11	3	0
Lon ros	0	0	0	0	0	0	0	0	0	0	0	0	0	0	0	0	0	0	0
Lon ser	0	0	0	0	0	0	0	0	0	0	0	0	0	0	0	0	0	0	0
Mac ung-cat	0	0	0	0	0	0	0	0	0	0	0	0	0	0	0	0	0	0	0
Mal ema	0	0	0	0	0	0	0	0	0	0	0	0	0	0	0	0	0	0	0
Mal gla??	0	0	0	0	0	0	0	0	0	0	0	0	0	0	0	0	0	0	0
Mal mar	0	0	0	0	0	0	0	0	0	0	0	0	0	0	0	0	0	0	0
Man ind	0	1	0	0	0	0	0	0	0	0	0	0	0	0	0	0	0	0	0
May lae	0	5	2	0	0	0	0	0	0	0	0	0	0	4	0	0	0	0	0

Mel aze	0	0	0	0	0	0	0	0	0	0	0	0	0	0	0	0	0	0	0
Mel bij	0	0	0	0	0	6	0	0	0	0	0	0	0	0	0	0	0	0	0
Mim cer	0	0	0	0	0	0	0	0	0	0	0	0	0	0	0	0	0	0	0
Mim mal	0	0	0	0	0	0	0	0	0	0	0	0	0	0	0	0	0	0	0
Mim pig	0	0	0	0	0	0	0	0	0	0	0	0	0	0	0	0	0	0	0
Mim pud	0	0	0	0	0	0	0	0	0	0	0	0	0	0	0	0	0	0	0
Mor cit	0	0	0	0	0	0	0	0	0	0	0	0	0	0	0	0	0	0	0
Mor ame	0	0	0	0	0	0	0	0	0	0	0	0	0	0	0	0	0	0	0
Mur exo	0	0	0	0	0	0	0	0	0	0	0	0	0	0	0	0	0	0	0
Myr cit	0	35	503	0	0	0	0	0	0	0	0	0	0	0	0	0	0	0	0
Myr fal	0	0	0	0	0	0	0	0	0	0	0	0	0	0	0	0	0	0	0
Myr spl	0	0	0	0	0	0	0	0	0	0	0	0	0	0	0	0	0	0	0
Myr flo	0	0	0	0	0	0	0	0	0	0	0	0	0	0	0	0	0	0	0
Myr fru	0	0	0	0	0	0	0	0	0	0	0	0	0	0	0	0	0	0	0
Oco cer	0	0	0	0	0	0	0	0	0	0	0	0	0	0	0	0	0	0	0
Oco cor	0	0	0	0	0	0	0	0	0	0	0	0	0	1	0	0	0	0	0
Odo nit	0	0	0	0	0	0	0	0	0	0	0	0	0	0	0	0	0	0	0
Our gui	0	0	0	0	0	0	0	0	0	0	0	0	0	0	0	0	0	0	0
Oxa fru	0	0	0	0	0	0	0	0	0	0	0	0	0	0	0	0	0	0	0
Pas lau	0	1	0	0	0	0	0	0	0	0	0	0	0	0	0	0	0	0	0
Pas sub	0	0	0	0	0	0	0	0	0	0	0	0	0	0	0	0	0	0	0
Pau cur	0	0	0	0	0	0	0	0	0	0	0	0	0	0	0	3	3	0	0
Pav spi	0	0	0	0	0	0	0	0	0	0	0	0	0	0	0	0	0	0	0
Ped tit	0	0	0	0	0	0	0	0	0	0	0	0	0	0	0	0	0	0	0
Pet koh	0	0	0	0	0	0	0	0	0	0	0	0	0	0	0	0	0	0	0
Pil roy	0	0	0	0	0	0	0	0	3	0	0	0	20	0	0	0	0	0	0
Pim rac	0	14	0	0	0	0	0	0	0	0	0	0	0	0	0	0	0	0	0
Pip adu	0	0	0	0	0	0	0	0	0	0	0	0	0	0	0	0	0	0	0
Pip ama	0	0	0	0	0	0	0	0	0	0	0	0	0	0	0	0	0	0	0
Pip dil	0	0	0	0	0	0	0	0	0	0	0	0	0	0	0	0	0	0	0
Pis acu	0	0	0	0	1	0	0	2	0	0	0	5	1	3	12	12	4	0	0

Pis fra	0	67	4	0	3	0	4	202	413	4	0	103	14	11	41	28	295	8	4
Pis sub	0	20	129	0	0	0	0	0	0	0	0	0	0	0	0	0	0	0	0
Pit ung-cat	0	0	0	0	0	0	0	4	15	30	0	0	10	0	28	14	1	1	1
Plu alb	0	0	2	0	0	0	0	0	0	0	0	0	0	0	0	0	0	0	0
Psi gua	0	0	0	0	0	0	0	0	0	0	0	0	0	0	0	0	0	0	0
Psy mic	0	0	0	0	0	0	0	0	0	4	0	0	0	0	0	0	0	0	0
Psy ner	0	0	0	0	0	0	0	0	0	0	0	0	0	0	0	0	0	0	0
Ran acu	0	121	14	0	0	0	10	65	349	0	0	1	0	0	0	1	0	0	0
Ran arm	0	0	0	0	0	0	0	0	0	0	0	0	0	0	0	0	0	0	0
Ran nit	0	0	0	0	0	0	0	0	0	0	0	0	0	0	0	0	0	0	0
Rau vir	0	4	0	0	3	0	0	0	3	1	0	7	4	0	7	9	7	2	0
Riv hum	0	0	0	0	0	0	0	0	0	0	0	0	0	0	0	0	0	0	0
Roc spi	0	0	0	0	0	0	0	0	0	0	0	0	0	3	0	0	0	0	0
Roy reg	1	1	0	0	0	0	0	0	0	0	0	0	0	0	0	0	0	0	0
Sam sam	0	0	0	0	0	0	0	0	0	0	0	0	0	0	0	0	0	0	0
Sch fru	0	0	0	0	0	0	0	2	7	4	0	0	3	19	124	31	3	13	26
Sch sch	0	0	0	0	2	0	2	21	3	1	4	2	8	0	0	5	0	9	0
Sec div	0	0	0	0	0	0	0	0	0	0	0	0	0	0	0	0	0	0	0
Sen ala	0	0	0	0	0	0	0	0	0	0	0	0	0	0	0	0	0	0	0
Sen bic	0	0	0	0	0	0	0	0	0	0	0	0	0	0	0	0	0	0	0
Sen obt	0	0	0	0	0	0	0	0	0	0	0	0	0	0	0	0	0	0	0
Sen sp.	0	0	0	0	5	0	0	0	0	0	0	0	0	0	0	0	0	0	0
Sid acu?	0	0	0	0	0	0	0	0	0	0	0	0	0	0	0	0	0	0	0
Sid foe	0	0	0	0	0	0	0	0	0	0	0	0	0	0	0	0	0	0	0
Sid obo	0	0	0	0	0	0	0	2	0	0	2	3	2	2	14	5	5	0	1
Sim ama	0	0	0	0	0	0	0	0	0	0	0	0	0	0	0	0	0	0	0
Sol rac	0	0	0	2	1	0	0	0	0	0	0	0	0	0	0	0	0	0	0
Sol tor	0	0	0	0	0	0	0	0	0	0	0	0	0	0	0	0	0	0	0
Sol tri	0	0	0	0	0	0	0	0	0	0	0	0	0	0	0	0	0	0	0
Spa cam	0	0	0	0	0	0	0	0	0	0	0	0	0	0	0	0	0	0	0
Spo mom	0	0	0	0	0	0	0	0	0	0	0	0	0	0	0	0	0	0	0

STA1	0	0	0	0	0	0	0	0	0	0	0	0	0	0	0	0	0	0	0
Swi aub	27	195	1	0	0	0	2	19	2	54	92	0	0	0	0	0	34	0	0
Swi mac	0	6	0	0	0	0	0	0	0	0	0	0	0	0	0	0	0	0	0
Swi mah	0	0	0	0	0	0	0	0	0	0	0	0	0	0	0	0	0	0	0
Tab het	36	49	2	0	1	0	0	5	0	11	7	8	2	4	6	11	4	13	1
Tab cit	0	0	0	0	0	0	0	0	0	0	0	0	0	0	2	0	32	0	0
Tam ind	0	0	0	0	0	0	0	0	0	6	0	0	0	0	0	0	0	0	0
Ter cat	6	4	0	0	0	0	0	0	0	0	0	0	0	0	0	0	0	0	0
The pop	46	0	0	0	0	0	6	0	0	0	0	0	0	0	0	0	0	0	0
Tri oct	0	0	0	0	0	0	0	0	0	0	2	0	0	0	0	0	0	0	0
Tri tri	0	0	0	0	0	0	0	0	0	0	0	0	0	0	0	0	0	0	0
Tri lap	0	0	0	0	0	0	0	0	0	0	0	0	0	0	0	0	0	0	0
Ver arb	0	0	0	0	0	0	0	0	0	0	0	0	0	0	0	0	0	0	0
Wed cal	0	14	6	0	27	0	0	0	0	0	0	0	0	0	0	0	0	0	0
Xim ame	0	0	0	0	0	0	0	0	0	0	0	0	0	0	0	0	0	0	0
Zan car	0	0	0	0	0	0	0	0	0	0	0	0	0	0	0	0	0	0	0
Zan mon	0	0	0	0	0	0	0	2	10	0	0	0	0	2	0	12	1	0	0
Zan pun	0	0	0	0	0	0	0	0	0	0	0	0	0	0	0	0	0	0	4
Zan spi	0	0	0	0	0	0	0	4	18	1	0	5	18	0	0	5	1	1	0
Ziz mau	0	0	0	0	0	0	0	0	0	0	0	0	0	0	0	0	0	0	0

Espèces	VO2	VO3	VO4	TR1	TR2	AC3	FL1	FL2	FROU1	FROU2	FROU3	FROU4	RT1	VMC1	VMC2	VMC3
Aca far	0	0	0	0	28	0	0	0	0	0	0	0	0	0	0	0
Aca mur	0	0	0	0	0	0	0	0	0	0	0	0	0	0	0	0
Aca nil	0	0	0	0	0	0	0	0	0	0	0	0	0	0	0	0
Aca ret	0	0	3	0	0	0	0	0	2	0	0	0	0	10	11	22
Aca sp	0	0	0	0	0	0	0	0	0	0	0	0	5	0	0	0
Aca tam	0	0	0	0	0	0	0	0	0	0	0	0	0	0	0	0
Aca ten	0	0	0	0	0	0	0	0	0	0	0	0	0	18	25	17
Aca tet	0	0	0	0	0	0	0	0	0	0	0	0	0	0	0	0
Aca tor	0	0	0	0	0	0	0	0	0	0	0	0	0	0	0	0
Aeg mar	0	0	0	0	0	0	0	0	0	1	0	0	0	11	0	0
Ama vir	0	0	0	0	0	0	0	0	0	0	0	0	0	0	0	0
Amy ele	31	93	104	0	0	0	0	0	0	0	0	0	0	0	0	0
And ine	0	0	0	0	0	0	0	0	0	0	0	0	2	0	0	0
Ann mur	0	0	0	0	0	0	0	0	0	0	0	0	0	0	0	0
Ann squ	0	0	0	0	0	0	0	0	0	0	0	0	0	0	0	0
Arg pol	0	0	0	0	0	0	0	0	0	0	0	0	0	29	2	1
Avi ger	0	0	0	0	0	0	0	0	0	0	0	0	0	0	0	0
Bam mul	0	0	0	0	3	0	0	0	0	0	0	0	0	0	0	0
Bam vul	0	0	0	0	0	0	0	0	0	0	0	0	0	0	0	0
Ber cor	0	0	0	0	0	0	0	0	0	0	0	0	0	0	0	0
Bou suc	25	29	100	0	26	0	0	0	0	16	6	83	2	7	31	21
Bun gla	0	0	0	0	0	0	0	0	0	0	0	0	0	57	5	0
Bur sim	10	5	5	0	0	0	0	0	16	8	2	51	0	9	4	22
Byr spi	0	0	0	0	0	0	0	0	0	0	0	0	0	0	0	0
Cae bon	0	0	0	0	0	0	0	0	0	0	0	0	0	0	0	0
Cal sla	0	0	0	0	0	0	0	0	0	0	0	0	0	0	0	0
Cal ter	0	0	0	0	0	0	0	0	112	123	0	0	0	0	0	0
Can win	0	0	0	0	0	0	0	0	0	0	0	0	0	0	0	0
Cap bad	0	0	0	0	0	0	0	3	1	0	0	0	0	31	62	7
Cap coc	0	0	0	0	0	0	0	0	0	0	0	0	0	0	0	0

Cap cyn	0	0	1	0	0	0	0	0	0	0	0	0	0	0	0	0
Cap fle	0	0	0	0	7	0	0	0	1	3	1	0	0	0	1	18
Cap has	0	0	0	0	0	0	0	0	0	0	0	0	0	0	0	0
Cap ind	0	2	0	0	3	0	0	0	3	1	0	0	0	22	36	28
Cap ann var gla	0	0	0	0	0	0	0	0	0	0	0	0	0	0	0	0
Cap fru	0	0	0	0	0	0	0	0	0	0	0	0	0	0	0	0
Car pap	0	0	0	0	0	0	0	0	0	0	0	0	0	0	0	1
Cas dec	0	0	0	0	0	0	0	0	0	1	0	0	0	7	1	8
Cec sch	0	0	0	0	0	0	0	0	0	0	0	0	0	0	2	3
Ced odo	0	0	0	0	0	0	0	0	0	0	0	0	0	0	0	0
Cei pen	0	0	0	0	0	0	0	0	0	0	0	0	0	0	2	0
Cha nic	0	0	0	0	0	0	0	0	0	0	0	0	0	0	0	0
Cha sp	0	0	0	0	0	0	0	0	0	0	0	0	0	0	0	0
Chi alb	0	1	0	0	0	0	0	0	0	0	0	0	0	0	0	0
Chi com	0	1	0	0	0	0	0	0	2	5	22	2	0	0	0	0
Chr arg	0	0	0	0	0	0	0	0	0	0	0	3	0	0	10	0
Cis par	0	0	0	0	0	0	0	0	0	0	0	0	0	0	5	0
Cit spi	0	0	0	0	4	0	2	2	4	0	0	0	0	14	19	27
Coc pub	0	0	0	0	0	0	0	0	0	0	0	0	0	0	0	0
Coc swa	30	20	45	0	0	0	0	0	25	0	18	38	1	0	0	0
Coc uvi	0	0	0	0	0	0	0	0	0	0	0	0	0	0	0	0
Coc bar	0	0	0	0	0	0	0	0	0	0	0	0	0	0	0	0
Con ere	0	0	0	0	0	0	0	0	0	0	0	0	0	0	0	0
Con cal	0	0	0	0	0	0	0	0	0	0	0	35	0	0	1	3
Con ico	0	0	0	0	0	0	0	0	0	0	0	0	12	0	0	0
Con mon	0	0	0	0	0	0	0	0	0	0	0	0	0	0	0	0
Cor all	0	0	0	0	0	0	0	0	0	0	0	0	0	0	0	0
Cor col	0	0	0	0	0	0	0	0	0	0	0	0	0	0	0	0
Cor mar	0	0	0	0	10	0	0	0	0	0	0	0	0	0	4	2
Cor nes	0	0	0	0	0	0	0	0	0	0	0	0	0	0	0	0

Cor sul	0	0	0	0	0	0	0	0	5	0	0	0	1	0	6	0
Cor pyr	0	0	0	0	0	0	0	0	0	3	0	19	0	0	0	0
Cra tap	0	0	0	0	0	0	0	0	0	0	0	0	0	0	0	0
Cres cuj	0	0	0	0	0	0	0	0	0	0	0	0	0	0	0	0
Cro rha	0	0	0	0	0	0	0	0	0	0	0	0	0	0	0	0
Cro ret	0	0	0	0	0	0	0	0	0	0	0	0	0	0	0	0
Cro sp	0	0	0	0	0	0	0	0	0	0	0	0	0	0	0	0
Cro bix	0	0	0	0	0	0	0	0	6	16	0	0	35	9	16	28
Cro cor	0	0	0	0	0	0	0	0	0	0	0	52	0	0	116	0
Cro fla	173	6	10	0	0	0	0	0	0	0	0	0	0	0	0	0
Cro hir	0	0	0	0	0	0	0	0	0	0	0	0	0	0	0	0
Cro hir	0	0	0	0	0	0	0	0	0	0	0	0	0	0	0	0
Dap ame	0	0	0	0	0	0	0	0	2	4	0	5	4	0	0	0
Delonix reg	0	0	0	0	0	2	0	0	0	0	0	0	0	0	0	0
Dic cin	0	0	0	0	0	0	0	0	0	0	0	0	0	0	0	1
Eri fru	1	0	0	0	0	0	0	0	0	0	0	0	0	0	0	0
Ery hav	0	0	0	0	2	0	0	0	21	4	5	0	1	27	36	57
Esp 1	0	0	0	0	0	0	0	0	0	0	0	0	0	0	0	0
Esp 1 à éco noi	0	0	0	0	0	0	0	0	0	0	0	0	0	0	0	0
Esp 1''	0	0	0	0	0	0	0	0	0	0	0	0	2	0	0	0
Esp 1 (den)	0	0	0	0	0	0	0	0	0	0	0	0	0	0	0	0
Eug axi	0	2	0	0	0	0	0	0	0	0	0	0	0	0	0	0
Eug con	0	0	0	0	0	0	0	0	0	0	0	0	0	0	0	0
Eug cor	0	0	0	0	0	0	0	0	3	3	0	0	0	0	0	0
Eug lig	0	0	0	0	0	0	0	0	1	0	0	2	0	0	0	0
Eug mon	0	0	0	0	0	0	0	0	61	162	64	92	86	0	0	0
Eug pse	0	0	0	0	0	0	0	0	0	0	0	24	0	0	0	0
Eug tap	0	0	0	0	0	0	0	0	0	0	0	9	0	0	0	0
Far occ	0	0	0	0	0	0	0	0	0	0	0	1	0	0	0	0
Fic cit	1	3	0	0	0	0	0	0	0	0	0	0	1	0	0	0
Fic sp	0	0	0	0	0	0	0	0	0	0	0	0	0	0	0	0

For rha	0	0	0	0	0	0	0	0	0	0	0	0	0	0	0	0
Gli sep	0	0	0	0	0	0	0	0	0	0	0	0	0	0	0	0
Gme arb	0	0	0	0	0	0	0	0	0	0	0	0	0	0	0	0
Gon spi	0	0	0	0	0	0	0	0	0	0	0	0	0	0	0	0
Gou lap	0	0	0	0	0	0	0	0	1	0	0	0	0	0	0	0
Gua ulm	0	0	0	0	0	0	0	0	0	0	0	0	0	0	2	0
Gue odo	0	0	0	0	0	0	0	0	15	0	25	0	0	0	0	0
Gue sca	0	0	0	0	0	0	0	0	0	0	0	62	0	0	0	0
Gym lat??	0	5	0	0	0	0	0	0	0	0	0	0	0	0	0	0
Hae cam	8	1	0	0	21	0	0	0	17	0	17	0	148	0	0	0
Het pur	0	0	0	0	0	0	0	0	0	0	0	0	0	0	0	0
Hib ros	0	0	0	0	0	0	0	0	0	0	0	0	0	0	0	0
Hip man	0	0	0	0	0	0	0	0	0	0	0	0	0	0	0	0
Hym cou	0	0	0	0	0	0	0	0	0	4	0	0	0	0	0	0
Ing lau	0	0	0	0	0	0	0	0	2	0	0	1	0	0	2	0
Jac arm	9	16	7	0	0	0	0	0	0	0	0	0	0	0	0	0
Jus sec	0	0	0	0	0	0	0	0	0	0	0	0	0	0	0	0
Kru fer	86	100	19	0	0	0	0	0	0	0	0	0	0	0	0	0
Lae tha	0	0	0	0	0	0	0	0	0	0	0	0	0	0	0	1
Lag rac	0	0	0	0	0	0	0	0	0	0	0	0	0	0	0	0
Leo nep	0	0	0	0	0	0	0	0	0	0	0	0	0	0	0	0
Leu leu	0	0	0	0	0	0	0	0	0	0	0	0	0	0	0	0
Lon hep	0	0	0	0	0	0	0	0	0	0	0	0	0	0	0	0
Lon pun	2	0	2	0	0	0	0	0	0	0	0	5	0	1	12	18
Lon ros	0	0	0	0	0	0	0	0	0	0	0	0	0	0	0	0
Lon ser	0	0	0	0	0	0	0	0	0	0	0	0	0	0	0	0
Mac ung-cat	0	0	0	0	0	0	0	0	0	0	0	0	0	0	2	0
Mal ema	0	0	0	0	0	0	0	0	0	0	0	0	0	0	0	0
Mal gla??	0	0	0	0	2	0	0	0	0	0	0	0	0	0	0	0
Mal mar	0	0	0	0	0	0	0	0	0	0	0	0	0	0	0	0
Man ind	0	0	0	0	0	0	0	0	0	0	0	0	0	0	0	0

May lae	0	0	0	0	0	0	0	1	0	0	0	2	0	0	0	0
Mel aze	0	0	0	0	0	0	0	0	0	0	0	0	0	0	0	0
Mel bij	0	0	0	0	0	0	0	0	0	0	0	0	0	0	0	0
Mim cer	0	0	0	0	0	0	0	0	0	0	0	0	0	0	0	0
Mim mal	0	0	0	50	158	0	0	0	0	0	0	0	0	0	0	0
Mim pig	0	0	0	1	0	0	0	0	0	0	0	0	0	0	0	0
Mim pud	0	0	0	0	0	0	0	0	0	0	0	0	0	0	0	0
Mor cit	0	0	0	0	0	0	0	0	0	0	0	0	0	0	1	0
Mor ame	0	0	0	0	0	0	0	0	0	0	0	0	0	9	176	0
Mur exo	0	0	0	0	0	0	0	0	0	0	0	0	0	0	0	0
Myr cit	0	0	0	0	0	0	0	0	45	23	7	168	0	0	0	0
Myr fal	0	0	0	0	0	0	0	0	0	0	0	9	0	0	0	0
Myr spl	0	0	0	0	0	0	0	0	1	0	0	3	18	0	0	0
Myr flo	0	0	0	0	0	0	0	0	0	0	0	1	0	0	0	0
Myr fru	0	0	0	0	0	0	0	0	0	0	0	0	0	0	0	0
Oco cer	0	0	0	0	0	0	0	0	0	0	0	0	0	0	0	0
Oco cor	0	0	0	0	0	0	0	0	0	0	0	6	0	5	56	1
Odo nit	0	0	0	0	0	0	0	0	0	0	0	0	0	0	158	0
Our gui	0	0	0	0	0	0	0	0	0	0	0	0	0	0	0	0
Oxa fru	0	0	0	0	0	0	0	0	0	0	0	0	0	0	0	0
Pas lau	0	0	0	0	0	0	0	0	0	0	0	0	0	0	0	0
Pas sub	0	0	0	0	0	0	0	0	0	0	0	0	0	0	0	0
Pau cur	0	0	0	0	0	0	0	0	0	0	0	0	0	0	8	1
Pav spi	0	0	0	0	0	0	0	0	0	0	0	0	0	1	0	29
Ped tit	0	0	0	0	0	0	0	0	0	0	0	0	0	0	0	0
Pet koh	0	0	0	0	0	0	0	0	3	0	0	0	0	0	0	0
Pil roy	0	0	0	0	0	0	0	0	0	0	0	0	0	0	0	0
Pim rac	0	0	0	0	0	0	0	1	121	70	24	40	43	0	0	0
Pip adu	0	0	0	0	0	0	0	0	0	0	0	0	0	0	0	0
Pip ama	0	0	0	0	0	0	0	0	0	0	0	0	0	0	0	0
Pip dil	0	0	0	0	0	0	0	0	0	0	0	0	0	0	0	0

Pis acu	0	0	0	0	0	0	0	0	0	0	0	0	0	17	9	12
Pis fra	2	2	2	0	25	0	0	0	17	54	5	16	0	131	271	41
Pis sub	0	0	0	0	0	0	0	0	0	0	0	10	0	0	0	0
Pit ung-cat	0	0	0	0	0	0	0	0	0	0	0	0	0	0	3	0
Plu alb	1	1	3	0	0	0	0	0	0	0	0	0	0	0	0	0
Psi gua	0	0	0	0	0	0	0	0	0	0	0	0	6	0	0	0
Psy mic	0	0	0	0	0	0	0	0	1	0	0	0	0	29	0	0
Psy ner	0	0	0	0	0	0	0	0	2	1	1	0	0	0	0	0
Ran acu	0	0	0	0	1	0	0	0	10	0	0	0	0	0	0	1
Ran arm	0	0	0	0	0	0	0	0	0	0	0	0	0	0	0	0
Ran nit	0	0	0	0	0	0	0	0	0	0	0	0	0	0	0	0
Rau vir	0	0	0	0	4	0	0	0	0	0	0	0	0	0	2	0
Riv hum	0	0	0	0	0	0	0	0	0	0	0	0	0	0	0	0
Roc spi	0	8	2	0	0	0	0	0	0	0	0	0	0	0	0	0
Roy reg	0	0	0	0	0	0	0	0	0	0	0	0	0	0	0	0
Sam sam	0	0	0	0	0	2	0	0	0	0	0	0	0	0	0	0
Sch fru	7	9	2	0	0	0	0	0	0	0	0	0	0	3	1	1
Sch sch	7	5	2	0	0	0	0	0	0	0	0	0	0	0	0	0
Sec div	0	0	0	0	0	0	0	0	0	0	0	0	0	0	0	0
Sen ala	0	0	0	0	0	0	0	0	0	0	0	0	0	0	0	0
Sen bic	0	0	0	0	0	0	0	0	0	0	0	0	0	0	0	0
Sen obt	0	0	0	0	0	0	0	0	0	0	0	0	0	0	0	0
Sen sp.	0	0	0	0	1	0	0	0	0	0	0	0	0	0	0	0
Sid acu?	0	0	0	0	0	0	0	0	0	0	0	0	0	0	0	18
Sid foe	0	0	0	0	0	0	0	0	0	0	0	0	0	0	0	0
Sid obo	33	7	0	0	0	0	0	0	0	0	0	0	0	0	0	0
Sim ama	0	0	0	0	0	0	0	0	0	0	0	0	0	0	0	1
Sol rac	0	0	0	0	0	0	0	0	0	0	0	0	0	0	0	0
Sol tor	0	0	0	0	0	0	0	0	0	0	0	0	0	0	0	3
Sol tri	0	0	0	0	0	0	0	0	0	0	0	0	0	0	0	0
Spa cam	0	0	0	0	0	0	0	0	0	0	0	0	11	0	0	0

Spo mom	0	0	0	0	0	0	0	0	0	0	0	0	0	0	0	0
STA1	0	0	4	0	0	0	0	0	0	0	0	0	0	0	0	0
Swi aub	0	0	0	0	0	0	0	0	0	0	0	0	0	0	0	0
Swi mac	0	0	0	0	0	0	0	0	0	0	0	0	0	0	0	0
Swi mah	0	0	0	0	0	0	0	0	2	0	0	0	0	0	0	0
Tab het	15	0	4	0	8	0	0	0	16	2	0	0	0	0	0	0
Tab cit	0	0	0	0	0	0	0	0	0	0	0	0	0	2	11	6
Tam ind	0	0	0	0	0	0	0	0	0	0	0	0	0	0	0	1
Ter cat	0	0	0	0	0	0	0	0	0	0	0	0	0	0	0	0
The pop	0	0	0	0	0	0	0	0	0	0	0	0	0	0	0	0
Tri oct	6	0	0	0	0	0	0	0	0	0	0	0	0	1	0	0
Tri tri	0	0	0	0	0	0	0	0	0	0	0	0	0	0	0	0
Tri lap	0	0	0	0	0	0	0	0	0	0	0	0	0	0	0	0
Ver arb	0	0	0	0	0	0	0	0	0	0	0	0	0	0	0	0
Wed cal	0	0	0	0	0	0	0	0	0	0	0	0	0	0	0	0
Xim ame	0	0	3	0	0	0	0	0	0	0	0	0	0	0	0	0
Zan car	0	0	0	0	0	0	0	0	1	0	0	8	2	0	0	0
Zan mon	0	0	0	0	0	0	1	0	0	0	0	0	5	2	5	10
Zan pun	61	11	35	0	0	0	0	0	0	0	0	0	0	0	0	0
Zan spi	0	0	0	0	0	0	0	0	0	0	0	0	0	0	0	0
Ziz mau	0	0	0	0	0	0	0	0	0	0	0	0	0	0	0	0

Espèces	VMC4	VMC5	VMC6	MJ1	MJ2	MJ3	MJ4	MJ5	MJ6	MJ7	MJ8	MJ9
Aca far	0	0	0	0	0	0	0	0	0	0	0	0
Aca mur	0	0	0	0	0	0	0	0	0	0	0	0
Aca nil	0	0	0	0	0	0	0	0	0	0	0	0
Aca ret	0	0	1	0	0	0	0	0	0	0	0	0
Aca sp	0	0	0	19	0	0	3	16	1	28	17	8
Aca tam	0	0	0	0	0	0	0	0	0	0	0	0
Aca ten	0	1	3	0	0	0	0	0	0	0	0	0
Aca tet	0	0	0	0	0	0	0	0	0	0	0	0
Aca tor	0	0	0	6	0	0	0	21	0	147	124	9
Aeg mar	12	0	4	0	0	0	0	0	0	0	0	0
Ama vir	0	0	0	0	0	0	0	0	0	0	0	0
Amy ele	0	0	0	0	0	0	0	0	0	0	0	0
And ine	0	0	0	0	0	0	0	0	0	0	0	0
Ann mur	4	0	0	0	0	0	0	0	0	0	0	0
Ann squ	0	0	0	0	0	0	0	0	0	0	1	0
Arg pol	0	7	0	0	0	0	0	0	0	0	0	0
Avi ger	0	0	0	0	0	0	0	0	0	0	0	0
Bam mul	0	0	0	0	0	0	0	0	0	0	0	0
Bam vul	0	0	0	0	0	0	0	0	0	0	0	0
Ber cor	0	0	0	0	0	0	0	3	0	0	0	0
Bou suc	14	0	7	44	0	0	0	5	4	50	19	24
Bun gla	0	7	13	0	0	0	0	0	0	4	0	0
Bur sim	19	5	22	1	1	0	0	0	0	12	4	0
Byr spi	0	0	0	0	0	0	0	0	0	0	0	0
Cae bon	2	0	0	0	0	0	0	0	0	0	0	0
Cal sla	0	0	0	0	0	0	0	0	0	0	0	0
Cal ter	0	0	0	0	0	0	0	0	0	0	0	0
Can win	0	0	0	0	0	0	0	0	0	0	0	0
Cap bad	0	89	49	0	0	0	0	0	0	0	0	0
Cap coc	0	0	0	0	0	0	0	0	0	0	0	0

Cap cyn	0	0	0	0	0	0	0	0	0	0	0	0
Cap fle	51	0	21	1	12	1	0	17	0	25	4	6
Cap has	0	0	4	0	0	0	0	0	0	0	0	0
Cap ind	22	5	29	51	0	1	5	10	1	108	72	22
Cap ann var gla	0	0	0	0	0	0	0	0	0	2	2	0
Cap fru	0	0	0	0	0	0	0	0	0	0	0	0
Car pap	0	0	0	0	0	0	0	0	0	0	0	0
Cas dec	9	0	6	0	0	0	0	0	0	0	0	0
Cec sch	0	4	0	0	0	0	0	0	0	0	0	0
Ced odo	0	0	0	0	0	0	0	0	0	0	0	0
Cei pen	0	4	0	0	0	0	0	0	0	0	0	0
Cha nic	0	0	0	0	0	0	0	0	0	0	0	0
Cha sp	0	0	0	0	0	0	0	0	0	0	0	0
Chi alb	0	3	0	0	0	0	0	0	0	13	24	9
Chi com	0	0	0	0	0	0	0	0	0	0	0	0
Chr arg	0	1	0	0	0	0	0	0	0	0	0	0
Cis par	0	0	0	0	0	0	0	0	0	0	0	0
Cit spi	38	3	3	0	0	0	0	0	1	2	0	0
Coc pub	0	0	0	0	0	0	0	0	0	0	0	0
Coc swa	0	0	0	0	0	0	0	0	0	0	0	0
Coc uvi	0	0	0	0	0	0	0	0	0	0	0	0
Coc bar	0	0	0	0	0	0	0	0	0	0	0	0
Con ere	0	0	0	0	0	0	0	0	0	0	0	0
Con cal	0	4	0	0	0	0	0	0	0	0	0	0
Con ico	0	0	0	0	0	0	0	0	0	0	0	0
Con mon	0	0	0	0	0	0	0	0	0	0	0	0
Cor all	0	0	0	0	0	0	0	0	0	0	0	0
Cor col	0	0	0	0	0	0	0	0	0	5	0	0
Cor mar	1	2	5	4	0	0	1	0	0	3	0	0
Cor nes	0	0	0	0	0	0	0	0	0	0	0	0

Cor sul	25	0	0	0	0	0	0	0	0	0	0	0
Cor pyr	0	0	0	0	0	0	0	0	0	0	0	0
Cra tap	0	0	0	0	0	0	0	0	0	0	0	0
Cres cuj	0	0	0	0	0	0	0	0	2	0	0	0
Cro rha	0	0	0	0	0	0	0	0	0	0	0	0
Cro ret	0	0	0	0	1	0	0	0	0	0	0	0
Cro sp	0	0	0	0	2	0	0	0	0	0	0	0
Cro bix	23	32	9	57	0	1	0	120	24	15	2	85
Cro cor	0	85	0	0	0	1	0	0	0	0	1	0
Cro fla	0	0	0	0	0	0	0	0	0	0	0	0
Cro hir	0	0	0	0	0	0	0	0	0	0	0	0
Cro hir	0	0	0	0	0	0	0	0	0	0	0	0
Dap ame	0	0	0	0	0	0	0	0	0	0	0	0
Delonix reg	0	0	0	0	0	0	0	0	0	0	0	0
Dic cin	8	0	0	33	158	114	3	12	18	11	13	18
Eri fru	0	0	0	0	0	0	0	0	0	0	0	0
Ery hav	24	22	42	57	0	3	0	13	7	56	46	38
Esp 1	0	0	0	0	0	0	0	0	0	0	0	0
Esp 1 à éco noi	0	0	0	0	0	0	0	0	0	0	0	0
Esp 1''	0	0	0	0	0	0	0	0	0	0	0	0
Esp 1 (den)	0	0	0	0	0	0	0	0	0	4	0	0
Eug axi	0	0	0	0	0	0	0	0	0	0	0	0
Eug con	0	0	0	0	0	0	0	0	0	0	0	0
Eug cor	0	0	0	0	0	0	0	0	0	0	0	0
Eug lig	0	0	1	0	0	0	0	0	0	1	1	0
Eug mon	0	0	0	0	0	0	0	0	0	0	0	0
Eug pse	0	0	0	0	0	0	0	0	0	0	0	0
Eug tap	0	0	0	0	0	0	0	0	0	0	0	0
Far occ	0	0	0	0	0	0	0	0	0	0	0	0
Fic cit	0	0	0	0	0	0	0	0	0	0	0	0

Fic sp	0	0	0	0	0	0	0	0	0	0	0	0
For rha	0	0	0	0	0	0	0	0	0	0	0	0
Gli sep	6	0	0	0	0	0	0	0	0	0	5	0
Gme arb	0	0	0	0	0	0	0	0	0	0	0	0
Gon spi	0	0	0	0	0	0	0	0	0	0	0	0
Gou lap	0	0	0	0	0	0	0	0	0	0	0	0
Gua ulm	0	0	0	0	0	0	0	0	0	0	0	0
Gue odo	0	0	0	0	0	0	0	0	0	0	0	0
Gue sca	0	0	0	0	0	0	0	0	0	0	0	0
Gym lat??	0	0	0	0	0	0	0	0	0	0	0	0
Hae cam	74	0	0	0	0	0	0	0	0	0	0	0
Het pur	0	0	0	0	0	0	0	0	0	0	0	0
Hib ros	0	0	0	0	0	0	0	0	0	0	0	0
Hip man	0	0	0	0	0	0	0	0	0	0	0	0
Hym cou	0	0	0	0	0	0	0	0	0	0	0	0
Ing lau	1	1	1	0	0	0	0	0	0	0	0	0
Jac arm	0	0	0	0	0	0	0	0	0	0	0	0
Jus sec	0	79	0	0	0	0	0	0	0	0	0	0
Kru fer	0	0	0	0	0	0	0	0	0	0	0	0
Lae tha	0	0	0	0	0	0	0	0	0	0	0	0
Lag rac	0	0	0	0	0	0	0	0	0	0	0	0
Leo nep	0	0	0	0	0	0	0	0	0	0	0	0
Leu leu	0	0	0	0	0	0	0	0	0	0	0	0
Lon hep	0	0	0	0	0	0	0	0	0	0	0	0
Lon pun	1	0	0	0	0	0	0	0	0	0	0	0
Lon ros	0	0	0	0	0	0	0	0	0	0	0	0
Lon ser	0	0	0	0	0	0	0	0	0	0	0	0
Mac ung-cat	0	0	0	0	0	0	0	0	0	0	0	0
Mal ema	0	0	0	0	0	0	0	0	0	1	0	0
Mal gla??	0	0	0	0	0	0	0	0	0	0	0	0
Mal mar	0	0	97	0	0	0	0	0	0	0	0	0

Man ind	0	0	0	0	0	0	0	0	0	0	0	0
May lae	0	0	1	0	0	0	0	0	0	0	0	0
Mel aze	0	0	0	0	0	0	0	0	0	0	0	0
Mel bij	0	0	0	0	0	0	0	0	0	5	0	0
Mim cer	0	0	0	0	0	0	0	0	0	0	0	0
Mim mal	0	0	0	0	0	0	0	0	0	0	0	0
Mim pig	0	0	0	0	0	0	0	0	0	0	0	0
Mim pud	0	0	0	0	0	0	0	0	0	0	0	0
Mor cit	0	0	0	0	0	0	0	0	0	0	0	0
Mor ame	0	0	84	0	0	0	0	0	0	0	0	0
Mur exo	0	0	0	0	0	0	0	0	0	0	0	0
Myr cit	0	0	0	0	0	0	0	0	0	0	0	0
Myr fal	0	0	0	0	0	0	0	0	0	0	0	0
Myr spl	0	0	0	0	0	0	0	0	0	0	0	0
Myr flo	0	0	0	0	0	0	0	0	0	0	0	0
Myr fru	0	0	0	0	0	0	0	0	0	6	0	0
Oco cer	0	1	0	0	0	0	0	0	0	0	0	0
Oco cor	0	25	5	0	0	0	0	0	0	0	0	0
Odo nit	0	0	0	0	0	0	0	0	0	0	0	0
Our gui	0	0	0	0	0	0	0	0	0	0	0	0
Oxa fru	0	0	0	0	0	0	0	0	0	0	0	0
Pas lau	0	0	0	0	0	0	0	0	0	0	0	0
Pas sub	0	0	0	0	0	0	0	0	0	0	0	0
Pau cur	10	0	16	0	0	0	0	0	0	0	0	0
Pav spi	0	0	9	0	0	0	0	0	0	0	0	0
Ped tit	0	0	0	0	0	0	0	0	0	3	0	0
Pet koh	0	0	0	0	0	0	0	0	0	0	0	0
Pil roy	0	0	0	20	4	0	0	0	0	13	0	0
Pim rac	0	0	0	0	0	0	0	0	0	0	0	0
Pip adu	0	0	0	0	0	0	0	0	0	0	0	0
Pip ama	0	0	0	0	0	0	0	0	0	0	0	0

Pip dil	0	0	0	0	0	0	0	0	0	0	0	0
Pis acu	16	13	2	0	0	0	0	0	0	10	0	0
Pis fra	134	36	59	15	1	0	1	16	1	193	67	15
Pis sub	0	0	0	0	0	0	0	0	0	0	0	0
Pit ung-cat	0	1	15	6	6	0	1	1	0	6	2	5
Plu alb	0	0	0	0	0	0	0	0	0	0	0	0
Psi gua	0	0	0	0	0	0	0	0	0	0	0	0
Psy mic	0	5	111	0	0	0	0	0	0	4	2	0
Psy ner	1	0	0	0	0	0	0	0	0	0	0	0
Ran acu	0	0	0	0	0	0	0	0	0	0	0	0
Ran arm	0	0	4	0	0	0	0	0	0	0	0	0
Ran nit	0	0	0	0	0	0	0	0	0	8	0	0
Rau vir	0	13	1	8	0	0	0	16	0	36	7	14
Riv hum	0	0	0	0	0	0	0	0	0	24	9	1
Roc spi	0	0	0	0	0	0	0	0	0	0	0	0
Roy reg	0	0	0	0	0	0	0	0	0	0	0	0
Sam sam	0	0	0	0	0	0	0	0	0	0	0	0
Sch fru	0	2	7	13	0	0	0	0	0	13	3	0
Sch sch	0	0	0	0	0	0	0	0	0	0	0	2
Sec div	0	0	0	0	0	0	0	0	0	0	0	0
Sen ala	0	0	0	0	0	0	0	0	0	0	0	0
Sen bic	0	0	0	0	0	0	0	0	0	0	0	0
Sen obt	0	0	0	0	0	0	0	0	0	0	0	0
Sen sp.	0	0	0	0	0	0	0	0	0	2	0	0
Sid acu?	0	0	0	0	0	0	0	0	0	0	0	0
Sid foe	0	0	0	0	0	0	0	0	0	0	0	0
Sid obo	0	0	0	0	0	0	0	0	0	0	0	0
Sim ama	0	1	0	0	0	0	0	0	0	0	0	0
Sol rac	0	0	0	0	0	0	0	0	0	0	0	0
Sol tor	1	1	0	0	0	0	0	0	0	0	0	0
Sol tri	0	0	0	0	0	0	0	0	0	0	0	0

Spa cam	0	0	0	0	0	0	0	0	0	0	0	0
Spo mom	0	0	0	0	0	0	0	0	0	0	0	0
STA1	0	0	0	0	0	0	0	0	0	0	0	0
Swi aub	0	0	0	0	0	0	0	0	0	0	0	0
Swi mac	0	0	0	0	0	0	0	0	0	0	0	0
Swi mah	0	0	0	0	0	0	0	0	0	0	0	0
Tab het	11	0	0	0	0	0	0	0	0	0	0	0
Tab cit	7	4	0	1	0	0	0	0	0	1	0	0
Tam ind	0	0	0	0	0	0	0	0	0	0	0	0
Ter cat	0	0	0	0	0	0	0	0	0	0	0	0
The pop	0	0	0	0	0	0	0	0	0	0	0	0
Tri oct	2	0	14	0	0	0	0	0	0	0	0	0
Tri tri	0	1	0	0	0	0	0	0	0	0	0	0
Tri lap	0	0	0	0	0	0	0	0	0	0	0	0
Ver arb	0	0	0	0	0	0	0	0	0	0	0	0
Wed cal	16	0	0	0	0	0	0	0	0	0	2	0
Xim ame	0	0	0	0	0	0	0	0	0	0	0	0
Zan car	0	0	0	0	0	0	0	0	0	0	0	0
Zan mon	23	18	5	35	0	0	0	0	9	45	43	12
Zan pun	0	0	0	0	0	0	0	0	0	0	0	0
Zan spi	0	0	0	0	0	0	0	0	0	0	0	0
Ziz mau	0	0	0	0	0	0	0	0	0	0	0	0

VIII.14 *Annexe 14: Noms et abréaviations des espèces végétales de l'étage moyen*

Espèces	Abréviations
Acacia nilotica	*Aca nil*
Acacia retusa	*Aca ret*
Acacia sp	*Aca sp*
Acacia tenuifolia	*Aca ten*
Aegephila martinicensis	*Aeg mar*
Aiphanes sp	*Aip sp*
Amaranthus viridis	*Ama vir*
Amphilophium paniculatum	*Amp pan*
Andira inermis	*And ine*
Annona muricata	*Ann mur*
Annona reticulata	*Ann ret*
Argythamnia polygama	*Arg pol*
Artocarpus altilis	*Art alt*
Bambusa vulgaris	*Bam vul*
Bourreria succulenta	*Bou suc*
Bunchosia glandulosa	*Bun gla*
Bursera simaruba	*Bur sim*
Cæsalpinia bonduc	*Cae bon*
Calliandra tergemima	*Cal ter*
Callophylum calaba	*Cal cal*
Capparis baducca	*Cap bad*
Capparis cynophallophora	*Cap cyn*
Capparis flexuosa	*Cap fle*
Capparis indica	*Cap ind*
Capsicum frutescens	*Cap fru*
Carica papaya	*Car pap*
Casearia decandra	*Cas dec*
Cassia sp	*Cas sp*

Espèces	Abréviations
Cecropia schreberiana	*Cec sch*
Cedrela odorata	*Ced odo*
Ceiba pentandra	*Cei pen*
Cestrum laurifolium	*Ces lau*
Cestrum megalophyllum	*Ces meg*
Cestrum sp	*Ces sp*
Chiococca alba	*Chi alb*
Chionanthus compacta	*Chi com*
Chrysophyllum argenteum	*Chr arg*
Cissampelos pareira	*Cis par*
Citharexylum spinosum	*Cit spi*
Coccoloba pubescens	*Coc pub*
Coccoloba swartzii	*Coc swa*
Coccoloba uvifera	*Coc uvi*
Coccothrinax barbadensis	*Coc bar*
Cocos nucifera	*Coc nuc*
Coffea liberica	*Cof lib*
Cola nitida	*Cola nitida*
Conostegia calyptrata	*Con cal*
Conostegia montana	*Con mon*
Cordia alliodora	*Cor all*
Cordia collococca	*Cor col*
Cordia martinicensis	*Cor mar*
Cordia sulcata	*Cor sul*
Cornutia pyramidata	*Cor pyr*
Cratevia tapia	*Cra tap*
Crescentia cujete	*Cre cuj*
Croton bixoides	*Cro bix*

Espèces	Abréviations
Croton corylifolius	*Cro cor*
Cupania americana	*Cup ame*
Daphnopsis americana	*Dap ame*
Delonix regia	*Del reg*
Dichrostachys cinerea	*Dic cin*
Dieffenbachia seguine	*Die seg*
Erythrina sp	*Ery sp*
Erythroxylon havanense	*Ery hav*
Eugenia ligustrina	*Eug lig*
Eugenia monticola	*Eug mon*
Eugenia oerstedeana	*Eug oer*
Ficus citrifolia	*Fic cit*
Ficus nymphaeifolia	*Fic nym*
Funtumia elastica	*Fun ela*
Garcinia humilis	*Gar hum*
Genipa americana	*Gen ame*
Gliricidia sepium	*Gli sep*
Gmelina arborea	*Gme ar*
Gonzalagunia spicata	*Gon spi*
Guazuma ulmifolia	*Gua ulm*
Guettarda scabra	*Gue sca*
Hæmatoxylon campechianum	*Hae cam*
Heteropteris purpurea	*Het pur*
Hirtella triandra	*Hir tri*
Homalium racemosum	*Hom rac*
Hymenaea courbaril	*Hym cou*
Inga ingoides	*Ing ing*
Inga laurina	*Ing lau*

Krugiodendron ferreum	*Kru fer*
Laguncularia racemosa	*Lag rac*
Leonotis nepetifolia	*Leo nep*
Leucaena leucocephala	*Leu leu*
Licania ternatensis	*Lic ter*
Lonchocarpus heptaphyllus	*Lons hep*
Lonchocarpus punctatus	*Lon pun*
Lonchocarpus roseus	*Lon ros*
Lonchocarpus sericeus	*Lon ser*
Macfadyena unguis – cati	*Mac ung-cat*
Malpighia martinicensis	*Mal mar*
Mammea americana	*Mam ame*
Mangifera indica	*Man ind*
Manilkara zapota	*Man zap*
Margaritaria nobilis	*Mar nob*
Melia azedarach	*Mel aze*
Melicoccus bijugatus	*Mel bij*
Mimosa pigra	*Mim pig*
Mimosa pudica	*Mim pud*
Morinda citrifolia	*Mor cit*
Morisonia americana	*Mor ame*
Murraya exotica	*Mur exo*
Myrcia citrifolia	*Myr cit*
Myrcia fallax	*Myr fal*
Myrcia splendens	*Myr spl*
Myrciaria floribunda	*Myr flo*
Ocotea cernua	*Oco cer*
Ocotea coriacea	*Oco cor*
Ocotea patens	*Oco pat*
Odontonema nitidum	*Odo nit*
Ouratea guildingii	*Our gui*
Passiflora laurifolia	*Pass lau*
Passiflora suberosa	*Pas sub*
Paullinia cururu	*Pau cur*
Pavonia spinifex	*Pav spi*
Pimenta racemosa	*Pim rac*
Piper aduncum	*Pip adu*
Piper amalago	*Pip ama*
Piper dilatatum	*Pipr dil*
Piper reticulatum	*Pip ret*
Pisonia aculeata	*Pis acu*
Pisonia fragrans	*Pis fra*
Pouteria multiflora	*Pou mul*
Psychotria mapourioides	*Psy map*
Psychotria microdon	*Psy mic*
Psychotria nervosa	*Psy ner*
Randia aculeata	*Ran acu*
Randia formosa	*Ran for*
Rauvolfia viridis	*Rau vir*
Rivinia humilis	*Riv hum*
Samanea saman	*Sam sam*
Sapium caribaeum	*Sap car*
Schaefferia frutescens	*Sch fru*
Securidaca diversifolia	*Sec div*
Senna alata	*Sen ala*
Senna bicapsularis	*Sen bic*
Senna obtusifolia	*Sen obt*
Senna occidentalis	*Sen occ*
Sideroxylon fœtidissimum	*Sid foe*
Sideroxylon obovatum	*Sid obo*
Simarouba amara	*Sim ama*
Solanum torvum	*Sol tor*
Solanum triste	*Sol tri*
Spathodea campanulata	*Spa cam*
Spondias mombin	*Spon mom*
Swietenia aubrevilleana	*Swi aub*
Swietenia macrophylla	*Swi mac*
Swietenia mahagoni	*Swi mah*
Tabebuia heterophylla	*Tab het*
Tabernaemontana citrifolia	*Tab cit*
Terminalia catappa	*Ter cat*
Theobroma cacao	*Thea cac*
Trichostigma octandrum	*Tri oct*
Triphasia trifolia	*Tri tri*
Triumfeta lappula	*Tri lap*
Vitex divaricata	*Vit div*
Zanthoxylum caribaeum	*Zan car*
Zanthoxylum monophyllum	*Zan mon*
Ziziphus mauritiana	*Ziz mau*

VIII.15 Annexe 15: Tableau de contingence utilisé pour l'AFC et la CAH des stations de l'étage moyen

Espèces	DUR	MBRY	MDOR3	AC1	AC2	FROU5	FROU6	FROU7	FROU8	FROU9	FROU10	FROU11
Aca nil	0	0	0	0	0	0	0	0	0	0	0	0
Aca ret	0	4	0	0	0	0	0	0	0	0	0	0
Aca sp	0	0	0	0	0	0	1	0	0	0	0	0
Aca ten	0	0	0	0	0	0	0	0	0	0	0	0
Aeg mar	4	0	0	0	0	0	0	0	0	0	0	0
Aip sp	0	0	0	0	0	0	2	0	0	0	0	0
Ama vir	0	0	0	0	0	0	0	0	0	0	0	0
Amp pan	0	0	0	0	0	3	5	0	0	0	0	0
And ine	0	0	0	0	0	2	9	12	6	31	0	0
Ann mur	0	0	0	0	0	0	2	0	0	6	0	0
Ann ret	0	2	0	0	0	0	0	0	0	0	0	0
Arg pol	0	0	0	0	0	0	0	0	0	0	0	0
Art alt	0	0	0	0	0	0	0	0	0	2	0	0
Bam vul	0	0	0	0	0	0	14	0	0	0	0	0
Bou suc	0	4	5	0	0	0	0	0	1	0	2	1
Bun gla	0	0	4	0	0	0	0	0	0	0	0	0
Bur sim	0	0	0	0	0	0	1	0	2	2	3	0
Cae bon	0	0	0	0	0	0	0	0	0	0	0	0
Cal ter	0	0	0	0	0	0	0	0	0	0	0	0
Cal cal	9	0	0	0	0	0	0	0	0	6	0	0
Cap bad	0	0	0	0	0	5	18	1	0	1	0	0
Cap cyn	0	0	2	0	0	0	0	0	0	0	0	0
Cap fle	0	0	0	9	8	1	1	0	0	0	0	0
Cap ind	0	5	25	0	0	2	7	0	0	0	3	0
Cap fru	0	0	0	0	0	0	0	0	0	0	0	0

Car pap	0	0	0	0	0	0	0	0	0	0	0	0
Ca dec	0	3	0	0	0	0	1	0	0	0	0	0
Cas sp	0	0	0	0	0	0	0	0	0	0	0	0
Cec sch	0	0	0	0	1	7	5	3	2	0	0	0
Ced odo	0	12	0	0	0	0	0	0	0	0	0	0
Cei pen	0	0	0	1	2	3	0	0	0	0	0	5
Ces lau	0	0	0	0	0	9	0	0	0	0	0	0
Ces meg	0	0	0	0	0	0	12	0	0	0	0	0
Ces sp	0	0	0	0	0	0	0	0	0	0	0	0
Chi alb	0	0	0	0	0	0	0	0	0	0	0	0
Chi com	0	0	1	0	0	1	0	0	0	0	7	0
Chr arg	0	0	6	0	0	2	0	0	8	1	14	1
Cis par	0	0	0	0	0	0	0	0	0	0	0	0
Cit spi	11	4	0	15	9	9	10	0	5	1	0	0
Coc pub	0	0	3	0	0	0	0	0	0	0	0	0
Coc swa	0	0	0	0	0	8	17	1	5	2	21	3
Coc uvi	0	0	0	2	4	0	0	0	0	0	0	0
Coc bar	0	2	4	0	0	0	0	0	0	0	0	0
Coc nuc	1	0	0	2	1	0	0	1	0	0	0	0
Cof lib	0	0	0	0	0	0	0	0	0	0	0	0
Col nit	0	0	0	0	0	0	0	7	0	0	0	0
Con cal	0	0	2	0	0	3	0	0	0	0	1	3
Con mon	0	0	0	0	0	0	0	0	0	0	0	0
Cor all	0	0	0	0	0	0	0	0	0	1	0	2
Cor col	0	3	5	0	0	0	0	0	0	0	0	0
Cor mar	0	0	0	0	0	0	0	0	0	0	0	0
Cor sul	0	0	0	0	0	28	108	1	1	1	0	1
Cor pyr	0	0	0	0	0	0	0	0	0	0	1	0

Cra tap	0	0	0	0	0	0	0	0	0	0	0	0
Cre cuj	0	0	0	0	0	0	0	0	0	0	0	0
Cro bix	0	0	0	0	0	0	0	0	0	0	0	0
Cr cor	0	0	0	0	0	0	0	0	11	0	43	9
Cup ame	0	0	0	0	0	3	4	24	41	13	0	63
Dap ame	0	0	0	0	0	0	0	0	0	6	0	0
Del reg	0	0	0	22	4	0	0	0	0	0	0	0
Dic cin	0	0	0	0	0	0	0	0	0	0	0	0
Die seg	0	0	0	0	0	11	0	0	0	0	0	0
Ery sp	5	0	0	0	0	0	0	0	0	0	0	0
Ery hav	0	0	5	2	1	2	10	1	0	0	0	0
Eug lig	0	3	175	0	0	0	1	0	0	0	0	0
Eug mon	0	0	0	0	0	40	29	3	20	2	383	41
Eug oer	0	0	0	0	0	0	0	0	1	0	0	0
Fic cit	9	0	0	0	2	0	0	0	0	0	0	0
Fic nym	0	0	0	0	0	0	0	0	1	0	0	0
Fun ela	0	0	0	0	0	51	16	251	60	19	0	33
Gar hum	23	0	0	0	0	0	0	0	0	0	0	0
Gen ame	0	0	0	0	0	0	2	0	0	0	0	0
Gli sep	0	0	0	0	0	0	0	0	0	0	0	0
Gme arb	0	0	0	0	0	0	0	0	0	0	0	0
Gon spi	0	0	0	0	0	0	0	0	0	0	0	0
Gua ulm	0	0	0	0	0	0	0	0	0	0	0	0
Gue sca	0	0	0	0	0	0	0	0	0	0	3	0
Hae cam	0	2	0	0	0	1	0	0	0	1	0	1
Het pur	0	0	0	0	0	0	0	0	0	0	0	0
Hir tri	0	0	0	0	0	0	0	0	0	0	0	0
Hom rac	0	0	0	0	0	0	0	0	3	2	0	0

Hym cou	0	0	0	0	0	0	0	0	0	0	0	0
Ing ing	1	0	0	0	3	29	132	22	34	34	0	2
Ing lau	11	83	38	0	0	1	15	0	8	1	3	0
Kru fer	0	1	0	0	0	0	0	0	0	0	0	0
Lag rac	0	0	0	0	0	0	0	0	0	0	0	0
Leo nep	0	0	0	0	0	0	0	0	0	0	0	0
Leu leu	0	0	0	7	2	0	0	0	0	0	0	0
Lic tern	0	0	0	0	0	0	0	3	2	20	0	0
Lon hep	0	2	0	0	0	0	0	2	0	0	0	0
Lon pun	0	0	0	0	0	0	0	0	0	0	8	0
Lon ros	0	0	0	0	0	0	0	0	0	0	0	0
Lonc ser	0	2	0	0	0	0	0	0	0	0	0	0
Mac ung-cat	0	0	0	0	0	0	0	0	0	0	0	0
Mal mar	0	0	0	0	0	0	0	0	0	0	0	0
Mam ame	0	0	0	0	0	0	0	2	5	2	0	0
Man ind	0	5	0	29	12	1	1	1	0	0	0	2
Man zap	0	0	106	0	0	0	0	0	0	0	0	0
Mar nob	0	0	0	0	0	0	0	0	0	0	1	0
Mel aze	0	0	0	0	0	0	0	0	0	0	0	0
Mel bij	0	3	4	10	1	0	0	0	0	0	0	0
Mim pig	0	0	0	0	0	0	0	0	0	0	0	0
Mim pud	0	0	0	0	0	0	0	0	0	0	0	0
Mor cit	0	0	0	0	0	0	0	0	0	0	0	0
Mor ame	0	0	0	0	0	0	0	0	0	0	0	0
Mur exo	0	0	0	0	0	0	0	0	0	0	0	0
Myr cit	0	0	76	0	0	1	0	0	1	0	31	0
Myr fal	0	0	0	0	0	4	0	0	0	0	3	11
Myr spl	0	0	0	0	0	9	10	53	143	314	4	56

Myr flo	0	0	0	0	0	0	0	0	0	0	2	0
Oct cer	0	0	0	0	0	2	0	0	5	0	0	2
Oco cor	0	206	55	0	0	0	0	0	0	0	193	14
Oco pat	0	0	0	0	0	0	0	0	0	0	0	1
Odo nit	0	0	0	0	0	0	0	0	0	0	0	0
Our gui	0	0	4	0	0	0	0	0	0	0	0	0
Pas lau	0	0	0	0	0	0	1	0	0	0	0	0
Pas sub	0	0	0	0	0	0	0	0	0	0	0	0
Pau cur	0	0	0	0	0	0	2	0	0	0	0	0
Pav spi	0	0	0	0	0	0	0	0	0	0	0	0
Pim rac	0	0	0	6	0	12	8	0	5	1	28	1
Pip adu	0	0	0	0	0	0	0	0	0	0	0	0
Pip ama	0	31	4	0	0	77	90	0	0	0	0	0
Pip dil	82	0	0	0	0	1	0	0	0	0	0	0
Pi ret	0	0	0	0	0	10	44	0	0	0	0	0
Pis acu	0	1	2	0	0	0	0	0	0	0	0	0
Pis fra	9	63	71	63	22	59	48	2	4	2	11	2
Pou mul	0	0	0	0	0	0	0	0	1	0	0	0
Psy map	0	0	0	0	0	19	11	0	0	0	0	0
Psy mic	0	3	5	5	0	9	4	0	0	0	0	0
Psy ner	0	1	19	0	0	6	15	0	1	0	0	0
Ran acu	2	0	0	0	0	0	6	0	0	0	0	0
Ran for	0	0	0	0	0	0	0	0	0	0	0	0
Rau vir	15	0	0	0	0	0	0	0	0	0	0	0
Riv hum	0	0	2	0	0	0	0	0	0	0	0	0
Sam sam	0	0	0	9	24	6	6	1	0	0	0	0
Sap car	0	0	0	0	0	0	0	0	1	24	0	11
Sch fru	0	0	0	0	0	0	0	0	0	0	0	0

Sec div	0	0	0	0	0	0	2	0	0	0	0	0
Sen ala	0	0	0	0	0	0	0	0	0	0	0	0
Sen bic	0	0	0	0	0	0	0	0	0	0	0	0
Sen obt	0	0	0	0	0	0	0	0	0	0	0	0
Sen occ	1	0	0	0	0	0	0	0	0	0	0	0
Sid foe	0	24	11	0	0	0	0	0	0	0	0	0
Sid obo	0	0	1	0	0	0	0	0	0	0	0	0
Sim ama	32	0	0	0	0	1	3	2	2	74	0	22
Sol tor	0	0	0	0	0	0	0	0	0	0	0	0
Sol tri	0	0	0	0	0	0	0	0	0	0	0	0
Spa cam	0	0	0	13	38	0	0	0	0	1	0	0
Spo mom	0	0	0	0	0	1	0	0	0	0	0	0
Swi aub	0	0	0	0	0	0	0	0	0	8	1	3
Swi mac	0	23	121	0	0	0	0	0	0	2	0	0
Swi mah	0	0	0	2	0	0	0	0	0	0	0	0
Tab het	0	0	2	0	0	0	0	0	0	0	2	0
Tab cit	0	29	4	0	0	4	2	3	4	23	0	33
Ter cat	1	0	0	10	9	0	15	4	0	1	0	0
The cac	0	0	0	0	0	0	0	0	0	2	0	0
Tri oct	0	0	0	0	0	0	0	0	0	0	0	0
Tri tri	0	1	41	4	0	0	0	0	0	0	0	0
Tri lap	0	0	0	0	0	0	0	0	0	0	0	0
Vit div	0	0	0	0	0	1	3	0	0	0	0	1
Zan car	0	0	0	0	0	7	6	2	1	8	0	1
Zan mon	1	0	0	0	0	1	0	0	0	0	0	0
Ziz mau	0	0	0	0	0	0	0	0	0	0	0	0

Espèces	FROU12	FROU13	RT2	VMC7	VMC8	VMC9	VMC10	VMC11
Aca nil	0	0	0	0	0	0	0	0
Aca ret	0	0	1	29	1	1	0	0
Aca sp	0	0	0	0	0	0	0	0
Aca ten	0	0	0	0	24	0	0	0
Aeg mar	0	0	0	1	0	26	12	8
Aip sp	1	0	0	0	0	0	0	0
Ama vir	0	0	0	0	0	0	0	0
Amp pan	0	0	0	0	0	0	0	0
And ine	17	42	2	0	0	0	0	0
Ann mur	0	2	0	1	0	2	4	6
Ann ret	0	0	0	0	0	0	0	0
Arg pol	0	0	0	0	2	0	0	0
Art alt	2	0	0	0	0	0	0	0
Bam vul	0	0	0	0	0	0	0	0
Bou suc	0	0	0	18	40	3	15	15
Bun gla	0	0	0	0	20	0	0	0
Bur sim	0	1	0	16	4	24	13	7
Cae bon	0	0	0	0	0	0	10	0
Cal ter	0	0	7	0	0	0	0	0
Cal cal	0	2	0	0	0	0	0	0
Cap bad	0	0	0	7	12	1	0	21
Cap cyn	0	0	0	0	0	0	0	0
Cap fle	0	0	0	4	21	2	2	1
Cap ind	0	0	0	51	36	0	0	3
Cap fru	0	0	0	0	0	0	0	0
Car pap	0	0	0	0	0	0	0	0
Ca dec	0	0	1	7	7	24	8	3

Cas sp	13	12	0	0	0	0	0	0
Cec sch	1	0	0	8	0	4	0	14
Ced odo	0	0	0	0	0	0	0	0
Cei pen	2	0	0	0	0	22	12	2
Ces lau	4	0	0	0	0	0	0	0
Ces meg	0	0	0	0	0	0	0	0
Ces sp	4	0	0	0	0	0	0	0
Chi alb	0	0	0	1	2	3	1	5
Chi com	0	0	0	0	0	0	0	0
Chr arg	0	0	0	0	0	5	3	44
Cis par	0	0	0	0	13	0	0	0
Cit spi	2	0	22	20	12	78	130	11
Coc pub	0	0	0	0	0	0	0	0
Coc swa	7	2	7	0	0	0	0	0
Coc uvi	0	0	0	0	0	0	0	0
Coc bar	0	0	0	0	1	0	0	0
Coc nuc	0	0	0	0	0	0	0	0
Cof lib	43	0	0	0	0	0	0	0
Col nit	0	0	0	0	0	0	0	0
Con cal	0	0	0	0	0	10	6	15
Con mon	1	0	0	0	0	0	0	0
Cor all	2	44	0	0	0	0	0	0
Cor col	0	0	0	0	0	0	0	10
Cor mar	0	0	0	1	0	8	0	0
Cor sul	5	9	0	8	0	24	13	125
Cor pyr	0	0	0	0	0	0	0	0
Cra tap	0	0	0	0	0	0	0	0
Cre cuj	0	0	0	0	0	0	0	0

Cro bix	0	0	0	10	0	2	0	0
Cr cor	0	0	0	0	0	0	0	2
Cup ame	51	53	2	0	0	26	10	4
Dap ame	0	0	3	0	0	0	0	0
Del reg	0	0	0	0	0	0	0	0
Dic cin	0	0	3	0	0	0	1	0
Die seg	0	0	0	0	0	0	0	0
Ery sp	0	0	0	0	0	0	0	0
Ery hav	0	0	0	29	30	25	2	7
Eug lig	0	0	0	0	2	1	0	0
Eug mon	6	6	8	0	0	0	0	0
Eug oer	0	0	0	0	0	0	0	0
Fic cit	0	0	0	0	0	0	0	0
Fic nym	0	0	0	0	0	0	0	0
Fun ela	230	23	0	0	0	0	0	0
Gar hum	0	0	0	0	0	0	0	0
Gen ame	0	0	0	0	0	0	0	0
Gli sep	0	0	0	0	0	9	0	0
Gme arb	0	0	0	0	0	0	0	0
Gon spi	0	0	0	0	0	9	28	1
Gua ulm	0	0	0	0	0	0	0	12
Gue sca	0	0	0	0	0	0	0	0
Hae cam	0	0	6	0	0	4	0	0
Het pur	0	0	0	0	0	1	0	0
Hir tri	13	4	0	0	0	0	0	0
Hom rac	0	2	0	0	0	0	0	0
Hym cou	0	16	0	0	0	0	0	0
Ing ing	14	62	4	0	0	0	0	0

Ing lau	2	0	0	1	0	39	19	75
Kru fer	0	0	0	0	0	0	0	0
Lag rac	0	0	0	0	0	0	0	0
Leo nep	0	0	0	0	0	0	0	0
Leu leu	0	0	0	0	0	0	0	0
Lic tern	0	0	0	0	0	0	0	0
Lon hep	0	0	0	0	0	0	0	0
Lon pun	0	0	0	25	11	1	0	0
Lon ros	0	0	0	0	0	0	0	0
Lonc ser	0	0	0	0	0	0	0	0
Mac ung-cat	0	0	0	0	0	0	0	5
Mal mar	0	0	0	0	12	0	0	0
Mam ame	1	0	0	0	0	0	0	0
Man ind	1	0	0	0	0	1	0	28
Man zap	0	0	0	0	0	0	0	0
Mar nob	0	0	0	0	0	0	0	0
Mel aze	0	0	0	0	0	0	0	0
Mel bij	0	0	0	0	0	0	0	1
Mim pig	0	0	0	0	0	0	0	0
Mim pud	0	0	0	0	0	0	0	0
Mor cit	0	0	0	0	0	12	7	9
Mor ame	0	0	0	0	48	0	0	0
Mur exo	0	0	3	0	0	0	0	0
Myr cit	0	0	2	0	0	0	0	0
Myr fal	0	1	0	0	0	0	0	0
Myr spl	79	105	2	0	0	0	0	0
Myr flo	0	0	0	0	0	0	0	0
Oct cer	8	7	0	0	0	0	0	0

Oco cor	2	0	0	1	72	18	2	26
Oco pat	4	0	0	0	0	0	0	0
Odo nit	0	0	0	0	0	0	0	15
Our gui	0	0	0	0	0	0	0	0
Pas lau	0	0	0	0	0	0	0	0
Pas sub	0	0	0	0	5	0	0	0
Pau cur	0	0	0	0	0	2	2	0
Pav spi	0	0	0	0	0	1	0	0
Pim rac	0	0	5	0	0	0	0	0
Pip adu	3	0	0	0	0	0	0	0
Pip ama	17	0	0	0	0	8	1	30
Pip dil	18	0	0	0	0	7	36	11
Pi ret	1	0	0	0	0	0	0	0
Pis acu	0	0	0	0	20	9	18	23
Pis fra	0	2	1	93	118	166	38	34
Pou mul	0	0	0	0	0	0	0	0
Psy map	0	0	0	0	0	0	0	0
Psy mic	0	0	0	0	63	2	3	54
Psy ner	0	0	0	0	0	7	2	0
Ran acu	0	0	0	1	0	1	6	0
Ran for	0	0	0	0	6	0	0	10
Rau vir	0	0	0	0	0	0	0	0
Riv hum	0	0	0	0	1	0	0	0
Sam sam	1	5	0	0	0	0	2	0
Sap car	32	7	0	0	0	0	0	0
Sch fru	0	0	0	0	2	0	0	2
Sec div	0	0	0	0	0	0	1	0
Sen ala	0	0	0	0	0	0	0	0

Sen bic	0	0	0	0	0	0	0	0
Sen obt	0	0	0	0	0	0	0	0
Sen occ	0	0	0	0	0	0	0	0
Sid foe	0	0	0	0	0	0	0	0
Sid obo	0	0	0	0	0	0	0	0
Sim ama	32	53	0	29	0	79	69	8
Sol tor	0	0	0	2	0	0	0	0
Sol tri	0	0	0	0	0	0	0	0
Spa cam	0	0	1	0	0	0	0	0
Spo mom	0	0	0	0	0	0	0	0
Swi aub	1	6	0	0	0	0	0	0
Swi mac	0	0	27	0	0	0	0	0
Swi mah	1	0	12	0	0	0	0	0
Tab het	0	0	1	9	0	17	0	0
Tab cit	19	14	0	1	0	18	111	5
Ter cat	1	0	0	0	0	0	0	0
The cac	0	0	0	0	0	0	0	0
Tri oct	0	0	0	0	0	0	0	3
Tri tri	0	0	0	3	0	12	23	1
Tri lap	0	0	0	0	0	0	0	0
Vit div	0	0	0	0	0	0	0	0
Zan car	16	9	1	0	0	0	0	0
Zan mon	0	0	0	0	6	9	30	8
Ziz mau	0	0	0	0	0	0	0	0

VIII.16 *Annexe 16: Noms et abréviations des espèces végétales de l'étage supérieur*

Espèces	Abréviations
Aegiphila martinicensis	*Aeg mar*
Aglaonema costatum	*Agl cos*
Aiphanes minima	*Aip min*
Aniba bracteata	*Ani bra*
Artocarpus altilis	*Art alt*
Asplundia insignis	*Asp inss*
Asplundia rigida	*Asp rig*
Bambusa vulgaris	*Bam vul*
Besleria lutea	*Bes lut*
Bursera simaruba	*Bur sim*
Casearia decandra	*Cas dec*
Cecropia schreberiana	*Cec sch*
Cestrum latifolium	*Ces lat*
Cestrum laurifolium	*Ces lau*
Chimarrhis cymosa	*Chi cym*
Cinnamomum falcatum	*Cin fal*
Clerodendron buchananii	*Cle buc*
Clidemia hirta	*Cli hir*
Clidemia umbrosa	*Cli umb*
Clusia major ??	*Clu maj ??*
Conostegia icosandra	*Con ico*
Conostegia montana	*Con mon*
Cordia nesophila	*Cor nes*
Cordia sulcata	*Cor sul*
Costus afer	*Cos afe*
Cyathea à épines	*Cya à épi*
Cyathea arborea	*Cya arb*
Cyathea muricata	*Cya mur*
Cyathea sp	*Cya sp*

Espèces	Abréviations
Cyathea tenera	*Cya ten*
Cyclanthus bipartitus	*Cyc bip*
Dacryodes excelsa	*Dac exc*
Dalbergia monetaria	*Dal mon*
Drypetes glauca	*Dry gla*
Esp 1	*Esp 1*
Esp 2	*Esp 2*
Esp 3	*Esp 3*
Espèce 1	*Espèce 1*
Eugenia albicans	*Eug alb*
Eugenia oerstediana	*Eug oer*
Eugenia pseudopsidium	*Eug pse*
Eugenia splendens	*Eug spl*
Eugenia trinervia	*Eug tri*
Faramea occidentalis	*Far occ*
Ficus nymphaeifolia	*Fic nym*
Garcinia humilis	*Gar hum*
Gonzalagunia spicata	*Gon spi*
Guarea kunthiana	*Gua kun*
Guatteria caribaea	*Gua car*
Heisteria coccinea	*Hei coc*
Heliconia bihai	*Hel bih*
Heliconia caribaea	*Hel car*
Heliconia sp.	*Hel sp.*
Hibiscus elatus	*Hib ela*
Inga ingoides	*Ing ing*
Inga laurina	*Ing lau*
Licania ternatensis	*Lic ter*
Mangifera indica	*Man ind*

Espèces	Abréviations
Marcgravia umbellata	*Mar umb*
Marila racemosa	*Mar rac*
Miconia lævigata	*Mic lae*
Miconia mirabilis	*Mic mir*
Miconia trichotoma	*Mic tri*
Micropholis guyanensis	*Mics guy*
Morinda citrifolia	*Mor cit*
Musa sp	*Musa sp*
Myrcia citrifolia	*Myr cit*
Myrcia fallax	*Myr fal*
Myrcia splendens	*Myr spl*
Ocotea eggersiana ??	*Oco egg ??*
Ocotea leucoxylon	*Oco leu*
Ocotea martinicensis	*Oco mar*
Ocotea membranacea	*Oco mem*
Ocotea patens	*Oco pat*
Ocotea sp	*Oco sp*
Pachira insignis	*Pac ins*
Palicourea crocea	*Pal cro*
Palmier épine	*Pal épi*
Picramnia pentandra	*Pic pen*
Piper aduncum	*Pip adu*
Piper aequale	*Pip aeq*
Piper amalago	*Pip ama*
Piper dilatatum	*Pip dil*
Plinia pinnata	*Pli pin*
Pouteria multiflora	*Pou mul*
Pouteria pallida	*Pou pal*
Pouteria semecarpifolia	*Pou sem*

Prestoea montana	*Pre mon*
Psychotria berteriana	*Psy ber*
Psychotria mapouroïdes	*Psy map*
Psychotria microdon	*Psy mic*
Psychotria muscosa	*Psy mus*
Samanea saman	*Sam sam*
Sapium caribaeum	*Sap car*
Sarcorhachis incurva	*Sar inc*
Simarouba amara	*Sim ama*
Sloanea dentata	*Slo den*

Sloanea dussii	*Slo dus*
Sloanea massoni	*Slo mas*
Sloanea sp	*Slo sp*
Solanum racemosum	*Sol rac*
Spathodea campanulata	*Spa cam*
Sterculia caribaea	*Ster car*
Swietenia macrophylla	*Swi mac*
Swietenia mahagoni	*Swi mah*
Swietenia x aubrevilleana	*Swi x aub*
Tabernaemontana citrifolia	*Tab cit*

Talauma dodecapetala	*Tal dod*
Tapura latifolia	*Tap lat*
Tovomita plumieri	*Tov plu*
Trichilia pallida	*Tri pal*
Trichilia septentrionalis	*Tri sep*
Trichilia simplicifolia	*Tri sim*
Vitex divaricata	*Vit div*
Xylostema martinicensis	*Xyl mar*

VIII.17 *Annexe 17: Tableau de contingence utilisé pour l'AFC et la CAH des stations de l'étage supérieur*

Espèces	**ABS**	**FREC1**	**FREC2**	**FREC3**	**CF1**	**CF2**	**CF3**	**LR1**	**LR2**	**MCES1**
Aeg mar	0	0	0	0	0	0	0	0	0	0
Agl cos	0	0	0	0	1	0	0	0	0	0
Aip min	0	0	1	1	0	0	0	0	1	0
Ani bra	36	0	0	6	0	0	0	30	17	9
Art alt	0	0	0	0	0	0	0	0	0	11
Asp inss	1	0	0	0	0	0	0	1	0	0
Asp rig	0	0	0	0	0	0	0	2	1	0
Bam vul	18	0	0	0	0	13	0	0	0	0
Bes lut	0	0	0	0	0	0	0	0	6	0
Bur sim	0	0	0	0	0	0	0	0	0	0
Cas dec	1	0	0	0	0	0	0	0	0	0
Cec sch	1	0	0	0	22	16	17	0	8	6
Ces lat	0	0	1	2	0	0	0	0	0	0
Ces lau	7	0	0	0	0	0	5	0	24	44
Chi cym	0	1	12	20	14	10	19	20	17	27
Cin fal	0	0	0	0	2	0	0	0	0	0
Cle buc	0	0	0	0	16	3	1	0	0	0
Cli hir	1	0	0	0	0	2	1	1	0	0
Cli umb	0	0	0	0	32	44	45	8	6	14
Clu maj ??	0	0	0	0	0	0	0	0	0	5
Con ico	0	0	0	0	3	12	20	2	12	0
Con mon	0	0	0	0	1	0	0	0	0	1
Cor nes	0	0	0	0	0	0	0	0	0	1
Cor sul	0	0	0	1	0	0	0	0	3	8
Cos afe	5	0	0	0	0	0	0	0	0	0

Cya à épi	0	0	0	0	0	0	0	0	0	0
Cya arb	7	0	3	0	21	4	5	3	4	11
Cya mur	20	0	3	1	2	4	12	0	0	1
Cya sp	0	0	0	0	0	0	0	0	0	3
Cya ten	0	0	0	0	0	0	0	6	0	0
Cyc bip	0	0	0	0	0	0	0	0	0	0
Dac exc	1	0	3	4	0	0	0	2	9	1
Dal mon	0	11	0	0	0	0	0	0	0	0
Dry gla	0	0	0	0	0	0	0	0	0	1
Esp 1	0	0	0	0	0	0	0	0	0	0
Esp 2	0	0	0	0	0	0	0	0	0	0
Esp 3	0	0	0	0	0	1	0	0	0	0
Espèce 1	0	0	0	1	0	0	0	0	0	0
Eug alb	0	0	0	0	0	0	0	0	0	0
Eug oer	2	0	0	0	0	0	0	0	0	0
Eug pse	1	0	0	0	0	0	0	0	0	0
Eug spl	0	0	0	0	0	0	0	0	0	0
Eug tri	0	0	0	0	0	0	0	0	5	1
Far occ	3	0	0	0	0	0	0	0	0	0
Fic nym	0	0	0	0	0	0	2	0	0	0
Gar hum	0	0	0	0	0	0	0	0	0	0
Gon spi	0	0	0	0	0	0	1	0	0	0
Gua kun	0	0	0	0	0	0	0	1	0	0
Gua car	15	0	1	0	0	0	0	0	0	0
Hei coc	2	0	0	0	0	0	0	0	0	0
Hel bih	4	0	0	0	0	0	0	0	0	0
Hel car	9	0	0	0	0	0	0	0	0	0
Hel sp.	18	0	0	0	0	0	0	0	0	14

Hib ela	0	0	0	0	0	2	13	0	0	9
Ing ing	4	0	0	0	9	17	10	0	0	0
Ing lau	0	0	0	0	0	0	0	0	1	0
Lic ter	11	0	0	0	0	0	0	0	0	1
Man ind	0	0	0	0	0	0	0	0	0	0
Mar umb	0	0	0	0	0	0	0	8	0	0
Mar rac	0	0	0	0	0	0	0	0	1	0
Mic lae	0	0	0	0	0	0	3	0	0	0
Mic mir	4	0	0	0	2	0	0	0	0	0
Mic tri	4	0	0	0	0	0	0	3	9	33
Mics guy	1	0	0	0	0	0	0	0	0	1
Mor cit	1	0	0	0	0	0	0	0	0	0
Musa sp	0	0	0	0	0	1	0	0	0	0
Myr cit	0	0	0	0	0	0	0	0	0	0
Myr fal	16	0	0	3	1	0	3	4	3	3
Myr spl	0	0	0	0	0	0	0	0	0	0
Oco egg ??	0	0	0	0	0	0	0	0	0	0
Oco leu	0	0	0	0	5	2	11	7	2	3
Oco mar	0	0	0	0	1	0	0	0	0	2
Oco mem	0	0	0	1	0	0	0	0	0	0
Oco pat	2	0	0	0	0	0	0	0	0	0
Oco sp	0	0	0	0	0	0	0	0	0	1
Pac ins	0	59	0	0	0	0	0	0	0	0
Pal cro	17	0	0	0	1	0	0	11	8	2
Pal épi	0	0	0	0	0	0	0	0	0	0
Pic pen	0	0	0	0	0	0	0	0	2	0
Pip adu	7	0	0	0	184	108	138	0	0	7
Pip aeq	9	0	0	0	0	0	2	0	0	0

Pip ama	0	0	0	0	0	0	0	2	0	0
Pip dil	3	0	0	0	0	0	0	19	43	256
Pli pin	0	0	0	0	0	0	1	0	0	0
Pou mul	6	0	0	67	0	0	0	13	0	0
Pou pal	4	0	0	1	0	0	0	19	3	0
Pou sem	1	0	0	2	0	0	0	5	1	17
Pre mon	0	0	0	8	0	0	0	13	5	0
Psy ber	0	0	0	0	0	0	0	0	3	28
Psy map	0	0	0	0	0	0	0	0	0	1
Psy mic	0	0	0	0	0	0	0	0	0	0
Psy mus	9	0	0	0	0	0	0	0	0	0
Sam sam	0	0	0	0	0	0	0	0	0	1
Sap car	0	0	0	0	0	0	4	0	0	2
Sar inc	0	0	0	0	0	0	0	0	1	0
Sim ama	3	0	1	0	1	0	1	0	2	5
Slo den	0	3	1	10	0	0	0	25	0	0
Slo dus	2	0	0	0	0	0	0	0	0	0
Slo mas	0	0	0	0	0	0	0	0	12	10
Slo sp	11	0	0	0	0	0	0	0	0	0
Sol rac	0	0	0	0	2	0	0	0	0	0
Spa cam	0	0	0	0	32	73	33	0	0	0
Ster car	0	0	0	1	0	0	0	0	1	2
Swi mac	28	0	7	13	0	0	0	0	5	0
Swi mah	14	0	0	0	1	0	0	19	0	45
Swi x aub	0	0	0	0	0	0	0	0	21	0
Tab cit	0	0	0	0	0	0	0	0	0	1
Tal dod	39	0	1	1	1	0	0	3	11	1
Tap lat	96	1	2	11	0	0	0	59	2	0

Tov plu	5	0	1	0	0	0	0	0	0	0
Tri pal	0	0	0	0	0	0	0	9	0	0
Tri sep	22	0	0	0	0	0	0	0	0	0
Tri sim	0	0	0	4	0	0	0	0	0	0
Vit div	0	0	0	0	0	2	0	0	0	0
Xyl mar	0	0	0	0	0	0	0	0	1	0

VIII.18 Annexe 18: Test du coefficient de Spearman entre le nombre d'arbres morts et le nombre d'espèces potentiellement invasives

Stations ayant des arbres morts	Nombre d'arbres morts	Nombre d'EPI	Rang_AM	Rang_EPI
ABS	23	18	23	21
AC1	14	17	30	23
AC2	5	38	38	12,5
BT1	191	6	1	31
BT2	109	38	5	12,5
BT4	86	37	11	14
CF1	70	32	13	17
CF2	59	73	14	9
CF3	96	33	8	15,5
GF1	21	24	24	18,5
GF2	105	1	6	38
MBRY	57	1	15	38
MCES2	11	11	34,5	28
MDOR1	41	97	18,5	7
MDOR2	54	41	16	11
MDS1	90	154	10	4
MDS2	129	111	3	6
MJ1	102	33	7	15,5
MJ2	6	158	36	2,5
MJ3	5	114	38	5
MJ4	5	3	38	33,5

Stations ayant des arbres morts	Nombre d'arbres morts	Nombre d'EPI	Rang_AM	Rang_EPI
MJ5	36	12	20	25,5
MJ6	13	18	31,5	21
MJ7	126	11	4	28
MJ8	48	13	17	24
MJ9	41	18	18,5	21
PTB1	182	1	2	38
PTB2	91	293	9	1
PTB3	18	80	26	8
PTB4	71	1	12	38
RT1	16	11	28	28
RT2	11	4	34,5	32
TR1	1	50	41	10
TR2	13	158	31,5	2,5
VMC10	29	24	21	18,5
VMC11	12	1	33	38
VMC3	4	1	40	38
VMC4	24	8	22	30
VMC5	15	1	29	38
VMC7	17	3	27	33,5
VMC9	19	12	25	25,5

Coefficient de Spearman: $R_s = 0,033$

VIII.19 *Annexe 19: Test du coefficient de Spearman entre l'indice de Simpson et l'abondance d'espèces potentiellement invasives*

Stations	Indice de Simpson	Nombre d'EPI	Rang_Simpson	Rang_EPI
GF2	0,19	1	21	54,5
ABS	0,07	18	55	33
AC1	0,14	17	28,5	35
AC2	0,14	38	28,5	20,5
BT1	0,29	6	8,5	45
BT2	0,14	38	28,5	20,5
BT4	0,09	37	50	22
CF1	0,3	32	6,5	26
CF2	0,2	73	18	14,5
CF3	0,2	33	18	24
DP1	0,12	5	34,5	46
FROU11	0,11	33	41	24
FROU12	0,16	230	25	3
FROU13	0,11	23	41	30
FROU5	0,08	51	52,5	17
FROU6	0,09	30	50	27
FROU7	0,42	251	4	2
FROU8	0,19	60	21	16
FROU9	0,29	20	8,5	31
GF1	0,06	24	57	28,5
GF10	0,19	87	21	12
GF4	0,13	73	31,5	14,5
GF5	0,11	158	41	5
GF7	0,18	8	23	43,5

Stations	Indice de Simpson	Nombre d'EPI	Rang_Simpson	Rang_EPI
GF9	0,13	16	31,5	36
MBRY	0,21	1	15	54,5
MCES2	0,12	11	34,5	41
MDOR1	0,08	97	52,5	11
MDOR2	0,12	41	34,5	19
MDS1	0,38	154	5	7
MDS2	0,2	111	18	10
MJ1	0,11	33	41	24
MJ2	0,74	158	3	5
MJ3	0,89	114	2	9
MJ4	0,23	3	11,5	48,5
MJ5	0,26	12	10	38,5
MJ6	0,23	18	11,5	33
MJ7	0,11	11	41	41
MJ8	0,14	13	28,5	37
MJ9	0,15	18	26	33
PTB1	0,11	153	41	8
PTB2	0,1	293	47	1
PTB3	0,17	80	24	13
PTB4	0,21	1	15	54,5
PTL1	0,21	3	15	48,5
RT1	0,22	11	13	41
RT2	0,11	3	41	48,5
TR1	0,96	50	1	18

Stations	Indice de Simpson	Nombre d'EPI	Rang_Simpson	Rang_EPI		Stations	Indice de Simpson	Nombre d'EPI	Rang_Simpson	Rang_EPI
GF8	0,12	2	34,5	51		TR2	0,3	158	6,5	5
VMC10	0,1	24	47	28,5		VMC5	0,11	1	41	54,5
VMC11	0,07	1	55	54,5		VMC7	0,11	3	41	48,5
VMC3	0,07	1	55	54,5		VMC9	0,09	12	50	38,5
VMC4	0,1	8	47	43,5						

Coefficient de Spearman: $R_s = 0,171$

IX Bibliographie

1. Abati, Y., et al., 2017. Ecology of a potentially invasive species in Martinique: Triphasia trifolia. Journal of Advances in Biology, 9(February), pp. 2000 – 2016.
2. Abati, Y., et al., 2020. Some aspects of the ecology of potentially invasive species in Martinique: The case of Dichrostachys cinerea. International Journal of Sciences, Volume 9, pp. 8 –26.
3. Abati, Y., et al., 2021. Some ecological characteristics of a potentially invasive species in Martinique: Spathodea campanulata. International Journal of Sciences, pp. 1 – 27.
4. Abaul, J., Phellogène, E., & Bourgeois, P., 1994. Contribution à la connaissance des rutacées américaines: étude des feuilles de Triphasia trifolia, Journal of Natural Products. Volume 57, p. 848 – 848.
5. Abd El – Ghani, M., 2016. Traditional medicinal plants of Nigeria: an overview. Agriculture and Biology Journal of North America, Volume 7, p. 220 – 247.
6. Abdou, A., M'Déré, A., Notter, J. – C. & Baret, S., 2017. Cartographie et impacts de la liane Hiptage benghalensis envahissante à la Réunion et identification des priorités de lutte. Revue d'Écologie (Terre et Vie), Volume 72, pp. 147 – 158.
7. Abera, M., 2018. Impact of water hyacinth, Eichhornia crassipes (Martius) (Pontederiaceae) in Lake Tana Ethiopia: a review. Journal of Aquaculture Research & Development, Volume 9, p. 3.
8. Ackerman, J., 1995. An orchid flora of Puerto Rico and the Virgin Islands. Bronx(New York): The New York Botanical Garden.
9. Adam, J., 1975. Un grand projet de plantation de Gmelina (Gmelina arborea Roxb) au Libéria. Journal d'agriculture traditionnelle et de botanique appliquée, pp. 59 – 66.
10. Adebayo, J., 2011. Potential antimalarials from Nigerian plants: A review. Journal of Ethnopharmacology, Volume 133, p. 289 – 302.
11. Adekunle, A., & Ikumapayi, A., 2006. Antifungal property and phytochemical screening of the crude extracts of Funtumia elastic and Mallotus oppositifolius. West Indian Medical Journal, Volume 55, p. 219 – 223.

12. Affre, L. et al., 2015. Regard écologique sur le recul stratégique: atouts et risques pour la diversité végétale péri - urbaine marseillaise. La revue électronique en sciences de l'environnement - VertigO, pp. 1 - 14.
13. Aguiar, J., Pansarin, L., Ackerman, J. & Pansarin, E., 2012. Biotic versus abiotic pollinisation in Oeceoclades maculate (Lindl.) Lindl. (Orchidaceae). Plant Species Biology, Volume 27, p. 86 – 95.
14. Agyare, C., Koffuor, G., Boakye, Y. & Mensah, K., 2013. Antimicrobial and anti - inflammatory properties of Funtumia elastic. Pharmaceutical Biology, Volume 51, p. 1 – 8.
15. Ainouche, M., Baumel, A., Salmon, A. & Yannic, G., 2003. Hybridization, polyploidy and speciation in Spartina (Poaceae). New Phytologist, Volume 161, pp. 165 – 172.
16. Ainouche, M., et al., 2009. Hybridization, polyploidy and invasion: lessons from Spartina (Poaceae). Biological Invasions, Volume 11, pp. 1159 - 1173.
17. Albrecht, A., Brossard, M., Chotte, J. & Feller, C., 1992. Les stocks organiques des principaux sols cultivés de la Martinique (Petites Antilles). Cahier O.R.S.T.O.M., Série Pédologie, Volume XXVII, p. 23 – 36.
18. Alpert, B., & Holapfel, C., 2000. Invasiveness, invisibility and the role of environmental stress in the spread of non - native plants. Perspectives in Plant Ecology, Evolution and Systematics, Volume 3, pp. 52 - 66.
19. Anderson, N., & Galatowitsch, S., 2006. Foreword. Euphytica, Volume 148, pp. 1 - 3.
20. Andhare, R., Mayuresh, K. & Naik, S., 2012. Evaluation of antiallergic and anti - anaphylactic activity of ethanolic extract of Sansevieria trifasciata leaves (EEST) in rodents. Journal of Ethnopharmacology, Volume 142, p. 627 – 633.
21. Andriarimalala, J. H. et al., 2019. Nutritional potential of bamboo leaves for feeding dairy cattle. Pesquisa Agropecuaria Tropical, pp. 1 - 8.
22. Artusi, R., Verderio, P. & Marubini, E., 2002. Bravais - Pearson and Spearman correlation coefficients: meaning, test of hypothesis and confidence interval. The International Journal of Biological Markers, Volume 17, pp. 148 - 151.
23. Auda, Y., et al., 2007. Détection des plantes envahissantes par télédétection: un cas d'étude, l'ambroisie en région Rhône-Alpes, France. International Journal of Remote Sensing, Volume 29, pp. 1109 - 1124.
24. Auld, B. A., & Nagatalevu - Seniloli, M., 2005. Le Tulipier africain dans les Îles Fidji. Dans: Gestion des mauvaises herbes pour les pays en développement. Rome: Labrada R., pp. 67 - 69.

25. Aumeeruddy – Elalfi, Z., Gurib – Fakim, A., & Mahomoodally, M., 2015. Kinetic studies of yrosinase inhibitory activity of 19 essential oils extracted from endemic and exotic medicinal plants. South African Journal of Botany, Volume 103, p. 89 – 94.
26. Aweke, G., 1994. The water hyacinth (Eichhornia crassipes) in Ethiopia. Bulletin des Séances, Académie Royale des Sciences d'Outre - Mer, Volume 39, pp. 399 - 404.
27. Aworet Samseny, R. R. R. et al., 2015. Study of pharmacological properties of the methanolic extract of Dichrostachys cinerea bark (L.) Wight et Arn (Leguminosae) in isolated myometrium from pregnant rats. Journal of Ethnopharmacology, Volume 169, pp. 195 - 199.
28. Bachelet, G., 2010. Coût de la prolifération de la crépidule (Crepidula fornicata) en rade de Brest et analyse coût - avantage d'un projet d'élimination. Dans: Les invasions biologiques, une question de natures et de sociétés. Paris: Éditions Quae, pp. 145 - 147.
29. Bais, H. et al., 2003. Allelopathy and exotic plant invasion: from molecules to species interactions. Science, Volume 301, pp. 1377 -1380.
30. Baker, H., 1974. The evolution of weeds. Annual Review of Ecology and Systematics, Volume 7, pp. 1 - 24.
31. Barbault, R., 2013. Résilience et adaptabilité des écosystèmes. Annales des Mines – Responsabilité et Environnement, Volume 72, p. 54 – 58.
32. Barbault, R. & Atramentowicz, M., 2010. Les invasions biologiques, une question de natures et de sociétés. Versailles: Quae.
33. Barney, J. N., 2006. North American history of two invasive plant species: phytogeographic distribution, dispersal vectors and multiple introductions. Biological Invasions, Volume 8, pp. 703 - 717.
34. Batianoff, G. & Franks, A., 1997. Invasion of sandy beachfronts by ornamental plant species. Plant Protection Quarterly, Volume 12, p. 180 – 186.
35. Batianoff, G. N. & Franks, A. J., 1998. Weed invasion of the tropical Mackay coast, Queensland, Australia. Plant Protection Quarterly, Volume 13, p. 1998.
36. Battistini, R., 1978. Les récifs coralliens de la Martinique, comparaison avec ceux du sud - ouest de l'Océan Indien. Cahiers O.R.S.T.O.M., série Océanographique, Volume XVI, p. 157 – 177.
37. Bayman, P. et al., 2016. Age - dependent mycorrhizal specificity in an invasive orchid, Œceoclades maculata. American Journal of Botany, Volume 103, pp. 1880 - 1889.

38. Beaudoin, A., 2018. Complications infectieuses après morsure de serpent par Bothrops lanceolatus en Martinique. À propos de 170 cas. Thèse de Médecine, Martinique: Université des Antilles.
39. Beauvais, M.– L., Coléno, A. & Jourdan, H., 2006. Les espèces envahissantes dans l'archipel néo – calédonien. Un risque environnemental et économique majeur. Paris: IRD – Institut de Recherche pour le Développement.
40. Beisel, J.– N. & Leveque, C., 2010. Introductions d'espèces dans les milieux aquatiques: faut – il avoir peur des invasions biologiques. Quae.
41. Bellefontaine, R., Nicolini, E.– A. & Petit, S., 1999. Réduction de l'érosion par l'exploitation de l'aptitude à drageonner de certains ligneux des zones tropicales. Dans: Drageonnage de ligneux tropicaux. Montpellier: CIRAD – Forêt, p. 15.
42. Benabadji, N. & Bouazza, M., 2001. L'impact de l'homme sur la forêt dans la région de Tlemcen. Forêt méditerranéenne, Volume XXII, pp. 269 – 274.
43. Benzécri, F., 1985. Introduction à la classification ascendante hiérarchique d'après un exemple de données économiques. Les cahiers de l'analyse des données, pp. 279 – 302.
44. Bergonzini, J.– C. & Lanly, J. – P., 2000. Les forêts tropicales. Paris: Cirad, Karthala.
45. Bernard, J. – F.et al., 2014. Livre rouge des plantes menacées aux Antilles françaises. Paris, Mèze: Muséum national d'Histoire naturelle.
46. Bhol, N. & Nayak, H., 2012. Effect of planting alignment and cutting size on propagation of Bambusa vulgaris. Journal of Tree Sciences, Volume 31, p. 69 – 75.
47. Binggeli, P., 1994. Misus of terminology and anthropomorphic concepts in the description of introduced species. Bulletin British Ecological Society, Volume 25, pp. 10 – 13.
48. Binggeli, P., 2003. Introduced and invasive plants. Dans: The natural history of Madagascar. Chicago: University of Chicago Press, p. 257 – 268.
49. Birnbaum, P., 1994. Histoire de l'invasion d'une plante introduite Miconia calvescens, dans une île polynésienne, Tahiti. Journal d'Agriculture Traditionnelle et de Botanique Appliquée, Volume 36, pp. 283 – 295.
50. Blackburn, T. M. et al., 2011. A proposed unified framework for biological invasions. Trends in Ecology and Evolution, Volume 26, pp. 333 – 339.
51. Blanchart, E. et al., 2000. Déterminants biologiques de l'agrégation dans les Vertisols des Petites Antilles – Conséquences sur l'érodibilité. Étude et Gestion des Sols, Volume 7, pp. 309 – 328.

52. Blanckaert, I. et al., 2004. Floristic composition, plant uses and management practices in homegardens of San Rafael Coxcatlán, Valley of Tehuacán – Cuicatlán, Mexico. Journal of Arid Environments, Volume 57, p. 179 – 202.
53. Blundell, A., Scatena, F., Wentsel, R. & Sommers, W., 2003. Ecorisk assessment using indicators of sustainability: invasive species in the Caribbean National Forest of Puerto Rico. Journal of Forestry, 101(14 - 19).
54. Boeuf, G. & Loubersac, L., 2013. L'acidification de l'Océan. Taï Kona, Volume 3, pp. 14 – 25.
55. Bonin, G. & Tatoni, T., 1990. Réflexions sur l'apport de l'analyse factorielle des correspondances dans l'étude des communautés végétales et de leur environnement. Ecologia Mediterranea, Volume 16, pp. 403 – 414.
56. Bonnot, E.– J., 1967. Ambrosia artemisiifolia L.. Dans: Bulletin mensuel de la Société linnéenne de Lyon. Lyon, pp. 348 – 359.
57. Booth, B. D., Murphy, S. D. & Swanton, C. J., 2003. Weed ecology in natural and agricultural systems. Wallingford, UK: CABI Publishing.
58. Bor, N. & Raizada, M., 1982. Some beautiful Indian climbers and shrubs. 2e édition éd. Mumbai: Bombay Natural History Society.
59. Boudouresque, C., 1971. Contribution à l'étude phytosociologique des peuplements algaux des côtes varoises. Vegetatio, Volume 22, pp. 83 - 184.
60. Boudouresque, C. & Belsher, T., 1979. Une méthode de détermination de l'aire minimale quantitative. Rapports et procès – verbaux des réunions – Commission internationale pour l'exploration scientifique de la Mer Méditerranée, Volume 25/26, pp. 273 - 275.
61. Bousquet, T., Waymel, J., Zambettakis, C. & Geslin, J., 2016. Liste des plantes vasculaires invasives de Basse-Normandie. REAL de Normandie / Région de Normandie. Villers-Bocage: Conservatoire botanique national de Brest.
62. Bouysse, P., 1984. The lesser Antilles island – arc – structure and geodynamic evolution. Initial Reports of the Deep–Sea Drilling Project, Volume 78, pp. 83 - 103.
63. Bouysse, P. et al., 1988. Reconnaissance de structures tectoniques et volcaniques sous – marines de l'arc récent des Petites Antilles (Kick'em Jenny, Qualibou, Montagne Pelée, Nord – Ouest de la Guadeloupe). Marine Geology, Volume 81, p. 261 – 287.
64. Bouysse, P., Westercamp, D. & Andreieff, P., 1990. The Lesser Antilles Island Arc. Dans: Proceedings of the Ocean Drilling Program, Scientific Results. Moore J. C., Mascle A. et al. (Eds), pp. 29 – 44.

65. Branquart, E. & Fried, G., 2016. Espèces envahissantes d'ici et d'ailleurs: Synthèse sur les espèces envahissantes et présentation de 32 espèces, Mardaga.
66. Brink, M. & Achigan – Dako, E. G., 2012. Ressources végétales de l'Afrique tropicale 16. Plantes à fibres. Wageningen, Pays – Bas: Fondation PROTA.
67. Brown, P. & Daigneault, A., 2014. Cost – benefit analysis of managing the invasive African tulip tree (Spathodea campanulata) in the Pacific. Environmental Science & Policy, Volume 39, pp. 65 – 76.
68. Brun, C., 2007. Archéophytes et néophytes. Pour une nouvelle détermination des marqueurs polliniques de l'anthropisation. Le cas des milieux cultivés et rudéraux de Franche – Comté. Thèse de doctorat: Écologie, environnement, Franche – Comté: Université de Franche –Comté.
69. Brundu, G. et al., 2012. Pistia stratiotes L. and Eichhornia crassipes (Mart.) Solms.: emerging invasive alien hydrophytes in Campania and Sardinia (Italy). Bulletin OEPP, Volume 42, p. 568 – 579.
70. Bruynooghe, M., 1977. Méthodes nouvelles en classification automatique de données taxinomiques nombreuses. Statistique et Analyse des données, pp. 24 – 42.
71. Buckley, Y. M., 2008. The role of research for integrated management of invasive species, invaded landscapes and communities. Journal of Applied Ecology, Volume 45, pp. 397 – 402.
72. Buisson, E. et al., 2018. Rétablissement des communautés végétales après éradication des griffes de sorcière (Carpobrotus sp.) dans le cadre du programme de restauration écologique de l'île de Bagaud (Parc national de Port – Cros, France): résultats 5 ans après éradication, France: Rapport scientifique du Parc National de Port – Cros.
73. Burke, M. & Grime, J., 1996. An experimental study of plant community invasibility. Ecology, Volume 77, pp. 776 – 790.
74. Burkill, H., 1994. Useful plants of the West Tropical Africa: Families M – R. 2e edition éd. London, UK: Royal Botanic Gardens Kew.
75. Busser, C., 2007. Baies, fruits et pseudo – fruits toxiques utilisés en médecine populaire ou en phytothérapie. Phytothérapie, pp. 31 – 36.
76. Cadotte, M. et al., 2006. On testing the competition – colonization trade – off in a multispecies assemblage. The American Naturalist, Volume 168, pp. 704 – 709.
77. Callaway, R. M. & Aschehoug, E. T., 2000. Invasive plants versus their next and old neighbors: a mechanism for exotic invasion. Science, Volume 290, pp. 521 – 523.

78. Callaway, R. M. et al., 2005. Allelopathy and exotic plant invasion: from genes to communities: synopsis, updates and implications. Wagga Wagga, Australia: Allelopathy PottWco (ed) Fourth World Congress on Allelopathy.
79. Cans, C. & De Klemm, C., 1998. Un cas d'irréversibilité: l'introduction d'espèces exogènes dans le milieu naturel. pp. 101 – 124.
80. Carlquist, S., 1974. Island Biology. Columbia University Press.
81. Carlton, J. & Ruiz, G., 2005. Vector science and integrated vector management in bioinvasion ecology: conceptual frameworks. Dans: Invasive alien species. Washington, DC: Island Press, pp. 36 – 58.
82. Carruthers, R. I., 2003. Invasive species research in the United States Department of Agriculture-Agricultural Research Service. Pest Management Science, Volume 59, pp. 827 – 834.
83. Casas, J. V., Tulod, A. M., Aribal, L. & Patricio, J. H., 2017. Exotic Gmelina arborea Roxb. plantation supports better understory plant diversity than native Nauclea orientalis (L.) plantation 30 years after their establishment in a watershed area in Southern Philippines. Journal of Bioversity and Environmental Sciences, Volume 11, pp. 134 – 147.
84. Chao, A., Chazdon, R., Colwell, R. & Shen, T.–J., 2006. Abundance – based similarity indices and their estimation when there are unseen species in samples. Journal of the International Biometric Society, Volume 62, p. 361 – 371.
85. Chauvel, B. & Cadet, E., 2010. Introduction et dispersion d'une espèce envahissante: le cas de l'ambroisie à feuilles d'armoise (Ambrosia artemisiifolia L.) en France. Botany Letters, Volume 158, pp. 309 – 327.
86. Chauvel, B. & Martinez, Q., 2013. Allergie à l'ambroisie: quels moyens pour empêcher l'invasion?. Revue française d'Allergologie, Volume 53, p. 229 – 234.
87. Clark, D., 2003. Weeds are still "weeds" in Paradise. Wildland Weeds, pp. 16 – 17.
88. Clayton, J. & Champion, P., 2006. Risk assessment method for submerged weeds in New Zealand hydroelectric lakes. Hydrobiologia, Volume 570, pp. 183 – 188.
89. Cohen, I. & Ackerman, J., 2009. Œceoclades maculata, an alien tropical orchid in a Caribbean rainforest. Annals of Botany, Volume 104, p. 557 – 563.
90. Colautti, R. & MacIsaac, H., 2004. A neutral terminology to define invasive species. Diversity and Distributions, Volume 10, pp. 135 – 141.

91. Colautti, R. & Richardson, D., 2009. Subjectivity and flexibility in invasion terminology: too much of a good thing?. Biological Invasions, Volume 11, p. 1225 – 1229.
92. Colmet – Daage, F., 1969. Aperçu sur les sols des Antilles. Congrès annuel de l'Association Inter – Caraïbe des Plantes Alimentaires, p. 242 – 250.
93. Colmet – Daage, F. & Lagache, P., 1965. Caractéristiques de quelques groupes de sols dérivés de roches volcaniques aux Antilles françaises. Cahier O.R.S.T.O.M., Série Pédologie, Volume XIX, p. 91 – 121.
94. Contandriopoulos, J., 1962. Essai de classification des endémiques corses. Bulletin de la Société Botanique de France, Volume 109, pp. 449 – 459.
95. Cordier, J., Dupre, R. & Vahrameev, P., 2010. Catalogue de la flore sauvage de la région Centre. Symbioses, Nouvelle Série, Volume 26, p. 36 – 84.
96. Coudair, K., 2005. Recherche des méthodes de contrôle et de valorisation du bambou dans la zone centrale du parc national de Guadeloupe, 56 p
97. Cronk, Q. & Fuller, J., 1995. Plant Invaders: the Threat to Natural Ecosystems. London, UK: Earthscan Publications.
98. Cronk, Q. & Fuller, J., 2001. Plant invaders. The threat to natural ecosystems. People and plants conservation manuals. London, UK: Unesco: M. Walters.
99. Crooks, K. & Soulé, M., 1999. Mesopredator release and avifaunal extinctions in a fragmented system. Nature, Volume 400, pp. 563 – 566.
100. CSEM, 1962. Fiches sur les essences de reboisement: (caractères sylvicoles et méthodes de plantation): Bambous en Afrique (Arundinaria alpina, Bambusa vulgaris, Oxytenanthera abyssinica). Revue Bois et Forêts des Tropiques, Volume 85, p. 24 – 32.
101. Daehler, C., 2003. Performance comparisons of co–occurring native and alien invasive plants: implications for conservation and restoration. Annual Review of Ecology, Evolution and Systematics, Volume 34, pp. 183 – 211.
102. Dagnelie, P., 1975. Analyse statistique à plusieurs variables. Gembroux: Agron.
103. Dagno, K. et al., 2007. Synthèse bibliographique: problématique de la jacinthe d'eau, Eichhornia crassipes, dans les régions tropicales et subtropicales du monde, notamment son éradication par la lutte biologique au moyen des phytopathogènes. Base – Biotechnologie, Agronomie, Société et Environnement, Volume 11, p. 299 – 311.
104. Dahan, A., Aykut, S., Guillemot, H. & Korzcak, A., 2009. Les arènes climatiques: forums du futur ou foires aux palabres? La Conférence de Poznan, Koyré Climate Series, Volume 1, 45 p.

105. Daley, B., Valiulis, J. & Slatton, R., 2012. Exotic Invasives. US Virgin Islands: Species Effecting Forests.
106. Damaiyani, J., Purwestri, Y. A. & Sumardi, I., 2018. The orbicules and allergenic protein of African tulip tree (Spathodea campanulata P. Beauv.): a roadside ornamental plant in Malang, Indonesia. Journal of Biological Researches, Volume 24, pp. 43 – 46.
107. Damen, T., Van der Burg, W., Wiland – Szymańska, J. & Sosef, M., 2018. Taxonomic novelties in African Dracaena (Dracaenaceae). Blumea, Volume 63, pp. 31 –53.
108. Dandelot, S., 2004. Les *Ludwigia spp.* invasives du sud de la France: historique, biosystématique, biologie et écologie, Aix–Marseille: Écologie et hydrobiologie.
109. Dandelot, S. et al., 2005. Variations temporelles des paramètres physicochimiques et microbiologiques des trois écosystèmes aquatiques (Sud–Est de la France) envahis par des Ludwigia. Comptes Rendus Biologies, Volume 328, p. 991 – 999.
110. Dandelot, S., Verlaque, R., Dutartre, A. & Cazaubon, A., 2005. Ecological, dynamic and taxonomic problems due to Ludwigia (Onagraceae) in France. Hydrobiologia, Volume 551, p. 1 – 6.
111. D'Antonio, C. M. & Dudley, T. L., 1995. Biological invasions as agents of change on islands compared with mainlands. Dans: Biological diversity and ecosystem function. Berlin, Germany: Springer – Verlag, pp. 103 – 121.
112. Darwin, C., 1859. De l'origine des espèces. Paris: Barbier.
113. Das, M. et al., 2008. Bamboo taxonomy and diversity in the era of molecular markers. Advances in Botanical Research, Volume 47, p. 225 – 268.
114. David, P. et al., 2017. Impacts of invasive species on food weeds: a review of empirical data. Advances in Ecological Research, Volume 56, pp. 1 – 60.
115. Davis, M., Grime, J. & Thompson, K., 2000. Fluctuating resources in plant communities: a general theory of invasibility. Journal of Ecology, Volume 88, pp. 528 – 534.
116. Davis, M. & Thompson, K., 2000. Eight ways to be a colonizer; two ways to be an invader: a proposed nomenclature for invasion ecology. Bulletin of the Ecological Society of America, Volume 81, p. 226 – 230.
117. Davis, M. & Thomson, K., 2001. Invasion Terminology: Should ecologists define their terms differently than others? No, Not if we want to be of any help!. Bulletin of the Ecological Society of America, Volume 82, p. 206.

118. De Bruyn, O., 2016. Espèces végétales exotiques et vulnérabilité environnementale: un débat ancien? Le cas de la Belgique (fin XVIIIe siècle–années 1950). Vertigo – la revue électronique en sciences de l'environnement.
119. De Raissac, M., Marnotte, P. & Alphonse, S., 1998. Interactions entre plantes de couverture, mauvaises herbes et cultures: quelle est l'importance de l'allélopathie. Agriculture et développement, pp. 40 – 49.
120. De Wit, M., Crookes, D. & Van Wilgen, B., 2001. Conflicts of interest in environmental management: estimating the costs and benefits of a tree invasion. Biological invasions, Volume 3, pp. 167 – 178.
121. Deal Martinique, 2011. Les invasions biologiques aux Antilles Françaises, Diagnostic et état des lieux des connaissances. Rapport disponible à la demande, 88 p
122. Delnatte, C. & Meyer, J.–Y., 2012. Plant introduction, naturalization, and invasion in French Guiana (South America). Biological Invasions, Volume 14, pp. 915 – 927.
123. Descourtilz, E., 1833. Flore pittoresque et médicale des Antilles ou histoire naturelle des plantes usuelles des colonies françaises, anglaises, espagnoles et portugaises. 2e édition éd. Paris: Rousselon.
124. Dewynter, M. & Rufray, V., 2012. Le statut de conservation du Bothrops lanceolatus, Fort–de–France: DEAL Martinique.
125. Diggin, J. & Gentle, C., 1998. Experimental evidence on the importance of disturbance intensity for invasion of Lantana camara L. in dry rainforest–open forest ecotones in north–eastern NSW, Australia. Forest Ecology and Management, Volume 109, pp. 279 – 292.
126. Diop, O., 2006. Management of invasive aquatic weeds with emphasis on biological control in Senegal, Thèse de doctorat en Philosophie (Science).
127. Dje Bi, D. P. V., Koffi, K. J. & Adou Yao, C. Y., 2020. Importance sociale de Bambusa vulgaris Schrad ex. J.C. Wendl. (Poaceae) dans la Sous–préfecture d'Azaguié, Sud–Est de la Côte d'Ivoire. Ethnobotany Research and Applications, pp. 1 – 17.
128. Dommanget, F., 2014. Interactions entre espèces invasives et communautés végétales des berges de cours d'eau: vers l'utilisation du génie écologique pour le contrôle des renouées asiatiques, Montpellier: Science de l'environnement. Doctorat Écosystèmes et Sciences agronomiques.
129. Dommanget, F. et al., 2015. Contrôler des renouées invasives par les techniques de génie écologique: retours d'expérience sur la restauration de berges envahies. Revue d'Écologie (Terre et Vie), Volume 70, pp. 215 – 228.

130. Dondon, R., Bourgeois, P. & Fery–Forgues, S., 2006. A new bicoumarin from the leaves and stems of Triphasia trifolia. Fitoterapia, Volume 77, p. 129 – 133.
131. Dortel, F. & Geslin, J., 2016. Liste des plantes vasculaires invasives des Pays de la Loire. Liste 2015, Brest: DREAL Pays de la Loire. Conservatoire botanique national de Brest.
132. Dos Santos, R. et al., 2008. Composição química e atividade biológica das folhas e futos de Triphasia trifolia. Química Nova, Volume 31, p. 53 – 58.
133. Dossou, M. et al., 2012. Étude ethnobotanique des ressources forestières ligneuses de la forêt marécageuse d'Agonvè et terroirs connexes au Bénin. Tropicultura, Volume 30, p. 41 – 48.
134. Drake, J. et al., 1989. Biological invasions: a global perspective. Chichester, UK: Scientific Committee on Problems of the Environment (SCOPE).
135. Dressler, R., 1993. Phylogeny and Classification of the Orchid Family. Cambridge University Press.
136. Dubbern, C., Leal, T. & Pedroso–de–Moraes, C., 2013. Distribuição especial de Oeceoclades maculate Lindl. (Orchidaceae) em fragment florestal Estacional Semidecidual da fazenda Santa Tereza, Cordeirópolis, SP, Brazil. Natureza on line, Volume 11, pp. 29 – 32.
137. Duby, C. & Robin, S., 2006. Analyse en composantes principales, Paris – Grignon: Institut National Agronomique.
138. Dumas, Y., 2011. Que savons–nous du Raisin d'Amérique (*Phytolacca americana),* espèce exotique envahissante? Synthèse bibliographique. Rendez–vous techniques ONF, pp. 48 – 57.
139. Duplouy, A. & Meyer, J.–Y., 2004. Liste des plantes médicinales en Polynésie française. Contribution à la biodiversité de la Polynésie française N°12, p. 15.
140. Dupont, L., 2013. Le changement climatique et ses implications économiques sur le secteur touristique à la Guadeloupe et à la Martinique (Petites Antilles). Études caribéennes, Volume 26, pp. 1 – 29.
141. Duss, R., 1897. Flore phanérogamique des Antilles françaises (Martinique et Guadeloupe), Extrait des Annales de l'Institut Colonial de Marseille. Macon.
142. Dutartre, A., Mazaubert, E. & Poulet, N., 2012. Bilan des espèces exotiques envahissantes en milieux aquatiques sur le territoire français: essai de bilan en métropole. Sciences Eaux et Territoires, p. 56 – 63.

143. Dutartre, A. & Suffran, Y., 2011. Changement climatique et invasions biologiques. Impacts sur les écosystèmes aquatiques, risques pour les communautés et futurs moyens de gestion. Convention Onema – Cemagref, rapport 2010, 49 p.
144. Duvall, C., 2006. On the origin of the tree Spondias mombin in Africa. Journal of Historical Geography, Volume 32, p. 249 – 266.
145. Elmqvist, T., 1994. Effects of tropical cyclones Ofa and Val on the structure of a Samoan lowland rain forest. Biotropica, Volume 26, pp. 384 – 391.
146. Elton, C., 1958. The Ecology of Invasions by Animals and Plants. London: Methuen.
147. Ely – Marius, S. et al., 2017. Contribution to the knowledge of the ecological profile of some Melastomataceae of the Lesser Antilles: the case of Martinique. Journal of Advances in Biology, Volume 10, p. 2096 – 2120.
148. Endress, M., 2000. A revised classification of the Apocynaceae. The Botanical Review, Volume 66, p. 56.
149. Englberger, K., 2009. Invasive weeds of Pohnpei: A guide for identification and public awareness. Kolonia: Conservation Society of Pohnpei (CSP).
150. Enoki, T. & Drake, D. R., 2017. Alteration of soil properties by the invasive tree Psidium cattleianum along a precipitation gradient on O'ahu Island, Hawai'i. Plant Ecology, Volume 218, pp. 947 – 955.
151. Etzold, S., Wunder, J. & Braun, S., 2016. Mortalité des arbres forestiers: causes et tendances. Dans: Forêts et changements climatiques. Éléments pour des stratégies d'adaptation. Birmensdort, Haupt, Berne, Stuttgart, Vienneerne, Stuttgart, Vienne: Office fédéral de l'environnement OFEV, Berne, Institut fédéral de recherches WSL, p. 183 – 203.
152. Evangelista, C., 2016. Variabilité intraspécifique chez les espèces invasives et ses conséquences sur le fonctionnement des écosystèmes aquatiques. Thèse de doctorat: Écologie, environnement, Toulouse: Université Paul Sabatier.
153. Evans, H. C., 1999. Biological control of weed and insect pests using fungal pathogens, with particular reference to Sri Lanka. Biocontrol News and Information, Volume 20, pp. 63 – 68.
154. FAO, 1997. Zonage Agro–écologique – Directives, Bulletin Pédologique de la FAO, Numéro 73, 1997. [En ligne] Available at: http://www.fao.org/docrep/w2962F/w2962f00.htm#Contents [Accès le 2 Février 2019].

155. Fargione, J., Brown, C. S. & Tilman, D., 2003. Community assembly and invasion: an experimental test of neutral versus niche process. Proceedings of the National Academy of Sciences to the USA, 100(8916 – 8920).
156. Feldmann, P. & Barré, N., 2001. Atlas des orchidées sauvages de la Guadeloupe. Patrimoines Naturels, Volume 48, p. 228.
157. Feldmann, P. & Barré, N., 1995. Quelle est donc cette orchidée? Oncidium altissimum. L'Abeille d'Or, Volume 16, pp. 14 – 15.
158. Fernández, M., Alaejos, J., Tapias, R. & Menéndez, J., 2013. Aprovechamiento enegético de la mala hierba Marabu (*Dichrostachys cinerea* L.) como ayuda a su control mecánico,. XIV Congreso de la Sociedad Española de Malherbología (Valencia), p. 103 – 107.
159. Fiard, J.–P., 1992. Arbres rares et menacés de la Martinique. Fort–de–France: Société des Galeries de géologie et de botanique.
160. Finkeldey, R. & Hattemer, H., 2007. Sexual and asexual reproduction in tropical forests. Dans: Tropical forest genetics. Springer, pp. 41 – 52.
161. Fitter, A. & Peat, H., 1994. The ecological flora database,. Journal of Ecology, Volume 82, pp. 415 – 425.
162. Flippi, O. & Aronson, J., 2010. Plantes invasives en région méditerranéenne: quelles restrictions d'utilisation préconiser pour les jardins et les espaces verts?. Ecologia Mediterranea, Volume 2, pp. 31 – 54.
163. Florens, F. B. V. et al., 2016. Invasive alien plants progress to dominate protected and best–preserved wet forests of an oceanic island. Journal for Nature Conservation, Volume 34, pp. 93 – 100.
164. Follak, S. et al., 2018. Invasive alien plants along roadsides in Europe. EPPO Bulletin, Volume 48, pp. 256 – 265.
165. Foloni, L. L. & Pitelli, R. A., 2005. Assessment of sensitivity of several aquatic weeds to carfentrazone–ethyl under controlled environment. Planta Daninha, Volume 23, pp. 329 – 334.
166. Fonseca Da Silva, J., 2014. Species composition, diversity and structure of novel forests of Castilla elastica in Puerto Rico. Tropical Ecology, Volume 55, pp. 231 – 244.
167. Fonseca Da Silva, J., 2015. Dynamics of novel forests of *Castilla elastica* in Puerto Rico: from species to ecosystems. Ecology and Evolution, Volume 5, p. 3299 – 3311.
168. Fonseca da Silva, J., Médina, E. & Lugo, A., 2017. Traits and resource use of co–occurring introduced and native trees in a tropical novel forest. Forests, Volume 8, p. 12.

169. Foster, B. L., Smith, V. H., Dickson, T. L. & Hildebrand, T., 2002. Invasibility and compositional stability in a grassland community: relationships to diversity and extrinsic factors. Oikos, pp. 300 – 307.
170. Fourdrigniez, M. & Meyer, J.–Y., 2008. Liste et caractéristiques des plantes introduites naturalisées et envahissantes en Polynésie française, Papeete, 62 p
171. Fournet, J., 2002. Flore illustrée des phanérogames de Guadeloupe et de Martinique. Gonwana éd. Montpellier: Cirad.
172. Fournier, A., 2018. Modéliser et prédire les invasions biologiques, Orsay: Université Paris–Saclay.
173. Francis, J., 1990. *Spathodea campanulata* Beauv., African Tulip tree. Bignoniaceae. Bignonia family. Dans: J. K. Francis & C. Lowe, éds. Silvis of native and exotic trees of Puerto Rico and the Caribbean islands. Rio Piedras, Puerto Rico: USDA Forest Service, pp. 484 – 487.
174. Francis, J., 1993. *Bambusa vulgaris* Schrad ex Wendl. USDA Forest Service, Institut international de foresterie tropicale.
175. Francis, J., 2004. Wildland shrubs of the United States and its territories: thamnic descriptions. Department of Agriculture, Forest Service, International Institute of Tropical Forestry, and Fort Collins.
176. Francis, J. & Liogier, H., 1991. Naturalized exotic tree species in Puerto Rico. General Technical Report SO–82, p. 12.
177. Frésard, M. & Hernandez, S., 2012. Apports de l'économie à la gestion des espèces invasives: le cas de la crépidule en baie de Saint–Brieuc. Sciences Eaux et Territoires, pp. 100 – 105.
178. Fumanal, B., 2007. Caractérisation des traits biologiques et des processus évolutifs d'une espèce envahissante en France: *Ambrosia artemisiifolia* L., Université de Bourgogne: Écologie, Environnement.
179. Gallet, C. & Pellissier, F., 2002. Interactions allélopathiques en milieu forestier. Revue Forestière Française, pp. 567 – 576.
180. Gangstad, E. O., Seale, C. C. & Joyner, J. F., 1953. Preliminary studies in the use of herbicides for the control of weeds in Sansevieria. Weeds, Volume 2, pp. 113 – 118.
181. Gargominy, O., 2003. Biodiversité et conservation dans les collectivités françaises d'outre–mer. Paris: Comité français pour l'UICN.
182. Gargominy, O. et al., 1996. Conséquences des introductions d'espèces animales et végétales sur la biodiversité en Nouvelle – Calédonie. Revue d'Écologie (Terre Vie), Volume 51, p. 375 – 402.
183. Garner, R. D. & Witkowski, E. T. F., 1997. Variations in seed size and shape in relation to depth of burial in the soil and predispersal predation in

Acacia nilotica, A. tortilis and Dichrostachys cinerea. South Africa Journal of Botany, Volume 63, pp. 371 – 377.
184. Gasso, N., Basnou, C. & Vilà, M., 2009. Predicting plant invaders in the Mediterranean through a weed risk assessment system. Biological Invasions, p. 15.
185. Gaubert, H., 1992. Les invasions biologiques en milieu insulaire: le cas de *Miconia calvescens* à Tahiti, Papeete, Polynésie française: Rapport de VAT, Centre ORSTOM de Tahiti.
186. Gégout, J.–C. & Renaux, B., 2010. Définition d'un indice de typicité des relevés en vue de classer automatiquement les relevés floristiques dans les systèmes phytosociologique et habitats. Revue forestière française, pp. 449 – 462.
187. Génin, A., 2018. Réseaux d'interactions écologiques, stabilité et résilience des écosystèmes. Thèse de doctorat: Biologie des populations et écologie, Montpellier: Université de Montpellier.
188. Genovesi, P. & Shine, C., 2004. Stratégie européenne relative aux espèces exotiques envahissantes. Convention relative à la conservation de la vie sauvage et du milieu naturel de l'Europe (Convention de Berne). Strasbourg: Éditions du Conseil de l'Europe.
189. Georges, D. & Le Hir, F., 2013. Multiplication in vitro d'une espèce menacée endémique de la Martinique: Polygala antillensis Chodat, Polygalaceae. Acta Botanica Gallica, Volume 155, p. 477 – 483.
190. Germa, A., 2008. Evolution volcano–tectonique de l'île de la Martinique (arc insulaire des Petites Antilles): nouvelles contraintes géochronologiques et géomorphologiques. Thèse de doctorat: géologie appliquée, Paris: Université Paris Sud – Paris XI.
191. Germosén–Robineau, L., Weniger, B., Carballo, A. & Lagos–Witte, S., 1999. Pharmacopée végétale caribéenne, première édition. Edition Désormeaux, 499 p.
192. Ghabbour, E. A., Davies, G., Lam, Y. –. Y. & Vozzella, M., 2004. Metal binding by humic acids isolated from water hyacinth plants (Eichhornia crassipes [Mart.] Solm–Laubach: Pontederiaceae) in the Nile Delta, Egypt. Environmental Pollution, Volume 131, pp. 445 – 451.
193. GIEC, 2014. Changements climatiques 2014: Rapport de synthèse. Contribution des Groupes de travail I, II et III au cinquième, Genèse, Suisse: Rapport d'évaluation du Groupe d'experts intergouvernemental sur l'évolution du climat.
194. Gilpin, M., 1990. Ecological prediction. Science, Volume 248, pp. 88 – 89.

195. Gnahoua, G. & Louppe, D., 2003. Acacia auriculiformis. HAL, p. 2.
196. Goiffon, M., 2003. Pression foncière et littoralisation à la Martinique. Cahiers d'Outre–Mer, Volume 223, p. 351 – 374.
197. González–Díaz, N. & Ackerman, J., 1988. Pollination, fruit set, and seed production in the orchid Œceoclades maculata. Lindleyana, Volume 3, pp. 150 – 155.
198. Gopal, B., 1987. Water hyacinth (Aquatic plat studies 1). New York: Elsevier Publishing.
199. Goudard, A., 2007. Fonctionnement des écosystèmes et invasions biologiques: importance de la biodiversité et des interactions interspécifiques. Thèse de doctorat: Écologie, Environnement, Paris: Université Pierre et Marie Curie – Paris VI.
200. Grimsby, J., Tsirelson, D., Gammon, M. & Kessely, R., 2007. Genetic diversity and clonal vs. sexual reproduction in *Fallopia spp.* (Polygonaceae). American Journal of Botany, Volume 94, p. 954 – 957.
201. Guevara, L. & Benítez de Rojas, C., 2004. Caracterización morfológica y relaciones fenéticas entre especies de los órdenes Liliales y Poales. Biagro, Volume 16, p. 99 – 112.
202. Gunderson, L., 2000. Ecological resilience – in theory and application. Annual Review of Ecology and Systematics, Volume 31, p. 425 – 439.
203. Gutiérrez, A. S. et al., 2018. The current potential of low–carbon economy and biomass–based electricity in Cuba. The case of sugarcane, energy cane and marabu (Dichrostachys cinerea) as biomass sources. Journal of Cleaner Production, Volume 172, pp. 2108 – 2122.
204. Haeuser, E. et al., 2018. European ornamental garden flora as an invasion debt under climate change. Journal of Applied Ecology, Volume 55, pp. 2386 – 2395.
205. Hall, J. P. W., 2003. Phylogenetic reassessment of the five–forewing radial-veined tribes of Riodininae (Lepidoptera: Riodinidae). Systematic Entomology, Volume 28, pp. 23 – 38.
206. Harley, K., Julien, M. & Wright, A., 1997. Water hyacinth: A tropical worldwide problem and methods for its control. Proceedings of the first meeting of the International Water Hyacinth Consortium, pp. 639 – 644.
207. Haury, J. & Clergeau, P., 2014. Les espèces invasives de Bretagne: Plantes vasculaires et vertébrés continentaux. Biotope.
208. Hayes, K. & Barry, S., 2008. Are there any consistent predictors of invasion success?. Biological Invasions, Volume 10, p. 483 – 506.

209. Hébert, F. & Thiffault, N., 2014. Le nerprun bourdaine: un envahisseur exotique qui menace l'établissement des plantations. Avis de recherche forestière, Volume 52, p. 2.
210. Heim, S. et al., 2012. Antioxidant activity of Spathodea campanulata (Bignoniaceae) extracts. Revista Brasileria de Plantas Medicinais, Volume 14, pp. 287 – 292.
211. Hequet, V., Le Corre, M., Rigault, F. & Blanfort, V., 2009. Les espèces exotiques envahissantes de Nouvelle – Calédonie, IRD, 87 p
212. Herrera Isla, L., Brice, L. & Grillo Ravelo, H., 2002. Metodología para la inoculación artificial de Ceraatocystis sp. para el control de Spathodea campanulata Beauv. Centro Agrícola, pp. 56 – 58.
213. Herrera Isla, L. & Grillo Ravelo, H., 1989. Spathodea campanulata Beauv., new host plant Ceratocystis fimbriata Hell & Halst and Xyleborus spp.. Centro Agrícola, Volume 16, pp. 91 – 93.
214. Heywood, V., 1989. Patterns, extents and modes of invasions by terrestrial plants. Chapitre 2. Dans: Biological Invasions. A global perspective. Angleterre: Chichester.
215. Heywood, V. & Brunel, S., 2009. Code de conduite sur l'horticulture et les plantes exotiques envahissantes. Éditions du Conseil de l'Europe
216. Hierro, J. L. & Callaway, R. M., 2003. Allelopathy and exotic plant invasion. Plant and Soil, Volume 256, pp. 29 – 39.
217. Hill, M., 2003. The impact and control of alien aquatic vegetation in South African aquatic ecosystems. African Journal of Aquatic Science, Volume 28, p. 19 – 24.
218. Holdgate, M., 1986. Summary and conclusions: characteristics and consequences of biological invasions. Philosophical Transactions of the Royal Society B, Volume 314, pp. 733 – 742.
219. Holling, C. S., 1973. Resilience and stability of ecological systems. Annual Review of Ecology and Systematics, Volume 4, pp. 1 – 23.
220. Holm, L., Plucknett, D., Pancho, J. & Herberger, J., 1977. The World's Worst Weeds: Distribution and Biology. Honolulu: University of Hawaii Press.
221. Howard, R., 1979. Flora of the lesser Antilles. Leeward and Windward Islands. Volume 3. Monocotyledoneae. Massachusetts: Arnold Arboretum, Harvard University. Jamaica Plain.
222. Howard, R. A., 1988. Flora of Lesser Antilles, Leeward and Windward Islands. Volume 4. Dicotyledoneae – Part 1. Massachussetts: Arnold Arboretum, Harvard University.

223. Howard, R. A., 1989a. Flora of Lesser Antilles, Leeward and Windward Islands. Volume 5. Dicotyledoneae – Part 2. Massachusetts: Arnold Arboretum, Harvard University.
224. Howard, R. A., 1989b. Flora of Lesser Antilles, Leeward and Windward Islands. Volume 6. Dicotyledoneae – Part 3. Massachusetts: Arnold Arboretum, Harvard University.
225. Howard, R. & Powell, D., 1963. The introduction of Rubber – Producing species in the West Indies. Economic Botany, Volume 17, p. 337 – 349.
226. Huber, D. et al., 2002. Invasive pest species: impacts on agricultural production, natural resources, and the environment. Council for Agricultural Science and Technology, Volume 20, p. 18.
227. Huenneke, L. & Vitousek, P., 1990. Seedling and clonal recruitment of the invasive tree, Psidium cattleianum: implications for management of native Hawaiian forests. Biological Conservations, Volume 53, pp. 199 – 211.
228. Hulme, P. E. & Bremner, E. T., 2006. Assessing the impact of Impatiens glandulifera on riparian habitats: partitioning diversity components following species removal. Journal of Applied Ecology, Volume 43, pp. 43 – 50.
229. Hurrell, J., Delucchi, G. & Buet Costantino, F., 2009. Nuevas citas de monocotiledóneas adventicias para la Argentina. Revista del Museo Argentino de Ciencias Naturales, Volume 11, p. 131 – 144.
230. Hussner, A., Meyer, C. & Busch, J., 2009. The influence of water level and nutrient availability on growth and root system development of Myriophyllum aquaticum. Weed Research, Volume 49, pp. 73 – 80.
231. IFN, 2008. Inventaire par cartographie des espaces forestiers et naturels de la Martinique, Martinique: Conseil régional de la Martinique – Inventaire forestier national.
232. Ilondu, E. & Lemy, E., 2017. Studies on the diversity of snake repellent plants within some communities in Delta State, Nigeria. International Journal of Plant, Animal and Environmental Sciences, Volume 8, p. 16 – 24.
233. Insee, 2017. Insee Mesurer pour comprendre Martinique. [En ligne] Available at: https://www.insee.fr/fr/statistiques/4270288 [Accès le 17 Septembre 2020].
234. Jacq, F., 2002. Écologie d'une plante envahissante: Lisea glutinosa (Lour.) C.B. Rob., l'avocat marron, M'zavocamaron. Bulletin National d'Histoire–Géographie, pp. 4 – 15.

235. Jaffré, T., Dagostini, G., Fambart, J. & Rigault, F., 2002. Quelques plantes introduites en Nouvelle – Calédonie Identités et Origines, Nouvelle–Calédonie: Institut de recherche pour le développement.
236. Jain, S. & Srivastava, S., 2005. Traditional uses of some Indian plants among islanders of the Indian Ocean. Indian Journal of Traditional Knowledge, Volume 4, p. 345 – 357.
237. Jakobs, G., Weber, E. & Edwards, P., 2004. Introduces plants of the invasive Solidago gigantean (Asteraceae) are larger and grow denser than conspecifics in the native range. Diversity and Distributions, Volume 10, pp. 11 – 19.
238. Jaramillo Colorado, B., Martelo, I. & Duarte, E., 2012. Antioxydant and repellent activities of the essential oil from colombian Triphasia trifolia (Burm. F.) P. Wilson. Journal of Agricultural and Food Chemistry, Volume 60, p. 6364 – 6368.
239. Jijeesh, C., Seethalakshmi, K., Beena, V. & Raveendran, V., 2014. Sporadic flowering of Bambusa striata Lodd. Ex Lindl. an ornamental sympodial bamboo in Kottayam District, Kerala, India. International Research Journal of Biological Sciences, Volume 3, p. 37 – 41.
240. Jin, L. et al., 2004. The history of Solidago canadensis invasion and the development of its mycorrhizal associations in newly–reclaimed land. Functional Plant Biology, Volume 31, pp. 979 –986.
241. Joly, P., 2000. Invasions biologiques: état de l'art et perspectives. Revue d'écologie – Terre Vie, pp. 21 – 35.
242. Joseph, P., 1997. Dynamique, éco–physiologie végétales en bioclimat sec à la Martinique (Antilles françaises), Lille: Atelier national de reproduction des thèse – ANRT.
243. Joseph, P., 1999. Les monuments naturels: objets opératoires dans l'aménagement de l'écosystème Martinique. Dans: Les Antilles, terres à risques. Karthala, p. 209 – 242.
244. Joseph, P., 2000. Les îlets: des singularités au sein de l'Écosystème Martinique. Dans: T. d'Amérique, éd. La question de la terre dans les colonies et départements français d'Amérique 1848 – 19998. Paris: Karthala, pp. 313 – 341.
245. Joseph, P., 2002. Sylviculture et milieu naturel: l'exemple de la Martinique. Dans: Les Antilles et la Guyane françaises à l'aube du XXIe siècle. Karthala, Terres d'Amérique, p. 283 – 310.
246. Joseph, P., 2004b. Les aires protégées terrestres de la Martinique: véritables laboratoires pour l'étude de la dynamique végétale. Revue d'Écologie (Terre Vie), Volume 59, pp. 27 – 36.

247. Joseph, P., 2004. La problemática de las especies vegetales invasoras en las Antillas menores: el caso de Martinica. Vegueta, Volume 8, p. 183 – 204.
248. Joseph, P., 2006a. La végétation des Petites Antilles: un comportement atypique au regard de l'agressivité des plantes introduites (l'exemple de la Martinique). Dans: La Caraïbe données environnementales. Paris: Karthala, p. 53 – 83.
249. Joseph, P., 2006b. Les Petites Antilles face aux risques d'invasion par les espèces introduites. L'exemple de la Martinique. Revue d'Écologie (Terre Vie), Volume 61, pp. 209 – 224
250. Joseph, P., 2007. La question des espèces végétales invasives dans les Petites Antilles: Le cas de l'île de la Martinique. Dans: C. d. CEDPTE, éd. Espaces tropicaux et risques du local au global. Orléans: IRD (Eds), pp. 328 – 339.
251. Joseph, P., 2009. La végétation forestière des Petites Antilles: synthèse bibliographique et écologique, bilan et perspectives. Paris: Karthala.
252. Joseph, P., 2011. La végétation des Petites Antilles: principaux traits floristiques et effets plausibles du changement climatique. La revue électronique en sciences de l'environnement – VertigO, Volume 11, pp. 2 – 16.
253. Joseph, P., 2012. Quelques traits généraux de la diversité sylvatique des Petites Antilles. La revue électronique en sciences de l'environnement – VertigO, p. 24.
254. Joseph, P., 2014. Structure of vegetation formations and floral dynamics in the Lesser Antilles: The example of the lower vegetation level of Martinique. The Journal of Ecology, Photon, Volume 109, pp. 375 – 400.
255. Joseph, P., 2017b. The diversity of the useful flora of the Lesser Antilles: The example of the medicinal plants of Martinique. Wulfenia Journal, Volume 24, pp. 101 – 130.
256. Joseph, P. et al., 2003. Unités paysagères en bioclimat de transition dans le karst anthropisé des Grands–Fonds (Guadeloupe–Antilles françaises), IXe Journées de Géographie tropicale. Pessac: Espaces Tropicaux.
257. Joseph, P. et al., 2015a. Étude floristique et écologique en vue de la mise en place d'une exploitation de substratums géologiques (Morne Carrière – Commune du Vauclin) Expertise environnementale systémique, Martinique: Université des Antilles. UMR Espace Dev – BIORECA.
258. Joseph, P. et al., 2015b. Etude floristique et écologique ZNIEFF fond rousseau/ morne la pirogue/ Terreville délimitation plausible d'une zone tampon entre la ZAE projetée et la ZNIEFF Case navire, Martinique: Université des Antilles. UMR Espace Dev – BIORECA.

259. Joseph, P. et al., 2016. Contribution to the Knowledge of the Lesser Antilles Flora: Study of the Case–Navire, Naturalistic Area of Ecological Fauna and Flora Interest (Martinique). International Journal of Advanced Research, Volume 4, p. 1210 – 1239.
260. Joseph, P. & Abati, Y., 2016. The flower plants introduced in the Lesser Antilles: Martinique's example (general summary of the key data and ecosystem impacts. Journal of Environmental Science, Volume 10, pp. 88 – 108.
261. Joseph, P. & Baillard, K., 2017. Some elements of knowledge on the Coastal Floristic formation of Martinique (French West Indies). Journal of Geography and Geology, Volume 9, p. 39 – 65.
262. Joseph, P. et al., 2018a. Étude floristique et écologique au lieu–dit "Trou manuel" Commune du Marin (Martinique). Caractérisation écologique des principaux éléments de la flore et de la faune, Schœlcher: Université des Antilles. UMR Espace Dev – BIORECA.
263. Joseph, P., Claude, J. P., Abati, Y. & Jean–François, Y., 2018b. Étude floristique et écologique: Bassin Tortue, Commune du Marin, Martinique: Université des Antilles, UMR Espace DEV – BIORECA.
264. Joseph, P. et al., 2018c. Étude floristique et Écologique Quartier Morne Blanc, La Mélisse–Commune du Diamant, Martinique: Université des Antilles, UMR ESPACE DEV – BIORECA..
265. Joseph, P. et al., 2019. The main ecological characteristics of a species introduced to Martinique in a dynamic of invasion: *Funtumia elastica* (Preuss) Stapf (Apocynaceae). Journal of Plant Studies, Volume 8, pp. 1–18.
266. Joseph, P. et al., 2020. Regeneration of species of natural flora of the French Antilles under plantation forests of Mahoganis (*Swietenia macrophylla* and *aubrevilleana*): first data, the case of Martinique. New Forests.
267. Joyner, J. F., Pate, J. B., Gangstad, E. O. & Seale, C. C., 1951. The potentialities of Sansevieria for fiber production in South Florida. Proceedings – Soil and Crop Science Society of Florida, Volume 11, pp. 138 – 139.
268. Julien, M., Griffiths, M. & Wright, A., 1999. Biological control of water hyacinth. The weevils Neochetina bruchi and N. eichhorniae: biologies, host ranges, and rearing, releasing and monitoring techniques for biological control of Eichhornia crassipes. ACIAR Monograph, Volume 60, p. 87.

269. Kee, Y., Latiffah, Z. & Masratul Hawa, M., 2018. First report of Stemphylium lycopersici causing leaf spot on Sansevieria trifasciata in Malaysia. Plant Disease, Volume 102, p. 445 – 446.
270. Kennedy, T. et al., 2002. Biodiversity as a barrier to ecological invasion. Nature, pp. 636 – 638.
271. Kerharo, J. & Bouquet, A., 1947. Note sur l'utilisation de quelques Bignoniacées dans la thérapeutique indigène de la Côte d'Ivoire. Bulletin de la Société Botanique de France, Volume 94, pp. 251 – 253.
272. Khan, M., 1972. Propagation of Bambusa vulgaris – its Scope in Forestry. The Indian Forester, Volume 98, p. 359 – 362.
273. Khuroo, A., Raschid, I., Dar, G. & Khan, Z., 2008. Operational characterization of alien invasive flora and its management implications. Biodiversity and Conservation, Volume 17, p. 3181 – 3194.
274. King, S. & Grace, J., 2000. The effects of gap size and disturbance type on invasion of xet pine savanna by cogongrass, Imperata cylindrica (Poaceae). American Journal of Botany, Volume 87, pp. 1279 – 1286.
275. Kipre, G. et al., 2017. Enquête ethnopharmacologique des plantes antipaludiques dans le département d'Agboville, sud–est de la Côte d'Ivoire. Journal of Applied Biosciences, Volume 109, p. 10618 – 10629.
276. Kline, W. & Duquesnel, J., 1996. Management of invasive exotic plants with herbicides in Florida. Down to Earth, Volume 51, p. 22 – 28.
277. Knop, E. & Reusser, N., 2012. Jack–of–all–trades: phenotypic plasticity facilitates the invasion of an alien slug species. Proceedings of the Royal Society B, Volume 279, pp. 4668 – 4676.
278. Knops, J. M. H. et al., 2002. Effects of plant species richness on invasion dynamics, disease outbreaks, insect abundances and diversity. Ecology Letters, pp. 286 – 293.
279. Knutson, T. & Tuleya, R., 2004. Impact of CO2–induced warming on simulated hurricane intensity and precipitation: sensitivity to the choice of climate model and convective parameterization. Journal of Climate, Volume 17, p. 3477 – 3495.
280. Kolar, C. & Lodge, D., 2001. Progress in invasion biology: predicting invaders. Trends in Ecology & Evolution, Volume 16, p. 199 – 204.
281. Koshy, K. & Pushpangadan, P., 1997. Bambusa vulgaris blooms, a leap towards extinction?. Current Science, Volume 72, pp. 622 – 624.
282. Kowarik, I., 1995. On the role of alien species in urban flora and vegetation. Dans: Plant invasions: general aspects and special problems. Amsterdam: SPB Academy Publishing, p. 85 – 103.

283. Kowarik, I. & Von der Lippe, M., 2007. Pathways in plant invasions. Dans: Ecological Studies. Berlin: Springer, pp. 29 – 47.
284. Kowti, R. et al., 2010. Antimicrobial activity of ethanol extract of leaf and flower of Spathodea campanulata P. Beauv.. Research Journal of Pharmaceutical Biological and Chemical Sciences, Volume 1, p. 691 – 698.
285. Kruger, F., Breytenbach, G., Macdonald, I. & Richardson, D., 1989. The Characteristics of Invaded Mediterranean – climate regions. Dans: Biological Invasions a Global Perspective. SCOPE, pp. 181 – 193.
286. Kubitzki, K., Kallunki, J. A., Duretto, M. & Wilson, P. G., 2011. The families and genera of vascular plants. Berlin: Springer.
287. Labrada, R. & Diaz Medina, A., 2009. The invasiveness of the African Tulip tree, Spathodea campanulata Beauv.. Biodiversity, Volume 10, p. 79 – 82.
288. Lacoste, A. & Salanon, R., 2001. Éléments de biogéographie et d'écologie, une compréhension de la biosphère par l'analyse des composantes majeures des écosystèmes. 2e édition éd. Paris: Nathan Université.
289. Lake, J. & Leisman, M., 2004. Invasion success of exotic plants in natural ecosystems: The role of disturbance, plant attributes and freedom from herbivores. Biological Conservation, Volume 2, pp. 215 – 226.
290. Lambinon, J., 1997. Les introductions de plantes non indigènes dans l'environnement naturel. Convention relative à la conservation de la vie sauvage et du milieu de l'Europe (Convention de Berne).
291. Langeland, K. A. & Burks, K. C., 1998. Identification and biology of non–native plants in Florida's natural areas. Florida: University of Florida.
292. Langeland, K., Cherry, H., McCormick, C. & Craddock Burks, K., 2008. Identification and biology of non–native plants in Florida's natural areas. 2e édition éd. University of Florida.
293. Larrue, S. et al., 2015. Spatial distribution and leaf chlorophyll fluorescence of the invasive tree Spathodea campanulata. Ecology and Management of alien plant invasions, pp. 20 – 24.
294. Larrue, S. et al., 2016. Elevational distribution and photosynthetic characteristics of the invasive tree Spathodea campanulata on the island of Tahiti (South Pacific Ocean). NeoBiota, Volume 30, pp. 127 – 149.
295. Larrue, S., Daehler, C. C., Vautier, F. & Bufford, J. L., 2014. Forest Invasion by the African tulip tree (Spathodea campanulata) in the Hawaiian Islands: Are seedlings shade–tolerant?. Pacific Science, Volume 68, pp. 345 – 358.

296. Lauridsen, E. B. & Kjaer, E. D., 2002. Provenance research in Gmelina arborea Linn., Roxb. A summary of results from three decades of research and a discussion of how to use them. International Forestry Review, Volume 4, p. 15.
297. Lavoie, C., Lelong, B., Blanchette–Forget, N. & Royer, H., 2013. La berce du Caucase: à l'aube d'une invasion au Québec?. Le Naturaliste canadien, Volume 137, pp. 5 – 11.
298. Lefeuvre, J.–C., 2013. Les invasions biologiques: un danger pour la biodiversité. Buchet Chastel.
299. Leone, F., 2006. Contribution méthodologique à la cartographie des risques naturels. Exemples d'applications à la Martinique (Antilles françaises). Dans: La Caraïbe données environnementales. Paris: Karthala, pp. 33 – 50.
300. Leveque, C., Tabacchi, E. & Menozzi, M.–J., 2012. Les espèces exotiques envahissantes, pour une remise en cause des paradigmes écologiques. Science Eaux & Territoires, 13 Février, pp. 2 – 9.
301. Levine, J., 2008. Biological invasions. Science Direct, Volume 18, pp. 57 – 60.
302. Levine, J., Adler, P. B. & Yelenik, S. G., 2004. A meta–analysis of biotic resistance to exotic plant invasions. Ecology letters, Volume 7, pp. 975 – 989.
303. Levine, J. M., 2000. Species diversity and biological invasions: relating local process to community pattern. Science, Volume 288, pp. 852 – 854.
304. Levine, J. M. & D'Antonio, C. M., 1999. Elton revisited: a review of evidence linking diversity and invasibility. Oikos, Volume 87, pp. 15 – 26.
305. Levine, J. M. et al., 2003. Mechanisms underlying the impacts of exotic plant invasions. Proceedings of the Royal Society of London, Volume 270, pp. 775 – 781.
306. Levy, V. et al., 2015. Plantes exotiques envahissantes du Nord–Ouest de la France: 30 fiches de reconnaissance et d'aide à la gestion. Bailleul: Conservatoire botanique national de Bailleul.
307. Lim, T., 2014. Edible medicinal and non–medicinal plants. Springer Netherlands.
308. Lim, T. K., 2012. Edible medicinal and non–medicinal plants. Springer Netherlands.
309. Li, Y., Zhou, Z., Lu, W. & Ye, J., 2013. First report of a Chaetomella sp. causing a leaf spot on Sansevieria trifasciata in China. Plant Disease, Volume 97, p. 992.

310. Llope, L. L. & Mueller–Dombois, D., 1989. Characteristics of invaders islands, with special reference to Hawaii. Dans: J. A. Drake & al, éds. Biological Invasions a Global Perspective. New York, pp. 257 – 280.
311. Lloret, F., Keeling, E. G. & Sala, A., 2011. Components of tree resilience: effects of successive low-growth episodes in old ponderosa pine forests. Oikos, Volume 120, p. 1909 – 1920.
312. Lonsdale, W., 1999. Global patterns of plant invasions and the concept of invasibility. Ecology, Volume 80, pp. 1522 – 1536.
313. Louppe, D., Oteng–Amoako, A. A. & Brink, M., 2008. Ressources végétales de l'Afrique tropicale. Bois d'œuvre. Wageningen, Pays–Bas: Backhuys Publishers.
314. Lowe, S., Browne, M., Boudjelas, S. & De Poorter, M., 2000. 100 of the world's worst invasive alien species a selection from the global invasive species database, published by the invasive species specialist group. The Invasive Species Specialist Group (ISSG).
315. Lu, J.–Z.et al., 2007. Potential distribution of Solidago Canadensis in China. Acta Phytotaxonomica Sinica, Volume 45, pp. 670 – 674.
316. Lu, J., Wu, J., Fu, Z. & Zhu, L., 2007. Water hyacinth in China: a sustainability science–based management framework. Environ Manage, Volume 40, p. 823 – 830.
317. Macdonald, I. A. W., Thébaud, C., Stahm, W. A. & Strasberg, D., 1991. Effects of Alien Plant Invasions on Native Vegetation Remnants on La Reunion (Mascarene Islands, Indian Ocean). Environmental Conservation, Volume 18, pp. 51 – 61.
318. MacKee, H., 1994. Catalogue des plantes introduites et cultivées en Nouvelle – Calédonie. 2e édition éd. Paris: Muséum national d'Histoire naturelle.
319. Mack, R. et al., 2000. Biotic invasions: causes, epidemiology, global consequences, and control. Ecological Applications, Volume 10, p. 689 – 710.
320. Maddi, F. A., 2014. Contribution à l'inventaire de la flore dulçaquicole de la Martinique: les "espèces exotiques envahissantes". Bilan des prospections, Nantes: Société d'Histoire naturelle L'Herminier – DEAL (Martinique).
321. Maddi, F. A., Meurgey, F. & Delacruz, C., 2008. Hydrilla verticillata (L. f.) Royle in Guadeloupe, French West Indies. Journal of Aquatic Plant Management, Volume 46, pp. 196 – 198.
322. Maddi, F. & Brizzard, J. P., 2010. Hydrilla verticillata (L. f.) Royle, une nouvelle espèce envahissante en Martinique? Situation actuelle et

perspective. Bulletin de la Société des Sciences Naturelles de l'Ouest de la France, nouvelle série, Volume 1, p. 16 – 31.
323. Magnanon, S., Geslin, J., Lacroix, P. & Zambettakis, C., 2008. Examen du statut d'indigénat et du caractère invasif des plantes vasculaires de Basse–Normandie, Bretagne et Pays de la Loire, Proposition d'une première liste de plantes invasives et potentiellement invasives pour ces régions. Bulletin du Conservatoire Botanique National de Brest, p. 32.
324. Manchester, S. J. & Bullock, J. M., 2001. The impacts of non-native species on UK biodiversity and the effectiveness of control. Journal of Applied Ecology, Volume 37, pp. 845 – 864.
325. Marcon, E., 2015. Mesures de la biodiversité, Master. Kourou: HAL.
326. Maroyi, A. & Mosina, G., 2014. Medicinal plants and traditional practices in peri–urban domestic gardens of the Limpopo province, South Africa. Indian Journal of Traditional Knowledge, Volume 13, p. 665 – 672.
327. Martín–Casas, N. et al., 2016. Evaluation of the feeding value of Dichrostachys cinerea pods for fattening pigs in Cuba. Tropical Animal Health and Production, Volume 45.
328. Massee, G., 1909. A Funtumia disease (Nectria funtumiae, Massee.). Bulletin of Miscellaneaous Information (Royal Botanic Gardens, Kew), Volume 1909, pp. 147 – 148.
329. Mata, T., Haddad, N. & Holyoak, M., 2013. How invader traits interact with resident communities and resource availability to determine invasion success. Oikos, pp. 149 – 160.
330. Maurel, N. et al., 2010. Does the invasive species Reynoutria japonica have an impact on soil and flora in urban wastelands?. Biological Invasions, Volume 12, pp. 1709 –1719.
331. McNeely, J., 2001b. Invasive species: A costly catastrophe for native biodiversity. Land use and Water Resources Research, Volume 2, pp. 1 – 10.
332. McNeely, J., 2001. The Great Reshuffling: Human Dimensions of Invasive Alien Species. Switzerland and Cambridge: UICN.
333. Meerts, P. et al., 2004. Les plantes exotiques envahissantes et leurs impacts. Dans: Biodiversité: État, enjeux et perspectives. Bruxelles: De Boek Université, p. 238.
334. Menozzii, M., 2010. Comment catégoriser les espèces exotiques envahissantes?. Études rurales, Volume 185, pp. 219 –234.
335. Météo France Antilles Guyane, Données climatiques de l'île de la Martinique

336. Meyer, J.–Y., 1993. La situation de Miconia calvescens DC à Raiatea: origine, répartition, abondance, extension et lutte, Papeete, pp 28 – 40
337. Meyer, J.–Y., 1994. Mécanismes d'invasion de Miconia calvescens DC. en Polynésie française. Thèse de doctorat: Biologie des populations et écologie, Montpellier: Université de Montpellier II
338. Meyer, J.–Y., 1996. Status of Miconia calvescens (Melastomataceae), a dominant invasive tree in the Society Island. Pacific Science, Volume 50, pp. 66 – 76.
339. Meyer, J.–Y., 2000. A preliminary review of the invasive plants in the Pacific Islands (SPREG Member Countries). Dans: S. G., éd. Invasive species in the Pacific. A Technical review and draft regional strategy. Apia, Samoa: South Pacific Regional Environment Program Samoa, p. 190.
340. Meyer, J.–Y., 2004. Threat of invasive alien plants to native flora and forest vegetation of Eastern Polynesia. Pacific Science, Volume 58, pp. 357 – 375.
341. Meyer, J.–Y., 2005. La situation du Miconia (Miconia calvescens) en Nouvelle– Calédonie, Papeete: Rapport d'expertise pour le compte de l'Agence de Prévention et d'Indemnisation des Calamités Agricoles et Naturelles de la Nouvelle–Calédonie. Délégation à la Recherche.
342. Meyer, J.–Y., 2011b. Melastomes. Dans: D. Simberloff & M. Rejmánek, éds. Encyclopedia of biological invasions. Berkeley and Los Angeles: University of California Press, pp. 458 – 462.
343. Meyer, J.–Y., Duploy, A. & Taputuarai, R., 2007. Dynamique des populations de l'arbre endémique Myrsine longifolia (Myrsinacées) dans les forêts de Tahiti (Polynésie française) envahies par Miconia calvescens (Mélastomatacées) après introduction d'un champignon pathogène de lutte biologique: premières investigations. Revue d'écologie (Terre Vie), Volume 62, p. 17 – 33.
344. Meyer, J.–Y. & Florence, J., 1996. Tahiti's native flora endangered by the invasion of Miconia calvescens (Melastomataceae). Journal of Biogeography, Volume 23, pp. 775 – 781.
345. Meyer, J.–Y., Florence, J. & Tchung, V., 2003. Les Psychotria (Rubiacées) endémiques de Tahiti (Polynésie française) menacées par l'invasion de Miconia calvescens (Mélastomatacées): statut, répartition, écologie, phénologie et protection. Revue d'écologie, Volume 58, pp. 161 – 185.
346. Meyer, J.–Y. & Fourdrigniez, M., 2011. Conservation benefits of biological control: The recovery of a threatened plant subsequent to the

introduction of a pathogen to contain an invasive tree species. Biological Conservation, Volume 144, p. 106 – 113.
347. Meyer, J.–Y. & Lavergne, C., 2004. Beautés fatales: Acanthaceae species as invasive alien plants on tropical Indo – Pacific Islands. Diversity and Distributions, Volume 10, p. 333 – 347.
348. Meyer, J. et al., 2006. Les plantes envahissantes et potentiellement envahissantes dans l'archipel néo–calédonien: première évaluation et recommandations de gestion. Dans: Les espèces envahissantes dans l'archipel néo–calédonien. Paris: IRD, pp. 50 – 115.
349. Mimaki, Y., Inoue, T., Kuroda, M. & Sashida, Y., 1996. Steroidal saponins from Sansevieria trifasciata. Phytochemistry, Volume 43, pp. 1325 – 1331.
350. Mimaki, Y., Inoue, T., Kuroda, M. & Sashida, Y., 1997. Pregnane glycosides from Sansevieria trifasciata. Phytochemistry, Volume 44, pp. 107 – 111.
351. Mitchell, D. S., 1985. Surface–floating aquatic macrophytes. Dans: D. P., éd. The ecology and management of African wetland vegetation. Dordrecht: Dr. W. Junk Publishers, pp. 109 – 124.
352. Mittermeier, R. et al., 2004. Hotspots revisited. Conservation International.
353. Monty, A. & Mahy, G., 2009. Evolution des traits d'histoire de vie lors des invasions végétales. Biotechnoloy, Agronomy, Society and Environment, Volume 13, pp. 449 – 458.
354. Mooney, H. A. & Cleland, E. E., 2001. The evolutionary impact of invasive species. Proceedings of the National Academy of Sciences of the USA, Volume 98, pp. 5446 – 5451.
355. Mooney, H. & Drake, J., 1986. Ecology of biological invasions of North America and Hawaii. New York: Springer – Verlag.
356. Muller, S., 2000. Les espèces végétales invasives en France: Bilan des connaissances et propositions d'actions. Revue d'Écologie (Terre et Vie), Volume 55, p. 53 – 69.
357. Muller, S., 2004. Plantes invasives en France. État des connaissances et proposition d'actions. Paris: Publications scientifiques du Muséum.
358. Muller, S., Dutoit, T., Alard, D. & Grévilliot, F., 1998. Restoration and rehabilitation of species–rich grassland ecosystems in France: a review. Society for Ecological Restoration, Volume 6, p. 94 101.
359. Mullin, B. et al., 2000. Invasive plant species. Volume 13, pp. 1 – 18.
360. Munoz, F., 2010. Plantes introduites, naturalisées et envahissantes: modifications de la flore lyonnaise marquées par les activités humaines.

Bulletin mensuel de la société linnéenne de Lyon, Hors–série Numéro 2. Évaluation de la biodiversité rhônalpine, p. 136 – 142.
361. Mukaka, M., 2012. Statistics corner: a guide to appropriate use of correlation coefficient in medical research. Malawi Medical Journal, Volume 24, pp. 69 – 71.
362. Myers, N., 1988. Threatened biotas: «hotspots» in tropical forests. Environmentalist, Volume 8, p. 187 – 208.
363. Myers, N., 1990. The biodiversity challenge: expanded hotspots analysis. Environmentalist, Volume 10, p. 243 – 256.
364. Myers, N. et al., 2000. Biodiversity hotspots for conservation priorities. Nature, Volume 403, p. 853 – 858.
365. Nagel, T. A., Svoboda, M. & Panayotov, M., 2013. Perturbations naturelles et dynamique forestière dans les forêts tempérées d'Europe. Dans: D. Krauss & F. Krumm, éds. Les approches intégratives en tant qu'opportunité de conservation de la biodiversité forestière, pp. 120 – 129.
366. Nakache, J.–P. & Confais, J., 2005. Approche pragmatique de la classification: arbres hiérarchiques et partitionnements. Editions Technip.
367. Nakamura, M., Fujikawa, T., Nakamori, D. & Iwai, H., 2018. Draft genome sequence of Colletotrichum sansevieria Sa–1–2, the anthracnose pathogen of Sansevieria trifasciata. Data in Brief, Volume 18, p. 691 – 695.
368. Nakamura, M., Ohzono, M., Iwai, H. & Arai, K., 2006. Anthracnose of Sansevieria trifasciata caused by Colletotrichum sansevieria sp. nov. Journal of General Plant Pathology, Volume 72, pp. 253 – 256.
369. Nazeer, M. & Khoshoo, T., 1984. Cytology of some species of Sansevieria Thumb. Cytologia, Volume 49, p. 325 – 332.
370. N'dah, E. & Arfi, R., 1996. Macrophytes aquatiques dans les eaux "continentales" ivoiriennes. Archives Scientifiques – Centre de Recherches Océanologiques, Volume XV, p. 25.
371. Nentwig, W., 2012. Espèces invasives. Plantes, animaux et micro–organismes. 1e édition éd. Le savoir suisse, Nature et Environnement.
372. Neto, L., Miranda, M. & Cruz, D., 2011. Zeuxine strateumatica (Orchidaceae) goes south: a first record for Brazil. Kew Bulletin, Volume 66, p. 155 – 158.
373. Nielsen, I. C., 1992. Mimosaceae (Leguminosae – Mimosoideae). Flora Malesiana – Series 1, Spermatophyta, Volume 11, pp. 1 – 226.
374. Nielsen, M. O. et al., 2013. Eco–friendly alternatives for control and use of invasive plants in agroforestry systems: The case of Marabú (Dichrostachys cinerea) in Cuba. Dans: Memorias de la IX Convención

International sobre Medio Ambiente y Desarrollo, (Ministerio de Ciencia, Tecnologia y Medio Ambiente de Cuba, La Habana, Cuba), pp. 2 – 20.
375. Nishi, N. et al., 2009. Ray speck of chrysanthemum caused by Stemphylium lycopersici in Japan. Journal of General Plant Pathology, Volume 75, p. 80 – 82.
376. Noss, R. F. et al., 2015. How global biodiversity hotspots may go unrecognized: lessons from North American Coastal Plain. Diversity and Distributions, Volume 21, pp. 236 – 244.
377. Ntore, S., Robbrecht, E., Smets, E. & Dessein, S., 2003. Deux nouvelles espèces paléo–endémiques de Pauridiantha (Rubiaceae) des Monts Udzungwa (sud de la Tanzanie). Adansonia, Volume 25, pp. 65 – 76.
378. Nyenya, R. & Stedje, B., 2011. Ethnobotanical studies in the genus Sansevieria Thunb. (Asparagaceae) in Zimbabwe. Ethnobotany Research & Applications, Volume 9, p. 421 – 443.
379. N'Zala, D. & Miankodila, P., 2002. Arbres et espaces verts à Brazzaville (Congo), Bois et Forêts des tropiques. Revue des sciences forestières au service du Sud, Volume 272, pp. 88 – 92.
380. Ousmane, N., Aly, D., Bassimbé, S. M. & Aliou, G., 2013. Diversité floristique des peuplements ligneux du Ferlo, Sénégal. VertigO, Volume 13, p. 12.
381. Paganelli, A. et al., 2010. Glyphosate–based herbicides produce teratogenic effects on vertebrates by impairing retinoic acid signaling. Chemical Research in Toxicology, Volume 23, p. 1586 – 1595.
382. Palmateer, A., Tarnowski, T. & Lopez, P., 2012. First report of Colletotrichum sansevieria causing anthracnose of Sansevieria trifasciata in Florida. Plant Disease, Volume 96, p. 293.
383. Palm, R., 2007. L'analyse en composantes principales: Principes et applications. Notes de Statistique et d'Informatique, pp. 1 – 28.
384. Pansarin, L., Pansarin, E. & Sazima, M., 2008. Facultative autogamy in Cyrtopodium polyphyllum (Orchidaceae) through a rain–assisted pollination mechanism. Australian Journal of Botany, Volume 56, p. 363 – 367.
385. Park, J., Han, K., Kim, J. & Shin, H., 2013. First report of anthracnose caused by Colletotricum sansevieria on Sansevieria in Korea. Plant Disease, Volume 97, p. 1510.
386. Parsons, W. & Cuthbertson, E., 2001. Noxious weeds of Australia. Canberra, Australia: CSIRO Publishing.
387. Pascal, M., Lorvelec, O. & Vigne, J.–D., 2006. Invasions biologiques et extinctions. Versailles: Belin Quae.

388. Pascal, M., Vigne, J. –. D. & Tresset, A., 2009. L'homme, maître d'œuvre des invasions. Dossier pour la Science, Volume 65, pp. 8 – 13.
389. Paterson, I. D. et al., 2017. West African arthropods hold promise as biological control agents for an invasive tree in the Pacific Islands. African Entomology, Volume 25, pp. 244 – 247.
390. Paulay, G., 1994. Biodiversity on oceanic islands: its origin and extinction. American Zoologist, February, Volume 34, pp. 134 – 144.
391. Pedroso, D. T. & Kaltschmitt, M., 2012. Dichrostachys cinerea as a possible energy crop—facts and figures. Biomass Conversion and Biorefinery, Volume 2, pp. 41 – 51.
392. Pérez – León, G., Chavaría – Pérez, L., Araya – Quesada, J. & Gómez – Alpízar, L., 2013. Identification of the agent causing anthracnose on Sansevieria spp., in Costa Rica. Agronomía Costarricense, Volume 37, p. 39 – 50.
393. Pheloung, P. C., Williams, P. A. & Halloy, S. R., 1999. A weed risk assessment model for use as a biosecurity tool evaluating plant introductions. Journal of Environmental Management, Volume 57, pp. 239 – 251.
394. Pieterse, A., Delange, L. & Verhagen, L., 1981. A study on certain aspects of seed germination and growth of Pistia stratiotes L.. Acta Botanica Neelandica, Volume 30, pp. 47 – 57.
395. Pieterse, A. & Murphy, K., 1990. Aquatic weeds. Oxford UK: Oxford University Press.
396. Pimentel, D., Lach, L., Zuniga, R. & Morrison, D., 2000. Environmental and economic costs of nonindigenous species in the United States. BioScience, Volume 50, p. 53 – 65.
397. Pimentel, D., Zuniga, R. & Morrison, D., 2005. Update on the environmental and economic costs associated with alien–invasive species in the United States. Ecological Economics, Volume 52, pp. 273 – 288.
398. Poncet, Y., 1984. La télédétection spatiale dans un inventaire géographique à petite échelle. L'espace géographique, pp. 173 – 184.
399. Portecop, J., 1979. Phytogéographie, cartographie écologique et aménagement dans une île tropicale: le cas de la Martinique. Documents de cartographique écologique, Volume XXI, p. 1 – 78.
400. Potgieter, K. & Albert, V. A., 2001. Phylogenetic relationships within Apocynaceae s.l. based on trnL intron and trnL–F spacer sequences and propagule characters. Annals of the Missouri Botanical Garden, Volume 88, pp. 523 – 549.

401. Powell, K. I., Chase, J. M. & Knight, T. M., 2013. Invasive plants have scale–dependent effects on diversity by altering species–area relationships. Science, Volume 339, pp. 316 – 318.
402. Prach, K. & Wade, P. M., 1992. Population characteristics of expansive perennial herbs. Preslia, Volume 64, pp. 45 – 51.
403. Praloran, J.–C., 1971. Les agrumes. Maisonneuve & Larose éd. Techniques agriculturales et productions tropicales.
404. Praptosuwiryo, T. N., 2003. Sansevieria Thunb.. Dans: B. M. &. E. R. P. (Editors), éd. Plant resources of South–East Asia No 7. Fibre plants. Leiden, Netherlands: Backhuys Publishers, pp. 217 – 221.
405. Pyšek, P., 1995. On the terminology used in plant invasion studies. Plant invasions: general aspects and special problems, p. 71 – 81.
406. Pyšek, P., 1998. Is there a taxonomic pattern to plant invasions?. Oikos, Volume 82, pp. 282 – 294.
407. Pyšek, P. et al., 2012. Catalogue of alien plants of the Czech Republic (2nd edition): checklist update, taxonomic diversity and invasion patterns. Preslia, pp. 155 – 255.
408. Pyšek, P., Hulme, P. & Nentwig, W., 2009. Glossary of the main technical terms used in the handbook. Dans: Handbook of alien species in Europe. Dordrecht: Springer, p. 375 – 379.
409. Pyšek, P., Hulme, P. & Nentwig, W., 2009. Glossary of the main technical terms used in the handbook. Dans: DAISIE, éd. Handbook of alien species in Europe. Dordrecht: Springer, pp. 375 – 380.
410. Pyšek, P. & Prach, K., 1993. Plant invasions and the role of riparian habitats – a comparison of four species alien to central Europe. Journal of Biogeography, Volume 20, p. 413 – 420.
411. Pyšek, P. & Prach, K., 1995. Invasion dynamics of Impatiens glandulifera – a century of spreading reconstructed. Biological Conservation, Volume 74, p. 41 – 48.
412. Pyšek, P. & Richardson, D. M., 2008. Invasive plants. Encyclopedia of Ecology, pp. 2011–2020.
413. Pyšek, P. et al., 2004. Alien plants in checklists and floras: towards better communication between taxonomists and ecologists. Taxon, Volume 53, p. 131 – 143.
414. Pyšek, P., Sádlo, J. & Mandák, B., 2002. Catalogue of alien plants of the Czech Republic. Preslia, Volume 74, pp. 97 – 186.
415. Quentin, M., Bellefontaine, R. & Boffa, J.–M., 2006. Le drageonnage pour la régénération d'espèces médicinales en Afrique tropicale: cas du

Spathodea campanulata en Ouganda. La revue électronique en sciences de l'environnement – VertigO, Volume 7.
416. Quéré, E., Ragot, R., Geslin, J. & Magnanon, S., 2011. Liste des plantes vasculaires invasives de Bretagne, Conservatoire botanique national de Brest.
417. Raharjeng, A. R., 2015. Pengaruth facktor abiotik terhadap hubungan kekerabatan tanaman Sansevieria trifasciata L.. Jurnal Biota, Volume 1, pp. 33 – 41.
418. Rahmatullah, M. et al., 2009. A survey of medicinal plants used by Kavirajes of Chalna area, Khulna district, Bangladesh. African Journal Traditional, Complementary and Alternative Medicines, Volume 7, p. 91 – 97.
419. Ramade, F., 2008. Dictionnaire encyclopédique des sciences de la nature et de la biodiversité. Paris: Dunod.
420. Ramade, F., 2009. Éléments d'écologie: Écologie fondamentale. 4e édition éd. Paris:Dunod.
421. Ranarijaona, H., Claude, C. & Gibon, F., 2010. Les macrophytes des milieux lentiques de Madagascar: biotypologie, diversité, espèces envahissantes et mesure de conservation, Montpellier: Association Tela Botanica.
422. Randall, R. P., 2001. Garden thugs, a national list of invasive and potentially invasive garden plants. Plant Protection Quarterly, Volume 16, pp. 138 – 171.
423. Rangaiah, K., Purnachandra Rao, S. & Solomon Raju, A. J., 2004. Bird–pollination and fruiting phenology in Spathodea campanulata Beauv. (Bignoniaceae). Beitrage zur Biologie der Pflanzen, Volume 73, pp. 395 – 408.
424. Reaser, J. K. et al., 2007. Ecological and socioeconomic impacts of invasive alien species in island ecosystems. Environmental Conservation, pp. 98 – 111.
425. Reda, A. & Tewelde, F., 2017. Impact of invasive alien plants on biodiversity and livelihood of local communities in Tigray, Ethiopia. World Applied Sciences Journal, Volume 35, p. 2364 – 2378.
426. Reichard, S. & White, P., 2001. Horticulture as a pathway for invasive plant introductions in the United States. Bioscience, Volume 51, p. 103 – 113.
427. Rejmànek, M. & Richardson, D., 1996. What attributes make some plant species more invasive?. Advances in invasion ecology, Volume 77, pp. 1655 – 1661.

428. Rejmànek, M., 1995. What makes a species invasive. Dans: Plant invasions: General aspects and special problems. Amsterdam: SPB Academic Publishing, pp. 3 – 13.
429. Rejmànek, M. et al., 2002. Ecology of invasive plants: State of the art. Dans: Invasive Alien Species: Searching for Solutions. Washington D.C.: Island Press.
430. Resiere, D. et al., 2018. Prise en charge des envenimations par Bothrops lanceolatus en Martinique. Toxicologie Analytique et Clinique, Volume 30, p. 163.
431. Richards, C. L. et al., 2006a. Jack of all trades, master of some? On the role of phenotypic plasticity in plant invasions. Ecology Letters, Volume 9, pp. 981 – 993.
432. Richard, S. et al., 2005. Differential effects of glyphosate and roundup on human placental cells and aromatase. Environmental Health Perspectives, Volume 113, p. 716 – 720.
433. Richardson, D. et al., 2000a. Plant invasions – the role of mutualisms. Biological Reviews, Volume 75, pp. 65 – 93.
434. Richardson, D. & Pyšek, P., 2006. Plant invasions: merging the concepts of species invasiveness and community invisibility. Progress in Physical Geography 30, Volume 3, p. 409 – 431.
435. Richardson, D. et al., 2000b. Naturalization and invasion of alien plants: concepts and definitions. Diversity and Distribution, Volume 6, pp. 93 – 107.
436. Richter, C., Snyman, H. & Smit, G., 2001. The influence of tree density on the grass layer of three semi–arid savanna types of southern Africa. African Journal of Range & Forage Science, Volume 18, pp. 103 – 109.
437. Riverón–Giró, F. B. et al., 2019. Spatio–temporal dynamics of the invasive orchid Œceoclades maculata (Orchidaceae), in four different habitats in southeast Chiapas, Mexico. Biological Invasions, Volume 21, pp. 1905 – 1919.
438. Robertson, P. A. et al., 2020. A proposed unified framework to describe the management of biological invasions. Biological Invasions, Volume 22, pp. 2633 – 2645.
439. Robert, Y. & Joseph, R., 1961. Bamboo in the United States: description, culture, and utilization. Washington DC: Agricultural Research Service U.S. Department of Agriculture.
440. Rokeya, U., Akter Hossain, M., Rowson Ali, M. & Paul, S., 2010. Physical and mechanical properties of (Acacia auriculiformis x Acacia

mangium) hybrid Acacia. Journal of Bangladesh Academy of Sciences, Volume 34, p. 181 – 187.
441. Rolland, K. et al., 2017. Enquête ethnopharmacologique des plantes antipaludiques dans le département d'Agboville, sud–est de la Cote d'Ivoire. Journal of Applied Biosciences, Volume 109, pp. 10618 – 10629.
442. Romero–González, G., 2014. Oeceoclades. Dans: A. J. D., éd. Orchid flora of the Greater Antilles. New York: The New York Botanical Garden Press, pp. 496 – 497.
443. Rosales–Reyes, T. et al., 2008. Aqueous crude extract of Rhoeo discolor, a Mexican medicinal plant, decreases the formation of liver preneoplastic foci in rats. Journal of Ethnopharmacology, Volume 115, p. 381 – 386.
444. Rosales–Reyes, T. et al., 2008. Aqueous crude extract of Rhoeo discolor, a Mexican medicinal plant, decreases the formation of liver preneoplastic foci in rats. Journal of Ethnopharmacology, Volume 115, pp. 381 – 386.
445. Rouget, M., Richardson, D., Nel, J. & Van Wilgen, B., 2002. Commercially important trees as invasive aliens, towards spatially explicit risk assessment at a national scale. Biological invasions, Volume 4, pp. 397 – 412.
446. Roux, G. & Roux, M., 1967. À propos de quelques méthodes de classification en phytosociologie. Revue de statistique appliquée, pp. 59 – 72.
447. Russo, D. et al., 2016. Analysis of Oyster plant (Tradescantia spathacea) extracts via maceration, soxhlet extraction, thin layer chromatography and cytotoxicity assays. USA, MOL2NET, International Conference Series on Multidisciplinary Sciences, p. 2.
448. Rwawlire, S. & Tomkova, B., 2015. Morphological, thermal, and mechanical characterization of Sansevieria trifasciata Fibers. Journal of Natural Fibers, Volume 12, pp. 201 – 210.
449. Saint–Aimé, S., 2009. Les espèces exotiques potentiellement envahissantes utilisées en ornement à la Martinique, Schœlcher: Université des Antilles et de la Guyane – Faculté des Lettres et Sciences Humaines.
450. Salaün, F. & Marre, A., 2005. L'anthropisation des marais de Saint Gond: conséquences sur leur physionomie et sur leur fonctionnement actuel (Marne – France). Travaux de l'Institut Géographique de Reims, Volume 31 – 32, pp. 79 – 95.
451. Sax, D. F. et al., 2007. Ecological and evolutionary insights from species invasions. Trends in Ecology and Evolution, Volume 22, pp. 465 – 471.
452. Sax, D. & Gaines, S., 2003. Species diversity: from global decreases to local increases. Trends in Ecology & Evolution, Volume 18, p. 561 – 566.

453. Schulze, E.–D., Gebauer, G., Ziegler, H. & Lange, O. L., 1991. Estimates of nitrogen fixation by trees on an aridity gradient in Namibia. Oecologia, Volume 88, pp. 451 – 455.
454. Schmerberk, J. & Naudiyal, N., 2013. Acacia auriculiformis A. Cunn. ex Benth., 1842. Dans: W. H. L. U. M. S. B. Roloff A., éd. Enzyklopädie der Holzgewächse. Wiley–VCH Verlag GmbH & Co., p. 12.
455. Semple, J.–C. & Cook, R.–E., 2006. Flora of North Americ. New York and Oxford: Magnoliophyta: Asteridae: Asteraceae, Part 2.
456. Séralini, G.–E.et al., 2012. Toxicité à long terme d'un herbicide Roundup et d'un maïs modifié génétiquement pour tolérer le Roundup. Food and Chemical Toxicology, Volume 50, p. 4221 – 4231.
457. Sexton, J. P., McKay, J. K. & Sala, A., 2002. Plasticity and genetic diversity may allow saltcedar to invade cold climates in North America. Ecological Applications, Volume 12, pp. 1652 – 1660.
458. Shannon, C. E., 1948. A mathematical theory of communication. The Bell System Technical Journal, Volume 27, pp. 379 – 423, 623 – 656.
459. Sharifi–Rad, J. et al., 2017. Medicinal plant used in the treatment of tuberculosis – Ethnobotanical and ethnopharmacological approaches. Biotechnology Advances, pp. 1 – 18.
460. Sharma, A., Bajpai, S., Shrivastava, S. & Kanungo, V., 2014. Inventorying medicinal plants in Urban Homegardens of Raipur, Chhattisgarh. International Journal of Herbal Medicine, Volume 2, p. 43 – 50.
461. Sigala, P., 1998. Le problème des espèces exotiques envahissantes en milieu insulaire fragile. Un exemple: La Réunion. Courrier de l'environnement de l'INRA, Issue 34, pp. 119 – 122.
462. Simberloff, D., 1995. Why do introduced species appear to devastate islands more than areas?. Pacific Science, Volume 49, pp. 87 – 97.
463. Simberloff, D., 2001. Biological invasions – How are they affecting us, and what can we do about them?. Western North American Naturalist, Volume 61, pp. 308 – 315.
464. Simberloff, D., 2003. Confronting introduced species: A form of xenophobia?. Biological Invasions, Volume 5, pp. 179 – 192.
465. Simberloff, D., 2009. We can eliminate invasions or live with them. Successful management projects. Biological Invasions, Volume 11, pp. 149 – 157.
466. Simberloff, D., Schmitz, D. & Brown, T., 1997. Strangers in Paradise Impact and management of nonindigenous species in Florida. Washington D.C.(California): Island Press.

467. Simpson, E. H., 1949. Measurement of diversity. Nature, Volume 163, p. 688.
468. Singh, K., Gupta, I. & Gupta, S., 2013. Classification of bamboo species by Fourier and Legendre moment. International Journal of Advanced Science and Technology, Volume 50, pp. 61 – 70.
469. Singh, L. J. & Ranjan, V., 2015. Heterotis Benth. (Melastomataceae): a new addition to Indian flora from Andaman Islands. Geophytology, Volume 45, pp. 101 – 106.
470. Singhurst, J., Mink, J. & Holmes, W., 2016. Sansevieria hyacinthoides (Agavaceae) naturalized in Texas. Phytoneuron, Volume 24, p. 1 – 3.
471. Sinon, L., 2007. Contribution à l'étude de l'activité antibactérienne des extraits des feuilles de *Dichrostachys cinerea* (L.) Wight et Arn (Mimosaceae). Thèse de doctorat: Pharmacie, Burkina Faso: Université de Ouagadougou.
472. Slabber, S., Worland, M., Leinass, H. & Chown, S., 2007. Acclimatation effects on thermal tolerances of springtails from sub–Antarctic Marion Island: indigenous and native species. Journal of Insect Physiology, Volume 53, p. 113 – 125.
473. Small, J., 1913. Florida trees; a handbook of the native and naturalized trees of Florida. New York.
474. Small, J. K., 1933. Manual of the Southeastern Flora. Carolina: Chapel Hill: The University of North Carolina Press.
475. Smith, T. et al., 2005. Dichrostachys cinerea and Acacia nilotica fruits as dry season feed supplements for goats in a semi–arid environment: Summary of a DFID funded project in Zimbabwe. Animal Feed Science and Technoloy, Volume 122, pp. 149 – 157.
476. Sohel, M. S. I., Alamgir, M., Akhter, S. & Rahman, M., 2015. Carbon storage in a bamboo (Bambusa vulgaris) plantation in the degraded tropical forests: implications for policy development. Land Use Policy, Volume 49, pp. 142 – 151.
477. Sorokoby, V. et al., 2010. Utilisation des images Landsat ETM+ et du SIRS pour la cartographie linéamentaire et thématique de Soubré–Méagui (Sud–ouest de la Côte d'Ivoire): contribution à la gestion des ressources en eau souterraine. Revue Télédétection, Recherche et Application, pp. 209 – 223.
478. Space, J. C. et al., 2003. Report to the Republic of Palau on invasive plant species of environmental concern, Honolulu, Hawaii: USDA Forest Service, Pacific Southwest Research Station, Institute of Pacific Islands Forestry.

479. Space, J., Waterhouse, B., Denslow, J. & Nelson, D., 2000. Invasive plant species on Rota, Commonwealth of the Northern Mariana Islands, U.S.D.A. Honolulu(Hawaii): Forest Service Pacific South west Research Station, Institute of Pacific Islands Forestry.

480. Spellerberg, I. F. & Fedor, P. J., 2003. A tribute to Claude Shannon (1916 – 2001) and a plea for more rigorous use of species richness, species diversity and the "Shannon–Wiever" index. Global Ecology and Biogeograhy, Volume 12, pp. 177 – 179.

481. Stachowicz, J., Terwin, J., Whitlatch, R. & Osman, R., 2001. Linking climate change and biological invasions: ocean warming facilitates nonindigenous species invasions. Proceedings of the National Academy of Sciences of the USA, Volume 99, p. 15497 – 15500.

482. Strasberg, D., 1994. Dynamique des forêts tropicales de l'île de La Réunion: processus d'invasions et de régénération sur les coulées volcaniques. Thèse de doctorat: Biologie des Populations et Écologie, Montpellier: Université de Montpellier II.

483. Strasberg, D., 1995. Processus d'invasion par les plantes introduites à La Réunion et dynamique de la végétation sur les coulées volcaniques. Écologie, Volume 26, pp. 169 – 180.

484. Streftaris, N. & Zenetos, A., 2006. Alien Marine Species in the Mediterranean – the 100 'Worst Invasives' and their Impact'. Mediterranean Marine Science, Volume 7, pp. 87 – 118.

485. Streito, J.–C., Guildert, E. & Ferre, A., 2013. Premier signalement de Leptodictya bambusae Drake, 1918 en France (Hemiptera Tingidae). L'Entomologiste, Volume 69, p. 73 – 76.

486. Sunilson, A. et al., 2009. Analgesic and antipyretic effects of Sansevieria trifasciata leaves. African Journal Traditional, Volume 6, p. 529 – 533.

487. Sutton, G. F., Paterson, I. D. & Paynter, Q., 2017. Genetic matching of invasive populations of the African tulip tree, Spathodea campanulata Beauv. (Bignoniaceae), to their native distribution: Maximising the likelihood of selecting host–compatible biological control agents. Biological Control, Volume 114, pp. 167 – 175.

488. Swarbrick, J. & Hart, R., 2001. Environmental weeds of Christmas Island (Indian Ocean) and their management. Plant Protection Quarterly, Volume 16, p. 54 – 57.

489. Sytsma, M. D. & Anderson, L. W. J., 1993. Transpiration by an emergent macrophyte: source of water and implications for nutrient supply. Hydrobiologia, Volume 271, pp. 97 – 108.

490. Taccoen, A., 2019. Détermination de l'impact potentiel du changement climatique sur la mortalité des principales essences forestières européennes. Thèse de doctorat: Sylviculture, foresterie, Paris: AgroParisTech.
491. Tallei, T., Rembert, R., Pelealu, J. & Kolondam, B., 2016. Sequence variation and phylogenetic analysis of Sansevieria trifasciata (Asparagaceae). Bioscience Research, Volume 13, pp. 1 – 7.
492. Tamiru, G., 2017. Invasive Alien Weed Species Distribution, Impacts on Agriculture, Challenge and Reaction in Ethiopia: A Review. Journal of Biology, Agriculture and Healthcare, Volume 7, pp. 136 – 146.
493. Tanhua, T., Orr, J. C., Lorenzoni, L. & Hansson, L., 2015b. Surveillance des concentrations de carbone et de l'acidification des océans. Bulletin, Volume 64, pp. 48 – 51.
494. Tan, J., Lim, Y. & Lee, S., 2015. Antioxidant and antibacterial activity of Rhœo spathacea (Swartz) Stearn leaves. Journal of Food Science and Technology, Volume 52, p. 2394 – 2400.
495. Tassin, J., 2008. Les espèces invasives. Revue Juridique de l'Environnement, Volume 41, pp. 497 – 507.
496. Tassin, J., 2010. Le réchauffement climatique va t–il conduire les petites îles à être englouties sous les invasions biologiques. VertigO – la revue électronique en sciences de l'environnement, Volume 10.
497. Tassin, J. & Laizé, A., 2015. Facteurs biologiques et structuraux de l'invasion de la liane Merremia peltata dans les habitats forestiers de Mayotte. Revue d'Écologie (Terre et Vie), Volume 70, pp. 151 – 161.
498. Tassin, J. et al., 2006. Bilan des connaissances sur les conséquences écologiques des invasions de plantes à l'île de la Réunion (archipel des Mascareignes, océan Indien). Revue d'Écologie (Terre Vie), Volume 61, p. 35 – 51.
499. Tassin, J. & Rivière, J., 1999. Plantes invasives à la Réunion. Courrier de la Nature, p. 28 – 33.
500. Tassin, J., Rivière, J., Cazanove, M. & Bruzzese, E., 2006. Ranking of invasive woody plant species for management on Réunion Island. Weed Research, Volume 46, p. 388 – 403.
501. Tchapgnouo, J. et al., 2012. Diversité spécifique et abondance des communautés de copépodes, cladocères et rotifères des lacs du complexe Ossa (Dizangué, Cameroun). Varia, Volume 6, p. 71 – 93.
502. Téllez, T. R. et al., 2008. The Water Hyacinth, Eichhornia crassipes: an invasive plant in the Guadiana River Basin (Spain). *Aquatic Invasions,* Volume 3, pp. 42 – 53.

503. Teixeira Alves, M., 2013. Des interactions indirectes entre les proies: modélisation et influence du comportement du prédateur commun. Thèse de doctorat: Sciences, Nice: Université Nice Sophia Antipolis.
504. Terral, J. –. F. & Ater, M., 2016. Implications écologiques de l'étude de la plasticité de caractères anatomiques du bois d'olivier (Olea europaea L.). Dans: M. Ater, et al. éds. L'oléiculture au Maroc de la préhistoire à nos jours: pratiques, diversité, adaptation, usages, commerce et politiques. Montpellier, pp. 171 – 179.
505. Tessema, T., Ulrichs, C. & Buettner, C., 2003. Invasive alien plant species in Ethiopia: impacts, challenges and responses. Ethiopian Institute of Agricultural Research.
506. Thévenot, J., 2013. Synthèse et réflexions sur des définitions relatives aux invasions biologiques. Préambule aux actions de la stratégie nationale sur les espèces exotiques envahissantes (EEE) ayant un impact négatif sur la biodiversité. p. 32.
507. Thompson, J., 1991. The Biology of an Invasive Plant. BioScience, Volume 41, pp. 393 – 401.
508. Ting, I., 1989. Photosynthesis of arid and subtropical succulent plants. Aliso: A Journal of Systematic and Evolutionary Botany, Volume 12, p. 387 – 406.
509. Tjelele, J., Luthando, E. & Hosea, T., 2012. Recovery and Germination of Dichrostachys cinerea Seeds Fed to Goats (Capra hircus). Rangeland Ecology & Management, Volume 65, p. 105 – 108.
510. Tjelele, J., Ward, D. & Dziba, L., 2014. Diet quality modifies germination of Dichrostachys cinerea and Acacia nilotica seeds fed to ruminants. Rangeland Ecology & Management, Volume 67, p. 423 – 428.
511. Tolela, M. & Foche, P., 1979. Minor alkaloids of the seeds of Funtumia elastica of Zaïre. Journal of Medicinal Plant Research, Volume 35, p. 48 – 50.
512. Tomlinson, P., 1966. Anatomical data in the classification of Commelinaceae. Journal of the Linnean Society of London (Botany), Volume 59, pp. 371 – 395.
513. Toussaint, B. (., 2005. Inventaire de la flore vasculaire du Nord/Pas–de–Calais (Ptéridophytes et Spermaphytes): raretés, protection, menaces et statuts. Centre Régional de Phytosociologie/Conservatoire Botanique National de Bailleul en collaboration avec le Collectif botanique du Nord/Pas–de–Calais.

514. Toussaint, B. et al., 2007. Réflexions et définitions relatives aux statuts d'indigénat ou d'introduction des plantes; application à la flore du nord–ouest de la France. Acta Botanica Gallica, Volume 154, p. 511 – 522.
515. Tremblay, P.–Y. & Lefebvre, L., 2010. La Berce du Caucase. Bulletin d'information toxicologique, 26(13 – 16).
516. UICN, 2000. Lignes directrices de l'UICN pour la prévention de la perte de diversité biologique causée par des espèces exotiques envahissantes. e. f. approuvées par le Conseil à sa 51e réunion. Aliens 11, IUCN–ISSG, Nouvelle–Zélande, 16 p.
517. Unwin, A. H., 1920. West African forests and forestry. New York: Sagwan Press.
518. Van der Burg, W., De Freitas, J. & Debrot, A., 2012. Naturalised and invasive alien plant species in the Caribbean Netherlands: status, distribution, threats, priorities and recommendations. Plant Research International, p. 86.
519. Van der Werf, H., 1996. Assessing the impact of pesticides on the environment. Agriculture, Ecosystems & Environment, Volume 60, pp. 81 – 96.
520. Vanderhoeven, S., Branquart, E., Grégoire, J.–C. & Mahy, G., 2006. Les espèces exotiques envahissantes, Dossier scientifique réalisé dans le cadre de l'élaboration du rapport analytique 2006 – 2007 sur l'état de l'environnement wallon, 42 p.
521. Vanderhoeven, S., Branquart, E., Grégoire, J.–C. & Mahy, G., 2007. Les invasions biologiques. Forêt Wallonne, pp. 24 – 43.
522. Vázquez–Yanes, C. & Orozco–Segovia, A., 1982. Seed germination of a tropical rain forest pioneer tree (Heliocarpus donnellsmithii) in response to diurnal fluctuation of temperature. Physiologia Plantarum, Volume 56, pp. 295 – 298.
523. Vecrin, M.–P., 2003. Mécanismes de restauration de la biodiversité végétale dans les prairies alluviales après une phase de culture. Thèse de doctorat: Écologie, Environnement, Metz: Université Paul Verlaine.
524. Vellend, M., 2001. Do commonly used indices of β–diversity measure species turnover?. Journal of Vegetation Science, Volume 12, pp. 545 – 552.
525. Venette, R. & Carey, J., 1998. Invasion biology: rethinking our response to alien species. California Agriculture, Volume 52, pp. 13 – 17.
526. Venkatapen, C., 2012. Etude des déterminants géographiques et spatialisation des stocks de carbone des sols de la Martinique, Thèse de doctorat: Géographie, Martinique: Université des Antilles et de la Guyane.

527. Vergiat, A., 1969. Plantes magiques et médicinales des Féticheurs de l'Oubangui (Région de Bangui). Journal d'agriculture traditionnelle et de botanique appliquée, Volume 16, p. 418 – 456.
528. Verlaque, M., 1994. Inventaire des plantes introduites en Méditerranée: origines et répercussions sur l'environnement et les activités humaines. Oceanologica Acta, Volume 17, p. 1 – 23.
529. Vermeij, G., 2005. Invasion as expectation. A historical fact of life. Dans: Species Invasions, Insights into Ecology, Evolution and Biogeography. Massachusetts: Sinauer and Associates, pp. 315 – 339.
530. Vilà, M. et al., 2011. Ecological impacts of invasive alien plants: a meta-analysis of their effects on species, communities and ecosystems. Ecology Letters, Volume 14, pp. 702 – 708.
531. Vilà, M. et al., 2008. Wildespread resistance of Mediterranean island ecosystems to the establishment of three alien species. Diversity and Distributions, Volume 14, pp. 839 – 851.
532. Vitousek, P., D'Antonio, C. & Loope, L., 1996. Biological invasions as global environmental change. American Scientists, Volume 84, pp. 468 – 478.
533. Vitousek, P. M. et al., 1997. Introduced species: a significant component of human–caused global change. New Zealand Journal of Ecology, Volume 21, pp. 1 – 16.
534. Vitousek, P. M., Loope, L. L. & Adsersen, H., 1995. Islands. Biological diversity and ecosystem function. Berlin: Springer – Verlag.
535. Vitousek, P. & Walker, L., 1989. Biological invasion by Myrica faya in Hawaii: plant demography, nitrogen fixation, ecosystem effects. Ecological Monographs, Volume 59, pp. 247 – 265.
536. Von Maydell, H. J. & Brase, J., 1986. Trees and shrubs of the Sahel: their characteristics and uses. Eschborn.
537. Walther, G. et al., 2002. Ecological responses to recent climate change. Nature, Volume 416, pp. 389 – 395.
538. Walther, G.–R.et al., 2009. Alien species in a warmer world: risks and opportunities. Trends in Ecology & Evolution, Volume 24, pp. 686 – 693.
539. Wang, S. & Loreau, M., 2016. Biodiversity and ecosystem stability across scales in metacommunities. Ecology Letters, Volume 19, pp. 510 – 518.
540. Webb, D., 1985. What are the criteria for presuming native status?. Watsonia, Volume 15, pp. 231 – 236.
541. Weber, E., 1997. The alien flora of Europe: a taxonomic and biogeographic review. Journal of Vegetation Science, Volume 8, pp. 565 – 572.

542. Weber, E., 1998. The dynamics of plant invasions: a case study of three exotic goldenrod species (Solidago L.) in Europe. Journal of Biogeography, Volume 25, pp. 147 – 154.
543. Weber, E., 2016. Invasive plant species of the world: a reference guide to environmental weeds. 2nd éd. Wallingford, Oxfordshire; Boston: CABI.
544. Wilcove, D. et al., 1998. Quantifing threats to imperiled species in the United States: assessing the relative importance of habitat destruction. Bioscience, Volume 48, pp. 607 – 615.
545. Wiles, G., 1987. The status of fruit bats on Guam. Pacific Science, Volume 41, pp. 148 – 157.
546. Williamson, G., 2012. Two spectacular species of Araceae (Arum–lilies) and two interesting succulent orchids from Zambia. Cactus and Succulent Journal, Volume 84, pp. 8 – 11.
547. Williamson, M., 1993. Invaders, weeds and the risk from genetically modified organisms. Experientia, Volume 49, p. 219 – 224.
548. Williamson, M., 1994. Community response to transgenic plant release: predictions from British experience of invasive plants and feral crop plants. Molecular Ecology, Volume 3, pp. 75 – 79.
549. Williamson, M. & Brown, K., 1986. The analysis and modelling of British invasions. Biological Sciences, Volume 314, pp. 505 – 522.
550. Williamson, M. & Fitter, A., 1996b. The characters of successful invaders. Biological Conservation, Volume 78, pp. 163 – 170.
551. Williamson, M. & Fitter, A., 1996a. The varying success of invaders. Ecology, Volume 77, pp. 1661 – 1666.
552. Williamson, M. H., 1996c. Biological invasions. London: Chapman & Hall.
553. Wingfield, M. & Robinson, D., 2004. Diseases and insect pests of Gmelina arborea: real threats and real opportunities. *New Forests,* Volume 28, pp. 227 – 243.
554. Witkowski, E. T. F. & Garner, R. D., 2000. Spatial distribution of soil seed banks of three African savanna woody species at two contrasting sites. Plant Ecology, Volume 149, pp. 91 – 106.
555. Worku, M. & Sahile, S., 2018. Impact of Water Hyacinth, Eichhornia crassipes (Martius) (Pontederiaceae) in Lake Tana Ethiopia: a review. Journal of Aquaculture Research & Development, Volume 9, p. 3.
556. Yayneshet, T., Eik, L. O. & Moe, S. R., 2008. Feeding Acacia etbaica and Dichrostachys cinerea fruits to smallholder goats in northern Ethiopia improves their performance during the dry season. Livestock Science, Volume 119, pp. 31 – 41.

557. Young, R. A. & Haun, J. R., 1961. Bamboo in the United States: description, culture, and utilization. Washington DC: Agricultural Research Service U.S. Department of Agriculture.
558. Zalba, S. M. & Villamil, C. B., 2002. Woody plant invasion in relictual grasslands. Biological Invasions, Volume 4, pp. 55 – 72.
559. Zhang, C., Wang, J., Qian, B. & Li, W., 2009. Effects of the invader Solidago Canadensis on soil properties. Applied Soil Ecology, Volume 43, p. 163 – 169.
560. Zihiri, G. N. et al., 2005a. In vitro antiplasmodial activity and cytoxity of 33 West African plants used for treatment of malaria. Journal of Ethnopharmacology, Volume 98, p. 281 – 285.
561. Zihiri, G. N. et al., 2005b. Isolation, characterization and antiplasmodial activity of steroidal alkaloids from Funtumia elastica (Preuss) Stapf. Bioorganic & Medicinal Chemistry Letters, Volume 15, pp. 2637 – 2640.

www.ingramcontent.com/pod-product-compliance
Lightning Source LLC
LaVergne TN
LVHW021203071026
849580LV00001BC/1
9798892480444